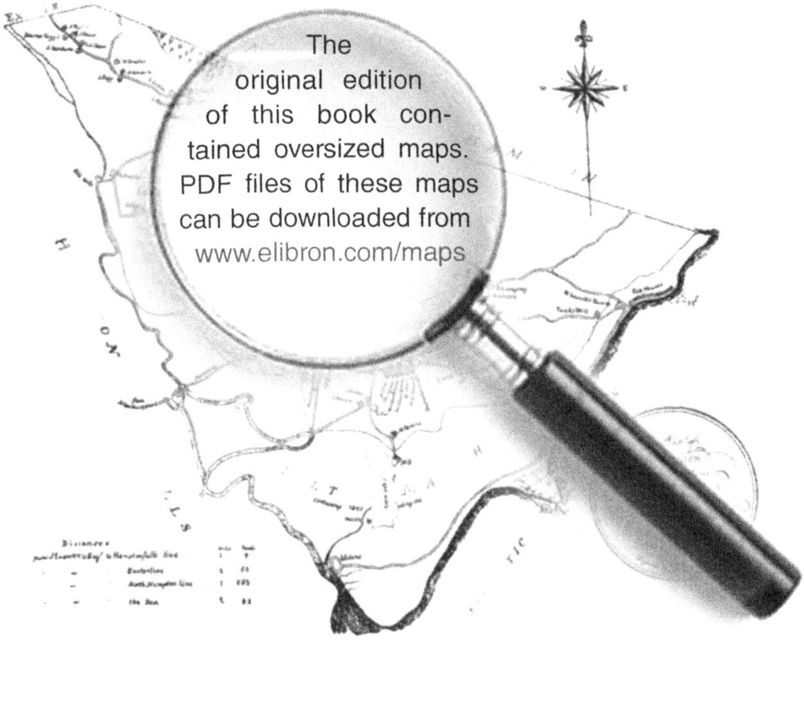
The
original edition
of this book con-
tained oversized maps.
PDF files of these maps
can be downloaded from
www.elibron.com/maps

A. Herpin

Dictionnaire astronomique

ou

Exposé, par ordre alphabétique
des principes fondamentaux et des lois générales
de la mécanique universelle

Elibron Classics
www.elibron.com

Elibron Classics series.

ISBN 0-543-69430-5 (paperback)
ISBN 0-543-69429-1 (hardcover)

This Elibron Classics Replica Edition is an unabridged facsimile of the edition published in 1875 by J. Baudry, Paris.

DICTIONNAIRE

ASTRONOMIQUE

ÉVREUX

IMPRIMERIE ET LITHOGRAPHIE DE ERNEST QUETTIER

Rue Chartraine, n° 37

DICTIONNAIRE
ASTRONOMIQUE

OU

EXPOSÉ, PAR ORDRE ALPHABÉTIQUE

DES PRINCIPES FONDAMENTAUX

ET DES LOIS GÉNÉRALES

DE LA MÉCANIQUE UNIVERSELLE

AVEC LEURS DIVERSES APPLICATIONS AUX CALCULS DES PHÉNOMÈNES QUI SE PRODUISENT
DANS LE DOMAINE DU MONDE PHYSIQUE

Ouvrage renfermant
de nombreuses tables et formules et enrichi de sept magnifiques planches.
au nombre desquelles se trouvent
un tableau du système solaire et une mappemonde céleste

Par A. HERPIN

Ancien Professeur de Mathématiques et de Cosmographie,
Auteur de plusieurs ouvrages scientifiques

« L'Astronomie est une science sublime,
« qui élève la pensée de l'homme vers l'auteur
« de l'univers. » BAILLY.

PARIS
LIBRAIRIE POLYTECHNIQUE DE J. BAUDRY, ÉDITEUR
15, rue des Saints-Pères, 15
MÊME MAISON A LIÉGE
19, rue Lambert-Lebègue, 19

1875

PRÉFACE

En publiant ce Dictionnaire, j'ai eu surtout pour but de familiariser mes lecteurs avec les principes de la plus belle et de la plus attrayante des sciences. L'étude des phénomènes célestes est bien digne en effet d'attirer notre attention, puisqu'elle ouvre devant nous un espace sans bornes et déploie son spectacle sur le champ de l'infini. On peut donc dire avec raison que *l'Astronomie est la science sublime par excellence*; en effet, si, pendant une belle nuit, nous dirigeons nos regards vers l'immensité de l'espace que présente la voûte apparente du firmament, nous y voyons une quantité prodigieuse d'étoiles dont le nombre est incalculable. Tous ces astres sont autant de corps lumineux qui brillent d'une lumière qui leur est propre; ce sont autant de soleils autour desquels, comme autour du nôtre, se meuvent d'innombrables planètes.

A la vue de toutes ces merveilles naît la plus haute idée de la toute-puissance et de la haute sagesse de l'auteur d'une œuvre si bien ordonnée, si magnifique et si étendue.

Peut-être votre raison, entraînée vers ces régions suprêmes, a-t-elle déjà essayé d'interroger leur profondeur, d'étudier la nature des astres qui s'en partagent les zônes immenses, et d'aborder avec une curiosité d'ailleurs bien naturelle, le double problème des lois de leur mouvement et de leur rôle dans la création.

De toutes les sciences humaines, l'Astronomie est la plus difficile, comme la plus magnifique ; elle a des hauteurs qui ne sont abordables que pour quelques intelligences privilégiées ; c'est aux calculs de l'ordre le plus élevé qu'elle doit ses plus riches conquêtes; et certes, il ne peut être donné à tous de peser les mondes disséminés dans l'immensité des cieux, de reconnaître les forces en vertu desquelles ils se balancent dans l'espace et de fixer à chacun la route qu'il doit suivre dans le domaine de l'infini, où notre globe ne figure que comme un atome, comparativement à la plus petite étoile.

C'est donc de cette science si vaste, si féconde et si merveilleuse que je vais essayer d'exposer les principes dans ce Dictionnaire, lequel renferme, en outre, la biographie des hommes qui ont le plus contribué aux progrès de cette science sublime, et cela, depuis les temps les plus reculés jusqu'à nos jours. Cette addition au Dictionnaire, qui peut être regardée à juste titre comme la partie historique de l'ouvrage, est une idée heureuse que je dois à l'initiative de M. Baudry, mon honorable éditeur, dont les conseils, en cette circonstance, ont contribué à donner à mon livre un intérêt de plus. Je le prie de recevoir ici mes sincères remercîments et l'expression de ma vive gratitude.

On conçoit sans peine que, pour composer une œuvre de ce genre, il ait été souvent nécessaire de recourir à des ouvrages spéciaux ; mais je dois ajouter que, chaque fois que des questions de premier ordre me faisaient un devoir de me livrer à des recherches sur leur nature et leur importance, j'ai toujours puisé aux sources les plus autorisées, tout en ayant soin de n'admettre aucune théorie nouvelle, avant de l'avoir sérieusement étudiée. Je dois dire aussi que, pour mettre la science astronomique à la portée de tout le monde, sans nuire cependant à aucune de ses parties essentielles, j'ai dû dégager quelques démonstrations de certaines difficultés mathématiques qui effraient presque toujours les élèves et finissent même par rebuter les maîtres. J'ai dû, en un mot, pour populariser cette science, chercher surtout les moyens d'en rendre l'étude plus facile, tout en la maintenant à la hauteur des progrès accomplis.

Puisse ce Dictionnaire contribuer à augmenter le petit nombre des initiés à une science qui n'a pas de rivale dans le monde, et à élargir le cercle des connaissances que l'on doit acquérir pour l'étudier avec fruit : c'est là tout l'honneur que j'ambitionne. Puisse-t-il aussi être accueilli favorablement par un public nombreux et sympathique : ce sera pour moi la meilleure preuve que l'on a su apprécier une œuvre essentiellement utile, et récompenser les efforts que je n'ai cessé d'apporter dans cette composition, fruit d'un travail pénible, opiniâtre et assidu.

A. HERPIN.

INTRODUCTION

Sous ce simple titre d'INTRODUCTION, j'ai pensé qu'il ne serait pas sans intérêt de faire précéder ce Dictionnaire de quelques notions générales sur l'Astronomie. C'est là en effet le plus sûr moyen, pour le lecteur encore étranger à cette science, de se familiariser avec les principaux éléments de notre système planétaire.

L'Astronomie nous fait connaître les lois générales qui régissent les mouvements des corps célestes.

Parmi les astres suspendus dans l'espace, les uns brillent de leur propre lumière et paraissent garder entre eux la même situation : ce sont les *étoiles fixes*, dont le nombre est incalculable. On suppose que les plus voisines de nous en sont encore éloignées de vingt-sept mille fois la distance de la terre au soleil. C'est à peine si l'on peut se faire une idée d'un pareil éloignement!

Afin de pouvoir reconnaître les étoiles sans les confondre, on les a classées en différents groupes auxquels on a donné le nom de *constellations*.

Les *planètes* sont aussi des astres, mais des astres qui changent de situation les uns à l'égard des autres, et par rapport aux étoiles fixes. Ces astres ne brillent au ciel que parce qu'ils reçoivent la lumière du soleil.

Le *soleil*, qui est le centre de notre système planétaire, est un corps sphérique et lumineux qui dispense la chaleur et la lumière aux planètes et à leurs satellites. Le diamètre du soleil est cent dix fois, et son volume plus d'un million trois cent mille fois celui de la terre. Il exécute sur lui-même un mouvement de rotation en vingt-cinq jours et douze heures. Par suite de cette rotation, le soleil subit un déplacement rectiligne qui le fait avancer vers un point du ciel occupé par la constellation d'Hercule, avec une vitesse de 486 myriamètres (1094 lieues) par minute, entraînant avec lui tout son cortége de planètes. Sa lumière nous arrive en huit minutes et dix-huit secondes.

Les planètes exécutent deux mouvements : l'un de *rotation* sur elles-mêmes, l'autre de *révolution* autour du soleil. En fait de planètes, les anciens n'en connaissaient que quatre proprement dites : *Jupiter*, *Mars*, *Mercure*, *Vénus*, auxquelles ils ajoutaient le *Soleil* et la *Lune*, qu'ils prenaient également pour des planètes. Aujourd'hui, on en compte huit principales, qui sont, en les désignant dans l'ordre de leur distance au soleil : *Mercure*, *Vénus*, *la Terre*, *Mars*, *Jupiter*, *Saturne*, *Uranus* et *Neptune*.

L'orbite que décrivent toutes ces planètes autour du soleil n'est pas un cercle parfait, mais une ellipse. Il en résulte que leur éloignement du soleil n'est pas toujours le même. Leur plus petite distance de cet astre s'appelle *périhélie*, la plus grande *aphélie*. Autour de quelques planètes tournent de petits corps opaques auxquels on a donné le nom de *satellites*. Jupiter en a quatre, Saturne sept, Uranus six, et la Terre un, qui est la Lune.

La Lune, éloignée de la terre de quatre-vingt-six mille lieues environ, emploie vingt-neuf jours et douze heures à terminer sa révolution. Elle décrit autour de la terre une ellipse assez compliquée, dont le point le plus rapproché s'appelle *périgée*, le plus éloigné *apogée*. Corps opaque, comme toutes les planètes, elle renvoie par réflexion la lumière qu'elle reçoit du soleil, et présente sa partie éclairée à la terre, sous différents aspects appelés *phases*.

Outre les planètes et leurs satellites, il y a, dans notre système planétaire, une troisième espèce d'astres qui errent dans l'espace et que l'on désigne sous le nom de *comètes*. Les comètes décrivent, dans leur course, des ellipses très-allongées. Dans leur plus grand éloignement du soleil, elles disparaissent complètement pendant un temps plus ou moins long, selon que la route qu'elles ont à parcourir est plus ou moins étendue. Lorsqu'elles s'avancent vers leur périhélie, on les aperçoit de nouveau quelquefois ornées d'un appendice ou chevelure qui n'est autre qu'une longue traînée de feu, provenant de la vaporisation occasionnée par leur extrême rapprochement du soleil.

Raisonnant par analogie, on est arrivé à admettre que chaque étoile fixe est un *soleil*, centre d'un monde comme le nôtre ; que ce soleil est par conséquent entouré de planètes autour desquelles tourbillonnent des satellites ; que vraisemblablement planètes et satellites sont habités, et qu'ainsi une infinité de mondes roulent sans fin dans l'espace, entraînant avec eux un nombre inimaginable d'êtres créés ! Hypothèse sublime, qui élève l'âme autant qu'elle écrase la raison.

Tels sont les premiers éléments du système planétaire dû à Copernic, et généralement adopté aujourd'hui. Il suppose le soleil au centre du monde, d'où ses rayons éclairent et vivifient tout ce qui l'environne.

On avait cru longtemps, avec Ptolémée, la terre immobile et tous les astres en mouvement autour d'elle ; mais des études plus complètes et des observations plus précises des mouvements célestes ont fini par faire abandonner l'idée d'un pareil système qui avait d'ailleurs le grave inconvénient de pécher par la base. En effet, comment admettre, sans choquer la raison, que les étoiles, par exemple, en présence desquelles la terre n'est qu'un atome imperceptible, et qui en sont éloignées de plusieurs centaines de milliards de lieues, pourraient décrire en un jour une circonférence d'un pareil rayon ; et cela, pour tourner autour d'un infime globule qui passerait inaperçu au milieu de ces masses énormes ! — Ne voit-on pas, par ce simple rapprochement, tout ce que ce système avait de défectueux ? — Cette fausse idée cependant était regardée alors comme un dogme de foi, et il n'a fallu rien moins que l'autorité d'un génie, celle du célèbre Newton, pour la réduire à néant, et faire écrouler tout cet échafaudage d'erreurs, élevé à grands frais d'imagination, et soutenu par des préjugés profondément enracinés qu'il est toujours bien difficile de détruire, surtout lorsque, comme ceux-ci, ils sont passés dans les habitudes d'un vulgaire ignorant et superstitieux. Mais les lois de l'*attraction*, observées par Képler et vérifiées par Newton, ont fait prévaloir le système de Copernic et abandonner définitivement celui de Ptolémée.

Pour pouvoir déterminer la position des astres dans l'espace, on a divisé la sphère céleste en six grands cercles, qui sont : l'équateur, l'écliptique, l'horizon, le méridien et les deux colures.

L'*équateur* est un cercle également éloigné des deux pôles du monde, et qui le partage en deux hémisphères, dont l'un septentrional et l'autre méridional. On l'appelle aussi ligne équinoxiale, parce que les jours sont égaux aux nuits aux deux époques de l'année où le soleil semble traverser l'équateur.

L'*écliptique*, qui coupe obliquement l'équateur, est l'orbite imaginaire que le soleil paraît parcourir annuellement. On l'appelle ainsi, parce que la lune se trouve toujours approximativement dans sa direction, lorsqu'arrivent des éclipses. On suppose que le soleil, dans cette course apparente, passe successivement par douze constellations célestes représentées dans les sphères sur une bande circulaire que l'on appelle *zodiaque*, et que l'écliptique traverse par le milieu.

Toutes ces constellations ou signes du zodiaque sont : le Bélier, le Taureau, les Gémeaux, l'Ecrevisse, le Lion, la Vierge, la Balance, le Scorpion, le Sagittaire, le Capricorne, le Verseau et les Poissons.

L'*horizon* sépare la partie visible du ciel d'avec la partie invisible. On distingue deux sortes d'horizons : le *sensible* ou *visuel*, le *rationnel* ou *mathématique*.

L'horizon sensible ou visuel est le cercle apparent qui borne notre vue.

L'horizon rationnel ou mathématique est un cercle qui coupe la sphère en deux parties égales. Son centre est le centre même de la terre. Ces deux horizons varient selon les lieux qu'occupe successivement l'observateur.

Le point du ciel placé au-dessus de la tête de cet observateur s'appelle *zénith*, le point opposé *nadir*.

Le *méridien*, ainsi nommé parce qu'il est midi pour tous les pays qui sont sous cette ligne, quand le soleil se trouve placé au-dessus, est un grand cercle tangent aux deux pôles, et qui joint le zénith et le nadir. Il partage la sphère en hémisphère oriental et en hémisphère occidental.

Les deux *colures* sont deux lignes circulaires qui se coupent à angle droit à leur point de rencontre aux pôles. Ils partagent l'écliptique en quatre parties égales, et distinguent les quatre saisons de l'année.

Outre les grands cercles dont je viens de faire une description sommaire, on en distingue quatre autres, appelés *petits cercles*, qui s'appliquent plus particulièrement à la terre. Ce sont les deux *tropiques* et les deux *cercles polaires*, qui divisent la terre en cinq zones : une zone dite *torride*, deux zones *tempérées*, et deux zones *glaciales*.

La zone torride est comprise entre les deux tropiques, et divisée en deux parties égales par l'équateur; les deux zones tempérées sont celles qui sont renfermées entre un tropique et un cercle polaire ; les deux zones glaciales sont celles qui sont comprises entre un cercle polaire et le pôle.

La terre est cette planète que nous habitons et, à ce titre, elle mérite bien une description toute particulière.

La terre, comme toutes les autres planètes, est un corps opaque, de forme sphérique; on l'a crue immobile, ainsi que j'ai déjà eu occasion de le dire, jusqu'au moment où Copernic, vers le milieu du XVIe siècle, démontra que le mouvement du soleil n'était qu'apparent, et que la terre, au contraire, exécutait un double mouvement : l'un de rotation sur elle-même, l'autre de révolution autour du soleil.

On appelle *axe* la ligne imaginaire sur laquelle elle exécute sa rotation diurne, c'est-à-dire de chaque jour. Les deux points extrêmes de cet axe en sont les deux pôles; ils répondent aux pôles du ciel qui paraissent immobiles. Celui qui est dirigé vers l'étoile polaire s'appelle pôle *arctique* (du mot grec ἄρκτος, ourse) : celui qui est opposé, pôle *antarctique*, c'est-à-dire opposé à l'Ourse. L'Ourse est le nom que l'on donne à deux constellations qui environnent le pôle céleste boréal, et que l'on désigne par les noms de *grande* et *petite Ourse;* elles sont l'une et l'autre composées de sept étoiles. La Grande-Ourse est plus particulièrement connue de la foule par le nom vulgaire de *Charriot de David.*

Pour indiquer la position relative des différents lieux de la terre, on a imaginé les quatre points cardinaux, qui sont : le Nord ou Septentrion, du côté du pôle arctique; le Sud ou le Midi, vers le pôle antarctique; l'Est, l'Orient ou Levant, vers le point où le soleil paraît se lever; l'Ouest, l'Occident ou Couchant, vers le côté où il semble se coucher. On a établi des divisions intermédiaires qui élèvent ces points au nombre de trente-deux, et indiquent toutes les positions possibles. Elles sont représentées par la rose des vents.

Le mouvement diurne de la terre, ou sa rotation, s'opère

d'Occident en Orient; en tournant sur son axe en vingt-quatre heures, elle présente successivement toute sa surface au soleil. De là le mouvement apparent des astres vers l'Occident, et l'alternative du jour et de la nuit.

Elle décrit en outre, en trois cent soixante-cinq jours, une orbite autour du soleil; et ses diverses positions, relativement à cet astre, produisent la différence des saisons et des jours.

Les géographes expliquent la position des divers points de la terre à l'aide de grands et petits cercles qu'ils supposent tracés sur la terre ou sur un globe artificiel qui la représente, de manière qu'ils correspondent à ceux de même nom imaginés dans le ciel.

Les grands cercles sont :

1° L'*Equateur* à égale distance des deux pôles, et qui partage le globe en deux parties égales, dont l'un prend le nom d'hémisphère *boréal*, et l'autre celui d'hémisphère *austral.* De l'équateur aux pôles, le globe est divisé en 90 degrés de *latitude septentrionale*, et 90 degrés de *latitude méridionale.*

2° Le *Méridien*, qui partage le globe en deux hémisphères : l'un *oriental* et l'autre *occidental.* Quoique chaque point de la terre ait son méridien, on n'en marque ordinairement sur les globes artificiels que 36, éloignés l'un de l'autre de 10 degrés; ce qui forme 360 degrés de *longitude*, que l'on compte à partir d'un méridien convenu. En France, on se sert aujourd'hui du méridien passant par l'Observatoire de Paris. Précédemment, une ordonnance du roi Louis XIII l'avait fixé à l'île de Fer, dans l'archipel des Canaries.

Les petits cercles sont :

1° Les *tropiques* également distants de l'équateur d'environ 23 degrés et demi; on appelle *tropique du Cancer* celui qui est placé dans l'hémisphère septentrional, et *tropique du Capricorne* celui qui est placé dans l'hémisphère méridional. Le jour où le soleil paraît toucher le tropique du Cancer s'appelle le *solstice d'été;* celui où il semble toucher le tropique du Capricorne s'appelle le *solstice d'hiver.* Le premier est pour nous le plus long, le second le plus court des jours de l'année.

2° Les *cercles polaires* sont à la même distance des pôles que les tropiques le sont de l'équateur; ils reçoivent, suivant leur position, les noms de *cercle polaire arctique* et *cercle polaire antarctique.*

Les deux tropiques et les cercles polaires partagent, ainsi que je l'ai dit précédemment, la terre en cinq zones ou bandes, et indiquent les climats.

Les climats physiques, les seuls dont j'aie à m'occuper ici, comprennent la chaleur, le froid, la sécheresse, l'humidité et la salubrité dont jouit un lieu quelconque du globe. Ces climats sont des parties de la terre dans lesquelles règnent une égale chaleur et des phénomènes atmosphériques à peu près semblables.

Les causes de ces climats sont au nombre de neuf : 1° l'action du soleil sur l'atmosphère; 2° la température propre du globe; 3° l'élévation du sol au-dessus du niveau de l'Océan ; 4° la pente générale du terrain et ses expositions locales; 5° la position de ses montagnes relativement aux points cardinaux ; 6° le voisinage des grandes mers et leur situation relative; 7° la nature géologique du sol ; 8° le degré de culture et de population auquel un pays est parvenu; 9° les vents qui y règnent. Ces causes agissent ensemble ou séparément, et déterminent les caractères qui constituent les *climats chauds et humides*, *chauds et secs*, *tempérés et humides*, *tempérés et secs*, *froids et humides*, *froids et secs*, etc., etc. Je regrette que l'espace très-restreint que j'ai à consacrer à cette introduction ne me permette pas d'entrer dans les détails qu'exigerait l'explication de ces termes. Je me bornerai à quelques applications des principes que je viens d'établir.

Si on veut les appliquer à la partie septentrionale de l'ancien continent, on verra que la diminution énorme de chaleur qu'on observe en s'avançant vers l'est, sous les mêmes latitudes, est due en grande partie à la forme et à la position de cette masse de terre. La partie occidentale est échauffée par le voisinage de l'Afrique qui, semblable à une immense fournaise, communique sa chaleur à l'Arabie, à la Turquie d'Asie, à l'Europe. Au contraire, l'Asie, dans ses extrémités du nord-est éprouve des froids extrêmes; c'est, en partie, parce que, là, elle n'a point de terres qui s'étendent vers l'équateur. Si le Groënland, déjà sous le 60e parallèle, malgré son exposition méridionale et le voisinage des mers, a un climat plus rigoureux que la Laponie sous le 71e parallèle, dans une exposition septentrionale, c'est parce que la Laponie est isolée des terres arctiques par une vaste mer, tandis que le Groënland s'étend probablement en s'élargissant vers le pôle, ou du moins vers le 82e degré de latitude. L'Amérique septentrionale a peu de terres situées dans la zone torride; elle a peu de communications avec l'Amérique méridionale; enfin, la disposition de ses montagnes la laissant ouverte aux vents froids polaires, ceux-ci la balaient d'un bout à l'autre et rendent sa température beaucoup plus froide que celle des contrées placées à des latitudes égales dans la partie occidentale de l'ancien continent.

Il résulte encore de ces principes une conséquence générale pour les contrées de la zone torride. Les vents alizés, en soufflant continuellement de l'est par dessus la mer, contribuent à rendre toutes les côtes maritimes orientales plus froides que ne le sont les côtes exposées au couchant. D'un autre côté, plus un continent est large de l'est à l'ouest, plus ces vents s'échauffent en passant par dessus des terres brûlées par le soleil.

Vous verrez plus tard, dans le cours de cet ouvrage, à quelle température répondent en général les cinq zones qui se partagent la surface du globe. Pour le moment, je me bornerai à dire que la *zone torride* n'a que deux saisons : l'une *sèche* et l'autre *pluvieuse;* que là, on ne connaît point les rigueurs de l'hiver ni les chaleurs excessives que l'on ressent aux tropiques, mais que, par contre, on y jouit d'un printemps éternel. Telle est en effet la physionomie de la plupart des contrées réparties dans cette zone. Dans les zones tempérées, au contraire, les saisons sont plus tranchées : l'été succède au printemps, l'automne à l'été et l'hiver à l'automne alternativement. Dans les zones glaciales, on ne rencontre que deux saisons qui sont marquées pendant six mois par une chaleur relativement assez intense et pendant six autres mois par un froid très-rigoureux. C'est surtout lorsque le soleil est à l'un des tropiques que la chaleur se fait le plus sentir dans la zone qui l'avoisine et que le froid sévit avec plus de rigueur dans la zone opposée.

Je n'ai pas besoin d'insister ici sur ce que l'on entend par saisons; tout le monde sait en effet que, dans nos climats, ce mot sert à désigner, ainsi que je le disais plus haut, le *printemps*, l'*été*, l'*automne* et l'*hiver;* que le printemps est pour nous la saison qui ramène la verdure et les fleurs, l'été celle qui fait mûrir les moissons, l'automne celle qui nous donne les fruits, enfin l'hiver celle qui, après avoir dépouillé les arbres de nos parcs et de nos bosquets de leur plus bel ornement, ensevelit la nature dans un linceul de frimas.

Pour compléter ce simple récit, je demanderai à mes lecteurs la permission de leur mettre sous les yeux ces quelques vers de Fontanes, où la vérité des faits s'associe très-heureusement avec l'idée qui les a inspirés :

« Seul au centre du monde, à son poste rangé,
« Le soleil voit de loin notre terre inclinée
« Conduire obliquement les signes de l'année,
« Et, montrant tour à tour ses divers horizons,
« En cercle autour de lui promener les *saisons* »

Un autre poète, Fayelle, a dit, avec non moins de raison :

« Guidant les heures enchaînées,
« Le roi des astres et du jour
« Chasse et ramène tour à tour
« Les mois, les *saisons*, les années.

C'est donc un fait reconnu, non-seulement parmi les astronomes, mais encore dans le monde poétique, que les saisons sont la conséquence naturelle et inévitable de certaines positions de la terre relativement au soleil.

J'ai déjà dit, en parlant de la figure de la terre, qu'elle se présentait sous une forme sphérique ; ceci est vrai jusqu'à un certain point, mais il y a toutefois dans cette expression quelque chose de vague et qui n'est pas rigoureusement exact. En effet, la terre est un globe aplati aux pôles et renflé à l'équateur, par conséquent sa véritable forme est celle d'un ellipsoïde.

Le célèbre Laplace, à l'aide de ses calculs et des travaux entrepris sur plusieurs points de sa surface pour connaître son aplatissement, avait cru pouvoir l'estimer à 1/334 ; mais depuis on a trouvé qu'il est beaucoup plus grand. D'après les calculs plus récents de MM. Brousseau et Nicolet, l'arc du parallèle moyen, combiné avec les arcs des méridiens dont les mesures sont réputées les plus exactes, a donné 1/282. Les expériences du pendule, faites par MM. Sabine, Freycinet et Duperrey, à différentes latitudes, donnent 1/288. Cet accord annonce combien on est près de la vérité sur ce point ; il est donc probable que l'aplatissement général de la terre s'écarte très-peu de 1/299.

Une fois que les astronomes eurent reconnu la véritable figure de la terre, ils en déterminèrent les dimensions principales et en calculèrent la superficie. Les aspérités qui se trouvent à sa surface n'altèrent point sensiblement sa figure, comme on pourrait le croire en songeant aux chaînes de montagnes dont elle est hérissée; car les plus hautes montagnes connues n'atteignent pas la hauteur de 9,000 mètres. La hauteur du Dhawalagiri dans l'Himalaya, qui est la plus haute montagne connue du monde, est à peu près 1/5000 de la plus grande circonférence de la terre et 1/1594 de son grand axe.

Je terminerai là ces quelques notions générales, qui ne sont, à la vérité, qu'un résumé bien incomplet des connaissances renfermées dans cet ouvrage, mais qu'il était néanmoins nécessaire de faire connaître au lecteur, afin qu'il puisse juger par lui-même de l'ensemble d'une science dont il pourra à son gré étudier les détails.

DICTIONNAIRE

ASTRONOMIQUE

Aberration. — Pendant que la terre exécute son mouvement annuel de translation autour du soleil, elle reçoit la lumière des étoiles dans un temps qui est toujours en rapport avec la distance qui sépare ces astres de notre globe ; d'où il résulte que, pendant l'intervalle du temps nécessaire à la lumière pour arriver jusqu'à la terre, celle-ci aura parcouru une certaine distance sur son orbite et aura, par ce mouvement, changé la position de l'astre dans l'espace, relativement à l'observateur placé sur un point quelconque de sa surface. C'est l'angle toujours très-petit résultant de ce déplacement qui constitue l'*aberration* de l'astre.

Soit, en effet, la terre en A sur son orbite C A B (*fig.* 1), et soit l'arc A B l'espace qu'elle parcourt en une seconde, et qui est en moyenne de 6 lieues $\frac{77}{100}$ (ce nombre est le résultat de la division de 213628120 lieues de 25 au degré, attribuées à l'orbite terrestre, par la valeur d'une année tropique convertie en secondes de temps), soit pareillement une étoile en E, dans un plan perpendiculaire à l'écliptique, cette étoile enverra sa lumière à l'œil de l'observateur en A, avec une vitesse de 68300 lieues par seconde. Soit maintenant la ligne E A représentant cette vitesse, l'œil en A choquera donc une molécule lumineuse avec une vitesse A B de 6 lieues $\frac{77}{100}$, et il sera affecté comme s'il recevait lui-même un choc égal en sens contraire, un choc d'une vitesse représentée par C A = A B. D'un autre côté, il est frappé par la molécule dans la direction E A; laquelle, appliquée au point A, le pousse en F, de telle sorte que, s'il obéissait à cette impulsion, il parcourrait dans une seconde l'espace A F égal à E A. Or, sollicité par ces deux forces A C et A F, il subira un effet composé, selon la règle connue du *parallélogramme des forces*, c'est-à-dire qu'il sera affecté comme pour une force unique dont l'effet serait représenté par la diagonale A D du parallélogramme A C D F. Or, il rapportera, selon l'usage, ce choc en sens contraire, et verra l'étoile en E′, puisque si cette étoile était réellement en ce point, la lumière qu'elle lui enverrait le choquerait dans la direction E′ A D, et l'impressionnerait par la combinaison des deux mouvements. Donc, au lieu de paraître en son lieu réel, l'étoile sera vue de côté, et éloignée de sa position vraie d'une distance égale au petit arc E E′. Ce déplacement apparent de l'étoile est son *aberration.*

Il résulte de la définition qui précède, que la vitesse de la terre sur son orbite a un rapport fini avec la vitesse de la lumière; en effet, si nous prenons les nombres indiqués plus haut, 6,77 et 68300, et si nous ramenons le premier à l'unité, par cette proportion $6{,}77:1::68300:x$, on aura pour le quatrième terme $x = 10088{,}6263$; d'où l'on conclut que la vitesse de la terre est à la vitesse de la lumière comme 1 est à 10088,6263.

Ceci une fois admis, prenons sur la droite A E (*fig.* 2) une longueur A o, qui représente la vitesse de la lumière, et par le point o menons une droite $o\,m$ égale et parallèle à la vitesse A B de la terre; la droite A m est évidemment sur le prolongement de A D. La terre décrivant sensiblement un cercle autour du soleil, la direction de la vitesse change chaque jour et, avec elle, la déviation du rayon lumineux; il faudra par le point o mener des droites $o\,m$, $o\,m'$, $o\,m''$,.... $o\,n$, parallèles aux vitesses de la terre, ce qui donne un cercle $m\,n$, parallèle au plan de l'écliptique; le rayon visuel A E′, suivant lequel on voit l'étoile, décrit donc en un an un cône qui a pour sommet la terre et pour base le cercle $m\,n$, et l'étoile semble ainsi parcourir sur la sphère céleste une petite ellipse qui se trouverait enveloppée dans un angle égal au double de l'*aberration.*

Nous avons supposé qu'un observateur placé au point A (*fig.* 1) avait aperçu l'étoile E dans un plan perpendiculaire à celui de l'écliptique, par conséquent le parallélogramme A C D F est un rectangle parfait, ayant par conséquent quatre angles droits. Si nous prenons une seconde pour l'unité de temps, nous aurons, d'après ce qui vient d'être dit, A B = 6,77, les côtés A C et D F qui lui sont égaux par construction seront également égaux chacun à 6,77 et les autres côtés C D, A F seront respectivement égaux à 68300; quant à la diagonale A D, qui jouit d'une propriété qui lui est particulière, comme étant l'hypothénuse d'un triangle rectangle, elle aura pour valeur un nombre égal à la racine carrée de la somme des carrés des nombres 6,77 et 68300.

Si, pour simplifier les éléments de l'équation, nous représentons par h l'hypothénuse A D, par v la vitesse de la lumière ou le côté C D du triangle A D C, par m la vitesse du mouvement de la terre sur son orbite ou la distance A C, et par a l'angle C D A ou son égal D A F, nous aurons :

$$h = \sqrt{v^2 + m^2}$$

Nous connaissons donc dans le triangle C D A, l'angle C = 90°, le côté C D représenté par $v = 68300$, le côté A C représenté par $m = 6{,}77$ et le côté A D représenté par $h = 68300{,}00355$; il ne nous reste donc plus qu'à déterminer l'angle C D A que nous sommes convenus de représenter par a. Nous savons d'ailleurs, d'après les principes de la trigonométrie rectiligne, que

$$\sin a = \frac{m}{h};$$

si nous effectuons le calcul, nous trouverons que $\sin a = 0{,}0000991215$. Si nous divisons maintenant ce nombre par 0,0000048481, nombre de secondes d'arc comprises dans le sinus de 1″, nous obtiendrons au quotient, pour la valeur de l'angle a, 20″,445 : quantité qui exprime la constante de l'aberration annuelle des étoiles fixes.

Le nombre 0,0000048481 est le résultat de la division de 2π par 1296000, qui est le nombre de secondes d'arc comprises dans la circonférence du cercle. Nous avons fait ici $2\pi = 6{,}28318$.

Aberration annuelle des étoiles fixes, en ascension droite et en déclinaison. — Soient A et D l'ascension droite et la déclinaison du point où la direction apparente du rayon lumineux rencontre la sphère céleste ; A′ et D′ l'ascension droite et la déclinaison du point où la vraie direction du rayon lumineux rencontre cette sphère ; ⊙ la longitude géocentrique du soleil, ou simplement la longitude du soleil ; E l'obliquité de l'écliptique, nous aurons :

$$(1)\quad \begin{cases} A - A' = -20'',445\,(\cos \odot \cos A \cos E + \sin \odot \sin A)\,\text{séc}\, D\,; \\ D - D' = +\,20'',445 \cos \odot\,(\sin A \sin D \cos E - \cos D \sin E) \\ \qquad\qquad -\,20'',445 \sin \odot \cos A \sin D. \end{cases}$$

Ces formules supposent que les grandeurs A, D et ⊙ sont rapportées à l'équinoxe apparent, et que E est l'obliquité apparente de l'écliptique.

Dans le calcul de l'aberration d'une étoile pour un long intervalle de temps, il est commode de négliger d'abord la nutation, c'est-à-dire de rapporter A, D et ⊙ à l'équinoxe moyen, et de prendre pour E l'obliquité moyenne. Mais il faut ensuite calculer les erreurs ainsi introduites dans les quantités et corriger de ces quantités les valeurs obtenues pour l'aberration. On obtient ces corrections en différentiant les formules précédentes par rapport à A, D, ⊙ et E, en adoptant pour les valeurs de dA, dD, d⊙ et dE les nombres qui mesurent les changements que la nutation produit sur ces grandeurs ; toutefois, comme d⊙ et dE ne donnent lieu à aucun terme sensible, on peut se contenter de prendre simplement les valeurs relatives à dA et à dD. Ces valeurs sont respectivement :

$$dA = -(6'',867 \sin ☊ \sin A + 9'',223 \cos ☊ \cos A) \operatorname{tang} D\,;$$
$$dD = -(6'',867 \sin ☊ \cos A + 9'',223 \cos ☊ \sin A).$$

Si, pour simplifier, nous remplaçons 6″,867 par a et 9″,223 par b, nous aurons définitivement, par la différentiation :

$$\begin{aligned} A - A' = 10'',2225 \operatorname{tang} D \operatorname{séc} D \\ \times[&-(a + b\cos E)\cos(⊙ + ☊)\sin 2A \\ &+(a\cos E + b)\sin(⊙ + ☊)\cos 2A \\ &+(a - b\cos E)\cos(⊙ - ☊)\sin 2A \\ &-(a\cos E - b)\sin(⊙ - ☊)\cos 2A]. \end{aligned}$$

$$\begin{aligned} D - D' = 5'',1112 \operatorname{tang} D \sin D \\ \times[&-(a + b\cos E)\cos(⊙ + ☊)\cos 2A \\ &-(a\cos E + b)\sin(⊙ + ☊)\sin 2A \\ &+(a - b\cos E)\cos(⊙ - ☊)\cos 2A \\ &+(a\cos E - b)\sin(⊙ - ☊)\sin 2A \\ &+(a - b\cos E)\cos(⊙ + ☊) \\ &-(a + b\cos E)\cos(⊙ - ☊)]. \end{aligned}$$

Nota. — La quantité représentée dans les formules qui précèdent par ☊ désigne la longitude du nœud ascendant de la lune.

Aberration annuelle des étoiles fixes, en longitude et en latitude. — Soient L et l la longitude et la latitude du point où la direction apparente du rayon lumineux rencontre la sphère céleste ; L′ et l' la longitude et la latitude du point où la vraie direction du rayon lumineux rencontre cette sphère; ⊙ la longitude géocentrique du soleil, nous aurons :

$$(2)\quad \left\{ \begin{aligned} L - L' &= -20'',445 \cos(L - ⊙) \operatorname{séc} l \\ &\quad + 0'',0010133 \sin 2(⊙ - L) \operatorname{séc}^2 l\,; \\ l - l' &= +20'',445 \sin(L - ⊙) \sin l \\ &\quad - 0'',0005067 \cos 2(⊙ - L) \operatorname{tang} l. \end{aligned} \right.$$

Dans ces formules, on peut employer indifféremment l'équinoxe moyen ou l'équinoxe apparent, sans qu'il en résulte aucune altération dans les résultats.

Le coefficient 0,0010133 est, en décimales, la valeur de la fraction

$$\frac{1}{2}\,\frac{(20'',445)^2}{206264,8}$$

dans laquelle le nombre 206264,8 est le résultat de

$$\frac{1296000}{2\pi}$$

quant au coefficient 0,0005067, c'est la moitié du précédent.

Pour familiariser nos lecteurs avec les formules (1) et (2) ci-dessus, nous allons en faire l'application à une étoile que nous prendrons au hasard dans le catalogue ; soit Régulus, dans la constellation du Lion.

Le 30 janvier 1870 on a, pour Régulus :

$$A = 10^h 1^m 27^s,35 = 150°21'50'',5 ;\ D = +12°36' \text{ et } \odot = 310°27'5'',2 ;$$
$$E = 23°27'18''.$$

On en déduit $A - A' = -20'',445\,(\cos\odot \cos A \cos E + \sin\odot \sin A)$ séc $D = -18'',7$ dont le calcul peut être effectué comme suit :

$\log\cos\odot = \bar{1}.8121131$
$\log\cos A = \bar{1}.9391120$
$\log\cos E = \bar{1}.9625459$

$\log\ \bar{1}.7137710 = 0,51734$

$\log\sin\odot = \bar{1}.8813596$
$\log\sin A = \bar{1}.6941555$

$\log\ \bar{1}.5755151 = 0,37628$

Somme..... 0,89362

$\log 0,89362 = \bar{1}.9511529$
$\log$ séc $D = 0.0105872$
$\log 20'',445 = 1.3105871$

$\log\ 1.2723272 = 18'',7$

donc $A' = A + 18'',7 = 150°22'9'',2$

Pour la déclinaison de Régulus, le 30 janvier 1870, nous aurons, form. (1) :

$$D - D' = +20'',445 \cos\odot\,(\sin A \sin D \cos E - \cos D \sin E)$$
$$- 20'',445 \sin\odot \cos A \sin D ;$$

dont le calcul pourra être effectué comme suit :

log 20″,445 = 1.3105871
log cos ⊙ = $\bar{1}$.8121131

Somme.... 1.1227002 ci 1.1227002

log sin A = $\bar{1}$.6941555
log sin D = $\bar{1}$.3387418
log cos E = $\bar{1}$.9625459

log $\bar{2}$.9954432 = 0,09896

log cos D = $\bar{1}$.9894128
log sin E = $\bar{1}$.5999144

log $\bar{1}$.5893272 = 0.38844

log de... 0.28948 = $\bar{1}$.4616186

log 0.5843188 = — 3″,84

log 20″,445 = 1.3105871
log sin ⊙ = $\bar{1}$.8813596
log cos A = $\bar{1}$.9391120
log sin D = $\bar{1}$.3387418

log 0.4698005 = + 2″,95

Reste... — 0″,89

Donc D′ = D — 0″,9 = 12°35′59″,1.

Faisant maintenant l'application de la formule (2), en prenant pour Régulus L = 170°38′35″,6, l = 0°0′51″,5, ⊙ = 310°27′5″,2, nous aurons pour l'aberration en longitude 13″,2 et pour l'aberration en latitude 0″,0 ; en sorte que L′ = L + 13″,2 = 170°38′48″,8 et l' = l — 0″,0 = 0°0′51″,5.

Voici la manière d'effectuer les calculs :

log 20″,445 = 1.3105871
log cos (L — ⊙) = $\bar{1}$.8097940
log séc l = 0.0000000

log 1.1203811 = — 13″,19

log 0″,0010133 = $\bar{3}$.0047380
log sin 2 (⊙ — L) = $\bar{1}$.9938566
2 log séc l = 0.0000000

log $\bar{4}$.9985946 = + 0″,000997

L — L′ = — 13″,189003

$$\begin{aligned}
\log 20'',445 &= 1.3105871\\
\log \sin (L - \odot) &= \bar{1}.8830301\\
\log \sin l &= \bar{4}.3973616\\
\log\ \bar{3}.5909788 &= +\ 0'',003899\\
\log 0'',0005067 &= \bar{4}.7047509\\
\log \cos 2(\odot - L) &= \bar{1}.2228510\\
\log \operatorname{tang} l &= \bar{4}.3973616\\
\log\ \bar{8}.3249635 &= -\ 0'',00000002\\
l - l' &= +\ 0'',00389898
\end{aligned}$$

On pourrait remplacer la formule (1) qui précède par la suivante :

$$(3)\quad \left\{\begin{aligned}
A - A' &= -a \operatorname{séc} D \cos [G + (\odot - A)];\\
D - D' &= -a \sin D \cos [G + (\odot - A)]\\
&\quad + 20'',445 \cos \odot \cos D \sin E;
\end{aligned}\right.$$

où les quantités G et a sont données par les équations ci-après :

$$G = \frac{\sin A}{\sin (D + \odot + E)},\quad \text{et}\quad a = \frac{20'',445 \sin \odot}{\sin (\odot + G)}$$

La valeur de G ainsi obtenue est exprimée en degrés et parties décimales du degré, à l'aide de la table insérée à la suite du mot *Orbite* ; mais si on représente par x la fraction décimale qui accompagne les degrés, et par n la valeur de x convertie en minutes et secondes d'arc, on a :

$$n = \frac{x \times 3600''}{60''}.$$

Prenons pour A, D, $\odot$ et E les quantités trouvées plus haut et déduisons-en la valeur de G, nous aurons :

$$\begin{aligned}
\log \sin A = \log \sin 29°38'9'',5 &= \bar{1}.6941555\\
\log \sin (D + \odot + E) = \log \sin 13°29'36'',8 &= \bar{1}.3679817
\end{aligned}$$

$$\text{d'où } G = \log\ 0.3261738 = 2°,119 = 2°7'8'',4.$$

Quant à la valeur de a, on l'obtiendra comme suit :

$$\begin{aligned}
\log 20'',445 &= 1.3105871\\
\log \sin \odot &= \bar{1}.8813596\\
\text{Somme...}\ & 1.1919467\\
\log \sin (G + \odot) &= \bar{1}.8945516\\
\text{différence, ou } \log a &= 1.2973951 = 19'',833.
\end{aligned}$$

A l'aide du log de a et des éléments qui précèdent on peut aisément déduire l'aberration en ascension droite et en déclinaison. On obtient ainsi, pour l'ascension droite, $A - A' = -18'',8$; d'où $A' = A + 18'',8 = 150°22'9'',3$.

Dans le second membre de la formule (3), si l'on fait :

$$-a \sin D \cos [G + (\odot - A)] = -m$$
$$+ 20'',445 \cos \odot \cos D \sin E = + m'$$

on aura pour la différence entre $-m$ et $+m'$ une quantité positive ou négative que nous désignerons par $\pm \Delta m$; en sorte que l'aberration en déclinaison se réduira à cette expression $D - D' = \pm \Delta m$.

Dans le cas qui nous occupe, $\Delta m = + 1'',1$; d'où $D - D' = + 1'',1$ et $D' = D - 1'',1 = 12°35'58'',9$.

Si on rapproche les résultats donnés par la formule (1) de ceux obtenus par la formule (3), on voit que les différences sont insignifiantes, et que l'on peut adopter indifféremment l'une ou l'autre de ces formules.

Au point de vue de la célérité du calcul, la formule (1) doit être préférée à la formule (3). Toutefois, cette dernière formule a un avantage marqué sur la première, en ce sens que, si l'on prend pour argument la longitude du soleil, elle peut sans aucune difficulté être réduite en table et faciliter ainsi le calcul toujours pénible par les formules ordinaires de l'aberration en ascension droite et en déclinaison.

Notre cadre ne nous permet pas de donner ici une table de ce genre ; néanmoins, nous regardons comme un devoir d'en donner au moins un spécimen qui puisse au besoin servir de modèle aux personnes qui désireraient en dresser une pour leur usage particulier.

Spécimen d'une Table d'aberration

0°....360°		180°
1°....359°		181°....179°
. .	←= LONGITUDE DU SOLEIL =→	. .
. .		. .
. .		. .
90°....270°		270°.... 90°

Ascension droite de l'étoile				DÉCLINAISON DE L'ÉTOILE								
				0°				....	90°			
				G			log *a*		G			log *a*
				°	′	″			°	′	″	
0°	360°	180°	180°									
1	359	181	179									
2	358	182	178									
.	.	.	.									
.	.	.	.									
.	.	.	.									
.	.	.	.									
.	.	.	.									
.	.	.	.									
.	.	.	.									
.	.	.	.									
.	.	.	.									
90	270	270	90									

Aberration diurne. — Le mouvement de la terre autour de son axe produit dans un jour, comme son mouvement annuel autour du soleil, une aberration que l'on appelle *aberration diurne.* Elle est d'ailleurs moins importante que l'aberration annuelle, puisque la vitesse du mouvement de la terre autour de son axe est bien plus petite que celle du mouvement annuel.

Soit t le nombre de jours sidéraux d'une année sidérale, p la parallaxe du soleil, nous aurons pour la constante de l'aberration diurne $20'',445\, t \sin p$.

Si nous remplaçons t et p par leurs valeurs numériques, nous aurons $20'',445 \times 366,256 \times 0,000041483 = 0'',311$; telle est la valeur de cette constante.

Maintenant, si nous prenons la latitude l d'un lieu quelconque situé à la surface de la terre et le temps sidéral t' converti en arc, nous aurons pour les expressions de l'aberration diurne en ascension droite et en déclinaison:

$$(4) \quad \begin{cases} A - A' = -0'',311 \cos l \cos (t' - A) \text{ séc } D, \\ D - D' = +0'',311 \cos l \sin (t' - A) \sin D. \end{cases}$$

Il résulte de ces expressions que lorsque l'astre est au méridien, l'aberration diurne en déclinaison est nulle, tandis que l'aberration en ascension droite y atteint sa plus grande valeur qui se traduit par $0'',311 \cos l$ séc D.

Aberration planétaire. — Les planètes ayant un mouvement propre, il en résulte que le lieu de ces astres change pendant le temps que la lumière emploie pour arriver à la terre, en sorte que la direction observée du rayon lumineux ne correspond pas à la vraie position géocentrique de l'astre au moment de l'observation.

Nous n'entrerons pas ici dans la démonstration analytique des lois qui régissent l'aberration planétaire, nous nous bornerons seulement à donner les formules à l'aide desquelles on parvient à calculer cette aberration.

Prenons pour unités le rayon de l'orbite terrestre et la masse du soleil, et représentons par a le demi grand axe de l'orbite d'une planète; la constante de l'aberration due au mouvement de la terre sera, pour cette planète:

$$\frac{20'',445}{\sqrt{a}}$$

Nous allons, au moyen de cette formule, dresser une table donnant pour chaque planète, la constante de l'aberration.

Table de la constante de l'aberration des planètes

NOMS des PLANÈTES	ÉLÉMENT a	ÉLÉMENT $\sqrt{a}$	CONSTANTE de L'ABERRATION	OBSERVATIONS
Mercure........	0,3878	0,62217	32",86	Planètes inférieures
Vénus..........	0,7233	0,85046	24",04	
Mars...........	1,5237	1,23438	16",56	Planètes supérieures
Jupiter.........	5,2028	2,28096	8",97	
Saturne.........	9,5389	3,08851	6",62	
Uranus.........	19,1827	4,37980	4",67	
Neptune........	30,0400	5,48088	3",73	

Si nous représentons par a' la constante de l'aberration d'une planète, nous aurons:

Pour l'aberration en ascension droite et en déclinaison :

$$(5) \quad \begin{cases} A - A' = - a' (\cos \odot \cos A \cos E + \sin \odot \sin A) \text{ séc } D; \\ D - D' = + a' \cos \odot (\sin A \sin D \cos E - \cos D \sin E) \\ \qquad - a' \sin \odot \cos A \sin D. \end{cases}$$

Pour l'aberration en longitude et en latitude :

$$(6) \quad \begin{cases} L - L' = - a' \cos (L - \odot) \text{ séc } l; \\ l - l' = + a' \sin (L - \odot) \sin l. \end{cases}$$

Aberration du soleil, en longitude, en ascension droite et en déclinaison.

Désignons par $t - T$ le temps que la lumière emploie pour parcourir la distance du soleil à la terre, ou, en d'autres termes, le produit de cette distance par $497^s,8$ (temps nécessaire à la lumière pour parcourir le demi grand axe de l'orbite terrestre); par :

$$\frac{dL}{dt}, \frac{dA}{dt} \text{ et } \frac{dD}{dt}$$

les dérivés partielles de L, A et D, nous aurons :

$$(7) \quad \begin{cases} L - L' = - (t - T) \dfrac{dL}{dt} \\ A - A' = - (t - T) \dfrac{dA}{dt} \\ D - D' = + (t - T) \dfrac{dD}{dt} \end{cases}$$

Dans ces trois équations, dL, dA et dD sont les différences de longitude, d'ascension droite et de déclinaison pour une différence de temps égale à dt. Si l'on fait dt égal à 1 jour ou 86400 secondes, on prendra pour dL, dA et dD les différences de longitude, d'ascension droite et de déclinaison pour 1 jour ou 24 heures, et on convertira ces différences en secondes d'arc. — Le temps employé par la lumière, ou $t - T = 497^s,8 . R$ (expression dans laquelle R est le rayon vecteur de la terre).

Accélération des fixes. — Voyez *Équation du temps*.

Adraste, d'Aphrodisias, en Carie, péripatéticien fidèle à la vraie doctrine d'Aristote et mathématicien distingué, vivait entre l'époque de Néron et celle de Marc-Aurèle. Théon de Smyrne nous a conservé des extraits fort étendus d'un de ses ouvrages astronomiques.

Aérolithes. — Quand un *astéroïde* rencontre la terre ou en passe à une distance assez rapprochée, il tombe sur elle par l'action de la pesanteur et de la résistance de l'air qui diminue sa vitesse. Telle est l'origine des *aérolithes*, ou pierres tombées du ciel.

Ces pierres météoriques ont toutes une composition analogue ; elles renferment du fer métallique en grande quantité, avec un peu de nickel, de cobalt, du sulfure de fer et des silicates. C'est le fer qui prédomine, et c'est probablement le fer qui brûle quand le corps passe à travers l'atmosphère.

On a trouvé à la surface de la terre de grandes masses que la tradition rapporte comme étant tombées du ciel, et qui ressemblent en effet à des aérolithes, par leur forme et leur composition. Nous citerons, parmi les plus remarquables, une masse de fer de 700 kilogrammes, trouvée en Sibérie et que les Tartares regardent comme sacrée ; une masse de 1500 kilogrammes à Bitbourg, près de Trèves ; une masse énorme de 13 mètres de hauteur en Asie, près des sources de la Rivière Jaune.

Air atmosphérique. — L'air atmosphérique n'est autre que cette substance gazeuse qui entoure notre globe. Cette substance, très-diaphane, ne réfléchit par cela même qu'un fort petit nombre de rayons ; mais quand elle est prise en grande masse, ce peu de rayons suffit pour la rendre visible. C'est donc l'atmosphère que nous voyons lorsque nos yeux s'arrêtent sur la voûte azurée du ciel. Parmi les rayons de toutes les couleurs que les couches d'air réfléchissent, les bleus sont dominants, et cela devait être, cette couleur, au degré d'intensité où le ciel nous la renvoie, s'harmonisant mieux que toute autre avec la sensibilité de notre rétine. Elle est ce qu'elle devait être pour l'homme, qui a sans cesse les yeux tournés vers le ciel.

Air atmosphérique (DENSITÉ DE L'). — Voyez *Densité*.

Aires (LOI DES). — Voyez *Loi des aires*.

Altitude. — Pour fixer la situation physique d'un point sur la terre, il est un élément qui doit être pris en considération : c'est sa hauteur au-dessus du niveau des mers, ou ce qu'on appelle son *altitude*. Cet élément est toujours donné en mètres.

C'est au moyen du baromètre que l'on mesure l'altitude d'un lieu. On sait, en effet, qu'à mesure qu'on s'élève, le mercure descend dans le tube barométrique et que le contraire a lieu quand on descend.

On prend pour le niveau des mers la position qui répond à une longueur de 760 millimètres de mercure. Au moyen d'une certaine formule ou de tables calculées d'avance, on conclut l'altitude du point observé de la hauteur moyenne du baromètre dans ce lieu.

Pour déterminer les hauteurs au moyen du baromètre, nous renverrons nos lecteurs à l'article intitulé *Baromètre.*

Ampère (ANDRÉ-MARIE), savant mathématicien, né à Polémieux, près Lyon, le 20 janvier 1775, mort à Marseille, le 10 juin 1836. Doué d'un véritable génie, travailleur infatigable, Ampère a laissé de nombreux écrits d'une grande importance. Son *Essai sur la philosophie des sciences* est un ouvrage plein d'idées neuves et de connaissances profondes. Il y propose sa fameuse classification des connaissances humaines.

Amplitude occase. — On appelle amplitude occase l'arc de l'horizon compris entre une étoile à son coucher et l'occident vrai.

Amplitude ortive. — On donne le nom d'amplitude ortive à l'axe de l'horizon compris entre une étoile à son lever et l'orient vrai.

Si nous désignons par A_1 l'amplitude occase ou ortive, par D, la déclinaison d'une étoile et par l la latitude géographique du lieu pour lequel on veut obtenir la valeur de A_1 nous aurons :

$$\sin A_1 = \frac{\sin D}{\cos l}$$

expression dans laquelle A_1 est positif si l'étoile se lève ou se couche en un point situé au-dessus de la ligne est-ouest, négatif si ce point est au-dessous.

Analogies de Néper. — Voyez *Formules astronomiques.*

Anémomètre. — Voyez *Phénomènes atmosphériques.*

Angle horaire. — Voyez *Coordonnées*, à l'article *Second système.*

Angle parallactique. — On nomme ainsi l'angle qui sert à calculer la parallaxe de longitude, de latitude, d'ascension droite et de déclinaison d'un astre.

Soit : l la latitude géographique d'un lieu situé à la surface de la terre ;
t l'angle horaire d'une étoile, c'est-à-dire sa distance au méridien de ce lieu ;
B un angle dont la valeur est donnée par cette expression : $\tang B = \cot l \cos t$;
E la cotangente de l'angle g. Cet angle est donné par cette expression : $\cos g = \cos l \sin t$;
D la déclinaison de l'étoile ;
P l'angle parallactique.

On aura :

$$(1)\ \text{tang } P = \frac{E}{\cos(B + D)}$$

On aurait de même :

$$(2)\ \sin P = \frac{\cos l \sin t}{\cos h}$$

expression dans laquelle h est la hauteur de l'étoile au-dessus de l'horizon.

La valeur de h est donnée par cette relation :

$\text{Sin } h = \sin l \sin D + \cos l \cos D \cos t$. On a aussi, et d'une manière beaucoup plus simple, $h = D + l'$; l' est le complément de la latitude du lieu, c'est-à-dire d'une valeur égale à $90° - l$.

L'angle parallactique joue un rôle très-important dans l'astronomie ; il est surtout fréquemment employé pour calculer l'influence d'une petite variation dans l'azimut et la hauteur de l'angle horaire et la déclinaison. Voyez *Angle parallactique*, à la suite du mot *Coordonnées*.

Angles (MESURE DES). — On se sert, pour mesurer les angles, de divers instruments dont nous allons ici indiquer l'usage. Quant à la description des instruments eux-mêmes, nous renverrons nos lecteurs à l'article qui leur est spécialement consacré dans cet ouvrage.

On mesure les angles au moyen de cercles divisés en parties égales. Pour viser les objets, les anciens employaient l'*alilade à pinnules*, qui est encore en usage aujourd'hui dans l'arpentage.

L'œil étant placé derrière la fente étroite de l'une des pinnules, on fait tourner l'alilade jusqu'à ce que le fil tendu dans la fenêtre opposée se place exactement sur l'étoile. Le rayon visuel allant à l'étoile coïncide avec la droite qui joint la fente étroite au fil de la fenêtre opposée. Si l'on dirige ensuite l'alilade sur une autre étoile, l'arc décrit par l'alilade donne la distance angulaire des deux étoiles.

Les modernes ont remplacé l'*alilade à pinnules* par la *lunette astronomique*. Quand on vise une étoile, on fait mouvoir la lunette de manière que l'image vienne se placer exactement au point de croisement des fils du réticule ; la droite, qui va de ce point de croisement à l'étoile et qui a une direction fixe dans la lunette, s'appelle *axe* de la lunette. Pour viser une autre étoile, on fait tourner l'alilade qui porte la lunette, de manière que l'image de cette seconde étoile vienne se placer à son tour au point de croisement des fils ; l'arc décrit par l'alilade est la distance angulaire des deux étoiles.

La lunette astronomique a le double avantage d'augmenter le pouvoir de la vision et de donner au pointé une très-grande précision.

Pour mesurer les angles en mer, on se sert d'un instrument appelé *sextant*.

Angle (SINUS OU TANGENTE D'UN TRÈS-PETIT). — Voyez *Table*.

Année anomalistique. — L'année anomalistique est le temps qu'emploie le soleil, partant du périgée, pour revenir au périgée.

Le périgée a un mouvement direct de 11″,8 par an. Il en résulte que lorsque le soleil, partant du périgée, a accompli sa révolution sidérale, il lui reste encore à décrire l'arc de 11″,8 pour revenir au périgée. L'année anomalistique a donc pour valeur :

$$\text{l'année sidérale} + \frac{11'',8.\,t}{1296000''}$$

expression dans laquelle t est la valeur en jours d'une année tropique.

L'année anomalistique a aussi pour valeur :

$$t + \frac{t.\,(\mathrm{P} + 11'',8)}{1296000''}$$

Dans cette dernière équation, P est la précession des points équinoxiaux, laquelle a pour valeur $50'',22334383 + [0'',0002442966 \,.\, (a - 1800)]$; a est l'année pour laquelle on veut obtenir la valeur de P.

Année sidérale. — L'année sidérale est le temps qu'emploie le soleil, partant d'une certaine étoile, pour revenir à la même étoile. La valeur de l'année sidérale est donnée par cette expression :

$$t' = t + \frac{t\,\mathrm{P}}{1296000''}$$

expression dans laquelle t' est la valeur en jours de l'année sidérale, et t la valeur en jours de l'année tropique.

Année tropique. — L'année tropique est le temps qu'emploie le soleil, partant de l'équinoxe du printemps, pour revenir au même équinoxe. Si le point équinoxial était fixe sur la sphère céleste comme les étoiles, il est évident que l'année tropique serait égale à l'année sidérale ; mais le point équinoxial se déplaçant vers l'ouest et allant en quelque sorte au-devant du soleil, il en résulte que le soleil revient à l'équinoxe avant d'avoir accompli sa révolution sidérale ; c'est là le phénomène de la *précession* ou de l'avancement de l'équinoxe, dont nous avons donné la valeur plus haut, lorsque nous avons parlé de l'année *anomalistique*.

Soit : K la valeur en secondes de la circonférence, ou 1296000″;

n la valeur en jours solaires moyens de l'année tropique pour l'an 1800, ou $365^{j}\,242204$;

P la précession des équinoxes pour l'an 1800, ou 50″,22334383 :
v la variation annuelle de la précession, ou 0″,0002442966 ;
x le temps qu'emploie le soleil pour parcourir sur l'écliptique l'arc de la précession ;
x' le temps répondant à la variation annuelle de la précession.

On aura :

$$x = \frac{Pn}{K-P} = 0^j,014148, \text{ et } x' = \frac{vx}{P} = 0^j00000006881876$$

Ce qui donne, pour la valeur de l'année tropique, $n - x'(a - 1800)$, ou $365^j,242204 - [0^j,00000006881876 \,.\, (a - 1800)]$.

Le temps employé par le soleil pour revenir au même équinoxe ne répond pas rigoureusement à l'équation que nous venons de donner; la valeur de cette équation se trouve un peu modifiée par la *nutation*, dont il faudra toujours tenir compte. — Voyez *Nutation*.

Année (JOUR ET FRACTION DE L'). — Le jour et la fraction de l'année se comptent à partir du 1er janvier, à midi moyen. Ainsi le nombre n donné pour un jour de l'année représente le nombre de jours écoulés depuis midi moyen du 1er janvier jusqu'à midi moyen du jour que l'on considère. L'intervalle n de jours est une partie de la durée t de l'année tropique, et l'on a, en représentant par f la fraction de l'année :

$$f = \frac{n}{t}$$

Pour une période de 100 années comptées de midi moyen du 1er janvier 1850 à midi moyen du 1er janvier 1950, la valeur moyenne de $t = 365^j,2422$; en sorte que, pour chacune des années comprises dans cette période centenaire, on aura :

$$f = \frac{n}{365,2422}; \text{ et, par suite, } n = (365,2422.f)$$

Conversion d'une fraction de jour en valeur horaire. — Pour convertir une fraction de jour en secondes de temps, on multipliera cette fraction par 86400, qui est le nombre de secondes contenues dans un jour. Ainsi, si on représente la valeur horaire par h et la fraction de jour par f' on aura : $h = f'.86400$.

En divisant h par 60, on aura des minutes, si on divise les minutes par 60, on aura des heures. On pourra donc, de cette façon, convertir la fraction de jour en heures, minutes et secondes de temps.

$\frac{h}{360}$ donnerait aussi des heures et le reste de la division, divisé par 60, donnerait des minutes.

Soit à convertir en valeur horaire la fraction $0^j,2422$ qui forme, avec le nombre 365, la valeur de l'année tropique, on aura:

$$0^j,2422 \times 86400 = 20926^s,08 \text{ et } \begin{array}{r|l|l} 20926^s,08 & 3600 & 60 \\ 2926 & 5^h & 48^m \\ 526 & & \\ 46 & & \end{array}$$

Par conséquence $0^j,2422 = 5^h,48^m,46^s,08$; ce qui donne pour l'année tropique $365^j,5^h,48^m,46^s,08$.

Année civile. — Voyez *Calendrier*.

Années (COMPARAISON DES). — Voyez *Calendrier*.

Anomalie. — On appelle *anomalie* l'angle que fait le rayon vecteur d'une planète avec le grand axe de l'ellipse du côté du périgée.

Anomalie moyenne du soleil. — Cette anomalie est le résultat du déplacement d'un soleil fictif qui serait doué d'un mouvement uniforme et circulaire sur l'écliptique, sans tenir compte de l'excentricité.

L'anomalie moyenne du soleil sera donnée par l'une ou l'autre de ces deux expressions:

$$M = \left[\left(\frac{2\pi}{t}.\, t_1\right) : \sin 1''\right]; \text{ ou bien } M = \left(\frac{K}{t}.\, t_1\right)$$

Dans les deux expressions qui précèdent, M est l'anomalie moyenne du soleil au temps t_1 compté du périgée; t la valeur d'une année tropique, soit qu'elle se trouve exprimée en jours solaires moyens, ou par une période horaire de 24 heures. Ces données s'appliquent également aux deux équations.

On a en outre, dans la première équation $2\pi = 6,28318$ et $\sin 1'' = 0,0000048481$; dans la seconde équation $K = 1296000''$, ainsi que nous l'avons vu précédemment, lorsque nous avons parlé de l'année tropique, page 25.

Si on fait $t = 24$ heures, et si on exprime par t_1 le nombre des minutes de temps comptées du périhélie, on aura :

$$M = \frac{t_1}{4}$$

et alors on obtiendra au quotient des degrés. S'il y a un reste, on le multipliera par 60 et on divisera également le produit par 4 pour avoir des minutes; on en fera autant du second reste, pour obtenir des secondes.

Table de l'anomalie moyenne du soleil

Temps →	0^m	4^m	8^m	12^m	16^m	20^m	24^m	28^m	32^m	36^m	40^m	44^m	48^m	52^m	56^m	60^m
↘	M=	M=	M=	M=	M=	M=	M=	M=	M=	M=	M=	M=	M=	M=	M=	M=
	°	°	°	°	°	°	°	°	°	°	°	°	°	°	°	°
Périhélie 0^h	0	1	2	3	4	5	6	7	8	9	10	11	12	13	14	15
1	15	16	17	18	19	20	21	22	23	24	25	26	27	28	29	30
2	30	31	32	33	34	35	36	37	38	39	40	41	42	43	44	45
3	45	46	47	48	49	50	51	52	53	54	55	56	57	58	59	60
4	60	61	62	63	64	65	66	67	68	69	70	71	72	73	74	75
5	75	76	77	78	79	80	81	82	83	84	85	86	87	88	89	90
6	90	91	92	93	94	95	96	97	98	99	100	101	102	103	104	105
7	105	106	107	108	109	110	111	112	113	114	115	116	117	118	119	120
8	120	121	122	123	124	125	126	127	128	129	130	131	132	133	134	135
9	135	136	137	138	139	140	141	142	143	144	145	146	147	148	149	150
10	150	151	152	153	154	155	156	157	158	159	160	161	162	163	164	165
11	165	166	167	168	169	170	171	172	173	174	175	176	177	178	179	180
Aphélie 12	180	181	182	183	184	185	186	187	188	189	190	191	192	193	194	195
13	195	196	197	198	199	200	201	202	203	204	205	206	207	208	209	210
14	210	211	212	213	214	215	216	217	218	219	220	221	222	223	224	225
15	225	226	227	228	229	230	231	232	233	234	235	236	237	238	239	240
16	240	241	242	243	244	245	246	247	248	249	250	251	252	253	254	255
17	255	256	257	258	259	260	261	262	263	264	265	266	267	268	269	270
18	270	271	272	273	274	275	276	277	278	279	280	281	282	283	284	285
19	285	286	287	288	289	290	291	292	293	294	295	296	297	298	299	300
20	300	301	302	303	304	305	306	307	308	309	310	311	312	313	314	315
21	315	316	317	318	319	320	321	322	323	324	325	326	327	328	329	330
22	330	331	332	333	334	335	336	337	338	339	340	341	342	343	344	345
23	345	346	347	348	349	350	351	352	353	354	355	356	357	358	359	360
Périhélie 24	360	Retour de la terre au périhélie (1); on recommence la période, en faisant $24^h = 0^h$ et M = 0°.														

D'après la table qui précède, 24 heures étant prises pour la valeur d'une année tropique de $365^j,2422$ (2), 1 heure sera égale à $\frac{365,2422}{24}$ ou à

(1) Nous avons suppose ici que le périhélie avait un point fixe sur l'écliptique; ce qui n'est pas rigoureusement exact, puisqu'il se déplace de 11",8 par an et que la terre, après avoir accompli sa révolution sidérale, a encore à décrire ce petit arc pour arriver de nouveau au périhélie; mais cette quantité, en raison de son peu d'importance, peut être négligée, sauf à en tenir compte dans l'évaluation de la longitude.

(2) Dans une période de 100 années comprises entre 1850 et 1950, chaque année tropique vaut $365^j,2422$; — chaque année sidérale $365^j,256338$, — et chaque année anomalistique $365^j,2596635$.

15ʲ,218425 et 4 minutes, qui sont la quinzième partie d'une heure, représenteront $\frac{15,218425}{15}$ ou 1ʲ,0145617.

Maintenant, si nous représentons respectivement par $d\,M$ et $d\,M'$ les différences de l'anomalie moyenne du soleil pour 4 minutes et pour 1 jour, nous aurons, pour 1 jour :

$$d\,M' = \frac{d\,M}{1,0145617}$$

Mais, pour 4 minutes de temps, $d\,M = 1^\circ$; donc, pour 1 jour,

$$d\,M' = \frac{1^\circ}{1,0145617} = 59'.8'',3$$

C'est le moyen mouvement tropique du soleil en 1 jour.

Anomalie vraie du soleil. — La terre se meut dans une ellipse dont le soleil occupe l'un des foyers, de telle sorte que le rayon vecteur de la terre (la ligne qui joint les centres de la terre et du soleil) décrit des aires égales dans des temps égaux.

On appelle *anomalie vraie du soleil*, l'angle que fait le rayon vecteur de la terre avec le grand axe de l'ellipse, dans un temps donné, soit :

E l'aire de l'ellipse ;
a le demi grand axe de l'ellipse ;
π le rapport du diamètre à la circonférence ;
e l'excentricité de l'ellipse.

On aura :

$$E = a\,\pi\sqrt{1 - e^2}$$

Si on fait le demi grand axe égal à l'unité, l'expression qui précède deviendra celle-ci :

$$E = \pi\sqrt{1 - e^2}$$

ou, en faisant usage des logarithmes,

$$\log E = \left[\log \pi + \left(\frac{1}{2}\log 1 - e^2\right)\right]$$

Soit également : t le temps compté du périhélie, et exprimé en minutes sidérales ;

r le rayon vecteur de la terre au temps t ;
V la vitesse aréolaire de la terre ;
v l'anomalie vraie du soleil.

Le rayon vecteur de la terre décrivant des aires égales dans des temps égaux, le secteur décrit au temps t depuis le passage au périhélie est

$$V = \left(\frac{\frac{E}{r}}{1440} \right) t.$$

Dans cette expression, 1440 est le nombre de minutes de temps attribuées à la durée d'une année tropique, que nous supposons ici de 24 heures.

$$\frac{V.\ 1296000''}{\pi}$$

donnera l'angle v, exprimé en secondes d'arc, que fait au temps t le rayon vecteur de la terre avec le grand axe de l'ellipse, et v sera l'*anomalie vraie du soleil* au temps t.

L'*anomalie vraie* se déduit aussi de l'*anomalie moyenne*; en sorte que l'on a $v = M + v'$, où v' est une variable dérivée de v, que l'on obtient à l'aide de cette équation :

$$v' = (x \sin M + x' \sin 2\,M + x'' \sin 3\,M);$$

équation dans laquelle :

$$x = \frac{2e - \frac{e}{4}}{\sin 1''}; \quad x' = \frac{\frac{5}{4} e^{\prime}}{\sin 1''}; \quad x'' = \frac{\frac{13}{12} e^{\prime}}{\sin 1''}$$

Dans ces trois dernières expressions, les valeurs de x, x' et x'' sont des secondes d'arc dont on prendra les logarithmes pour les ajouter successivement aux logarithmes de sin M, sin 2 M et sin 3 M, pour en déduire la valeur de v'.

Nous allons donner ici une table donnant toutes les valeurs de v' de 4^m en 4^m de temps sidéral.

A l'aide de cette table et de celle qui précède, on pourra facilement déduire l'*anomalie vraie du soleil* pour une époque quelconque de l'année.

Remarque : $\frac{365,2422}{24}$ est la valeur d'une heure exprimée en jours solaires moyens ; $\frac{365,2422}{360}$ est la valeur de 4^m exprimée en jours solaires moyens.

Le sinus naturel de $1''$ vaut 0,000004848137 ; son logarithme $= \bar{6}.6855749$.

La table qui va suivre a été calculée en faisant e — 0,016771196. En raison du peu d'importance de la variation séculaire de l'excentricité, cette table peut servir pour une période de 50 ans à partir de 1870, c'est-à-dire jusqu'en 1920.

Table pour servir à déterminer l'anomalie vraie du soleil

Valeurs de v' à ajouter à l'anomalie moyenne du soleil pour en obtenir l'anomalie vraie.

	$0^h - 12^h$				$1^h - 13^h$				$2^h - 14^h$				$3^h - 15^h$				$4^h - 16^h$				$5^h - 17^h$				Minutes
	$v' =$				$v' =$				$v' =$				$v' =$				$v' =$				$v' =$				
	°	'	"	/10	°	'	"	/10	°	'	"	/10	°	'	"	/10	°	'	"	/10	°	'	"	/10	
0^m	0	0	0	0	0	30	27	6	0	58	43	1	1	22	45	3	1	40	54	2	1	51	59	6	60^m
4	0	2	3	3	0	32	26	2	1	0	28	3	1	24	9	9	1	41	52	5	1	52	27	7	56
8	0	4	6	6	0	34	24	1	1	2	12	4	1	25	32	8	1	42	48	8	1	52	53	7	52
12	0	6	9	8	0	36	21	4	1	3	55	3	1	26	54	1	1	43	43	1	1	53	17	6	48
16	0	8	12	9	0	38	17	9	1	5	37	0	1	28	13	7	1	44	35	6	1	53	39	4	44
20	0	10	15	8	0	40	13	8	1	7	17	4	1	29	31	8	1	45	26	0	1	53	59	0	40
24	0	12	18	6	0	42	8	8	1	8	56	5	1	30	48	0	1	46	14	5	1	54	16	6	36
28	0	14	21	1	0	44	3	0	1	10	34	3	1	32	2	6	1	47	1	0	1	54	32	0	32
32	0	16	23	3	0	45	56	4	1	12	10	7	1	33	15	3	1	47	45	4	1	54	45	4	28
36	0	18	25	2	0	47	48	8	1	13	45	8	1	34	26	4	1	48	27	9	1	54	56	6	24
40	0	20	26	7	0	49	40	4	1	15	19	4	1	35	35	6	1	49	8	3	1	55	5	7	20
44	0	22	27	8	0	51	31	0	1	16	51	5	1	36	43	1	1	49	46	6	1	55	12	6	16
48	0	24	28	5	0	53	20	6	1	18	22	3	1	37	48	6	1	50	23	1	1	55	17	5	12
52	0	26	28	8	0	55	9	2	1	19	51	5	1	38	52	4	1	50	57	3	1	55	20	3	8
56	0	28	28	5	0	56	56	7	1	21	19	2	1	39	54	3	1	51	29	5	1	55	20	9	4
60	0	30	27	6	0	58	43	1	1	22	45	3	1	40	54	2	1	51	59	6	1	55	19	4	0
Minutes	$v' =$				$v' =$				$v' =$				$v' =$				$v' =$				$v' =$				
	$11^h - 23^h$				$10^h - 22^h$				$9^h - 21^h$				$8^h - 20^h$				$7^h - 19^h$				$6^h - 18^h$				

Les valeurs numériques des éléments qui entrent dans la composition de la variable v' pour l'année 1895, qui est la moyenne de l'intervalle du temps compris entre 1870 et 1920, sont les suivantes :

$2e = 0{,}0335426$	$\frac{e^3}{4} = 0{,}0000011793$
$e^2 = 0{,}0002812765$	$\frac{5}{4}e^2 = 0{,}0003515956$
$e^3 = 0{,}0000047174$	$\frac{13}{12}e^3 = 0{,}0000051105$

$$2e - \frac{e^3}{4} = 0{,}0002800972$$

Table de l'anomalie vraie du soleil

La formule qui a servi à calculer cette table repose sur cette équation: $v = M + v'$; équation dans laquelle v est l'anomalie vraie du soleil; M son anomalie moyenne et v' une variable résultant de la combinaison de l'excentricité de l'orbite terrestre et de l'anomalie moyenne du soleil.

Cette table peut servir pendant une période de cinquante ans à partir de 1870, c'est-à-dire jusqu'en 1920.

Lorsque la terre est au périhélie, $T = 0^h0^m$ et $v = 0°0'0'',0$; quand elle est à l'aphélie, $T = 12^h.0^m$ et $v = 180°0'0'',0$.

T = heures / minutes	0h v = °	′	″	/10	1h v = °	′	″	/10	2h v = °	′	″	/10	3h v = °	′	″	/10
0m	0	0	0	0	15	30	27	6	30	58	43	1	46	22	45	3
4	1	2	3	3	16	32	26	2	32	0	28	3	47	24	9	9
8	2	4	6	6	17	34	24	1	33	2	12	4	48	25	32	8
12	3	6	9	8	18	36	21	4	34	3	55	3	49	26	54	1
16	4	8	12	9	19	38	17	9	35	5	37	0	50	28	13	7
20	5	10	15	8	20	40	13	8	36	7	17	4	51	29	31	8
24	6	12	18	6	21	42	8	8	37	8	56	5	52	30	48	0
28	7	14	21	1	22	44	3	0	38	10	34	3	53	32	2	6
32	8	16	23	3	23	45	56	4	39	12	10	7	54	33	15	3
36	9	18	25	2	24	47	48	8	40	13	45	8	55	34	26	4
40	10	20	26	7	25	49	40	4	41	15	19	4	56	35	35	6
44	11	22	27	8	26	51	31	0	42	16	51	5	57	36	43	1
48	12	24	28	5	27	53	20	6	43	18	22	3	58	37	48	6
52	13	26	28	8	28	55	9	2	44	19	51	5	59	38	52	4
56	14	28	28	5	29	56	56	7	45	21	19	2	60	39	54	3
60	15	30	27	6	30	58	43	1	46	22	45	3	61	40	54	2
	°	′	″	/10	°	′	″	/10	°	′	″	/10	°	′	″	/10
minutes / heures T =	v = 0h				v = 1h				v = 2h				v = 3h			
Epoque de l'année répondant au temps T	JANVIER								FÉVRIER							

T = heures / minutes	4h v = °	′	″	/10	5h v = °	′	″	/10	6h v = °	′	″	/10	7h v = °	′	″	/10
0m	61	40	54	2	76	51	59	6	91	55	19	4	106	51	59	6
4	62	41	52	5	77	52	27	7	92	55	20	9	107	51	29	5
8	63	42	48	8	78	52	53	7	93	55	20	3	108	50	57	3
12	64	43	43	1	79	53	17	6	94	55	17	5	109	50	23	1
16	65	44	55	6	80	53	39	4	95	55	12	6	110	49	46	6
20	66	45	26	0	81	53	59	0	96	55	5	7	111	49	8	3
24	67	46	14	5	82	54	16	6	97	54	56	6	112	48	27	9
28	68	47	1	0	83	54	32	0	98	54	45	4	113	47	45	4
32	69	47	45	4	84	54	45	4	99	54	32	0	114	47	1	0
36	70	48	27	9	85	54	56	6	100	54	16	6	115	46	14	5
40	71	49	8	3	86	55	5	7	101	53	59	0	116	45	26	0
44	72	49	46	6	87	55	12	6	102	53	39	4	117	44	35	6
48	73	50	23	1	88	55	17	5	103	53	17	6	118	43	43	1
52	74	50	57	3	89	55	20	3	104	52	53	7	119	42	48	8
56	75	51	29	5	90	55	20	9	105	52	27	7	120	41	52	5
60	76	51	59	6	91	55	19	4	106	51	59	6	121	40	54	2
	°	′	″	/10	°	′	″	/10	°	′	″	/10	°	′	″	/10
T = minutes / heures	v = 4h				v = 5h				v = 6h				v = 7h			
Epoque de l'année répondant au temps T	MARS								AVRIL							

T = minutes / heures	8h				9h				10h				11h			
	v =				v =				v =				v =			
	°	′	″	/10	°	′	″	/10	°	′	″	/10	°	′	″	/10
0m	121	40	54	2	136	22	45	3	150	58	43	1	165	30	27	6
4	122	39	54	3	137	21	19	2	151	56	56	7	166	28	28	5
8	123	38	52	4	138	19	51	5	152	55	9	2	167	26	28	8
12	124	37	48	6	139	18	22	3	153	53	20	6	168	24	28	5
16	125	36	43	1	140	16	51	5	154	51	31	0	169	22	27	8
20	126	35	35	6	141	15	19	4	155	49	40	4	170	20	26	7
24	127	34	26	4	142	13	45	8	156	47	48	8	171	18	25	2
28	128	33	15	3	143	12	10	7	157	45	56	4	172	16	23	3
32	129	32	2	6	144	10	34	3	158	44	3	0	173	14	21	1
36	130	30	48	0	145	8	56	5	159	42	8	8	174	12	18	6
40	131	29	31	8	146	7	17	4	160	40	13	8	175	10	15	8
44	132	28	13	7	147	5	37	0	161	38	17	9	176	8	12	9
48	133	26	54	1	148	3	55	3	162	36	21	4	177	6	9	8
52	134	25	32	8	149	2	12	4	163	34	24	1	178	4	6	6
56	135	24	9	9	150	0	28	3	164	32	26	2	179	2	3	3
60	136	22	45	3	150	58	43	1	165	30	27	6	180	0	0	0
	°	′	″	/10	°	′	″	/10	°	′	″	/10	°	′	″	/10
	v =				v =				v =				v =			
T = minutes / heures	8h				9h				10h				11h			
Epoque de l'année répondant au temps T	MAI								JUIN							

T = heures / minutes	12h				13h				14h				15h			
	v =				v =				v =				v =			
	°	′	″	/10	°	′	″	/10	°	′	″	/10	°	′	″	/10
0m	180	0	0	0	195	30	27	6	210	58	43	1	226	22	45	3
4	181	2	3	3	196	32	26	2	212	0	28	3	227	24	9	9
8	182	4	6	6	197	34	24	1	213	2	12	4	228	25	32	8
12	183	6	9	8	198	36	21	4	214	3	55	3	229	26	54	1
16	184	8	12	9	199	38	17	9	215	5	37	0	230	28	13	7
20	185	10	15	8	200	40	13	8	216	7	17	4	231	29	31	8
24	186	12	18	6	201	42	8	8	217	8	56	5	232	30	48	0
28	187	14	21	1	202	44	3	0	218	10	34	3	233	32	2	6
32	188	16	23	3	203	45	56	4	219	12	10	7	234	33	15	3
36	189	18	25	2	204	47	48	8	220	13	45	8	235	34	26	4
40	190	20	26	7	205	49	40	4	221	15	19	4	236	35	35	6
44	191	22	27	8	206	51	31	0	222	16	51	5	237	36	43	1
48	192	24	28	5	207	53	20	6	223	18	22	3	238	37	48	6
52	193	26	28	8	208	55	9	2	224	19	51	5	239	38	52	4
56	194	28	28	5	209	56	56	7	225	21	19	2	240	39	54	3
60	195	30	27	6	210	58	43	1	226	22	45	3	241	40	54	2
	°	′	″	/10	°	′	″	/10	°	′	″	/10	°	′	″	/10
	v =				v =				v =				v =			
T = minutes / heures	12h				13h				14h				15h			
Epoque de l'année répondant au temps T	JUILLET								AOUT							

T = heures / minutes	16h, v =				17h, v =				18h, v =				19h, v =			
	°	′	″	/10	°	′	″	/10	°	′	″	/10	°	′	″	/10
0m	241	40	54	2	256	51	59	6	271	55	19	4	286	51	59	6
4	242	41	52	5	257	52	27	7	272	55	20	9	287	51	29	5
8	243	42	48	8	258	52	53	7	273	55	20	3	288	50	57	3
12	244	43	43	1	259	53	17	6	274	55	17	5	289	50	23	1
16	245	44	35	6	260	53	39	4	275	55	12	6	290	49	46	6
20	246	45	26	0	261	53	59	0	276	55	5	7	291	49	8	3
24	247	46	14	5	262	54	16	6	277	54	56	6	292	48	27	9
28	248	47	1	0	263	54	32	0	278	54	45	4	293	47	45	4
32	249	47	45	4	264	54	45	4	279	54	32	0	294	47	1	0
36	250	48	27	9	265	54	56	6	280	54	16	6	295	46	14	5
40	251	49	8	3	266	55	5	7	280	53	59	0	296	45	26	0
44	252	49	46	6	267	55	12	6	282	53	39	4	297	44	35	6
48	253	50	23	1	268	55	17	5	283	53	17	6	298	43	43	1
52	254	50	57	3	269	55	20	3	284	52	53	7	299	42	48	8
56	255	51	29	5	270	55	20	9	285	52	27	7	300	41	52	5
60	256	51	59	6	271	55	19	4	286	51	59	6	301	40	54	2
	°	′	″	/10	°	′	″	/10	°	′	″	/10	°	′	″	/10
T = minutes / heures	16h, v =				17h, v =				18h, v =				19h, v =			
Epoque de l'année répondant au temps T	SEPTEMBRE								OCTOBRE							

T = heures / minutes	20h v = °	′	″	/10	21h v = °	′	″	/10	22h v = °	′	″	/10	23h v = °	′	″	/10
0m	301	40	54	2	316	22	45	3	330	58	43	1	345	30	27	6
4	302	39	54	3	317	21	19	2	331	56	56	7	346	28	28	5
8	303	38	52	4	318	19	51	5	332	55	9	2	347	26	28	8
12	304	37	48	6	319	18	22	3	333	53	20	6	348	24	28	5
16	305	36	43	1	320	16	51	5	334	51	31	0	349	22	27	8
20	306	35	35	6	321	15	19	4	335	49	40	4	350	20	26	7
24	307	34	26	4	322	13	45	8	336	47	48	8	351	18	25	2
28	308	33	15	3	323	12	10	7	337	45	56	4	352	16	23	3
32	309	32	2	6	324	10	34	3	338	44	3	0	353	14	21	1
36	310	30	48	0	325	8	56	5	339	42	8	8	354	12	18	6
40	311	29	31	8	326	7	17	4	340	40	13	8	355	10	15	8
44	312	28	13	7	327	5	37	0	341	38	17	9	356	8	12	9
48	313	26	54	1	328	3	55	3	342	36	21	4	357	6	9	8
52	314	25	32	8	329	2	12	4	343	34	24	1	358	4	6	6
56	315	24	9	9	330	0	28	3	344	32	26	2	359	2	3	3
60	316	22	45	3	330	58	43	1	345	30	27	6	360	0	0	0
	°	′	″	/10	°	′	″	/10	°	′	″	/10	°	′	″	/10
minutes / T = heures	v = 20h				v = 21h				v = 22h				v = 23h			
Epoque de l'année répondant au temps T	NOVEMBRE								DÉCEMBRE							

Aphélie. — Nous avons dit, lorsque nous avons parlé de l'*Anomalie vraie du soleil*, que la terre se meut dans une ellipse dont le soleil occupe l'un des foyers ; le point de cette ellipse où la terre se trouve le plus éloignée du soleil s'appelle *aphélie* (de deux mots grecs : απο, loin; ηλιος, soleil.)

Apianus (PIERRE), célèbre astronome allemand, né à Leysnick de Misnie en 1495, mort à Ingolstadt en 1551. Son nom était Bienewitz ; selon la coutume du temps, il le latinisa, et de *Biene* (abeille, *apis)*, il fit *Apianus*. Il donna des leçons d'astronomie à Charles-Quint, qui le nomma chevalier de l'empire germanique. Sa *Cosmographie*, dédiée à ce prince, lui acquit une grande réputation.

Apianus excellait aussi dans la construction des instruments de mathématiques ; il en inventa plusieurs justement estimés.

Aplatissement de la Terre. — La terre tourne sur elle-même en un jour sidéral autour d'une droite qui se meut dans l'espace ; chaque point de la masse décrit un cercle dont le plan est perpendiculaire à l'axe qui contient le centre, et tous, excepté ceux qui se trouvent sur l'axe, doivent posséder une force centrifuge. On voit donc que si la terre a été primitivement fluide, ses éléments matériels ont dû tendre à s'éloigner de l'axe de rotation et, par suite, les masses équatoriales doivent être plus éloignées du centre de la terre que celles qui sont aux pôles; la terre peut être ainsi considérée comme formée par la révolution d'une ellipse à laquelle on donnerait un mouvement de rotation autour de son petit axe; les mesures géodésiques confirment ce résultat. La différence des demi-axes de cette ellipse est de 21318^m ; le rapport de cette quantité au rayon de l'équateur est égal à $\frac{1}{299,16}$; c'est ce que l'on appelle l'*aplatissement*.

Si nous appelons a le demi-axe équatorial et b le demi-axe polaire, nous aurons, pour l'expression de l'aplatissement:

$$\frac{a-b}{a}$$

Maintenant, si nous faisons $a = 1$, nous aurons $b = 0,9966573$ et

$$\frac{a-b}{a} = 0,0033427$$

Si nous multiplions ce dernier nombre par 6377398, qui est la longueur en mètres du rayon équatorial terrestre, nous aurons pour produit 21318^m ; telle est la valeur de l'aplatissement que nous avons donnée plus haut.

En résumé, l'aplatissement n'est autre que le rapport de la différence des deux diamètres (grand et petit) au diamètre de l'équateur. En effet, puisque $a = 1$ et $b = 0,9966573$, nous aurons $2 - 1,9933146 = 0,0066854$ et enfin $0,0066854 : 1 :: 2 : x$, d'où $x = 299,16$; donc le rapport de la différence des deux diamètres au diamètre de l'équateur est de $\frac{1}{299,16}$ ou, en d'autres termes, l'aplatissement de la terre est à son diamètre équatorial comme 1 est à 299,16.

L'explication naturelle et la seule possible de ce fait consiste, comme nous l'avons dit, à admettre que la terre était primitivement fluide et de forme sphérique et que, par suite de sa rotation autour d'un de ses diamètres, elle a dû se renfler à son équateur et s'aplatir à ses pôles. C'est en effet ce qui arrive quand on fait tourner sur elle-même une masse liquide renfermée dans une enveloppe flexible, ou une sphère composée de lames élastiques mobiles. La terre était donc primitivement un globe liquide tournant sur un axe, aplati aux pôles et renflé à son équateur, par l'effet de la force centrifuge; cette masse solidifiée subséquemment, a conservé la forme que sa rotation lui a imprimée dans le principe.

L'aplatissement des astres est une conséquence nécessaire de leur rotation. La déformation est d'autant plus grande que la rotation est plus rapide. Pour la terre, la diminution de la pesanteur à l'équateur n'est que de $\frac{1}{289}$ et l'aplatissement de $\frac{1}{299}$ environ. Pour Jupiter, qui tourne plus vite et qui est beaucoup plus gros, la diminution est de $\frac{1}{12}$ et l'aplatissement de $\frac{1}{14}$. La force centripète étant proportionnelle au carré de la vitesse, si la terre tournait dix-sept fois plus vite, 289 étant le carré de 17, la pesanteur serait nulle à l'équateur.

Apogée. — Apogée est synonyme d'aphélie; c'est le point où le soleil se trouve le plus éloigné de la terre. C'est à l'apogée que le mouvement du soleil en longitude est le moins rapide. — Voyez *Excentricité*.

Apollonius, natif de Perga, en Pamphylie, géomètre et astronome, vivait à Alexandrie vers 205 av. J.-C., sous Ptolémée IV; il a découvert les propriétés les plus belles des *sections coniques*. Il a laissé un traité, en 8 liv., dont la meilleure édition est celle d'Oxford, in-fol., 1710, avec commentaires par Halley. Il a composé d'autres ouvrages dont il reste des fragments dans les *Collections mathématiques* de Pappus.

Arago (DOMINIQUE-FRANÇOIS), célèbre astronome français, né le 26 février 1786, à Estagel (Pyrénées-Orientales), devint successivement secrétaire du Bureau des Longitudes et directeur de l'Observatoire de Paris. — Il a doté la physique de plusieurs découvertes. Il adopta avec ardeur la *théorie des ondulations*, d'après laquelle le phénomène de la vision est produit par les vibrations d'un fluide insaisissable, l'éther, qui transmet à la vue les ondes lumineuses, comme l'air transmet les sons à l'oreille; il montra que la lumière se meut moins vite dans le verre que dans l'air, et, par cette expérience, qui sert de base à la *théorie des équivalents optiques*, détruisit le système de Newton sur la lumière, c'est-à-dire le *système de l'émission*, qui expliquait le phénomène de la lumière par une émanation directe des rayons lumineux. — De concert avec M. Biot, il résolut une question astronomique importante, celle des réfractions atmosphériques : il montra, par une suite d'observations très-délicates, que la vitesse de la lumière qui nous vient des étoiles vers laquelle la terre marche, est la même que celle de la lumière qui nous est envoyée des étoiles dont la terre s'éloigne. C'est encore Arago qui a découvert la *polarisation colorée* ; cette découverte le conduisit à l'invention du *polariscope*, instrument destiné à distinguer la lumière polarisée de la lumière naturelle.

Les plus habiles physiciens avaient toujours regardé le phénomène de la scintillation des étoiles comme inexplicable : Arago a démontré qu'il fallait l'attribuer à l'interférence des rayons lumineux qui ont traversé des couches d'air de densité différente

Arago a enrichi de travaux précieux les *Mémoires de l'Académie des sciences*, ainsi que les *Annales de physique et de chimie* qu'il avait fondées avec Gay-Lussac. — Il est mort à Paris le 2 octobre 1853, à l'âge de 67 ans.

Aratus. poète-physicien, né à Soles ou à Tarses, en Cilicie, vers 270 av. J.-C., composa pour Antigone Gonatas, roi de Macédoine, un poème où il exposa toutes les connaissances astronomiques de son temps.

Arc (SINUS OU TANGENTE D'UN TRÈS-PETIT). — Voyez *Table*.

Arc d'un degré. — Le plus court chemin d'un point à un autre, sur la surface de la terre, est l'arc d'un grand cercle qui les joint. On appelle *arc d'un degré* un arc de grand cercle tel que les verticales menées à ses deux extrémités font entr'elles un angle d'un degré. Si la terre était parfaitement sphérique, sa mesure reviendrait à celle d'un arc d'un degré; une fois la longueur de cet arc connue, en la multipliant par 360, on aurait la longueur de la circonférence entière, d'où l'on déduirait facilement le rayon, puisque pour $r = 1$, on a $2\pi = 6{,}28318$ et 360°. Si on représentait par r' le rayon de la circonférence à laquelle se rapporterait la longueur l de l'arc d'un degré, on aurait

$$r' = \frac{r\,(l.\,360)}{2\pi}$$

Mais la terre n'est pas sphérique, c'est un ellipsoïde aplati vers les pôles et renflé à l'équateur ; par conséquent l'équation qui précède, appliquée à la terre, ne donnerait pas une valeur rigoureuse de son rayon.

L'angle des verticales aux deux extrémités d'un arc s'obtient aisément, quand l'arc appartient à un méridien ; car cet angle est la différence des latitudes des deux extrémités. Il est donc préférable de mesurer l'*arc d'un degré* sur un méridien. Mais, en général, la mesure directe étant très-difficile à effectuer, à cause des inégalités du sol, on a recours à la *triangulation*. — Voyez *Triangulation*.

Arc-en-ciel. — Voyez *Phénomènes atmosphériques*.

Aristarque, de Samos, astronome grec, florissait vers le milieu du IIIe siècle av. J.-C. Il est cité par Vitruve comme inventeur d'une espèce particulière de cadran solaire. On a de lui un traité *sur les grandeurs et les distances du soleil et de la lune*. La méthode employée dans cet ouvrage est ingénieuse et théoriquement vraie, mais les conclusions en sont très-erronées, surtout en ce qui concerne le soleil, parce que l'auteur n'avait pas les moyens de trouver à beaucoup près avec une exactitude suffisante les données expérimentales que cette méthode suppose. Dans quelque autre ouvrage, dont le titre même nous est inconnu, Aristarque avait présenté, à titre d'hypothèse, un système astronomique inconnu aux Pythagoriciens, et qui n'est autre que celui de Copernic.

Aristote, philosophe grec, naquit à Stagyre en Macédoine, l'an 384 av. J.-C., et mourut en 322, à Chalcis en Eubée, où il s'était retiré avec la plupart de ses disciples. Suivant Aristote, la philosophie devait embrasser toutes les sciences. Son *système astronomique* est celui de Calippe, sauf une modification purement théorique et de nulle importance. (Voyez *Calippe.*)

Arrest (D'), astronome allemand, a observé en 1846, du 14 janvier au 25 février, la comète de Biela, et calculé les distances qui séparaient les deux noyaux de cette comète. Le 27 juin 1851, il a aussi découvert à Leipsick une nouvelle comète qui put être observée jusqu'au 6 octobre suivant. Cette comète, qui porte son nom, effectue sa révolution autour du soleil dans une période de 6 ans 4/10. (Voyez *Comète de d'Arrest.*)

Ascension droite. — On appelle ascension droite les distances angulaires comptées sur l'équateur à partir de l'équinoxe du printemps, et de 0° à 360° de l'ouest à l'est, en sens inverse du mouvement diurne.

Il résulte de cette définition que l'ascension droite d'un astre est l'angle que fait le cercle horaire passant par le centre de cet astre avec le cercle horaire passant par le point équinoxial du printemps.

L'angle de ces deux cercles horaires est mesuré par l'arc qu'ils interceptent sur l'équateur ; il suit de là que lorsqu'une étoile passe au méridien d'un lieu, l'ascension droite de cette étoile est mesurée par la distance angulaire qui sépare le méridien de ce lieu du cercle horaire passant par l'équinoxe du printemps.

Soit : P E P′ (*fig.* 3) le cercle horaire passant par le point équinoxial du printemps ; P A P′ le cercle horaire d'une étoile M ; l'ascension droite de cette étoile est mesurée par l'arc d'équateur E A. Les étoiles situées sur un même cercle horaire ont même ascension droite.

L'observation des temps des passages des étoiles au méridien d'un lieu donne immédiatement les différences de leurs ascensions droites apparentes exprimées en temps. Ces observations exigent une bonne pendule, c'est-à-dire une pendule telle que, pour des temps pendant lesquels des arcs égaux de l'équateur traversent le méridien, elle batte toujours le même nombre de secondes, et un instrument des hauteurs parfaitement établi dans le plan du méridien et que l'on nomme *Cercle méridien.*

L'observation des temps des passages des étoiles, faite avec un instrument ainsi établi, donne immédiatement les différences des ascensions droites apparentes. Pour obtenir les différences des ascensions droites moyennes rapportées au commencement de l'année, il faut leur ajouter les réductions au lieu apparent prises en signe contraire. Le calcul des formules relatives à ces corrections exige que l'on connaisse déjà des valeurs approchées de l'ascension droite et de la déclinaison ; on les trouve dans les catalogues construits antérieurement.

Si l'astre a un diamètre apparent, il arrive quelquefois qu'on ne peut en observer que l'un des bords ; et comme cet astre a toujours un mouvement propre, il faut calculer la durée du passage au méridien de son demi-diamètre ; on augmentera ou on diminuera de cette durée le temps observé, suivant qu'on aura observé le bord qui précède le centre (1er bord), ou le bord qui le suit (2e bord). Pour le soleil, dont on peut observer les deux bords, il suffit de prendre la moyenne des deux observations.

Pour trouver l'ascension droite du centre de la lune, on observe l'instant du passage du bord lumineux, et l'on ajoute ou l'on retranche le temps employé par le demi-diamètre apparent pour traverser le méridien, selon que l'on aura observé le premier bord ou le deuxième bord ; dans le calcul de ce temps, il faut tenir compte de la déclinaison.

Ascension droite du soleil. — L'ascension droite du soleil s'obtient à l'aide de cette équation : tang A = tang L cos E ; équation dans laquelle A est l'ascension droite du soleil, L sa longitude apparente et E l'obliquité de l'écliptique.

Nous allons donner ici une table de l'ascension droite du soleil, en prenant pour argument la longitude apparente de 0° à 360°, et l'obliquité moyenne de l'écliptique égale à 23°.27′.8″.

Table de l'ascension droite du soleil

LONGITUDE apparente DU SOLEIL				ASCENSION DROITE DU SOLEIL								LONGITUDE apparente DU SOLEIL				ASCENSION DROITE DU SOLEIL							
				en arc				en temps								en arc				en temps			
°	°	°	°	°	′	″		h	m	s		°	°	°	°	°	′	″		h	m	s	
0	360	180	180	0	0	0	0	0	0	0	0	34	326	214	146	31	44	55	5	2	6	59	7
1	359	181	179	0	55	2	7	0	3	40	2	35	325	215	145	32	42	54	9	2	10	51	7
2	358	182	178	1	50	5	6	0	7	20	4	36	324	216	144	33	41	3	9	2	14	44	3
3	357	183	177	2	45	9	3	0	11	0	6	37	323	217	143	34	39	22	6	2	18	37	5
4	356	184	176	3	40	13	8	0	14	40	9	38	322	218	142	35	37	51	2	2	22	31	4
5	355	185	175	4	35	19	7	0	18	21	3	39	321	219	141	36	36	29	8	2	26	26	0
6	354	186	174	5	30	27	1	0	22	1	8	40	320	220	140	37	35	18	5	2	30	21	2
7	353	187	173	6	25	36	4	0	25	42	4	41	319	221	139	38	34	17	5	2	34	17	2
8	352	188	172	7	20	48	0	0	29	23	2	42	318	222	138	39	33	27	0	2	38	13	8
9	351	189	171	8	16	2	1	0	33	8	1	43	317	223	137	40	32	47	0	2	42	11	1
10	350	190	170	9	11	19	0	0	36	45	3	44	316	224	136	41	32	17	6	2	46	9	2
11	349	191	169	10	6	39	2	0	40	26	6	45	315	225	135	42	31	58	9	2	50	7	9
12	348	192	168	11	2	2	6	0	44	8	2	46	314	226	134	43	31	50	9	2	54	7	4
13	347	193	167	11	57	30	0	0	47	50	0	47	313	227	133	44	31	53	8	2	58	7	6
14	346	194	166	12	53	1	4	0	51	32	1	48	312	228	132	45	32	7	6	3	2	8	5
15	345	195	165	13	48	37	1	0	55	14	5	49	311	229	131	46	32	32	2	3	6	10	1
16	344	196	164	14	44	17	5	0	58	57	2	50	310	230	130	47	33	7	8	3	10	12	5
17	343	197	163	15	40	2	9	1	2	40	2	51	309	231	129	48	33	54	3	3	14	15	6
18	342	198	162	16	35	53	5	1	6	23	6	52	308	232	128	49	34	51	7	3	18	19	4
19	341	199	161	17	31	49	6	1	10	7	3	53	307	233	127	50	36	0	0	3	22	24	0
20	340	200	160	18	27	51	6	1	13	51	4	54	306	234	126	51	37	19	2	3	26	29	3
21	339	201	159	19	23	59	7	1	17	36	0	55	305	235	125	52	38	49	2	3	30	35	3
22	338	202	158	20	20	14	1	1	21	20	9	56	304	236	124	53	40	30	0	3	34	42	0
23	337	203	157	21	16	35	1	1	25	6	3	57	303	237	123	54	42	21	3	3	38	49	4
24	336	204	156	22	13	3	1	1	28	52	2	58	302	238	122	55	44	23	2	3	42	57	5
25	335	205	155	23	9	38	2	1	32	38	5	59	301	239	121	56	46	35	6	3	47	6	4
26	334	206	154	24	6	20	7	1	36	25	4	60	300	240	120	57	48	58	4	3	51	15	9
27	333	207	153	25	3	10	8	1	40	12	7	61	299	241	119	58	51	31	2	3	55	26	1
28	332	208	152	26	0	8	9	1	44	0	6	62	298	242	118	59	54	14	1	3	59	36	9
29	331	209	151	26	57	15	1	1	47	49	0	63	297	243	117	60	57	6	9	4	3	48	5
30	330	210	150	27	54	29	6	1	51	38	0	64	296	244	116	62	0	9	4	4	8	0	6
31	329	211	149	28	51	52	7	1	55	27	5	65	295	245	115	63	3	21	2	4	12	13	4
32	328	212	148	29	49	24	6	2	0	17	6	66	294	246	114	64	6	42	4	4	16	26	8
33	327	213	147	30	47	5	5	2	3	8	4	67	293	247	113	65	10	12	5	4	20	40	8

LONGITUDE apparente DU SOLEIL				ASCENSION DROITE DU SOLEIL								LONGITUDE apparente DU SOLEIL				ASCENSION DROITE DU SOLEIL							
				en arc				en temps								en arc				en temps			
°	°	°	°	°	′	″		h	m	s		°	°	°	°	°	′	″		h	m	s	
68	292	248	112	66	13	51	4	4	24	55	4	80	280	260	100	79	7	12	6	5	16	28	8
69	291	249	111	67	17	38	8	4	29	10	6	81	279	261	99	80	12	16	7	5	20	49	1
70	290	250	110	68	21	34	4	4	33	26	3	82	278	262	98	81	17	24	8	5	25	9	7
71	289	251	109	69	25	38	0	4	37	42	5	83	277	263	97	82	22	36	4	5	29	30	4
72	288	252	108	70	29	49	2	4	41	59	3	84	276	264	96	83	27	51	1	5	33	51	4
73	287	253	107	71	34	7	7	4	46	16	5	85	275	265	95	84	33	8	5	5	38	12	6
74	286	254	106	72	38	33	2	4	50	34	2	86	274	266	94	85	38	28	1	5	42	33	9
75	285	255	105	73	43	5	3	4	54	52	4	87	273	267	93	86	43	49	5	5	46	55	3
76	284	256	104	74	47	43	6	4	59	10	9	88	272	268	92	87	49	12	2	5	51	16	9
77	283	257	103	75	52	28	0	5	3	29	9	89	271	269	91	88	54	35	9	5	55	38	4
78	282	258	102	76	57	17	8	5	7	49	2	90	270	270	90	90	0	0	0	6	0	0	0
79	281	259	101	78	2	12	8	5	12	8	9												

Les ascensions droites se rapportent à la première colonne des longitudes.

Pour obtenir l'ascension droite en arc répondant aux autres colonnes des longitudes, on retranchera l'ascension droite de la longitude placée en regard dans la 1re colonne, et on ôtera cette différence des longitudes inscrites dans les autres colonnes, pour avoir l'ascension droite correspondante.

Exemple. — Soit à calculer l'ascension droite répondant à 359°, 181° et 179°, on posera 1° — 0°55′2″,7 = —0°4′57″,3 et on aura 359° — 0°4′57″,3 = 358°55′2″7, ; 181° — 0°4′57″,3 = 180°55′2″,7 ; 179° — 0°4′57″3 = 178°55′2″,7.

Pour convertir l'ascension droite en temps, on divisera par 15 les valeurs de l'ascension droite en arc.

Exemple. — Soit à convertir en temps 178°55′2″,7, on effectuera le calcul comme suit :

178°55′2″,7	15
028	11h55m40s,18
13	
60	
835′	
085	
10	
60	
602″	
0027	
120	
00	

Ainsi, 178°55′2″,7 répondent à 11h55m40s,18.

Ascensions droites absolues des étoiles. — L'obliquité de l'écliptique étant connue, on peut déterminer l'ascension droite absolue d'une étoile et, au moyen des différences d'ascension droite, les ascensions droites de toutes les étoiles. On choisit toujours, dans ce but, une belle étoile que l'on puisse observer même de jour et qui soit située au voisinage de l'équateur, comme Procion ou Altair.

Si on observe au méridien l'étoile et le soleil aux temps t et t' de la pendule, la quantité $t - t'$, corrigée de la marche de la pendule (voyez *Pendule*), est égale à la différence de l'ascension droite A de l'étoile et de l'ascension droite A′ du soleil, à l'époque de la culmination de ce dernier astre, en sorte que l'on a $A = A' + (t - t')$. Mais cette expression, pour être rigoureusement exacte, a besoin d'une petite correction que nous allons indiquer.

Soit : D la déclinaison du soleil ;

E l'obliquité apparente de l'écliptique;

A′ l'ascension droite du soleil ou simplement un angle dont le sinus est égal à

$$\frac{\text{tang D}}{\text{tang E}}$$

t et t' l'heure du passage au méridien de l'étoile et du soleil ;

dE et dD les différences de l'obliquité de l'écliptique et de la déclinaison du soleil au temps $t - t'$, converties en secondes d'arc.

Les valeurs de dE et de dD s'obtiennent à l'aide de ces équations :

$$\sin dE = \sin E \sin A' \text{ et } dD = \frac{(a + b) \sin 2D}{2}$$

Dans cette dernière équation,

$$a = \cot A' dA', \quad b = \frac{2dE}{\sin 2E} \text{ et } dA' = \sin^2 A'$$

(Les quantités a, b et dA′ seront exprimées en secondes d'arc.)

Les erreurs qui pourraient résulter de l'emploi des formules que nous venons de donner pour déterminer les coefficients de dE et dD sont les plus petites possible au voisinage des équinoxes. On choisira donc de préférence le voisinage des équinoxes pour calculer l'ascension droite absolue d'une étoile.

Si la première observation des différences d'ascension droite du soleil et de l'étoile a été faite avant l'équinoxe du printemps, on fera la seconde à la même distance après l'équinoxe d'automne; réciproquement, si la première observation a été faite après l'équinoxe du printemps, on devra faire la seconde à la même distance avant l'équinoxe d'automne. On prendra ensuite la moyenne arithmétique des deux observations, pour en déduire l'ascension droite absolue de l'étoile.

Le résultat de chaque observation pourra être donné par une équation de la forme de celle-ci :

$$A = A' + (t - t') + \left[\left(\frac{2 \text{ tang } A'}{\sin 2 D} dD\right) - \left(\frac{2 \text{ tang } A'}{\sin 2 E} dE\right)\right]$$

Nous allons appliquer cette formule à la détermination de l'ascension droite absolue de Procion par deux observations que nous supposerons faites au voisinage des deux équinoxes, le 19 mars et le 25 septembre 1871.

Soit à l'époque :

de la 1re observation (19 mars)	de la 2e observation (25 septembre)
$E = 23°27'21'',4$	$E = 23°27'22'',8$
$A' = 0°12'41'',0 = 51^s,07$	$A' = 0°20'16'',5 = 1^m21^s,10$
$t - t' = 7^h31^m41^s,31$	$t - t' = 7^h31^m12^s,61$
$2E = 46°54'42'',8$	$2E = 46°54'45'',6$
$dE = 6'',513$	$dE = 16'',538$
$2D = 1°14'4'',8$	$2D = 1°33'28'',4$
$dD = 8'',392$	$dD = 17''152$

Si, à l'aide des éléments qui précèdent, nous effectuons les calculs relatifs à

$$\left(\frac{2 \text{ tang } A'}{\sin 2 D} dD - \frac{2 \text{ tang } A'}{\sin 2 E} dE\right)$$

comme correction à apporter au premier membre de l'équation, nous trouverons :

A la 1re observation $+ 2'',81$ ou, en temps, $+ 0^s,02$.

A la 2me observation $+ 7'',18$ ou, en temps, $+ 0^s,05$.

Ce qui donne pour l'ascension droite de Procion, suivant la 1re observation, $7^h32^m32^s,40$ et suivant la seconde observation $7^h32^m33^s,76$. Maintenant, si nous prenons la moyenne arithmétique entre ces deux valeurs, nous obtiendrons pour l'ascension droite absolue de cette étoile $7^h32^m33^s08$.

Avant de terminer cet article, il nous reste à faire une observation relative au temps t'.

Nous avons déjà dit que la quantité $t - t'$ devait être corrigée de la marche de la pendule et, pour cela, nous avons prié nos lecteurs de se reporter à ce mot ; en toute rigueur, la quantité t' devrait en outre être corrigée de l'influence de la latitude du soleil ; mais comme cette latitude est généralement très-petite, puisqu'elle n'atteint jamais 1″, on pourra donc la négliger, sans qu'il en résulte une erreur appréciable dans les calculs.

Cette correction consiste à ajouter à t' le produit de $\frac{\text{lat}}{15}$ cos A′ sin E séc D′ expression dans laquelle $\frac{\text{lat}}{15}$ est la valeur en secondes de temps de la latitude du soleil et D′ la déclinaison de l'étoile; quant à A′ et à E, nous en avons donné la signification précédemment : il est donc inutile d'y revenir.

Aspect du ciel. — Nous allons essayer de retracer ici l'aspect du ciel vu de la terre et de son satellite. Nous commencerons naturellement par faire à notre planète les honneurs de notre récit.

Le phénomène qui frappe d'abord les regards du spectateur placé à la surface de la terre est la succession des jours et des nuits. Il voit en effet, chaque matin, le soleil se montrer à l'orient, monter dans le ciel, puis s'abaisser graduellement pour disparaître à l'occident. Après cette disparition du soleil la lumière diminue peu à peu et, enfin, la nuit succède au jour. Le ciel qui, pendant le jour, était bleu azuré, devient noir; alors il apparaît parsemé d'une multitude de points lumineux, ce sont les *étoiles*. En examinant avec attention les étoiles les plus remarquables, on les voit se mouvoir dans le même sens que le soleil, c'est-à-dire paraître à l'orient, monter dans le ciel et disparaître à l'occident.

Si on observe la disposition relative des étoiles en considérant les figures qu'elles forment entr'elles, on voit que ces figures ne changent pas ; en sorte que les étoiles semblent fixées à une sphère concave, que l'on appelle la *sphère céleste*, et tout se passe comme si cette sphère tournait d'une seule pièce, d'orient en occident, emportant avec elle toutes les étoiles.

Il est facile de se représenter quel doit être l'aspect du ciel pour les habitants de la lune, si toutefois la lune a des habitants. La lune tournant sur elle-même en vingt-sept jours et demi environ, les jours et les nuits lunaires sont vingt-sept fois et demi plus longs que les nôtres ; de là résulte une grande variation dans la température, échauffement considérable pendant le jour, refroidissement intense pendant la nuit par le rayonnement.

L'axe de la lune étant presque perpendiculaire au plan de l'écliptique, les saisons sont peu marquées ; les jours sont à peu près égaux aux nuits ; la température diurne varie peu en un même lieu, mais elle diminue quand on s'éloigne de l'équateur.

La terre éclaire la lune par réflexion pendant les longues nuits. Comme la lune tourne constamment vers la terre le même hémisphère, il s'ensuit que la terre n'est visible que pour les habitants de cet hémisphère.

Bien avant que le soleil fasse son apparition sur notre horizon, les ténèbres de la nuit font place à la lueur de plus en plus éclatante de l'aurore; c'est graduellement que la lumière pénètre dans les couches atmosphériques qui la réfléchissent vers le sol. Il n'en est pas de même pour la lune : l'absence ou du moins la rareté extrême de l'atmosphère produit du jour à la nuit et de la nuit au jour une transition subite, ou plutôt la seule dégradation de lumière qu'on y observe est due à la lenteur avec laquelle le soleil s'élève au-dessus ou s'abaisse au-dessous de l'horizon. Ce n'est que peu à peu que son disque se découvre ou se cache derrière les plans les plus éloignés du paysage, et il s'écoule à l'équateur près de 88 de nos heures ou 3 2/3 de nos jours entre le moment où brille le premier point lumineux et celui où le disque entier de l'astre a fait son ascension complète. Mais l'intensité de la lumière du soleil, perçue directement, atteint du premier coup toute sa force, et l'œil de l'homme qui n'en peut supporter l'éclat à travers une épaisseur atmosphérique qui varie de 60 à 87 kilomètres, serait, sur la lune, ébloui et cruellement blessé à vouloir la regarder en face.

Une fois le soleil levé, quelle que soit sa hauteur, il projette avec une égale force sa lumière vive et crue sur tous les objets; n'étaient les reflets des aspérités éclairées, montagnes et collines, tout objet plongé dans l'ombre serait, même au milieu du jour, dans de complètes ténèbres, que tempérerait seul l'éclat de la voûte céleste, sans cesse parsemée d'étoiles. A la vérité, l'illumination du sol y varie selon les heures du jour, parce qu'une surface éclairée l'est avec d'autant plus de force que l'obliquité des rayons lumineux est moins grande.

Pendant la nuit, l'obscurité est si profonde que les nuits terrestres les plus noires ne peuvent en donner une idée. Le ciel, vu de la terre, conserve encore sa transparence, la teinte foncée des espaces qui séparent les étoiles est toujours colorée et bleuâtre; d'ailleurs, suivant l'heure de la nuit, elle va se dégradant au levant et au couchant. Rien de semblable dans les nuits lunaires où la crudité violente du ton noir que présente le firmament est encore augmentée par la vivacité des lumières stellaires, et la présence du disque terrestre ne peut qu'ajouter à ce contraste.

Mais, en revanche, quelle magnificence dans la multitude prodigieuse d'étoiles visibles, dans l'éclat splendide de la voie lactée, dans la beauté de la lumière zodiacale si difficile à voir dans nos nuits terrestres !

Aspect des astres. — La position que les astres occupent les uns à l'égard des autres se distingue par ces trois indications : *conjonction*, *quadrature*, *opposition*. Deux astres sont dits en *conjonction* lorsqu'ils ont la même longitude; ils sont en *quadrature* lorsque leurs longitudes diffèrent de 90 degrés; enfin, ils sont en *opposition* lorsque leurs longitudes diffèrent de 180 degrés.

Astéroïdes. — On donne en général le nom d'*astéroïdes* à des astres extrêmement petits qui circulent comme les planètes autour du soleil, obscurs comme elles, mais trop petits pour être aperçus avec les meilleures lunettes.

Quand un de ces astéroïdes pénètre dans l'atmosphère terrestre, il en résulte, à cause de sa grande vitesse, un frottement considérable et, par suite, un grand échauffement; l'astéroïde, composé de matières inflammables, brûle au contact de l'oxigène contenu dans l'air et ne cesse de brûler que quand il est sorti de l'atmosphère; c'est alors qu'on le perd de vue.

Les astéroïdes, auxquels on donne plus communément le nom d'*étoiles filantes*, paraissent se mouvoir dans toutes les directions ; cependant, en comparant un grand nombre d'observations, on reconnaît la prédominance d'une direction moyenne, opposée à la vitesse de la terre dans son mouvement de translation autour du soleil. On conçoit, en effet, que le mouvement de la terre produit un mouvement apparent des astéroïdes égal et contraire à celui de la terre; cette vitesse se combine avec la vitesse propre des astéroïdes.

Astres. — On désigne, en général, sous cette dénomination, tous les corps célestes, opaques ou lumineux, qui se partagent le domaine de l'univers; tels que le soleil, la lune, les planètes et les étoiles.

Astronomie. — L'astronomie est la science qui a pour objet l'étude des corps célestes et des lois qui régissent leurs mouvements.

Les corps célestes peuvent être partagés en deux classes distinctes : les uns, répandus en nombre infini dans l'espace, paraissent conserver, pendant une longue suite d'années, les mêmes positions relatives. Ils brillent d'une lumière propre et continuellement vacillante, on les désigne sous le nom d'*étoiles*. Les autres, très-peu nombreux, changent à chaque instant de position par rapport aux étoiles. Leur lumière est vive mais tranquille; on les a nommés *planètes*.

On doit ranger dans cette dernière catégorie des astres qui apparaissent tout-à-coup, décrivent dans le ciel des arcs plus ou moins étendus et disparaissent ensuite peu à peu. Ces astres sont toujours accompagnés d'une nébulosité qui varie rapidement et se change quelquefois en une longue traînée de lumière semblable à une chevelure; on leur a donné le nom de *comètes.*

Les Chaldéens passent pour les inventeurs de l'astronomie. Les observations trouvées à Babylone, par Callisthène, contenaient 1,903 ans, et remontaient à l'an 2,234 avant J.-C.

Trois peuples de l'antiquité (car les Chinois appartiennent aux temps antiques comme aux temps modernes) paraissent s'être livrés simultanément à l'observation des astres, savoir: les Chaldéens, les Egyptiens et les Chinois. Les premiers, favorisés par un ciel presque toujours serein, obtinrent aussi les plus heureux succès de leurs contemplations, puisqu'ils étaient parvenus à composer leur année solaire de trois cent soixante-cinq jours et quelques heures. Ils avaient découvert que le soleil et les planètes avaient un mouvement propre d'occident en orient, et que ces révolutions se faisaient avec de grandes inégalités de temps, et de grandes différences de vitesse. Ils savaient encore que la lune est la plus petite des planètes, la plus voisine de la terre, et qu'elle n'a qu'une lumière empruntée; ils avaient marqué et nommé les douze constellations du zodiaque, et vingt-quatre autres hors de ce cercle. Ils avaient divisé chaque signe du zodiaque en trente degrés, et chaque degré en soixante parties ou minutes; ils déterminaient le retour périodique de la lune avec une certaine précision.

Ces connaissances étaient prodigieuses pour le temps; cependant on est porté à croire que ceux qui les acquirent étaient des cultivateurs ou des bergers, puisque les noms qu'ils donnèrent aux constellations furent ceux d'animaux ou d'objets agricoles. — (Voyez *Zodiaque.*)

Atmosphère (DÉFINITION DE L'). — L'atmosphère est cette masse gazeuse qui entoure le globe terrestre; c'est dans l'intérieur de cette masse que se trouvent les nuages et les brouillards. L'air qui la forme est également un corps gazeux capable de résister plus ou moins à notre mouvement volontaire, et dont les agitations produisent les diverses espèces de vents. Les corps qui se meuvent dans toute l'étendue qu'il occupe doivent le déplacer pour se frayer un passage à travers sa masse; on conçoit ainsi qu'il doit avoir une grande influence sur les propriétés du mouvement qu'ils possèdent, et l'on ne devra jamais négliger d'avoir égard à sa présence.

Atmosphère (ABSENCE D'). — Ce que nous venons de dire de l'atmosphère qui enveloppe le globe terrestre ne saurait s'appliquer à son satellite; en effet, la lune paraît sinon entièrement dépourvue d'atmosphère, au moins n'en ayant que dans des proportions tellement restreintes qu'elle ne réfracte pas sensiblement la lumière. Ce fait s'observe surtout lors de l'occultation des étoiles. Si la lune était entourée d'une atmosphère, les rayons lumineux qui viennent d'une étoile rasant le bord du disque lunaire seraient infléchis ou réfractés par cette atmosphère, et parviendraient à l'œil de l'observateur quelque temps après que l'occultation théorique aurait commencé; par la même raison, on reverrait l'étoile avant la fin de l'occultation théorique; en d'autres termes, l'existence d'une atmosphère autour de la lune diminuerait la durée de l'occultation. Mais il résulte d'observations faites avec le plus grand soin que la durée de l'occultation observée est exactement égale à la durée de l'occultation théorique; ce qui porte à conclure que la lune est dépourvue d'atmosphère.

Puisque la lune est dépourvue d'atmosphère, il ne peut exister à sa surface ni mers, ni masses liquides quelconques, car on sait que les liquides se vaporisent instantanément dans le vide, et que c'est la pression de l'atmosphère qui retient les eaux à la surface de la terre et les empêche de se vaporiser.

S'il n'y a ni liquide ni gaz à la surface de la lune, il est difficile d'y concevoir l'existence de végétaux ou d'animaux d'aucune sorte, puisque sans une circulation de fluides que peut seule entretenir une atmosphère, il n'y a plus de condition possible de vitalité, ni pour les plantes ni pour des êtres organisés.

Atmosphère (DENSITÉ ET TEMPÉRATURE DE L'). — Si on compare le poids d'un certain volume d'air, par exemple, avec celui d'un égal volume de mercure, on trouvera que le poids du mercure est 10513 fois et $\frac{515}{1000}$ plus fort que celui de l'air atmosphérique. Si donc on fait le poids d'un certain volume d'air = 1, on aura pour le poids d'un égal volume de mercure 10513,515. Les nombres 1 et 10513,515 prennent le nom de *densité*. La densité est donc le rapport qui existe entre le poids du volume d'un corps, d'un gaz ou d'un liquide pris pour terme de comparaison et le poids d'un égal volume d'un autre corps, gaz ou liquide, qu'on lui compare.

Le poids d'un décimètre cube ($0^{m},001$) d'air atmosphérique à la température zéro du thermomètre centigrade pèse $1^{gr},2935$. Le même volume de mercure, à la même température, pèse $13599^{gr},2317$; par conséquent, pour un volume de mercure de $0^{m},00005969021$ contenu dans un tube de baromètre ayant $0^{m},01$ de diamètre intérieur, le poids de ce volume de mercure est de $811^{g},74099318$. On peut dès lors se poser cette question :

Si $1^{gr},2935$ est le poids d'un décimètre cube d'air, quel sera le volume d'air répondant à $811^{gr},74099318$?

On aura en conséquence cette proportion, dont le quatrième terme sera le volume d'air demandé :

$$1,2935 : 0,001 :: 811,74099318 : V'$$

d'où il résulte que $V' = \frac{811,74099318 \times 0,001}{1,2935} = 0^{m},62755391819$

Pour une colonne d'air ayant pour base une surface égale à celle du tube du baromètre, c'est-à-dire $0^{m},00007853975$, on aura pour sa hauteur

$$h = \frac{V}{0^{m},00007853975} \doteq 7990^{m},2714$$

C'est la hauteur d'une colonne d'air capable de faire équilibre à une colonne de mercure de $0^{m},760$ à la température zéro du thermomètre centigrade.

La densité du mercure qui est de 10513,515, par rapport à celle de l'air, multipliée par la pression atmosphérique, ou la hauteur de la colonne barométrique, donnerait la même valeur. En effet, $10513,515 \times 0^{m},760$ qui est la pression normale à la température zéro, donne pour produit $7990^{m},2714$. Il suffit donc, pour obtenir la hauteur de la colonne d'air capable de faire équilibre à la pression atmosphérique, de multiplier la valeur de cette pression, ramenée à la température t du thermomètre centigrade, par le nombre 10513,515 qui est la densité du mercure en rapport avec celle de l'air prise pour unité à la température zéro.

A mesure que l'on s'élève dans l'atmosphère, la densité de l'air diminue, ainsi que sa température ; mais le décroissement de la densité de l'air n'est ni proportionnel à sa température, ni en rapport direct avec la pression atmosphérique considérée isolément, sans tenir compte de l'état de l'atmosphère. Les éléments qui concourent à produire ce décroissement sont si divers et d'une nature si différente, qu'il ne peut en être autrement ; c'est du reste ce que nous allons pouvoir démontrer par l'application d'une formule qui, à la vérité, est assez compliquée, mais dont les valeurs numériques des quantités qu'elle renferme peuvent être facilement appréciées.

Soit, en effet, d la densité du mercure par rapport à celle de l'air prise pour unité à la température zéro du thermomètre centigrade et pour la pression atmosphérique normale $0^{m}, 760$, p la pression atmosphérique ou la hauteur en millimètres de la colonne barométrique observée, V le volume d'une colonne de mercure ayant pour base une colonne barométrique de $0^{m}01$ de diamètre intérieur, v le volume d'une même colonne de mercure corrigé de l'influence de la dilatation, s la surface de la base d'une colonne barométrique de $0^m,01$ de diamètre intérieur, p' la pression atmosphérique ramenée à la température t du thermomètre centigrade, h la hauteur de la colonne d'air capable de faire équilibre à la pression p', a et b les coefficients de dilatation cubique du mercure pour 1 degré du thermomètre centigrade, m le coefficient de la dilatation cubique de l'air pour 1 degré du thermomètre centigrade, V' le volume d'une colonne d'air capable de faire équilibre à la pression p' du baromètre, v' le volume d'une même colonne d'air corrigé de la dilatation, d' la densité de l'air atmosphérique, nous aurons:

$$d = 10513{,}515\,;\ V = sp\,;\ v = [V \pm V\,(at + bt^2)];$$

$$s = \pi r^2 = 0{,}00007853975\,;\ p' = \frac{v}{s}\,;\ h = dp'\,;\ a = 0{,}0001790066\,;$$

$$b = 0{,}0000000252\,;\ m = 0{,}00367\,;\ V' = sh\,;\ v' = [V' \pm V'\,(mt)]\,;$$

$$d' = \frac{v'}{0{,}62755391818815}$$

Nota. — On emploie l'expression $+ V\,(at + bt^2)$ ou $- V\,(at + bt^2)$ selon que la température t est au-dessus ou au-dessous de zéro, c'est-à-dire positive ou négative. On emploie également l'expression $+ V'\,(mt)$ ou $- V'\,(mt)$ selon que la température t se trouve dans les mêmes conditions que ci-dessus, c'est-à-dire positive ou négative.

En appliquant les quantités qui précèdent à une pression atmosphérique de 0^m760 et une température positive de 10 degrés du thermomètre centigrade, on trouve que $d' = 1{,}0367$. On trouverait pour une même pression atmosphérique et une température zéro $d' = 1$; on trouverait également pour une même pression atmosphérique et une température négative de 10 degrés $d' = 0{,}9633$.

On voit par ces résultats qu'à une pression égale et à une température différente, la densité de l'atmosphère peut subir des variations assez sensibles. C'est ainsi qu'à 10 degrés d'intervalle au-dessus et au-dessous de la température zéro, la densité de l'air, pour une pression atmosphérique de $0^m,760$, est de $+ 0{,}0367$ et $- 0{,}0367$.

La même observation peut s'appliquer à une pression atmosphérique différente, ayant une température égale ; en effet, si nous prenons maintenant les pressions atmosphériques $0^m,755$ et $0^m,750$ avec une température positive de 10 degrés, nous aurons respectivement pour la densité de l'air 1,0299 et 1,0231.

On voit par là, ainsi que nous l'avons dit précédemment, que le décroissement de la densité de l'air n'est pas plus proportionnel à sa température qu'à la pression atmosphérique considérée isolément, sans tenir compte de l'état de l'atmosphère.

Il résulte des observations qui précèdent que les limites des températures extrêmes de l'atmosphère étant inconnues, la densité moyenne de l'air est très-problématique et ne repose que sur des hypothèses.

Toutefois, si on prend pour base les résultats déjà obtenus, on voit qu'en supposant à l'atmosphère une température moyenne de $+10°$, prise entre deux températures extrêmes $+t$ et $-(t-10)$, on aurait pour $p=(0^m,760-n)$, $d'=[1,03674-(0,00136413158\,n)]$, où n est un nombre de millimètres exprimant le décroissement de la pression atmosphérique et d' la densité moyenne de l'air en rapport avec cette pression.

Le tableau qui suit, calculé à l'aide de cette formule, et dans l'hypothèse d'une température moyenne de $+10°$ du thermomètre centigrade, donne, en regard de chaque pression atmosphérique, la densité moyenne de l'air pour la région de l'atmosphère où serait transporté le baromètre.

p	d'	p	d'	p	d'
$0^m,760$	1,0367	$0^m,720$	0,9822	$0^m,680$	0,9276
$0^m,755$	1,0299	$0^m,715$	0,9754	$0^m,675$	0,9208
$0^m,750$	1,0231	$0^m,710$	0,9685	$0^m,670$	0,9140
$0^m,745$	1,0163	$0^m,705$	0,9617	$0^m,665$	0,9071
$0^m,740$	1,0095	$0^m,700$	0,9549	$0^m,660$	0,9003
$0^m,735$	1,0026	$0^m,695$	0,9481	$0^m,655$	0,8935
$0^m,730$	0,9958	$0^m,690$	0,9413	$0^m,650$	0,8867
$0^m,725$	0,9890	$0^m,685$	0,9344	$0^m,645$	0,8799

L'atmosphère se compose d'une infinité de couches superposées les unes au-dessus des autres. Les densités de ces diverses couches ne sont pas les mêmes, car les pressions croissantes que supporte un gaz diminuent son volume et, par conséquent, augmentent sa densité. Or, les couches inférieures supportent le poids de toutes celles qui sont au-dessus d'elles ; en conséquence, elles doivent avoir des densités plus grandes, et l'on voit que la pesanteur spécifique de la masse gazeuse doit diminuer, ainsi que nous l'avons dit, à mesure que l'on s'élève au-dessus de la couche située à la surface de la terre. Mais cette diminution ne doit pas s'étendre indéfiniment ; car il devra arriver, lorsque la densité sera devenue très-petite, que l'effort que fera le gaz pour prendre un volume plus grand sera égal à son poids, et alors la densité ne diminuera plus ; le vide absolu succédera à cette couche extrême, dont la densité sera très-petite mais déterminée, de sorte que la masse gazeuse ne s'étendra pas à l'infini.

Les considérations précédentes peuvent être appliquées à l'atmosphère dont la terre est environnée, et l'on découvre ainsi que la force élastique de l'air diminue à mesure qu'on s'élève au-dessus d'un plan horizontal déterminé ; la densité de l'air est aussi décroissante dans les mêmes circonstances, ainsi que nous l'avons démontré précédemment.

Nous avons dit aussi que la température allait en décroissant à mesure que l'on s'élève dans l'atmosphère. Nous n'avons pas de données positives à cet égard, mais si nous désignons par P_0 par d'_0 et t_0 la pression, la densité et la température de l'air atmosphérique à la surface de la terre, par P, d' et t les mêmes valeurs dans une région située au-dessus de la surface de la terre, et par m' le coefficient de dilatation linéaire de l'air atmosphérique, nous aurons par l'équation :

$$t = \left[\frac{\left(\dfrac{P}{\dfrac{d'_0}{d'} P_0} \right) m' t_0}{m'} \right]$$

la valeur de la température de l'air dans la région de l'atmosphère où un thermomètre centigrade à mercure aurait été transporté.

Pour donner une idée de l'usage que l'on peut faire de cette formule, supposons $P_0 = 760^{mm}$, $d'_0 = 1{,}0367$, $t_0 = +10°$, $P = 650^{mm}$, $d' = 0{,}8867$ et $m' = 0{,}00303$; nous aurons, pour la valeur de t, $+ 7°,3$. Ce serait alors une diminution de $2°,7$ dans la température, pour une différence de 110^{mm} entre les deux pressions atmosphériques obsefvées sur le baromètre.

Si le décroissement de la température était en rapport direct avec la différence des pressions atmosphériques, il serait facile, au moyen d'une simple proportion, de calculer quelle pourrait être la température de l'atmosphère au voisinage de ses limites extrêmes ; mais ce rapport n'existe pas, et il faudra toujours recourir à la formule qui précède pour arriver à un résultat, sinon d'une exactitude rigoureuse, au moins assez rapproché de la vérité. Nous devons faire remarquer, avant de terminer cet article, que la quantité m', à laquelle nous avons attribué une valeur numérique de 0,00303, est une constante que nous avons déduite directement de l'observation. C'est aussi le produit de la surface d'un cylindre ayant $0^m,01$ de diamètre, par la densité du mercure comparée à celle de l'air prise pour unité, sous une pression normale de 760 millimètres et une température zéro du thermomètre centigrade, et le coefficient de dilatation cubique de l'air dont la valeur, trouvée par M. Regnault, est de 0,00367.

Attraction. — Il était réservé à Newton de démontrer jusqu'à l'évidence l'existence d'une *attraction* réciproque dans tous les corps. Buffon lui-même a reconnu qu'il existe dans chaque atome de matière une même quantité de force attractive.

On est parti de ce principe, basé sur cette loi de Képler, à savoir : que l'attraction entre les corps est *proportionnelle à la masse de ces corps, et en raison inverse du carré de leur distance mutuelle*, pour reconnaître que les causes qui diminuent ou accélèrent les effets du mouvement dans les corps célestes sont dus à cette loi fondamentale qui est l'élément de l'*attraction universelle.* C'est surtout de cette dernière attraction que nous allons nous occuper plus spécialement.

Attraction universelle. — Le soleil attire les planètes, les planètes attirent les satellites ; tous les astres, sans exception, attirent les corps placés à leur surface. La loi de l'attraction régit non-seulement notre système planétaire, mais encore les autres systèmes ; car, dans les mouvements des étoiles doubles, on retrouve les lois de Képler. L'attraction paraît donc être une loi générale de la nature ; on l'énonce, ainsi que nous l'avons dit précédemment : *deux molécules matérielles quelconques s'attirent proportionnellement à leurs masses, et en raison inverse du carré de leur distance.*

Attraction (LOI DE L'). — Les planètes décrivent autour du soleil des courbes sensiblement circulaires et avec une vitesse à peu près constante ; elles sont sollicitées sans cesse vers le centre du soleil qui les attire avec une force qui est proportionnelle au carré de la vitesse et en raison inverse du rayon.

Appliquons ce principe à la terre :

La terre parcourt dans un jour sidéral $\frac{949363365280^m}{365,256}$ ou 2599172540 mètres, et dans une seconde 30083 mètres. La distance du centre de la terre au centre du soleil est de 151096000000 mètres, en moyenne. Les nombres 30083^m et 151096000000^m sont, le premier, la vitesse moyenne de la terre, que nous représenterons par v; le second la distance moyenne du centre de la terre au centre du soleil, que nous représenterons par r; m la masse de la terre, que nous supposerons égale à l'unité. Alors nous aurons pour la force F que la masse du soleil exerce sur la masse de la terre :

$$F = \frac{m v^2}{r} = 0,0059895$$

Si nous prenons pour la masse du soleil $M = 354940$, pour celle de la terre $m = 1$, pour le carré du rayon vecteur de la terre $r^2 = 1$, f une constante égale à :

$$\frac{f(Mm)}{r^2}$$

ou simplement à fM, ou bien encore à 0,0059895, nous aurons :

$$f = \frac{0{,}0059895}{354940} = 0{,}00000001687468$$

et $fM = 0{,}0059895$ sera le coefficient de la force attractive que la masse du soleil exerce sur l'unité de masse d'une planète à l'unité de distance. Si nous représentons ce coefficient par k, nous aurons en général pour l'attraction exercée par le soleil sur la masse m d'une planète dont le rayon vecteur serait r :

$$F = \frac{km}{r^2}$$

D'après la loi de Képler rapportée plus haut, l'attraction exercée par la planète sur le soleil serait donnée par la formule :

$$F = \frac{fm}{r^2}$$

d'où il résulte que l'attraction relative du soleil sur la planète, c'est-à-dire l'attraction du soleil corrigée de l'attraction de la planète, serait :

$$F = \frac{f(M - m)}{r^2}$$

L'attraction qu'exercent les planètes sur leurs satellites repose absolument sur la même loi. Prenons pour exemple le satellite de la terre, et calculons tout d'abord la force attractive capable de faire décrire à la lune son cercle autour de la terre. Nous savons déjà que cette force, pour chaque unité de masse, est égale au carré de la vitesse, divisé par le rayon du cercle; or, la lune parcourt 1020 mètres par seconde, et sa distance au centre de la terre est de 60 rayons terrestres, ou $6366700^{m} \times 60$; on trouve ainsi, pour la force attractive que la terre exerce sur chaque unité de masse de la lune :

$$\frac{1020^2}{6366700 \times 60} = 0{,}0027236$$

Prenons maintenant $m = 1$ pour la masse de la terre, $m' = 0{,}0114$ pour la masse de la lune. Puisque la force attractive exercée par la terre sur chaque unité de masse de la lune est de 0,0027236, nous aurons également, en supposant le rayon vecteur de la lune égal à l'unité, ou $r' = 1$,

$$\frac{fm}{r'^2} = 0{,}0027236$$

d'où $f = 0{,}0027236$; c'est le coefficient de la force attractive des planètes sur leurs satellites, pour l'unité de masse à l'unité de distance.

Pour calculer l'attraction qu'exercent les planètes sur leurs satellites, il se présente deux cas qu'il importe de ne pas perdre de vue.

Premier cas. — Pour tout satellite dont la masse est donnée dans l'hypothèse que celle de la planète à laquelle il appartient est prise pour unité, on a :

$$F = \frac{f m'}{r'^2}$$

Deuxième cas. — Lorsque les masses de la planète et de son satellite sont données comparativement à la masse de la terre prise pour unité, on a :

$$F = \frac{f m m'}{r'^2}$$

Dans les deux cas, f est une constante égale à 0,0027236 ; m est la masse de la planète, m' et r' la masse et le rayon vecteur du satellite.

Nous venons de voir dans quelle mesure les planètes exercent l'attraction sur leurs satellites ; réciproquement, l'attraction exercée par un satellite sur la planète à laquelle il appartient sera donnée par :

$$F = \frac{f m'}{r'^2}$$

Il résulte de cette réciprocité que l'attraction relative d'une planète sur son satellite sera toujours donnée par cette expression :

$$F = \frac{f(m - m')}{r'^2}$$

Nous indiquerons en son lieu l'emploi que l'on peut faire de ces diverses formules.

Aurore. — C'est le nom que l'on donne à la lumière qui précède le lever du soleil.

Aurore boréale. — Voyez *Phénomènes atmosphériques.*

Automne. — Voyez *Saisons.*

Austral. — Voyez *Pôle.*

Axe de la terre (MOUVEMENT DE L'). — Voyez *Nutation.*

Axe du monde. — L'axe du monde est la ligne droite autour de laquelle semble tourner la sphère céleste.

Pour déterminer l'axe du monde, on se servira du théodolite. Après avoir amené le plan vertical de cet instrument dans le plan du méridien, et l'avoir fixé dans cette position, on observera les deux passages d'une étoile circompolaire au méridien : soit OA la direction de la lunette pour le passage supérieur (*fig.* 4), OA′ pour le passage inférieur. Si on répète les mêmes observations sur plusieurs étoiles circompolaires, on verra que les angles AOA′, BOB′.... ainsi obtenus, sont divisés en deux parties égales par une même droite OP. Cette bissectrice commune OP est l'*axe du monde*.

L'angle POZ, que fait l'axe du monde OP avec la verticale OZ, est la *distance zénithale* du pôle ; l'angle POH, que fait ce même axe avec l'horizon OH, angle complémentaire du premier, est la *hauteur* du pôle au-dessus de l'horizon.

On obtient la distance zénithale du pôle en prenant la demi-somme des distances AOZ, A′OZ, d'une étoile circompolaire à ses deux passages au méridien ; en retranchant cet angle de 90 degrés, on a la hauteur du pôle. C'est ainsi que Laugier a trouvé pour la hauteur du pôle à Paris (Observatoire) 48° 50′ 11″.

Azimut. — On nomme ainsi l'angle que fait avec le méridien un cercle vertical passant par le centre du soleil, d'une planète ou d'une étoile.

Bailly (JEAN-SYLVAIN), astronome et littérateur, né à Paris en 1736. Elève de Clairaut et de Lacaille, il s'était fait dans les sciences une belle réputation et avait publié l'*Histoire de l'astronomie ancienne*, l'*Histoire de l'astronomie moderne*, des *Lettres sur l'Atlantide*. Quoiqu'il fût jusqu'alors resté complètement étranger à la politique, les électeurs de Paris le nommèrent leur représentant aux Etats généraux. Bailly présidait l'Assemblée quand le Tiers se constitua et, sur la proposition de Siéyès, se déclara *Assemblée nationale*. Il prêta le premier et fit prêter à ses collègues le fameux serment du *Jeu de paume*. Les événements, qui se pressaient, l'avaient porté à la mairie de Paris ; aucun nom n'était plus populaire que le sien. Mais, malgré toute sa science, Bailly ne comprit pas la portée de la Révolution ; il crut qu'elle était finie quand elle était à peine commencée. Aussi, quand, après la fuite du roi à Varennes, le peuple s'assembla au Champ-de-Mars pour signer des pétitions demandant la déchéance de Louis XVI, Bailly proclama la loi martiale, déploya le drapeau rouge et fit mitrailler sans pitié la foule désarmée. Sa popularité ne survécut pas à cette malheureuse journée et il se vit obligé de quitter l'Hôtel-de-Ville, où Pétion le remplaça. Après le 31 mai 1793, il voulut fuir de Paris, se retirer à Melun, auprès de son ami Lacaille, mais on l'y arrêta. Traduit le 10 novembre de la même année devant le tribunal révolutionnaire, il fut condamné et exécuté le lendemain au Champ-de-Mars. Arrivé au lieu du supplice, il dut faire de bien tristes réflexions sur l'inutilité et le danger des répressions sanglantes. Son courage, toutefois, n'en fut pas abattu, et toutes les mémoires ont retenu sa sublime réponse à l'un des bourreaux qui lui disait : « Tu trembles, Bailly ? — Oui, répartit le vieillard, mais c'est de froid. »

Baromètre. — Le baromètre est un instrument qui sert à mesurer les pressions de l'air atmosphérique.

Dans un lieu déterminé, les variations de la hauteur barométrique sont de deux espèces : celles qui dépendent des mouvements accidentels de l'atmosphère et celles dont la cause est constante et qui se reproduisent régulièrement ; ces dernières portent le nom de *variations horaires ;* vers l'équateur, elles suivent une loi telle que leur observation suffit presque pour assurer l'heure de la journée ; l'instrument est insensible aux mouvements atmosphériques, même aux grandes tempêtes ; mais dans nos climats, il est difficile de les séparer des variations accidentelles. En général, les limites extrêmes se présentent vers 9^h du matin et 3^h du soir ; de sorte que ces instants sont les plus favorables aux observations barométriques.

En notant l'état du ciel à des époques auxquelles on fait des observations barométriques, on peut observer qu'en général le *temps* devient plus beau lorsque la colonne prend une *plus grande valeur*, et qu'il est plus mauvais lorsqu'elle devient *plus petite ;* mais les exceptions sont nombreuses ; on peut assurer seulement que ce résultat est plus souvent vrai que faux : vers la hauteur moyenne correspondant à un lieu déterminé, le temps est *variable ;* lorsqu'elle se rapproche de la *hauteur maxima*, il est *beau fixe*, et lorsqu'il descend vers la *hauteur minima*, la *grande tempête* devient présumable.

Il est aisé de comprendre comment on peut obtenir la hauteur moyenne d'une journée, d'un mois ou d'une année ; mais on a découvert que l'observation faite à l'heure de midi, donne à très-peu près la moyenne de la journée, et que celle du mois d'octobre fournit celle de l'année.

Baromètre (MESURES DES HAUTEURS PAR LE). — La hauteur de la colonne barométrique variant avec celle que l'on parcourt dans l'atmosphère, on conçoit qu'il doit exister une relation entre ces deux quantités.

Il était réservé à l'auteur de la *Mécanique céleste*, M. de Laplace, de donner une méthode dont le plan a été entièrement tracé par la théorie elle-même. Cette méthode s'applique à tous les lieux de la terre et à toutes les hauteurs au-dessus de la mer.

Le coefficient constant de la méthode de M. de Laplace dépend du rapport entre le poids d'un volume déterminé de mercure et de celui d'un volume égal d'air, à la température de la glace fondante et à la hauteur moyenne du baromètre, qui répond à 760 millimètres. Ce coefficient s'obtient de deux manières : 1° à l'aide des observations barométriques et des hauteurs connues ; 2° en le déduisant directement du rapport entre la densité de l'air et celle du mercure.

M. Ramond employa la première de ces méthodes dans les montagnes des Pyrénées, où il trouva que ce coefficient était de 18336 mètres ; c'est pourquoi on le nomme *coefficient de Ramond.*

Nous avons dit que ce coefficient peut également se déduire du rapport entre la densité de l'air et celle du mercure. En effet, si nous pesons dans le vide et à la température de la glace fondante une demi-pinte d'air ou 0 litre 468 millilitres (1), nous obtiendrons pour le poids de ce volume d'air $0^{g},60536$. Nous avons vu d'ailleurs (page 51) qu'à volume égal le mercure pèse 10513,515 fois plus que l'air, par conséquent 468 millilitres de mercure pèseront $0^{g},60536 \times 10513,515$ ou $6364^{g},461$. Si on multiplie cette dernière valeur par le logarithme de la pression atmosphérique normale 760 millimètres, c'est-à-dire par 2,881, on obtiendra pour produit 18336, qui est égal au coefficient trouvé par Ramond.

Revenons à la formule de M. de Laplace, et disons qu'une fois ce coefficient connu, si on suppose que l'on ait observé :

A la station inférieure { H, hauteur du baromètre ; T, température du baromètre ; t, température de l'air ;

A la station supérieure { h, hauteur du baromètre ; T', température du baromètre ; t', température de l'air ;

si, en outre, on représente par Z la différence de niveau entre les deux stations, on aura, d'après cet astronome :

$$Z = A\left[\left(1 + 0{,}00265 \cos 2\,L + \frac{A + 15926}{6366198}\right)\left(1 + \frac{s}{3183099}\right)\right]$$

(1) La pinte est une ancienne mesure de capacité qui servait à mesurer les liquides. La grandeur de cette mesure variait d'une province à l'autre. Celle de Paris, dont l'usage était plus fréquent, contenait 0 litre 936 millilitres.

Dans cette expression,

$$A = a\frac{2t+t'}{1000},\ a = \left[\left(18336^{m} \log\frac{H}{h}\right) - 1^{m},2843\,(T - T')\right]$$

$$\text{et } s = 18336^{m} \log\frac{760}{H}$$

L est la latitude du lieu d'observation.

On doit à M. Mathieu des tables qui n'exigent point un calcul aussi long pour arriver au résultat. Ces tables se trouvent dans l'annuaire que publie chaque année le bureau des longitudes.

La table I donne en mètres les valeurs de 18336^{m} log H et de 18336^{m} log h pour les hauteurs barométriques depuis 265 jusqu'à 801 millimètres; seulement, toutes ces valeurs sont diminuées de la constante $44428^{m},128$, ce qui n'altère pas la valeur du terme:

$$18336^{m} \log\frac{H}{h}$$

ou de la différence 18336^{m} log H — 18336^{m} log h.

La table II donne la correction — $1^{m},2843$ (T — T') dépendante de la différence T — T' des températures du baromètre aux deux stations.

Elle est généralement soustractive. Elle serait additive si T — T' était négatif, c'est-à-dire si la température T' du baromètre, à la station supérieure, se trouvait plus forte que la température T à la station inférieure.

Si, au lieu d'être divisée sur cuivre, l'échelle du baromètre était divisée sur verre ou sur une monture en bois, la correction, qui serait alors — $1^{m},43$ (T — T'), s'obtiendrait directement par le calcul.

La table III donne, pour une hauteur approchée A et la latitude L, la correction toujours additive

$$A\left(0,00265 \cos 2\,L + \frac{A + 15926}{6366198}\right)$$

Le premier terme A 0,00265 cos 2 L provient de la variation de la pesanteur de la latitude de 45 degrés à la latitude L du lieu de l'observation. Il est positif de l'équateur à 45 degrés, et négatif de 45 degrés au pôle.

Le second terme

$$A\,\frac{A + 15926}{6366198}$$

est dû à la diminution de la pesanteur dans la verticale entre les deux stations; il est toujours positif et plus grand que le premier. La somme de ces deux termes a donc l'avantage d'être toujours positive.

La petite correction

$$A \frac{s}{3183099}$$

est due à la hauteur s de la station inférieure au-dessus de la mer. Cette hauteur est inconnue, mais on peut prendre, avec une approximation très-suffisante,

$$s = 18336^{m} \log \frac{760}{H}$$

La correction devient alors

$$A\ 0,00576 \log \frac{760}{H}$$

Elle est toujours additive et donnée par la table IV. On l'obtient avec A et avec la hauteur H du baromètre à la station inférieure.

Baromètres (RAPPORT ENTRE LES). — Prenons pour type un baromètre à cuvette, dont le tube parfaitement calibré présente un diamètre intérieur de $0^{m},01$. La section cylindrique de ce tube aura pour surface πr^2 ou $3,14159 \times 0^{m},000025 = 0^{m}00007853975$. Si on multiplie cette surface par la pression atmosphérique normale $0^{m},76$, on aura pour le volume v du mercure contenu dans la colonne barométrique $0^{m}00005969021$.

Le poids d'un décimètre cube ($0^{m},001$) de mercure pesé dans le vide, et à la température zéro du thermomètre centigrade, a pour valeur $13599^{gr},2317$; on aura donc le poids p de la colonne barométrique par cette proportion:

$$0^{m},001 : 13599^{gr},2317 :: 0^{m},00005969021 : p = 811^{gr},74099318$$

Pour faire équilibre à une colonne de mercure de $0^{m},76$, du poids de $811^{gr}74099318$, il faut donc une colonne d'air d'un poids égal à celui du mercure, ou à $811^{gr},74099318$; or, le poids d'un décimètre cube ($0^{m},001$) d'air pesé également dans le vide, et à la température zéro du thermomètre centigrade, est de $1^{gr},2935$. Si donc on multiplie $811^{gr}74099318$ par $0^{m},001$ et si on divise le produit par $1^{gr},2935$, on aura au quotient $0^{m},627$ décim. cub., 55391819. Divisant ce nombre par πr^2 ou $0^{m},0007853975$, on aura pour la hauteur de la colonne d'air capable de faire équilibre à la colonne barométrique $7990^{m},27$.

Pour un baromètre dont le tube a un diamètre intérieur de $0^{m},01$, la surface s de la section cylindrique de ce tube, ou $\pi r^2 = 0^{m}00007853975$. Ce nombre multiplié par $7990^{m},27$ (hauteur de la colonne d'air) donne pour le volume V de cette colonne d'air $0^{m},6275538082325$.

Pour un baromètre dont le tube a un diamètre de $0^{m},003$, la surface

s' de la section cylindrique de ce tube, ou $\pi r^2 = 0^m,000007068577 5$. Ce nombre multiplié par $7990^m,27$ (hauteur de la colonne d'air) donne pour le volume V' de cette colonne d'air $0^m,056479842740925$.

Le volume v' du mercure contenu dans la colonne de ce dernier baromètre, et qui doit servir à calculer le coefficient ou rapport qui existe entre les deux baromètres, s'obtiendra par cette proportion

$$V : v :: V' : v' = 0^m,0000053722591$$

La pression atmosphérique p' du baromètre dont le tube a pour diamètre $0^m,003$ sera donnée par cette expression

$$\frac{v'}{s'} = 0^m,76002$$

C'est la hauteur de la colonne barométrique qui répondrait à une hauteur de $0^m,76$ du baromètre type.

Le coefficient par lequel on divisera les pressions p' observées sur le baromètre dont le tube aurait un diamètre de $0^m,003$, pour les réduire aux pressions du baromètre type, c'est-à-dire d'un baromètre ayant un tube de $0^m,01$ de diamètre, s'obtiendra par

$$\frac{76002}{76000} = 1,0000263$$

par conséquent on aura toujours pour les hauteurs barométriques H ou $h = p' - (0,0000263\,p')$. Ceci s'explique naturellement, puisque la colonne d'air qui agit sur les deux baromètres de diamètres différents a également une hauteur de $7990^m,27$; il faut donc admettre, avec la théorie, que la pression exercée par cette colonne d'air sur la colonne de mercure d'un baromètre dont le tube n'aurait que $0^m,003$ de diamètre intérieur refoulera cette dernière colonne dans le tube, de façon à la tenir au-dessus du niveau supérieur de celle d'un baromètre dont le tube aurait un diamètre de $0^m,01$.

Baromètre (TEMPÉRATURE DU). — On sait que la température des ateliers où se construisent ordinairement les baromètres est toujours plus élevée que celle de la glace fondante à laquelle doit se rapporter la pression atmosphérique normale 760 millimètres.

Supposons, par exemple, que dans le local où sont exposés un thermomètre centigrade et un baromètre, le premier instrument accusait une température t au-dessus de zéro quand le second donnait h pour la pression atmosphérique. Exposons maintenant ces deux instruments à l'air libre, en ayant soin de les placer à une hauteur de niveau égale à celle qu'ils avaient dans le local où ils étaient placés précédemment, et admettons que, dans cette dernière situation, le thermomètre accusait une température t' au-dessus de zéro et le baromètre une pression atmosphérique égale à h' ; nous aurons dès lors pour la température moyenne applicable au baromètre :

$$\tau = \frac{(ht + h't')}{(h + h')}$$

Par conséquent l'échelle du thermomètre du baromètre, comparée à celle du thermomètre libre, sera dans le rapport de τ à t'.

Le point zéro dans les deux échelles thermométriques étant d'ailleurs le même, on aura conséquemment la température T du thermomètre du baromètre, répondant à la température T' du thermomètre libre, par l'équation :

$$T = \frac{\tau}{t'} T'$$

Bayer (JEAN), astronome allemand, né à Augsbourg à la fin du XVIe siècle, s'est surtout rendu célèbre par ses cartes sidérales. On lui doit aussi un catalogue d'étoiles dont les positions se rapportent à l'an 1603.

Bessel, astronome allemand. Nous devons à cet astronome une mesure assez exacte de la dimension de la terre. Les calculs auxquels il s'est livré l'ont conduit aux résultats suivants : demi-diamètre équatorial : 6,377,398 mètres ; demi-diamètre polaire : 6,356,080 mètres.

Biela, astronome allemand, aperçut le 27 février 1826, à Josephstadt, en Bohême, une petite nébulosité ronde qui n'était autre qu'une comète qu'il venait de découvrir. Cette comète, à laquelle il a donné son nom, effectue sa révolution autour du soleil dans une période de 6 ans 3/4. — Voyez *Comète de Biela.*

Biot (JEAN-BAPTISTE), physicien et astronome, né à Paris en 1774. Envoyé à Beauvais comme professeur à l'école centrale de cette ville, Biot en revint en 1800, pour occuper la chaire de physique au Collége de France. Nommé quelques années plus tard membre du Bureau des longitudes, il accompagna Arago en Espagne, et ce fut lui qui fit à l'Institut le rapport sur l'opération géodésique dont ce voyage était le but. Il entreprit ensuite d'autres voyages scientifiques : nous citerons celui des îles Orcades, où il fut secondé dans ses observations astronomiques par plusieurs savants écossais que sa réputation avait attirés sur ses pas. Une excursion moins éloignée ne fut cependant pas sans intérêt ; elle eut lieu dans le département de l'Orne, dans le but de constater la chute de pierres tombées de l'atmosphère. Il a fait une application ingénieuse du phénomène de la polarisation de la lumière *(polarisation circulaire)*. C'est dans les mémoires qu'il a lus à l'Institut à ce sujet, que Biot a fait preuve d'une noble impartialité, en proclamant à plusieurs reprises l'exactitude des travaux et des recherches de Raspail, à l'égard duquel l'Académie des Sciences s'était laissé aller à des préventions peut-être injustes. Parmi les nombreux écrits publiés par Biot, nous nous bornerons à citer: *Analyse du Traité de Mécanique céleste de Laplace*, 1801; *Traité élémentaire d'astronomie physique*, 1805; *Recherches sur les réfractions ordinaires qui ont lieu près de l'horizon*, 1810.

Bode (JEAN-ELERT), astronome allemand, né à Hambourg en 1747, mort à Berlin en 1826. Il a dirigé pendant 50 ans l'observatoire de cette ville. On connaît sous le nom de *Loi de Bode* une loi selon laquelle les intervalles des orbites des planètes vont à peu près en doublant, à mesure que l'on s'éloigne du soleil; elle avait été déjà entrevue par Képler. On a de Bode: un *Manuel d'astronomie* fort répandu en Allemagne; un *Atlas céleste;* des *Ephémérides astronomiques;* des *Considérations générales sur l'univers, etc.*

Borda (JEAN-CHARLES), savant français, né à Dax en 1733, mort à Paris en 1799. En 1787, il enrichit l'art nautique et l'astronomie du *Cercle répétiteur* auquel son nom est resté; il réforma les pompes des vaisseaux, apprit aux marins à se servir des instruments à réflexion pour le relèvement astronomique des côtes, et fit adopter l'idée de donner une même forme à tous les bâtiments du même rang.

Borda fut un des plus grands géomètres français et un des hommes qui ont le plus contribué aux progrès de l'art nautique.

Boréal. — Voyez *Pôle.*

Borelli (JEAN-ALPHONSE), célèbre physicien, né à Naples le 28 janvier 1608, mort le 31 décembre 1679, à Rome, dans la maison des Clercs réguliers de Saint-Pantaléon, où il avait enseigné les mathématiques.

Entre autres ouvrages de Borelli, nous citerons: *Euclides restitutus, seu prisca geometriæ elementa facilius contexta* et *Theorice mediarum planetarum ex causis physicis deducta*, où l'auteur essaya, avant Newton, d'établir la théorie des mouvements des satellites de Jupiter d'après les principes de l'attraction.

Borelly, astronome français, directeur de l'observatoire de Marseille, aperçut le 13 octobre 1871 une comète qui venait de faire son apparition dans le ciel. D'après les calculs auxquels on se livra, on ne tarda pas à.

reconnaître que cette comète n'était autre que celle qui avait été découverte par Tuttle le 4 janvier 1858, et qui porte son nom. — Voyez *Comète de Tuttle.*

Boussole. — La boussole est un instrument dont on fait un fréquent usage dans la marine; on s'en sert aussi quelquefois dans les opérations topographiques. La boussole se compose principalement d'une aiguille aimantée qui se meut horizontalement sur un pivot à la hauteur d'un limbe divisé en degrés.

La connaissance que l'on a en général de cet instrument nous dispense d'en faire ici l'objet d'une description particulière.

Bouvard (ALEXIS), astronome distingué, né dans le Faucigny en 1767, mort en 1843, arriva, par la protection de Laplace, au Bureau des longitudes, à l'Académie des sciences et à la direction de l'Observatoire de Paris. C'était avant tout un prodigieux calculateur; il a donné de *Nouvelles tables de Jupiter, de Saturne et d'Uranus.* Il fit des recherches de détail et les calculs pour la *Mécanique céleste* de Laplace. On lui doit le calcul des éléments paraboliques de huit comètes qu'il a découvertes. Il signala le premier les perturbations d'Uranus comme étant dues à une planète qui restait encore à découvrir, hypothèse que confirma M. Leverrier en trouvant la planète Neptune, 1846. Enfin, il a enrichi de tables précieuses l'*Annuaire du Bureau des longitudes.*

Bradley (JAMES), le meilleur astronome en Europe, selon Newton, né à Sherbourn (Glocester) en 1692, mort en 1762. Il fut élève, puis professeur à Oxford, membre de la Société royale de Londres, et directeur de l'Observatoire de Greenwich après Halley. Les tables des satellites de Jupiter furent dressées d'après ses observations. Il mesura, en 1722, le diamètre de Vénus. On lui doit deux découvertes importantes : l'*aberration de la lumière*, 1727, et la *nutation* de l'axe terrestre, 1747, par laquelle on explique la précession des équinoxes. Il a trouvé la formule empirique de la réfraction. Il appuya vivement l'introduction du calendrier grégorien.

Brewster (SIR DAVID), célèbre physicien anglais, naquit à Sedburg (Ecosse) le 11 décembre 1781. Admis comme élève à l'Université d'Edimbourg, Brewster y fit de rapides progrès, et, dès l'année 1800, il commença le cours de ses expériences, qui devaient élargir le domaine de l'optique. C'était le moment où les belles découvertes du docteur Young sur le phénomène de l'*interférence* fixaient l'attention des savants. Quelle que puisse être la destinée définitive de la théorie de Newton sur la lumière, en présence des progrès accomplis depuis le commencement du siècle, ces découvertes mêmes servirent à faire comprendre la merveilleuse sagacité de ce grand homme, et Brewster, plein de vénération pour ce père des sciences modernes, voulut débuter dans la carrière en reproduisant toutes ses expériences sur le phénomène de l'*inflexion*. Ses premiers travaux eurent pour résultat d'établir, d'une manière inébranlable, ce point important, que l'*inflexion*, entièrement indépendante de la nature du corps par lequel elle est produite, n'est modifiée que par l'état des surfaces.

Brewster démontra, par une série d'expériences concluantes, que l'indice de réfraction est la tangente de l'angle de polarisation : loi d'une simplicité admirable, confirmée par toutes les expériences qui ont suivi, et qui permet, l'indice de réfraction d'une substance étant facilement connu, de trouver immédiatement l'angle de polarisation.

Observateur scrupuleux, travailleur infatigable, Brewster est l'auteur de nombreux ouvrages justement estimés.

Briggs (HENRI), mathématicien anglais, né vers 1556 à Warley-Wood, dans l'Yorkshire; mort à Oxford le 26 janvier 1630. Nommé en 1596 professeur de géométrie à Oxford, il adopta avec ardeur les principes du calcul logarithmique exposés par Néper en 1614. Ayant fait un voyage à Edimbourg en 1616, pour conférer avec l'auteur de cette mémorable invention, il suggéra à Néper, ou, selon d'autres, il reçut de Néper lui-même l'idée d'employer le nombre 10, base de notre numération, comme base du système des logarithmes, tandis que Néper avait adopté, pour les logarithmes qu'on appelle aujourd'hui de son nom *népériens*, une base moins arbitraire, si l'on considère la question sous un point de vue abstrait, mais beaucoup moins commode dans la pratique du calcul. La mort de Néper étant survenue en 1618, Briggs eut le mérite de réaliser cette idée; et encore maintenant on appelle les logarithmes dont nous faisons usage *logarithmes de Briggs*, ou logarithmes vulgaires, pour les distinguer de ceux de Néper, qui ne trouvent d'application que dans le calcul intégral, et qu'on peut toujours calculer facilement au moyen des autres. La construction d'une table de logarithmes est un travail immense qui a dû demander un temps infini à son auteur et qui a rendu les plus grands services à l'astronomie. A ce titre, il était donc juste de mentionner ici le nom de Briggs.

Brises. — On donne ce nom à de petits vents frais et périodiques. Sur les côtes, quand le temps est calme, il s'élève, vers neuf heures du matin, une brise de mer, qui augmente jusqu'à trois heures du soir; puis elle faiblit, pour céder la place à la brise de terre, qui s'élève un peu après le coucher du soleil. Le matin, le sol s'échauffant plus rapidement que la mer, l'air froid vient de la mer à la terre; le soir, au contraire, le sol se refroidit plus rapidement que la mer, et l'air froid souffle de la terre à la mer.

Ces brises alternatives adoucissent le climat des îles et des côtes : aussi distingue-t-on les climats en continentaux et marins. Dans les premiers, la température éprouve de grandes variations : il fait très-froid en hiver, très-chaud en été ; dans les derniers, au contraire, les variations de la température sont peu considérables : il n'y a ni froid ni chaud excessifs.

Brorsen, astronome allemand, aperçut, le 26 février 1846, à Kiel, une nouvelle comète dont l'apparition avait été prédite quelque temps auparavant par MM. Goujon et Brünnow. Cette comète effectue sa révolution autour du soleil dans une période de 5 ans 1/2. — Voyez *Comète de Brorsen.*

Brousseau, astronome français, est surtout connu par les calculs auxquels il s'est livré, de concert avec M. Nicolet, pour déterminer la valeur de l'aplatissement de la terre.

Brouillard. — Voyez *Phénomènes atmosphériques.*

Brühl (JEAN-MAURICE DE) naquit en 1736 à Wiederau et mourut vers 1800 à Londres, où il avait été envoyé comme ambassadeur par le prince Xavier. Il cultiva l'astronomie avec beaucoup de succès, et perfectionna plusieurs instruments utiles à cette science.

Bruhns, astronome américain, détermina en 1858 les éléments elliptiques d'une comète qui venait d'être découverte par Tuttle, aux Etats-Unis, et en fixa la durée de la révolution à 13 ans 2/3. — Voyez *Comète de Tuttle.*

Brünnow, astronome très-distingué, directeur de l'Observatoire de Dublin. Il avait annoncé pour le commencement de 1846 la réapparition d'une comète qui a été en effet aperçue à Kiel, par Brorsen, le 26 février de la même année. Brünnow est l'auteur d'un traité d'astronomie sphérique très-estimé; il a pour titre : *Lehrbuch der sphærischen Astronomie.*

Burckhardt, astronome anglais, a calculé des tables qui facilitent singulièrement l'application de la méthode de Borda, pour la détermination des longitudes en mer. — Voyez *Distances lunaires.*

Busch (JEAN-GEORGES), historien, économiste et mathématicien allemand, né le 3 janvier 1728 à Alten-Weding, près de Lunebourg, mort le 5 août 1800. Busch ne s'est occupé d'astronomie que comme amateur. Il savait, dit-on, toutes les langues de l'Europe, et réunissait des connaissances très-variées.

Cadrans solaires. — Voyez *Gnomonique.*

Caillet, célèbre mathématicien français, examinateur de la marine, a dressé des tables de réfraction très-estimées, que nous avons reproduites dans le corps de cet ouvrage. — Voyez *Réfraction.*

Calendrier. — Le calendrier a pour objet la division du temps et les règles suivant lesquelles s'exécute cette division. L'idée de diviser le temps, suivant certaines règles, remonte à la plus haute antiquité.

Calendrier des Égyptiens. — Les anciens Égyptiens faisaient toutes leurs années civiles de 365 jours : elles étaient divisées en douze mois de trente jours chacun, et complétées par cinq jours *épagomènes* qui terminaient l'année. C'est ainsi qu'était formé notre calendrier républicain, sauf l'intercalation d'un jour tous les quatre ans, que les Égyptiens n'admettaient pas.

Ce n'est pas qu'on doive en conclure que ce peuple ne connaissait pas la durée exacte de l'année solaire, qui est d'environ 365 jours et un quart : au contraire, on a des preuves positives qu'ils avaient observé et mesuré cette durée. Ils étaient même parvenus à connaître avec assez de rigueur d'autres périodes astronomiques beaucoup plus difficiles à trouver.

Il est à présumer que, dans les premiers âges, lorsqu'on eut découvert qu'il fallait 365 jours pour que le soleil revînt à l'équinoxe, on crut ce résultat d'observation parfaitement exact; et que, dans l'admiration qu'il inspira, on l'introduisit dans la législation et dans les rites sacrés, selon la coutume généralement suivie alors chez un peuple où tout était réglé par la religion. Lorsque ensuite on reconnut que la révolution du soleil dans l'écliptique était faite en près de 365 jours et un quart, on résista à changer un usage que la religion avait consacré. Les coutumes fondées sur le culte ne peuvent que difficilement être modifiées, parce qu'on peut craindre que ce culte même n'en reçoive quelque atteinte.

Les Arabes, instruits par les Égyptiens, avaient admis une intercalation d'un jour tous les quatre ans, parce qu'ils n'étaient pas retenus par les mêmes considérations qu'eux, et ils avaient l'avantage de voir leur calendrier d'accord avec les phénomènes solaires, les époques des équinoxes et des solstices revenant sans cesse aux mêmes dates, ainsi que les fêtes dans lesquelles on célébrait les travaux et les produits de l'agriculture.

En Egypte, au contraire, l'année civile était *vague*, c'est-à-dire que le premier jour de l'année parcourait lentement, en rétrogradant, tous les degrés du zodiaque. En supposant, par exemple, que l'année civile ait commencé le jour d'un équinoxe, 4 ans après on trouvait un jour d'erreur, et l'année civile recommençait la veille de l'équinoxe; après 8 ans, il y avait 2 jours d'erreur; après 12 ans, 3 jours, et ainsi de suite. Les Arabes, qui admettaient l'intercalation d'un jour tous les quatre ans, avaient donc des dates différentes de celles des Egyptiens, puisque les erreurs s'accumulaient sans cesse: au bout de quatre fois 365 ans ou 1460 ans, l'erreur devenait de 365 jours, ou un an. Ainsi 1460 années arabes en formaient 1461 égyptiennes. En Egypte, le premier jour de l'année avait, dans cette durée, rétrogradé sur l'année solaire, dont il avait parcouru toutes les dates, toutes les saisons. Il en résultait que la division des temps était exprimée par des dates différentes chez ces deux nations voisines, ainsi que cela arrive aujourd'hui pour les Russes par rapport à nous.

Les Egyptiens voulaient aussi régler le cours de la lune sur leur calendrier; pour cela, ils avaient formé un cycle de 25 de leurs années pendant lesquelles les 309 lunaisons s'écoulaient. En effet, la lunaison étant de $29^{j}530\,5886$, ces 309 lunaisons donnent 9125 jours (à 1 h. 12 m. près), et 25 fois 365 jours font aussi 9125. Ainsi, pour que les années lunaires se trouvassent réparties dans ce cycle, et revenir périodiquement aux mêmes dates, ces peuples composaient 10 de ces années de 355 jours, et les 15 autres de 354 jours : les 9 dernières lunaisons (car il n'y en a encore que 300 d'employées) se partageaient en 5 lunes de 29 jours et 4 de 30, ce qui complète bien le 9125 jours des 25 années civiles.

Calendrier des Grecs. — Les peuples de la Grèce ne se servaient pas tous du même calendrier : nous nous bornerons à analyser celui des Athéniens, le peuple le plus remarquable de la Grèce, sous le rapport des sciences, des arts et des lettres.

Le calendrier d'Athènes était *luni-solaire*, c'est-à-dire qu'il prétendait accorder l'année civile avec les révolutions de la lune et celles du soleil. L'année avait douze mois dont chacun commençait à la nouvelle lune : la lunaison ayant un peu plus de 29 jours et demi, on faisait les mois de 30 et 29 jours alternativement. L'année commençait vers le solstice d'été, et comme l'année lunaire, ou 12 lunaisons, faisant $354^{j}367063$, est plus courte de 10 jours 21 heures que l'année solaire, cette différence accumulée donnait, à fort peu près, 87 jours au bout de 8 ans, ou 3 mois de 29 jours. Pour accorder les années lunaires et solaires, il fallait donc ajouter un 13e mois de 29 jours trois fois en 8 ans, ce qui composait l'année civile. Ces années de 13 mois ou 383 jours étaient appelées *embolismiques*.

Méthon, un des savants de la Grèce, apprit en Egypte, où l'astronomie était cultivée avec éclat, qu'en 19 années solaires il y a 235 lunaisons presque justes : il en conclut que les 228 mois solaires comprenaient 7 lunaisons de plus, par conséquent qu'il suffisait d'ajouter 7 mois en addition aux 228 lunaisons, pour accomplir la durée de 19 années solaires. En conséquence, il proposa d'ajouter un mois à chacune des années 2e, 5e, 8e, 11e, 13e, 16e et 19e du cycle de 19 ans.

En effet, exprimant en décimales les fractions de jours pour faciliter les calculs, on trouve que les durées des révolutions du soleil et de la lune sont : $365^j,2422173$ pour l'un et $29^j,5305886$ pour l'autre (révolution synodique) ; en répétant 19 fois le premier, et 235 fois le second, on trouve que :

19 années solaires ont	$6939^j,60213$
235 lunaisons ont.....	$6939^j,68832$
Différence.....	0, 08619, ou 2^h4^m

Méthon prescrivit de faire 12 années *communes* de 12 mois et 7 *embolismiques* de 13 mois; parmi les premières, 8 avaient 354 jours et les 4 autres 355 jours; les 7 secondes avaient 384 jours, sauf une de 383 jours. On avait ainsi les 6939 jours qui composent les 19 années solaires.

Le 13e mois additif, placé après le mois *Posidéon*, était appelé un *second Posidéon*. Ce système a été établi à Athènes l'an 433 avant notre ère.

Frappés d'admiration pour la règle de Méthon, les Athéniens en firent graver le calcul en lettres d'or sur les murs du temple de Minerve, ce qui fit donner le nom de *Nombre d'or* au chiffre qui marquait le rang d'une année dans le cycle lunaire de 19 ans.

Le système de Méthon renferme une petite erreur inévitable dans ce genre de calculs, parce que la durée des révolutions du soleil et de la lune sont compliquées de fractions, et que leur rapport ne peut être exprimé qu'approximativement par des nombres entiers et simples. Aussi l'erreur, en s'ajoutant avec les cycles, est devenue sensible, et Calippe, un siècle plus tard, fit retrancher un jour à la fin de chaque 4e cycle; ce qui n'était pas assurément une innovation heureuse.

Ces changements apportés dans la composition du calendrier, mais surtout l'insertion irrégulière du mois intercalaire font qu'il est absolument impossible d'établir une concordance absolue entre les mois grecs et les nôtres. La différence, soit en avance, soit en retard, peut quelquefois être de près de 30 jours. Mais comme les travaux des réformateurs du calendrier grec ont toujours eu pour but de concilier, autant que possible, la division par mois lunaires avec la marche des saisons, c'est toujours en dernier résultat à la division par saisons qu'il faut en revenir. C'est pourquoi la meilleure concordance approximative est encore celle-ci :

Mois d'été........	hécatombéon (30 j.)	répondant à peu près à	juillet
	métagitnion (29 j.)	—	août
	boédromion (30 j.)	—	septembre
Mois d'automne...	mémactérion (29j.)	—	octobre
	pyanepsion (30 j.)	—	novembre
	posidéon (29 j.)	—	décembre
Mois intercalaire...	posidéon II (30 j.)	—	décembre janvier
Mois d'hiver......	gamélion (30 j.)	—	janvier
	anthestérion (29 j.)	—	février
	élaphébolion (30 j.)	—	mars
Mois de printemps.	munychion (29 j.)	—	avril
	thargélion (30 j.)	—	mai
	scirophorion (29 j.)	—	juin

Nous avons dit que chaque mois commençait ou était censé commencer avec la lune; c'est pourquoi le premier jour s'appelait *noumênia* (nouvelle lune), et le dernier jour *énê kai néa* (vieille et nouvelle), c'est-à-dire jour intermédiaire entre les deux lunes. Tous ces mois se partageaient en trois décades, à peu près comme dans notre calendrier républicain.

Pour compléter nos indications sur ce sujet, il nous reste encore à dire quelques mots des *Olympiades*, périodes de quatre ans dont les Grecs se servaient pour désigner leurs années, en les rapportant à la célébration des jeux olympiques. La première olympiade, ère des Grecs, eut lieu l'an 776 avant notre ère : la deuxième année de la 42e olympiade est donc la deuxième après 41 révolutions de cette période de 4 ans, ou la 166e à compter de la première. Otant donc 165 ans de 776, le reste 611 indique que l'année dont il s'agit est la 611e avant notre ère.

Calendrier des Romains. — Dans les premiers âges de la république romaine, le temps était divisé d'une manière si compliquée et si bizarre, que nous n'avons aucune connaissance exacte du système suivi, et qu'on attribue à Romulus. L'année n'avait que 10 mois, les uns de 20 jours, les autres de 55 : ces durées paraissent avoir été établies d'après les travaux de l'agriculture, les idées religieuses dominantes, les superstitions, etc. Plutarque dit que l'année de Romulus avait douze mois, que janvier et février la terminaient, que septembre était le septième, octobre le huitième..... dénominations qui ont été conservées après les changements que cet ordre a subis. Le cinquième et le sixième étaient appelés *quintilis* et *sextilis.*

Numa déplaça le mois de janvier, qui depuis lors commença l'année : février la termina. Il régla les durées des mois sur la révolution de la lune, à l'instar des Grecs : il voulut aussi donner 365 jours et un quart à l'année, en la divisant selon les mouvements lunaires, ce qui le porta à imaginer le calendrier le plus bizarre et le plus compliqué qu'on puisse inventer. Comme ce système n'a subsisté que dans les temps de la république romaine, et encore très-incorrectement; qu'il n'a rien de commun avec celui dont on a fait usage depuis le règne des empereurs, nous nous dispenserons de l'exposer.

Jules César, frappé du désordre que ce système avait jeté dans le calendrier, conçut l'idée de le réformer complètement : à cet effet, il fit venir d'Egypte un savant nommé Sosigène pour l'aider dans cette opération, et c'est alors, 45 ans avant notre ère, l'an 709 de la fondation de Rome, qu'il établit le calendrier qui a réglé toutes les durées pendant les siècles de l'empire romain, et qui subsiste encore de nos jours, sauf la réforme grégorienne et la dénomination des jours dont nous parlerons plus loin.

Pour réduire la durée de l'année civile à celle de l'année solaire qu'on croyait de 365 jours et un quart, l'empereur prescrivit de faire les années de 365 jours, et tous les quatre ans d'ajouter un 366e jour.

A partir de l'an 45 avant notre ère, le calendrier Julien a été établi dans tout l'empire romain, et accepté avec d'autant plus de satisfaction, que sa régularité et sa simplicité le rendaient d'un usage facile. Le nombre et la durée des mois furent réglés ainsi :

Janvier........	31 jours	Juillet........	31 jours
Février........	28 ou 29	Août..........	31
Mars..........	31	Septembre.....	30
Avril.........	30	Octobre.......	31
Mai...........	31	Novembre.....	30
Juin..........	30	Décembre......	31

Les Romains ne connaissaient pas notre semaine; le premier jour du mois était nommé *Calendes,* d'où dérive le mot *calendrier*; le cinquième jour était celui des *Nones;* le treizième celui des *Ides;* cependant en mars, mai, juillet et octobre, mois qui ont 31 jours, les nones étaient le 7 et les ides le 15. Il y avait dans tous les cas 8 jours d'ides, en sorte que la veille des nones était toujours appelée *octo idus* (le 8ᵉ jour des ides); car les noms des autres jours du mois se tiraient de leur rang en rétrogradant ; ainsi on disait le 2ᵉ des calendes *(pridie calendas)* pour désigner la veille, ou le dernier jour du mois précédent; le 3ᵉ des calendes était la surveille, etc.; ainsi le 3ᵉ, le 4ᵉ jour des calendes d'avril étaient le 30 et le 29 mars. Le 366ᵉ jour qu'on devait ajouter tous les quatre ans était intercalé entre le 23 et le 24 février, et comme le 24 était le 6ᵉ jour des calendes, le jour additif était appelé un second 6ᵉ jour *(bissexto calendas)*, d'où vient le mot *bissextile*, appliqué aux années de 366 jours.

Ainsi, voilà notre calendrier bien expliqué, par les éléments qui lui ont donné naissance, par les principes de sa construction, et par son extrême simplicité; car le calendrier Julien est celui dont nous nous servons encore, à quelques modifications près que nous ferons connaître en traitant du calendrier Grégorien; il a servi de règle pendant un grand nombre de siècles à tous les pays soumis à la domination romaine; seulement on a abandonné les divisions de calendes, nones et ides, pour y substituer la semaine dont il nous reste à parler.

La semaine était en usage chez les anciens Egyptiens; les Juifs en avaient reçu la connaissance et l'avaient adoptée; et lorsque le christianisme a été répandu en Europe, et est en même temps devenu la religion de l'empire romain, elle a servi généralement à dénommer les jours.

Les jours de la semaine prennent leurs noms des planètes connues des anciens, et au rang desquelles ils admettaient le soleil et la lune. Ainsi, *lundi* vient de Lune, *mardi* de Mars, *mercredi* de Mercure, *jeudi* de Jupiter, *vendredi* de Vénus, *samedi* de Saturne, et *dimanche* de Dominus, maître, pour indiquer le soleil. L'antiquité était dans l'usage religieux de consacrer chaque heure du jour aux divinités qu'on supposait présider à chaque planète. La première heure du samedi était consacrée à Saturne, la 2ᵉ à Jupiter, la 3ᵉ à Mars, la 4ᵉ au Soleil, la 5ᵉ à Vénus, la 6ᵉ à Mercure, la 7ᵉ à la Lune. Saturne présidait de nouveau à la 8ᵉ heure, Jupiter à la 9ᵉ, etc. En continuant ainsi, on trouve que la 25ᵉ heure, ou la 1ʳᵉ heure du lendemain, était consacrée au Soleil; de là la dénomination de dimanche attribuée à ce jour.

En reproduisant la même succession de planètes en partant de dimanche, on trouve que la première heure du lundi est consacrée à la Lune; la première heure du mardi à Mars; la première heure du mercredi à Mercure, et ainsi de suite, jusqu'à ce que nous soyons revenus au samedi consacré à

Saturne. On voit donc que chaque jour de la semaine a tiré son nom de la planète qui présidait à la première heure.

Comme l'année égyptienne était composée de 365 jours, sans intercalation, c'est-à-dire formée de 52 semaines et un jour, le jour de la semaine qui commençait l'année, la terminait ; en sorte que le jour initial de l'année suivante avait le nom du lendemain ou jour suivant. Après un lundi venait un mardi, puis un mercredi, etc., pour le jour qui commençait les années consécutives ; on avait donc ainsi l'année de la lune, puis celle de Mars, puis celle de Mercure, etc.; car on dévouait l'année entière à la planète qui présidait à la première heure du premier jour de cette année, et donnait son nom à ce jour.

Le premier jour d'une année est ce qu'on appelle sa *marque;* une fois ce jour connu, les noms des jours de toutes les autres dates s'en suivent. Dans un mois quelconque, *les nombres suivants disposés de* 7 *en* 7 :

1, 8, 15, 22, 29

sont des dates du même jour de la semaine. Si l'on grave ces cinq nombres dans sa mémoire, il suffira de connaître la marque d'un mois pour avoir le nom de quatre autres dates de ce mois et, par suite, celui de toute autre date du mois. Je sais, par exemple, qu'un mois commence par samedi, j'en conclus que le 8, le 15, le 22 et le 29 de ce mois sont aussi des samedis Et si je demande le nom du 17, 2 jours au-delà du 15, je reconnais que c'est un lundi. La marque du mois suivant sera facile à trouver, en procédant de 2 ou 3 rangs, après le samedi, selon que le mois a 30 ou 31 jours. Cette marque sera donc lundi dans le premier cas, mardi dans le second. On tirera de là les noms des dates de ce mois.

Si on veut se transporter à un mois éloigné, on comptera le nombre des mois intermédiaires, on multipliera par 2, enfin on ajoutera autant de fois *un* qu'il y a de mois de 31 jours; il ne restera plus qu'à retrancher du résultat tous les 7 contenus, pour avoir ce qu'il faut compter de rangs au-delà de l'initial de départ. Le mois de février n'est pas compris dans cette énumération ; seulement, on ajoute 1 quand il y a 29 jours.

Mars commence par mardi, quel est l'initial de septembre? Il y a 6 mois intermédiaires, dont 4 ont 31 jours ; on a 6 fois 2 plus 4 font 16, dont on ôte 14, il reste 2; il faut donc avancer de deux rangs au-delà de mardi : ainsi septembre commence par jeudi.

L'année est composée de 52 semaines, car 52 fois 7 jours font 364; mais il reste encore un jour: d'où l'on voit que l'année est terminée par le même jour qui la commence. L'initial de l'année suivante est donc le lendemain. L'an 1870 commence par samedi, donc 1871 doit commencer par dimanche, 1872 par lundi. Mais après une année bissextile, il faut avancer d'un jour dans la série, par conséquent 1873 commencera par mercredi. — Voyez *Lettre dominicale*, page 86.

Réforme grégorienne. — Dans le style Julien, on attribue à l'année solaire la durée de 365 jours et un quart ; on la suppose donc trop longue de $11^m\ 12^s$. Il en résulte que l'intercalation d'un jour tous les 4 ans est trop forte de près de trois quarts d'heure dans cette durée de 4 ans. Quatre ans plus tard, on anticipera de nouveau de 3/4 d'heure sur le soleil, et ainsi de suite. Avec la succession des temps cette erreur s'accumule, et produit un jour en 128 ans et demi, 2 jours en 257 ans, etc. L'équinoxe du printemps qui, dans l'origine, tombait le 21 mars, est donc arrivé le 20, puis le 19, puis le 18, etc., remontant ainsi d'un jour à chaque période de 128 ans et demi.

Les chrétiens qui avaient adopté une règle pour célébrer la fête de Pâques, en la faisant dépendre du jour de l'équinoxe, ont cru devoir faire disparaître cette erreur, en ramenant sans cesse l'équinoxe au 21 mars, et c'est le motif qui a déterminé le pape Grégoire XIII à faire adopter une réforme au calendrier Julien.

En 1582, l'équinoxe du printemps arriva le 11 mars, en retard de 10 jours : le pape ordonna qu'on fît la suppression de 10 jours au mois d'octobre. Le lendemain du jeudi, 4 de ce mois, au lieu de compter 5, on a compté vendredi 15 ; en sorte que le mois d'octobre, privé de 10 jours, a été composé de 1, 2, 3, 4, 15, 16, etc. Par cette suppression de 10 jours l'équinoxe s'est retrouvé le 21 mars en 1583 et années suivantes.

Pour éviter à l'avenir l'anticipation de l'année solaire sur l'année civile, il fallait diminuer les intercalations ; et comme il est d'une grande importance que le mode soit simple et d'un usage facile, voici ce qui a été imaginé : le pontife ordonna la suppression de trois bissextiles séculaires sur quatre. Les années 1700, 1800 et 1900 qui devaient être bissextiles dans le style Julien, à raison de leur rang dans la période de 4 ans, ont été communes ; mais l'an 2000 devra être bissextile, et ainsi de 4 en 4 siècles. On n'intercale donc que 97 jours en 400 ans, au lieu de 100 jours : ces 400 ans sont ainsi formés de 400 fois 365 jours, plus 97 jours; ce qui, en divisant par 400, donne pour durée de l'année civile 365^j 97/400 de jour, ou $365^j,2425$; et comme l'année solaire est de $365^j,2422$ (1), il y a bien

(1) Voyez ***Année tropique.***

encore une légère différence de 26 secondes par an ; mais elle ne produit en mille ans que $7^h\ 13^m\ 20^s$, et il sera temps dans 3 ou 4 mille ans de supprimer encore un jour du calendrier, pour ramener l'équinoxe au 21 mars, si l'on juge toutefois que cela ait quelque importance.

La réforme grégorienne comprend donc deux parties : l'une est la suppression de 10 jours en 1582, chose une fois faite pour toujours, et dont il n'y aura plus à s'occuper ; l'autre la suppression de trois bissextiles séculaires sur quatre, dont l'effet se fera sentir au retour des années séculaires; ce n'est que tous les cent ans qu'on s'écarte de la règle des bissextiles du calendrier Julien. Voici cette règle :

1° *Pour reconnaître si une année proposée est commune ou bissextile, divisez par 4 le nombre exprimé par les deux chiffres à droite du millésime ; l'année est bissextile quand la division se fait sans reste.* L'an 1871 est la troisième après une bissextile, parce qu'en prenant le quart de 71, il reste 3. L'an 1872 a 366 jours, parce que le quart de 72 est juste 18.

2° *Pour une année séculaire, supprimez les deux zéros à droite du millésime, et pour que cette année soit bissextile, il faut que le quart des chiffres restants (partie séculaire) soit entier :* 1800 n'est pas bissextile, parce que le quart de 18 n'est pas entier ; 2000 l'est, car le quart de 20 est 5.

Calendrier grégorien perpétuel.

JANVIER			FÉVRIER			MARS			AVRIL		
Dates	L. Dom	Épactes	Dates	L. Dom.	Épactes	Dates	L. Dom.	Épactes	Dates	L. Dom.	Épactes
1	A	0	1	D	29	1	D	0	1	G	29
2	B	29	2	E	28	2	E	29	2	A	28
3	C	28	3	F	27	3	F	28	3	B	27
4	D	27	4	G	26	4	G	27	4	C	26
5	E	26	5	A	24*	5	A	26	5	D	24*
6	F	25	6	B	23	6	B	25	6	E	23
7	G	24	7	C	22	7	C	24	7	F	22
8	A	23	8	D	21	8	D	23	8	G	21
9	B	22	9	E	20	9	E	22	9	A	20
10	C	21	10	F	19	10	F	21	10	B	19
11	D	20	11	G	18	11	G	20	11	C	18
12	E	19	12	A	17	12	A	19	12	D	17
13	F	18	13	B	16	13	B	18	13	E	16
14	G	17	14	C	15	14	C	17	14	F	15
15	A	16	15	D	14	15	D	16	15	G	14
16	B	15	16	E	13	16	E	15	16	A	13
17	C	14	17	F	12	17	F	14	17	B	12
18	D	13	18	G	11	18	G	13	18	C	11
19	E	12	19	A	10	19	A	12	19	D	10
20	F	11	20	B	9	20	B	11	20	E	9
21	G	10	21	C	8	21	C	10	21	F	8
22	A	9	22	D	7	22	D	9	22	G	7
23	B	8	23	E	6	23	E	8	23	A	6
24	C	7	24	F	5	24	F	7	24	B	5
25	D	6	25	G	4	25	G	6	25	C	4
26	E	5	26	A	3	26	A	5	26	D	3
27	F	4	27	B	2	27	B	4	27	E	2
28	G	3	28	C	1	28	C	3	28	F	1
29	A	2				29	D	2	29	G	0
30	B	1				30	E	1	30	A	29
31	C	0				31	F	0			

(*) Lorsque l'épacte est 25, on prend 24 pour 25 dans les mois de ***Février, Avril,*** ***Juin***, *Septembre* et *Novembre*. Dans le mois d'***Août*** on prend d'abord 24 et ensuite 25. — Cette observation s'applique à toutes les phases de la lune, dont il sera parlé plus loin.

Calendrier grégorien perpétuel [suite].

MAI			JUIN			JUILLET			AOUT		
Dates	L. Dom.	Epactes	Dates	L. Dom.	Epactes	Dates	L. Dom.	Epactes	Dates	L. Dom.	Epactes
1	B	28	1	E	27	1	G	26	1	C	24*
2	C	27	2	F	26	2	A	25	2	D	23
3	D	26	3	G	24*	3	B	24	3	E	22
4	E	25	4	A	23	4	C	23	4	F	21
5	F	24	5	B	22	5	D	22	5	G	20
6	G	23	6	C	21	6	E	21	6	A	19
7	A	22	7	D	20	7	F	20	7	B	18
8	B	21	8	E	19	8	G	19	8	C	17
9	C	20	9	F	18	9	A	18	9	D	16
10	D	19	10	G	17	10	B	17	10	E	15
11	E	18	11	A	16	11	C	16	11	F	14
12	F	17	12	B	15	12	D	15	12	G	13
13	G	16	13	C	14	13	E	14	13	A	12
14	A	15	14	D	13	14	F	13	14	B	11
15	B	14	15	E	12	15	G	12	15	C	10
16	C	13	16	F	11	16	A	11	16	D	9
17	D	12	17	G	10	17	B	10	17	E	8
18	E	11	18	A	9	18	C	9	18	F	7
19	F	10	19	B	8	19	D	8	19	G	6
20	G	9	20	C	7	20	E	7	20	A	5
21	A	8	21	D	6	21	F	6	21	B	4
22	B	7	22	E	5	22	G	5	22	C	3
23	C	6	23	F	4	23	A	4	23	D	2
24	D	5	24	G	3	24	B	3	24	E	1
25	E	4	25	A	2	25	C	2	25	F	0
26	F	3	26	B	1	26	D	1	26	G	29
27	G	2	27	C	0	27	E	0	27	A	28
28	A	1	28	D	29	28	F	29	28	B	27
29	B	0	29	E	28	29	G	28	29	C	26
30	C	29	30	F	27	30	A	27	30	D	25
31	D	28				31	B	26	31	E	24

(*) Lorsque l'épacte est 25, on prend 24 pour 25 dans les mois de ***Février, Avril, Juin, Septembre*** et ***Novembre.*** Dans le mois d'***Août*** on prend d'abord 24 et ensuite 25. — Cette observation s'applique à toutes les phases de la lune, dont il sera parlé plus loin.

Calendrier grégorien perpétuel [suite].

SEPTEMBRE			OCTOBRE			NOVEMBRE			DÉCEMBRE		
Dates	L. Dom	Epactes	Dates	L. Dom.	Epactes	Dates	L. Dom	Epactes	Dates	L. Dom.	Epactes
1	F	23	1	A	22	1	D	21	1	F	20
2	G	22	2	B	21	2	E	20	2	G	19
3	A	21	3	C	20	3	F	19	3	A	18
4	B	20	4	D	19	4	G	18	4	B	17
5	C	19	5	E	18	5	A	17	5	C	16
6	D	18	6	F	17	6	B	16	6	D	15
7	E	17	7	G	16	7	C	15	7	E	14
8	F	16	8	A	15	8	D	14	8	F	13
9	G	15	9	B	14	9	E	13	9	G	12
10	A	14	10	C	13	10	F	12	10	A	11
11	B	13	11	D	12	11	G	11	11	B	10
12	C	12	12	E	11	12	A	10	12	C	9
13	D	11	13	F	10	13	B	9	13	D	8
14	E	10	14	G	9	14	C	8	14	E	7
15	F	9	15	A	8	15	D	7	15	F	6
16	G	8	16	B	7	16	E	6	16	G	5
17	A	7	17	C	6	17	F	5	17	A	4
18	B	6	18	D	5	18	G	4	18	B	3
19	C	5	19	E	4	19	A	3	19	C	2
20	D	4	20	F	3	20	B	2	20	D	1
21	E	3	21	G	2	21	C	1	21	E	0
22	F	2	22	A	1	22	D	0	22	F	29
23	G	1	23	B	0	23	E	29	23	G	28
24	A	0	24	C	29	24	F	28	24	A	27
25	B	29	25	D	28	25	G	27	25	B	26
26	C	28	26	E	27	26	A	26	26	C	25
27	D	27	27	F	26	27	B	24*	27	D	24
28	E	26	28	G	25	28	C	23	28	E	23
29	F	24*	29	A	24	29	D	22	29	F	22
30	G	23	30	B	23	30	E	21	30	G	21
			31	C	22				31	A	20

(*) Lorsque l'épacte est 25, on prend 24 pour 25 dans les mois de ***Février, Avril, Juin***, *Septembre* et ***Novembre***. Dans le mois d'*Août* on prend d'abord 24 et ensuite 25. — Cette observation s'applique à toutes les phases de la lune, dont il sera parlé plus loin.

Comput ecclésiastique. — On nomme ainsi le formulaire qui servait autrefois à calculer l'époque annuelle des fêtes de l'Église.

Les articles qui composent le comput sont : 1° *le nombre d'or*, 2° *l'épacte*, 3° *le cycle solaire*, 4° *l'indiction romaine*, 5° *la lettre dominicale.*

Le *nombre d'or* indique l'année du *cycle lunaire*, c'est-à-dire la révolution du temps après laquelle la nouvelle lune est censé revenir aux mêmes jours de l'année. Ce cycle est supposé de 19 ans, ce qui n'est pas rigoureusement exact; cependant, comme la différence entre les révolutions du soleil et celles de la lune n'est que de 2^h 4^m environ en 19 ans, on peut, dans la pratique du calendrier, négliger cette différence, sauf à en tenir compte plus tard.

Pour calculer le nombre d'or d'une année, ajoutez 1 *à cette année et divisez la somme par* 19, *le reste de la division sera le nombre d'or cherché.*

L'*épacte* a pour but de faire concorder l'année lunaire avec l'année solaire. Elle indique le nombre de jours qui restent du mois de décembre de l'année précédente, après la fin de la lune qui s'est terminée dans ce mois, ou, en d'autres termes, à quel jour de la lune répond le 1er janvier de l'année suivante. Donc l'*épacte* est l'âge de la lune le 31 décembre, qu'on prend pour renouvellement de l'année suivante.

Pour trouver l'épacte d'une année, cherchez d'abord le nombre d'or comme il est dit ci-dessus, ôtez 1 *de ce nombre, multipliez la différence par* 11 *et divisez le produit par* 30, *le reste de la division sera l'épacte cherchée.*

Pour éviter ce dernier calcul, nous allons établir en regard de la série des *nombres d'or* celle des *épactes* qui y répondent. Il suffira donc de calculer le *nombre d'or* par la méthode ci-dessus pour connaître immédiatement l'*épacte* qui s'y rapporte. Voici ces deux séries :

Nombre d'or	1.	2.	3.	4.	5.	6.	7.	8.	9.	10.	11.	12.	13.	14.	15.	16.	17.	18.	19.
Epacte....	0.	11.	22.	3.	14.	25.	6.	17.	28.	9.	20.	1.	12.	23.	4.	15.	26.	7.	18.

Dans notre calendrier perpétuel, rien n'est plus facile de reconnaître à l'instant la date des mois à laquelle répond chaque nouvelle lune. En effet, l'épacte d'une année retranchée de 31 donne la date de la 1re nouvelle lune en janvier; avec notre calendrier, on est dispensé de faire cette soustraction, puisque les épactes sont combinées de telle sorte que la somme de chaque épacte avec chacune des dates du mois de janvier donne toujours 31. Ainsi, si on a pour épacte le nombre 9, la 1re nouvelle lune de janvier arrivera le 22, puisque 9 et 22 font 31; et, pour une année commune, la date des mois en regard de laquelle se trouve le nombre 9 dans la colonne des épactes, indique la date de chaque nouvelle lune. Toutefois nous devons dire ici que, pour une année bissextile, le chiffre de l'épacte devra être augmenté d'une unité à partir du 1er mars jusqu'au 31 décembre, à cause d'un jour de plus en février.

Exemple: Pour l'année 1872, l'épacte est 20; cette épacte nous servira à trouver l'époque de la nouvelle lune en janvier et février, on trouve ainsi que la 1re arrivera le 11 janvier, la 2e le 9 février. Maintenant, pour avoir la date des autres nouvelles lunes, nous prendrons 21 pour chiffre d'épacte et nous trouverons ainsi que la 3e nouvelle lune arrivera le 10 mars, la 4e le 8 avril, la 5e le 8 mai, la 6e le 6 juin, etc.

On pourrait également obtenir les autres phases de la lune par une combinaison d'épactes que l'on mettrait en rapport avec les chiffres que nous avons donnés plus haut. Pour ne laisser aucune lacune dans notre travail, nous avons calculé ces nouvelles épactes que l'on trouvera immédiatement dans le tableau ci-après. Toutefois, il est bon de faire remarquer qu'il ne s'agit ici que de la lune *civile* ou plutôt *ecclésiastique*, et non de la lune *astronomique* qui exige des calculs généralement assez compliqués, et dont l'usage ne conviendrait guère à la formation d'un calendrier. Il n'est donc pas étonnant de remarquer quelquefois un jour et plus de différence entre les dates accusées par le calendrier et celles que donnent les éphémérides astronomiques.

Nous devons dire aussi que l'usage de ces nouvelles épactes est absolument le même que celui que nous avons expliqué précédemment, et que l'observation que nous avons faite plus haut, à propos d'une année bissextile, s'applique également à toutes les épactes.

Dans le tableau que nous donnons des épactes applicables à chacune des phases de la lune, nous avons indiqué ces phases par les initiales NL, PQ, PL, DQ pour désigner la *nouvelle lune*, le *premier quartier*, la *pleine lune*, le *dernier quartier*.

Table des épactes.

PHASES DE LA LUNE.	ÉPACTES RÉPONDANT AUX PHASES DE LA LUNE.																		
● NL	0	11	22	3	14	25	6	17	28	9	20	1	12	23	4	15	26	7	18
☽ PQ	23	4	15	26	7	18	29	10	21	2	13	24	5	16	27	8	19	0	11
○ PL	16	27	8	19	0	11	22	3	14	25	6	17	28	9	20	1	12	23	4
☾ DQ	8	19	0	11	22	3	14	25	6	17	28	9	20	1	12	23	4	15	26

Correction des épactes. — Comme nous n'avons eu égard, dans le calcul des épactes, ni à la correction grégorienne, ni à l'erreur qui résulte du cycle de 19 ans, cette petite table exige des changements avec les siècles.

On sait que 19 années juliennes de 365 jours et un quart surpassent 235 lunaisons de $1^h,459$ environ; en sorte qu'après 19 années juliennes révolues, les nouvelles lunes devaient revenir aux mêmes dates, mais une heure et demie plus tôt. Cet excès s'accumulant avec les cycles de 19 ans, on trouve que l'erreur est de un jour après 312 ans et demi, puisque

$$\frac{19}{0^j,0608} = 312,5.$$

Ainsi, après 312 ans et demi, les nouvelles lunes moyennes arrivent donc un jour plus tôt, et tombent la veille du jour où l'épacte les marque dans le calendrier perpétuel. Mais la colonne des épactes procédant selon l'ordre rétrograde 30, 29, 28, 27... la correction qu'exige cette avance consiste à augmenter toutes les épactes de 1 après 312 ans et demi. Après 625 ans, on ajoutera de nouveau 1, etc.; enfin, après 2,500 ans, on aura ainsi ajouté 8 à toutes les épactes de la table précédente. On obéit à cette prescription en pratiquant la règle suivante : ajoutez 1 à l'épacte après chaque période de 300 ans, et lorsque 7 de ces périodes seront écoulées n'ajoutez la 8e unité qu'après 400 ans. C'est ce qu'on voit dans le tableau ci-après où les +, répartis selon cette règle, indiquent chacun l'augmentation de 1 qu'il faut faire à chaque épacte. Arrivé à 3,900, le + n'est porté que 4 siècles après.

D'ailleurs, l'année grégorienne supprime trois bissextiles séculaires sur quatre, et nos dates actuelles sont plus avancées d'un rang chaque fois que dans le calendrier Julien. Ainsi on devra diminuer de 1 les épactes après chacune de ces bissextiles séculaires supprimées. Ce que nous avons indiqué par le signe —.

Le signe — qui suit 1900 dans ce tableau indique qu'il faut soustraire 1 de toutes les épactes de la table qui précède, sans changer les nombres d'or, et la table ainsi modifiée peut servir de 1900 à 2199, puisque 2000 n'est affecté d'aucun signe, et que 2100 porte deux signes qui se détruisent. En 2,200 on a —, on retranchera de nouveau 1 ; en 2300, on ôtera une 3e unité, on en ajoutera une à 2400 etc. Ainsi notre table de correspondance des nombres d'or avec les épactes (p. 82) pourra servir indéfiniment avec ces corrections :

De l'an 1900 à 2199 retranchez 1 aux épactes de la table (p. 83).
De — 2200 à 2299 — 2 — —

De l'an 2300 à 2399 retranchez 3 aux épactes de la table (p. 83).
De — 2400 à 2499 — 2 — —
De — 2500 à 2599 — 3 — —

et ainsi de suite : les nombres d'or restant d'ailleurs les mêmes.

On demande, par exemple, l'épacte de l'an 3181 dont le nombre d'or est 9, ainsi qu'on le trouve en prenant le reste de 3182 divisé par 19. Le nombre d'or 9 répond à l'épacte 28. Mais le tableau suivant montre que de 1900 à 3100, il y a sept — et un +, sans compter les ± qui se détruisent; c'est donc 6 qu'il faut ôter de toutes les épactes; en sorte que 22 est celle de l'an 3181, et on aura : NL 22, PQ 15, PL 8, DQ 0.

1600	2500 —	3400 —	4300 ±
1700 —	2600 —	3500 —	4400
1800 ±	2700 ±	3600 +	4500 —
1900 —	2800	3700 —	4600 ±
2000	2900 —	3800 —	4700 —
2100 ±	3000 ±	3900 ±	4800
2200 —	3100 —	4000	4900 ±
2300 —	3200	4100 —	5000 —
2400 +	3300 ±	4200 —	5100 —

Cycle solaire. — Le cycle solaire est une révolution de 28 années au bout desquelles les jours de la semaine tombent exactement aux mêmes jours du mois et suivent la même marche. Le chiffre mis en regard de ce cycle, dans les calendriers, indique le nombre des années écoulées depuis son renouvellement.

Pour avoir le *Cycle solaire* répondant à une année quelconque, on retranchera 19 de cette année et on divisera la différence par 28, le reste de la division sera le cycle cherché. Ainsi le cycle solaire pour l'année 1871 est 4, puisque 1871 — 19 = 1852, et que le reste de la division de 1852 par 28 donne 4. Quand la division se fait sans reste, l'année est la 28e du cycle.

Indiction romaine. — L'indiction romaine ou pontificale est un cycle de 15 années juliennes adopté par le pape Grégoire VII pour fixer les époques de réunion du synode.

Cette division était déjà pratiquée en Orient du temps de l'empereur Constantin, auquel on en attribue l'invention, pour fixer les époques du renouvellement des bases de l'impôt. A l'exemple des empereurs d'Orient, les rois de France semblent aussi avoir adopté le même système pour la révision des matrices cadastrales, puisqu'on en retrouve la trace dans plusieurs diplômes carlovingiens ; dans le Dauphiné il était devenu d'un usage général au XIVe siècle. Cette période de 15 ans, attribuée à ce cycle, commençait au 25 décembre ou au 1er janvier, suivant l'usage des temps et les lieux, pour le commencement de l'année.

Pour trouver l'*indiction* d'une année quelconque, il suffit d'ajouter 3 à cette année et de diviser la somme par 15, le reste de la division est l'indiction cherchée. Lorsque la division se fait sans reste, l'indiction est la 15e du cycle. Pour l'année 1871, l'indiction romaine est 14, puisque $1871 + 3 = 1874$, et que le reste de la division de 1874 par 15 donne 14.

Dans le calendrier, le chiffre mis en regard de l'indiction indique le nombre des années écoulées depuis le renouvellement de ce cycle.

Lettre dominicale. — Il était en usage autrefois de se servir des sept premières lettres de l'alphabet pour désigner les jours de la semaine. Ces lettres, une fois inscrites en regard des dates des mois, il ne s'agissait plus que de savoir laquelle de ces lettres s'appliquait, dans l'année courante, au dimanche. Cette connaissance expliquait suffisamment la valeur quotidienne des autres lettres. La lettre du dimanche s'appelait *lettre dominicale.* Nous nous sommes servi de ces mêmes lettres dans le calendrier perpétuel qui se trouve aux pages 79 et 81 de cet ouvrage, il ne nous reste donc plus qu'à expliquer la méthode que l'on doit employer pour trouver celle qui convient à une année quelconque.

Nous avons vu (page 76) comment on pouvait trouver la marque d'une année, en prenant 0 pour *dimanche*, 1 pour *lundi*, 2 pour *mardi*, 3 pour *mercredi*, 4 pour *jeudi*, 5 pour *vendredi* et 6 pour *samedi* ; nous allons donner ici les formules à l'aide desquelles on pourra toujours calculer cette marque.

Soit m la marque du 1er jour du mois de mars d'une année quelconque, que nous désignerons par a; m se rapportera, suivant le cas, à 0, 1, 2, 3, etc. Pour simplifier les calculs, nous ferons :

$$a - 1800 = c, \frac{c}{4} = b,$$

et nous aurons

$$m = \text{reste de la division de (1) } \frac{6 + [2\,b + (c - b)]}{7}$$

(1) On a pris le nombre 6, parce qu'en 1800 le mois de mars a commencé par un samedi qui est représente par 6 ; à partir de 1900, on prendra le chiffre 4, parce qu'en 1900 le mois de mars commencera par un jeudi. Au renouvellement de chaque siècle, on devra donc calculer le jour initial de mars et prendre le chiffre correspondant à ce jour.

Si nous prenons maintenant M pour la marque du 1er janvier, nous aurons :

1° dans une année commune $M = \begin{cases} m - 3, \text{ si 3 est plus petit que } m \\ (m + 7) - 3, \text{ si 3 est plus grand que } m \end{cases}$

2° dans une année bissextile $M = \begin{cases} m - 4, \text{ si 4 est plus petit que } m \\ (m + 7) - 4, \text{ si 4 est plus grand que } m \end{cases}$

Lorsqu'on connaît la marque du 1er jour du mois de mars, c'est-à-dire le chiffre initial de ce mois, il suffit, pour avoir la *lettre dominicale*, de retrancher ce chiffre de 4 (ou de 11, quand le chiffre surpasse 4) ; la différence est le rang de cette lettre dans l'ordre indiqué par la série ci-après, où nous avons mis les sept premières lettres de l'alphabet en regard des chiffres correspondants :

1	2	3	4	5	6	7
A	B	C	D	E	F	G

Dans les années bissextiles, il y a deux *lettres dominicales :* on prendra pour les mois de janvier et février la lettre qui vient immédiatement après celle que l'on aura trouvée par la méthode indiquée ci-dessus. Celle que l'on aura obtenue par cette méthode servira à déterminer les dates auxquelles correspondent les *dimanches* dans les dix autres mois.

Deux exemples suffiront pour faire comprendre tout le parti que l'on peut tirer des formules qui précèdent pour trouver la *lettre dominicale.*

Prenons d'abord l'année 1871, qui est une année commune, et qui n'a par conséquent qu'une seule *lettre dominicale.* Nous aurons pour 1871 : $c = 71$, $b = 17$ et, par suite, $m = 3$; le 1er mars 1871 sera donc un mercredi. En nous reportant au calendrier perpétuel (page 79), nous voyons déjà que mercredi répond à la lettre D et que dimanche, qui vient quatre rangs après, est donné par la lettre A. La lettre A est donc la *lettre dominicale* de l'année 1871 ; en effet, opérant comme il est dit ci-dessus, nous avons $4 - 3 = 1$ et la lettre qui répond au chiffre 1 est bien A : donc nous sommes dans le vrai.

Prenons maintenant l'année 1872 *(bissextile)*, nous aurons $c = 72$, $b = 18$ et, par suite, $m = 5$; le 1er mars 1872 sera donc un vendredi. En nous reportant au calendrier perpétuel, comme nous l'avons fait précédemment, nous voyons déjà que vendredi répond à la lettre D et que dimanche, qui vient deux rangs après, est donné par la lettre F. Si nous opérons par la méthode indiquée plus haut, nous aurons $11 - 5 = 6$, et la lettre F répond bien au nombre 6. Mais nous avons dit que les années bissextiles ont toujours deux *lettres dominicales*, et que la lettre applicable aux mois de janvier et février est prise immédiatement après celle que l'on aura trouvée par la méthode des *marques* de mars ; il en résulte que la lettre trouvée par cette méthode étant F, les lettres GF seront les *lettres dominicales* de l'année 1872.

Fêtes mobiles. — La partie la plus importante de la réforme grégorienne est relative à la distribution des fêtes mobiles, ou plutôt à la fixation de la fête de Pâques qui les détermine.

Les Pères du Concile de Nicée décidèrent, en 325, que *la fête de Pâques serait célébrée le premier dimanche d'après la pleine lune qui suit le* 20 *mars* (1). Pour se conformer à cette prescription du Concile, voici la succession des opérations à faire pour obtenir la date pascale :

Cherchez 1° la lettre dominicale, par la règle donnée page 87;
2° le nombre d'or, par la règle donnée page 82;
3° l'épacte correspondante au nombre d'or, page 82.

Avec ces trois éléments, il est facile, à l'aide du calendrier perpétuel (page 79), de reconnaître la date de la pleine lune pascale et de déterminer la fête de Pâques, qui est fixée au dimanche qui vient après cette pleine lune.

Pour l'an 1872, la lettre dominicale est F dans les mois de mars, avril, etc.; le nombre d'or est 11; l'épacte est 20, ce qui donne 6 pour la pleine lune (page 83).

Nous reportant au calendrier perpétuel, nous remarquons d'abord, dans la colonne des épactes, que 6 répond au 25 mars, c'est donc ce jour-là qu'arrive la pleine lune pascale : F étant la lettre dominicale, nous remarquons également qu'après la date du 25, F répond à 31 ; d'où nous concluons que Pâques est le 31 mars.

Une fois la fête de Pâques fixée, il ne nous reste plus, pour achever la composition du calendrier de toute année proposée qu'à indiquer la place des *fêtes mobiles*. Il est d'autant plus facile d'y procéder, que la fête de Pâques nous donne un moyen bien simple d'en calculer les dates.

Le *dimanche des Rameaux* est celui qui précède Pâques : cette semaine est appelée *sainte;* elle contient le jeudi, le vendredi et le samedi saints ; la *Passion* est le dimanche d'avant les Rameaux ; la *Septuagésime*, la la *Sexagésime*, la *Quinquagésime* et la *Quadragésime* sont le 7e, le 6e, le 5e

(1) On supposait alors que les durées des révolutions du soleil et de la lune étaient connues avec exactitude, et on croyait que, par l'intercalation d'un jour tous les 4 ans, l'équinoxe du printemps devait toujours arriver le 21 mars. On reconnut plus tard que le Concile était dans l'erreur, et c'est à ce défaut d'exactitude que le pape Grégoire XIII voulut remédier en 1582 (page 77).

et le 4e dimanche avant la Passion : les trois dimanches suivants sont appelés *Reminiscere*, *Oculi*, *Lætare*, et le dimanche d'après Pâques est *Quasimodo* : ces quatre mots latins sont ceux qui commencent l'antienne qu'on chante ces jours-là dans le service divin. La Quinquagésime, ou *Dimanche gras*, est le 49e jour avant Pâques ; le *Mardi gras* est le mardi suivant, les *Cendres* le mercredi d'après. La Septuagésime est le 9e dimanche, 63e jour avant Pâques.

Le jeudi 40e jour après Pâques est l'*Ascension*, qu'on fait précéder de trois jours de *Rogations*.

La *Pentecôte* est le 10e jour après l'Ascension ; la *Trinité* est le dimanche d'après, le 8e après Pâques : la *Fête-Dieu* est le jeudi suivant ; cette fête tombe sur la même date que le samedi saint, mais deux mois plus tard.

Les quatre dimanches avant *Noël* sont ceux de l'*Avent*.

Enfin les *Quatre-Temps* commencent le mercredi qui suit : 1° les Cendres, 2° la Pentecôte, 3° le 14 septembre, 4° le 13 décembre. Ils se composent des trois jours suivants : *mercredi*, *vendredi* et *samedi*.

L'*Annonciation* tombe le 25 mars ; cependant, lorsque le dimanche de Pâques arrive avant le 2 avril, comme le 25 mars se trouve compris dans la semaine sainte, l'Annonciation est remise au lundi lendemain de la Quasimodo, c'est-à-dire 8 jours après Pâques.

Voici un autre moyen de répartir les fêtes mobiles chacune à sa date, quand le jour de Pâques est connu :

Dates des fêtes mobiles, lorsque Pâques arrive le 31 *mars*.

La *Septuagésime*, 27 janvier (le 28 quand l'année est bissextile) ;
Les *Cendres*, 13 février (le 14 quand l'année est bissextile) ;
La *Passion*, 17 mars ; les *Rameaux*, 24 mars ;
L'*Ascension*, 9 mai ;
La *Pentecôte*, 19 mai ;
La *Trinité*, 26 mai ; la *Fête-Dieu*, 30 mai.

Lorsque Pâques arrive en avril, ajoutez la date de ce dimanche à toutes les dates précédentes ;

Et quand Pâques arrive en mars, comptez combien de jours avant le 31, et retranchez ce nombre de toutes les dates précédentes.

Par exemple, en 1871, Pâques arrive le 9 avril, c'est-à-dire 9 jours après le 31 mars, il faut donc ajouter 9 à toutes les dates ; on voit ainsi que la Septuagésime est le 36 janvier ou 5 février, les Cendres le 22 février, la Passion le 26 mars, les Rameaux le 33 mars ou 2 avril, l'Ascension le 18 mai, la Pentecôte le 28 mai, la Trinité le 35 mai ou 4 juin, la Fête-Dieu le 39 mai ou 8 juin.

En 1875, Pâques est le 28 mars, c'est-à-dire 3 jours avant le 31, il faut donc ôter 3 des dates indiquées plus haut pour avoir celles des fêtes mobiles de cette année. Ainsi, en 1875, la Septuagésime arrivera le 24 janvier, les Cendres le 10 février, la Passion le 14 mars, les Rameaux le 21 mars, etc.

Avec ces données, et en suivant la règle prescrite page 88 pour fixer la date de la fête de Pâques, il est facile de construire le calendrier d'une année proposée.

Notre calendrier perpétuel ne contient pas les féries que l'on remarque d'ordinaire dans les autres calendriers, cela tient à ce que la légende présente un plus grand nombre de saints qu'il n'y a de jours dans l'année, et que tel saint, par exemple, qui est fêté dans un diocèse à une certaine date se trouve souvent ne pas être le même dans un autre diocèse ; mais il sera toujours facile de combler cette lacune, en prenant les saints que l'on honore particulièrement dans chaque diocèse.

Quant aux autres fêtes fixes, qui trouvent place dans tous les calendriers, nous allons les indiquer ici à leur date ; ces fêtes sont :

La *Circoncision*, le 1er janvier ;

L'*Epiphanie* ou *les Rois*, le 6 janvier ;

La *Purification* ou la *Chandeleur*, le 2 février ;

L'*Annonciation*, le 25 mars ou, suivant le cas, le lundi de la Quasimodo (voyez page 89) ;

Saint Jean-Baptiste, le 24 juin ;

Saint Pierre et Saint Paul, le 29 juin ;

L'*Assomption*, le 15 août ;

La *Nativité*, le 8 septembre ;

La *Toussaint*, le 1er novembre ;

La *Conception*, le 8 décembre ;

Noël, le 25 décembre.

Calendrier républicain. – Dans un temps où l'on s'efforçait de détruire toutes les institutions qui portaient l'empreinte du régime précédent, on eut l'idée malheureuse, qu'ont vainement repoussée des savants distingués, de créer un nouveau calendrier. Pour appuyer cette proposition, on alléguait qu'on avait donné à la France de nouvelles mesures de longueur, de surface, de poids, etc., et qu'on pouvait bien en donner aussi pour la durée. Il n'y avait qu'un empereur romain, maître de tout le monde civilisé, qui pût réussir à fonder un système nouveau de mesure du temps, avec l'espoir qu'il ferait longtemps la loi du monde. Mais le calendrier républicain, même en le supposant préférable au précédent, avait peu de chance de durée, parce qu'il substituait à une précieuse unanimité une déplorable dissidence.

Cependant, comme des transactions privées ou commerciales ont été faites dans le temps de la République, que les actes publics, les lois, les entreprises de longue durée, ont été rédigés à des dates et pour des termes exprimés dans ce nouveau style, il est parfois nécessaire de connaître à quelle date de l'ancien calendrier répond une date du nouveau, ce qui nous conduit à consacrer quelques lignes à cette question.

Le calendrier républicain était assurément plus simple et plus rationnel que celui de Jules-César, corrigé par le pape Grégoire XIII. Tous les mois ont des durées égales, les subdivisions en sont faciles à retenir, il n'y a point d'intercalation dans le cours de l'année, les noms des mois caractérisent bien les saisons, etc.

Tous les mois ont 30 jours, et comme 12 mois ne font que 360 jours, l'année est complétée par 5 ou 6 jours complémentaires. On avait adopté la durée de 365 jours et un quart pour l'année, et par conséquent on ajoutait tous les 4 ans un 6e jour complémentaire. Ces 5 ou 6 jours, qu'on avait reportés à la fin de l'année, étaient des fêtes publiques qu'on avait bizarrement appelées *sans-culotides*, selon l'esprit dominant du temps.

L'année commençait à l'équinoxe d'automne, époque de la fondation de la République. Les mois d'automne étaient appelés :

Vendémiaire, Brumaire, Frimaire.

Ceux d'hiver :

Nivôse, Pluviôse, Ventôse.

Ceux du printemps :

Germinal, Floréal, Prairial.

Ceux d'été :

Messidor, Thermidor, Fructidor.

Ces noms, tirés du latin, caractérisaient les époques de l'année, et leurs désinences marquaient les saisons. Et si l'on objecte que ces saisons n'étaient pas les mêmes dans toutes les parties de la terre, on peut du moins dire que ces dénominations étaient préférables à d'autres aussi insignifiantes que janvier, février, etc., et que leur adoption serait un hommage rendu à la nation qui les avait établies pour son propre climat.

Les trente jours du mois étaient répartis, comme ceux des anciens grecs, en semaines de dix jours appelées *décades*, et les noms des jours se tiraient de leur ordre : *primidi*, *duodi*, *tridi*, *quartidi*, *quintidi*, *sextidi*, *septidi*, *octidi*, *nonidi* et *décadi* ; ce dernier jour était férié.

Quant à l'erreur produite par la supposition que l'année solaire a 365 jours et un quart, on avait chargé les astronomes de fixer les époques éloignées où il serait nécessaire de corriger la durée écoulée, en supprimant un 6e jour complémentaire.

Rien n'est plus simple et mieux conçu qu'un pareil système, et il ne lui manquait, pour réunir tous les avantages, que d'être admis par les autres nations ; mais on devait désespérer d'obtenir ce consentement, et le défaut d'uniformité devenait une gêne universelle, qui ôtait au système son plus précieux avantage.

Nous ne parlerons pas de l'idée singulière et tout-à-fait bizarre de remplacer les noms des saints par des fruits, des racines, des instruments, etc., car le ridicule a bientôt fait justice de cette inutile sottise.

Nous terminerons cet article par un tableau synoptique présentant la concordance entre le calendrier républicain et le calendrier grégorien.

1er DU MOIS	AN I, II 1792.. 1793	III 1794	IV 1795	V. VI. VII 1796-97-98	VIII 1799	IX, X, XI 1800-1-2	XII 1803	XIII, XIV 1804-5
Vendémiaire.	Septembre. 22	22	23	22	23	23	24	23
Brumaire. . .	Octobre. . . . 22	22	23	22	23	23	24	23
Frimaire. . . .	Novembre. . 21	21	22	21	22	22	23	22
Nivôse.	Décembre. . 21	21	22	21	22	22	23	22
	1793. .1794	1795	1796	1797-98-99	1800	1-2-3	1804	1805-6
Pluviôse. . . .	Janvier. . . . 20	20	21	20	21	21	22	21
Ventôse. . . .	Février. . . . 19	19	20	19	20	20	21	20
Germinal. . .	Mars. 21	21	21	21	22	22	22	22
Floréal.	Avril. 20	20	20	20	21	21	21	21
Prairial.	Mai. 20	20	20	20	21	21	21	21
Messidor. . . .	Juin. 19	19	19	19	20	20	20	20
Thermidor. . .	Juillet. . . . 19	19	19	19	20	20	20	20
Fructidor. . .	Août. 18	18	18	18	19	19	19	19
J. complém. .	Septembre. 17	17	17	17	18	18	18	18

Le 10 nivôse an XIV (1er janvier 1806) l'usage du calendrier grégorien a été rétabli en France, et le calendrier républicain aboli.

Calendrier musulman. — Le calendrier musulman est réglé sur les mouvements de la lune, et n'a aucun égard aux saisons. L'année est divisée en 12 mois dont chacun commence à la nouvelle lune ; ainsi ces mois sont composés de 30 et 29 jours alternativement. Et comme la lunaison a un peu plus de 29 jours et demi, on évite les anticipations de l'année lunaire, en ajoutant parfois un jour au dernier mois, qui en a alors 30, au lieu de 29. Ainsi l'année civile musulmane a 354, et parfois 355 jours, et le jour qui la commence parcourt l'année solaire, en rétrogradant de 10 à 11 jours selon qu'elle est ou n'est pas intercalaire, et de 12 jours dans nos années bissextiles. Ces années de 355 jours sont appelées *kébices:* elles sont, dans la période de 30 ans, les 2e, 5e, 7e, 10e, 13e, 16e, 18e, 21e, 24e, 26e et 29e.

11 jours sont ainsi intercalés dans ce cycle, et les 30 ans comprennent 10631 jours. Comme 12 lunaisons donnent 354j,36708 pour l'année lunaire, en multipliant par 30, on trouve pour le cycle trentenaire 10631j,012 : l'erreur n'est donc, en trente ans, que de 17m16s, et il faut près de 2517 années musulmanes pour trouver un jour entier d'erreur; il sera facile d'y remédier dans 10 ou 12 siècles.

Le calendrier musulman est plus simple que le nôtre; car on peut, pour ainsi dire, lire la date dans l'étendue de la phase lunaire; de plus, l'intercalation du jour supplémentaire s'y fait à la fin de l'année, et non pas dans un mois intermédiaire; il n'y a donc besoin d'aucun système de nombre d'or et d'épactes, mais il ne peut régler les travaux de l'agriculture, parce qu'il n'a aucun rapport avec la marche du soleil; ces travaux sont donc exécutés en se conformant au lieu de cet astre sur l'écliptique ou, si l'on veut, au calendrier Julien qui en est l'expression, ou bien encore à des phénomènes physiques qui en dépendent.

Voici les noms des mois et ceux des jours de la semaine :

1 *Muharrem*	30j	7 *Redjeb*	30j
2 *Ssafar*	29	8 *Châban*	29
3 *Raby-el-aouel*	30	9 *Ramadan*	30
4 *Raby-el-thany*	29	10 *Chaoual*	29
5 *Djemasi-el-aouel*	30	11 *Zoulkadeh*	30
6 *Djemasi-el-thany*	29	12 *Zoulhedghé*	29 ou 30

0 Dimanche	*Youm-el-ahad.*
1 Lundi	*Youm-el-thany.*
2 Mardi	*Youm-el-thaleth.*
3 Mercredi	*Youm-el-arbaa.*
4 Jeudi	*Youm-el-khamis.*
5 Vendredi	*Youm-el-jouma.*
6 Samedi	*Youm-el-sebt.*

L'ère des Musulmans est appelée *Hégire*, mot qui signifie fuite, cette année étant celle où Mahomet fut forcé de fuir de la Mecque. Le premier jour répond au 16 juillet 622; c'est le jeudi (*Youm-el-khamis*) 1er muharrem.

Pour savoir si une année est composée de 354 ou de 355 jours, divisez par 30 l'année d'hégire proposée, le reste de la division sera le rang demandé; le quotient est le nombre de cycles trentenaires accomplis depuis l'origine; quand il n'y a pas de reste, l'année recommence la période. Ainsi l'an d'hégire 1286 donne 26 pour reste de la division de 1286 par 30; par conséquent cette année est la 26e du cycle : elle est kébice ou de 355 jours.

En divisant 354 par 7, on voit que l'année musulmane est composée de 50 semaines plus 4 jours. Quand on connaît la marque d'une année, il faut ajouter 4 pour avoir celle de l'année suivante; on ajoute 5 avant une année kébice. Il est bien entendu qu'on retranchera 7 de la somme, quand elle surpassera 7. L'année kébice 1286 commence par le mercredi (*Youm-el-arbaa*), représenté par 3 (voy. p. 87); ajoutant 4, on a 7 ou plutôt 0, et on voit que l'an 1287 commence par dimanche. Le 1er muharrem 1287 est donc *Youm-el-ahad*, qui répond à zéro (0); celui de l'an 1288 est 4, ou *Youm-el-khamis;* enfin celui de 1289 kéb. est 4 + 5 — 7, ou 2 répondant à *Youm-el-thaleth.*

Il serait très-difficile, à cause de la complication du calcul, d'établir la correspondance entre une date de l'hégire et une date éloignée de notre calendrier. Mais en procédant d'année en année, rien n'est plus simple; car le premier jour (1er *muharrem*) d'une année musulmane rétrograde de 11 jours chaque an dans notre calendrier, de 10 jours seulement après une année kébice et de 12 jours si, dans l'intervalle se trouve compris le 29 février d'une année bissextile, et encore, dans ce dernier cas, on ne retrancherait que 11 jours de la date précédente si après une année kébice venait une année bissextile, comme 1297 et 1880, par exemple. Ainsi, l'année musulmane 1297 arrivant le 15 décembre 1879, l'année 1298 devra arriver 11 jours plus tôt : le 4 décembre 1880.

Nous donnons ici une table comprenant un certain nombre d'années musulmanes, avec la date correspondante du calendrier grégorien ; les années kébices et bissextiles y sont désignées par les initiales K et B. On pourra continuer cette table à volonté, et aussi loin qu'on voudra.

ANNÉES MUSULMANES	DATES CORRESPONDANTES du calendrier grégorien AVEC LE COMMENCEMENT DES ANNÉES MUSULMANES	ANNÉES MUSULMANES	DATES CORRESPONDANTES du calendrier grégorien AVEC LE COMMENCEMENT DES ANNÉES MUSULMANES
1289 K	11 Mars..... 1872 B	1304	1 Octobre... 1886
1290	1 Mars..... 1873	1305	20 Septembre. 1887
1291	18 Février... 1874	1306 K	8 Septembre. 1888 B
1292 K	7 Février... 1875	1307	29 Août..... 1889
1293	28 Janvier... 1876 B	1308 K	18 Août..... 1890
1294	16 Janvier... 1877	1309	8 Août..... 1891
1295 K	5 Janvier... 1878	1310	27 Juillet.... 1892 B
1296	26 Décembre. 1878	1311 K	16 Juillet.... 1893
1297 K	15 Décembre. 1879	1312	6 Juillet.... 1894
1298	4 Décembre. 1880 B	1313	25 Juin..... 1895
1299	24 Novembre. 1881	1314 K	13 Juin..... 1896 B
1300 K	13 Novembre. 1882	1315	3 Juin..... 1897
1301	3 Novembre. 1883	1316 K	23 Mai...... 1898
1302	22 Octobre... 1884 B	1317	13 Mai...... 1899
1303 K	11 Octobre... 1885	1318	2 Mai...... 1900

Si on avait besoin simplement de connaître une année de l'hégire correspondante à une année julienne, et réciproquement, sans avoir égard aux dates des jours qui les commencent, on opérerait comme suit :

Soit A une année julienne quelconque et A′ une année de l'hégire correspondante, on aura en général :

$$A' = \frac{A - 621{,}54}{0{,}9702} \text{ et } A = \left(\frac{A'}{1{,}03071} + 621{,}54\right)$$

Prenons pour exemple l'année julienne 1872, nous aurons $A' = 1288{,}87$; d'où nous pouvons conclure que l'année 1872 comprend à la fois une partie des années d'hégire 1288 et 1289. Prenons maintenant l'année d'hégire 1289, nous aurons pour l'année julienne correspondante 1872,13; donc l'année d'hégire 1289 comprend à la fois une partie des années juliennes 1872 et 1873.

Les résultats accusés par ces calculs sont du reste confirmés d'une manière évidente par la table qui précède, où ils sont indiqués d'une manière beaucoup plus précise.

Nous devons dire, en terminant, que le *Calendrier musulman*, tel que nous venons de le décrire, est celui dont on fait usage à Constantinople et dans tout l'empire turc.

Calendrier des Israélites. — Il est en usage parmi les Israélites de compter le jour à partir de 6 heures du soir et de commencer à dater leurs mois de la nouvelle lune; ces mois ont 30 et 29 jours alternativement. Les Israélites ont, comme nous, la semaine de sept jours : le samedi est férié sous le nom de *Sabbat*.

L'année a 354 jours, et on ne l'accorde avec celle du soleil qu'en intercalant, comme les anciens Grecs, sept mois dans le cycle de 19 ans. Ce 13ᵉ mois des années *embolismiques*, appelé *Véadar*, a 29 jours, et est ajouté aux années 3ᵉ, 6ᵉ, 8ᵉ, 11ᵉ 14ᵉ, 17ᵉ et 19ᵉ du cycle.

Les noms des mois sont :

1. Tisri.........	30 jours	7. Nisan............	30 jours
2. Marcheswan...	29 ou 30 (1)	8. Ijar..............	29
3. Kasleu.......	29 ou 30 (2)	9. Sivan............	30
4. Thèbet........	29	10. Thammuz.........	29
5. Schébat.......	30	11. Ab..............	30
6. Adar.........	30	12. Elul.............	29

Lors de la captivité de Babylone, les Juifs reçurent des Chaldéens quelques notions d'astronomie, et leur empruntèrent les mois et les périodes d'intercalation. A partir d'Esdras, et surtout des Machabées, le calendrier a pris la régularité qu'il a conservée jusqu'à nos jours ; l'année a commencé à l'automne par le mois *Tisri*.

L'ère des Juifs est la création du monde, qu'ils supposent arrivée l'an 4111 avant J.-C., quoique Joseph la place l'an 4658, les Septantes l'an 5508, le texte samaritain en 4424, et l'*Art de vérifier les dates* en 4963; mais celle dont on fait usage remonte à 3761.

Le procédé propre à déterminer la correspondance du calendrier Juif avec le nôtre est tellement compliqué, que nous n'entrerons point ici dans tous les détails que comporte un pareil système de comparaison. Nous nous bornerons à indiquer à l'aide de tables, comment on peut arriver, en procédant année par année, à établir une concordance entre les deux calendriers.

(1) Ce mois a 30 jours dans les années 2ᵉ, 5ᵉ, 9ᵉ, 12ᵉ et 15ᵉ du cycle.

(2) Ce mois a 30 jours dans les années 4ᵉ, 7ᵉ, 10ᵉ, 13ᵉ et 16ᵉ du cycle.

DURÉE de chacune des années juives dans la période OU CYCLE DE 19 ANS	CALENDRIER JUIF — DÉSIGNATION DES ANNÉES — dans l'ordre cyclique	dans l'ordre séculaire d'après les rabbins	CALENDRIER GRÉGORIEN — DATES DU CALENDRIER GRÉGORIEN répondant au commencement des années juives
1re du cycle 354 j.	1re	5625	2 octobre 1864
2e — 355	2e	5626	21 septembre 1865
3e — 383	3e	5627	11 septembre 1866
4e — 355	4e	5628	29 septembre 1867
5e — 355	5e	5629	18 septembre 1868
6e — 383	6e	5630	8 septembre 1869
7e — 355	7e	5631	26 septembre 1870
8e — 383	8e	5632	16 septembre 1871
9e — 355	9e	5633	3 octobre 1872
10e — 355	10e	5634	23 septembre 1873
11e — 383	11e	5635	13 septembre 1874
12e — 355	12e	5636	1 octobre 1875
13e — 355	13e	5637	20 septembre 1876
14e — 383	14e	5638	10 septembre 1877
15e — 355	15e	5639	28 septembre 1878
16e — 355	16e	5640	18 septembre 1879
17e — 383	17e	5641	7 septembre 1880
18e — 354	18e	5642	25 septembre 1881
19e — 383	19e	5643	14 septembre 1882
	1re	5644	2 octobre 1883

Le tableau qui précède est composé de deux tables : l'une qui donne la durée de chacune des années juives dans un cycle de 19 ans, et l'autre qui établit la comparaison d'un certain nombre de ces années avec celles du calendrier grégorien. L'examen de ces deux tables nous fournit l'occasion de remarquer que le rang d'une année juive dans le cycle de 19 ans est égal au reste de la division du nombre exprimant cette année par 19, et que lorsque la division se fait sans reste, l'année est la 19e du cycle. Prenons pour exemple les années de l'ère des Juifs 5636 et 5643. Si nous divisons chacun de ces nombres par 19, nous aurons pour le premier reste 12 et pour le second 0 (zéro) ; d'où nous concluons que l'année 5636 est la 12e du cycle et l'année 5643 la 19e. En nous reportant à la première table (comprise dans la 1re colonne du tableau qui précède), nous voyons que, en raison du rang que ces années occupent dans le cycle de 19 ans, la première a 355 jours et la seconde 383.

Une fois en possession de ces éléments, nous pouvons continuer la série des années et obtenir la date précise du calendrier grégorien à laquelle répond le commencement de chacune de ces années. Soit, en effet, N le nombre de jours dont se compose une année juive; n le nombre de jours compris entre la date de l'année grégorienne précédente répondant au commencement d'une année juive et le 1er novembre de cette même année; d la date du calendrier grégorien correspondant au commencement d'une nouvelle année juive, nous aurons :

$$d = \text{N} - \left(n + \begin{cases} 304 \text{ dans une année grégorienne ordinaire} \\ 305 \text{ dans une année grégorienne bissextile} \end{cases} \right)$$

Quant au millésime de l'année grégorienne, on ajoutera 1 à celui de l'année précédente.

Un exemple fera comprendre l'usage de cette formule.

Soit proposé de calculer l'époque du commencement de l'année 5633 de l'ère des Juifs.

L'année 5632 a commencé le 16 septembre 1871; cette année est la 8e du cycle et a 383 jours, par conséquent $\text{N} = 383$; du 16 septembre au 1er novembre, on compte 45 jours; donc $n = 45$. On aura en conséquence: $n + 305 = 350$ et $\text{N} - 350 = 33$ septembre, mais 33 septembre répond au 3 octobre; donc l'année 5633 de l'ère des Juifs commencera le 3 octobre 1872.

Le nombre de jours dont se composent 19 années juives est de 6939, exactement comme 19 années juliennes; ce qui prouve que les Juifs supputent les années d'après un calendrier *luni-solaire.* De tous les calendriers de ce genre, c'est peut-être celui qui accorde le mieux les mouvements de la lune avec ceux du soleil.

Bases chronologiques.—Les principales bases chronologiques qui servent de point de départ à la supputation des années sont : 1° la période julienne; 2° l'ère des Juifs, suivant les rabbins; 3° les olympiades; 4° la fondation de Rome, selon Varron; 5° l'ère de Nabonassar; 6° l'ère des Chrétiens, qui commence à la venue de J.-C.; 7° l'hégire.

Nous allons faire suivre cette nomenclature de certains détails qui fixeront nos lecteurs sur l'importance de chacun des articles qui la composent.

Période julienne. — C'est le produit du cycle solaire par le cycle lunaire et l'indiction romaine : ces trois cycles sont représentés respectivement par les nombres 28, 19 et 15, dont le produit est égal à 7980. L'origine de cette période est marquée par la coïncidence de l'époque à laquelle ces trois cycles se renouvellent ensemble et au même instant, ce qui a lieu tous les

7980 ans. Les calculs font connaître que ce renouvellement a commencé, abstraction faite de l'âge du monde, 4714 ans avant J.-C. Si donc nous retranchons ce dernier nombre du premier, nous aurons pour le temps encore à courir, afin d'arriver à l'époque d'un nouveau renouvellement de la période, 3266 ans à partir du commencement de l'ère chrétienne. Comme nous comptons aujourd'hui (1871) 1870 années accomplies depuis cette ère, ce sera donc dans 1396 ans à partir du commencement de 1871, que la période julienne se renouvellera.

Année de la période julienne. — En ajoutant à 4714 une année quelconque du calendrier grégorien, diminuée d'une unité, on a l'année de la période julienne correspondante; ainsi l'année 1871 répond à l'année 6584 de la période julienne, puisque $4714 + 1870 = 6584$. Maintenant, si nous retranchons 6584 de 7980, nous obtenons 1396; il doit donc encore s'écouler 1396 ans avant d'arriver à l'époque où doit se produire un nouveau renouvellement de la période julienne, et ce nombre est bien celui que nous avons trouvé plus haut.

Reste maintenant à fixer la date du calendrier grégorien à laquelle répond le commencement de chaque année de la période. Dans le style julien, on compte toutes les années de 365 jours et un quart; mais, pour éviter la fraction, on combine trois années de chacune 365 jours avec une quatrième de 366 jours que l'on appelle *bissextile* (voyez page 75).

Nous avons vu précédemment (page 77) que, pour ramener l'équinoxe du printemps au 21 mars, le pape Grégoire XIII, en 1582, apporta une réforme au calendrier julien, en supprimant d'abord 10 jours à cette année et, ensuite, trois années bissextiles séculaires sur quatre; ce qui fait qu'aujourd'hui le calendrier julien est en avance de 12 jours sur le calendrier grégorien, par conséquent le 1er janvier de ce dernier calendrier répond au 13 janvier du calendrier julien, et cette même différence de 12 jours se produira jusqu'en 1901, époque à laquelle le 1er janvier du calendrier grégorien répondra au 14 janvier du calendrier julien.

Il résulte de ces explications et de celles que nous avons données précédemment (pages 77 et 78), que chaque année de la période julienne commence le 13 janvier, et qu'à partir de 1901 jusqu'à l'an 2101, elle commencera le 14 janvier, et ainsi de suite, en augmentant d'un jour chaque année qui recommence une période séculaire, lorsque cette année n'est pas bissextile dans le calendrier grégorien.

Ère des Juifs. — Les Juifs comptent leurs années à partir de la création du monde, que leurs rabbins supposent arrivée l'an 952 de la période julienne, c'est-à-dire 3761 ans avant Jésus-Christ. Quoique ces chiffres nous paraissent erronés, du moment qu'ils sont adoptés par ces dépositaires de la loi de Moise et de la chronologie sainte transmise par les hommes les plus élevés en dignité dans les fonctions sacerdotales, nous les admettrons sans discussion.

Pour établir une concordance entre le calendrier juif et le calendrier grégorien, nous prions nos lecteurs de consulter le tableau qui se trouve à la page 97 de cet ouvrage.

Olympiades. — Nous avons déjà dit (page 73) qu'une *olympiade* est une période de quatre ans dont les Grecs se servaient pour désigner leurs années, en les rapportant à la célébration des jeux olympiques. L'ère des Grecs date de la 1re *olympiade* arrivée environ 776 avant J.-C., ou vers le 1er juillet de l'an 3938 de la période julienne.

Le calendrier des Grecs était *luni-solaire*, comme celui des Juifs; c'est-à-dire que 19 années de ce calendrier répondaient exactement à 19 années juliennes. Cette coïncidence facilitera d'autant la comparaison que l'on peut établir, quant aux dates principales, entre le calendrier grec et le calendrier grégorien qui, en définitive, n'est que l'expression du calendrier julien.

Pour avoir l'année des *olympiades* répondant à une année grégorienne quelconque, on retranchera le nombre 3938 de 4714, époque du renouvellement de la période julienne (page 98), et on ajoutera à la différence l'année grégorienne proposée: la somme sera l'année des olympiades; en d'autres termes, on ajoutera à l'année grégorienne le nombre 776 pour avoir l'année des olympiades. Ainsi, l'année des olympiades répondant à l'année grégorienne 1871 résulte de l'addition des nombres 1871 et 776 dont la somme 2647 est l'année des olympiades.

En divisant l'année des olympiades par 4, le reste de la division indique le rang de cette année dans la période de quatre ans, et le quotient augmenté d'une unité donne le nombre des années écoulées depuis l'origine de l'ère des olympiades. Ainsi, l'année 2647 des olympiades est la 3e année de la 662e olympiade, puisque 2647 divisé par 4 donne 3 pour reste et 661 pour quotient.

Aujourd'hui, le calendrier julien, tel que nous l'avons décrit (page 74), est le seul en usage en Grèce et en Russie.

Contrairement à ce qui était pratiqué par les Grecs de l'antiquité, le calendrier des Grecs modernes s'accorde donc avec les mouvements du soleil, sans avoir égard aux mouvements de la lune qui formaient la base du calendrier des Athéniens, leurs ancêtres.

Fondation de Rome. — Selon la supputation du célèbre chronologiste Varron, Romulus aurait jeté les premiers fondements de la ville de Rome, qui tire son nom de celui de son fondateur, l'an 753 avant Jésus-Christ. En admettant ce chiffre comme exact, il suffira donc de l'ajouter à une année grégorienne quelconque, pour avoir l'année correspondante comptée de cette époque. Ainsi, à l'année grégorienne 1871 répond l'année 2624 de la fondation de Rome, puisque 1871 + 753 = 2624.

Ère de Nabonassar. — Nabonassar était un roi de Babylone, dont le règne, suivant Ptolémée, a commencé l'an 747 avant J.-C.

Ce roi n'est guère connu dans l'histoire que par l'ère à laquelle il a attaché son nom. Pour avoir l'année comptée de l'ère de Nabonassar, et répondant à une année grégorienne quelconque, il suffira d'ajouter le nombre 747 à l'année grégorienne proposée. Ainsi, l'année grégorienne 1871 répond à l'année 2618 de l'ère de Nabonassar, puisque 1871 + 747 = 2618.

Ère des Chrétiens. — La plupart des nations de l'Europe comptent leurs années à partir de l'époque où le Christ, auquel une vierge de Nazareth venait de donner le jour, à Bethléem, a été présenté dans le temple de Jérusalem et y a reçu le nom de *Jésus.* Le pontife Siméon, qui crut voir dans cet enfant le Messie depuis longtemps annoncé par les prophètes, fit éclater son allégresse dans un cantique sublime, le *Nunc dimittis*, que l'on chante dans les églises catholiques tous les dimanches à Complies. C'est à partir de cette époque mémorable que date l'ère des Chrétiens.

Nous comptons aujourd'hui 1871 années depuis que le fait s'est produit.

Hégire. — Le 16 juillet de l'an 622 de l'ère chrétienne ou des Chrétiens, Mahomet, pour échapper aux poursuites des magistrats, s'enfuit de la Mecque et se réfugie à Médine : c'est de cette année que commence la fameuse hégire des Mahométans pour compter les années.

Pour établir une comparaison entre une date de l'hégire et une date du calendrier grégorien, on se servira du tableau qui se trouve à la page 95 de cet ouvrage.

Nous terminerons cette notice par l'exposition d'un calendrier lunaire perpétuel dans lequel la date des phases de la lune répond à une date du calendrier grégorien ; mais cette date diffère quelquefois de celle accusée par les éphémérides lunaires (page 83).

Calendrier lunaire perpétuel.

ANNÉES DU CYCLE LUNAIRE	Janvier				Février				Mars				Avril			
	●	☽	○	☾	●	☽	○	☾	●	☽	○	☾	●	☽	○	☾
1re........	20	28	6	13	19	27	5	12	20	28	6	13	19	27	5	12
2e.........	9	17	25	2	8	16	24	1	9	16	24	2 31	7	15	22	30
3e.........	27	6	13	20	26	4	12	19	28	6	14	21	26	5	12	19
4e.........	17	24	1 31	9	15	22	»	8	17	24	1 31	9	16	23	30	8
5e.........	6	13	20	28	5	12	19	27	6	13	20	28	5	12	19	27
6e.........	25	3	10	17	23	1	8	15	24	1 31	9	16	22	29	7	14
7e.........	13	20	27	5	11	18	25	3	13	20	27	5	11	18	25	3
8e.........	2	9	16	24	1	8	15	23	2	10	17	25	1 30	8	15	23
9e.........	21	28	6	14	20	27	5	13	21	28	6	13	20	27	5	13
10e........	11	18	25	3	9	16	23	1	10	17	24	2 31	8	15	22	30
11e........	29	7	14	22	27	5	12	20	29	6	14	22	27	5	12	20
12e........	18	26	4	11	17	25	3	10	18	26	4	11	17	25	3	10
13e........	8	16	23	1 30	6	14	21	»	8	16	23	1 30	6	14	21	29
14e........	27	5	12	19	25	3	10	17	26	4	11	18	24	2	9	16
15e........	15	22	29	7	14	21	28	6	15	22	29	7	14	21	28	6
16e........	4	11	18	26	3	10	17	25	4	11	18	26	3	10	17	25
17e........	23	30	8	15	21	28	6	13	23	30	8	15	21	28	6	13
18e........	12	19	27	5	11	18	26	4	11	18	26	4	10	17	25	3
19e........	1 30	8	15	22	»	7	14	21	1 30	8	15	22	29	7	14	21

Calendrier lunaire perpétuel [suite].

ANNÉES DU CYCLE LUNAIRE	Mai				Juin				Juillet				Août			
	●	☽	○	☾	●	☽	○	☾	●	☽	○	☾	●	☽	○	☾
1re........	18	25	4	11	17	25	2	9	16	24	2 31	9	15	23	30	8
2e.........	7	15	22	29	5	13	20	28	5	13	20	27	3	11	18	26
3e.........	26	4	12	19	24	3	10	17	24	2 31	10	17	22	29	8	15
4e.........	15	22	29	7	14	21	28	6	13	20	27	5	12	19	26	4
5e.........	4	11	18	26	3	10	17	25	2	9	16	24	1 30	8	15	22
6e.........	22	29	7	14	20	27	5	12	20	27	5	12	18	25	3	10
7e.........	11	18	25	3	10	17	24	2	9	16	23	1 31	8	15	22	29
8e.........	30	8	15	23	29	7	14	22	28	6	13	21	27	5	12	20
9e.........	19	26	4	12	18	25	3	11	18	25	3	11	16	23	1 30	9
10e........	8	15	22	30	6	13	20	28	6	13	20	28	5	12	19	27
11e........	27	5	12	20	25	3	10	18	25	3	10	18	24	2	9	17
12e........	16	24	2	9	15	23	1 30	8	14	22	29	7	13	21	28	6
13e........	6	14	21	28	4	12	19	27	4	11	19	26	2	10	17	24
14e........	24	2 31	9	16	22	29	7	14	22	29	7	14	20	27	5	12
15e........	13	20	27	5	12	19	26	4	11	18	25	3	10	17	24	2
16e........	2	9	16	24	1 30	8	15	22	30	8	15	22	28	6	13	20
17e........	21	28	6	13	19	26	4	11	19	26	4	11	17	24	2	9
18e........	9	16	24	2 31	8	15	23	30	7	14	22	29	6	13	21	28
19e........	28	6	13	20	27	5	12	19	26	4	11	18	25	3	10	17

Calendrier lunaire perpétuel [suite et fin].

ANNÉES DU CYCLE LUNAIRE	Septembre				Octobre				Novembre				Décembre			
	●	☽	○	☾	●	☽	○	☾	●	☽	○	☾	●	☽	○	☾
1re........	13	21	28	6	13	21	28	6	11	19	27	4	11	19	27	4
2e.........	2	9	17	24	1 31	9	17	24	29	8	15	22	29	7	15	22
3e.........	21	28	6	14	20	27	6	13	19	26	4	12	18	25	3	11
4e.........	10	17	24	2	10	17	24	2 31	8	15	22	30	8	15	22	30
5e.........	29	7	14	21	28	6	13	20	27	5	12	19	26	4	11	18
6e.........	17	24	1 31	9	16	23	30	8	15	22	29	7	14	21	28	6
7e.........	6	13	20	28	6	13	20	28	4	11	18	26	4	11	18	26
8e.........	25	3	10	18	25	3	10	18	23	1 30	8	16	23	30	8	15
9e.........	15	22	29	7	14	21	28	7	13	20	27	5	12	19	26	4
10e........	3	10	17	25	3	10	17	25	1	9	16	24	1 30	8	15	23
11e........	22	1 30	8	15	22	30	8	15	20	28	6	13	20	28	6	13
12e........	12	20	27	5	11	19	26	4	10	18	25	3	9	17	24	2
13e........	1	9	16	23	1 30	8	15	22	29	7	14	21	28	6	13	20
14e........	19	26	4	11	19	26	4	11	17	24	2	9	17	24	1 31	9
15e........	8	15	22	1 30	8	15	22	30	6	13	20	28	6	13	20	28
16e........	27	5	12	19	26	4	11	18	25	3	10	17	24	2 31	9	16
17e........	16	23	1	8	15	22	1 30	8	14	21	29	7	14	21	29	7
18e........	4	11	19	26	4	11	19	26	2	9	17	24	2	9	17	24
19e........	23	1 30	8	15	23	30	8	15	21	29	7	14	21	29	7	14

Ce calendrier renferme toutes les indications qui se rapportent aux 19 années du cycle lunaire, désignées dans la première colonne des tables qui précèdent, par 1re, 2e, 3e, 4e.....19e, au bout desquelles les phases de la lune se reproduisent aux mêmes dates que 19 ans auparavant. Nous commencerons le cycle par l'année grégorienne 1863, qui est la 1re année du 98e cycle depuis l'origine de l'ère chrétienne, en sorte que la 1re année de chaque nouveau cycle commencera en 1882, 1901, 1920, etc.

Dans un cycle lunaire on compte 235 lunaisons qui représentent 19 années solaires, plus une fraction de 0j865. Pour qu'il existe toujours une concordance entre les dates du calendrier grégorien et celles des phases lunaires, on devra retrancher, après 14 cycles révolus, 1 jour à toutes les dates de la table ; on en retranchera 2 après 28 cycles, et ainsi de suite. La nouvelle lune qui commence la 1re année du 98e cycle par 20 janvier, commencera donc la 1re année du 112e cycle par le 19 janvier ; elle commencera la 1re année du 126e cycle par 18 janvier, etc.

L'avantage de cette table résulte surtout de la facilité avec laquelle on peut toujours se rendre compte de la date des phases lunaires, sans avoir besoin de recourir aux nombres d'or ni aux épactes.

Pour compléter ces indications, nous donnons ci-après un tableau dans lequel nous mettons, à la suite des années du cycle lunaire, les années grégoriennes correspondantes. On peut continuer ce tableau à l'infini.

ANNÉES du cycle lunaire	ANNÉES GRÉGORIENNES CORRESPONDANTES					
1re...	1863	1882	1901	1920	1939	1958
2e....	1864	1883	1902	1921	1940	1959
3e....	1865	1884	1903	1922	1941	1960
4e....	1866	1885	1904	1923	1942	1961
5e....	1867	1886	1905	1924	1943	1962
6e....	1868	1887	1906	1925	1944	1963
7e....	1869	1888	1907	1926	1945	1964
8e....	1870	1889	1908	1927	1946	1965
9e....	1871	1890	1909	1928	1947	1966
10e....	1872	1891	1910	1929	1948	1967
11e....	1873	1892	1911	1930	1949	1968
12e....	1874	1893	1912	1931	1950	1969
13e....	1875	1894	1913	1932	1951	1970
14e....	1876	1895	1914	1933	1952	1971
15e....	1877	1896	1915	1934	1953	1972
16e....	1878	1897	1916	1935	1954	1973
17e....	1879	1898	1917	1936	1955	1974
18e....	1880	1899	1918	1937	1956	1975
19e....	1881	1900	1919	1938	1957	1976

Pour avoir l'année du cycle lunaire à laquelle répond une de nos années, il suffit de diviser cette dernière par 19, le reste de la division donne l'année du cycle lunaire : ainsi 1872 répond à la 10e année du cycle, puisque le reste de la division de 1872 par 19 donne 10. Lorsque la division se fait sans reste, c'est une preuve que l'année proposée répond à la 19e année du cycle; on trouve ainsi que l'année 1881 répond à la 19e année du cycle, puisque le reste de la division de 1881 par 19 donne zéro. Le quotient exprime toujours le nombre de cycles écoulés depuis l'origine de l'ère chrétienne; toutefois, lorsque le reste de la division est zéro, on diminue le quotient d'une unité : ainsi nous dirons que l'année 1881 répond à la 19e année du 98e cycle.

Calippe, de Cyzique, astronome grec au IVe siècle avant J.-C., substitua au cycle de 19 ans ou nombre d'or, imaginé par Méton, un cycle de 76 ans, afin de ramener avec plus d'exactitude les mêmes positions du soleil et de la lune. C'est ce qu'on nomme *périòde calippique;* elle commença le 28 juin 330 avant J.-C. Calippe perfectionna le système astronomique d'Eudoxe; il a cherché aussi à expliquer l'irrégularité apparente du mouvement du soleil et de la lune en latitude.

Callisthène, philosophe grec, disciple et neveu d'Aristote, né à Olynthe vers 365, mort en 328 avant J.-C., suivit Alexandre en Asie. Grâce à la destruction de la caste privilégiée des prêtres babyloniens, il put envoyer à Aristote les observations faites par eux sur le cours des astres pendant plusieurs siècles. Malgré les conseils d'Aristote, il se rendit odieux à Alexandre par la fierté sévère de ses mœurs et de son langage; ayant refusé de reconnaître sa divinité, il fut impliqué dans la conspiration d'Hermolaüs, devint l'occasion de l'aigreur qu'Alexandre témoigna depuis à son ancien maître, et fut, quoique innocent, enfermé dans une cage de fer et mis à mort à Bactriane.

Canicule. — Voyez *Lever héliaque.*

Cardinaux. — Voyez *Points cardinaux.*

Carrington, savant astronome anglais, donna une théorie très-commode pour déterminer la position des taches du soleil et estimer la durée de leur révolution. (Voyez *Taches du soleil.*)

Carte céleste. — La première chose à faire pour se familiariser avec le ciel, c'est de prendre une carte céleste et d'étudier les figures des constellations. Une carte parle mieux aux yeux et fixe plutôt l'attention qu'une description écrite, c'est pourquoi nous conseillons l'usage des cartes si on veut étudier l'astronomie avec fruit : il en est du reste de cette science comme de la géographie que l'on ne peut non plus acquérir que les cartes à la main.

Cassini (JEAN-DOMINIQUE), célèbre astronome, né dans le comté de Nice, le 8 juin 1625. Il publia des *Observations*, en latin, sur la comète de 1652, et soutint que les comètes s'engendraient fortuitement, opinion qu'il abandonna bientôt. La méridienne qu'il traça de 1653 à 1657, dans l'église de Saint-Pétrone, le conduisit à dresser de bonnes tables du soleil et une table de réfractions. En 1665, il détermina la rotation de Jupiter, et, en 1667, celle de Mars et de Vénus ; en 1668, il publia ses *Ephémérides des satellites de Jupiter*. Appelé en France, l'année suivante, par Colbert, il se fit naturaliser et devint membre de l'académie des sciences. De nouveaux travaux le rendirent digne de sa nouvelle patrie : il organisa l'Observatoire de Paris ; il découvrit la lumière zodiacale et en fit connaître la forme avec exactitude, 1683 ; il révéla l'existence de 4 satellites de Saturne, 1684 ; il donna, en 1693, de nouvelles tables de Jupiter plus exactes que celles de 1668, et continua la mesure du méridien de Paris, commencée par Picard et Lahire, 1695-1700. Il perdit la vue dans ses dernières années et mourut à Paris, le 14 septembre 1712.

Cassini (JACQUES), fils du précédent, né à Paris en 1677, mort en 1756, membre de l'Académie des sciences en 1694, et de la Société royale de Londres en 1696, est surtout connu par ses travaux relatifs à la détermination de la figure de la terre. Il fit aussi des mémoires sur l'inclinaison de l'orbite des satellites et de l'anneau de Saturne, sur l'électricité, les baromètres et les miroirs ardents.

Cassini de Thury (CÉSAR-FRANÇOIS), fils du précédent, né à Paris en 1714, mort en 1784, membre de l'Académie des sciences, directeur de l'Observatoire, est l'auteur de la *Carte de France*, terminée par son fils Jacques-Dominique Cassini.

Avant que le gouvernement eût ordonné la confection de la grande carte topographique que nous possédons aujourd'hui, c'était bien certainement l'ouvrage le plus beau et le plus complet qui existât dans ce genre. On doit encore à Cassini de Thury : *Méridienne de l'Observatoire de Paris ; Description géométrique de la terre ; Description géométrique de la France.*

Cassini (JACQUES-DOMINIQUE, comte de), fils du précédent, né à Paris en 1747, mort en 1825, membre de l'Institut et directeur de l'Observatoire, eut une grande part à la division de la France en départements, 1790. Arrêté comme royaliste en 1793, il sauva sa vie, mais il perdit les cuivres de la *Carte de France*, qu'il avait terminée.

Centre de gravité. — On appelle centre de gravité le point vers lequel tend la résultante de toutes les actions attractives d'un corps. Le centre de gravité des corps célestes qui appartiennent à notre système planétaire se trouve en un point situé à une distance assez rapprochée du centre du soleil. L'attraction est une action mutuelle et réciproque entre deux corps quelconques. Les actions mutuelles des corps d'un système les uns sur les autres n'ont aucune influence sur le mouvement du centre de gravité de tout le système; de sorte que, si les corps d'un système ne sont soumis qu'à leurs actions mutuelles, le centre de gravité du système reste fixe, ou bien se meut en ligne droite uniformément. Faisant abstraction de ce mouvement commun de tout le système, nous pouvons considérer le centre de gravité comme un point fixe autour duquel gravitent tous les corps du système. Ceci se voit très-bien dans les étoiles doubles, qui sont composées de deux étoiles à peu près égales; le milieu de la droite qui les joint paraît immobile dans le ciel, et chacune d'elles tourne autour de ce point fixe, décrivant une ellipse dont ce point occupe un foyer. Dans les étoiles doubles formées d'une grosse étoile et d'une petite, le centre de gravité étant très-près de la grosse étoile, celle-ci a un mouvement presque insensible, tandis que la petite étoile semble tourner autour de la première. C'est ce qui a lieu dans notre système planétaire : la masse du soleil étant très-grande relativement à celle des planètes, le centre de gravité du système est très-rapproché du centre du soleil, et le soleil a un très-petit mouvement; de là l'opinion très-répandue sur le mouvement propre, et qui a fait croire que le soleil tourne sur lui-même. Ceci n'est pas rigoureusement exact : le soleil tourne autour d'un centre de gravité qui est commun à toutes les autres planètes du même système, mais comme ce centre de gravité se trouve assez rapproché du centre même de l'astre, on a pu prendre pour la réalité ce qui n'était qu'apparent. Pour qu'un corps tourne sur lui-même, il faut que son centre de gravité soit situé au centre même de ce corps; ce qui n'a pas lieu ici, non plus que pour les autres systèmes planétaires.

Cercle. — On donne en général le nom de cercle à une surface plane limitée par une ligne courbe appelée circonférence, et dont tous les points sont également distants d'un point intérieur nommé centre. En astronomie, on entend par grands cercles et petits cercles les lignes circulaires fictives qui servent à représenter le mouvement des astres, la succession des saisons, la division de la sphère, etc.

Cercle d'illumination. — C'est le grand cercle qui sépare l'hémisphère éclairé de l'hémisphère obscur, et dont le plan est perpendiculaire au rayon vecteur allant du centre du soleil au centre de la terre.

Cercle horaire. — C'est le grand cercle qui passe par les deux pôles de la sphère céleste et par le centre d'un astre.

Cercle mural. — Le cercle mural est un grand cercle appliqué contre un mur construit dans la direction du plan méridien. Il sert à mesurer les hauteurs des étoiles au-dessus de l'horizon, ou leurs distances zénithales, à leur passage au méridien. Le cercle mural de l'Observatoire de Paris est divisé de cinq en cinq minutes ; par un système particulier de micromètre, on évalue les secondes.

Cercles parallèles. — On appelle *cercles parallèles* ou simplement *parallèles* des petits cercles déterminés par des plans perpendiculaires à l'axe du monde, et par conséquent parallèles au plan de l'équateur. Les parallèles sont d'autant plus petits qu'ils sont plus rapprochés des pôles.

Cercles polaires. — On appelle cercles polaires deux parallèles situés vers les pôles de la terre, à une distance égale à l'obliquité de l'écliptique, c'est-à-dire à 23°27′ environ. Le cercle polaire boréal passe en Islande, au nord de la Suède, dans la Sibérie, le pays des Esquimaux et le Groënland. Le cercle polaire austral est défendu par des glaces perpétuelles ; c'est à peine si l'on a pu en approcher.

Cercles de la sphère céleste. — Voyez *Plans*.

Chaleur (DÉFINITION DE LA). — Tous les corps jouissent de la propriété de s'échauffer au contact du feu, des rayons solaires, par le frottement, etc., avec des circonstances plus ou moins variées; ce sont autant de causes qui produisent ce que l'on appelle la *chaleur*. Cette chaleur est plus ou moins violente ou douce, selon que la cause qui la produit est elle-même plus forte ou plus modérée.

Chaleur (INTENSITÉ DE LA). — Voyez *Lumière*.

Chaleur (UNITÉ DE). — Dans les applications industrielles de la théorie de la chaleur, on fait usage d'une unité qui porte le nom de *calorie* et qui est équivalente à la quantité de chaleur nécessaire pour élever d'un degré la température d'un kilogramme d'eau; on suppose que la quantité totale de chaleur que l'eau absorbe lorsque son état thermométrique s'élève, est proportionnelle à la température qu'elle acquiert. On voit ainsi qu'un kilogramme d'eau à 25° contient 25 calories, et que dans 40 kilogrammes à 70° il y en a 40×70 ou 2800.

Challis, astronome anglais, ne nous est connu que par les observations qu'il a faites à Cambridge (Angleterre), en 1846, sur les particularités de la comète de Biela (Voyez *Comète de Biela*).

Champollion (JEAN-FRANÇOIS), savant archéologue français, né à Figeac en 1790, mort le 4 mars 1832, s'est surtout attaché à l'étude des monuments anciens. Il a exploré l'Egypte pour y étudier sur les lieux les hiéroglyphes gravés sur ces monuments célèbres qui rappellent les merveilles des temps antiques, et dont les ruines imposantes font encore aujourd'hui l'admiration des étrangers qui les visitent. Ses principaux ouvrages sont : *l'Egypte sous les Pharaons*, 1814 ; *Panthéon égyptien*, 1823; *Précis du système hiéroglyphique des Egyptiens*, 1824 et 1828.

Chéseaux (JEAN-PHILIPPE-LOYS DE), physicien suisse, né à Lausanne en 1718, mort à Paris le 3 novembre 1751. Savant presque universel, également versé dans l'astronomie, la géométrie, la théologie, le droit, la médecine, l'histoire, la géographie, les antiquités sacrées et profanes, il fut associé aux Académies des sciences de Paris, de Gœttingue et de Londres. Parmi les ouvrages de Chéseaux, nous citerons, entre autres : *Essai sur la physique; Traité de la comète qui a paru en décembre* 1743 *jusqu'en mars* 1744 ; *Mémoires sur divers sujets d'astronomie et de mathématiques, avec des tables du moyen mouvement du soleil et de la lune.*

Chronomètre. — On peut mesurer le temps par un mouvement uniforme ou par un mouvement qui se répète à des intervalles égaux. Les anciens employaient, dans ce but, l'écoulement du sable fin ou de l'eau dans des vases disposés à cet effet : c'étaient les *sabliers* et les *clepsydres.* Mais ces instruments ne donnaient pas de résultats suffisamment exacts ; les modernes les ont remplacés par les horloges et les chronomètres. Nous ne parlerons pas des horloges, que tout le monde connaît, nous dirons seulement un mot sur les *chronomètres.* Un chronomètre est une espèce de montre de grande dimension qui donne l'heure avec une grande précision. Pour trouver la longitude en mer, les marins emportent avec eux d'excellents chronomètres, réglés sur le méridien de Paris. Ces chronomètres leur donnent à chaque instant l'heure de Paris. Ils déterminent l'heure du lieu où ils se trouvent par l'observation de la hauteur du soleil, comme nous l'expliquerons plus tard quand nous traiterons des logarithmes. De la comparaison des temps ils déduisent la longitude.

Circompolaire. — Voyez *Etoile.*

Clairaut (ALEXIS-CLAUDE), célèbre géomètre et astronome distingué, né à Paris en 1713, mort en 1765. Il alla en Laponie avec Maupertuis pour mesurer un degré du méridien. Ses principaux ouvrages sont : *Théorie de la figure de la terre*, 1743, où il ajouta de nouvelles données aux découvertes de Newton et donna l'expression analytique des conditions de l'équilibre des fluides ; *Théorie de la lune*, 1752, par laquelle il fait rentrer les irrégularités lunaires dans la loi générale de la gravitation, et qui lui permit de publier des *Tables des mouvements de la lune* plus exactes que celles de Flamstead ; *Théorie du mouvement des comètes*, 1760, exigeant d'immenses calculs pour lesquels il se fit aider par Lalande.

Clausen, astronome allemand, s'est livré à des calculs très-importants pour déterminer les éléments elliptiques de la comète signalée en 1826, par Biela. (Voyez *Comète de Biela.*)

Climats géographiques. — La surface de la terre est partagée en cinq zones ou climats : 1° la *zone torride*, comprise entre les deux tropiques ; 2° deux *zones glaciales* autour des pôles et limitées par les cercles polaires ; 3° deux *zones tempérées*, comprises entre les tropiques et les deux cercles polaires.

La zone torride occupe à peu près les 398 millièmes de la surface totale du globe terrestre ; les zones tempérées, les 519 millièmes ; les zones glaciales, les 83 millièmes

Nous allons maintenant dire un mot de ce qui se passe dans les différentes zones.

La zone torride n'a que deux saisons : l'une *sèche* et l'autre *pluvieuse.* La première est regardée comme l'été, et l'autre comme l'hiver de ces climats ; mais elles sont en opposition directe avec l'été et l'hiver célestes ; car la pluie accompagne toujours le soleil : ainsi, lorsque cet astre se trouve dans les signes septentrionaux, les contrées au nord de l'équateur ont leur saison pluvieuse. Il paraît que la présence du soleil au zénith d'une contrée y échauffe et raréfie continuellement l'atmosphère ; l'équilibre est rompu à chaque moment; l'air froid des contrées plus voisines des pôles y est à chaque instant attiré ; il y condense les vapeurs suspendues dans l'atmosphère : aussi y tombe-t-il des pluies presque continuelles. Les contrées de la zone torride où il ne s'élève point de vapeurs ne connaissent pas de saison pluvieuse. Mais les chaînes de montagnes qui sont assez élevées pour arrêter ou détourner les moussons et les vents, influent tellement sur les saisons physiques de la zone torride que, souvent, dans l'espace de deux ou trois myriamètres, on passe d'une chaleur excessive à une température très-froide. En d'autres endroits, il y a deux saisons pluvieuses et deux saisons sèches, qu'on distingue par les dénominations de *grande* et de *petite*.

La chaleur est presque toujours la même à 10 ou 15 degrés de la ligne équinoxiale. Mais, vers les tropiques, on ressent déjà une différence entre la température qui règne au moment où le soleil est au zénith, et celle qui a lieu lorsque, dans le solstice opposé, les rayons de l'astre du jour tombe sous un angle égal au double de l'obliquité de l'écliptique : environ 46°54′; aussi pourrait-on, avec Polybe, diviser la zone torride en trois autres. La *zone équatoriale* proprement dite est tempérée, si on la compare à la *zone du tropique du Cancer*, presque entièrement composée des contrées les plus chaudes et les moins habitables de la terre. La *zone du tropique du Capricorne* contient peu de terres; mais il paraît qu'elle est exposée à des chaleurs momentanées extrêmes.

Les anciens, pour la plupart, méconnaissant l'observation de Polybe, crurent que la chaleur allait en augmentant du tropique vers l'équateur. Ils en conclurent que le milieu de la zone torride était inhabitable. On sait aujourd'hui que plusieurs circonstances concourent à y établir une température supportable. Les nuages, les grandes pluies, les nuits naturellement très-fraîches, leur durée égale à celle des jours, une forte évaporation, la vaste étendue des mers, la proximité de montagnes très-hautes et souvent couvertes de neiges éternelles, les vents alizés et les inondations périodiques, contribuent à diminuer la chaleur. Voilà pourquoi, dans la zone torride, on rencontre toutes sortes de climats : les plaines sont brûlées par les feux du soleil, tandis que les côtes orientales des grands continents, battues par les vents alizés, jouissent d'une température douce. Les contrées élevées sont même froides ; un éternel printemps règne dans la vallée de Quito, ainsi que sur les plateaux les plus élevés de l'intérieur de l'Afrique.

Rien n'égale la beauté majestueuse de l'été dans la zone torride. Le soleil s'élève verticalement ; il traverse en un instant les nuages brûlants de l'Orient, et remplit la voûte des cieux d'une lumière éblouissante dont aucune trace d'ombre n'interrompt la splendeur. La lune y brille d'un éclat moins pâle; les rayons de Vénus y sont plus vifs et plus purs, la voie lactée y répand une clarté plus scintillante. A cette pompe des cieux il faut ajouter la sérénité de l'air, le calme des flots, le luxe de la végétation, les formes gigantesques des plantes et des animaux, toute la nature plus grandiose, plus animée, et cependant moins inconstante.

Les zones tempérées sont dédommagées par les charmes doux et variés du printemps et de l'automne, par les chaleurs modérées de l'été et les rigueurs salutaires de l'hiver ; cette succession de quatre saisons n'est point connue au-delà du tropique, ni vers les pôles. La partie même de la zone tempérée boréale qui s'étend entre le tropique du cancer et le 35e degré de latitude ressemble, en beaucoup d'endroits, à la zone torride. Jusque vers le 40e degré, la gelée, dans les plaines, n'est ni forte ni de longue durée ; il est également rare d'y voir tomber de la neige. Les contrées élevées ressentent toute la rigueur de l'hiver ; et les arbres, même dans la plaine, perdent leur feuillage, et restent dépouillés de verdure dans les mois de novembre et de décembre. C'est depuis le 40e jusqu'au 60e degré que la succession des quatre saisons se montre la plus régulière et la plus sensible, sans toutefois compromettre la santé de l'homme. Mais ici c'est l'homme lui-même qui a créé en grande partie ces climats salubres ; la France, l'Allemagne et l'Angleterre ressemblaient, il y a vingt siècles, au Canada et à l'Asie centrale, contrées situées, comme l'Europe, à une distance moyenne du pôle et de l'équateur.

Au-delà du 60e degré, et jusqu'au 78e, limite des terrains habitables dans l'hémisphère boréal, on ne connaît, en général, que deux saisons : un hiver long et rigoureux, auquel succède brusquement quelquefois des chaleurs insupportables. L'action des rayons solaires, faible en raison de l'obliquité de leur direction, s'accumule pendant les jours extrêmement longs, et produit des effets auxquels on ne s'attendrait que dans la zone torride. Dans l'hiver, au contraire, on voit l'eau-de-vie se congeler dans les chambres chauffées, et une croûte de glace couvrir jusqu'aux draps de lit. On a trouvé la terre gelée à 30 mètres et plus de profondeur, et le mercure, figé dans le thermomètre, laissait le degré de froid indéterminé. Les expositions méridionales, ou le voisinage de la grande mer, adoucissent le climat jusqu'à un degré qui paraîtra incroyable aux esprits prévenus. A Bergen, en Norwège, et sur toute la côte de ce pays, entre 60 et 62e de latitude, l'hiver est très-pluvieux, mais rarement on y aperçoit de la neige ou des gelées; cette saison est moins rigoureuse, et on use moins de combustible dans ces pays qu'à *Cracovie*, à *Prague*, à *Vienne* en *Autriche*, sous 50 à 48 degrés de latitude. La zone froide jouit d'un calme atmosphérique inconnu dans la région tempérée : point d'orages, point de grêle, rarement une tempête. L'éclat des aurores boréales, réfléchi par la neige, dissipe les ténèbres de la nuit polaire; les jours de plusieurs mois, quoique d'une magnificence monotone, accélèrent d'une manière étonnante les progrès de la végétation; en moins de trois jours la neige est fondue, et les fleurs s'épanouissent.

Climats lunaires. — Si nous considérons la durée de la révolution de la lune autour du soleil et ses révolutions successives autour de la terre, nous ne tarderons pas à reconnaître que l'année lunaire est à peu de chose près la même que l'année terrestre, avec cette différence que les jours et les nuits y sont environ 27 fois et 1/4 plus longs que sur la terre. Ceci une fois bien constaté, nous allons examiner maintenant quelle peut être l'influence que les variations de position de la lune peuvent avoir sur la température et le climat des diverses régions lunaires.

Nous devons dire tout d'abord que ces variations sont très-faibles. Cela tient à ce que l'axe de rotation se meut dans l'espace en restant toujours parallèle à lui-même, et à peu de chose près perpendiculaire au plan de l'écliptique. Le soleil, soit dans le cours d'une lunaison, soit dans les lunaisons successives, varie peu de hauteur sur un même horizon. Oscillant de un degré et demi au-dessous de l'équateur, sa variation totale ne s'élève donc qu'à trois degrés. De là une constance dans le climat de chaque région d'autant plus sensible qu'il n'y a pas de phénomènes atmosphériques correspondants. Parlons maintenant du climat de la lune, considéré au point de vue des variations de sa température.

Pendant 354 heures, près de quinze jours terrestres, le soleil darde sans interruption ses rayons sur le sol, d'abord obliquement aux heures qui suivent son lever, puis de plus en plus verticalement à mesure qu'approche le milieu de la journée. La température de la surface, sous l'influence prolongée d'un rayonnement aussi intense, doit atteindre une élévation extraordinaire « peut-être bien supérieure, dit Herschel, à celle de l'eau bouillante. » Après le midi lunaire, l'échauffement du sol continue et atteint, sans doute, son maximum entre ce moment et le coucher du soleil, ainsi qu'il arrive sur notre globe.

A la vérité, l'absence d'atmosphère doit permettre au rayonnement calorifique de s'exercer avec une intensité extrême, qui dépend aussi de la nature même des substances qui composent le sol. Il en résulte que le climat de la lune offre une certaine analogie avec nos climats alpestres. On sait que si l'on s'élève sur les hautes montagnes, la chaleur du soleil reçue directement est insupportable ; le sol lui-même s'échauffe facilement; mais les couches de l'air ont une température inférieure, et l'on éprouve, en définitive, une réelle sensation de froid, principalement marquée, quand on se place à l'ombre. Dans les hautes régions, le sol rayonne, et s'il s'échauffe plus que l'air sous l'influence des rayons solaires pendant le jour, il se refroidit plus que lui dès que les rayons du soleil ne le frappent plus directement, c'est-à-dire à l'ombre et pendant la nuit. C'est la moindre épaisseur de l'atmosphère qui favorise l'échauffement du sol sur un sommet et qui, rendant aussi le rayonnement plus intense, favorise encore plus son refroidissement à l'ombre ou pendant la période nocturne.

Sur la lune, l'air manque, ou s'il y en a des traces, sa rareté est bien autrement considérable que l'air des régions alpestres. Le contraste y est donc plus frappant encore; l'on doit y trouver à la fois une température torride dans les lieux qu'éclaire la lumière solaire, et un froid intense dans les endroits qui en sont privés; par exemple à l'ombre des cavités, des cratères et des cirques.

Pendant les 354 heures de la nuit, toute cette chaleur accumulée pendant le jour n'étant plus retenue par une enveloppe gazeuse, la température décroît avec une rapidité extrême. Elle s'abaisse, sans doute, bien au-dessous de celle de nos hivers polaires.

De l'équateur aux deux pôles, la différence des climats ne tient qu'à l'obliquité plus grande sous laquelle arrivent au sol les rayons de lumière et de chaleur; de sorte que le décroissement de la température avec l'accroissement de latitude, doit avoir beaucoup d'analogie avec les variations thermométriques qui caractérisent les diverses périodes d'une journée lunaire.

Pour terminer ce que nous avons à dire des températures lunaires et de leurs variations, considérées jusqu'ici dans le seul intervalle d'une révolution autour de la terre, voyons ce que sont ces variations dans le cours d'une année terrestre. La lune, accompagnant sans cesse notre planète, ses distances au soleil varient comme les distances de la terre elle-même, c'est-à-dire à peu près dans le rapport des nombres 1,019 à 0,981. L'intensité de la chaleur solaire à l'aphélie et au périhélie lunaires est égale à la division du produit $x\sqrt{d}$ par la racine carrée du rayon vecteur. Supposons, en effet, qu'à la distance moyenne d (qui est ici égale à l'unité) nous ayons 1000 pour l'intensité de la chaleur, que nous avons représentée par x, nous aurons :

$$1^\circ \text{ à l'aphélie } \frac{1000}{\sqrt{1,019}} = 990\,;$$

$$2^\circ \text{ au périhélie } \frac{1000}{\sqrt{0,981}} = 1010.$$

C'est donc une différence de $\frac{1}{100}$ en moins ou en plus de l'intensité de chaleur à la distance moyenne, selon que la lune se trouve au point le plus éloigné ou le plus rapproché du soleil. Cette quantité, d'ailleurs assez minime, n'exerce qu'une influence relativement peu considérable sur la température généralement assez tranchée de notre satellite : température qui, comme nous l'avons dit, est très-élevée dans l'intervalle d'un jour et très-basse pendant la période nocturne.

En résumé, la lune possède deux climats bien caractérisés qui se traduisent par des chaleurs très-intenses et des froids très-rigoureux, qui se succèdent alternativement treize fois environ dans l'intervalle d'une de nos années.

Colure. — On désigne ainsi chacun des deux méridiens qui se coupent à angles droits aux pôles, et dont l'un passe par les points équinoxiaux, et l'autre par les points solsticiaux. — Voyez *Coordonnées, quatrième système.*

Comètes. — Outre les planètes, il existe un grand nombre d'autres astres qui se meuvent, comme elles, autour du soleil, mais qui s'en distinguent par leur aspect et la nature de leurs mouvements. Ces astres sont désignés sous le nom de *comètes* ; ils sont formés d'un noyau solide, entouré d'une sorte de chevelure qui se prolonge en arrière en une immense traînée ou queue lumineuse.

Les catalogues mentionnent l'apparition de sept à huit cents comètes ; à l'aide des télescopes, on en découvre chaque jour de nouvelles, invisibles à l'œil nu ; leur nombre est donc très-considérable et s'élève certainement à plusieurs milliers. Ainsi, ces astres, que l'on considérait autrefois comme un accessoire de notre système planétaire, en forme au contraire un élément principal, et leur étude est de la plus haute importance.

De tout temps les comètes ont fixé l'attention des hommes. Alors que leur nature était complètement inconnue, et qu'on les regardait comme des météores passagers, leur apparition excitait toujours l'effroi, ou laissait dans les esprits des impressions superstitieuses. La singularité de leurs formes et de leurs mouvements, la soudaineté et la rareté de leur apparition sur la scène du ciel, justifiaient jusqu'à un certain point ces émotions de la foule. Aujourd'hui que la nature des comètes et les secrets de leurs mouvements nous sont révélés, ils offrent encore à l'astronomie un vif intérêt et plus d'un problème à résoudre.

Les comètes sont des planètes qui, comme celles dont nous avons déjà parlé (page 20), opèrent leurs mouvements autour du soleil. Mais ces planètes, au lieu d'offrir de grandes masses d'une densité considérable, n'offrent qu'une densité très-faible, au point d'être transparentes; et au lieu de se mouvoir dans le sens général des autres planètes, presque parallèlement à l'écliptique, celles-ci se meuvent en sillonnant le ciel dans toutes sortes de directions. Les autres planètes nous sont toujours visibles, et nous suivons leur cours dans toutes ses phases ; les comètes, au contraire, apparaissent soudainement, ne se montrent que pendant un temps peu considérable, puis disparaissent pour toujours, ou pour se montrer après un laps de temps souvent inconnu. Tels sont les principaux caractères qui différencient les comètes d'avec les planètes proprement dites.

Il en existe bien un autre aussi qui distingue exclusivement les comètes aux yeux du vulgaire, c'est le singulier appendice que l'on désigne, comme nous l'avons dit au commencement de cet article, sous le nom de *queue*. Mais cette traînée lumineuse, qui dans certains cas prend des développements si remarquables, n'est pas un attribut essentiel des comètes ; car il en est beaucoup qui n'ont pas de queue, et pour ce qui est de celles qui en sont pourvues, elles ne s'en revêtent que dans les environs de leur passage auprès du soleil, ou, comme on dit, vers leur *périhélie*. Ce qui constitue essentiellement une comète, c'est le noyau, qui a une partie plus dense entourée d'une nébulosité sphérique que l'on nomme la chevelure de la comète. Une comète a toujours une chevelure, mais elle n'a pas toujours de queue, même à son passage au périhélie. Dans bien des circonstances, lorsqu'on aperçoit la comète longtemps avant ce passage, on ne lui voit d'abord aucune apparence de queue; puis cette traînée prend naissance, se développe et grandit à mesure que la planète approche du soleil, pour décroître et disparaître en suivant l'ordre inverse de ces phases. Ce qui prouverait assez que les comètes sont entourées d'une atmosphère qui renferme de l'oxigène en assez grande quantité.

La queue, lorsqu'elle existe, est encore plus rare et plus claire que la chevelure ; quant au noyau, bien qu'il soit plus dense que tout le reste, il laisse encore voir quelquefois les étoiles à travers sa substance.

Comètes (MOUVEMENT DES). — Nous avons déjà dit que les comètes se meuvent, comme les planètes, autour du soleil ; elles décrivent des ellipses dont le soleil occupe un foyer, et les aires décrites par le rayon vecteur sont proportionnelles au temps. Mais tandis que les planètes décrivent des ellipses arrondies, situées à peu près dans un même plan, et se meuvent toutes dans un même sens, les comètes décrivent des ellipses très-allongées et disposées de différentes manières dans l'espace. Les comètes ne sont visibles que dans le voisinage du périhélie; elles s'éloignent ensuite avec une rapidité extrême; mais à mesure qu'elles s'écartent du soleil, leur mouvement se ralentit, de sorte qu'elles restent très-longtemps invisibles.

On ne peut reconnaître le retour d'une même comète que par les éléments de son orbite, et non par sa forme, qui n'a rien de fixe et qui, d'ailleurs, a pu éprouver de grands changements dans le cours de sa révolution.

Il est en usage parmi les astronomes de regarder les comètes comme se mouvant sur des paraboles. Les éléments du mouvement parabolique sont au nombre de cinq : 1° la longitude du nœud; 2° l'inclinaison de l'orbite; 3° la longitude du périhélie; 4° l'excentricité; 5° la distance du périhélie. On indique, en outre, le sens de son mouvement en longitude, qui se traduit par mouvement direct ou mouvement rétrograde.

Comètes périodiques. — Pour traiter un sujet aussi intéressant, nous ne saurions mieux faire que d'emprunter notre récit à une excellente notice publiée par M. Delaunay. M. Delaunay est un astronome distingué, et dont les connaissances pratiques sont pour nous une garantie; nous n'hésiterons donc pas à lui emprunter cet article qui est, du reste, un des plus importants sur cette matière.

« L'intérêt que présentent les comètes dont la périodicité de retour est bien constatée, augmente à mesure que leur nombre devient plus grand. Rien ne nous dit que ce nombre ne s'accroîtra pas avec une rapidité comparable à celle qui s'est montrée d'une manière si remarquable dans ces derniers temps, relativement aux planètes télescopiques situées entre Mars et Jupiter. Jusqu'à présent nous en connaissons huit qui sont revenues une ou plusieurs fois dans notre voisinage, après que leur retour eut été annoncé comme probable, d'après les circonstances de leurs apparitions antérieures. » Nous nous proposons, avec M. Delaunay, de réunir ici les diverses données historiques relatives à la découverte de la périodicité de ces huit comètes.

1° Comète de Halley. — *Période de 76 ans*

La comète de Halley, la première dont la périodicité ait été reconnue et constatée, est, de toutes les comètes périodiques dont nous nous occupons, celle dont la période de retour est la plus longue. Les circonstances de la découverte dont elle a été l'objet sont des plus remarquables; nous ne saurions mieux faire, pour les montrer dans toute leur vérité, que d'en emprunter l'exposé au mémoire publié, en 1759, par Lalande, dans le recueil de l'Académie des sciences, au moment où la comète venait de reparaître conformément à la prédiction qui en avait été faite par Halley cinquante-quatre ans auparavant. Le style même de l'illustre astronome français donnera une juste idée de l'impression produite dans le monde savant par cette découverte importante.

« L'univers, dit Lalande, voit cette année le phénomène le plus satisfaisant que l'astronomie nous ait jamais offert; évènement unique jusqu'à ce jour, il change nos doutes en certitude et nos hypothèses en des démonstrations.

« L'Académie s'empresse d'annoncer ce retour comme une époque désormais mémorable dans nos sciences, qui nous assure enfin le prix d'une multitude immense de calculs, d'observations et de recherches.

« En effet, quoique de tout temps les physiciens intelligents aient espéré le retour des comètes, quoique Newton l'ait assuré, et que Halley en ait osé fixer le temps, tous, jusqu'à Halley lui-même, en appelaient à l'évènement et à la postérité. Quelle différence entre sa situation et la nôtre, entre le plaisir que lui donna cette heureuse conjecture et les avantages que nous trouvons aujourd'hui en la voyant se vérifier! Combiner ensemble des faits que présente l'histoire et en tirer des conséquences pour l'avenir, ce fut l'ouvrage de M. Halley. Voir ces conséquences justifiées après plus de cinquante années par un entier accomplissement, c'est une satisfaction qui nous était réservée, et que dans les temps les plus reculés les philosophes enviaient à la postérité. »

Après avoir passé en revue rapidement les *sentiments des philosophes anciens et modernes sur la nature des comètes*, Lalande ajoute :

« M. Cassini, à qui toutes les branches de l'astronomie durent une si grande partie de leur progrès dans le dernier siècle, fut le premier qui s'occupa à chercher dans les anciennes observations les routes des comètes pour en déterminer les retours. S'il lui fût venu à l'esprit de les rapporter au soleil avant de faire cette comparaison, s'il eût pu se persuader, avec Hévélius, que le soleil était leur centre, il ne restait plus rien à faire, et sans devoir rien au newtonianisme, il allait joindre cette découverte intéressante à celles qu'il avait déjà faites. Pour voir combien M. Cassini avait mis de sagacité dans ses recherches sur les comètes, on peut consulter les livres qu'il publia sur la comète de 1665 et sur celle de 1681, et surtout les *Mémoires de l'Académie*, année 1699, p. 361.

« Quand nous trouvons, dit-il, qu'une comète a tout ensemble les mêmes « nœuds, la même inclinaison à l'écliptique, et les mêmes degrés de vitesse

« apparente qui ont été observés dans une autre qui a paru auparavant, « nous avons de grands fondements pour juger, par l'analogie aux pla- « nètes, que ce peut être la même comète. Toutes ces conformités se trou- « vent entre la comète de 1680 et celle de 1577, qui coupèrent l'écliptique « aux mêmes degrés, avec la même inclinaison, passant par les mêmes « constellations, et qui eurent le même degré de vitesse à pareilles dis- « tances de leur périgée; il y a aussi le même rapport entre la comète « de 1652, dont nous observâmes le mouvement, et celle de septembre « 1698.... » M. Cassini cherchait encore si, par des périodes de mouvements de nœuds, de variations d'excentricité et d'inclinaison à l'écliptique, on ne pourrait pas accorder la seconde comète de 1665 et celle de 1677 avec celles de 1680 et de 1577, qui avaient eu presque les mêmes degrés de vitesse et avaient passé par des routes peu différentes, et celles qui, ayant passé par les mêmes constellations, avaient eu différents degrés de vitesse comme celles de 1690 et de 1698, de 1472 et de 1556. On n'avait guère vu de comète qui se fût autant détournée d'un grand cercle que celle de 1664; cependant M. Cassini était parvenu à représenter cette irrégularité par le moyen d'un mouvement particulier de ses nœuds, comme on le voit dans le livre qu'il publia à Rome au sujet de cette comète, en 1665.

« C'est ainsi que M. Cassini employait tout ce qu'il y avait de plus délicat dans l'astronomie de son temps, pour parvenir à prédire le retour des comètes; mais toutes ces prédictions ne pouvaient se vérifier, parce que les ressemblances qu'il apercevait entre les comètes observées n'étaient qu'apparentes, et n'avaient rien de réel. C'était en les rapportant au soleil qu'il fallait tenter cette comparaison, et M. Halley fut le premier qui l'entreprit.

« Newton ne s'était point borné à donner aux comètes de véritables paraboles pour orbites, il comprit bien qu'elles n'étaient paraboles qu'à peu près dans la partie la plus basse et la plus petite, et seulement à raison de la ressemblance qu'il y a entre une parabole et une ellipse, lorsqu'on ne prend que la partie voisine du sommet : dans la première édition de ses *Principes*, publiée en 1687, il finit en disant qu'on connaîtra les axes des ellipses que les comètes décrivent, lorsqu'on aura pu observer plusieurs révolutions d'une même comète.

« D'après la théorie de Newton, M. Halley forma des procédés commodes pour le calcul d'une comète dont la parabole est donnée; il les appliqua d'abord aux comètes qui avaient été les mieux observées; peu à peu il étendit ses recherches à toutes celles dont il put découvrir quelques observations, jusqu'à ce qu'en 1705 il se trouva avoir formé une table de vingt-quatre comètes, qu'il publia dans les *Transactions philosophiques* (n° 297).

« En comparant entre elles ces vingt-quatre comètes, M. Halley aperçut que celles de 1531, de 1607 et de 1682, avaient des orbites fort approchantes les unes des autres, la ressemblance se trouva même assez frappante pour lui faire espérer qu'on reverrait encore cette comète en 1758 : « Or, « je suis bien porté à croire que celle de l'année 1531, observée par « *Apianus*, est la même qui a paru en 1607, et qui nous a été décrite par « *Képler* et par *Longomontanus*, et qu'enfin j'ai revue moi-même, et que « j'ai observée soigneusement l'an 1682. Car tous les éléments de leurs « théories sont les mêmes, et il n'y a d'inégalité un peu considérable que « dans le temps de leur révolution périodique, ce qui n'est pas étonnant « et peut être attribué à différentes causes physiques. Nous en avons un « exemple à peu près semblable dans *Saturne*, dont le mouvement de « révolution est tellement altéré par les autres planètes, et surtout par « *Jupiter*, que nous ne saurions jamais déterminer qu'à quelques jours « près le temps de sa révolution périodique. A plus forte raison, combien « ne serait donc pas altéré le mouvement d'une comète qui s'éloigne « quatre fois davantage que ne fait Saturne, et dont la vitesse, pour peu « qu'elle soit augmentée, peut changer la figure de son orbite et lui donner une courbure différente de l'ellipse, et par conséquent plus approchante de celle d'une parabole. Ce qui me confirme encore davantage « dans ce sentiment, c'est qu'il me paraît que c'est encore la même qui « fut aperçue l'an 1456. On la vit pendant l'été, ayant un cours rétrograde, et passant à peu près de la même manière entre la terre et le « soleil. Or quoique nous n'en ayons pas, cette fois-là, d'observations bien « exactes, cependant je crois ne devoir point douter, en comparant sa route « et le temps de sa révolution, que ce n'ait été la même que celle des « années 1531, 1607 et 1682; de sorte que je puis avec assez de certitude « annoncer son retour pour l'an 1758, et si cette espèce de prédiction a « lieu, et qu'elle reparaisse en effet, il ne doit plus rester, ce me semble, « aucun lieu de doute que les autres comètes ne reparaissent enfin de la « même manière » (1). M. Halley, à qui nous empruntons cette citation, avait été ébranlé quelque temps par les différences qu'il apercevait entre les deux périodes; sa confiance s'accrut lorsqu'il entrevit la raison qui avait pu produire une année de différence entre ces deux intervalles. Enfin,

(1) Cette citation, empruntée au mémoire de Halley (*Astronomiæ cometicæ synopsis*), est plus complète que celle faite par Lalande.

transporté d'un succès si flatteur que sa constance méritait, mais qu'il avait à peine espéré, M. Halley, dans ses tables imprimées quelques années après, interpelle pour ainsi dire la postérité de se souvenir que c'est à un anglais que l'on en doit la découverte.

On comprend tout l'intérêt qui s'attachait à la réalisation de la prédiction de Halley; aussi, à mesure que l'époque du retour annoncé devenait plus proche, se préoccupait-on davantage des moyens de ne pas manquer l'observation de la comète, dès que cette observation serait possible. Mais il restait une grande indécision sur cette époque même. Entre l'apparition de 1531 et celle de 1607, il s'était écoulé 76 ans; entre celle de 1607 et celle de 1682, il ne s'en était écoulé que 75. Halley avait dû se demander si la période qui suivrait serait de 75 ou de 76 ans, c'est-à-dire si la comète reparaîtrait en 1757 ou en 1758; on ne voit pas *a priori* de raison bien concluante pour admettre que la période du retour continuerait à décroître, ou bien croîtrait de nouveau après avoir diminué d'une année. Halley avait bien remarqué que, dans l'été de 1681, la comète en descendant vers le soleil s'était trouvée pendant plusieurs mois à une faible distance de Jupiter, et que l'action de cette planète avait dû déformer l'orbite de la comète d'une manière très-sensible; mais il ne lui était pas possible de préciser le degré d'altération qui en était résulté.

Quelques extraits du mémoire que M. Clairaut présenta à l'Académie des sciences, dans sa séance publique du 14 novembre 1758, montreront jusqu'à quel point les savants se préoccupaient du retour de cette comète.

« La comète que l'on attend depuis plus d'un an, dit Clairaut (1), est devenue l'objet d'un intérêt beaucoup plus vif que le public n'en met ordinairement aux questions astronomiques. Les vrais amateurs des sciences désirent son retour, parce qu'il en doit résulter une très-belle confirmation d'un système en faveur duquel presque tous les phénomènes déposent. Ceux qui se plaisent au contraire à voir les philosophes plongés dans l'incertitude et le trouble, espèrent qu'elle ne reviendra point, et que les découvertes tant de Newton que de ses partisans se trouveront de niveau avec les hypothèses que la seule imagination a enfantés.

« Plusieurs personnes de cette dernière classe triomphent déjà et regardent une année de retardement, qui n'est due qu'à des annonces dénuées de tout fondement, comme suffisante pour condamner les Newtoniens.

« J'entreprends ici de faire voir que ce retardement, loin de nuire au

(1) MM. Wiston et de Chéseaux, chacun en suivant des hypothèses différentes, l'avaient annoncée pour 1757.

système de la gravitation universelle, en est une suite nécessaire, qu'il doit aller encore plus loin, et je tente d'en assigner les limites. »

Après avoir exposé succinctement les idées émises par Halley, pour rendre compte de l'inégalité des périodes successives de la comète, et avoir dit que ce célèbre astronome, estimant vaguement la période nouvelle à un peu plus de 76 ans, plaçait le retour prochain de la comète vers la fin de 1758 ou au commencement de 1759, Clairaut ajoute :

« Ces détails, dont Halley accompagne sa prédiction, tout imparfaitement traités qu'ils sont, méritaient d'être rapportés. Cependant ils ont été omis par la plupart des auteurs qui, les premiers, ont fait mention en France de la conjecture faite par l'astronome anglais. Ceux qui en ont parlé après eux, l'ont encore plus dénuée de circonstances. Enfin, on en est venu, par une sorte d'impatience qui a tant d'exemples, à avancer le terme jusqu'à ses limites les plus voisines. On a pris la période la plus courte de toutes, qui est de 75 ans, et l'on a attendu la comète dès 1757.

« Les astronomes se conduisaient très-sagement, lorsqu'ils se préparaient de si bonne heure à la chercher, parce que bien des causes non calculées et peut-être non calculables, auraient pu accélérer son mouvement ; mais ceux qui ont pris les préparatifs des astronomes pour la suite d'une décision mathématique prononcée par les Newtoniens, n'étaient point du tout au fait de la question. »

Clairaut entre ensuite dans quelques détails relativement à la marche qu'il a suivie pour calculer les altérations du mouvement de la comète produites par les actions de Jupiter et de Saturne, puis il ajoute :

« On ne sera pas étonné que, dans le nombre immense d'opérations dont je viens de parler, j'aie cherché à me soulager au moins d'une partie de celles que de simples arithméticiens pouvaient faire. J'ai trouvé plusieurs moyens de les employer facilement et sans danger, soit en construisant pour eux des Tables particulières qui réduisaient les opérations que je leur confiais à de simples additions et à la recherche de nombres dont on a les logarithmes, soit en vérifiant l'ensemble de leurs calculs par des méthodes imaginées pour cet effet. Mais, malgré tous les secours de cette espèce que j'ai pu emprunter, il m'a fallu faire moi-même une quantité innombrable de calculs mathématiques et accepter les offres de M. de Lalande, qui a voulu se charger de beaucoup d'opérations pénibles. L'intérêt que cet académicien zélé a pris à ma théorie, et le plaisir que j'ai eu à la lui communiquer, n'ont pas peu contribué à entretenir le courage dont j'avais besoin pour en suivre l'application.

« Quelles que fussent cependant ma fermeté dans ce travail et la facilité qu'un grand exercice aux calculs mathématiques m'y ait fait acquérir, les géomètres qui savent ce qu'il en coûte pour ces sortes d'opérations, imagineront aisément que les dégouts ont souvent pris le dessus et que je me suis retourné à différentes reprises du côté de l'analyse pour chercher quelque méthode qui diminuât au moins une partie des calculs. Ces tentatives m'ont réussi en me fournissant, en effet, des abrégés considérables, et plusieurs nouvelles vérités très-remarquables qui rendent ma théorie plus complète et plus satisfaisante. »

Clairaut indique alors les divers résultats auxquels le calcul l'a conduit, et notamment celui-ci : que la révolution de la comète, depuis son apparition en 1682 jusqu'à celle qu'on attend, doit être de 618 jours plus longue que celle comprise entre 1607 et 1682, et il conclut en disant :

« Il me paraît que la comète attendue doit passer à son périhélie vers le milieu du mois d'avril prochain. On sent avec quels ménagements je présente une telle annonce, puisque tant de petites quantités négligées nécessairement par les méthodes d'approximation pourraient bien en altérer le terme d'un mois, comme dans le calcul des périodes précédentes ; puisque d'ailleurs tant de causes inconnues, ainsi que je l'ai dit au commencement de ce mémoire, peuvent agir sur notre comète ; puisque, enfin, je ne dois être rassuré moi-même sur l'exactitude de mes nombreuses et délicates opérations qu'après les avoir mises sous les yeux de mes confrères et de mes juges. »

M. Clairaut demandait un mois de grâce en faveur de la théorie ; le mois s'y est trouvé exactement, et la comète est descendue, après une période de cinq cent quatre-vingt-six jours plus longue que la dernière fois, trente-deux jours avant le terme qui lui était fixé ; mais qu'est-ce que trente-deux jours sur un intervalle de plus de cent cinquante ans, dont on avait à peine observé grossièrement la deux-centième partie, et dont tout le reste s'étend hors de la portée de notre vue ? Qu'est-ce que trente-deux jours pour toutes les autres attractions du système solaire, dont on n'a pas tenu compte, pour toutes les comètes dont nous ignorons la situation et les forces, pour la résistance de la matière éthérée qu'on ne peut apprécier, et pour toutes les quantités qu'on est forcé de négliger dans l'approximation du calcul ?... Une différence de cinq cent quatre-vingt-six jours entre les révolutions de cette comète, différence produite par les forces perturbatrices de Jupiter et de Saturne, devient une démonstration plus frappante qu'on n'eût jamais osé l'espérer du grand principe de l'attraction, et met cette loi au nombre des vérités fondamentales de la physique, dont il n'est pas plus possible de douter actuellement que de l'existence même des corps qui la produisent.

La comète fut aperçue, en effet, dès le 25 décembre 1758, par un paysan de Dresde, nommé Palitsh ; les astronomes s'empressèrent de l'observer, et il résulte de leurs observations, continuées pendant toute la durée de son apparition, que son passage au périhélie eut lieu le 13 mars 1759, un mois environ avant l'époque assignée par Clairaut.

La prédiction de Halley se trouvant ainsi réalisée, l'identité des comètes de 1531, de 1607 et de 1682 était par là-même établie d'une manière incontestable, et l'on pouvait s'attendre, à coup sûr, à voir revenir cet astre de nouveau soixante-quinze ou soixante-seize ans après 1759, c'est-à-dire vers 1835. La comète revint effet. Elle fut aperçue à Rome, dès le 5 août 1835, et elle passa à son périhélie le 16 novembre suivant. Les calculs de Damoiseau, faits longtemps avant cette réapparition, avaient fixé le passage au périhélie au 4 novembre; ceux de M. de Pontécoulant l'avaient fixé au 13 : cette dernière indication ne s'écartait donc que de trois jours de la réalité.

En calculant le nombre de jours compris entre deux passages consécutifs de la comète de Halley à son périhélie, on trouve les durées suivantes pour les quatre révolutions qu'elle a accomplies de 1531 à 1835 :

de 1531 à 1607............	27811 jours
de 1607 à 1682............	27352 »
de 1682 à 1759............	27937 »
de 1759 à 1835............	28006 »

D'après les calculs de M. de Pontécoulant, il devra s'écouler 27217 jours depuis le passage de la comète à son périhélie en 1835, jusqu'à son prochain passage à ce point de son orbite ; ce qui fixe au 24 mai 1910 le passage de la comète à son périhélie, lors de sa prochaine apparition.

Il était naturel de chercher, en remontant le cours des siècles, si, parmi les observations de comètes dont l'histoire nous conserve la trace, il ne s'en trouverait pas quelques-unes qui se rapportassent à la comète de Halley. En se livrant à cette revue rétrospective, on a pu, en effet, établir, avec plus ou moins de certitude, que la comète dont nous nous occupons avait été observée antérieurement :

en juin 1456,
en novembre 1378,
en septembre et octobre 1301,
en avril et mai 1066,
en septembre 989,
en mars 141,
en janvier 66,
et en octobre de l'an 12 avant J.-C.

Nous compléterons nos indications, en donnant ici les éléments de la comète de Halley, tels qu'ils résultent des observations faites depuis le XVIe siècle jusqu'à sa dernière apparition, en 1835.

PASSAGE AU PÉRIHÉLIE	LONGITUDE du nœud	Inclinaison	LONGITUDE du périhélie	DISTANCE du périhélie	SENS du MOUVEMENT
1531, le 24 août.....	49°25′	17°56′	301°39′	0,57	rétrograde
1607, le 26 octobre...	50 21	17 2	302 16	0,58	id.
1682, le 14 septembre	50 48	17 42	301 36	0,58	id.
1759, le 13 mars	53 48	17 38	303 14	0,58	id.
1835, le 16 novembre.	55 38	17 45	304 58	0,58	id.

2° Comète de Encke. — *Période de* 3 *ans*, 3.

L'histoire de la découverte de cette deuxième comète périodique est résumée de la manière suivante, dans une pièce lue par Poisson à l'Académie des sciences :

« Le phénomène si remarquable de la réapparition d'une comète à son périhélie, après une ou plusieurs révolutions, s'est reproduit de nos jours, à l'égard de la comète remarquée en 1818, par M. Pons, qui observait alors à Marseille. La comparaison de ses éléments paraboliques avec ceux d'une comète observée en 1805 fit soupçonner l'identité de ces deux astres. La remarque en fut faite, au Bureau des Longitudes, par M. Arago, lorsque la découverte de la nouvelle comète y fut annoncée ; elle fut faite également, en Allemagne, par M. Olbers, qui pensa de plus que cette comète devait être celle qui avait déjà été vue en 1695 et 1786. D'après cette conjecture, le temps de sa révolution ne pouvant être que d'un très-petit nombre d'années, il devenait indispensable d'avoir égard à l'ellipticité de son orbite dans le calcul de ses éléments ; c'est ce que fit M. Encke, astronome de Gotha. Les éléments elliptiques qu'il détermina, soit d'après les observations de 1805, soit d'après celles de 1818, différaient entre eux encore moins que les éléments paraboliques, et il ne resta plus de doute qu'ils n'appartinssent à un même astre, dont le temps périodique est d'à peu près trois ans et demi, et qui a fait, depuis son apparition en 1805, quatre révolutions entières, pour revenir à son périhélie au commencement de 1819. En ayant seulement égard à la rapidité de ses révolutions successives, cet astre pourrait être considéré comme une planète ; mais on a continué de le ranger parmi les comètes, à cause des apparences qu'il présente, et parce qu'il n'est pas visible pour nous dans toutes les parties de son orbite. Pour faciliter l'observation de son retour en 1822, M. Encke se proposa d'en calculer une éphéméride relative à cette époque; mais la comète devant se trouver, pendant une grande partie de cette nouvelle révolution, à une distance peu considérable de Jupiter, M. Encke fut obligé d'avoir égard aux perturbations dues à l'action de cette planète; et, en effet, il trouva que, par suite de cette action principale, le temps de la révolution anomalistique, dont la durée moyenne avait été de 1204 jours à peu près, depuis 1805 jusqu'à 1819, serait augmenté d'environ neuf jours dans la révolution suivante. Il annonça qu'en 1822, la comète, d'après ses déclinaisons, ne serait pas visible en Europe, et que, pour l'observer, il faudrait se transporter dans l'hémisphère austral. L'évènement a complètement justifié cette prédiction. La comète est revenue à son périhélie à la fin de mai 1822. Elle a été observée à Paramatta, dans la Nouvelle-Hollande, par M. Dunlop, qui l'a reconnue le premier, et par M. le général Brisbane et M. Rumker, qui en ont déterminé les positions. Les éléments elliptiques conclus de cette nouvelle apparition se sont accordés d'une manière très-satisfaisante avec ceux que M. Encke avait calculés d'avance, d'après les observations antérieures, et en tenant compte des perturbations (1). »

Depuis 1822, cette comète n'a pas manqué de reparaître régulièrement à intervalles à peu près égaux de 1200 jours environ. Ainsi, elle a repassé successivement à son périhélie

le 16 septembre 1825,
le 10 janvier 1829,
le 4 mai 1832,
le 26 août 1835,
le 19 décembre 1838,
le 12 avril 1842,
le 10 août 1845,
le 26 novembre 1848,
le 15 mars 1852,
le 1er juillet 1855,
le 18 octobre 1858,
le 6 février 1862,
le 28 mai 1865,
et le 14 septembre 1868.

(1) Les éléments elliptiques calculés par M. Encke se résument comme suit :
1° *Inclinaison de l'ellipse sur l'écliptique* 13°; 2° *excentricité* 0,849; 3° *distance moyenne de la comète au soleil* 2,2; 4° *distance périhélie* 0,33. Le mouvement a lieu dans le sens direct.

Elle est visible en ce moment (novembre 1871), et les observations qui en sont faites ne tarderont pas à fixer le jour de son nouveau passage au périhélie.

La comparaison des retours successifs de la comète de Encke au périhélie de son orbite a conduit à un résultat remarquable : en tenant compte aussi exactement que possible des perturbations que cette comète éprouve de la part des planètes, Encke est arrivé à reconnaître que la durée de sa révolution va sans cesse en diminuant, ce qui tendrait à indiquer la présence d'un milieu résistant. Un pareil milieu, en effet, en ralentissant peu à peu la vitesse de la comète, lui permettrait de céder plus facilement à l'action attractive du soleil; son orbite se rétrécirait de plus en plus, d'où résulterait une diminution progressive du temps qu'elle emploie à parcourir tout le contour de cette orbite. On se fera une idée nette de cette accélération continue du mouvement de révolution de la comète, à l'inspection du tableau suivant, où sont inscrites les durées des révolutions successives, telles qu'elles résultent des observations corrigées de l'effet dû aux actions perturbatrices des planètes :

		jours
de 1786 à 1795........	3 fois	1212,63
de 1795 à 1805........	3 fois	1212,50
de 1805 à 1819........	4 fois	1212,02
de 1819 à 1822..............		1211,66
de 1822 à 1825..............		1211,55
de 1825 à 1829..............		1211,44
de 1829 à 1832..............		1211,32
de 1832 à 1835..............		1211,22
de 1835 à 1838..............		1211,11
de 1838 à 1842..............		1210,98
de 1842 à 1845..............		1210,88
de 1845 à 1848..............		1210,77
de 1848 à 1852..............		1210,71
de 1852 à 1855..............		1210,47
de 1855 à 1858..............		1210,57

Ce tableau est extrait d'un Mémoire adressé par Encke à l'Académie des sciences de Paris, en novembre 1858.

3° Comète de Biela. — *Période de* 6 *ans* $\frac{3}{4}$

Le 27 février 1826, Biela aperçut, à Josephstadt, en Bohême, une petite nébulosité ronde qui, le lendemain, s'était déplacée de 1 degré vers l'est.

C'était une comète qu'il venait de découvrir, et qui fut aussi trouvée dix jours plus tard à Marseille, par Gambart. Bientôt cette comète fut observée dans les divers observatoires de l'Europe, et l'on ne tarda pas à remarquer une grande ressemblance entre ses éléments paraboliques et ceux de deux comètes antérieurement observées, l'une en 1806, l'autre en 1772. Clausen et Gambart calculèrent chacun séparément les éléments elliptiques de la nouvelle comète, en la regardant comme réapparition de la comète déjà vue en 1772, puis en 1806, et ils arrivèrent à des résultats qui présentaient une grande concordance, et qui mettaient hors de doute l'identité supposée de ces trois astres. La durée de la révolution était d'environ 6 ans $\frac{3}{4}$. Dès lors, on était en mesure de prédire le retour de cette comète. Damoiseau fit le calcul des perturbations qu'elle devait éprouver jusqu'à sa prochaine apparition, et en conclut qu'elle reviendrait à son périhélie le 27 novembre 1832 ; elle y revint un jour plus tôt, le 26 novembre.

En 1839, elle ne put pas être observée à cause de la position défavorable de son orbite, à l'époque de son passage au périhélie.

En 1846, on l'observa de nouveau; mais elle présenta, pendant la durée de son apparition, un phénomène extraordinaire: elle se dédoubla en deux comètes distinctes, qui marchèrent côte à côte, en s'éloignant peu à peu l'une de l'autre. Le dédoublement fut constaté, le 12 janvier, par M. Maury, à Washington; le 15, par M. Challis, à Cambridge (Angleterre), et par M. Widemann, à Kœnigsberg; le 27, par M. Valz, à Marseille. Ces astronomes déclarèrent que, les jours précédents, ils n'avaient rien vu de pareil, la comète ne leur avait pas montré de traces de dédoublement.

En 1852, on revit la comète double. Ses deux parties avaient continué à marcher ensemble, tout en s'éloignant l'une de l'autre, mais avec une extrême lenteur. On pourra se faire une idée nette de cet éloignement progressif par les nombres suivants auxquels est parvenu M. d'Arrest. Il résulte des calculs de cet astronome que la distance des deux noyaux des deux parties de la comète, en 1846, était:

le 14	janvier,	de 285	mille kilomètres
le 24	—	de 300	—
le 3	février,	de 308	—
le 13	—	de 310	—
le 23	—	de 308	—
le 5	mars,	de 305	—
le 15	—	de 290	—
le 25	—	de 277	—

Le maximum de cette distance correspondait au 11 février, jour du passage au périhélie. — En 1852, la distance des noyaux était :

le 27	août,	de 2417	mille kilomètres
le 4	septembre,	de 2510	—
le 12	—	de 2579	—
le 20	—	de 2614	—
le 28	—	de 2599	—

Le maximum de la distance correspondait encore au moment du passage au périhélie.

En 1859, comme en 1839, la position défavorable de l'orbite de la comète empêcha qu'on en fît l'observation.

La comète devait reparaître au commencement de 1866, et passer au périhélie le 26 janvier; les circonstances étaient très-favorables à son observation, et cependant, malgré tout le soin que l'on a mis à la chercher avec des instruments puissants, on n'est pas parvenu à la découvrir dans le ciel. On n'a pas été plus heureux en 1872, où le passage devait avoir lieu en automne.

4° Comète de Faye. — *Période de 7 ans $\frac{1}{2}$.*

La quatrième comète périodique a été découverte à l'Observatoire de Paris, par M. Faye, le 22 novembre 1843. Peu de temps après, le docteur Goldschmidt, élève de Gauss, en s'appuyant sur des observations faites à Paris et à Altona, reconnut que la comète décrivait une ellipse dont l'excentricité était assez faible relativement à celles des comètes périodiques déjà connues. Quoique l'on n'ait trouvé, dans le catalogue des comètes antérieurement observées, aucun astre dont les éléments aient quelque ressemblance avec ceux de cette nouvelle comète, on ne se hasarda pas moins à prédire son retour pour le commencement de 1851, en se fondant uniquement sur la connaissance des éléments de son mouvement elliptique que l'on avait obtenus. M. Le Verrier calcula les perturbations que la comète devait éprouver dans son mouvement jusqu'à ce prochain retour, et fixa le passage au périhélie au 3 avril 1851, un peu après minuit, en prévenant qu'il ne pouvait répondre de cette époque qu'à deux jours près. La prédiction s'accomplit avec une grande précision : la comète reparut dès la fin de 1850, et passa à son périhélie le 2 avril suivant, vers 10 heures du matin.

La même comète a été revue trois fois depuis cette époque : en 1858, en 1865 et en 1873.

5° Comète de Brorsen. — *Période de* 5 *ans* $\frac{1}{2}$.

Cette comète a été découverte à Kiel par M. Brorsen, le 26 février 1846. Les positions obtenues successivement par l'observation ne tardèrent pas à montrer qu'elle possédait un mouvement elliptique nettement accusé; l'annonce en fut faite à peu près en même temps, par Goujon d'une part, et M. Brünnow d'une autre part. La durée assignée à sa révolution étant d'environ cinq ans et demi, on attendait son retour dans l'automne de 1851, et une éphéméride avait été calculée pour cette époque par le docteur Galen; malgré toutes les recherches auxquelles on s'est livré, la comète n'a pas été aperçue. En 1857, on a été plus heureux : le 18 mars, M. Bruhns a trouvé une comète dont l'identité avec la comète de Brorsen n'a pas tardé à être établie. Elle a dû revenir deux fois à son périhélie depuis cette époque, en 1862 et 1868; mais ce dernier retour a été seul constaté par les observations : aucun astronome n'a pu voir la comète en 1862.

6° Comète de d'Arrest. — *Période de* 6 *ans* 4.

Le 27 juin 1851, M. d'Arrest découvrit à Leipsick une nouvelle comète qui put être observée jusqu'au 6 octobre suivant. Dès le milieu du mois d'août, MM. d'Arrest et Yvon Villarceau reconnurent, chacun de leur côté, que cette comète avait un mouvement elliptique très-prononcé ; bientôt la durée de sa révolution put être fixée à près de 6 ans $\frac{1}{2}$, et son prochain retour put être annoncé pour la fin de 1857. M. Yvon Villarceau ayant préparé une éphéméride en vue de ce retour, il lui fut aisé de reconnaître que la comète ne pourrait être observée dans l'hémisphère boréal de la terre; mais l'éphéméride fut envoyée dans les observatoires de l'hémisphère austral, et le succès répondit complètement à l'attente de l'astronome français; le retour au périhélie a eu lieu à douze heures près. M. Mac-Lear vit la comète au cap de Bonne-Espérance, et constata une grande concordance entre sa position réelle dans le ciel et celle que lui assignait l'éphéméride de M. Yvon Villarceau.

La comète de d'Arrest a dû revenir en 1864; mais aucun astronome ne l'a aperçue. En 1870, on a été plus heureux : le 31 août, la comète a été retrouvée dans le ciel par M. Winnecke, à Carlsruhe, à l'aide de l'éphéméride résultant des calculs de MM. Yvon Villarceau et Leveau.

7° Comète de Tuttle. — *Période de* 13 *ans* $\frac{2}{3}$.

Le 4 janvier 1858, M. Tuttle découvrit une comète à Cambridge (États-Unis). L'astronome américain et M. Pape, en Europe, firent presque aussitôt la remarque que ses éléments paraboliques ressemblaient beaucoup à ceux de la seconde comète de 1790, découverte à Paris par Méchain. Bientôt on reconnut que les observations de 1858 ne pouvaient s'accorder avec une orbite parabolique; M. Bruhns détermina les éléments elliptiques de cette comète, et fixa la durée de sa révolution à 13 ans 66. L'intervalle de 1790 à 1858 comprenant cinq révolutions de la comète, elle devait être revenue quatre fois, en 1803, en 1817, en 1830 et en 1844, sans avoir été aperçue, et elle devait revenir de nouveau en 1871. A l'aide des éléments calculés pour ce dernier retour par le Dr Tischler, et de l'éphéméride que M. Hind en a déduite, la comète a été aperçue dans le ciel le 13 octobre 1871, par M. Borelly, astronome de l'Observatoire de Marseille.

8° Comète de Winnecke. — *Période de* 5 *ans* $\frac{1}{2}$.

Le 8 mars 1858, M. Winnecke découvrit, à l'Observatoire de Bonn, une comète dont les éléments paraboliques présentèrent une grande ressemblance avec la troisième comète de 1819, découverte à Marseille par Pons. Encke avait trouvé que cette comète de 1819 se mouvait suivant une ellipse, et qu'elle devait mettre 5 ans 6 à faire le tour entier de son orbite. Si c'était bien la même comète que M. Winnecke venait de retrouver, elle avait dû accomplir sept révolutions dans l'intervalle de ses deux apparitions; cette hypothèse s'accorda parfaitement avec l'ensemble des observations faites en 1858, et l'on se mit en mesure d'observer de nouveau la comète à une de ses prochaines apparitions. On la revit, en effet, après deux nouvelles révolutions; c'est M. Winnecke lui-même qui en fit la première observation à Carlsruhe, le 9 avril 1869 : la comète passa à son périhélie le 30 juin suivant, à trois jours seulement de distance de l'époque indiquée d'avance pour ce passage.

Nous terminerons cet article par le tableau des éléments des comètes périodiques que nous venons de décrire, et dont le retour a été observé.

N°	NOMS des COMÈTES	SENS du mouvement	DURÉE des RÉVOLUTIONS sidérales	EPOQUES des passages aux périhélies	DISTANCES périhélies
			ans	h. m.	
1	Halley....	R	76,37	1835. Nov. 15. 0,15 S	0,58895
2	Encke....	D	3,285	1871. Déc. 29. 2,22 M	0,33288
3	Biela (1)..	D	6,587	1852. Sept. 24. 5,14 M	0,86016
	Biela (2)..	D	6,629	1852. Sept. 23. 10,51 M	0,86059
4	Faye.....	D	7,413	1866. Févr. 14. 0,39 S	1,68217
5	Brorsen...	D	5,483	1868. Avril 17. 9,48 S	0,59676
6	D'Arrest..	D	6,567	1870. Sept. 23. 2,11 M	1,28028
7	Tuttle....	D	13,811	1871. Nov. 30. 11,18 S	1,03011
8	Winnecke.	D	5,591	1869. Juin. 30. 10,45 M	0,78154

N°	NOMS des COMÈTES	DISTANCES aphélies	EXCENTRICITÉS	LONGITUDES des périhélies	LONGITUDES des nœuds ascendants	Inclinaison
1	Halley....	35,41121	0,967281	304°58′	55°38′	17°45′
2	Encke....	4,08653	0,849357	158 12	334 34	13 7
3	Biela (1)..	6,16732	0,755201	109 20	246 5	12 33
	Biela (2)..	6,19687	0,756119	109 13	246 9	12 33
4	Faye.....	5,92153	0,557538	50 0	209 45	11 22
5	Brorsen...	5,62248	0,808092	116 2	101 14	29 22
6	D'Arrest..	5,73312	0,634904	318 41	146 25	15 39
7	Tuttle....	10,48294	0,821054	116 4	269 17	54 17
8	Winnecke.	5,51826	0,751885	275 56	113 33	10 48

(1) 1er noyau, plus boréal. — (2) 2e noyau, plus austral.

Commutation. — C'est la distance entre la terre et le lieu d'une planète réduit à l'écliptique. — Voyez *Longitude géocentrique.*

Comput ecclésiastique. Voyez *Calendrier.*

Condorcet (MARIE-JEAN-ANTOINE-NICOLAS CARITAT, marquis de), né le 7 septembre 1743, à Ribemont en Picardie, d'une ancienne famille du Dauphiné, ne figure parmi les astronomes que par le prix qu'il remporta à Berlin, en 1777, pour une *Théorie des comètes.* La publication d'un *Essai sur le calcul intégral,* 1765, et d'un mémoire sur le *Problème des trois corps,* 1767, lui ouvrit en 1769 les portes de l'Académie des sciences, dont il devint secrétaire perpétuel en 1773. Mis hors la loi par le gouvernement révolutionnaire, Condorcet fut arrêté à Clamart et transporté à Bourg-la-Reine, où il mourut empoisonné, le 27 mars 1794.

Conjonction. — Voyez *Aspect des astres.*

Connaissance des temps. — C'est le titre d'un ouvrage publié tous les ans, depuis 1679, par le Bureau des longitudes, sur les mouvements célestes rapportés au temps moyen de Paris. Les matières traitées dans cet important ouvrage peuvent se résumer comme suit :

I. *Éphémérides du soleil.*
II. — *de la lune.*
III. *Éphémérides des planètes.*
IV. *Positions apparentes des étoiles.*
V. *Distances lunaires.*
VI. *Éclipses de soleil et de lune.*

Constellations. — On donne le nom de *constellations* aux différents groupes d'étoiles rangées dans un ordre méthodique propre à les faire reconnaître plus facilement. Ces groupes sont au nombre de 108, parmi lesquels 48 ont été composés par l'astronome Ptolémée; les 60 autres sont d'origine moderne.

Les constellations reconnues et classées par Ptolémée sont :

1. La Petite-Ourse.
2. La Grande-Ourse.
3. Le Dragon.
4. Céphée.
5. Cassiopée.
6. La Couronne-Boréale.
7. Le Bouvier.
8. Le Cocher.
9. Hercule.
10. Persée.
11. Pégase.
12. Andromède.
13. La Lyre.
14. Le Cygne.
15. L'Aigle.
16. Le Dauphin.
17. Le Petit-Cheval.
18. Le Triangle-Boréal.
19. Le Petit-Chien.
20. La Flèche et le Renard.

21. Le Bélier.
22. Le Taureau.
23. Les Gémeaux.
24. L'Écrevisse.
25. Le Lion.
26. La Vierge.
27. La Balance.
28. Le Scorpion.
29. Le Sagittaire.
30. Le Capricorne.
31. Le Verseau.
32. Les Poissons.
33. Le Serpent.
34. Ophiuchus.
35. La Baleine.
36. Orion.
37. L'Hydre.
38. L'Eridan.
39. Le Lièvre.
40. Le Grand-Chien.
41. Le Navire-Argo.
42. La Coupe.
43. Le Corbeau.
44. Le Centaure.
45. Le Loup.
46. L'Autel.
47. Le Poisson-Austral.
48. La Couronne-Australe.

Les constellations modernes, quoique plus nombreuses, n'ont pas un grand intérêt et offrent peu d'apparence. Nous citerons seulement parmi ces dernières :

Antinoüs.
Le Mont-Ménale.
Les Lévriers.
La Girafe.
Cerbère.
Le Lynx.
L'Écu-de-Sobieski.
Le Petit-Lion.
La Chevelure-de-Bérénice.
La Mouche.
Le Triangle-Austral.
Le Toucan.
L'Hydre-Mâle.
La Dorade.
Le Réticule.
Le Télescope.
La Croix-du-Sud.
Le Taureau-Royal.
La Colombe.
Le Fourneau.
La Grue.
Le Solitaire.
Le Sextant-d'Uranie.
L'Indien.

Il existe environ 5,000 étoiles visibles à l'œil nu, que l'on a classées en six ordres, d'après leur éclat.

Les étoiles de première grandeur sont les plus brillantes; viennent ensuite celles de seconde, de troisième, de quatrième.... grandeur; celles de sixième grandeur sont les plus petites que l'on puisse apercevoir à l'œil nu. Ainsi on compte :

20 étoiles de 1re grandeur.
65 — de 2e —

190	étoiles	de 3e	grandeur.
425	—	de 4e	—
1100	—	de 5e	—
3200	—	de 6e	—

Parmi ces 5000 étoiles, 4000 sont visibles sur les horizons d'Europe, les autres appartiennent à la zone australe, et par conséquent invisibles en Europe.

Les vingt étoiles de première grandeur ont reçu chacune un nom particulier que l'on désigne comme suit :

Sirius, ou la Bouche du Grand-Chien; *Wéga*, principale étoile de la Lyre; *Adaher*, ou l'épaule d'Orion; *Rigel*, ou le pied d'Orion; *Aldébaran*, ou l'Œil du Taureau; *Castor*, la principale des Gémeaux; *Régulus*, ou le Cœur du Lion; l'*Épi* de la Vierge; *Antarès*, ou le Cœur du Scorpion; *Altaïr*, ou le Cœur de l'Aigle; *Fomalhaut*, ou la Bouche du Poisson-Austral; *Procyon*, dans le Petit-Chien; *Arcturus*, dans le Bouvier; la *Chèvre*, dans le Cocher; la *Queue du Cygne; Canopus*, dans le Navire; *Acharnar*, dans l'Eridan; *Alpha*, dans la Croix-du-Sud; enfin *Alpha* et *Bêta*, dans la constellation du Centaure. Ces cinq dernières étoiles sont invisibles en Europe.

A l'aide des télescopes et des lunettes astronomiques, on découvre dans le ciel une multitude innombrable d'autres étoiles qui ne peuvent être aperçues à l'œil nu. M. Struve a compté plus de 52,000 étoiles de la première à la neuvième grandeur inclusivement, dans la zone comprise entre les deux parallèles célestes menées de part et d'autre à 15 degrés de l'équateur. Herschell évalue à plus de 20 millions le nombre des étoiles visibles avec son télescope de vingt pieds anglais dans toute l'étendue de la sphère céleste.

Les anciens avaient couvert le ciel de figures allégoriques, de héros ou d'animaux; ils désignaient les étoiles d'une même constellation par leurs positions sur la figure. Ainsi, ils disaient l'œil du Taureau, le cœur du Lion, l'épaule d'Orion, etc.

Les modernes, tout en conservant les noms des constellations, ont abandonné les figures arbitraires des anciens; ils désignent les étoiles d'une même constellation dans l'ordre de leurs grandeurs par les lettres grecques, puis par les lettres romaines; ils se servent aussi de chiffres ou numéros d'ordre pour désigner les plus petites étoiles. Une fois qu'on arrive aux chiffres, et même quelquefois après les premières lettres de l'alphabet grec, on applique les désignations d'une façon tout-à-fait arbitraire; car, une fois les premières étoiles signalées, les suivantes ne peuvent plus être soumises à une même classification par grandeurs comparatives. Mais, si l'ordre est arbitraire, on conçoit qu'il doit être fixe, et c'est ainsi que les astronomes sont parvenus à s'entendre parfaitement sur la désignation de chaque étoile.

Constitution physique de la lune. — Depuis longtemps, tous les astronomes s'accordent à considérer les formations du sol lunaire comme dues à une réaction des forces internes contre l'écorce extérieure du globe. Robert Hooke attribue ces phénomènes à l'effet de feux souterrains, à l'irruption de vapeurs élastiques, ou même à un bouillonnement dégageant des bulles qui viennent crever à la surface. Des expériences faites avec des boues calcaires en ébullition lui parurent confirmer ses vues; et dès lors on compara les circonvallations et leurs montagnes centrales aux formes de l'Etna, du pic de Ténériffe, de l'Hécla et des volcans de Mexico.

Sir John Herschell n'est pas moins affirmatif à cet égard : « Les montagnes lunaires, dit-il, offrent au plus haut degré le vrai caractère volcanique, tel que le présente le cratère du Vésuve et les districts volcaniques des champs phlégréens ou du Puy-de-Dôme. »

Mais, si l'origine ignée paraît la seule vraisemblable pour toutes les aspérités montagneuses et cratériformes, ce n'est pas à dire qu'elles soient uniquement le produit d'éruptions volcaniques dans le sens restreint du mot. La lune a été primitivement, comme la terre, un globe fluide, à la surface duquel le refroidissement, dû au rayonnement calorifique, a déterminé la formation d'une écorce solide. C'est cette écorce qui a été le siége des phénomènes subséquents dont les traces subsistent aujourd'hui sous la forme d'aspérités de dimensions très-différentes; et les causes de cette série de productions sont, sans aucun doute, les forces expansives des gaz et des vapeurs que la haute température du noyau développait incessamment.

A l'origine, l'écorce solide de la lune, moins épaisse, était, par cela même, moins résistante; et comme elle n'avait point été bouleversée par des secousses antérieures, elle devait présenter en tous ses points à peu près la même homogénéité et la même épaisseur. La force expansive des gaz agissant alors perpendiculairement aux couches superficielles et suivant les lignes de moindre résistance, dut briser l'enveloppe et produire des soulèvements de forme circulaire. C'est sans doute à cette période qu'il faut rapporter la formation des immenses circonvallations dont l'intérieur est aujourd'hui occupé par les plaines appelées mers. Puis, alors que la croûte du globe lunaire avait acquis une plus grande épaisseur, vinrent de nouveaux soulèvements qui donnèrent lieu aux plus grands cirques, déjà bien inférieurs en dimensions aux formations primitives. Apparurent ensuite une foule de cirques de dimensions moyennes, dont les enceintes couvrirent le sol tout entier de la lune et qui apparurent au sein même des circonvallations primitives. On comprend aisément la raison de la diminution successive des dimensions des montagnes annulaires, cratères et cirques. Chaque cirque est dû, comme nous l'avons dit, à un soulèvement en bulle, dont l'affaissement a produit à l'intérieur une cavité de forme elliptique et sur les bords une ou plusieurs enceintes sous forme de remparts. Or, les dimensions de ces boursouflures durent être en rapport avec l'intensité de la force interne qui les produisait et avec la résistance de la croûte solide, ou plutôt pâteuse, du globe lunaire. Il est probable que ces deux causes ont concouru pour produire les effets signalés plus haut, de sorte qu'en général ce sont les plus grandes circonvallations, les plus grands cirques ou cratères qui furent formés les premiers.

Mais c'est le moment de faire une distinction entre les deux natures de sol qui caractérisent la surface de notre satellite. Le sol de la lune se divise, en effet, en deux parties bien distinctes : la première constitue ce qu'on a nommé dès le début le sol continental ; c'est celui des régions montagneuses qui recouvrent presque toute la partie australe de l'hémisphère visible ; la seconde, à laquelle on a donné improprement le nom de mers, n'est autre qu'un sol nivelé dépourvu complètement d'eau, et dont la couleur sombre, la surface lisse, lui donnent toutes les apparences des plaines d'alluvion.

La lune, vue à l'œil nu, nous montre des parties complètement éclairées et des parties plus sombres : les premières sont les continents occupés par les montagnes, les cratères et les cirques ; les autres sont les plaines qui forment les taches que nous apercevons à sa surface.

Constitution physique des planètes. — Nous n'entreprendrons pas de faire ici une description minutieuse de la constitution physique de toutes les planètes; leur éloignement et la difficulté que présente souvent leur observation, même avec les meilleurs instruments, rendraient impossible une pareille tâche ; nous nous contenterons donc de donner un aperçu sommaire de la constitution de celles qui méritent de fixer le plus notre attention : telles que Mercure, Vénus, Mars, Jupiter, Saturne, Uranus et Neptune.

Mercure. — On sait peu de chose sur la constitution physique de cette planète. Sa petitesse et sa proximité du soleil empêchent de l'étudier convenablement. Son disque brille d'un éclat uniforme; on n'aperçoit aucune tache sensible à sa surface. C'est par l'observation suivie des variations des cornes que l'on a reconnu que Mercure tourne sur son axe, à peu près dans le même temps que la terre. Le temps de la révolution de Mercure autour du soleil n'étant que de 88 jours, les saisons s'y renouvellent fréquemment.

La plupart des astronomes croient que Mercure est entouré d'une atmosphère très-dense et chargée de nuages épais, qui nous cachent le corps de la planète et qui y modèrent l'ardeur du soleil; cependant la chaleur doit y être fort intense, et il est probable qu'un grand nombre de substances, qui existeraient à l'état solide à une température moins élevée, flottent en vapeur dans l'atmosphère. L'état de Mercure, sous ce rapport, est analogue à celui où était la terre dans ses premiers âges, alors que son atmosphère contenait en vapeurs une grande quantité de matières qui se sont déposées depuis, soit par le refroidissement, soit par les actions chimiques ou le travail incessant des végétaux pendant une longue suite de siècles.

Vénus. — Cette planète brille d'un éclat extraordinaire; sa blancheur est éclatante. On la voit, tantôt le soir, à l'ouest, après le coucher du soleil : c'est l'étoile du soir, *Vesper*, ou l'étoile du berger ; tantôt le matin, à l'est, avant son lever : c'est l'étoile du matin, *Lucifer*. L'éclat de Vénus est tel qu'on l'aperçoit quelquefois au milieu du ciel en plein midi. Sa plus grande élongation ne dépasse pas 48 degrés.

Examinée au télescope, Vénus présente des phases très-nettes et semblables à celles de la lune; Galilée, qui les a observées le premier, en a conclu le mouvement de la planète autour du soleil.

On remarque sur le bord intérieur du croissant une dégradation de lumière, qui prouve l'existence d'une atmosphère autour de Vénus, conclusion confirmée d'ailleurs par les occultations d'étoiles. On pense que cette atmosphère a à peu près la même densité et la même étendue que celle de la terre ; elle paraît avoir une plus grande pureté et n'être jamais chargée de nuages épais, mais seulement de vapeurs légères.

Le mouvement de certaines taches observées sur le disque de Vénus a donné la preuve de la rotation de cette planète autour de son axe; par l'observation de truncatures périodiques aux extrémités du croissant, Schroter a confirmé ce résultat, et trouvé en même temps que cette rotation s'accomplit en $23^h 21^m$. L'équateur fait un angle de 72 degrés avec l'orbite.

La ligne intérieure du croissant est dentelée comme celle de la lune. On aperçoit même dans la partie non éclairée, à une petite distance du croissant, des points lumineux isolés ; on en conclut qu'il existe des montagnes élevées à la surface de Vénus. Schroter estime qu'elles sont six fois plus hautes que nos plus hautes montagnes. Ces hautes montagnes, lorsqu'elles sont éclairées par les rayons du soleil couchant, doivent produire d'admirables spectacles ; grâce à la pureté de l'atmosphère, elles sont visibles de très-loin.

Vénus ressemble à la terre sous plusieurs rapports ; elle a à peu près la même grandeur et la même densité ; le jour y est à peu près de la même durée, mais les inégalités des saisons y sont excessives, à cause de la grande inclinaison de l'équateur sur le plan de l'orbite ; la zone torride empiétant sur les zones glaciales, les zones tempérées n'existent pas. Chaque hémisphère est tourné presque directement vers le soleil pendant une moitié de l'année, et à l'opposé pendant l'autre moitié. Il en résulte une grande chaleur pendant l'été et un grand froid pendant l'hiver ; il est vrai que la moindre durée de l'année diminue cet effet.

Mars. — Cette planète présente des phases sensibles, mais elle n'a jamais la forme d'un croissant ; la partie éclairée surpasse toujours les sept huitièmes du disque entier. Son disque est plein aux conjonctions et aux oppositions ; il devient ovale vers les quadratures, comme celui de la lune entre le premier quartier et la pleine lune. Cet effet s'explique aisément par cette considération que l'orbite de Mars est plus grande que celle de la terre. C'est au moment où la terre, vue de Mars, est à sa plus grande élongation, que la portion éclairée du disque de Mars, vue de la terre, est la plus petite.

A l'œil nu, Mars a une teinte rouge sombre très-prononcée. Quand on l'examine avec de bonnes lunettes, on distingue nettement à sa surface des taches permanentes bien dessinées sur leurs contours ; les unes, que l'on peut regarder comme des continents, ont une couleur rougeâtre, analogue à celle des terrains ferrugineux ; les autres, que l'on a assimilées à des mers, ont une teinte verdâtre, augmentée sans doute par un effet de contraste. Le mouvement des taches indique que la rotation de Mars s'effectue en $24^h\,37^m$. Le globe de Mars est légèrement aplati vers les pôles. D'après les mesures de M. Arago, cet aplatissement est de $\frac{1}{39}$.

Outre ces taches fixes, Schroter a remarqué à la surface de Mars des taches changeantes et mobiles, semblables à des nuages ; il estime leur vitesse de 20 à 30 mètres par seconde, vitesse double de nos plus fortes tempêtes ; ainsi Mars est entouré d'une atmosphère agitée par des vents violents. L'occultation des étoiles prouve d'ailleurs l'existence de cette atmosphère.

On aperçoit autour des pôles de Mars deux taches blanches très-remarquables ; chacune d'elles brille du plus grand éclat, quand, sortant des mois d'hiver, elle commence à être éclairée par le soleil; elle occupe alors une étendue considérable; on la voit ensuite diminuer graduellement sur les bords pendant les mois d'été. On pense que ces taches blanches sont dues à d'énormes masses de glace qui se forment autour des pôles pendant l'hiver, comme cela a lieu autour des pôles de la terre. L'accumulation des glaces est si grande qu'elles font saillie sur le bord du disque comme de hautes montagnes. De l'observation de ces taches, on conclut que l'équateur de Mars est incliné de 28°42′ sur le plan de son orbite.

Les saisons, sur Mars, sont à peu près les mêmes que sur la terre et les climats disposés de la même manière; seulement, l'intensité de la chaleur et de la lumière est deux fois moins grande.

Jupiter. — C'est la plus brillante des planètes après Vénus et c'est aussi la plus grosse de toutes celles du système solaire. La quantité de chaleur et de lumière que Jupiter reçoit du soleil est vingt-cinq fois plus petite que celle reçue par la terre à surface égale. Il accomplit sa révolution autour du soleil en douze ans environ.

Le disque de Jupiter est traversé par des bandes noires parallèles entre elles ; ces zones éprouvent de grandes variations de forme et de position ; elles se déchirent quelquefois dans toute l'étendue du disque, mais très-rarement. Parmi ces zones parallèles, il en est deux, vers le milieu du disque, plus fortes et plus permanentes que les autres. Il existe, en outre, des taches noires plus petites, que l'on voit apparaître et disparaître en quelques heures, s'amonceler comme des colonnes de nuages et se séparer ensuite. L'observation attentive des taches prouve que la planète tourne sur elle-même avec une grande rapidité et accomplit sa rotation en $9^h 35^m$, autour d'un axe à peu près perpendiculaire à l'écliptique. Les zones sont parallèles à l'équateur de Jupiter.

Herschell attribuait les bandes de Jupiter à des couches régulières de nuages flottant dans son atmosphère; d'après cet astronome, ces couches de nuages, réfléchissant la lumière du soleil, forment les bandes blanches; le globe de la planète, comparativement plus obscur, apparaissant dans les éclaircies, produit les bandes noires. La grandeur du globe et la rapidité de sa rotation causent des vents réguliers très-intenses, principalement deux grands courants d'air froid et sec, semblables à nos vents alizés, de part et d'autre de l'équateur; à ces deux grands courants d'air transparent correspondent les deux bandes noires permanentes que l'on voit de part et d'autre de la bande blanche placée sur l'équateur dans la région des calmes. On croit que l'atmosphère de Jupiter est agitée par des vents d'une extrême violence; certains nuages se meuvent de l'ouest à l'est avec une vitesse de 300 mètres par seconde, vitesse huit fois plus grande que nos plus forts ouragans.

Le disque de Jupiter n'est pas circulaire, mais sensiblement aplati vers les pôles; l'aplatissement est de $\frac{1}{11}$; c'est une conséquence de la rotation de cette planète.

Les jours sont très-courts à la surface de Jupiter. L'équateur étant incliné seulement de 3 degrés sur son orbite, les saisons y sont à peine sensibles.

Saturne. — Saturne est, après Jupiter, la plus grosse des planètes. La quantité de chaleur et de lumière que Saturne reçoit du soleil n'est que le centième de celle que reçoit la terre à surface égale. Il accomplit sa révolution autour du soleil en trente ans environ.

On remarque sur le disque de Saturne des bandes analogues à celles de Jupiter, mais plus larges et moins foncées; elles sont dues sans doute à une cause semblable. On remarque aussi des taches blanches aux pôles. L'observation de quelques taches noires accidentelles prouve que la planète tourne sur elle-même en dix heures et demie, et que son équateur fait avec le plan de l'orbite un angle de 28°40′. On évalue son aplatissement à $\frac{1}{11}$.

Saturne offre une particularité très-remarquable; il est entouré d'un anneau circulaire, large et mince, qui environne le globe de la planète sans le toucher; cet anneau étant parallèle aux bandes noires du disque, on pense qu'il est situé dans le plan de l'équateur. Cet anneau, ne se présentant jamais qu'obliquement à la terre, ressemble à une ellipse, dont la largeur, au moment où elle est la plus grande, est moitié de la longueur; alors, à travers l'espace vide entre le globe et l'anneau, on aperçoit le ciel étoilé. A mesure que l'anneau s'incline davantage sur le rayon visuel allant de la terre à Saturne, la largeur de l'ellipse diminue graduellement. Lorsque son plan passe par la terre, l'anneau, vu de champ, cesse d'être visible, à cause de son peu d'épaisseur; mais, à l'aide de bonnes lunettes, on voit, sous forme d'une bande obscure, l'ombre qu'il projette sur la planète. Un phénomène semblable a lieu quand le plan de l'anneau passe par le soleil: l'anneau, n'étant éclairé que sur les bords, ne peut plus être aperçu; cependant Herschell, avec son très-puissant télescope, le voyait encore comme une ligne droite très-fine, traversant le disque et le dépassant de part et d'autre. Ce dernier phénomène se reproduit régulièrement tous les quinze ans; car, dans le mouvement de Saturne autour du soleil, l'anneau est entraîné parallèlement à lui-même; il passe donc par le soleil deux fois à chaque révolution, c'est-à-dire une fois tous les quinze ans. Vers chacune de ces époques, la terre, dans son mouvement rapide, rencontre deux fois le plan de l'anneau, avant que le mouvement lent de Saturne ait pu le transporter hors de l'orbite de la terre.

L'anneau de Saturne est formé de deux anneaux concentriques, séparés par un certain intervalle, qui se manifeste par une ligne noire circulaire. Par l'observation de quelques points brillants, Herschell a reconnu que les anneaux tournent dans le sens direct, autour d'un axe perpendiculaire à leur plan, en $0^j,437$, temps à peu près égal à la durée de la rotation de la planète.

Pendant une période de quinze ans, l'anneau de Saturne éclaire par réflexion la moitié de la planète tournée vers le soleil, et cache au contraire le soleil à une partie de l'autre hémisphère; il augmente la chaleur pendant l'été et le froid pendant l'hiver. Pendant la période d'été, les habitants de Saturne doivent jouir d'un magnifique spectacle; ils voient l'anneau comme un immense arc lumineux, dont les extrémités semblent reposer sur l'horizon, et qui traverse le ciel, en conservant une position invariable par rapport aux étoiles.

Uranus. — On ignore absolument la constitution physique de cette planète, dont le diamètre est presque quatre fois et demi plus grand que celui de la terre. La quantité de lumière et de chaleur que le soleil déverse sur Uranus est environ trois cents fois plus petite que celle que reçoit la terre à égale surface.

Cette planète accomplit sa révolution autour du soleil en quatre-vingt-quatre ans.

Neptune. — La constitution physique de Neptune n'est pas plus connue que celle d'Uranus. La quantité de lumière et de chaleur que cette planète reçoit du soleil est environ mille fois plus petite que celle que reçoit la terre à surface égale. Elle accomplit sa révolution autour du soleil en cent soixante-cinq ans environ.

Constitution physique du soleil. — Malgré les observations nombreuses et les expériences scientifiques auxquelles a donné lieu ce problème si important de l'astronomie physique, la connaissance que nous avons de la constitution du soleil ne repose encore que sur des hypothèses. Ainsi, on suppose que le soleil est un globe obscur entouré de deux atmosphères concentriques : une première atmosphère, dans laquelle flotte une couche de nuages opaques et réfléchissants ; une seconde, lumineuse à sa surface extérieure. Cette dernière enveloppe, qui nous envoie la lumière et la chaleur, et qui détermine le contour visible de l'astre, a reçu le nom de *photosphère*, c'est-à-dire la sphère lumineuse. Quand une ouverture se produit dans la photosphère, c'est-à-dire dans la sphère lumineuse, nous voyons la couche nuageuse; de là une tache grise ou pénombre. Quand une ouverture correspondante se produit dans la couche nuageuse, nous voyons à travers les deux ouvertures le globe obscur central ; de là une teinte noire, ordinairement entourée d'une pénombre. Il est probable que ces déchirements momentanés des deux couches sont produits par des courants atmosphériques s'élevant de la surface du globe solaire, et lancés peut-être par des volcans puissants.

Nous bornerons ici les observations que nous avions à faire sur un sujet de cette importance, qui exigerait à lui seul un volume entier ; seulement à ceux qui désireraient avoir de plus amples renseignements, nous leur conseillerons de consulter un ouvrage récent publié par le P. Secchi, directeur de l'Observatoire du Collége Romain. Pendant vingt années consécutives, l'auteur a employé la meilleure partie de son temps à l'étude du soleil, et il est incontestablement l'homme le plus capable de réunir dans un ouvrage les connaissances que les savants possèdent actuellement sur la constitution physique de cet astre. Cet ouvrage a pour titre : *Le Soleil*, et se trouve à Paris, à la librairie de Gauthier-Villars, quai des Augustins, 55.

Contact. — On donne en général ce nom à la position immédiate de deux corps qui se touchent; ou bien encore au point où deux lignes se rencontrent ou se coupent.

En astronomie, on entend par contact la projection sur la sphère céleste du point où les bords de deux astres paraissent se toucher ; c'est aussi le point de tangence d'un rayon visuel dirigé sur le bord d'un astre observé.

Table des corrections pour la déviation du plan dans lequel on observe le contact

ANGLES observés	QUANTITÉ DE LA DÉVIATION					
	10′	20′	30′	40′	50′	60′
degrés	*d. m. s.*	*d. m. s.*	*d. m. s.*	*d. m. s.*	*d. m. s.*	*d. m. s.*
0	0. 0. 0	0. 0. 0	0. 0. 0	0. 0. 0	0. 0. 0	0. 0. 0
10	0. 0. 0	0. 0. 1	0. 0. 1	0. 0. 3	0. 0. 4	0. 0. 6
20	0. 0. 0	0. 0. 1	0. 0. 3	0. 0. 5	0. 0. 7	0. 0.11
30	0. 0. 1	0. 0. 2	0. 0. 4	0. 0. 7	0. 0.12	0. 0.17
40	0. 0. 1	0. 0. 3	0. 0. 6	0. 0.10	0. 0.16	0. 0.23
50	0. 0. 1	0. 0. 3	0. 0. 8	0. 0.13	0. 0.20	0. 0.29
60	0. 0. 1	0. 0. 4	0. 0. 9	0. 0.16	0. 0.25	0. 0.36
70	0. 0. 1	0. 0. 5	0. 0.11	0. 0.20	0. 0.31	0. 0.44
80	0. 0. 2	0. 0. 6	0. 0.13	0. 0.23	0. 0.37	0. 0.53
90	0. 0. 2	0. 0. 7	0. 0.16	0. 0.28	0. 0.44	0. 1. 3
100	0. 0. 2	0. 0. 8	0. 0.19	0. 0.33	0. 0.52	0. 1.15
110	0. 0. 3	0. 0.10	0. 0.22	0. 0.40	0. 1. 2	0. 1.30
120	0. 0. 3	0. 0.12	0. 0.27	0. 0.48	0. 1.16	0. 1.49
130	0. 0. 4	0. 0.15	0. 0.34	0. 1. 0	0. 1.34	0. 2.15
140	0. 0. 5	0. 0.19	0. 0.43	0. 1.17	0. 2. 0	0. 2.53
150	0. 0. 6	0. 0.26	0. 0.59	0. 1.44	0. 2.43	0. 3.54
160	0. 0.10	0. 0.40	0. 1.29	0. 2.38	0. 4. 7	0. 5.56
170	0. 0.20	0. 1.20	0. 2.59	0. 5.18	0. 8.16	0.11.51
180	0.20. 0	0.40. 0	1. 0. 0	1.20. 0	1.40. 0	2. 0. 0

Conversion d'un arc en temps. — Pour effectuer l'opération, on divise par 15 les degrés, minutes et secondes d'arc; les quotients sont des heures, des minutes et des secondes de temps; on multiplie par 4 les restes des divisions des degrés et des minutes d'arc, les produits sont des minutes et des secondes de temps qu'il faut ajouter aux précédents. Ainsi, supposons que l'on ait à convertir en temps un arc de $239°18'46'',75$, on trouvera, en effectuant l'opération comme il est dit ci-dessus, que la valeur de cet arc répond à $15^h57^m15^s,117$.

Conversion d'un temps en arc. — L'opération à effectuer est le contraire de la précédente; on multiplie les heures par 15, on obtient les degrés; on divise par 4 les minutes et les secondes de temps, les quotients sont des degrés et des minutes d'arc; on multiplie par 15 les restes de ces divisions, ce qui donne des minutes et des secondes d'arc, et on ajoute toutes ces quantités. Ainsi, supposons que l'on ait à convertir en arc un temps exprimé par $15^h 57^m 15^s,117$, on trouvera, en effectuant l'opération comme il est dit ci-dessus, que cet arc a pour valeur 239°18′46″,75.

Pour éviter les lenteurs du calcul, nous allons donner ici des tables où ces opérations se trouvent résumées.

Table de conversion des arcs en temps

D.	H. M.	D.	H. M.	D.	H. M.	D.	H. M.	D.	H. M.
1	0. 4	34	2.16	67	4.28	100	6.40	133	8.52
2	0. 8	35	2.20	68	4.32	101	6.44	134	8.56
3	0.12	36	2.24	69	4.36	102	6.48	135	9. 0
4	0.16	37	2.28	70	4.40	103	6.52	136	9. 4
5	0.20	38	2.32	71	4.44	104	6.56	137	9. 8
6	0.24	39	2.36	72	4.48	105	7. 0	138	9.12
7	0.28	40	2.40	73	4.52	106	7. 4	139	9.16
8	0.32	41	2.44	74	4.56	107	7. 8	140	9.20
9	0.36	42	2.48	75	5. 0	108	7.12	141	9.24
10	0.40	43	2.52	76	5. 4	109	7.16	142	9.28
11	0.44	44	2.56	77	5. 8	110	7.20	143	9.32
12	0.48	45	3. 0	78	5.12	111	7.24	144	9.36
13	0.52	46	3. 4	79	5.16	112	7.28	145	9.40
14	0.56	47	3. 8	80	5.20	113	7.32	146	9.44
15	1. 0	48	3.12	81	5.24	114	7.36	147	9.48
16	1. 4	49	3.16	82	5.28	115	7.40	148	9.52
17	1. 8	50	3.20	83	5.32	116	7.44	149	9.56
18	1.12	51	3.24	84	5.36	117	7.48	150	10. 0
19	1.16	52	3.28	85	5.40	118	7.52	151	10. 4
20	1.20	53	3.32	86	5.44	119	7.56	152	10. 8
21	1.24	54	3.36	87	5.48	120	8. 0	153	10.12
22	1.28	55	3.40	88	5.52	121	8. 4	154	10.16
23	1.32	56	3.44	89	5.56	122	8. 8	155	10.20
24	1.36	57	3.48	90	6. 0	123	8.12	156	10.24
25	1.40	58	3.52	91	6. 4	124	8.16	157	10.28
26	1.44	59	3.56	92	6. 8	125	8.20	158	10.32
27	1.48	60	4. 0	93	6.12	126	8.24	159	10.36
28	1.52	61	4. 4	94	6.16	127	8.28	160	10.40
29	1.56	62	4. 8	95	6.20	128	8.32	161	10.44
30	2. 0	63	4.12	96	6.24	129	8.36	162	10.48
31	2. 4	64	4.16	97	6.28	130	8.40	163	10.52
32	2. 8	65	4.20	98	6.32	131	8.44	164	10.56
33	2.12	66	4.24	99	6.36	132	8.48	165	11. 0

D.	H. M.	D.	H. M.	D.	H. M.	D.	H. M.	D.	H. M.
166	11. 4	205	13.40	244	16.16	283	18.52	322	21.28
167	11. 8	206	13.44	245	16.20	284	18.56	323	21.32
168	11.12	207	13.48	246	16.24	285	19. 0	324	21.36
169	11.16	208	13.52	247	16.28	286	19. 4	325	21.40
170	11.20	209	13.56	248	16.32	287	19. 8	326	21.44
171	11.24	210	14. 0	249	16.36	288	19.12	327	21.48
172	11.28	211	14. 4	250	16.40	289	19.16	328	21.52
173	11.32	212	14. 8	251	16.44	290	19.20	329	21.56
174	11.36	213	14.12	252	16.48	291	19.24	330	22. 0
175	11.40	214	14.16	253	16.52	292	19.28	331	22. 4
176	11.44	215	14.20	254	16.56	293	19.32	332	22. 8
177	11.48	216	14.24	255	17. 0	294	19.36	333	22.12
178	11.52	217	14.28	256	17. 4	295	19.40	334	22.16
179	11.56	218	14.32	257	17. 8	296	19.44	335	22.20
180	12. 0	219	14.36	258	17.12	297	19.48	336	22.24
181	12. 4	220	14.40	259	17.16	298	19.52	337	22.28
182	12. 8	221	14.44	260	17.20	299	19.56	338	22.32
183	12.12	222	14.48	261	17.24	300	20. 0	339	22.36
184	12.16	223	14.52	262	17.28	301	20. 4	340	22.40
185	12.20	224	14.56	263	17.32	302	20. 8	341	22.44
186	12.24	225	15. 0	264	17.36	303	20.12	342	22.48
187	12.28	226	15. 4	265	17.40	304	20.16	343	22.52
188	12.32	227	15. 8	266	17.44	305	20.20	344	22.56
189	12.36	228	15.12	267	17.48	306	20.24	345	23. 0
190	12.40	229	15.16	268	17.52	307	20.28	346	23. 4
191	12.44	230	15.20	269	17.56	308	20.32	347	23. 8
192	12.48	231	15.24	270	18. 0	309	20.36	348	23.12
193	12.52	232	15.28	271	18. 4	310	20.40	349	23.16
194	12.56	233	15.32	272	18. 8	311	20.44	350	23.20
195	13. 0	234	15.36	273	18.12	312	20.48	351	23.24
196	13. 4	235	15.40	274	18.16	313	20.52	352	23.28
197	13. 8	236	15.44	275	18.20	314	20.56	353	23.32
198	13.12	237	15.48	276	18.24	315	21. 0	354	23.36
199	13.16	238	15.52	277	18.28	316	21. 4	355	23.40
200	13.20	239	15.56	278	18.32	317	21. 8	356	23.44
201	13.24	240	16. 0	279	18.36	318	21.12	357	23.48
202	13.28	241	16. 4	280	18.40	319	21.16	358	23.52
203	13.32	242	16. 8	281	18.44	320	21.20	359	23.56
204	13.36	243	16.12	282	18.48	321	21.24	360	24. 0

On convertira les minutes d'arc en regardant les nombres de la table désignés par les lettres H. M. comme des minutes et des secondes de temps.

On convertira les secondes en prenant les nombres de la table pour des secondes et des tierces; les tierces se réduiront ensuite en fraction de seconde, en mettant un dixième pour 6''', deux dixièmes pour 12''', et ainsi de suite.

Table de conversion du temps en arcs

HEURES.	DEGRÉS	MIN. / SEC	DEG. M. / MIN. SEC	MIN. / SEC.	DEG M. / MIN SEC	CENT. de SEC.	SEC. et CENT.	CENT. de SEC.	SEC et CENT	CENT. de SEC.	SEC et CENT
1	15	1	0.15	31	7.45	0.01	0.15	0.34	5.10	0.67	10.05
2	30	2	0.30	32	8. 0	0.02	0.30	0.35	5.25	0.68	10.20
3	45	3	0.45	33	8.15	0.03	0.45	0.36	5.40	0.69	10.35
4	60	4	1. 0	34	8.30	0.04	0.60	0.37	5.55	0.70	10.50
5	75	5	1.15	35	8.45	0.05	0.75	0.38	5.70	0.71	10.65
6	90	6	1.30	36	9. 0	0.06	0.90	0.39	5.85	0.72	10.80
7	105	7	1.45	37	9.15	0.07	1.05	0.40	6.00	0.73	10.95
8	120	8	2. 0	38	9.30	0.08	1.20	0.41	6.15	0.74	11.10
9	135	9	2.15	39	9.45	0.09	1.35	0.42	6.30	0.75	11.25
10	150	10	2.30	40	10. 0	0.10	1.50	0.43	6.45	0.76	11.40
11	165	11	2.45	41	10.15	0.11	1.65	0.44	6.60	0.77	11.55
12	180	12	3. 0	42	10.30	0.12	1.80	0.45	6.75	0.78	11.70
13	195	13	3.15	43	10.45	0.13	1.95	0.46	6.90	0.79	11.85
14	210	14	3.30	44	11. 0	0.14	2.10	0.47	7.05	0.80	12.00
15	225	15	3.45	45	11.15	0.15	2.25	0.48	7.20	0.81	12.15
16	240	16	4. 0	46	11.30	0.16	2.40	0.49	7.35	0.82	12.30
17	255	17	4.15	47	11.45	0.17	2.55	0.50	7.50	0.83	12.45
18	270	18	4.30	48	12. 0	0.18	2.70	0.51	7.65	0.84	12.60
19	285	19	4.45	49	12.15	0.19	2.85	0.52	7.80	0.85	12.75
20	300	20	5. 0	50	12.30	0.20	3.00	0.53	7.95	0.86	12.90
21	315	21	5.15	51	12.45	0.21	3.15	0.54	8.10	0.87	13.05
22	330	22	5.30	52	13. 0	0.22	3.30	0.55	8.25	0.88	13.20
23	345	23	5.45	53	13.15	0.23	3.45	0.56	8.40	0.89	13.35
24	360	24	6. 0	54	13.30	0.24	3.60	0.57	8.55	0.90	13.50
		25	6.15	55	13.45	0.25	3.75	0.58	8.70	0.91	13.65
		26	6.30	56	14. 0	0.26	3.90	0.59	8.85	0.92	13.80
		27	6.45	57	14.15	0.27	4.05	0.60	9.00	0.93	13.95
		28	7. 0	58	14.30	0.28	4.20	0.61	9.15	0.94	14.10
		29	7.15	59	14.45	0.29	4.35	0.62	9.30	0.95	14.25
		30	7.30	60	15. 0	0.30	4.50	0.63	9.45	0.96	14.40
						0.31	4.65	0.64	9.60	0.97	14.55
						0.32	4.80	0.65	9.75	0.98	14.70
						0.33	4.95	0.66	9.90	0.99	14.85

Convexité de la terre. — Voyez *Sphéricité*.

Coordonnées. — On donne, en général, le nom de *coordonnées* à deux angles qui servent à déterminer la position apparente des astres sur la sphère céleste, ou la situation d'un lieu à la surface de la terre. Les premières sont désignées sous le nom de *coordonnées célestes*; les autres sous celui de *coordonnées géographiques*.

Les *coordonnées célestes* sont de quatre sortes, répondant chacune à un système particulier que nous décrirons plus loin. Ces coordonnées sont, suivant le cas, celles qui servent à déterminer la position apparente des astres par l'*azimut* et la *hauteur*, l'*angle horaire* et la *déclinaison*, l'*ascension droite* et la *déclinaison*, la *longitude* et la *latitude*.

Les *coordonnées géographiques* sont la *longitude* et la *latitude*. La *longitude* d'un lieu est l'angle que fait le méridien de ce lieu avec un méridien fixe, que l'on prend pour origine. Cet angle est mesuré par l'arc d'équateur intercepté entre les deux méridiens. La longitude se compte à partir du méridien fixe, de 0 à 180 degrés vers l'est, et de 0 à 180 degrés vers l'ouest. La *latitude* d'un lieu est l'angle que fait la verticale de ce lieu avec le plan de l'équateur. Si la terre était parfaitement *sphérique*, la verticale passerait par le centre de la terre, et la *latitude* serait mesurée par l'arc de méridien compris entre ce lieu et l'équateur. La latitude varie de 0 à 90 degrés; elle est boréale ou australe, suivant que le lieu est situé au nord ou au sud de l'équateur.

Coordonnées héliocentriques. — Ce sont les coordonnées rapportées au centre du soleil, pour faciliter le calcul relatif au mouvement des planètes. — Voyez *Latitude* et *Longitude*.

Coordonnées de la lune. — La lune ayant un diamètre apparent assez grand, on rapportera les observations au centre de l'astre, quand la lune est voisine de l'opposition et à peu près ronde; on observe les deux bords opposés et l'on prend la moyenne des deux observations.

Quand on a déterminé par l'observation les deux coordonnées, *ascension droite* et *déclinaison* (voy. ces mots), on déduit par le calcul les deux coordonnées nouvelles, *longitude* et *latitude*, plus commodes pour la recherche des lois du mouvement.

Coordonnées polaires, — rectangulaires. — Les coordonnées polaires sont les angles que la droite menée de l'astre au centre de la sphère céleste forme avec certains plans et la distance de l'astre au centre de cette sphère, dont le rayon sera toujours pris pour unité. Les coordonnées polaires se transforment facilement en coordonnées rectangulaires. — Voyez ci-après, page 153.

Coordonnées (DIFFÉRENTS SYSTÈMES DE). — Nous avons dit précédemment que les coordonnées célestes, en raison de leur nature, peuvent se diviser en quatre systèmes; nous allons examiner ici ces différents systèmes.

Premier système : azimut et hauteur. — Pour fixer, par rapport à l'horizon, la position d'une étoile sur la sphère céleste, on emploie deux coordonnées sphériques. L'une d'elles est l'arc de grand cercle mené par l'étoile et le zénith, compris entre l'horizon et l'étoile, et compté de l'horizon vers le zénith ; cet arc s'appelle *hauteur* et le cercle dont il fait partie *vertical* de l'étoile ; l'autre coordonnée est l'*azimut*, arc de l'horizon compris entre le vertical et le méridien du lieu, et compté du sud du méridien de 0° à 360° par l'ouest, le nord et l'est. Au lieu de la hauteur, on emploie fréquemment la *distance zénithale*, arc du vertical compris entre l'étoile et le zénith ; elle est le complément de la hauteur. Les petits cercles parallèles à l'horizon s'appellent *cercles horizontaux* ou *almicantarats*.

On peut aussi employer un système de coordonnées rectangulaires, dans lequel l'axe des z est perpendiculaire au plan de l'horizon, l'axe des x une droite de ce plan passant par l'origine des azimuts, et l'axe des y une autre droite passant par l'azimut 90°, c'est-à-dire par le point ouest. Si on désigne l'azimut par A et la hauteur par h on a

$$x = \cos h \cos A,\ y = \cos h \sin A,\ z = \sin h.$$

Second système : angle horaire et déclinaison. — L'azimut et la hauteur d'un astre varient constamment à cause du mouvement de rotation de la terre, et diffèrent au même instant en chaque lieu de sa surface. Il est parfois nécessaire d'indiquer les positions des étoiles à l'aide de coordonnées, dont les valeurs soient indépendantes du lieu d'observation et du mouvement diurne ; on les rapporte alors à des grands cercles fixes sur la sphère céleste : que par le pôle et l'étoile on mène un grand cercle, l'arc de ce grand cercle compris entre l'équateur et l'étoile est la *déclinaison ;* celui qui mesure la distance de l'étoile au pôle est la *distance polaire;* ce grand cercle lui-même s'appelle cercle de *déclinaison :* la déclinaison est comptée positivement quand l'étoile est située dans la partie du cercle de déclinaison comprise entre l'équateur et le pôle nord, négativement quand l'étoile est située dans la partie comprise entre l'équateur et le pôle sud; la déclinaison et la distance polaire sont complémentaires l'une de l'autre et correspondent à la hauteur et à la distance zénithale dans le premier système de coordonnées.

L'arc d'équateur compris entre le cercle de déclinaison de l'astre et le méridien ou l'angle au pôle qu'il mesure s'appelle *angle horaire* de l'étoile, et peut servir de deuxième coordonnée. On le compte de 0° à 360°, à partir du méridien, dans le sens du mouvement diurne, c'est-à-dire de l'est à l'ouest en passant par le sud.

Les cercles de déclinaison ou *cercles horaires* correspondent aux méridiens sur la terre, et l'on voit de suite que lorsqu'une étoile passe au méridien d'un lieu dont la longitude ouest est k, elle a au même instant un angle horaire égale à k. En général, quand une étoile a en un lieu déterminé l'angle horaire t, elle a au même instant un angle horaire égal à $t \pm k$ en un lieu dont la longitude est k (comptée positivement à l'ouest, négativement à l'est).

Au lieu d'employer ces deux coordonnées sphériques, déclinaison et angle horaire, on peut encore fixer la position d'un astre à l'aide de coordonnées rectangulaires ; on prend un système de trois axes, dans lequel la partie positive de l'axe des z est perpendiculaire à l'équateur et dirigée vers le pôle nord, tandis que les axes des x et des y sont dans le plan de l'équateur, la partie positive de l'axe des x passant par l'origine des angles horaires, et la partie positive de l'axe des y par le point dont l'angle horaire est 90°; soient δ la déclinaison, t l'angle horaire, on a

$$x' = \cos \delta \cos t, y' = \cos \delta \sin t, z' = \sin \delta.$$

Troisième système : ascension droite et déclinaison. — Dans le système précédent, l'une des coordonnées, la déclinaison, est invariable ; l'autre, l'angle horaire, croît proportionnellement au temps, et diffère au même instant pour des lieux de la terre dont la longitude est différente. Afin d'avoir une deuxième coordonnée constante, on adopte pour origine un point fixe de l'équateur. Au lieu du point variable où le méridien vient le couper, on choisit l'un des points d'intersection de l'équateur et du grand cercle que le centre du soleil, vu du centre de la terre, décrit parmi les étoiles d'occident en orient dans l'espace d'une année. Ce grand cercle, appelé *écliptique*, fait avec l'équateur un angle d'environ 23°30′, qu'on nomme *obliquité de l'écliptique;* les points d'intersection de l'écliptique avec l'équateur s'appellent *équinoxes* du printemps et d'automne, parce que pour toute la terre le jour est égal à la nuit, quand, le 21 mars et le 23 septembre, le soleil se trouve en l'un de ces deux points. Les points de l'écliptique situés à 90° des équinoxes se nomment *solstices.* Cette nouvelle coordonnée comptée sur l'équateur à partir de l'équinoxe du printemps, et de 0° à 360° de l'ouest à l'est, en sens inverse du mouvement diurne, est appelée *ascension droite.*

Au lieu des coordonnées sphériques, ascension droite et déclinaison, on peut, comme précédemment, introduire des coordonnées rectangulaires, en rapportant la position de l'astre à un système de trois axes, dans lequel la partie positive de l'axe des z est perpendiculaire à l'équateur et dirigée vers le pôle nord; l'axe des x et l'axe des y sont situés dans le plan de l'équateur, la partie positive de l'axe des x étant dirigée vers l'origine des ascensions droites, et la partie positive de l'axe des y vers le point dont l'ascension droite est 90°; soit α l'ascension droite, on a

$$x'' = \cos\delta \cos\alpha,\ y'' = \cos\delta \sin\alpha,\ z'' = \sin\delta.$$

Les deux coordonnées α et δ sont constantes pour chaque étoile. Mais pour en déduire le lieu d'un astre à un instant déterminé, il faut connaître au même instant la position de l'équinoxe du printemps par rapport au méridien, c'est-à-dire l'angle horaire de ce point, qui est appelé *temps sidéral.* On compte 24 heures sidérales dans le jour sidéral, temps d'une révolution complète de la sphère céleste. Il est 0^h,T.S. en un lieu quand le point équinoxial du printemps passe au méridien de ce lieu, 1^h,T.S., quand l'angle horaire de ce point est 15° ou 1^h.

En désignant le temps sidéral par Θ, on a toujours

$$\Theta - t = \alpha,\ \text{d'où}\ t = \Theta - \alpha.$$

Supposons, par exemple, l'ascension droite d'une étoile égale à 170°15, le temps sidéral $\Theta = 3^h = 45°$; alors $t = 234°45'$ ou $125°15'$ à l'est.

De l'équation précédente, il résulte que pour $t = 0$, $\Theta = \alpha$. Le temps sidéral du passage d'une étoile au méridien d'un lieu est marqué par son ascension droite exprimée en temps. Si donc on connaît l'ascension droite d'une étoile qui passe au méridien à un instant déterminé, on a par cela même le temps sidéral pour cet instant.

Il résulte de ce qui précède que si le temps sidéral en un lieu est Θ, au même instant le temps sidéral en un autre lieu, dont la longitude diffère de k, est $\Theta \pm k$, où k est positif ou négatif suivant que ce lieu est à l'ouest ou à l'est du premier.

Quatrième système : longitude et latitude. — On emploie enfin un système de coordonnées qui a pour base l'écliptique; les grands cercles qui passent par le pôle de l'écliptique, et par conséquent lui sont perpendiculaires, s'appellent *cercles de latitude*, et l'arc d'un tel cercle compris entre l'écliptique et une étoile, par exemple, s'appelle *latitude* de l'étoile ; la latitude est positive quand l'astre est dans l'hémisphère situé au nord de l'écliptique, et négative quand il est dans l'hémisphère sud; l'autre coordonnée, la *longitude*, est comptée sur l'écliptique : c'est l'arc compris entre le cercle de latitude de l'étoile et l'équinoxe du printemps. Elle est comptée de 0° à 360° à partir de l'équinoxe, dans le même sens que l'ascension droite, sens opposé à celui du mouvement diurne. Le cercle de latitude dont la longitude est nulle est le *colure de l'équinoxe;* celui dont la latitude est 90° est le *colure du solstice.* L'arc de ce dernier colure compris entre l'équateur et l'écliptique, ou l'arc égal compris entre le pôle de l'équateur et le pôle de l'écliptique, est l'*obliquité de l'écliptique.*

On exprime aussi les coordonnées sphériques *longitude* et *latitude* à l'aide d'un système de coordonnées rectangulaires dans lequel la partie positive de l'axe des z est perpendiculaire au plan de l'écliptique et dirigée vers le pôle nord ; l'axe des x et l'axe des y sont situés dans l'écliptique, la partie positive de l'axe des x passant par le point origine des longitudes, celle de l'axe des y par le point de longitude 90°. On a alors, en représentant la longitude par L et la latitude par l :

$$x''' = \cos l \cos \mathrm{L},\ y''' = \cos l \sin \mathrm{L},\ z''' = \sin l.$$

Dans les trois premiers systèmes, les coordonnées peuvent être obtenues par l'observation directe, au moyen de l'*altazimut* et de l'*équatorial*; il n'en est pas de même de ces dernières coordonnées, longitude et latitude, qui ne peuvent être déduites qu'à l'aide du calcul des coordonnées d'un autre système.

Coordonnées (TRANSFORMATION DES DIFFÉRENTS SYSTÈMES DE). — Nous allons donner ci-après, sous la forme la plus simple possible, les diverses équations qui peuvent servir à opérer ces transformations ; toutefois, pour éviter toute ambiguïté dans la résolution de ces équations, nous croyons devoir faire remarquer qu'entre deux quantités à retrancher l'une de l'autre, q et q' par exemple, on soustraira toujours la plus petite de la plus grande ; soit, en effet : $q = 0{,}48532$ et $q' = 0{,}48545$, on aura $q - q' = 0{,}00013$.

Transformation de l'azimut et de la hauteur en angle horaire et en déclinaison. — Pour opérer cette transformation, il suffira de calculer les deux équations suivantes :

$$\sin t = \frac{\cos h \sin \mathrm{A}}{\cos \delta};\ \sin \delta = \cos \mathrm{P} \cos h \cos \mathrm{A} - \sin \mathrm{P} \sin h.$$

Dans ces deux équations, A est l'azimut et h la hauteur de l'astre ; t est son angle horaire et δ sa déclinaison ; P est la hauteur du pôle ou la latitude géographique du lieu. Si, dans la seconde de ces équations, nous représentons par q le produit de cos P par cos h et cos A, et par q' le produit de sin P par sin h, nous aurons $\sin d = q - q'$.

Transformation de l'angle horaire et de la déclinaison en azimut et hauteur. — Pour opérer cette transformation, il suffira de calculer les deux équations suivantes, dans lesquelles nous avons conservé les mêmes notations que ci-dessus.

$$\sin A = \frac{\cos \delta \sin t}{\cos h} \quad \sin h = \cos P \cos \delta \cos t - \sin P \sin \delta$$

Si, dans la seconde de ces équations, nous représentons par q le produit de cos P par cos δ et cos t, et par q' le produit de sin P par sin δ, nous aurons $\sin h = q - q'$.

Les deux transformations qui précèdent nous conduisent à dire un mot de la *distance zénithale* et de l'*angle parallactique.*

Distance zénithale. — En désignant par Z la distance zénithale d'une étoile, on calculerait cette distance par l'équation que voici :

$$\cos Z = \cos (P - \delta) - 2 \cos P \cos \delta \sin^2 \frac{t}{2}$$

En représentant par q la valeur numérique du premier terme de l'équation, et par q' le produit de tous les termes du second membre de cette équation, on aurait $\cos Z = q - q'$.

Angle parallactique. — Cet angle, qui est fréquemment employé pour calculer l'influence d'une petite variation dans l'azimut et la hauteur sur l'angle horaire et la déclinaison, se trouve compris entre le cercle vertical et le cercle de déclinaison; il a pour sommet l'étoile, dans le triangle sphérique formé par le pôle, le zénith et l'étoile. Si nous représentons par p la valeur de cet angle, nous aurons :

$$\sin p = \frac{\cos P \sin t}{\cos h}$$

Maintenant, si nous représentons par d l'indice différentiel des quantités qui précèdent, nous aurons :

$$d\delta = \cos p\, dh + \cos t\, dP + \cos h \sin p\, dA$$

$$dt = \frac{-\sin p\, dh + \sin t \sin \delta\, dP + \cos h \cos p\, dA}{\cos \delta}$$

$$dh = \cos p\, d\delta - \cos A\, dP - \cos \delta \sin p\, dt,$$

$$dA = \frac{\sin p\, d\delta - \sin A \sin h\, dP + \cos \delta \cos p\, dt}{\cos h}$$

Transformation de l'ascension droite et de la déclinaison en longitude et latitude. — Nous avons vu précédemment (pages 151 et 152) comment on peut obtenir l'ascension droite et la déclinaison d'un astre, nous ne reviendrons donc pas sur ce sujet; nous dirons simplement que, pour opérer la transformation dont il s'agit, il suffira de calculer les équations suivantes, dans lesquelles nous avons désigné par a, δ, L et l, l'ascension droite, la déclinaison, la longitude et la latitude d'une étoile, et par ω l'obliquité de l'écliptique.

$$\cos L = \frac{\cos \delta \cos a}{\cos l}; \cos l = \frac{\cos \delta \sin a \cos \omega + \sin \delta \sin \omega}{\sin L}$$

$$\sin l = -\cos \delta \sin a \sin \omega + \sin \delta \cos \omega$$

Transformation de la longitude et de la latitude en ascension droite et en déclinaison. — Pour ce cas inverse, on obtient des formules entièrement semblables aux précédentes; ainsi, on aura toujours :

$$\cos a = \frac{\cos l \cos L}{\cos \delta}; \cos \delta = \frac{\cos l \sin L \cos \omega - \sin l \sin \omega}{\sin a}$$

$$\sin \delta = \cos l \sin L \sin \omega + \sin l \cos \omega$$

Si nous faisons

$$\text{tang } N = \frac{\text{tang } l}{\sin L}$$

nous aurons les équations ci-après, beaucoup plus commodes pour le calcul logarithmique

$$\text{tang } a = \frac{\cos (N + \omega)}{\cos N} \text{tang } L, \text{ et tang } \delta = \text{tang } (N + \omega) \sin a$$

Dans ces équations, N est l'angle que fait avec l'écliptique l'arc de grand cercle mené par l'étoile et l'équinoxe de printemps.

Les formules que nous avons données pour opérer les deux transformations qui précèdent se simplifieraient singulièrement s'il s'agissait du soleil, qui se meut dans le plan de l'écliptique. En effet, soient L la longitude du soleil, A et D son ascension droite et sa déclinaison, et E l'obliquité de l'écliptique, on a

$$\text{tang } A = \text{tang } L \cos E; \sin D = \sin L \sin E, \text{ et aussi tang } D = \text{tang } E \sin A$$

Revenons maintenant aux deux transformations qui précèdent, et disons que, quand on veut chercher l'effet d'une petite variation de L, l et ω sur a et δ, et réciproquement, on se sert d'un angle auxiliaire. Cet angle, que nous désignerons par n, est compris entre le cercle de déclinaison et le cercle de latitude; il se déduit de l'une ou l'autre des deux équations :

$$\sin n = \frac{\cos a \sin \omega}{\cos l} \text{ ou bien encore } \sin n = \frac{\cos L \sin \omega}{\cos \delta}$$

Avec l'angle n et les autres notations, on peut établir les formules différentielles à l'aide desquelles il est toujours facile de calculer l'effet de la petite variation dont nous venons de parler; ces formules sont :

$$d\,l = \cos n\, d\,\delta - \cos \delta \sin n\, d\,a - \sin L\, d\,\omega$$

$$d\,L = \frac{\sin n\, d\,\delta + \cos \delta \cos n\, d\,a + \cos L \sin l\, d\,\omega}{\cos l}$$

$$d\,\delta = \cos n\, d\,l + \cos l \sin n\, d\,L + \sin a\, d\,\omega$$

$$d\,a = \frac{-\sin n\, d\,l + \cos l \cos n\, d\,L - \cos a \sin \delta\, d\,\omega}{\cos \delta}$$

Coordonnées du soleil. — Les coordonnées rectilignes x, y, z du soleil rapportées au plan de l'équateur sont données par les formules

$$x = R \cos \odot$$
$$y = R \sin \odot \cos \omega - l \sin 1'' \sin \omega$$
$$z = R \sin \odot \sin \omega + l \sin 1'' \cos \omega$$

Dans ces formules, R représente le rayon vecteur de la terre, $\odot$ la longitude *vraie* du soleil comptée de l'équinoxe *vrai*, l la latitude du soleil et ω l'obliquité apparente de l'écliptique. L'axe mobile des x est toujours dirigé vers l'équinoxe *vrai*. On trouve dans la *Connaissance des temps* les valeurs en nombre de ces coordonnées pour chaque jour à midi moyen de Paris.

A côté des valeurs de x, y, z on trouve aussi les valeurs de $d\,x$, $d\,y$, $d\,z$ qui sont données par les formules

$$d\,x = R\, d\,\odot \sin 1'' \sin \odot$$
$$d\,y = R\, d\,\odot \sin 1'' \cos \omega \cos \odot + R\, d\,\omega \sin 1'' \sin \omega \sin \odot$$
$$d\,z = -R\, d\,\odot \sin 1'' \sin \omega \cos \odot - R\, d\,\omega \sin 1'' \cos \omega \sin \odot$$

dans lesquelles, pour chaque jour de l'année, $d\,\odot$ représente la somme de la précession et de la nutation en longitude, puis $d\,\omega$ la somme de la nutation et de la diminution de l'obliquité de l'écliptique. Avec ces valeurs, on obtient par une simple addition $x' = x + d\,x$, $y' = y + d\,y$, $z' = z + d\,z$. Ainsi, x', y' et z' sont de nouvelles coordonnées que l'on déduit facilement des premières. L'axe fixe des x' est toujours dirigé vers l'équinoxe moyen du 1er janvier.

Copernic (NICOLAS), auteur du système astronomique qui porte son nom, né à Thorn en 1473, mort en 1543. Il alla perfectionner à Bologne en 1497 ses connaissances en astronomie, se lia avec Regiomontanus, et, après avoir enseigné quelque temps les mathématiques à Rome, accepta de son oncle maternel, évêque de Viarmie, un canonicat à Frauenburg. Là il étudia les systèmes astronomiques des Égyptiens, d'Appolonius de Perga, de Philolaüs, de Hicétas de Syracuse, d'Aristarque de Samos, de Pythagore, et, convaincu de la fausseté des idées de Ptolémée, écrivit son ouvrage *De orbium cœlestium revolutionibus*. C'est l'exposé du système planétaire, tel qu'il est admis aujourd'hui.

Correction Julienne, — Grégorienne. — Voyez *Calendrier*.

Correction des distances zénithales. — Voyez *Déclinaison*.

Coucher. — Voyez *Lever*.

Crépuscule. — Voyez *Phénomènes atmosphériques*.

Culmination. — On donne en général le nom de culmination à la situation d'un astre arrivé au point de la sphère céleste où il atteint sa plus grande hauteur sur l'horizon. La culmination a lieu à l'instant où l'astre passe au méridien. Si le passage a lieu au nord de l'équateur, on dit alors que l'astre est à sa *culmination supérieure*; il est à sa *culmination inférieure* lorsque le passage se fait au sud de l'équateur.

Culminations lunaires. — L'observation des culminations de la lune en des lieux différents fournit un excellent moyen de déterminer les longitudes terrestres. A cause de la rapidité du mouvement de la lune, le temps sidéral de sa culmination est, en effet, bien différent pour chaque lieu de la terre. Par conséquent si on connaît son mouvement en ascension droite, on peut de la différence des temps sidéraux de culmination en différents lieux déduire la différence de longitude de ces lieux. D'ailleurs les observations étant toujours faites dans le méridien, la parallaxe et la réfraction n'ont pas d'influence sur la longitude obtenue; c'est là le grand avantage de cette méthode.

Si nos lecteurs désirent avoir de plus amples renseignements sur cette matière, nous les engageons à consulter l'excellent ouvrage de M. Brünnow: le *Lehrbuch der Sphærischen Astronomie*.

Cycle. — C'est une période de temps après laquelle les mêmes phénomènes se reproduisent dans le même ordre. — *Cycle lunaire* (voyez *Calendrier*, page 79). *Cycle solaire* (voyez *Calendrier*, page 85).

Damoiseau (MARIE-CHARLES-THÉODORE, baron de), mathématicien très-distingué, né à Besançon en 1768, mort en 1846. Il émigra à la Révolution, devint sous-directeur de l'Observatoire de Lisbonne, rentra en

France en 1808, et fut employé au dépôt de la guerre. Il devint membre du Bureau des longitudes, puis de l'Académie des sciences, 1825. On a de lui des mémoires, en portugais, sur divers sujets d'astronomie ; un *Mémoire sur le retour de la comète de* 1759, couronné par l'Académie de Turin; des *Tables* de la lune et des satellites de Jupiter.

Déclinaison. — On entend par déclinaison la distance d'un astre à l'équateur, mesurée sur le cercle passant par le centre de cet astre et les pôles de la terre. La déclinaison est boréale ou australe, selon que l'astre se trouve au-dessus ou au-dessous de la ligne équinoxiale.

Pour observer la déclinaison d'un astre, on saisit l'instant où cet astre passe au méridien, c'est-à-dire sur le grand cercle dont nous venons de parler, et qui sert à déterminer les longitudes terrestres, en passant par deux points opposés : le *Midi* et le *Minuit*.

Soit Z la distance zénithale de l'astre, c'est-à-dire la distance du centre de cet astre au zénith,
P la hauteur du pôle, ou la latitude du lieu,
P′ le complément de cette hauteur,
D la déclinaison de l'astre,

on aura en général, abstraction faite de la réfraction et de la parallaxe :

1° Si l'astre observé se trouve dans la partie du méridien située dans la région du sud :

$$D = \begin{cases} P - Z, \text{ si } P \text{ est plus grand que } Z. \\ Z - P, \text{ si } P \text{ est plus petit que } Z. \end{cases}$$

Dans le premier cas, la déclinaison est boréale ; dans le second cas, elle est australe.

2° Si l'astre observé se trouve dans la partie du méridien située dans la région du nord :

$$D = \begin{cases} P + Z, \text{ si } P \text{ est plus grand que } Z. \\ (90^\circ + P') - Z, \text{ si } P \text{ est plus petit que } Z. \end{cases}$$

Dans ces deux derniers cas, la déclinaison de l'astre est toujours boréale.

Déclinaison de la lune. — Pour la déclinaison du centre de la lune, on observe la distance zénithale du bord lumineux au moment de son passage au méridien, et on l'augmente ou on la diminue du demi-diamètre apparent, selon que l'on a observé le bord supérieur ou le bord inférieur de l'astre.

Déclinaison du soleil. — On trouve dans la *Connaissance des Temps* que publie chaque année le Bureau des longitudes, la déclinaison du soleil à midi moyen de Paris ; on l'obtient par interpolation pour une autre heure de temps moyen à Paris.

Exemple. — On demande la déclinaison du soleil, le 21 novembre 1871, à 5^h54^m, temps moyen de Paris?

Le 21 novembre, à midi moyen, la déclinaison du soleil est 19°53′55″,0 A; du 21 au 22, en 24 heures, elle augmente de 13′7″,6, et par suite de 32″,8 dans une heure. L'augmentation dans 5^h54^m ou $5^h,9$ sera donc $5,9 \times 32'',8 = 3'13'',5$; en l'ajoutant à 19°53′55″,0 on a 19°57′8″,5 A pour la déclinaison demandée.

Ce procédé suppose que dans l'intervalle de 24 heures la déclinaison varie uniformément. L'erreur qui en résulte peut aller parfois à 3″,5. Quand on aura besoin d'une grande précision, il faudra tenir compte de la différence seconde.

Dans l'exemple précédent, la différence première est 13′7″6, et la différence seconde $\Delta'' = 12'45'',4 - 13'7'',6 = -22'',2$. Avec l'heure donnée $x = 5^h54^m$, on trouve dans la table des différences secondes, le coefficient — 0.0927. En multipliant la différence seconde — 22″,2 par ce coefficient, on trouve la correction 2″,06 qui doit être ajoutée à la déclinaison 19°57′8″,5 A déjà obtenue, ce qui la porte à 19°57′10″,7 A.

La déclinaison du soleil sert à calculer la latitude et l'heure d'un lieu par la hauteur observée du soleil. Quand on a la hauteur d'un bord, on en déduit celle du centre en y appliquant le demi-diamètre du soleil, que l'on trouve également dans la *Connaissance des Temps*.

Correction des distances zénithales. — Pour opérer d'une manière exacte, les distances zénithales des étoiles devront être corrigées de la réfraction; pour cela, on ajoutera à la distance zénithale apparente trouvée par la méthode indiquée plus haut, la réfraction déduite des tables publiées par la *Connaissance des Temps*, et que nous avons reproduites plus loin. — Voyez *Réfraction*.

Quand on observe le soleil, la lune et les planètes, on doit en outre corriger les distances zénithales de l'influence de la parallaxe que l'on trouvera également dans les tables que nous avons dressées à cet effet, et que nous avons placées à la suite de l'article traitant de la *Parallaxe*. — Voyez ce mot.

Delambre (J.-B.-JOSEPH), célèbre astronome français, né à Amiens en 1749, mort en 1822. Occupé d'abord de littérature sous la direction de Delille, puis professeur à Compiègne et à Paris, ce ne fut qu'à 36 ans qu'il se livra à l'étude de l'astronomie. Lalande, dont il reçut les leçons, disait qu'il était son meilleur ouvrage. La construction des *Tables d'Uranus et des satellites de Jupiter* valut à Delambre un prix de l'Académie des sciences, dans le sein de laquelle il fut admis en 1792, et dont il devint secrétaire perpétuel pour les sciences mathématiques en 1803. Un nouveau système de mesures ayant été décrété, il fut choisi, avec Méchain, pour mesurer la méridienne de la France. Il fut, tout à la fois, membre de l'Académie des sciences et du Bureau des longitudes. Ses principaux ouvrages sont : *Méthode analytique pour la détermination d'un arc du méridien*, 1799 ; *Base du système métrique*, 1806-1810 ; *Tables du soleil*, 1806 ; *Rapport sur le progrès des sciences mathématiques depuis* 1789 ; *Abrégé d'astronomie*, 1813 ; *Traité complet d'astronomie théorique et pratique*, 1814 ; *Histoire de l'astronomie*, depuis les temps les plus reculés jusques et y compris le XVIIIe siècle.

Delaunay (CHARLES-EUGÈNE), né à Lusigny (Aube), le 9 avril 1816, était un de ces astronomes illustres que la France s'honorera toujours d'avoir possédés. Il dirigeait les travaux astronomiques de l'Observatoire de Paris, lorsque tout à coup, par une de ces fatalités que l'on ne peut prévoir, la mort vint le surprendre à l'improviste, le 5 août 1872, dans une de ses excursions scientifiques en Normandie. Quelle mort cruelle que celle de ce savant, dont Cherbourg, qui a été témoin de la catastrophe, a été le premier à déplorer la perte ! Frappé dans toute sa force, au beau milieu d'une existence couronnée des plus brillants succès, entouré de l'estime générale, admiré pour les plus beaux, les plus énergiques labeurs que puisse concevoir et mener à bonne fin la science de notre époque ; regretté de tous, car tous rendaient hommage depuis longtemps à ses fortes qualités : tel est l'homme qui nous a été enlevé subitement, à la fleur de son génie, par une mort obscure et sans but, après avoir vaillamment supporté le siége de Paris et les terreurs de la guerre civile. Il y aurait, dans cette brusque exécution des décrets mystérieux de la Providence, de quoi confondre nos esprits, si nous ne savions qu'il faut être prêt à toute heure.

Jamais existence n'a été mieux employée que celle de Delaunay. Sa vie, hélas ! trop courte, a été consacrée aux plus rudes travaux dont l'honneur puisse rejaillir sur notre pays. Des gens qui ne songent qu'aux infortunes d'un jour parlent de la puissance scientifique qui aurait déserté cette terre pour aller féconder des races nouvelles : qu'ils nous montrent donc ailleurs un esprit plus solide, qui se soit attaqué à de plus grands problèmes et les ait aussi vigoureusement traités et résolus ? La *Théorie de la lune*, de

Delaunay, est l'œuvre d'une virilité scientifique élevée à la plus haute puissance de ce siècle, et qui passera à la postérité comme ses autres ouvrages. — On a de lui : *Cours élémentaire de mécanique*, 1854; *Cours élémentaire d'astronomie*, 1853 ; *Traité de mécanique rationnelle*, 1856.

Densité. — La *densité* d'un corps homogène est la masse de son unité de volume ; la densité d'un corps hétérogène *en un point donné*, est la masse de l'unité de volume qui est formée par un groupe d'éléments matériels possédant les mêmes propriétés que la particule du corps qui se trouve en ce point. — Voyez *Masse*.

Densité de l'air atmosphérique. — Voyez *Atmosphère*, page 51.

Densité des corps célestes. — L'observation fait connaître les quantités qui servent au calcul des volumes des corps célestes qui sont tous à peu près sphériques; on sait, d'ailleurs, que le volume d'un corps sphérique est

$$v = \frac{4\pi r^3}{3}$$

Si nous faisons le rayon de la terre égal à l'unité, ou $r = 1$, l'équation qui précède nous donnera 4,1888; si donc on divise le produit de cette équation par 4,1888, on aura pour le volume d'un corps céleste un nombre proportionnel au volume de la terre pris pour unité.

En divisant la masse des planètes par la quantité exprimant leur volume, on trouvera leurs densités et, par suite, leurs pesanteurs spécifiques.

Soit, en effet, m la masse d'une planète, v son volume, et d sa densité, on aura

$$d = \frac{m}{v}$$

Cette dernière équation nous fournit les résultats suivants, savoir :

Pour	Mercure..........	1,3889	Pour	Saturne..........	0,1069
—	Vénus...........	0,9067	—	Uranus..........	0,2096
—	La Terre..........	1	—	Neptune.........	0,2166
—	Mars............	0,6942	—	Le Soleil.........	0,2536
—	Jupiter..........	0,2223	—	La Lune..........	0,6

En multipliant maintenant par 5,5 la valeur de la densité de chacun des corps célestes que nous venons d'énumérer, on aura leurs pesanteurs spécifiques par rapport à celle de l'eau distillée prise par unité; on trouve ainsi que ces pesanteurs spécifiques seront données par les nombres ci-après, savoir :

Pour	Mercure	7,639	Pour	Saturne	0,588
—	Vénus	4,987	—	Uranus	1,153
—	La Terre	5,500	—	Neptune	1,191
—	Mars	3,818	—	Le Soleil	1,395
—	Jupiter	1,223	—	La Lune	3,300

Diamètre apparent. — On appelle ainsi l'angle sous lequel on voit un astre. L'instrument qui sert à mesurer le diamètre apparent s'appelle *micromètre;* c'est un réticule (*fig.* 5) composé de deux fils parallèles, que l'on peut éloigner l'un de l'autre à volonté, au moyen d'une excellente vis; ces deux fils parallèles sont traversés par un fil perpendiculaire. On place ce réticule au foyer de la lunette, comme le réticule ordinaire. Quand l'astre passe dans le champ de la lunette, on écarte les deux fils parallèles jusqu'à ce qu'ils comprennent exactement le disque de l'astre. De l'écartement des deux fils on déduit le diamètre apparent.

On sait d'ailleurs que les objets nous paraissent plus petits à mesure qu'ils s'éloignent, et sont vus plus grands dans le cas contraire. En d'autres termes, à mesure qu'ils s'éloignent, l'angle formé par les deux rayons qui joignent l'œil du spectateur aux bords extrêmes de l'objet va en diminuant de plus en plus; il va au contraire en augmentant lorsque l'objet se rapproche; c'est ce que rend sensible la *fig.* 6. L'objet placé en AB est vu par l'œil placé en O sous l'angle AOB; transporté plus loin, en CD, il est vu sous l'angle C O D, qui est manifestement plus petit que le précédent; on peut donc en tirer cette conclusion que ces deux angles seront les diamètres apparents d'un même objet vu à des distances différentes.

On prouve aussi d'une manière absolue que *les diamètres apparents d'un même objet varient exactement en rapport inverse de la distance*, c'est-à-dire que plus la distance est grande, plus le diamètre paraît petit, et inversement.

Supposons, d'après cet énoncé, que le diamètre réel d'un objet soit égal à 4, et qu'il se trouve réduit à 3 à une distance que nous représenterons par 100, nous aurons :

pour une distance de	100	un diamètre apparent	égal à	3/4	du diamètre réel.
—	200	—	—	3/8	—
—	400	—	—	3/16	—
—	800	—	—	3/32	—
—	1600	—	—	3/64	—
—	etc.	—	—	etc.	—

Cet exemple nous conduit tout naturellement à une formule générale dont l'emploi facilitera beaucoup ces sortes de calculs.

Soit, en effet, x le diamètre réel et d le diamètre apparent d'un même objet; si à une distance D, le diamètre réel se trouve réduit à y, on aura :

$$\text{A la distance D, } d = \frac{xy}{x} = y$$

$$\text{— } 2\,\text{D, } d = \frac{xy}{2x} = \frac{y}{2}$$

$$\text{— } 3\,\text{D, } d = \frac{xy}{3x} = \frac{y}{3}$$

$$\text{— } 4\,\text{D, } d = \frac{xy}{4x} = \frac{y}{4}$$

. . . .

. . . .

. . . .

$$\text{— } n\,\text{D, } d = \frac{xy}{nx} = \frac{y}{n}$$

En appliquant cette formule au soleil, on trouve que le diamètre apparent de cet astre, vu de la terre, est de $0^{m},26$ à peu près.

Diamètre apparent du soleil. — Pour déterminer le diamètre apparent du soleil, on observera les distances zénithales du bord supérieur et du bord inférieur de cet astre; la différence de ces deux angles donne le diamètre apparent. Si on compare les observations faites dans le cours d'une année, on reconnaît que le diamètre apparent varie; il est, en moyenne, de 32′; il atteint son maximum 32′35″,6 vers le 31 décembre; son minimum, 31′32″, vers le 2 juillet.

Nous avons vu précédemment comment et dans quelle proportion varie le diamètre apparent d'un astre, et nous avons posé en principe que lorsque la distance devient double, le diamètre apparent est réduit de moitié; c'est ce qui résulte de l'exemple que nous avons donné plus haut. Puisque le diamètre apparent du soleil varie, il en résulte que la distance du soleil à la terre varie. Si on prend pour unité la distance moyenne du soleil à la terre, la distance minima sera 0,98321, vers le 31 décembre; la distance maxima 1,01679, vers le 2 juillet. La variation est à peu près égale au soixantième de la distance moyenne en plus ou en moins.

Diamètre apparent de la lune. — Le diamètre apparent de la lune vue du centre de la terre est, en moyenne, de 32′. Le diamètre apparent de la terre vue du centre de la lune, ou le double de la parallaxe de la lune, est de 114′. Lorsque deux astres sont vus à la même distance, leurs diamètres vrais sont sensiblement proportionnels à leurs diamètres apparents, donc le diamètre de la lune est à celui de la terre comme 32 est à 114. Ainsi le diamètre vrai de la lune est égal à $\frac{32}{114}$ de celui de la terre; ce qui fait environ 804 lieues de 25 au degré.

On peut obtenir le demi-diamètre apparent du soleil et de la lune par le calcul. — Voyez *Rayon vecteur*.

Diamètres apparents des planètes. — On mesure les diamètres apparents des planètes au moyen du micromètre à fils parallèles, dont nous avons déjà parlé (page 162). Le diamètre apparent d'une planète éprouve de grandes variations, ce qui prouve que la distance de la planète à la terre varie beaucoup pendant son mouvement. Quand il s'agit d'une planète supérieure, cette distance est maxima au moment de la conjonction, minima au moment de l'opposition. Quand il s'agit d'une planète inférieure qui n'est jamais en opposition, mais qui passe deux fois en conjonction, sa distance à la terre est maxima au moment de la première conjonction, c'est-à-dire celle qui a lieu au milieu de l'arc direct et qu'on appelle conjonction supérieure; elle est minima à l'autre conjonction, qui a lieu au milieu de l'arc rétrograde, et qu'on appelle conjonction inférieure.

Dichotome. — C'est le nom que l'on donne quelquefois à la lune quand elle est en quadrature.

Différences secondes prises de 24 heures en 24 heures

(TABLES DES CORRECTIONS POUR LES)

HEURES après midi x		COEFFICIENT $\frac{x}{48}\left(1-\frac{x}{24}\right)$	dif.	HEURES après midi x		COEFFICIENT $\frac{x}{48}\left(1-\frac{x}{24}\right)$	dif	HEURES après midi x		COEFFICIENT $\frac{x}{48}\left(1-\frac{x}{24}\right)$	dif
h m	h m			h m	h m			h m	h m		
							33				30
0. 0	24. 0	0,0000		0.50	23.10	0,0168		1.40	22.20	0,0323	
			34				32				30
0.10	23.50	0,0034		1. 0	23. 0	0,0200		1.50	22.10	0,0353	
			34				31				29
0.20	23.40	0,0068		1.10	22.50	0,0231		2. 0	22. 0	0,0382	
			34				31				29
0.30	23.30	0,0102		1.20	22.40	0,0262		2.10	21.50	0,0411	
			33				31				28
0.40	23.20	0,0135		1.30	22.30	0,0293		2.20	21.40	0,0439	

Différences secondes prises de 24 heures en 24 heures
(TABLE DES CORRECTIONS POUR LES) [suite]

HEURES après midi x		COEFFICIENT $\frac{x}{48}\left(1-\frac{x}{24}\right)$	dif.	HEURES après midi x		COEFFICIENT $\frac{x}{48}\left(1-\frac{24}{x}\right)$	dif.	HEURES après midi x		COEFFICIENT $\frac{x}{48}\left(1-\frac{x}{24}\right)$	dif.
h m	h m			h m	h m			h m	h m		
2.30	21.30	0,0467	28	5.50	18.10	0,0920	18	9.10	14.50	0,1180	8
2.40	21.20	0,0494	27	6. 0	18. 0	0,0937	17	9.20	14.40	0,1188	8
2.50	21.10	0,0521	27	6.10	17.50	0,0955	18	9.30	14.30	0,1196	8
3. 0	21. 0	0,0547	26	6.20	17.40	0,0971	16	9.40	14.20	0,1203	7
3.10	20.50	0,0573	26	6.30	17.30	0,0987	16	9.50	14.10	0,1209	6
3.20	20.40	0,0598	25	6.40	17.20	0,1003	16	10. 0	14. 0	0,1215	6
3.30	20.30	0,0623	25	6.50	17.10	0,1018	15	10.10	13.50	0,1221	6
3.40	20.20	0,0647	24	7. 0	17. 0	0,1033	15	10.20	13.40	0,1226	5
3.50	20.10	0,0671	24	7.10	16.50	0,1047	14	10.30	13.30	0,1230	4
4. 0	20. 0	0,0694	23	7.20	16.40	0,1061	14	10.40	13.20	0,1234	4
4.10	19.50	0,0717	23	7.30	16.30	0,1074	13	10.50	13.10	0,1238	4
4.20	19.40	0,0740	23	7.40	16.20	0,1087	13	11. 0	13. 0	0,1241	3
4.30	19.30	0,0762	22	7.50	16.10	0,1099	12	11.10	12.50	0,1244	3
4.40	19.20	0,0783	21	8. 0	16. 0	0,1111	12	11.20	12.40	0,1246	2
4.50	19.10	0,0804	21	8.10	15.50	0,1122	11	11.30	12.30	0,1248	2
5. 0	19. 0	0,0825	21	8.20	15.40	0,1133	11	11.40	12.20	0,1249	1
5.10	18.50	0,0845	20	8.30	15.30	0,1144	11	11.50	12.10	0,1250	1
5.20	18.40	0,0864	19	8.40	15.20	0,1154	10	12. 0	12. 0	0,1250	0
5.30	18.30	0,0883	19	8.50	15.10	0,1163	9				
5.40	18.20	0,0902	19	9. 0	15. 0	0,1172	9				

La correction

$$\frac{x}{48}\left(1-\frac{x}{24}\right)\Delta''$$

est le produit de la différence seconde Δ'' par la valeur toujours négative du coefficient

$$\frac{x}{48}\left(1-\frac{x}{24}\right).$$

Ce coefficient a été calculé en faisant

$$\begin{aligned} 0^h, 10^m &= 0^h, 17 \\ 0, 20 &= 0, 33 \\ 0, 30 &= 0, 50 \\ 0, 40 &= 0, 67 \\ 0, 50 &= 0, 83 \end{aligned}$$

La correction ci-dessus est $\left\{\begin{matrix}\text{positive} \\ \text{négative}\end{matrix}\right\}$ quand la différ. seconde est $\left\{\begin{matrix}\text{négative.} \\ \text{positive.}\end{matrix}\right.$

Dilatation. — On démontre, en physique, que les liquides et les gaz augmentent de volume par l'action de la chaleur; ce phénomène général porte le nom de *dilatation.* Mais il n'y a pas que les liquides et les gaz proprement dits qui se dilatent par l'action de la chaleur: l'air atmosphérique lui-même est soumis à la même loi. D'après Bessel, la dilatation de l'unité de volume d'air sous la pression normale, entre 0° et 100° du thermomètre centigrade, est de 0,364374.

On doit toujours tenir compte de la dilatation de l'air atmosphérique lorsqu'il s'agit de calculer avec exactitude la réfraction d'un astre.

Dimensions et volumes des planètes. — Voyez *Éléments du système solaire.*

Disque lunaire (FORME DU). — A l'époque de la pleine lune, le disque, entièrement éclairé par les rayons solaires, a l'apparence d'un cercle parfait. Tout le monde en peut juger à la simple vue de l'astre; mais les astronomes, plus difficiles que le public en ces matières, se sont attachés à vérifier la forme circulaire de la lune par des mesures précises de tous ses diamètres. La conséquence de ces mesures, c'est que l'impression première est exacte : le disque de la lune, à l'époque de son plein, est rigoureusement un cercle.

Le fait était d'autant plus intéressant à constater que la plupart des corps célestes de notre système planétaire apparaissent dans les lunettes comme des disques aplatis de forme légèrement elliptique ou ovale.

La forme circulaire du disque d'un astre indique ordinairement une forme réelle sphérique. En est-il de même de la lune, et devons-nous considérer notre satellite comme ayant la forme sinon rigoureuse, au moins très-approchée d'une sphère? — L'observation des phases permet de répondre affirmativement.

Distance. — On appelle *distance* de deux astres, non l'intervalle absolu et mensurable en lieues qui existe entre leurs centres, mais l'*angle* compris entre les deux rayons visuels qu'un spectateur dirige vers ces astres, ou, si l'on veut, l'*arc* céleste compris entre eux et qui sert de mesure à cet angle; c'est ce que l'on appelle la *distance angulaire*.

Distance de la lune à la terre. — Voyez *Parallaxe*.

Distance des étoiles. — Quand on a déterminé la parallaxe d'une étoile, on en conclut aisément sa distance à la terre; soit, en effet, p la parallaxe d'une étoile, d la distance de la terre au soleil, d' la distance de l'étoile à la terre, on aura $d' = d \cot p$.

L'étoile α du Centaure a une parallaxe de $1''$; or, la distance moyenne de la terre au soleil étant prise pour unité, si on multiplie cette distance par 200000, qui est la cotangente de $1''$, on aura $d' = 200000$. La lumière du soleil mettant $8^m 13^s$ pour arriver jusqu'à la terre, il faut donc 3 ans à la lumière pour parcourir la distance qui sépare la terre de l'étoile α du Centaure.

Si nous admettons avec Bessel $0'',34$ pour la parallaxe de l'étoile 61 du Cygne, nous conclurons qu'elle est à une distance cinq cent cinquante mille fois plus grande que la distance de la terre au soleil, ou, ce qui revient au même, que la cotangente de l'arc de $0''34$ vaut 550000. La lumière de cette étoile met huit ans pour arriver jusqu'à nous.

D'après M. Struve, les étoiles de première grandeur seraient en moyenne à une distance un million de fois plus grande que la distance de la terre au soleil. Par des considérations sur le nombre relatif des étoiles de diverses grandeurs, William Herschell a été amené à penser que les étoiles sont en général d'autant plus éloignées de nous qu'elles ont moins d'éclat. M. Struve estime que les étoiles de sixième grandeur, les dernières visibles à l'œil nu, sont huit fois plus éloignées que celles de première grandeur, et que les dernières étoiles visibles au télescope d'Herschell sont deux cent vingt-cinq fois plus éloignées. La lumière venant de ces étoiles met plus de trois mille ans pour parvenir jusqu'à nous.

Il n'est donc pas étonnant que les étoiles, à cause de leur grande distance, nous apparaissent comme de simples points lumineux, sans diamètre apparent. Si l'on transportait le soleil à une distance cent quarante et un mille quatre cents fois plus grande que sa distance actuelle, il ne nous paraîtrait pas plus brillant que Sirius ; à la distance de Sirius, ce serait une petite étoile à peine visible. Ainsi les étoiles sont des globes lumineux comparables et même supérieurs à notre soleil.

Voici, d'après leur degré de grandeur, le tableau des distances des étoiles au soleil et du temps employé par la lumière pour arriver jusqu'à la terre.

GRANDEUR des étoiles.	DISTANCES moyennes des étoiles au soleil.	TEMPS EMPLOYÉ par la lumière pour arriver de l'étoile à la terre.	GRANDEUR des étoiles	DISTANCES moyennes des étoiles au soleil.	TEMPS EMPLOYÉ par la lumière pour arriver de l'étoile à la terre.
1	1,00	16 ans.	12	42,91	670 ans.
2	1,71	27 —	13	52,90	826 —
3	2,57	40 —	14	64,73	1011 —
4	3,76	59 —	15	78,70	1229 —
5	5,44	85 —	16	95,10	1486 —
6	7,86	123 —	17	114,24	1785 —
7	11,34	177 —	18	136,46	2132 —
8	16,01	250 —	19	162,11	2533 —
9	21,29	333 —	20	191,53	2992 —
10	27,37	428 —	21	225,05	3516 —
11	34,48	539 —			

Soit d la distance d'une étoile au soleil et T le temps employé par la lumière pour arriver jusqu'à la terre, on aura :

$$\log T = \log 1,1937430 + \log d.$$

Distance des planètes au soleil. — Voyez *Loi de Bode;* système solaire.

Distance du soleil à la terre. — Quand on a déterminé la parallaxe du soleil, il est facile d'en déduire sa distance à la terre. Supposons que la valeur moyenne de cette parallaxe soit 8″,6, nous savons d'ailleurs que l'arc qui mesure la parallaxe égale le rapport du rayon de la terre à la distance du centre de la terre au centre du soleil ; or, l'arc de 8″,6 a une longueur à peu près égale à

$$\frac{1}{24000}$$

le rayon du cercle étant pris pour unité, il en résulte que la distance de la terre au soleil égale 24000 rayons terrestres, ou 34 millions de lieues de 25 au degré.

La distance de la terre au soleil varie, en plus ou en moins, du soixantième de sa valeur moyenne; cette variation est donc égale à 400 rayons terrestres, c'est-à-dire à 566000 lieues.

Distance zénithale. — La distance zénithale d'un astre est l'arc compris entre le centre de cet astre et le zénith de l'observateur.

Pour de plus amples renseignements, voyez pages 52 et 154.

Distances lunaires. — Les distances du centre de la lune au centre du soleil, au centre des planètes et aux étoiles, sont données dans la *Connaissance des temps*, de trois heures en trois heures, temps moyen de Paris, telles qu'elles seraient vues du centre de la terre. Les distances d'un jour commencent par les astres qui sont le plus à l'occident de la lune, et finissent par ceux qui sont le plus à l'orient. Les lettres E. et O. (est et ouest) indiquent la position des astres relativement à la lune.

On trouve dans le même recueil, à côté de chaque distance, le logarithme de l'intervalle 3^h divisé par la différence première entre cette distance et la suivante. Avec ce logarithme, représenté ainsi

$$\text{LOG}\,\frac{3^h}{\text{différence}}$$

et dont la caractéristique est toujours zéro, l'interpolation des distances lunaires devient très-facile.

Dans cette expression

$$\frac{3^h}{\text{différence}}$$

on convertit, avant d'opérer la division, les deux termes de la fraction en secondes, et on prend le logarithme du quotient. Dans les tables que l'on trouve dans la *Connaissance des temps*, ce logarithme ne contient que quatre chiffres décimaux. Ainsi, pour

$$\frac{3^h}{\text{différence}} = \frac{10800^s}{4859''}$$

on aurait LOG 0,3469.

Calcul de l'heure de Paris pour une distance donnée.

Exemple I. — Le 3 janvier 1871, les distances de la lune à α du Bélier (page 276 *de la Connaissance des temps*) sont 33°11'2" et 34°30'35", à 3^h et à 6^h. On demande à quelle heure $3^h + x$ correspond la distance *occidentale* intermédiaire 33°51′20″ qui surpasse la première de 0°40′18″?

La différence de ces deux distances étant 1°19′32″, on a par une simple proportion,

$$x = \frac{3^h}{1°19'33''}\,(0°40'18'');$$

mais à côté de la première distance 33°11′2″ on trouve le logarithme 0,3547 de la fraction

$$\frac{3^h}{1°19'33''},$$

il suffit donc d'y ajouter le logarithme de la différence 0°40′18″ pour avoir le logarithme de l'intervalle x; on a donc :

Distance à 3^h.............	33°11′2″	et log $\frac{3^h}{\text{diff.}}$.....	0,3547
Distance donnée...........	33.51.20		
différence.............	0.40.10	log.........	3,3835
Intervalle x approché.......	$1^h31^m13^s$	somme......	3,7382

Le logarithme 3,3835 de la différence 0°40′18″ = 2418″ s'ajoute à 0,3547; la somme 3,7382 est le logarithme de 5473^s ou de $1^h31^m13^s$. Avec $x = 1^h31^m13^s$, l'heure approchée est $4^h31^m13^s$.

Mais la valeur ainsi obtenue de l'intervalle x exige parfois une correction pour les différences secondes des distances lunaires.

Avec l'intervalle approché $1^h31^m13^s$ et la différence 43 des logarithmes consécutifs 0,3547 et 0,3504, on trouve dans la table des corrections, page 174, la correction 14^s. Elle est additive, parce que les logarithmes vont en décroissant; donc $x = 1^h31^m27^s$, et l'heure demandée est $4^h31^m27^s$.

Exemple II. — A quelle heure moyenne de Paris correspond la distance *orientale* 60°28′15″ de la lune à α de l'Aigle le 8 avril 1871?

Cette distance tombe (page 305 de la *Connaissance des temps)* entre celles de 6^h et 9^h; on a

Distance à 6^h.............	61° 3′28″	log $\frac{3^h}{\text{diff.}}$.....	0,3089
Distance donnée..........	60.28.15		
Différence............	0.35.13	log..........	3,3249
Intervalle x approché......	$1^h11^m43^s$	somme.......	3,6338

Avec l'intervalle approché $1^h11^m43^s$ et la différence 44 des logarithmes 0,3089 et 0,3133, la table qui se trouve à la page 174 donne la correction 13^s; elle est soustractive, parce que les logarithmes vont en croissant. Donc $x = 1^h11^m30^s$ et l'heure demandée est $7^h11^m30^s$.

Remarque. — La correction des différences secondes se compose de deux termes : le 1er change de signe avec la différence des deux logarithmes consécutifs; le 2e, qui dépend du carré de cette différence, est toujours positif. Ces deux termes ne peuvent donc pas être compris dans une seule table. La table que nous donnons ci-après, pages 174 et 175, donne seulement le 1er terme, le plus important; il peut s'élever à 55^s pour la différence logarithmique 176. Mais alors le 2e terme, qui est toujours très-petit, n'est que de $1^s,55$. On peut donc le négliger.

Calcul de la longitude d'un lieu par une distance lunaire.

Le 24 janvier 1871, à $6^h9^m28^s$ de temps moyen, on a trouvé en mer la distance orientale *vraie* 46°14′13″ entre α du Bélier et le centre de la lune. On demande la longitude du vaisseau?

Il s'agit de trouver l'heure moyenne de Paris le 24 janvier, à l'instant où la distance de la Lune à α du Bélier était de 46°14′13″.

Cette distance tombe (page 282 de la *Connaissance des Temps*) entre les distances de α du Bélier le 24 janvier à 6^h et à 9^h; il faut suivre la marche indiquée ci-dessus, page 169, pour trouver l'intervalle x qui doit s'ajouter à 6^h, pour avoir l'heure de Paris correspondant à la distance vraie 46°14′13″ obtenue en mer.

Distance à 6^h.........	46°54′31″	et log $\frac{3^h}{\text{diff}}$...	0,2994
Distance donnée.......	46°14′13″		
Différence......	0.40.18	log.......	3,3835
Intervalle x approché..	$1^h20^m18^s$	somme....	3,6829

Avec cet intervalle approché $1^h20^m18^s$ et la différence 32 entre les logarithmes 0,2994 et 0,3026 correspondant à 6^h et 9^h, on trouve dans la table ci-après, une correction soustractive de 10^s. L'intervalle x est donc $1^h20^m8^s$, et l'heure moyenne de Paris $7^h20^m8^s$, quand la distance α du Bélier est de 46°14′13″. La différence entre cette heure et $6^h9^m28^s$ donne $1^h10^m40^s$ pour la longitude du vaisseau; elle est occidentale, parce qu'à l'instant de la distance mesurée 46°14′13″, on compte à Paris $1^h10^m40^s$ de plus qu'en mer.

Si l'heure du vaisseau est donnée en temps vrai, on convertira en temps vrai l'heure moyenne trouvée pour Paris, par le procédé exposé à l'article *Temps*. Alors elle sera comparable à l'heure du vaisseau.

Réduction d'une distance lunaire apparente observée en distance vraie.

Une distance lunaire observée est affectée des effets de la parallaxe et de la réfraction; il faut l'en dégager pour avoir la distance *vraie*, et pouvoir la comparer, comme dans l'exemple précédent, aux distances vraies que l'on trouve dans les éphémérides.

On peut employer la méthode de Borda pour passer de la distance apparente observée à la distance *vraie*; cette méthode ne laisse rien à désirer sous le rapport de l'exactitude des résultats. Nous allons l'appliquer à un exemple.

On a observé la distance des bords les plus proches du soleil et de la lune, la hauteur du bord inférieur du soleil et la hauteur du bord supérieur de la lune. Avec l'heure approchée du lieu de l'observation et la longitude estimée, on prend dans la *Connaissance des Temps* le demi-diamètre du soleil, le demi-diamètre et la parallaxe horizontale équatoriale de la lune; on tient compte de l'augmentation du demi-diamètre ☾ due à la hauteur, et de la diminution de la parallaxe correspondant à la latitude du lieu; on ajoute à la distance observée la somme du demi-diamètre ⊙ et ☾; les hauteurs observées des deux astres sont corrigées des demi-diamètres et de la dépression de l'horizon, et l'on a ainsi :

Distance apparente des centres ⊙ et ☾	=	83°57′34″
Hauteur apparente du centre.. ⊙	=	48.27.30
Hauteur apparente du centre.. ☾	=	27.34. 0
Parallaxe horizontale........ ☾	=	.54.40
Barom. = $0^{m},789$; thermom. centigr.	=	— 3°

On demande la distance vraie.

Nous avons parlé de la méthode de Borda; c'est là, en effet, le moment de l'appliquer. On peut simplifier l'usage de cette méthode en se servant des différences logarithmiques calculées par Burckhardt (*Tables* I *et* II, pages 176 et suivantes).

Avec la hauteur apparente du soleil, la table I donne 1089; il faut ajouter 46 parties pour le baromètre, qui était à $0^{m},789$ au lieu de $0^{m},76$, et 65 parties pour le thermomètre, qui était à — 3° au lieu de + 10°. La correction totale sera donc 111 parties à ajouter à 1089, et l'on aura 1200 pour le nombre de la table.

Calcul préparatoire

Hauteur apparente ☉		48°27′30″
Parallaxe — réfraction moyenne.........	—	46
Correction barométrique de la réfraction..	—	2
Correction thermométrique............	—	3
Hauteur vraie ☉		48°26′39″
Hauteur apparente ☾................		27°34′ 0″
Parallaxe — réfraction moyenne.........	+	46.37
Correction barométrique de la réfraction..	—	4
Correction thermométrique............	—	6
Hauteur vraie ☾		28°20′27″

Calcul de la distance vraie

	+ 4″			
Dist. appar. ☉ ☾ ...	83°57′30″			
Haut. appar. ☾.....	27.34. 0	compl. l. cosin:	0.0523345	
Haut. appar. ☉.....	48.27.30	table I.......	1200	
Somme.......	159.59. 0		0,0524545	
½ somme........	79.59.30	l. cosinus.....	$\bar{1}$.2400283	
Dist. — ½ somme....	3.58. 0	l. cosinus.....	$\bar{1}$.9989584	
Hauteur vraie ☾....	28.20.27	l. cosinus.....	$\bar{1}$.9445514	
Hauteur vraie ☉....	48.26.39	somme.......	$\bar{1}$.2359926	
Somme des haut. vr.	76.47. 6	moitié	$\bar{1}$.6179963	$\bar{1}$.7238050 = l.
½ somme........	38.23.33	l. cosinus.....	$\bar{1}$.8941913	sin. angl. auxil.
Angle auxiliaire....	31.58. 0	l. cosinus.....	$\bar{1}$.9285783	
½ distance.......	41.40.34	l. sin ½ distance	$\bar{1}$.8227696	
Double............	83.21. 8			
Secondes négligées..	+ 4			
Distance vraie......	83.21.12			

Si l'on a observé la distance de la lune à une planète, il faut tenir compte de la parallaxe et du demi-diamètre de la planète. On trouve ces deux éléments dans la *Connaissance des Temps*, et l'on réduit la parallaxe horizontale à raison de la hauteur, au moyen de la table A qui se trouve au mot *Parallaxe de hauteur*.

Table des corrections pour les différences secondes dans le calcul du temps moyen de Paris correspondant à une distance lunaire

INTERVALLE approché		DIFFÉRENCE DES LOGARITHMES DE $\frac{3^h}{\text{différence}}$																						
		1	4	8	12	16	20	24	28	32	36	40	44	48	52	56	60	64	68	72	76	80	84	88
h m	h m	s	s	s	s	s	s	s	s	s	s	s		s	s	s	s	s	s	s	s	s	s	s
0. 0	3. 0	0	0	0	0	0	0	0	0	0	0	0	0	0	0	0	0	0	0	0	0	0	0	0
0. 5	2.55	0	0	0	0	1	1	1	1	1	1	1	1	2	2	2	2	2	2	2	3	3	3	3
0.10	2.50	0	0	1	1	1	1	2	2	2	2	3	3	3	3	4	4	4	4	5	5	5	5	6
0.15	2.45	0	0	1	1	2	2	2	3	3	3	4	4	5	5	5	6	6	6	7	7	8	8	8
0.20	2.40	0	0	1	1	2	2	3	3	4	4	5	5	6	6	7	7	8	8	9	9	10	10	11
0.25	2.35	0	1	1	2	2	3	4	4	5	5	6	7	7	8	8	9	10	10	11	11	12	12	13
0.30	2.30	0	1	1	2	3	3	4	5	6	6	7	8	8	9	10	10	11	12	12	13	14	15	15
0.35	2.25	0	1	2	2	3	4	5	5	6	7	8	9	9	10	11	12	12	13	14	15	16	16	17
0.40	2.20	0	1	2	3	3	4	5	6	7	8	9	9	10	11	12	13	14	15	15	16	17	18	19
0.45	2.15	0	1	2	3	4	5	6	7	7	8	9	10	11	12	13	14	15	16	17	18	19	20	21
0.50	2.10	0	1	2	3	4	5	6	7	8	9	10	11	12	13	14	15	16	17	18	19	20	21	22
0.55	2. 5	0	1	2	3	4	5	6	7	8	9	11	12	13	14	15	16	17	18	19	20	21	22	23
1. 0	2. 0	0	1	2	3	4	6	7	8	9	10	11	12	13	14	15	17	18	19	20	21	22	23	24
1. 5	1.55	0	1	2	3	5	6	7	8	9	10	11	13	14	15	16	17	18	20	21	22	23	24	25
1.10	1.50	0	1	2	4	5	6	7	8	9	11	12	13	14	15	17	18	19	20	21	22	24	25	26
1.15	1.45	0	1	2	4	5	6	7	8	10	11	12	13	15	16	17	18	19	21	22	23	24	25	27
1.20	1.40	0	1	2	4	5	6	7	9	10	11	12	14	15	16	17	18	20	21	22	23	25	26	27
1.25	1.35	0	1	2	4	5	6	7	9	10	11	12	14	15	16	17	19	20	21	22	24	25	26	27
1.30	1.30	0	1	2	4	5	6	7	9	10	11	12	14	15	16	17	19	20	21	22	24	25	26	27

Table des corrections pour les différences secondes dans le calcul du temps moyen de Paris correspondant à une distance lunaire [suite]

INTERVALLE approché		DIFFÉRENCE DES LOGARITHMES DE $\frac{3^h}{\text{différence}}$																					
		92	96	100	104	108	112	116	120	124	128	132	136	140	144	148	152	156	160	164	168	172	176
h m	h m	s	s	s	s	s	s	s	s	s	s	s	s	s	s	s	s	s	s	s	s	s	s
0. 0	3. 0	0	0	0	0	0	0	0	0	0	0	0	0	0	0	0	0	0	0	0	0	0	0
0. 5	2.55	3	3	3	3	4	4	4	4	4	4	4	5	5	5	5	5	5	5	6	6	6	6
0.10	2.50	6	6	7	7	7	7	8	8	8	8	9	9	9	9	10	10	10	10	11	11	11	11
0.15	2.45	9	9	9	10	10	11	11	11	12	12	13	13	13	14	14	14	15	15	16	16	16	17
0.20	2.40	11	12	12	13	13	14	14	15	15	16	16	17	17	18	18	19	19	20	20	21	21	22
0.25	2.35	14	14	15	15	16	17	17	18	18	19	20	20	21	21	22	23	23	24	24	25	26	26
0.30	2.30	16	17	17	18	19	19	20	21	21	22	23	23	24	25	26	26	27	28	28	29	30	30
0.35	2.25	18	19	19	20	21	22	23	23	24	25	26	26	27	28	29	30	30	31	32	33	33	34
0.40	2.20	20	21	21	22	23	24	25	26	27	27	28	29	30	31	32	33	33	34	35	36	37	38
0.45	2.15	21	22	23	24	25	26	27	28	29	30	31	32	33	34	34	35	36	37	38	39	40	41
0.50	2.10	23	24	25	26	27	28	29	30	31	32	33	34	35	36	37	38	39	40	41	42	43	44
0.55	2. 5	24	25	26	27	28	30	31	32	33	34	35	36	37	38	39	40	41	42	43	44	45	46
1. 0	2. 0	25	27	28	29	30	31	32	33	34	35	36	38	39	40	41	42	43	44	45	46	48	49
1. 5	1.55	26	28	29	30	31	32	33	34	36	37	38	39	40	41	42	44	45	46	47	48	49	50
1.10	1.50	27	28	30	31	32	33	34	35	37	38	39	40	41	43	44	45	46	47	48	50	51	52
1.15	1.45	28	29	30	31	33	34	35	36	37	39	40	41	42	44	45	46	47	48	50	51	52	53
1.20	1.40	28	29	31	32	33	34	36	37	38	39	41	42	43	44	45	47	48	49	50	52	53	54
1.25	1.35	28	30	31	32	34	35	36	37	38	40	41	42	43	45	46	47	48	50	51	52	53	55
1.30	1.30	29	30	31	32	34	35	36	37	39	40	41	42	44	45	46	47	48	50	51	52	53	55

Nota. — La correction qui résulte de la table qui précède

est { *soustractive* / *additive* } quand les logarithmes de $\frac{3^h}{\text{diff.}}$ vont { en croissant. / en décroissant. }

Tables des différences logarithmiques

Nous terminerons l'article des distances lunaires par la publication de deux tables que nous avons empruntées à la *Connaissance des Temps*.

La première, qui a pour argument la hauteur apparente du soleil, et que nous désignerons par table I, contient les différences logarithmiques à sept décimales, ou les valeurs de logarithme

$$\left(\frac{\textit{cosinus hauteur vraie}}{\textit{cosinus hauteur apparente}}\right)$$

La seconde, qui a également pour argument la hauteur apparente des *étoiles* ou des *planètes* dont la parallaxe est insensible, et que nous désignerons par table II, contient, comme la première, les différences logarithmiques à sept décimales, ou les valeurs de logarithme

$$\left(\frac{\textit{cosinus hauteur vraie}}{\textit{cosinus hauteur apparente}}\right)$$

Les tables I et II, telles que nous les donnons ici, supposent le baromètre à 76 centimètres, et le thermomètre à 10 degrés centigrades. Pour une hauteur barométrique et une température différentes, on fera subir aux résultats donnés par les tables les corrections indiquées ci-après :

Pour un centimètre { de plus,....... *augmentez* / de moins,...... *diminuez* } de 16 unités les nombres des deux tables.

Pour un degré.... { d'augmentation, *diminuez* / de diminution, . *augmentez* } de 5 unités les nombres des deux tables.

Table I

HAUTEUR apparente	DIFF. logar. 0,000	HAUTEUR apparente	DIFF. logar. 0,000	HAUTEUR apparente	DIFF. logar. 0,000	HAUTEUR apparente	DIFF. logar. 0,000	HAUTEUR apparente	DIFF. logar. 0,000
° ′		° ′		° ′		° ′		° ′	
90.	1044	76. 0	1050	69.35	1056	64.36	1062	60.11	1068
86.	1045	74.50	1051	68.43	1057	63.50	1063	59.31	1069
83.	1046	73.40	1052	67.52	1058	63. 5	1064	58.51	1070
81.	1047	72.35	1053	67. 2	1059	62.21	1065	58.12	1071
79.	1048	71.30	1054	66.12	1060	61.37	1066	57.35	1072
77.20	1049	70.30	1055	65.23	1061	60.54	1067	57. 0	1073

Table I [suite]

HAUTEUR ap- parente	DIFF. logar 0,000	HAUTEUR ap- parente	DIFF logar 0,000	HAUTEUR ap- parente	DIFF logar. 0,000	HAUTEUR ap- parente	DIFF. logar. 0,000	HAUTEUR ap- parente	DIFF. logar 0,000
° ′		° ′		° ′		° ′		° ′	
56.24	1074	39.20	1109	24.51	1143	8.49	1140	6.37	1106
55.50	1075	38.53	1110	24.26	1144	8.42	1139	6.35	1105
55.17	1076	38.27	1111	24. 0	1145	8.36	1138	6.32	1104
54.44	1077	38. 1	1112	23.32	1146	8.30	1137	6.29	1103
54.14	1078	37.35	1113	23. 4	1147	8.24	1136	6.26	1102
53.43	1079	37. 9	1114	22.35	1148	8.19	1135	6.24	1101
53.12	1080	36.43	1115	22. 6	1149	8.14	1134	6.21	1100
52.41	1081	36.17	1116	21.36	1150	8. 9	1133	6.19	1099
52.10	1082	35.51	1117	21. 6	1151	8. 4	1132	6.16	1098
51.40	1083	35.25	1118	20.34	1152	8. 0	1131	6.14	1097
51.10	1084	35. 0	1119	20. 0	1153	7.56	1130	6.12	1096
50.40	1085	34.34	1120	19.25	1154	7.52	1129	6.10	1095
50.10	1086	34. 9	1121	18.45	1155	7.48	1128	6. 8	1094
49.40	1087	33.44	1122	18. 5	1156	7.44	1127	6. 5	1093
49.10	1088	33.19	1123	17.20	1157	7.40	1126	6. 3	1092
48.41	1089	32.54	1124	15.40	1158	7.36	1125	6. 0	1091
48.11	1090	32.29	1125	13. 0	1158	7.32	1124	5.50	1086
47.42	1091	32. 4	1126	12.25	1157	7.29	1123	5.40	1081
47.13	1092	31.39	1127	11.57	1156	7.26	1122	5.30	1075
46.44	1093	31.14	1128	11.36	1155	7.22	1121	5.20	1069
46.15	1094	30.49	1129	11.10	1154	7.19	1120	5.10	1062
45.46	1095	30.24	1130	10.58	1153	7.15	1119	5. 0	1054
45.17	1096	30. 0	1131	10.42	1152	7.12	1118	4.50	1046
44.49	1097	29.34	1132	10.28	1151	7. 9	1117	4.40	1037
44.20	1098	29. 8	1133	10.15	1150	7. 6	1116	4.30	1027
43.52	1099	28.43	1134	10. 3	1149	7. 3	1115	4.20	1017
43.24	1100	28.17	1135	9.52	1148	7. 0	1114	4.10	1006
42.56	1101	27.52	1136	9.42	1147	6.57	1113	4. 0	0994
42.28	1102	27.26	1137	9.33	1146	6.54	1112	3.50	0981
42. 1	1103	27. 0	1138	9.25	1145	6.51	1111	3.40	0966
41.33	1104	26.34	1139	9.17	1144	6.48	1110	3.30	0950
41. 6	1105	26. 8	1140	9. 9	1143	6.45	1109	3.20	0932
40.39	1106	25.43	1141	9. 2	1142	6.42	1108	3.10	0913
40.12	1107	25.17	1142	8.55	1141	6.40	1107	3. 0	0892
39.46	1108								

Table II

HAUTEUR apparente	Diff. log. 0,000	HAUTEUR apparente	Diff. log. 0,000	HAUTEUR apparente	Diff. log. 0,000	HAUTEUR apparente	Diff. log. 0,000
° ′		° ′		° ′		° ′	
90	1227	11.52	1193	8.10	1159	6.30	1125
56	1226	11.42	1192	8. 7	1158	6.28	1124
44	1225	11.32	1191	8. 3	1157	6.26	1123
37	1224	11.23	1190	8. 0	1156	6.24	1122
33	1223	11.13	1189	7.57	1155	6.22	1121
30	1222	11. 3	1188	7.54	1154	6.20	1120
27.50	1221	10.54	1187	7.51	1153	6.18	1119
25.40	1220	10.45	1186	7.48	1152	6.16	1118
24. 5	1219	10.37	1185	7.45	1151	6.14	1117
22.50	1218	10.29	1184	7.42	1150	6.11	1116
21.45	1217	10.21	1183	7.40	1149	6. 9	1115
20.45	1216	10.14	1182	7.38	1148	6. 7	1114
19.55	1215	10. 7	1181	7.35	1147	6. 5	1113
19.10	1214	10. 0	1180	7.32	1146	6. 3	1112
18.30	1213	9.54	1179	7.29	1145	6. 1	1111
17.50	1212	9.48	1178	7.27	1144	6. 0	1110
17.15	1211	9.42	1177	7.24	1143	5.50	1104
16.45	1210	9.36	1176	7.21	1142	5.40	1098
16.20	1209	9.30	1175	7.18	1141	5.30	1092
15.55	1208	9.25	1174	7.15	1140	5.20	1085
15.32	1207	9.19	1173	7.12	1139	5.10	1078
15.10	1206	9.12	1172	7. 8	1138	5. 0	1070
14.50	1205	9. 6	1171	7. 5	1137	4.50	1061
14.30	1204	9. 0	1170	7. 2	1136	4.40	1051
14.10	1203	8.55	1169	6.59	1135	4.30	1041
13.52	1202	8.50	1168	6.56	1134	4.20	1030
13.35	1201	8.45	1167	6.53	1133	4.10	1019
13.19	1200	8.39	1166	6.50	1132	4. 0	1006
13. 4	1199	8.35	1165	6.46	1131	3.50	0992
12.50	1198	8.30	1164	6.43	1130	3.40	0977
12.37	1197	8.25	1163	6.40	1129	3.30	0961
12.25	1196	8.21	1162	6.37	1128	3.20	0943
12.13	1195	8.17	1161	6.35	1127	3.10	0923
12. 2	1194	8.14	1160	6.32	1126	3. 0	0901
11.52	1193	8.10	1159	6.30	1125		

Duperrey (LOUIS-ISIDORE), marin et savant français, né à Paris le 21 octobre 1786, entra, à l'âge de 16 ans, dans la marine militaire. Il manifesta un goût très-vif et une aptitude remarquable pour l'étude des sciences mathématiques. En 1817, il s'embarqua, comme enseigne, sur la corvette l'*Uranie*, et accompagna le capitaine Freycinet dans un voyage scientifique autour du monde. Pendant cette campagne qui dura plus de trois ans, il prit part à d'importantes observations sur le pendule et sur le magnétisme. Ses divers travaux lui valurent en 1842, l'honneur de remplacer Freycinet à l'Académie des sciences. M. Duperrey est mort le 10 septembre 1865.

Dupuis (CHARLES-FRANÇOIS), membre de l'Institut, né à Trye-Château (Oise) en 1742, mort en 1809. En 1781 il fit paraître un ouvrage sous le titre de : *Mémoire sur l'origine des constellations et l'explication de la Fable par l'astronomie.* Ce travail est l'œuvre d'un esprit original et hardi. Mais son plus important ouvrage est l'*Origine de tous les cultes, ou la Religion universelle*, 1795. C'est le développement du système dont il avait jeté les bases dans son *Mémoire sur l'explication de la Fable.*

Eclipse. — On appelle ainsi la disparition totale ou partielle d'un astre, par l'effet de l'interposition d'un autre corps céleste entre cet astre et l'œil de l'observateur.

Eclipse de lune. — Le globe terrestre, éclairé par le soleil; projette derrière lui un cône d'ombre. Quand la lune pénètre dans ce cône d'ombre, son disque, n'étant plus éclairé par les rayons du soleil, s'obscurcit et produit une éclipse. L'éclipse est partielle ou totale, suivant que la lune pénètre dans le cône d'ombre en partie ou en totalité. Les éclipses de lune ont lieu quand la lune est à l'opposé du soleil, c'est-à-dire au moment de l'opposition ou de la pleine lune.

Dans les éclipses de lune, on voit en quelque sorte la silhouette de la terre se dessinant sur le disque de la lune; la forme circulaire de l'ombre prouve ainsi la rondeur de la terre.

Longueur du cône d'ombre. — Considérons un cône circonscrit au soleil et à la terre, tel que B A B′ (*fig.* 7); la partie de ce cône située derrière la terre est le cône d'ombre.

Appelons R le rayon du soleil, r celui de la terre, r' celui de la lune, d la distance de la terre au soleil, d' celle de la lune à la terre, l la longueur T A du cône d'ombre. Du centre de la terre T, menons une parallèle T D à la tangente A B; les triangles semblables A T E, T S D donnent la proportion

$$\frac{TA}{ST} = \frac{TE}{SD}$$

$$\text{ou } \frac{l}{d} = \frac{r}{R - r}$$

$$\text{d'où l'on déduit } l = \frac{d\, r}{R - r}$$

La distance du soleil à la terre égale 24000 rayons terrestres, le rayon du soleil égale 112 rayons terrestres; donc la longueur du cône d'ombre égale 216 rayons terrestres environ; elle varie entre 213 et 220.

Puisque le rayon de l'orbite lunaire n'est que de 60 rayons terrestres, la lune, dans son mouvement, pourra rencontrer le cône d'ombre, et alors il y aura éclipse.

Section du cône d'ombre. — Non-seulement la lune peut rencontrer le cône d'ombre, mais encore elle peut s'y plonger tout entière. Imaginons que l'on coupe le cône d'ombre par un plan perpendiculaire à son axe, à la distance de la lune, et calculons le rayon O J de la section. Les triangles semblables A T E, A O J donnent:

$$\frac{OJ}{ET} = \frac{AO}{AT}$$

$$\text{d'où } OJ = \frac{AO \times TE}{AT} = \frac{(l - d')\, r}{l}$$

La longueur A T du cône d'ombre étant de 216 rayons terrestres, la longueur A O égale 216 — 60, ou 156 rayons terrestres; donc

$$OJ = \frac{156}{216}$$

à peu près les huit-onzièmes du rayon terrestre. Or, le rayon de la lune n'est que les trois-onzièmes de celui de la terre, par conséquent la section du cône d'ombre est beaucoup plus grande que le disque de la lune; donc la lune pourra pénétrer dans le cône d'ombre en totalité; alors il y aura éclipse totale.

D'après cela, on pourrait se demander pourquoi il n'y a pas éclipse à chaque opposition; mais à cette objection nous répondrons que le plan de l'orbite lunaire faisant avec l'écliptique un angle de 5° 9′, la lune s'écarte de l'écliptique de 5° 9′ de part et d'autre, et qu'il arrive fréquemment que la lune passe d'un côté ou de l'autre du cône d'ombre sans le rencontrer. Pour qu'elle le rencontre, il faut qu'au moment de l'opposition sa latitude soit très-petite, et par conséquent que la ligne des nœuds soit très-rapprochée de l'axe du cône d'ombre.

On a trouvé que si la distance du soleil au nœud est inférieure à 7° 47′, il y a sûrement éclipse de lune, et que si cette distance est supérieure à 13° 21′, l'éclipse est impossible ; entre ces deux limites, il y a incertitude.

Ainsi, l'éclipse dépend de la position du soleil et de la lune, relativement à la ligne des nœuds. Après deux cent vingt-trois lunaisons ou dix-neuf révolutions synodiques du nœud, le soleil et la lune revenant à la même position, relativement à la ligne des nœuds, les éclipses se reproduisent à peu près dans le même ordre. Aussi les anciens se servaient-ils de ce cycle de deux cent vingt-trois lunaisons pour prédire les éclipses, non pas avec une grande précision, mais d'une manière générale et avec une certaine probabilité.

Condition d'éclipse. — Considérons le point de l'orbite lunaire le plus rapproché de l'axe du cône d'ombre, et imaginons que le cône d'ombre soit coupé par un plan mené de ce point perpendiculairement à l'axe; si la distance de ce point à l'axe, c'est-à-dire la plus courte distance CJ (*fig.* 8) entre l'orbite lunaire et l'axe du cône d'ombre est moindre que le rayon de la section du cône d'ombre, plus le rayon de la lune, la lune rencontrera évidemment le cône d'ombre, et il y aura éclipse. L'éclipse commence quand le bord oriental de la lune touche le cône d'ombre; elle est à son maximum ou à son milieu, quand le centre de la lune arrive au point J de l'orbite le plus rapproché de l'axe; elle diminue ensuite et finit quand le bord occidental de la lune sort du cône d'ombre.

Si la plus courte distance de l'orbite lunaire à l'axe du cône d'ombre est plus petite que le rayon de la section de ce cône, moins le rayon de la lune, la lune pénétrera tout entière dans le cône d'ombre, et l'éclipse sera complète. L'éclipse totale commence ou finit lorsque la lune est tangente intérieurement au cône d'ombre.

Les anciens astronomes supposaient le diamètre de la lune divisé en douze parties égales, qu'ils nommaient *doigts;* ils indiquaient la quantité d'éclipse partielle par le nombre de doigts éclipsés. Les astronomes modernes prennent le diamètre de la lune pour unité et indiquent la quantité d'éclipse partielle par une fraction décimale de trois chiffres. Ainsi, par exemple, ils disent que la grandeur de l'éclipse = 0,688... 0,343... etc., le diamètre de la lune étant *un*.

Cône de pénombre. — Considérons maintenant le cône circonscrit intérieurement au soleil et à la terre; la portion indéfinie F G F′ G′ de ce cône situé derrière la terre et extérieur au cône d'ombre est le cône de *pénombre* (*fig.* 9). Le point *m*, situé dans ce cône n'est éclairé que par une portion B H du disque solaire; car la terre cache au point *m* la partie B′ H du soleil comprise dans le cône circonscrit à la terre et ayant pour sommet le point *m*. La lumière est très-faible dans le voisinage du cône d'ombre; elle augmente à mesure qu'on s'en éloigne, et devient complète quand on sort de la pénombre.

Avant que la lune pénètre dans le cône d'ombre, elle entre dans la pénombre, et l'on voit son éclat diminuer graduellement. De même, quand elle sort du cône d'ombre, elle ne recouvre tout son éclat que lorsqu'elle est hors de la pénombre. D'après cela, il est très-difficile d'observer l'instant précis du commencement ou de la fin de l'éclipse; et les éclipses de lune ne peuvent servir à déterminer exactement les longitudes, comme les autres phénomènes astronomiques.

Lorsque la lune est entrée dans le cône d'ombre, elle ne devient pas complètement invisible; on la voit encore éclairée d'une lumière rougeâtre, comme les nuages au soleil couchant. Cette lumière provient des rayons solaires qui, traversant l'atmosphère, sont réfractés par elle et infléchis derrière la terre; ces rayons infléchis diminuent notablement la longueur de l'obscurité du cône d'ombre.

Eclipse de soleil. — Quand la lune, dans son mouvement autour de la terre, vient se placer entre le soleil et la terre, elle nous cache le soleil en partie ou en totalité; alors il y a éclipse de soleil partielle ou totale. Le bord oriental de la lune vient d'abord toucher le soleil et produit une échancrure circulaire qui s'agrandit graduellement, pour diminuer ensuite. Les éclipses de soleil ont lieu au moment de la conjonction ou de la nouvelle lune.

Considérons le cône circonscrit au soleil et à la terre (*fig.* 7); tous les rayons lumineux envoyés par le soleil à la terre sont compris dans la partie B E B′ E′ de ce cône; si donc la lune rencontre ce cône, elle interceptera une partie des rayons lumineux envoyés par le soleil à la terre, et, par conséquent, il y aura éclipse de soleil.

Si l'orbite de la lune coïncidait avec le plan de l'écliptique, il y aurait éclipse de soleil à chaque conjonction; mais, à cause de l'inclinaison du plan de l'orbite lunaire sur le plan de l'écliptique, la lune peut passer d'un côté ou de l'autre du cône sans le rencontrer; pour qu'elle le rencontre, il faut que la latitude de la lune au moment de la conjonction soit très-petite, par conséquent que la ligne des nœuds soit très-voisine de l'axe du cône. Les éclipses de soleil, comme les éclipses de lune, se reproduisent à peu près dans le même ordre après la période de deux cent vingt-trois lunaisons. Quand la distance du soleil au nœud est inférieure à 13° 33′, il y a sûrement éclipse de soleil; si cette distance surpasse 19° 44′, l'éclipse est impossible.

Condition d'éclipse. — Considérons dans le voisinage de la conjonction le point de l'orbite lunaire le plus rapproché de l'axe du cône, et imaginons la section du cône par un plan mené de ce point perpendiculairement à l'axe (*fig.* 8); il y aura éclipse de soleil si la plus courte distance CJ de l'orbite lunaire à l'axe du cône est moindre que le rayon de la section, plus le rayon de la lune.

Longueur du cône d'ombre projeté par la lune. — Nous avons étudié les éclipses de soleil dans leur ensemble; nous allons en examiner maintenant les principales circonstances.

La lune, éclairée par le soleil, projette derrière elle un cône d'ombre. Considérons le cône circonscrit au soleil et à la lune (*fig.* 10); la portion de ce cône située derrière la lune est le cône d'ombre; en appelant l' la longueur de ce cône d'ombre, on trouve, par des calculs analogues à ceux que nous avons déjà donnés (page 180),

$$l' = \frac{(d - d')\, r'}{R - r'}$$

La longueur l' du cône d'ombre, au moment de la conjonction, n'est pas toujours la même; elle est d'autant plus grande que la distance $d - d'$ de la lune au soleil est plus grande. Ainsi, la longueur du cône d'ombre est maximum quand le soleil est à l'apogée, et la lune au périgée; minimum quand le soleil est au périgée, et la lune à l'apogée. On trouve ainsi que la longueur du cône d'ombre projeté par la lune, au moment de la conjonction, varie entre 57,76 et 59,73 rayons terrestres. Comme la distance du centre de la lune à la surface de la terre égale en moyenne 59 rayons terrestres, le cône d'ombre tantôt atteindra la terre, tantôt n'ira pas jusque-là. De là résultent, dans les éclipses de soleil, des variétés que nous allons examiner.

Eclipses totales. — Lorsque le cône d'ombre rencontre la terre, la lune projette sur ce globe une tache obscure *ab* (*fig.* 10). En chacun des points de cette tache, il y a évidemment éclipse totale de soleil, puisqu'aucun rayon lumineux n'arrive en ces points.

Considérons maintenant le cône circonscrit intérieurement au soleil et à la lune ; ce cône détache sur la surface de la terre une tache demi-obscure ou pénombre CD. En chacun des points *m* de la pénombre, il y a éclipse partielle du soleil; car la lune cache à l'observateur placé en *m* la partie B'H du soleil comprise dans le cône circonscrit à la lune, et ayant pour sommet le point *m;* l'autre partie BH est visible. Pour les points voisins de l'ombre *ab* l'éclipse est presque totale; plus le point *m* est éloigné de l'ombre, plus grande est la partie visible du disque solaire. Il n'y a pas du tout éclipse pour la partie de la surface de la terre extérieure à la pénombre CD, au moment que l'on considère.

Eclipses annulaires. — Lorsque la terre n'est pas rencontrée par le cône d'ombre projeté par la lune, mais seulement par le cône de pénombre, il y a éclipse partielle de soleil pour tous les points situés dans la pénombre. L'éclipse n'est totale pour aucun point de la terre.

Il peut arriver, dans ce cas, que le prolongement du cône d'ombre au-delà du sommet rencontre la terre suivant un petit cercle *ab (fig.* 11); soit *m* un point situé dans ce petit cercle; le cône circonscrit à la lune, et ayant le point *m* pour sommet, cache sur le disque solaire un cercle intérieur HH'; du point *m* on verra donc un anneau lumineux entourant un cercle noir; l'éclipse est dite *annulaire.* Au centre du cercle *ab* l'éclipse annulaire est centrale.

Déplacement de l'éclipse de soleil à la surface de la terre. — A cause du mouvement de la lune, la tache, ombre ou pénombre, que la lune projette sur le globe terrestre, se déplace, et l'éclipse de soleil passe d'un lieu à un autre. Le mouvement propre de la lune étant plus rapide que celui du soleil, la tache se meut de l'ouest à l'est. A la vérité, la rotation de la terre tend à produire un effet contraire; si le soleil et la lune et, par suite, le cône d'ombre étaient fixes, la tache se déplacerait relativement de l'est à l'ouest; mais la première vitesse, étant beaucoup plus grande que la seconde, l'emporte sur celle-ci, et la tache marche, comme nous l'avons dit, de l'ouest à l'est.

Remarque sur les éclipses. — En résumant ce qui précède, on remarque une différence caractéristique entre les éclipses de lune et celles de soleil. Les premières sont indépendantes de la position de l'observateur à la surface de la terre : une éclipse de lune est la même pour tous les habitants du globe qui peuvent l'apercevoir ; elle commence et finit au même instant. Les secondes, au contraire, varient selon le lieu occupé par l'observateur ; il y a éclipse en tel lieu, pas en tel autre.

Aussi le calcul des éclipses de soleil est-il beaucoup plus compliqué que celui des éclipses de lune. Il faut déterminer non-seulement les conditions générales de l'éclipse, mais encore la route que suivra la tache et les phases de l'éclipse pour quelques lieux principaux situés sur le chemin de la tache.

Nous avons dit qu'il y a éclipse de lune toutes les fois que la lune rencontre la section JJ′ du cône circonscrit au soleil et à la terre (*fig.* 7), et qu'il y a éclipse de soleil toutes les fois que la lune rencontre la section GG′ du même cône ; la seconde section étant plus grande que la première, les éclipses de soleil sont plus fréquentes que celles de lune, quand on considère le phénomène dans son ensemble. La période de dix-neuf révolutions synodiques du nœud ou de deux cent vingt-trois lunaisons, qui était connue des Chaldéens sous le nom de *Saros*, contient en général quarante et une éclipses de soleil et vingt-neuf de lune. Mais, en un lieu déterminé, c'est le contraire qui arrive ; les éclipses de lune sont beaucoup plus fréquentes que celles de soleil, parce que les éclipses de lune sont visibles au même instant pour tous les habitants d'une moitié de la terre, tandis que celles de soleil n'ont lieu que pour une petite partie de la surface de la terre. Ainsi, dans le XIXe siècle, on ne compte que trente-neuf éclipses de soleil visibles à Paris, tandis qu'il y en a soixante-treize de lune.

Les éclipses totales de soleil sont accompagnées d'une obscurité profonde ; la voûte céleste devient sombre et les étoiles brillent dans tout leur éclat. On aperçoit autour du disque de la lune une couronne d'une lumière pâle ; on pense que c'est l'atmosphère du soleil qui s'étend au-delà de la photosphère. On aperçoit aussi, pendant les éclipses totales de soleil, des protubérances rouges de formes irrégulières qui, quelquefois, sont séparées du disque ; on croit que ce sont des nuages qui flottent dans l'atmosphère du soleil, formant comme une troisième enveloppe par de là la photosphère. L'obscurité peut durer six minutes dans les circonstances les plus favorables.

Calcul des éclipses. — Quand on veut calculer une éclipse de lune, on détermine d'abord, à l'aide des tables du soleil et de la lune, l'instant de l'opposition, puis la latitude de la lune à ce moment. On calcule ensuite la grandeur apparente de la section du cône d'ombre : c'est l'angle sous lequel, du centre de la terre, on voit cette section. Nous avons trouvé, page 180 :

$$OJ = \frac{(l-d')\,r}{l} = r - \frac{d'r}{l}$$

On en déduit

$$\frac{OJ}{OT} = \frac{r}{d'} - \frac{r}{l}$$

Mais la proportion établie (page 180) donne

$$\frac{r}{l}=\frac{R-r}{d}=\frac{R}{d}-\frac{r}{d}$$

si on représente par ρ le rapport $\frac{OJ}{OT}$ on aura donc :

$$\rho=\frac{r}{d'}+\frac{r}{d}-\frac{R}{d}$$

Le rapport $\frac{OJ}{OT}$ que nous avons représenté par ρ est le rayon apparent de la section du cône d'ombre, le rapport $\frac{r}{d}$ est la parallaxe p du soleil, le rapport $\frac{r}{d'}$ la parallaxe p' de la lune, le rapport $\frac{R}{d}$ le demi-diamètre apparent du soleil. (On représente d'ordinaire le diamètre apparent du soleil par le signe $\odot$, celui de la lune par ☾.) Ainsi, le rayon apparent ρ de la section du cône d'ombre est donné par la formule

$$\rho=p+p'-\tfrac{1}{2}\odot.$$

Convenons de représenter l'angle apparent d'une minute par une certaine longueur, un millimètre, par exemple; décrivons un cercle (*fig.* 12) qui représente la section du cône d'ombre; soit EE la trace de l'écliptique sur le plan de la figure, plan perpendiculaire à l'axe du cône d'ombre. Portons sur une perpendiculaire à EE, au point O, une longueur OA égale à la latitude de la lune au moment de l'opposition. Le point A sera la position du centre de la lune au moment de l'opposition. L'axe du cône d'ombre a un mouvement de l'ouest à l'est, par suite du mouvement de la terre autour du soleil; la lune se meut dans le même sens avec une vitesse angulaire plus grande.

Le mouvement relatif de la lune en longitude égale son mouvement propre, moins le mouvement de la terre ou du soleil. On supposera donc le cône d'ombre fixe et la lune animée de ce mouvement relatif en longitude. Par exemple, si son mouvement propre en longitude est 31′28″ par heure, celui du soleil 2′32″ au moment de l'opposition, le mouvement relatif sera la différence 28′56″. On connaît d'ailleurs le mouvement de la lune en latitude. On peut supposer les mouvements uniformes pendant la durée du phénomène, ce qui revient à admettre que le centre de la lune décrit sensiblement une ligne droite BB, dont on calculera aisément l'inclinaison sur EE. — Voyez *Angle* Z (page 190).

Désignons par δ la distance du centre de la lune au centre O de l'ombre à un moment quelconque. La plus courte distance est la perpendiculaire OI, abaissée du point O sur la trajectoire BB de la lune. Appelons δ' cette plus courte distance, la condition d'éclipse est donnée par la formule :

$$\delta' < p + p' - \frac{1}{2} \odot + \frac{1}{2} ☾.$$

Le milieu de l'éclipse a lieu quand le centre de la lune est au point I; le commencement et la fin, quand le disque lunaire est tangent au cône d'ombre.

Il y a éclipse totale quand la plus courte distance OI est plus petite que le rayon du cône d'ombre diminué du rayon de la lune, c'est-à-dire quand on a :

$$\delta' < p + p' - \frac{1}{2} \odot - \frac{1}{2} ☾.$$

Quand il s'agit des éclipses de soleil, le rayon apparent $\frac{GH}{HT}$ (*fig.* 7) de la section du cône est donné par l'équation :

$$\frac{GH}{HT} = p' - p + \frac{1}{2} \odot.$$

La condition d'éclipse est donc

$$\delta' < p' - p + \frac{1}{2} \odot + \frac{1}{2} ☾.$$

Eclipse de lune. — Eléments d'une éclipse :

ST (*fig.* 13) distance du centre du soleil au centre de la terre $= D$;

$$D = R \frac{1}{\sin p}$$

Dans cette expression, R est le rayon vecteur de la terre, et p la parallaxe horizontale équatoriale du soleil.

SF (*fig.* 13) distance du centre du soleil au sommet du cône d'ombre $= l$;

$$l = \frac{112\, D}{111}$$

TL (*fig.* 13) distance du centre de la terre au centre de la lune $= d$;

$$d = \frac{1}{\sin p'}$$

dans cette expression p' est la parallaxe horizontale équatoriale de la lune.

FL (*fig.* 13) distance du sommet du cône d'ombre au pied de la perpendiculaire abaissée du centre de la lune sur l'axe de ce cône $= \delta$;

$$\delta = l - (d + D)$$

LJ (*fig.* 13) ou AB (*fig.* 14) rayon de la section du cône d'ombre $= f$;

$$f = \frac{\delta}{\delta + d}$$

tang J (*fig.* 13) $= \frac{\delta}{f}$; la moitié de l'angle F formé par les deux lignes de contact intérieur $= 90° - J$;

IT (*fig.* 13) distance du sommet du cône de pénombre au centre de la terre $= \delta'$;

$$\delta' = \frac{D}{113}$$

IL (*fig.* 13) distance du sommet du cône de pénombre au pied de la perpendiculaire AD (*fig.* 14), passant par le centre de la lune, et abaissée de l'extrémité nord ou sud de l'enveloppe de la pénombre sur l'axe du cône d'ombre $= \delta_1$;

$$\delta_1 = \delta' + d$$

LH (*fig.* 13) ou AC (*fig.* 14) rayon de la section du cône enveloppe de pénombre, allant de la circonférence de cette enveloppe au pied de la perpendiculaire abaissée du centre de la lune sur l'axe du cône d'ombre $= \rho$;

$$\rho = \frac{\delta_1}{\delta'} \text{ ou } \frac{\delta' + d}{\delta'}$$

Aa (*fig.* 14) distance du centre de la lune à l'écliptique, au moment de l'opposition, c'est-à-dire à l'instant de la pleine lune $= h$;

$$h = d \sin \lambda$$

expression dans laquelle λ est la latitude de la lune au moment de l'opposition.

ae, ou ab rayon de la lune comparé à celui de la terre pris pour unité $= r$

$$r = 0{,}2725$$

eb diamètre de la lune $= 2r = 0{,}5450$.

La grandeur de l'éclipse, ou la quantité éclipsée comparée au diamètre de la lune pris pour unité $=$ G ;

$$G = \frac{(f+r)-h}{2r}$$

Nota. — Si h est plus petit que $(f+r)$, il y a éclipse ; mais lorsque ces deux quantités sont égales, ou même lorsque h est plus grand que $(f+r)$, il n'y a pas éclipse.

La condition d'éclipse peut encore s'obtenir par la relation :

$$\lambda < p + p' - \frac{1}{2} \odot + \frac{1}{2} \text{☾},$$

relation dans laquelle λ est la latitude de la lune au moment de l'opposition, p la parallaxe du soleil, p' celle de la lune, $\odot$ le diamètre vrai du soleil, ☾ celui de la lune. La valeur numérique de toutes ces quantités sont données par la *Connaissance des Temps*.

Inclinaison de la trajectoire BB *sur l'écliptique* EE (*fig.* 12).

Soit i l'inclinaison de l'orbite lunaire sur l'écliptique,

φ la portion de l'écliptique égale à la différence de la longitude et du nœud ascendant de la lune,

λ la latitude de la lune,

On a :

$$\text{tang } i = \frac{\text{tang } \lambda}{\sin \varphi}$$

Soit aussi h la hauteur de la lune sur l'écliptique, ou la distance du centre de la lune à l'axe du cône d'ombre,

M et N deux angles auxiliaires,

m le côté opposé à l'angle M,

ω l'obliquité de l'écliptique,

t la perpendiculaire abaissée de la trajectoire BB sur l'extrémité ouest du rayon ρ,

t' la perpendiculaire abaissée de la trajectoire BB sur l'extrémité est du rayon ρ,

Y et Z deux angles opposés et complémentaires l'un de l'autre, dont le dernier est l'inclinaison de la trajectoire BB sur l'écliptique EE,

γ le côté opposé à la trajectoire, et qui concourt avec cette dernière pour former l'angle Z,

Δ la déclinaison du soleil,

Δ' la déclinaison de la lune,

on aura, au moyen des éléments ci-dessus et de ceux qui précèdent :

$$h = d \sin \lambda$$

$$\text{tang M} = \sin \frac{1}{2}(i + \omega) \text{ tang } (\Delta + \Delta')$$

Cette équation suppose la déclinaison du soleil australe ou boréale quand la déclinaison de la lune est en même temps boréale ou australe ; c'est-à-dire lorsque les déclinaisons sont dans une situation opposée. Cette condition est essentielle, puisque, si les deux astres étaient situés du même côté de l'équateur, toute éclipse serait impossible. On se rendra facilement compte de cette observation à la vue de la *fig.* 15.

$$N = 90^\circ - M$$

$$m = \frac{\rho}{\text{tang N}}$$

$$t = h + m$$

$$t' = h - m$$

$$\gamma = \frac{2\rho t}{t - t'}$$

$$\text{tang Y} = \frac{\gamma}{t}$$

$$Z = 90^o - Y$$

Il est à remarquer que l'angle Z est de même valeur que l'angle M ; par conséquent, on aura toujours :

$$\text{tang M} = \text{tang Z} = \sin \frac{1}{2}(i + \omega) \text{ tang } (\Delta + \Delta').$$

Eclipse de lune (PHASES D'UNE). — On entend par phases d'une éclipse de lune les apparences diverses sous lesquelles se présente le disque de cet astre par rapport à la position qu'il occupe dans l'espace, relativement à celle du soleil et de la terre, alors que sa latitude est très-petite. Les phases d'une éclipse de lune sont au nombre de cinq, désignées dans la *fig.* 16 par les chiffres 1, 2, 3, 4 et 5, qui répondent respectivement :

1 à l'entrée dans la pénombre,
2 à l'entrée dans l'ombre,
3 au milieu de l'éclipse,
4 à la sortie de l'ombre,
5 à la sortie de la pénombre.

Soit ρ le rayon de la section du cône de pénombre,
f le rayon de la section du cône d'ombre,
d la distance du centre de la lune au centre de la terre,
X l'angle formé par la trajectoire de la lune et la droite menée du point de contact avec le cône d'ombre, au centre de la terre,
X' l'angle formé par la trajectoire de la lune et la droite menée du point de contact avec le cône de pénombre, au centre de la terre,
P l'angle formé par l'axe du cône d'ombre et la droite menée du centre de la terre au point de contact du bord de la lune avec la ligne enveloppe du cône d'ombre,
Q l'angle formé par les deux droites menées du centre de la terre aux points de contact du bord de la lune avec les lignes enveloppes des cônes d'ombre et de pénombre,

m' le mouvement en longitude de la lune } valeurs répondant à
m'' le mouvement en longitude du soleil } 1 heure, ou 60 minutes,

T la durée de l'éclipse,

T' le temps répondant au milieu de l'éclipse, ou temps de l'opposition,

T_1 le temps employé par la lune pour parcourir l'espace compris entre la ligne formant un des côtés du cône de pénombre et l'axe du cône d'ombre,

t le temps de l'entrée dans l'ombre,

t' le temps de la sortie de l'ombre,

τ le temps de l'entrée dans la pénombre,

τ' le temps de la sortie de la pénombre,

On aura :

$$\text{tang } X = \frac{d}{f}$$

$$\text{tang } X' = \frac{d}{\rho}$$

$$P = 90^\circ - X$$

$$Q = 90^\circ - (X' + P)$$

$$T = \frac{2\,P \times 60^m}{(m' - m'')}$$

$$t = T' - \frac{1}{2}\,T$$

$$t' = T' + \frac{1}{2}\,T$$

$$T_1 = \frac{(P + Q) \times 60^m}{(m' - m'')}$$

$$\tau = T' - T_1$$

$$\tau' = T' + T_1$$

Ces formules générales, que l'on emploie pour calculer les phases d'une éclipse de lune, ne sont d'une exactitude rigoureuse qu'autant que la trajectoire K K' se confond avec le diamètre C C (*fig.* 14) de la section des cônes d'ombre et de pénombre, ce qui arrive lorsque la latitude de la lune est égale à zéro. Mais dans tout autre cas, la trajectoire se trouvant au-dessus ou au-dessous de ce diamètre a, par cette raison, moins d'étendue, et l'astre mettra conséquemment moins de temps à la parcourir que s'il avait à décrire le diamètre tout entier.

Nous avons vu, page 189, que tang $M = \sin \frac{1}{2} (i + \omega)$ tang $(\Delta + \Delta')$;

si nous faisons Aa (*fig.* 14) $=\sin x$, et si nous représentons les angles CAK, CAK′ par H et H′, nous aurons $H = x \mp M$, et $H' = x \pm M$.

On emploie l'expression $x \mp M$, ou $x \pm M$, selon que la lune se trouve au-dessus ou au-dessous du diamètre CC.

Distance du centre de la lune au point de contact $K = \cos H \pm b$ (1).

Distance du centre de la lune au point de contact $K' = \cos H' \mp b'$ (1).

La somme de ces deux distances est égale à la trajectoire KK′.

Avec la valeur numérique de ces deux équations, que nous désignerons ici par K, et celles des quantités ρ et T_1, on calculera la valeur de z, qui sera alors donnée par cette autre équation :

$$z = \frac{2\,T_1\,K}{\rho}$$

x sera alors la valeur du temps qu'emploiera la lune pour traverser le secteur circulaire KDK′, suivant la trajectoire KK′.

On déterminerait d'une manière analogue le temps qu'emploierait la lune pour traverser le cône d'ombre.

Avec ces nouveaux éléments, il serait donc facile de prédire avec assez d'exactitude la durée du phénomène et d'assigner à chaque phase le temps qui lui est propre.

Nota. — Pour obtenir les valeurs de b et de b' insérées dans les équations relatives à la distance du centre de la lune aux points de contact K et K′ (*fig.* 14), on opérera comme suit :

Soit les deux triangles rectilignes obliquangles ABC, A′B′C′ (*fig.* 17), dont les côtés a, b, c et a', b', c' sont respectivement opposés aux angles A, B, C et A′, B′, C′, nous aurons :

A ou $A' = 180° - (90° - M)$, où la valeur de M est définie page 189.

$$c = \frac{(t - t')\cos H}{2\rho}, \qquad c' = \frac{(t - t')\cos H'}{2\rho}.$$

Puisque l'angle M est généralement très-petit, on pourra prendre pour la longueur des cordes a et a' le développement de l'arc qu'elles soustendent ; alors, on aura :

$$a \text{ ou } a' = \frac{\pi\,\rho^2\,M}{360}$$

Avec les côtés a, c et a', c' et les angles A et A′, nous obtiendrons :

(1) Voir à la page 193 la manière d'obtenir les valeurs de b et de b'.

$$\sin C = \frac{c}{a} \sin A, \ \sin C' = \frac{c'}{a'} \sin A'$$

$$B = 180^\circ - (A + C), \ B' = 180^\circ - (A' + C')$$

et, enfin,

$$b = a \frac{\sin B}{\sin A} \qquad b' = a' \frac{\sin B'}{\sin A'}$$

Les quantités b et b' employées dans les équations qui précèdent (page 184) sont précédées du signe de l'addition ou du signe de la soustraction. Voici les différents cas à observer pour l'emploi de ces signes :

On emploie $+ b$ si la trajectoire est au-dessus du diamètre C C,
$- b$ si la trajectoire est au-dessous du diamètre C C,
$- b'$ si la trajectoire est au-dessus du diamètre C C,
$+ b'$ si la trajectoire est au-dessous du diamètre C C.

Nous terminerons cet article par l'exposition de la méthode qu'il convient d'employer pour calculer la position des points de contact de la lune avec l'ombre, afin de pouvoir se rendre compte de l'image directe de la partie éclipsée dans une éclipse partielle.

Si nous représentons par M chacun des angles E C K, O C K', et par M' chacun des angles E' C K'', O' C K''', nous aurons M' = M ; mais nous avons vu précédemment (page 189) que tang $M = \sin \frac{1}{2} (i + \omega)$ tang $(\Delta + \Delta')$ et que le sinus de chacun des angles E C E', O C O', d'après la formule exposée page 188, est égale à G. Si on représente chacun de ces angles par y, on aura donc $\sin y = G$ et, par suite, on obtiendra :

Fig. 18. — Position des points de contact avec l'ombre { Entrée N. $(y - M)$ E. / Sortie N. $(y + M)$ O. } Image directe.

Fig. 19. — Position des points de contact avec l'ombre { Entrée S. $(y + M)$ E. / Sortie S. $(y - M)$ O. } Image directe.

On voit par là que la position des points de contact avec l'ombre est située au N. ou au S. du disque lunaire, selon que la grandeur G de l'éclipse est supérieure ou inférieure à 0,5, le diamètre de la lune étant pris pour unité.

Eclipse de soleil. — Eléments d'une éclipse :

ST (*fig.* 20 et 21) distance du centre du soleil au centre de la terre = D ;

$$D = R \frac{1}{\sin p}$$

Dans cette expression, R est le rayon vecteur de la terre, et p la parallaxe horizontale équatoriale du soleil.

TL (*fig.* 20 et 21) distance du centre de la terre au centre de la lune $= d$;

$$d = \frac{1}{\sin p'}$$

Dans cette expression, p' est la parallaxe horizontale équatoriale de la lune.

SL (*fig.* 20 et 21) distance du centre du soleil au centre de la lune, à l'époque de la conjonction $= d'$;

$$d' = \sqrt[2]{(d^2 - x^2)}$$

x (*fig.* 20 et 21) longueur de la perpendiculaire abaissée du centre de la lune sur la droite menée du centre de la terre au centre du soleil ;

$$x = d \sin \Delta$$

Dans cette expression, Δ est la différence entre la déclinaison du soleil et celle de la lune.

z (*fig.* 20 et 21) longueur de la perpendiculaire abaissée de la droite menée du centre de la terre au centre du soleil sur le point de la circonférence du globe terrestre où vient aboutir le prolongement de la droite passant par les centres du soleil et de la lune ;

$$z = \frac{x(D - 1)}{d'}$$

Soit ⊙ le diamètre apparent du soleil,
☾ le diamètre apparent de la lune.

Si on a ⊙ = ☾ ou ⊙ < ☾, l'éclipse est totale en un point de la surface de la terre où viendrait aboutir la droite passant par les centres du soleil et de la lune. Dans le cas où on a ⊙ > ☾, l'éclipse est, suivant le cas, partielle ou annulaire. Soit pareillement G la grandeur de l'éclipse, exprimée en partie du diamètre du soleil pris pour unité :

$$G = \frac{\odot - ☾}{\odot}$$

Si nous faisons t = le temps de la conjonction, ou l'époque de la nouvelle lune,
λ et λ' = la longitude et la latitude géographiques du lieu où l'éclipse est centrale,
δ = la déclinaison du soleil,

nous aurons :

$$\lambda = t \times 15 \text{ (1)}$$

Cette longitude est orientale (E.) ou occidentale (O.), selon que le temps de la conjonction, que l'on appelle aussi le temps de la conjonction en ascension droite, a lieu avant ou après midi à Paris.

Nota. — Si la conjonction a lieu avant midi, on ajoute 12 à l'heure de la conjonction pour avoir le temps de la conjonction en ascension droite, et on retranche 1 de la date ; si, au contraire, la conjonction a lieu après midi, l'heure à laquelle se rapporte la conjonction est aussi le temps de la conjonction en ascension droite, et on ne change rien à la date. Ainsi, si la conjonction a lieu le 18 juin à $2^h 39^m$ du matin, on aura pour le temps de la conjonction en ascension droite $14^h 39^m$ et pour date 17 juin.

Pour avoir la longitude géographique à laquelle répond ce temps on fera $(24^h - 14^h 39^m) \times 15$, et on aura 140°15′ pour la longitude.

Cette longitude est orientale, puisque le temps de la conjonction a lieu avant midi à Paris, quoiqu'il soit midi dans le lieu où l'éclipse est centrale. Il résulte de ceci que l'on aura toujours : longit. E. si la conjonction a lieu entre minuit et midi à Paris ; longit. O. si la conjonction a lieu entre midi et minuit à Paris.

Ce que nous venons de dire du temps de la conjonction en ascension droite s'applique également au temps de l'opposition en ascension droite dans les éclipses de lune.

Si nous prenons maintenant $\sin a = z$, nous aurons :

$$\lambda' = a - \delta$$

Si on a $a = \delta$, la latitude $= 0$, et le lieu de l'éclipse centrale se trouve à l'équateur ; si on a $a < \delta$, la latitude sera boréale, ou lat. N. ; si, au contraire, on a $a > \delta$, la latitude est australe, ou lat. S.

Condition d'éclipse de soleil. — La condition d'une éclipse de soleil est donnée par cette relation, dans laquelle Δ' est la différence entre l'obliquité de l'écliptique et la déclinaison de la lune au moment de la conjonction

$$\Delta' < p' - p + \frac{1}{2} \odot + \frac{1}{2} ☾$$

Calcul des phases. — Nous venons d'indiquer comment on parvient à calculer la longitude terrestre où se produit une éclipse centrale de soleil,

(1) $t \times 15$ revient à convertir en degrés, minutes et secondes d'arc les heures, minutes et secondes de temps contenues dans t. On sait d'ailleurs que $1^h = 15°$, $1^m = 15'$, $1^s = 15''$, il sera donc très-facile de faire cette conversion.

nous allons maintenant déterminer les éléments à l'aide desquels on doit calculer les longitudes auxquelles se rapportent les différentes phases d'une éclipse, c'est-à-dire les points de la surface de la terre où se produisent ces phases.

Nous avons déjà vu (page 193) comment on obtient les valeurs de D, d et d'; à ces quantités, nous ajouterons les côtés b, c d'un angle droit et l'angle C (1), que nous obtiendrons par les équations ci-après :

$$c = \frac{d'}{\mathrm{D}},\ b = \sqrt[2]{(d^2 - c^2)},\ \cot \mathrm{C} = \frac{b}{c}, \text{ou}\ \mathrm{C} = 90^\circ - [180^\circ - (\text{compl.} p + p')]$$

et nous aurons l'expression C + ⊙. Cette expression, convertie en temps, est égale à la différence des ascensions droites du soleil et de la lune au temps t', c'est-à-dire à l'heure où commence et finit l'éclipse.

$$\frac{1}{2}\,\mathrm{C} + \frac{1}{2}\odot$$

est l'expression qui se rapporte aux phases intermédiaires (2e et 4e) au temps t''.

Phases d'une éclipse de soleil. — Les phases d'une éclipse de soleil sont au nombre de cinq, savoir :

L'éclipse entre dans sa 1re phase lorsque le 2e bord de la lune est tangent au 1er bord du soleil (*fig.* 22); elle entre dans sa 2e phase lorsque le 2e bord de la lune est tangent au point central du soleil; elle entre dans sa 3e phase lorsque le centre de la lune coïncide avec le centre du soleil; elle entre dans sa 4e phase lorsque le 1er bord de la lune est tangent au point central du soleil; elle parvient à sa 5e et dernière phase lorsque le 1er bord de la lune est tangent au 2e bord du soleil.

Soit μ et μ' le mouvement horaire en ascension droite de la lune et du soleil; si nous faisons

$$\left(\frac{\frac{\mathrm{C}+\odot}{15}}{\mu - \mu'}\right) = t',\ \left(\frac{\frac{\frac{1}{2}\mathrm{C} + \frac{1}{2}\odot}{15}}{\mu - \mu'}\right) = t''$$

et si nous représentons par t le temps de la conjonction en ascension droite, nous aurons pour le temps moyen de Paris :

au commencement de l'éclip. gén. (1re phas.) $\left\{\begin{array}{l} t - t', \text{ si la conjonct. a lieu entre min. et midi à Paris.} \\ t + t', \text{ si la conjonct. a lieu entre midi et min. à Paris.}\end{array}\right.$

(1) Cet angle est formé par les deux droites menées des centres du soleil et de la lune au centre de la terre.

au commencement de l'éclip. cent. (2e phas.) { $t - t''$, si la conjonct. a lieu entre min. et midi à Paris. / $t + t''$, si la conjonct. a lieu entre midi et min. à Paris.

à l'instant de l'éclipse centrale (3e phase).. { t. Pour avoir la valeur de t, on se reportera à la page 194.

à la fin de l'éclipse centrale (4e phase).. { $t + t''$, si la conjonct. a lieu entre min. et midi à Paris. / $t - t''$, si la conjonct. a lieu entre midi et min. à Paris.

à la fin de l'éclipse générale (5e phase).. { $t + t'$, si la conjonct. a lieu entre min. et midi à Paris. / $t - t'$, si la conjonct. a lieu entre midi et min. à Paris.

Maintenant, nous aurons pour l'heure des phases de l'éclipse, savoir :

Pour la 1re phase. { $24^h - (t + t')$, si la conjonct. a lieu entre min. et midi à Paris. / $t + t'$, si la conjonct. a lieu entre midi et min. à Paris.

Pour la 2e phase.. { $24^h - (t + t'')$, si la conjonct. a lieu entre min. et midi à Paris. / $t + t''$, si la conjonct. a lieu entre midi et min. à Paris.

Pour la 3e phase.. { $24^h - t$, si la conjonction a lieu entre min. et midi à Paris. / t, si la conjonction a lieu entre midi et min. à Paris.

Pour la 4e phase.. { $24^h - (t - t'')$, si la conjonct. a lieu entre min. et midi à Paris. / $t - t''$, si la conjonction a lieu entre midi et min. à Paris.

Pour la 5e phase.. { $24^h - (t - t')$, si la conjonct. a lieu entre min. et midi à Paris. / $t - t'$, si la conjonction a lieu entre midi et min. à Paris.

En convertissant les heures des phases en arcs, à raison de 15 degrés à l'heure, on aura les longitudes terrestres où se produisent ces phases. Ces longitudes sont orientales ou occidentales, selon qu'elles sont situées à l'est ou à l'ouest du méridien de Paris.

Ce que nous venons de dire, par rapport au temps et à la longitude, est surtout rendu sensible par la *fig.* 23 où sont indiquées les longitudes correspondantes aux heures ou méridiens placés en regard dans l'intérieur du cercle.

Positions en latitude des phases d'une éclipse de soleil. — Il en est des positions en latitude comme des positions en longitudes, c'est-à-dire que ces positions varient en raison du déplacement de l'ombre à la surface de la terre.

Soit m' et m'' le mouvement horaire en déclinaison du soleil et de la lune,

Δ' la différence entre le mouvement horaire en déclinaison du soleil et de la lune,

$$\text{et } \sin z' = \frac{(d \sin \Delta')\,(D - 1)}{d'}$$

Si on représente par λ' la latitude géographique du point de la surface de la terre où se produit l'éclipse centrale (page 195), on aura au temps T auquel se rapporte une des quatre autres phases de l'éclipse :

$$\lambda' \pm z' \mathrm{T} = \text{latitude au temps T}.$$

On emploie + si Δ' va en croissant, et — si Δ' va en décroissant ; ce qui est facile à vérifier en prenant les valeurs de m' et m'' à deux intervalles distants entre eux de chacun 6 heures.

Marche de l'ombre et de la pénombre sur la surface de la terre. — Après avoir calculé les positions en longitudes et en latitudes des phases d'une éclipse de soleil, il est très-facile d'en déterminer la figure sur un canevas ou carte géographique. Cette manière de représenter graphiquement la marche d'une éclipse a l'avantage de rendre plus sensible l'étendue du phénomène.

Nous complèterons cet article par l'indication de la largeur de la zone d'ombre ou de pénombre projetée sur la surface de la terre.

Soit r le rayon du globe solaire = 112,0000 } le rayon équatorial terrestre
r' le rayon du globe lunaire = 0,2725 } étant 1.
π la portion d'ombre ou de pénombre interceptée par le globe terrestre.

$$\pi = r - \left(\frac{(r-r')(\mathrm{D}-1)}{d'}\right)$$

Nota. — Si π est positif, la portion interceptée par le globe terrestre répond à l'ombre ; si, au contraire, π est négatif, la portion interceptée par le globe terrestre répond à la pénombre.

$$\text{Soit } \mathrm{D} = 23660$$
$$d = 60$$
$$d' = 23660$$

on aura $\pi = 112 - 112,00681875 = -0,00681875$; par conséquent π est négatif, et la portion interceptée par le globe terrestre répond à la pénombre; ce qui est rendu sensible par la *fig.* 24. A B (portion de la pénombre interceptée par le globe terrestre) est le sinus de l'angle A T B; ce sinus = π qui, dans l'exemple précédent, a pour logarithme $\bar{3},8337048$ et répond à un angle de 23′ 26″.

Au point A, l'éclipse de soleil serait annulaire; la tache qu'elle ferait sur le disque du soleil se trouverait au point S.

Nous terminerons l'article relatif aux éclipses de soleil par les deux formules ci-après, qui servent à calculer la durée de la phase annulaire ou totale, selon que l'éclipse est annulaire ou totale.

Soit τ la durée de la phase annulaire ou totale,

$\odot$ et ☾ le diamètre du soleil et de la lune au temps t, μ et μ' le mouvement horaire en ascension droite de la lune et du soleil au temps t,

On aura :

Si $\odot$ est plus grand que ☾

$$\tau = \frac{(\odot - ☾) \times 60^m}{\mu - \mu'}$$

Si $\odot$ est plus petit que ☾

$$\tau = \frac{(☾ - \odot) \times 60^m}{\mu - \mu'}$$

Dans les deux équations qui précèdent, les expressions $\odot$ — ☾, ☾ — $\odot$ et $\mu - \mu'$ seront converties en secondes d'arc; alors la valeur de τ, qui est exprimée en minutes et secondes de temps, se calculera beaucoup plus facilement.

Pour se rendre un compte exact d'une phase annulaire ou totale, il suffit de jeter les yeux sur les *fig.* 25 et 26.

Dans la *fig.* 25, c'est-à-dire dans le cas d'une phase annulaire, le n° 1 indique le commencement, le n° 2 le milieu et le n° 3 la fin de la phase.

La phase annulaire commence lorsque le 1er bord de la lune se confond avec le 1er bord du soleil; elle est à moitié lorsque les centres des deux astres coïncident exactement; elle prend fin lorsque le 2e bord de la lune se confond avec le 2e bord du soleil.

Dans la *fig.* 26, c'est-à-dire dans le cas d'une phase totale, le n° 1 indique le commencement, le n° 2 le milieu et le n° 3 la fin de la phase.

La phase totale commence lorsque le 2e bord de la lune se confond avec le 2e bord du soleil; elle est à moitié lorsque les centres des deux astres coïncident exactement; elle prend fin lorsque le 1er bord de la lune se confond avec le 1er bord du soleil.

Eclipses des satellites de Jupiter. — Pour calculer ces sortes d'éclipses, il sera bon de faire usage des Tables de Damoiseau que le Bureau des Longitudes a publiées en 1836.

Les observations de ces éclipses offrent aux voyageurs des moyens fréquents de déterminer les longitudes; elles sont très-faciles à faire, surtout à terre. Une pendule ou un garde-temps, une lunette achromatique d'environ un mètre, et un instrument propre à prendre des hauteurs pour trouver le temps, suffisent pour faire sur les satellites de Jupiter des observations utiles.

Afin de reconnaître aisément la place des satellites dont on se propose d'observer l'immersion ou l'émersion, il suffit de faire les remarques suivantes :

1° Avant l'opposition, c'est-à-dire pendant tout le temps que Jupiter passe au méridien le matin, l'ombre est située à l'occident de cette planète, et les immersions ou les émersions se font de ce côté.

2° Après l'opposition de Jupiter, lorsqu'il passe au méridien avant minuit, c'est toujours à l'orient de la planète que sont les satellites qui doivent entrer dans l'ombre, ou qui doivent en sortir.

Si l'on se sert d'une lunette qui renverse les objets, les apparences seront contraires.

3° Avant l'opposition, on ne peut voir que les immersions du premier satellite; et après l'opposition, il n'y a que les émersions qui puissent être observées; c'est en général la même chose pour le second satellite. Il arrive cependant quelquefois qu'on peut observer l'immersion et l'émersion; Damoiseau a donné, dans ses tables, les moyens de calculer les circonstances dans lesquelles on peut observer les deux phases de l'éclipse d'un satellite.

Dans la *Connaissance des Temps*, toutes les éclipses des satellites sont indiquées en temps moyen astronomique compté de midi; celles qui sont visibles à Paris sont marquées d'un astérisque. Lorsque l'on sera sous un autre méridien, on ajoutera aux temps marqués des éclipses la différence des longitudes, réduite en temps, si l'on est à l'est de Paris, ou on les retranchera si l'on est à l'ouest, et l'on aura le temps pour le lieu où l'on veut observer l'éclipse.

Ecliptique. — C'est le nom que l'on donne au grand cercle que le soleil paraît décrire, d'occident en orient, sur la sphère céleste dans l'espace d'une année. Il est incliné de 23° 28′ environ sur l'équateur qu'il coupe en deux points que l'on nomme les *équinoxes*.

L'équinoxe du printemps est le point où le soleil traverse l'équateur pour passer de l'hémisphère austral dans l'hémisphère boréal. L'équinoxe d'automne est le point où le soleil traverse l'équateur, pour revenir de l'hémisphère boréal dans l'hémisphère austral.

Si, par le centre de la sphère céleste, on mène dans le plan de l'écliptique une ligne perpendiculaire à la ligne des équinoxes, cette ligne détermine sur l'écliptique deux points appelés les *solstices*. L'un est le solstice d'été, celui qui est dans l'hémisphère boréal; l'autre le solstice d'hiver, celui qui est dans l'hémisphère austral.

Dans la *fig*. 27, le cercle Q E Q′ représente l'équateur, le cercle S E S′

l'écliptique; le mouvement du soleil sur l'écliptique s'accomplit dans le sens S′E S. Les points E E′, où l'écliptique coupe l'équateur, sont les équinoxes; le point E est l'équinoxe du printemps, E′ l'équinoxe d'automne. La ligne S S′, perpendiculaire à la ligne des équinoxes E E′ détermine les deux solstices S et S′ : le point S est le solstice d'été, S′ le solstice d'hiver, la ligne P P′, perpendiculaire à l'équateur, est l'axe du monde; le point P est le pôle nord et le point P′ le pôle sud.

Ecliptique (OBLIQUITÉ DE L'). — Il y a plusieurs manières de trouver l'obliquité de l'écliptique, c'est-à-dire l'angle que fait le plan de l'écliptique avec celui de l'équateur. On remarque d'abord que cet angle est mesuré par l'arc S Q (*fig.* 27), déclinaison maximum du soleil, celle des solstices; l'observation donne, pour cette déclinaison maximum, 23° 28′ environ. Je dis environ, parce que cette déclinaison est subordonnée à l'obliquité de l'écliptique qui varie avec le temps.

Soit F une position quelconque du soleil. Supposons que l'on ait mesuré sa déclinaison F D et son ascension droite E D, en résolvant le triangle sphérique E D F, rectangle en D, on calcule l'angle E, obliquité de l'écliptique, par l'équation

$$\text{tang}\ \omega = \frac{\text{tang}\ D}{\sin A}$$

dans laquelle on a représenté la déclinaison par D, l'ascension droite par A et l'obliquité de l'écliptique par ω.

L'*obliquité moyenne* de l'écliptique, c'est-à-dire l'angle compris entre l'équateur et l'écliptique vrai (en négligeant la nutation), sera donnée pour le 1er janvier d'une année quelconque *a* par une équation où nous ferons entrer l'obliquité au 1er janvier 1800, et dans laquelle nous compterons par conséquent le temps *t* égal à *a* — 1800, et nous aurons :

$$\omega = 23°27'56'',18 - 0'',48368.\,t - 0'',00000272295.\,t^2$$

Bessel, par la comparaison qu'il a faite de ses propres observations avec celles de Bradley a obtenu 23°27′54″,80 pour l'obliquité moyenne de l'écliptique en 1800, et Péters, en comparant les observations de Struve avec celles de Bradley, a trouvé 0″,4645 pour sa diminution annuelle.

Si l'on adopte ces nouvelles valeurs, que l'on regarde généralement aujourd'hui comme les plus exactes, on aura pour l'obliquité moyenne au temps *t* :

$$23°27'54'',80 - 0'',4645.\,t$$

Ecphantus, philosophe grec, pythagoricien hétérodoxe, probablement postérieur à Aristote auquel il semble avoir emprunté une grande partie de sa méthode. Pythagore avait expliqué la succession des jours et des nuits par la rotation du ciel entier autour de la terre immobile au centre du monde. Philolaüs avait expliqué cette même succession en faisant décrire à la terre une orbite d'occident en orient autour du feu central en un peu moins d'un jour, et en faisant tourner le ciel entier très-lentement dans le même sens. Ecphantus rétablit la terre au centre du monde ; mais il la fit tourner sur elle-même d'occident en orient, probablement en un peu moins d'un jour, en conservant au ciel entier un mouvement lent dans le même sens. Ce système d'Ecphantus n'était, comme on le voit, qu'une simplification de celui de Philolaüs.

Eléments elliptiques des planètes. — On nomme éléments elliptiques les constantes nécessaires à la détermination du mouvement elliptique d'une planète. Ces constantes sont au nombre de sept : 1° la longitude du nœud ascendant ; 2° l'inclinaison ; 3° la longitude du périhélie ; 4° le demi-grand axe de l'ellipse, ou la distance moyenne au soleil; 5° l'excentricité ; 6° la longitude moyenne de l'époque, c'est-à-dire la longitude moyenne de la planète au moment à partir duquel on compte le temps : cette constante donne la position de la planète à cet instant ; 7° enfin, la durée de la révolution sidérale.

Les deux premiers éléments, longitude du nœud et inclinaison, fixent la position du plan de l'orbite dans l'espace, le troisième élément, longitude du périhélie, est une constante qui détermine la direction du grand axe ; le demi-grand axe de l'ellipse et l'excentricité sont deux éléments qui donnent les dimensions de l'ellipse.

Suit le tableau des éléments elliptiques au 1er janvier 1800, où on a pris pour unité de distance le demi-grand axe de l'orbite terrestre.

NOMS des PLANÈTES	MOYENS mouvements diurnes	DURÉE des révolutions sidérales	DISTANCE moyenne au soleil	EXCENTRICITÉS
	"	jours		
Mercure.....	14732,419	87,96926	0,3870985	0,2056063
Vénus.......	5767,668	224,70080	0,7233317	0,0068618
La Terre.....	3548,193	365,25637	1,000000	0,01679226
Mars........	1886,519	686,97964	1,523691	0,0932168
Jupiter......	299,129	4332,58482	5,202798	0,0481621
Saturne......	120,455	10759,2198	9,538852	0,0561505
Uranus......	42,233	30686,8205	19,18273	0,0466794
Neptune.....	22,554	60127	30,04	0,0087195

NOMS des PLANÈTES	LONGITUDE du périhélie	LONGITUDE moyenne de l'époque	LONGITUDE du nœud ascendant	INCLINAISON	ÉPOQUES
	° ′ ″	° ′ ″	° ′ ″	° ′ ″	1800
Mercure.....	74.20.42	112.16.14	45.57.38	7. 0. 5	1er janvier
Vénus.......	128.43. 6	146.44.56	74.51.41	3.23.29	id.
La Terre.....	99.30.29	100.53.30	0. 0. 0	0. 0. 0	id.
Mars........	332.22.51	233. 5.34	47.59.38	1.51. 6	id.
Jupiter......	11. 7.38	81.54.49	98.25.45	1.18.52	id.
Saturne......	89. 8.20	123. 6.29	111.56. 7	2.29.36	id.
Uranus......	167.30.24	173.30.37	72.59.21	0.46.28	id.
Neptune.....	47.14.37	335. 8.58	130. 6.52	1.46.59	id.

Eléments elliptiques (VARIATION DES). — Quand on connaît les éléments elliptiques des planètes, on peut trouver d'avance par le calcul, au moyen des lois de Képler, dont nous parlerons plus loin, les positions qu'elles occupent dans le ciel à un instant quelconque, et construire ainsi ce qu'on appelle les tables des planètes. En comparant les positions calculées et les positions observées, on aperçoit des différences, légères à la vérité, mais cependant trop grandes pour pouvoir être attribuées aux erreurs des observations. On en conclut que le mouvement elliptique ne représente pas exactement le mouvement des planètes. On conserve néanmoins le mouvement elliptique; mais, afin d'obtenir une plus grande approximation, on fait subir aux six premiers éléments dont nous avons parlé (page 202), de petites variations ou inégalités. Ces variations sont de deux sortes : les unes, tantôt positives, tantôt négatives, représentent périodiquement la même valeur ; on les nomme pour cette raison *périodiques;* la valeur de l'élément semble osciller de part et d'autre d'une valeur moyenne. Les autres, que l'on nomme *séculaires*, agissent toujours dans le même sens, ou du moins pendant une longue période de temps, et finissent par altérer les éléments d'une manière notable. Il est clair que les variations dont il faut surtout tenir compte sont les variations séculaires.

Si, par l'observation, on détermine les lignes des nœuds des diverses planètes, à des époques éloignées, on reconnaît que toutes ces lignes ont un mouvement rétrograde sur le plan de l'écliptique. On n'a pas observé de variation séculaire sensible dans la durée des révolutions, ni, par conséquent, dans la longueur des grands axes.

Eléments du système solaire. — Voyez *Système solaire*.

Ellipse. — C'est une courbe résultant de la section d'un cône droit, faite par un plan oblique à l'axe (*fig.* 28). Cette courbe est telle, que la somme des distances de chacun de ses points à deux points fixes F,F' est constante. Le point O est le centre de l'ellipse ; les deux points fixes F,F', également éloignés du centre O, sont les *foyers* de l'ellipse ; la droite AA', qui divise la courbe en deux parties égales, en est le *grand axe;* le rapport de la distance F F' des foyers au grand axe AA' en est l'*excentricité.* Les lignes F M, F'M sont des *rayons vecteurs,* dont nous aurons occasion de parler plus tard.

Quand les foyers sont très-près l'un de l'autre, la courbe diffère très-peu d'un cercle. — Voyez *Développement et surface de l'ellipse.*

Ellipse méridienne. — Voyez *Terre.*

Ellipsoïde terrestre. — Supposons qu'une ellipse ou courbe ovale tourne autour de son petit axe, elle engendrera un corps nommé *ellipsoïde,* auquel on peut assimiler la terre. Il y a lieu de distinguer dans ce corps deux dimensions : le diamètre des pôles et celui de l'équateur. Puisque l'ellipsoïde terrestre est défini par ses deux diamètres, on conçoit que deux arcs d'un degré, mesurés à deux latitudes différentes, suffisent à les déterminer; afin que ces deux arcs diffèrent le plus possible, on les prendra, l'un dans le voisinage du pôle, l'autre dans le voisinage de l'équateur; voici les résultats obtenus par Bessel :

demi-diamètre équatorial....	6377398	mètres
demi-diamètre polaire.......	6356080	—
différence...........	21318	—

Elliptique, qui tient de l'ellipse. — Voyez *Eléments.*

Elongation. — L'élongation est la distance angulaire d'une planète au soleil ; c'est, en d'autres termes, l'angle formé par les rayons visuels dirigés respectivement sur les centres du soleil et de la planète observée.— Voyez *Longitude géocentrique.*

Emersion. — C'est l'instant où un corps céleste, après avoir été éclipsé, paraît de nouveau en se dégageant de l'ombre du corps qui le cachait.

Encke (JEAN-FRANÇOIS), astronome allemand, né à Hambourg le 23 septembre 1791. Fils d'un pasteur protestant, il fit ses études sous le célèbre Gauss à Gœttingue. En 1813 il entra comme artilleur dans la légion hanséatique, et fut nommé bientôt après lieutenant d'artillerie au service de la Prusse. Après la paix, et de retour à Gœttingue, il obtint la place d'astronome adjoint à l'Observatoire de Seeberg près de Gotha. Vers 1826 il fut appelé à la direction de l'Observatoire de Berlin, et partagea cet emploi avec le célèbre astronome Bode ; c'est surtout depuis 1835 que datent les travaux les plus importants de Encke. Il était encore à Seeberg lorsqu'il reçut le prix d'astronomie *sur l'orbite de la comète de* 1680. On avait en même temps mis au concours « la détermination de la distance de la terre au soleil par les passages de Vénus sur le disque du soleil en 1761 et 1769, etc. ; » il en publia le résultat en deux volumes (Gotha, 1822-24). Mais sa plus importante découverte est celle des *comètes à courte période*. Encke a prouvé que la comète observée par Pons, le 26 novembre 1818, n'avait qu'un temps de révolution de 3 ans $\frac{311}{1000}$, et qu'elle était la même que celle de 1786, 1795 et 1805. Cette comète, appelée depuis *comète de Encke*, présentait la particularité d'une accélération de mouvement en passant à chaque réapparition plusieurs heures plus tôt par son périhélie que le calcul ne l'avait indiqué. Il fallait donc chercher cette cause si inattendue de perturbation en dehors de celle des masses attractives des planètes. Encke trouva, en effet, que le milieu cosmique ou éther produit une résistance dont le résultat est d'augmenter la vitesse. Mais comment expliquer ce phénomène si extraordinaire d'accélération pendant que le contraire devrait avoir lieu? La vitesse tangentielle de la comète dans son orbite éprouve un retard, mais la gravitation reste la même ; elle doit par conséquent décrire une plus grande courbe et se rapprocher davantage du soleil : telles sont les raisons que Encke a données pour justifier ce phénomène. Depuis 1830, Encke a publié régulièrement l'Annuaire astronomique *(Berliner astronomisches Iahrbuch)*, qui, outre les phénomènes célestes, donne aussi les éphémérides des nouvelles petites planètes, calculées par des astronomes distingués. L'Annuaire pour 1854, contient un traité *sur le calcul des orbites planétaires* par trois observations complètes ; on y trouve une grande clarté dans le développement de la méthode de Gauss. Encke a été, jusqu'à sa mort, secrétaire perpétuel de l'Académie des sciences de Berlin.

Equateur céleste. — L'équateur céleste est une ligne parallèle au plan de l'équateur terrestre, qui décrit dans le mouvement diurne un plan qui coupe la sphère céleste suivant un grand cercle dont les pôles sont les pôles du monde. Ce grand cercle partage la sphère céleste en deux moitiés ou hémisphères : l'hémisphère boréal, qui contient le pôle nord ou boréal, et l'hémisphère austral, qui contient le pôle sud ou austral.

Equateur terrestre. — Si, par le centre de la terre, on mène un plan perpendiculaire à l'axe, ce plan trace sur la surface de la terre un grand cercle, et ce grand cercle s'appelle l'*équateur terrestre*. L'équateur partage la surface de la terre en deux hémisphères : l'hémisphère boréal et l'hémisphère austral.

Equateur (HAUTEUR DE L'). — On entend par hauteur de l'équateur l'arc du méridien compris entre l'équateur et l'horizon ; cet arc est égal au complément de la hauteur du pôle.

Équateur magnétique terrestre. — On trouve sur la surface de la terre une courbe fort compliquée dans sa forme, et sur les divers points de laquelle l'aiguille d'une boussole d'inclinaison est horizontale; on la nomme *ligne sans inclinaison* ou *équateur magnétique*. Cette courbe coupe l'équateur en quatre points (*fig.* 29), et serpente irrégulièrement dans les deux hémisphères; son plus grand écart austral se trouve dans l'Océan Atlantique, par 25° de longitude occidentale; il est égal à 13° ou 14°; de là elle se rapproche de l'équateur, qu'elle coupe vers 20° de longitude orientale ; elle passe dans la partie boréale de la terre, en s'éloignant de l'équateur qu'elle traverse à 174° de longitude orientale, en s'élevant dans l'hémisphère boréal où elle atteint un maximum de latitude égal à 12°, dans la mer d'Arabie par 62° de longitude orientale; à partir de ce point elle s'approche un peu de l'équateur, s'en éloigne ensuite pour atteindre 9° vers 145° de longitude orientale ; elle descend alors rapidement vers l'équateur, qu'elle paraît couper à 174° de longitude orientale, en rentrant dans la portion australe du grand océan équinoxial; elle revient vers l'équateur pour le couper de nouveau à 120° de longitude occidentale. En général, la position de cette courbe ne paraît pas invariable sur le globe, et peut-être a-t-elle des oscillations diurnes assez étendues qui dépendent du mouvement journalier du soleil et d'autres circonstances annuelles qui sont liées à la déclinaison de cet astre. A partir de l'équateur magnétique, l'inclinaison devient australe ou boréale.

Équation annuelle. — C'est une des trois inégalités principales que l'on remarque dans le mouvement de la lune en longitude, et qui a pour période l'année. — Voyez *Longitude*.

Équation de la lumière. — La vitesse de la lumière peut être calculée à l'aide des éclipses des satellites de Jupiter, soit K le temps nécessaire à la lumière pour parcourir le diamètre de l'orbite terrestre, exprimé en secondes ; δ la distance du satellite de Jupiter à la terre exprimée avec le demi-grand axe de l'orbite terrestre pris pour unité et T l'époque du commencement ou de la fin d'une éclipse donnée par les tables; pour faire concorder ce temps avec le temps observé, il faudra lui ajouter le terme $+ K \delta$, et ce terme est ce qu'on appelle l'*équation de la lumière.*

Équation des hauteurs correspondantes. — Voyez *Passage d'une étoile au méridien.*

Équation du centre. — Imaginons un soleil fictif décrivant un cercle d'un mouvement uniforme autour de la terre dans le plan de l'écliptique, et traversant le grand axe en même temps que le soleil vrai, la longitude de ce soleil fictif croîtra proportionnellement au temps; on l'appelle *longitude moyenne.* La longitude du soleil vrai sera égale à la longitude moyenne, plus une petite quantité périodique, tantôt positive, tantôt négative; cette quantité périodique, qui n'est autre que l'angle v' dont nous avons parlé (page 30) lorsque nous avons traité de l'anomalie vraie du soleil, s'appelle *équation du centre.* On appelle en général *équation,* en astronomie, la différence qui existe entre la valeur d'une quantité variable et la valeur qu'aurait cette quantité, si elle croissait uniformément.

Equation du temps. — On appelle équation du temps la différence entre le temps vrai et le temps moyen.

Le temps solaire vrai, toujours égal à l'angle horaire du soleil, ne peut servir de mesure du temps, à cause de ses inégalités. On a donc adopté un autre temps uniforme, le *temps solaire moyen;* il est donné par le mouvement d'un second soleil fictif, le *soleil moyen,* qui se meut sur l'équateur avec une vitesse uniforme, comme le premier soleil fictif sur l'écliptique. L'ascension droite de ce soleil moyen est donc égale à la longitude du premier soleil fictif. Il est *midi moyen* en un lieu quand le soleil moyen est au méridien de ce lieu, c'est-à-dire quand le temps sidéral est égal à la longitude moyenne du soleil, et le temps moyen est à chaque instant égal à l'angle horaire de ce soleil moyen; suivant les usages astronomiques, on le compte de 0^h à 24^h dans l'intervalle d'un midi à l'autre.

Soit S la position du soleil vrai à un instant quelconque (*fig.* 30), S' la position du premier soleil fictif au même instant; prenons sur l'équateur l'arc E S'' égal à E S' nous aurons la position correspondante S'' du soleil moyen. L'ascension droite E A du soleil vrai se compose de deux parties : une partie E S'' proportionnelle au temps, c'est l'ascension droite moyenne, qui est égale à la longitude moyenne E S'; une partie A S'' périodique qui, divisée par 15, donne l'équation du temps.

Si nous représentons par τ la durée d'une année tropique en jours solaires moyens, par T le nombre de jours écoulés depuis l'équinoxe du printemps, par L la longitude moyenne du soleil, par A son ascension droite vraie, et par e l'équation du temps, représentée par l'arc A S″, nous aurons :

$$L = \frac{360^\circ}{\tau} T, \text{ et } e = A - L$$

Nous avons vu précédemment (page 28) que, de 1850 à 1950, $\tau = 365^j,2422$; par conséquent $\frac{360^\circ}{\tau} = 59'8'',33$ ou $3^m56^s,555$ en temps sidéral.

Le temps sidéral à midi moyen augmente ainsi chaque jour de $3^m56^s,555$; cette quantité est appelée *accélération des fixes*, par rapport au soleil qui est immobile dans l'espace.

Équation du temps à midi vrai. — Nous avons défini (page 207) l'équation du temps; cette équation s'applique au temps vrai pour avoir le temps moyen; elle est additive quand le temps vrai est en retard et soustractive quand le temps vrai est en avance.

Dans la *Connaissance des Temps* on remplace l'équation du temps soustractive par son complément à 12^h et l'on tient facilement compte des 12^h ajoutées.

Quand le temps moyen à midi vrai est égal à $0^h0^m0^s$, il est précisément l'*équation du temps à midi vrai;* mais quand ce temps est compris entre 11^h du matin et midi, il est le complément à 12^h de l'équation du temps. Ainsi, le 3 février 1871, on a :

Temps moyen à midi vrai.	$0^h14^m3^s,98$
Equation du temps à midi vrai, positive. . . .	$+14^m3^s,98$

Le 15 octobre 1871, on a :

Temps moyen à midi vrai.	$11^h45^m54^s,09$
Equation du temps à midi vrai, négative. . . .	$-14^m\ 5^s,91$

Le temps moyen à midi vrai représente donc soit l'équation du temps, quand elle est additive au temps vrai, soit le complément à 12^h de l'équation du temps, quand elle est soustractive du temps vrai.

L'équation du temps à midi *vrai* qui est donnée chaque jour dans la *Connaissance des Temps* par le temps moyen à midi vrai, s'obtiendra pour une autre heure de temps *vrai* à Paris par une simple proportion.

Exemple: On demande l'équation du temps, le 18 novembre 1871 à $8^h29^m0^s$, temps vrai astronomique de Paris, compté de midi vrai ?

Du 18 au 19 novembre, le temps moyen à midi vrai augmente de $13^s,10$; on fera la proportion

$$24^h : 8^h29^m0^s :: 13^s,10 : x = 4^s,63.$$

Ajoutant ces $4^s,63$ à $11^h45^m16^s,82$ temps moyen à midi vrai le 18 novembre, on a $11^h45^m21^s,45$ pour le complément à 12^h de l'équation du temps demandée. Cette équation est donc — $14^m38^s,55$.

Cette proportion suppose que la variation diurne $13^s,10$ est uniforme. L'erreur qui résulte de cette supposition peut, dans certains cas, aller à $0^s,11$. Pour obtenir alors une valeur plus exacte, il faudrait avoir recours aux différences secondes que l'on trouve dans cet ouvrage (page 164).

Equation du temps à midi moyen. — A midi moyen l'équation du temps a pour valeur

Ascension droite du soleil vrai — ascension droite du soleil moyen.

Mais nous avons vu (page 208) que cette équation répond à A — L et que, par conséquent, le temps sidéral à midi moyen est précisément l'ascension droite du soleil moyen à midi moyen; donc si l'on retranche de l'ascension droite du soleil vrai pour midi moyen le temps sidéral à midi moyen, on aura directement l'équation du temps à midi moyen.

Ainsi le 14 janvier 1871 à midi moyen, on a :

Ascension droite du soleil vrai......................	$19^h43^m15^s,96$
Temps sidéral ou ascension droite du soleil moyen......	19.34. 0,74
Différence = équation du temps à midi moyen.........	+ 9. 15,22

Dans une colonne qui a pour titre : *Équation du temps à midi moyen moins équation du temps à midi vrai*, on trouve de cinq jours en cinq jours, dans la *Connaissance des Temps*, la différence de ces deux équations. Cette différence, appliquée avec son signe à l'équation du temps à midi vrai, donne l'équation du temps à midi moyen.

Nous avons dit (page 208) que le temps sidéral à midi moyen augmente chaque jour de $3^m\ 56^s,555$; cette quantité est la même pour tous les méridiens. Il n'en est pas de même du temps sidéral proprement dit, qui varie suivant la longitude.

D'après Hansen, le *temps sidéral à midi moyen* de 1850, janvier 0, était pour Paris $18^h\ 39^m\ 9^s,261$.

Pour calculer le temps sidéral au midi d'un autre méridien, on aurait pour le temps sidéral à midi moyen de 1850, janvier 0,

$$18^h39^m9^s,261 + \frac{k}{24}\,3^m56^s,555$$

où k désigne en heures la différence de longitude avec Paris, prise positivement à l'ouest, négativement à l'est.

Pour déterminer le temps sidéral à une époque quelconque, on devra consulter l'article intitulé *Temps sidéral.*

Equations empiriques. — Lorsque deux nombres sont liés par quelque *loi physique*, de telle sorte que la valeur de l'un d'eux étant connue, on doit pouvoir calculer celle du second, et que, pourtant, il est impossible ou très-difficile de déterminer la fonction mathématique qui leur sert de lien, on les fait entrer dans une *équation empirique*, dont on détermine le mieux possible la forme et les nombres constants qui entrent dans sa composition, pour qu'elle s'adapte au mode de liaison des deux quantités; on ne connaît pas de règle générale pour déterminer cette fonction dans des circonstances données; on profite de tout ce que le phénomène qui lie les deux nombres peut apprendre sur la forme inconnue. Une des relations les plus simples que puissent avoir deux quantités x et y, est la suivante: $x = a + by + cy^2 + dy^3$, dans laquelle a, b, c, d, sont quatre coefficients constants que l'on calcule en déterminant par l'observation quatre valeurs de y, et les valeurs correspondantes de x; on substitue les unes et les autres dans cette équation, et on élimine entre les quatre équations obtenues pour en tirer les valeurs de a, b, c, d; lesquelles étant déterminées, sont substituées dans l'équation empirique qui peut servir alors à trouver une valeur de x, correspondante à une valeur quelconque que l'on voudra se donner pour y. On doit prendre, autant que possible, les valeurs expérimentales qui servent au calcul des coefficients constants dans toute l'étendue des valeurs que x et y peuvent prendre dans le mode de liaison que leur assigne la loi physique dont ils dépendent. De plus, au lieu de se borner à quatre valeurs expérimentales de x et de y, pour trouver a, b, c, d, on fait usage d'un beaucoup plus grand nombre que l'on combine à l'aide de quelques principes mathématiques, et dont l'un d'eux est connu sous le nom de *méthodes des moindres carrés* que nous exposerons plus tard, et qui permettent d'obtenir ces coefficients avec un grand degré d'approximation.

L'équation empirique ou l'équation démontrée correspondante à un certain phénomène étant connue, on peut la faire servir au calcul des valeurs de x, qui seraient fournies par une série donnée de valeurs de y, par exemple par des nombres en progression arithmétique; on résume ordinairement tous ces résultats en *tables*, dont la *discussion* peut faire connaître quelques-unes des lois du phénomène auquel elles se rapportent; lorsqu'elles sont dressées et calculées pour des nombres convenablement rapprochés, on se sert presque toujours d'une *interpolation* de parties proportionnelles, pour obtenir les résultats correspondants à des nombres qui ne se trouvent pas dans les tables ; le calcul que l'on fait alors est analogue à celui dont on fait usage dans l'emploi des tables logarithmiques. — Voyez *Interpolation*.

Equatorial. — Voyez *Instruments astronomiques*.

Equinoxe moyen, — équinoxe vrai. — Le point d'intersection de l'équateur avec l'écliptique rétrograde sur l'écliptique d'environ 50″,2 par an ; le pôle de l'équateur décrit par conséquent, dans le cours des temps, autour de l'écliptique, un cercle dont le rayon est égal à l'obliquité de l'écliptique ; en sorte que la variation périodique de l'équateur, par rapport à l'écliptique, consiste en un mouvement périodique sur l'écliptique des points d'intersection de l'équateur et de l'écliptique. Si on y ajoute la variation périodique de l'obliquité, ces deux éléments combinés forment ce que l'on appelle les *variations à longue période*.

Le point où l'équateur et l'écliptique se couperaient si les variations à longue période existaient seules, s'appelle *équinoxe moyen*. On appelle *équinoxe vrai* le point où ces deux grands cercles, équateur et écliptique, se coupent réellement.

Equinoxes (DÉTERMINATION DES). — Pour déterminer aussi exactement que possible l'époque des équinoxes, il faudra toujours recourir à la déclinaison du soleil. On sait, en effet, que cette déclinaison est nulle à l'instant où le soleil traverse l'équateur ; ce qui arrive deux fois dans le cours de l'année : du 20 au 22 mars et du 22 au 24 septembre. La première époque est celle de l'équinoxe du printemps ; la seconde, celle de l'équinoxe d'automne.

Connaissant la longitude λ du soleil et l'obliquité ω de l'écliptique à midi moyen les 20, 21 et 22 mars, ainsi que les 22, 23 et 24 septembre, on aura la déclinaison δ du soleil pour chacune de ces dates, par l'équation :

$$\sin \delta = \sin \lambda \sin \omega.$$

Cette déclinaison est australe ou boréale, selon que la longitude du soleil est comprise entre 180° et 360°, ou entre 0° et 180°

Soit l'expression

$$x = \frac{t\,\delta}{\delta + \delta'},$$

dans laquelle x et t sont deux quantités exprimées en minutes de temps, et dont la dernière représente le temps écoulé entre l'instant auquel se rapporte la déclinaison δ et celui auquel se rapporte la déclinaison δ'; δ la déclinaison du soleil au midi moyen qui précède le passage du soleil au point équinoxial; δ' la déclinaison du soleil au midi moyen qui suit le passage du soleil au point équinoxial.

Soit z la date précédant le passage du soleil au point équinoxial, et se rapprochant le plus de l'équinoxe, on aura les équations :

z mars $0^h + x =$ l'époque de l'équinoxe du printemps,

z septembre $0^h + x =$ l'époque de l'équinoxe d'automne.

Equinoxes (PRÉCESSION DES). — Les points équinoxiaux ne sont pas fixes sur la sphère céleste; ils se déplacent, ainsi que nous l'avons dit, d'environ 50″,2 par an, de l'est à l'ouest. On a reconnu ce déplacement par la comparaison de deux catalogues d'étoiles faits à des époques éloignées; cette comparaison montre que les ascensions droites ont augmenté, tandis que les déclinaisons ont varié dans un sens ou dans l'autre d'une manière irrégulière. Mais, si l'on transforme les ascensions droites et les déclinaisons en longitudes et latitudes (page 154), on voit que les latitudes restent à peu près constantes, tandis que les longitudes augmentent toutes de 1°23′41″ par siècle ; ce qui fait 50″,21 par an. On en conclut que le point équinoxial, origine des longitudes, rétrograde de l'est à l'ouest de 50″,21 par an. Mais la précession générale annuelle est donnée plus exactement par l'équation :

$$50'',21129 + 0'',0002422314.\,t$$

dans laquelle t est une quantité exprimant un nombre quelconque d'années comptées à partir de 1750. On voit par là que la rétrogradation est lente; il en résulte que le point équinoxial, pour parcourir la circonférence de l'écliptique tout entière, devra employer 24616 ans. Telle est la durée de ce qu'on appelle la grande période de la précession des équinoxes.

Eratosthène, géographe, mathématicien, philosophe et littérateur grec, né à Cyrène vers 276 avant J.-C., mourut à 82 ans. Il fut une des gloires de l'école d'Alexandrie. Devenu presque aveugle, il se laissa, dit-on, mourir de faim. Eratosthène fit des observations astronomiques avec le dioptre et le gnomon, et peut-être avec les armilles. Le premier, il mesura un degré du méridien, et estima la circonférence de la terre à 252,000 stades, ce qui donnait pour le degré 110,775 mèt., nombre exact. Il démontra l'inclinaison de l'écliptique sur l'équateur, et l'éleva à 23°51′20″. L'arc du méridien compris entre les deux tropiques de 47°40′ selon le calcul de l'Académie des sciences, était, d'après lui, de 47°42′.

Il émit cette opinion, qui devait conduire plus tard Christophe Colomb à la découverte du Nouveau-Monde, que l'on pourrait naviguer, sur l'Atlantique, de l'Ibérie à l'Inde, et que l'on trouverait dans ce trajet de nouvelles terres labourables.

Est. — Voyez *Points Cardinaux.*

Eté. — Voyez *Saisons.*

Etoiles. — C'est le nom que l'on donne à cette multitude de points brillants que l'on aperçoit la nuit comme attachés à la voûte céleste qui en est parsemée.

Si l'on observe la disposition relative des étoiles et les figures qu'elles forment entre elles, on voit que ces figures ne changent pas. Les étoiles semblent fixées à une sphère creuse, que l'on nomme la *sphère céleste*, et tout se passe comme si cette sphère tournait d'une seule pièce, d'orient en occident, emportant avec elle toutes les étoiles.

Plaçons-nous de manière à avoir l'orient à droite, l'occident à gauche, et regardons la partie du ciel qui est devant nous ; nous verrons dans cette partie du ciel des étoiles qui ne se couchent pas, et qui décrivent des cercles complets au-dessus de l'horizon. L'une de ces étoiles nommée pour cette raison *étoile polaire*, paraît immobile dans le ciel. Les étoiles voisines décrivent autour d'elle des cercles très-petits ; les étoiles plus éloignées, des cercles plus grands. Il y a un second point fixe dans la partie opposée du ciel, invisible pour nous. C'est autour de ces deux points fixes ou *pôles* que semble tourner la sphère céleste.

Parmi les constellations que nous avons décrites (page 134), l'une des plus remarquables et des plus faciles à reconnaître est la *grande Ourse*, ou le *Charriot.* Elle est toujours au-dessus de l'horizon de Paris. Elle se compose principalement de sept belles étoiles, dont quatre figurent les quatre roues d'un char, et les trois autres, l'attelage ou la queue de l'Ourse.

La ligne qui passe par les deux roues de derrière, β α de la grande Ourse, conduit à l'*étoile polaire* située à un degré seulement du pôle; elle paraît presque immobile dans le ciel. L'étoile polaire est placée à l'extrémité de la queue de la *petite Ourse*, constellation semblable à la grande Ourse, mais plus petite, formée d'étoiles moins brillantes et placée en sens inverse.

Pour se familiariser avec la forme et la position des diverses constellations, nous engageons nos lecteurs à consulter une sphère ou les excellentes cartes célestes de M. Dien.

Etoiles circompolaires. — On appelle étoiles circompolaires celles qui avoisinent le pôle; ces étoiles passent deux fois au méridien dans l'intervalle de 24 heures. L'un des passages est le passage *supérieur*, l'autre le passage *inférieur*. Le passage est dit *supérieur* ou *inférieur*, selon qu'il a lieu au nord ou au sud du pôle.

Etoiles filantes. — Pendant la nuit, quand l'atmosphère est pure, on observe fréquemment le curieux météore auquel on a donné le nom d'*étoile filante*. Dans une partie du ciel, un point lumineux se montre tout-à-coup, se meut avec une grande rapidité, puis son éclat diminue et il disparaît. Quelquefois l'étoile filante laisse après elle une traînée lumineuse comme une fusée; d'autres fois elle lance des étincelles. Les anciens regardaient ces météores comme de véritables étoiles qui, se détachant de la voûte céleste, tombaient sur la terre ou allaient se perdre dans l'espace, d'où leur est venu le nom d'*étoiles filantes*. Mais une observation plus attentive montre que cette opinion est erronée; on reconnaît, en effet, qu'aucune étoile ne manque dans la constellation d'où a semblé partir le point lumineux.

Parmi les diverses opinions émises sur la nature des étoiles filantes, la plus probable est celle qui les rapporte à des multitudes d'astéroïdes circulant comme les planètes autour du soleil, et dont la grande vitesse donne quelquefois lieu à des rencontres avec des corps de même espèce, d'où il résulte un choc violent qui produit tout-à-coup une grande perturbation dans le mouvement et leur fait perdre leur centre de gravité. C'est alors qu'on les voit acquérir une nouvelle vitesse et se précipiter dans l'espace, qu'elles parcourent dans toutes les directions. Cependant, en comparant un grand nombre d'observations, on ne tarde pas à reconnaître la prédominance d'une direction moyenne, opposée à la vitesse de la terre dans son mouvement de translation autour du soleil. On conçoit, en effet, que le mouvement de la terre produit un mouvement apparent des astéroïdes égal et contraire à celui de la terre; cette vitesse se combine avec la vitesse propre des astéroïdes.

Certaines nuits sont particulièrement riches en étoiles filantes. Les époques les plus remarquables sont surtout celles qui se produisent vers la fin d'avril, le milieu de juillet, le 10 août, dans une grande partie du mois de novembre, et vers le milieu du mois de décembre.

Ces apparitions périodiques ont fait penser que les astéroïdes ne sont pas distribués au hasard dans notre système, mais qu'ils sont réunis en amas comme des bancs de sable, amas qui, semblables à des planètes, se meuvent autour du soleil, suivant les lois ordinaires du mouvement. Quand la terre traverse une de ces nuées d'astéroïdes, on voit une pluie d'étoiles filantes; mais le phénomène ne se reproduit pas chaque année. Une nouvelle rencontre n'arrivera qu'après un certain temps dépendant de la durée de révolution de l'amas et de celle de la terre.

Quand ces nuées d'astéroïdes se placent entre le soleil et la terre, elles peuvent obscurcir le soleil. On a remarqué que ce phénomène a lieu surtout les 7 février et 12 mai, dates qui répondent à la conjonction des nuées d'août et de novembre.

Etoiles (ABERRATION DES). — Voyez *Aberration.*

Etoiles (MOUVEMENT PROPRE DES). — Voyez *Mouvement propre.*

Etoiles (PARALLAXE DES). — Voyez *Parallaxe.*

Étoiles (POSITIONS APPARENTES DES). — On entend par position apparente d'une étoile le lieu que cette étoile, vue de la terre, semble occuper dans l'espace; position qui résulte de son ascension droite apparente et de sa déclinaison apparente.

Pour calculer les positions apparentes des étoiles, on se sert de formules dont nous allons donner ici les éléments.

Avec la constante de l'aberration 20″,463 de W. Struve et la constante de la nutation 9″,2236 de Péters, on a, par les formules de Bessel :

$$A = -\,[18'',7702 + 0'',0000254.\,(T - 1800)]\cos \odot,$$
$$B = -\,20'',463 \sin \odot,$$
$$C = t - 0{,}3425 \sin \text{☊} + 0{,}00412 \sin 2\,\text{☊} - 0{,}02516 \sin 2\,\odot - 0{,}004071 \sin 2\,\text{☾},$$
$$D = -\,9'',2236 \cos \text{☊} + 0'',0900 \cos 2\,\text{☊} - 0'',5500 \cos 2\,\odot - 0'',0890 \cos 2\,\text{☾},$$
$$a = \cos\alpha \,\text{séc}\,\delta,$$
$$b = \sin\alpha \,\text{séc}\,\delta,$$
$$c = [46'',0425 + 0''000325.\,(T - 1800)] + [20'',0598 - 0''0001.\,(T - 1800)] \sin\alpha \,\text{tang}\,\delta,$$
$$d = \cos\alpha \,\text{tang}\,\delta,$$
$$a' = \text{tang}\,\omega \cos\delta - \sin\alpha \sin\delta,$$
$$b' = \cos\alpha \sin\delta,$$
$$c' = [20'',0598 - 0'',0001\,(T - 1800)] \cos\alpha,$$
$$d' = -\sin\alpha.$$

Dans les équations A, c et c', T est l'année pour laquelle on se propose d'obtenir la valeur de ces équations.

La lettre t désigne la fraction de l'année écoulée à l'instant que l'on considère, l'année étant supposée commencer au moment où la longitude moyenne du soleil est de 280 degrés, ce qui, pour le méridien de Paris, arrive toujours avant midi moyen du 1er janvier, et dont l'époque répond au temps t_1 (1). Les fractions d'année données par la formule f (page 26), et qui sont comptées de midi moyen le 1er janvier doivent donc être augmentées de la valeur de t_1; mais elles sont données pour midi moyen de chaque jour, et il faut encore les augmenter d'un demi-jour exprimé en année, ou $0^{an},00137$, pour qu'elles se rapportent à minuit. On aura donc le temps t un jour donné en ajoutant $t_1 + 0^{an},00137$ à la fraction d'année correspondant au midi moyen de ce jour.

Les lettres α et δ représentent l'ascension droite moyenne (en arc) et la déclinaison moyenne d'une étoile au commencement de l'année défini comme il vient d'être dit, c'est-à-dire à l'instant où la longitude moyenne du soleil est de 280 degrés ; ω est l'obliquité moyenne de l'écliptique à la même époque. Les signes ☉, ☾ et ☊ représentent la longitude vraie du soleil, la longitude vraie de la lune et la longitude moyenne du nœud ascendant de la lune à l'époque t. Si, de plus, on désigne par μ et μ' les mouvements propres annuels de l'étoile en ascension droite et en déclinaison, on aura pour le temps t :

Ascension droite apparente, en arc. $= \alpha + Aa + Bb + Cc + Dd + t\mu$,
Déclinaison apparente............ $= \delta + Aa' + Bb' + Cc' + Dd' + t\mu'$,

On trouve dans la *Connaissance des Temps* les logarithmes des nombres A, B, C, D calculés pour tous les jours de l'année à *minuit moyen*, en négligeant les termes en sin 2 ☾ et cos 2 ☾.

Autre méthode. — Quand les nombres a, b, c, d, a' b' c' d' ne se trouvent pas dans le catalogue d'étoiles, on peut employer les formules :

Ascension droite apparente, en arc. $= \alpha + f + g \sin (G + \alpha) \operatorname{tang} \delta + h \sin (H + \alpha) \operatorname{séc} \delta + t\mu$,
Déclinaison apparente....... $= \delta + g \cos (G + \alpha) + h \cos (H + \alpha) \sin \delta + i \cos \delta + t\mu'$.

Les quantités f, g, G, h, H et i qui sont données par la *Connaissance des Temps*, de cinq jours en cinq jours pour minuit moyen à Paris, s'obtiendront facilement par interpolation pour un jour intermédiaire.

Etoiles changeantes. — Il est des étoiles dont l'intensité va en aug-

(1) La valeur de t_1 est donnée par la formule

$$t_1 = t_0 \mp (rn - r'n')$$

que l'on trouvera ci-après, au mot *Longitude*.

mentant graduellement ; il en est d'autres, au contraire, dont l'éclat va en diminuant. Ces variations d'éclat finissent par changer l'ordre alphabétique des étoiles dans certaines constellations. Ainsi, les étoiles du Bouvier, marquées α, β, γ, δ, ε, dans le catalogue de Bayer, en 1603, sont maintenant dans l'ordre α, ε, γ, β, δ.

Quand on compare les anciens catalogues à l'état actuel du ciel, on reconnaît que nombre d'étoiles manquent. Ainsi, il y a des étoiles qui non-seulement diminuent d'éclat, mais encore qui disparaissent complètement. Lalande a marqué dans le catalogue de Flamstead plus de cent étoiles perdues.

Etoiles colorées. — Il y a dans le ciel un certain nombre d'étoiles d'une teinte rouge très-prononcée; nous citerons, parmi les plus remarquables, Aldébaran, Pollux, Antarès, α d'Orion et Arcturus.

Autrefois la belle étoile Sirius était rouge; aujourd'hui elle est d'une blancheur éclatante.

Quelques étoiles, mais en plus petit nombre, ont une teinte bleue.

Un grand nombre d'étoiles doubles offrent des couleurs variées; l'étoile principale est ordinairement rouge ou orangée, la plus petite bleue ou verdâtre. Dans l'étoile double γ d'Andromède, la plus grande est cramoisie, la plus petite verte; l'étoile ι du Cancer est jaune et bleue. L'étoile η de Cassiopée présente la combinaison exceptionelle d'une étoile blanche et brillante avec un satellite d'un beau pourpre. Dans β de Céphée les deux étoiles sont bleues.

Etoiles doubles. — On comprend en général sous le nom d'*étoiles doubles* l'ensemble de deux étoiles qui nous paraissent très-voisines; mais ces deux étoiles peuvent être en réalité très-distantes et tout-à-fait indépendantes l'une de l'autre; il convient, afin d'éviter la confusion, de réserver le nom d'*étoiles doubles* à celles qui forment réellement un système binaire. Un pareil système est composé de deux étoiles qui tournent l'une autour de l'autre; ordinairement, les deux étoiles sont d'inégale grandeur, et la plus petite tourne comme un satellite autour de la plus grande. Ce mouvement d'une étoile autour de l'autre a lieu suivant les mêmes lois que le mouvement des planètes autour du soleil.

La durée de la révolution est très-variable ; il y a des étoiles doubles qui accomplissent leur révolution en trente ans, d'autres en deux cents ans, d'autres en deux mille ans. L'excentricité de l'orbite de ces étoiles est très-grande par rapport à celle des planètes qui est généralement très-petite.

La belle étoile Sirius a un mouvement propre analogue à celui des étoiles doubles ; ce mouvement s'exécute autour d'un point situé à une certaine distance de l'étoile.

On a observé aussi des étoiles triples et quadruples. Les étoiles ξ de la Balance et 12 du Lynx offrent cette circonstance particulière que les deux étoiles satellites tournent en sens contraires.

L'étoile ψ de Cassiopée présente une disposition analogue au soleil, à la terre et à la lune ; elle est formée de trois étoiles de différentes grandeurs ; la seconde tourne autour de la première, et la troisième autour de la seconde.

Etoiles périodiques. — Il est des étoiles qui éprouvent des changements périodiques dans leur intensité. L'une des plus remarquables est l'étoile Algol ou β de Persée ; elle paraît ordinairement comme une étoile de deuxième grandeur et reste telle pendant $2^j 14^h$; elle diminue ensuite pendant $3^h 30^m$, jusqu'à être réduite à la quatrième grandeur. Alors elle recommence à croître pour reprendre, au bout de $3^h 30^m$, son éclat ordinaire. Ces variations périodiques d'intensité s'accomplissent en $2^j 20^h 48^m$. On a supposé qu'un corps opaque comme une planète circule autour de l'étoile et l'éclipse en partie à chacune de ses révolutions.

L'étoile ο de la Baleine présente des changements encore plus remarquables dans une période de trois cent trente-quatre jours. L'étoile brille pendant quinze jours comme une belle étoile de seconde grandeur ; elle décroît ensuite pendant trois mois, disparaît pendant près de cinq mois, croît de nouveau pendant trois mois pour reprendre son plus grand éclat, qu'elle ne conserve que quinze jours. Tel est en général l'ordre de ses variations. Mais quelquefois elle ne reprend pas le même éclat ou ne passe pas par les mêmes phases. Hévélius rapporte qu'elle ne parut pas du tout pendant quatre ans, de 1672 à 1676. Maupertuis supposait cette étoile entourée d'un anneau comme Saturne ; quand elle nous présente l'anneau de face, elle jette un grand éclat ; quand elle nous le présente de profil, elle est invisible.

Etoiles temporaires. — On voit quelquefois des étoiles apparaître tout-à-coup dans le ciel, briller pendant un certain temps, puis disparaître. Dans le IVe siècle après J.-C. une étoile parut tout-à-coup près de l'Aigle, aussi brillante que Vénus, et, après avoir lui pendant trois semaines, disparut. Dans le IXe siècle des astronomes arabes observèrent dans le Scorpion une étoile nouvelle, dont la lumière égalait le quart de celle de la lune ; elle fut visible pendant quatre mois.

Mais la plus remarquable des étoiles temporaires est celle de 1572, observée par Tycho-Brahé. Elle apparut le 11 novembre 1572 dans la constellation Cassiopée; brillante comme Sirius, elle continua de croître jusqu'à surpasser Jupiter et à devenir visible en plein midi. Un mois après, dès le mois de décembre 1572, elle commença à décroître, et disparut en mars 1574, seize mois après son apparition. Elle éprouva des changements de couleur notables : d'une blancheur éblouissante à son apparition, elle passa au rouge en mars 1573, et redevint blanche en janvier 1574.

En 1604, une étoile temporaire, plus brillante que Sirius, fut observée par Képler dans le Serpentaire.

En 1760, dans la tête du Cygne, apparut une étoile de troisième grandeur, qui devint ensuite invisible, se montra de nouveau, et, après avoir éprouvé une ou deux variations de lumière, disparut tout-à-fait.

En 1848, Hind aperçut dans le Serpentaire une étoile nouvelle de cinquième grandeur, précisément à la place d'une étoile perdue.

Quelques astronomes pensent que la belle étoile de 1572 est une étoile périodique, dont l'histoire rapporte les apparitions antérieures, en 945 et en 1264, dans Cassiopée. Si cette hypothèse est vraie, la période étant de trois cent treize ans, l'étoile devrait reparaître en 1885.

Ces apparitions et disparitions subites, accompagnées de changements de couleur, qui ont une certaine analogie avec la combustion, nous font penser que ces astres sont le théâtre de quelque grand phénomène physique ou chimique.

Euclide, très-célèbre géomètre grec, ouvrit à Alexandrie une école de mathématiques vers 320 avant J.-C. On ne sait rien sur sa naissance et sur sa vie. Plusieurs de ses ouvrages sont perdus; le plus célèbre, connu sous le nom d'*Eléments*, sert encore aujourd'hui de base à l'enseignement de la géométrie. On a encore d'Euclide : *Data* (Données), traité fort goûté par Newton.

Euctémon, astronome athénien du ve siècle avant J.-C., s'appliqua à l'observation des solstices avec le gnomon, aida Méton dans l'établissement de son cycle, et composa un calendrier astronomique et météorologique, dont quelques extraits nous ont été conservés par Ptolémée.

Eudore, historien, était contemporain de l'empereur Dioclétien. Il entreprit, en l'an 287 après J.-C., un voyage en Egypte et visita tout ce que ce pays offrait autrefois de plus remarquable, en fait de monuments et de cités renommées. — On lui doit une description très-intéressante des *ruines de Tentyris*, dont le magnifique temple renfermait le fameux zodiaque connu sous le nom de *Zodiaque de Denderah*, qui fait encore aujourd'hui l'admiration des connaisseurs qui visitent le palais du Louvre, à Paris.

Eudoxe, de Cnide, mathématicien et astronome grec, né vers 409 avant J.-C., mort vers 356, commença à suivre les leçons de Platon, vers 386. Il fit un voyage en Egypte vers 362 ; les notions géométriques et astronomiques qu'il y recueillit étaient pratiques et très-élémentaires : il y ajouta la théorie. Il fonda une école à Cnide vers 359, et il y établit un observatoire astronomique. Ses deux principaux ouvrages sur l'astronomie sont le *Miroir* et les *Phénomènes.*

Eudoxe avait essayé d'observer les solstices en fixant à l'aide d'une mire horizontale les plus grandes amplitudes ortives du soleil, et il avait cru trouver que cet astre avait un mouvement en latitude. Dans son système astronomique, la terre était le centre immobile de toutes les révolutions célestes. Il ignorait ou négligeait les anomalies du mouvement du soleil et de la lune en longitude ; suivant lui, les mouvements du soleil, de la lune et des cinq planètes résultaient des révolutions combinées de sphères toutes concentriques. Ce système très-erroné n'était pas moins un premier pas dans la voie de l'astronomie mathématique chez les Grecs.

Evection. — C'est une des trois inégalités principales que l'on remarque dans le mouvement de la lune en longitude, et qui est produite par l'attraction du soleil. (Voy. *Longitude.*)

Excentricité. — On entend, en général, par excentricité la distance du centre d'une ellipse à son foyer.

Pour les ellipses que décrivent les planètes dans le cours de leurs révolutions, l'excentricité est le foyer occupé par le soleil; c'est, en d'autres termes, la distance du soleil au point central de l'ellipse qui constitue l'orbite de la planète. On voit, par cette définition, que les orbites des planètes, dont l'excentricité est généralement assez petite, diffèrent peu d'un cercle.

Soit a le demi-grand axe, b le demi-petit axe et e l'excentricité d'une ellipse, on a toujours, quelle que soit la forme de cette ellipse :

$$e^2 = 1 - \left(\frac{b}{a}\right)^2$$

On a de même :

$$e = \frac{a - \varphi}{a},$$ où φ est la distance périhélie.

Excentricité de l'orbite lunaire. — Quelle est la forme précise de la courbe décrite par la lune? — C'est là une question que les astronomes ont résolue en mesurant les dimensions apparentes du disque lunaire, pendant toute la durée d'une période de révolution. Si ces dimensions, rapportées au centre de la terre, étaient restées constantes, c'est que la distance de la lune n'aurait point varié : d'où l'on aurait conclu qu'elle se meut dans une orbite circulaire. Il n'en est rien : ces dimensions varient, et en calculant les variations correspondantes de la distance, on a reconnu que la courbe a la forme d'une ellipse, et que la terre occupe l'un des foyers.

Soit e l'excentricité de l'orbite lunaire,
A la distance apogée,
P la distance périgée,
t les années comptées à partir de 1800,

On aura :

$$e = 0{,}05484290 + 0{,}00000130347 \,.\, t\,;$$
$$A = 1 + e\,;\ P = 1 - e.$$

Excentricité de l'orbite terrestre. — L'orbite de la terre, comme celle des autres planètes, est une ellipse dont le soleil occupe l'un des foyers.

Soit e l'excentricité de l'orbite terrestre,
A la distance aphélie,
P la distance périhélie,
t les années comptées à partir de 1850,

On aura pour une année marquée par $1850 + t$:

$$e = 0{,}01679226 - [0{,}00002106 + (0{,}00000005 \,.\, t)]\,;$$
$$A = 1 + e\,;\ P = 1 - e.$$

Excentricité des orbites planétaires. — Les planètes, ainsi que nous l'avons dit (page 220), se meuvent dans des orbites qui affectent la forme d'une ellipse, et dont le soleil occupe l'un des foyers.

Si nous représentons par e l'excentricité de l'ellipse décrite par une planète, et par t les années comptées à partir de 1800, nous aurons à l'époque $1800 + t$:

Pour Mercure.. $e = 0{,}2056063 - (0{,}0000000211 \,.\, t)$
— Vénus.... $e = 0{,}0068618 - (0{,}0000002568 \,.\, t)$
— Mars..... $e = 0{,}0932168 + (0{,}00000061569 \,.\, t)$
— Jupiter... $e = 0{,}0481621 + (0{,}0000010653 \,.\, t)$

Pour Saturne .. $e = 0{,}0561505 - (0{,}0000021514 . t)$

— Uranus... $e = 0{,}0466794 - (0{,}0000014153 . t)$

— Neptune.. $e = 0{,}0087195$

Pour cette dernière planète, la variation annuelle de l'excentricité de l'orbite peut être considérée comme nulle. Quant à la variation séculaire, elle n'a pas encore été observée d'une manière assez rigoureuse pour nous permettre d'en déterminer la valeur.

Maintenant que nous connaissons l'excentricité des orbites planétaires, si nous représentons par d la distance moyenne (1) d'une planète au soleil, par A et P sa distance relative à l'époque de l'aphélie et du périhélie, nous aurons en général :

$$A = d + e ; P = d - e.$$

De la combinaison de ces deux équations, on peut également déduire la distance moyenne, puisque, en représentant cette distance moyenne par D, on a : $D = \frac{1}{2}(A + P)$.

Faye (HERVÉ-AUGUSTE-ÉTIENNE-ALBANS), astronome français, membre de l'Institut, né à Saint-Benoît-du-Sault (Indre) le 5 octobre 1814. Le 22 novembre 1843, il découvrit une nouvelle comète dont il calcula les éléments, et qui prit son nom. On doit à ce savant des *Leçons de cosmographie*, 1852.

Fergusson (JACQUES), astronome écossais, né en 1710 à Keith, de parents pauvres, mort en 1776. Ce fut en gardant les moutons dans une ferme qu'il acquit les premières notions des mathématiques. Arrivé à Londres en 1744, il y donna des leçons publiques de physique, et fut reçu membre de la Société royale, en 1763. Ses ouvrages durent leur succès à la clarté qu'il mettait dans l'exposition de ses idées. Il a publié : *l'Astronomie enseignée d'après les principes de Newton,* 1785 ; *Introduction à l'électricité*, 1770 ; *Exercices de mécanique*, 1773 ; *Traité de perspective*, 1775 ; *Leçons sur divers sujets de mécanique*, *d'hydrostatique*, *d'hydraulique*, *de pneumatique et d'optique*, 1776.

Fêtes mobiles. — Voyez *Calendrier* (page 88).

Flamstead (JEAN), célèbre astronome anglais, né à Derby en 1646, mort à Londres en 1719. En 1669, il présenta à la Société royale de Londres des éphémérides pour l'année suivante, et, en 1672, publia un mémoire sur l'équation du temps, *De æquatione temporis diatriba*. Lorsque

(1) Pour les distances moyennes des planètes au soleil, voyez ***Système solaire***.

Charles II, en 1676, fonda l'Observatoire de Greenwich, ce fut Flamstead qu'il choisit pour diriger les travaux astronomiques. Là, avec un instrument très-imparfait, des ressources très-faibles d'abord (il n'avait qu'un traitement annuel de 100 liv. sterl.), il continua les observations qu'il avait commencées. En 1684, il obtint un petit bénéfice qui améliora son sort, et il put faire construire à ses frais, 1688, un grand cercle mural, qui lui servit jusqu'à sa mort. Malgré lui, et d'après les ordres de la reine Anne, les résultats de ses observations furent publiés par Halley en 1712, sous le titre de : *Historia cœlestis.*

Flux. — Voyez *Marée.*

Fondamentales. — C'est ainsi que l'on désigne particulièrement les étoiles dont les positions apparentes ont été déterminées avec une grande exactitude, et que l'on trouve dans les éphémérides astronomiques, ou *Connaissance des Temps*, de dix jours en dix jours, pour l'instant de leur passage au méridien. Les étoiles *fondamentales* sont au nombre de 116, non compris α et δ de la petite Ourse qui sont données pour chaque jour de l'année.

On conçoit que de la position de ces étoiles on puisse déduire facilement les positions relatives des autres étoiles, ainsi que celles des planètes et des comètes. Pour trouver l'ascension droite et la déclinaison d'un astre inconnu, on le compare à une ou plusieurs étoiles fondamentales, et on détermine leurs différences en ascension droite et en déclinaison, par les méthodes ordinaires, c'est-à-dire par la mesure des distances angulaires qui les séparent.

Force. — Une force est une cause quelconque qui produit le mouvement ou qui le modifie. On en distingue de deux espèces : 1° celles qui sont *instantanées*, c'est-à-dire qui n'agissent que pendant un temps infiniment petit sur les corps qu'elles sollicitent; elles cessent d'agir en quelque sorte en même temps qu'elles commencent; 2° celles qui sont *accélératrices*, c'est-à-dire qui ne cessent pas d'agir sur les corps qui leur sont soumis. Les chocs, les déflagrations de mélanges détonnants sont *à peu près* des exemples de forces de la première espèce... ; l'action du soleil, qui n'abandonne jamais les corps planétaires qui se meuvent autour de lui, est une force accélératrice... Une seule force instantanée ne peut produire qu'un mouvement uniforme ; une seule force accélératrice produit toujours un mouvement varié.

Force accélératrice constante. — On nomme force accélératrice constante celle qui communique un mouvement uniformément varié au point mobile qu'elle sollicite ; on voit qu'une pareille force doit produire pendant chaque instant infiniment petit une variation constante de vitesse, et, par conséquent aussi, pendant chaque unité de temps ou, en général, pendant deux temps égaux, puisque la variation définitive de vitesse qui a lieu pendant un temps quelconque est la somme de toutes celles qui sont produites pendant tous les instants infiniment petits qui composent ce temps ; et comme ces dernières sont toutes égales, les sommes correspondantes à des temps égaux doivent être les mêmes.

Pour juger de l'intensité d'une force accélératrice constante et pour avoir l'expression f de sa mesure, il faut nécessairement la comparer à une force de même nature que l'on prendra pour unité; supposons, par exemple, que cette dernière force dont l'intensité est représentée par f', soit celle qui produit une augmentation de vitesse égale à l'unité de ligne pendant l'unité de temps, on regarde alors les intensités des forces comme proportionnelles aux accroissements constants respectifs g et g' que la vitesse éprouve pendant toutes les divisions unitaires de la durée du mouvement, ce qui donne $\frac{f}{f'}=\frac{g}{g'}$, et comme f' et g' sont des quantités égales à l'unité de leur espèce, on a seulement $f=g$; on voit ainsi que l'intensité de la force accélératrice constante est égale à l'augmentation de vitesse qu'elle produit dans le mobile pendant l'unité de temps ; ce qui n'est qu'une manière elliptique de s'exprimer qui, prise à la lettre, n'a aucun sens et que l'on doit traduire de la manière suivante : une force accélératrice constante quelconque contient celle qui produit pendant l'unité de temps une augmentation de vitesse égale à l'unité de ligne autant de fois que l'accroissement de vitesse qu'elle engendre pendant l'unité de temps renferme d'unités linéaires. Dans un certain cas particulier, par exemple, si l'on trouve $g=9^{m},8088$, cette dernière quantité sera la mesure de la force qui produit le mouvement uniformément varié dans lequel les augmentations de vitesse dans l'unité de temps sont égales à ce nombre.

L'intensité φ d'une force accélératrice qui produit un mouvement varié quelconque dépend des conditions particulières de sa manière d'agir; elle n'a pas la même valeur à toutes les époques du mouvement; son expression numérique, au bout du temps t, est proportionnelle à la variation infiniment petite de vitesse qu'elle produit sur le mobile pendant l'intervalle de temps infiniment petit qui suit le temps t ; on peut prendre cette variation pour la mesure de la force; mais dans les calculs d'application, ce mode d'évaluation offrirait des difficultés; on lui substitue les considérations suivantes : la variation infiniment petite de vitesse est supposée se prolonger toujours égale à elle-même pendant toute la durée d'une unité de temps ; la force variable n'agissant plus sur le mobile ou étant supposée devenue constante, pendant cette unité, la variation de la vitesse aura acquis une valeur g'', et l'on aura $\varphi = g''$, comme si le mouvement était devenu uniformément varié. On voit ainsi que l'on prend pour mesure, *au bout d'un temps quelconque*, d'une force accélératrice variable, la variation de vitesse qui aurait lieu pendant l'unité de temps, si le mouvement devenait uniformément varié et que les accroissements constants infiniment petits de vitesse fussent égaux à celui que la force que l'on considère produit, pendant l'intervalle de temps infiniment petit qui succède au temps au bout duquel on veut connaître l'intensité de la force.

Si l'on voulait, par exemple, évaluer l'intensité de la force attractive accélératrice que la terre exerce sur la lune, il faudrait supposer que le mouvement de notre satellite sur son orbite fût tout-à-coup anéanti ; alors il tomberait vers la terre comme un corps solide terrestre abandonné à lui-même; pendant le premier instant infiniment petit de sa chute, la terre lui communiquerait une impulsion infiniment petite, de laquelle il résulterait une vitesse, aussi infiniment petite, vers le centre de la terre; si cette augmentation de vitesse se prolongeait pendant une seconde, toujours avec la même valeur, au bout de ce temps la lune possèderait une vitesse g, qui exprimerait la valeur de sa force attractive à l'origine de la chute. Les observations astronomiques donnent presque $0^{m},003$ pour cette vitesse, tandis que d'autres, dont nous parlerons plus tard, donnent $9^{m},8088$ pour celle que les corps acquièrent près de la surface terrestre; on voit, par conséquent que, dans l'hypothèse que nous avons faite, le mouvement de la lune serait beaucoup plus lent dans les premières secondes de sa chute que celui des corps abandonnés à eux-mêmes près de la surface de la terre. — La force accélératrice attractive terrestre, pendant toute la durée de la chute de la lune, n'aurait pas la même intensité; le calcul et l'observation établissent, par exemple, qu'à une distance de 30 rayons terrestres, ou 19132 myriamètres, cette force serait représentée par $0^{m},012$; on voit ainsi qu'à l'époque où l'astre se serait rapproché à cette distance, l'accroissement constant de vitesse qui aurait lieu par seconde serait quatre fois plus grand que celui qui aurait correspondu à l'origine du mouvement.

On trouve dans la nature plusieurs exemples de forces accélératrices dont les intensités sont inverses des carrés des distances du point mobile à un point fixe. Si on nomme φ l'intensité d'une pareille force, r la distance dont il s'agit et k un nombre constant, on aura :

$$\varphi = \frac{k}{r^2}$$

Cette supposition revient à admettre que la force attractive communique pendant des instants infiniment petits des accroissements de vitesse d'autant plus grands que le carré de la distance entre le centre attractif et le point mobile est plus petit; ces accroissements seraient proportionnels aux quantités successives, 1, $\frac{1}{4}$, $\frac{1}{9}$....., lorsque les distances le seraient elles-mêmes aux nombres 1, 2, 3..... L'observation que nous avons citée au sujet de l'attraction, pages 56 et suivantes, doit faire concevoir que les grandes masses planétaires agissent attractivement les unes sur les autres; les éléments du système du monde fournis par l'observation établissent que cette force est du genre de celles que nous considérons ici; les nombres que nous avons déjà cités relativement à la lune (page 225) montrent que la force attractive terrestre sur notre satellite satisfait à la relation précédente; car on sait que la distance du centre de la lune à celui de la terre est à peu près égale à 60 rayons terrestres; or on trouve :

$$\frac{g}{\varphi}=\frac{9^m,8088}{0^m,003}=\frac{(60)^2}{1^2}$$

à peu près. Nous aurons à étudier dans la suite plusieurs phénomènes produits par des forces telles que la force φ.

Nous donnons en général la qualification d'*accélératrices*, aux forces qui ne cessent pas d'agir sur les mobiles; mais lorsqu'on connaît la manière dont elles exercent leur action, et si l'on sait qu'elles produisent ou qu'elles tendent à produire une augmentation réelle de vitesse, elles conservent cette désignation, comme les attractions terrestre, solaire, planétaire....; mais, dans le cas contraire, on les nomme *retardatrices*, comme la résistance qu'un milieu oppose au mouvement des corps qui le parcourent; ces dernières peuvent être considérées comme *négatives*, si les autres sont *positives*.

Force centrifuge. — On donne le nom de force centrifuge à la force accélératrice qui est équivalente à la pression qu'un élément matériel exerce sur la courbe qu'il est forcé de décrire et qui provient seulement de la vitesse qu'il a acquise au bout d'un temps quelconque.

Pour trouver la force accélératrice centrifuge dont nous représentons l'intensité, au bout du temps t, par f, admettons que le mobile soit forcé de décrire le cercle afk (*fig.* 31) d'un mouvement quelconque, et qu'il passe en a au commencement de l'instant qui suit t; alors la vitesse v qu'il possède est dirigée suivant $a\,b$, tangente au cercle au point a, puisque *lorsque les forces qui produisent un mouvement varié cessent d'agir, le mobile s'échappe sur la tangente à la trajectoire;* si le mobile était libre, il décrirait donc la tangente $a\ b$ d'un mouvement uniforme; mais sa liaison autour du point c lui fait décrire l'arc infiniment petit $a\ m$ pendant l'intervalle de temps infiniment petit i qui suit t; pendant ce temps, quelle que soit la nature de la force accélératrice centrifuge, on peut regarder son intensité comme constante, et les rayons $c\ a$, $c\ m$ comme parallèles par une raison analogue à celle que nous avons donnée du parallélisme des directions de la pesanteur pour un corps de peu d'étendue (Voyez *Pesanteur*); on voit donc qu'en passant de a en m sur le cercle, le mobile s'est rapproché en réalité du centre de la quantité $a\ d$, déterminée par la perpendiculaire $m\ d$ abaissée du point m sur $a\ c$; car il tend à décrire la tangente $a\ b$, et par conséquent à s'éloigner du centre d'une quantité équivalente à $a\ d$ dans le temps infiniment petit i; or, d'après le principe de la force accélératrice constante, on a

$$f = \frac{2.\ d\ a}{i^2}$$

mais si nous appelons r le rayon $c\ a$, et si nous considérons $a\ m$ comme une petite corde, nous aurons

$$d\ a = \frac{a\ m^2}{2\ r}$$

Maintenant, si v est la vitesse avec laquelle le mobile décrit l'arc $a\ m$ d'un mouvement uniforme, on $a\ m = i\ v$, d'où on tire $a\ m^2 = i^2\ v^2$; alors

$$d\ a = \frac{i^2\ v^2}{2\ r} \text{ et enfin } f = \frac{v^2}{r}$$

On voit ainsi que la force centrifuge dans le cercle est proportionnelle au carré de la vitesse du mobile et inverse du rayon du cercle. Si le mouvement sur le cercle est uniforme, la vitesse v sera constante ainsi que la force centrifuge.

L'expression de la force f a la même valeur sur une courbe quelconque que sur un cercle, en admettant que dans la valeur

$$f = \frac{v^2}{r}$$

v est toujours la vitesse que possède le mobile lorsqu'il traverse le point que l'on considère et r ce que, en géométrie, on appelle le rayon du cercle osculateur à la courbe mené au point que l'on considère; ce cercle se confond avec deux éléments successifs de la courbe, et alors le mouvement du mobile sur la courbe peut être remplacé par son mouvement sur le cercle osculateur.

Si l'on représente par M la masse d'un corps dont on veut considérer la force motrice centrifuge, il est aisé de voir que cette dernière force aura pour expression

$$\frac{M v^2}{r}$$

ainsi que nous l'avons défini à l'article intitulé : *Force motrice*, et aussi lorsque nous avons parlé de l'*Attraction*.

Force centripète. — L'expression que nous venons de donner porte aussi le nom de force centripète, c'est-à-dire dirigée vers le centre; on voit que cette force est égale à la masse du corps, multipliée par le carré de la vitesse, et divisée par le rayon du cercle; en d'autres termes, cette expression de la force centripète est proportionnelle au carré de la vitesse, et en raison inverse du rayon. En désignant par T la durée de la révolution, en remarquant que

$$v = \frac{2 \pi r}{T}$$

on trouve cette autre expression de la force centripète :

$$\frac{4 \pi^2 M r}{T^2}$$

Force centrifuge à la surface de la terre. — La terre tourne sur elle-même en un jour sidéral de 86164 secondes moyennes, autour d'une droite qui se meut dans l'espace; chaque point de la masse décrit un cercle dont le plan est perpendiculaire à l'axe qui contient le centre, et tous, excepté ceux qui se trouvent sur l'axe, doivent posséder une force centrifuge. On voit donc que si la terre a été primitivement fluide, ses éléments matériels ont dû tendre à s'éloigner de l'axe de rotation et, par suite, les masses équatoriales doivent être plus éloignées du centre terrestre que celles qui sont aux pôles; la terre peut être ainsi considérée comme formée par la révolution d'une ellipse à laquelle on donnerait un mouvement de rotation autour de son petit axe. Nous avons vu (page 38) que la différence des demi-axes de cette ellipse est seulement de 21318^m, et le rapport de cette quantité au rayon de l'équateur de $\frac{1}{300}$ environ. Le mouvement diurne étant uniforme, si l'on nomme T sa durée 86164 secondes, v la vitesse d'un point de la surface terrestre, v T sera la valeur de la circonférence sur laquelle ce lieu se trouve; si r est le rayon de ce cercle, et π le rapport de la circonférence au diamètre, $2 \pi r$ sera l'expression de la circonférence du parallèle, et l'on aura $v T = 2 \pi r$ qui donne

$$v = \frac{2 \pi r}{T}$$

et par suite la valeur de la force centrifuge deviendra

$$f = \frac{4\pi^2 r}{T^2}$$

ainsi la force centrifuge d'un point du globe terrestre est proportionnelle au rayon du parallèle qui contient ce point et inverse du carré du temps pendant lequel s'effectue la révolution diurne.

Pour l'équateur, par exemple, on a $r = 6377398$ et toujours $T = 86164^s$, la substitution donne $f = 0^m,03395$; or, à l'équateur, l'intensité de la pesanteur est égale à 9^m78019; le rapport de la force centrifuge à la pesanteur est donc égal à $\frac{1}{289}$ à peu près. Cette quantité apprend que la force centrifuge diminue la pesanteur du 289e de sa valeur.

Il est aisé de trouver la vitesse que devrait avoir un point de l'équateur pour que la force centrifuge fût égale à sa pesanteur ; on aurait

$$\frac{v^2}{r} = g, \text{ d'où } v = \sqrt{gr}$$

en substituant dans cette formule $g = 9^m78019$, $r = 6377398$, on a $v = 7897^m$, nombre qui est à peu près 17 fois plus grand que celui qui exprime la valeur de la vitesse actuelle.

Les formules

$$f = \frac{4\pi^2 r}{T^2} \text{ ou } f = \frac{v^2}{r}$$

donneront aisément la force centrifuge en un lieu quelconque de la terre ; elle est dirigée dans le prolongement du rayon du parallèle qui passe par ce lieu; il est aisé de se convaincre que l'angle formé par la direction de cette force et par la verticale est égal à la latitude du point terrestre que l'on considère. La force centrifuge ne doit par conséquent pas diminuer la pesanteur de toute la quantité f; si on représente par λ la latitude du lieu, on trouve pour expression définitive de cette diminution

$$\frac{\cos^2\lambda}{289}$$

Force centrifuge à la surface des corps célestes. — Les observations astronomiques font découvrir que tous les corps célestes possèdent un mouvement de rotation uniforme autour d'un axe particulier ; elles font aussi connaître la durée de ces mouvements ; elles apprennent que ces corps sont à peu près sphériques, et elles déterminent la valeur absolue de leurs rayons. Ces résultats suffisent pour établir que les diverses parties de leurs masses possèdent une force centrifuge qui doit tendre à donner à leur surface une forme analogue à celle de la terre, ce qui est encore un résultat que les observations confirment en général. La formule

$$f = \frac{4\pi^2 r}{T^2}$$

donnera la valeur de la force centrifuge à la surface du soleil ou d'une planète, en y substituant pour r et T leurs valeurs, et l'on pourra la comparer à celle qui a lieu sur la terre. Par exemple, supposons qu'il s'agisse de chercher le rapport des forces centrifuges équatoriales du soleil et de la terre; pour cette dernière on aura

$$f = \frac{4\pi^2 r}{T^2} \text{ et pour le soleil } f' = \frac{4\pi^2 r'}{T'^2}\text{; d'où } \frac{f'}{f} = \frac{T^2 r'}{T'^2 r}$$

mais on sait par l'observation que le rayon r' du soleil égale 111 fois le rayon r de la terre, et que la durée sidérale T' de la rotation du soleil sur son axe est égale à 25,5 fois la durée T qui est égale à un jour sidéral;

$$\text{alors } \frac{f'}{f} = \frac{111}{(25{,}5)^2} = \frac{1}{6}$$

à peu près. Ainsi, la force centrifuge à l'équateur solaire est seulement le sixième de celle des corps qui se trouvent à l'équateur de la terre. On trouverait par un calcul analogue la force centrifuge correspondante aux autres corps célestes.

Force motrice. — On appelle force motrice, *à un instant donné*, d'une masse en mouvement varié, le produit de cette masse par la variation infiniment petite de vitesse que la force accélératrice communique à chaque élément matériel pendant l'instant infiniment petit qui succède au temps que l'on considère. On pourrait prendre ce produit pour la mesure de la force motrice; mais son application présenterait des difficultés pratiques à cause du facteur infiniment petit qu'il contient et qui le rend analogue à celui que nous indiquerons tout-à-l'heure sous le nom de quantité du mouvement, lorsque nous traiterons de la mesure des forces; mais on peut remarquer que ce facteur est proportionnel à la valeur numérique de force accélératrice, et par conséquent on pourra le remplacer par la valeur φ que possède cette force à l'époque que l'on considère; dans ce cas, le nombre F qui représente la force motrice, au bout d'un temps quelconque, sera $F = M\varphi$.

Force motrice (DÉTERMINATION D'UNE). — Si la seule force accélératrice qui sollicite la masse M, est celle de la pesanteur dont l'intensité est g, on aura, pour un corps qui tombe ou tend à tomber : $F = Mg$; or, le poids P du corps a pour expression Mg, on a donc $F = P$, ce qui montre que, dans la chute des corps, la force motrice est égale à leur poids, et comme g est une quantité constante, cette force a la même valeur pendant toute la durée de cette espèce de mouvement, circonstance qui n'a pas lieu dans un mouvement varié quelconque.

Forces (MESURE DES). — Lorsqu'on se propose d'évaluer les forces par les effets du mouvement qu'elles produisent, on remarque ordinairement que ces effets se réduisent à communiquer certaines vitesses à certaines masses ; on prend alors pour unité de mesure l'intensité f d'une force capable d'imprimer à l'unité de masse une vitesse égale à l'unité de ligne; alors on fait le raisonnement suivant : soit F l'intensité de la force que l'on veut mesurer et qui communique une vitesse V à une masse M; chaque unité de masse recevant une vitesse V, on peut considérer la force F comme équivalente à M forces F′ dont chacune peut donner une vitesse V à l'unité de masse; ce qui fournit l'équation $F = MF'$; la force F′ peut elle-même être regardée comme équivalente à V forces f; on a encore $F' = Vf$, et par suite $F = MVf$; mais comme f est l'unité de force, cette équation se réduit simplement à $F = MV$ qui exprime que l'intensité d'une force est égale à la quantité de mouvement qu'elle produit ou, plus explicitement, que la force que l'on considère contient celle que l'on prend pour unité, autant de fois qu'il y a d'unités dans le produit de la masse mise en mouvement et de la vitesse imprimée. Ces dernières quantités étant évaluées à l'aide de l'unité de même nature, et comme la masse d'un corps est proportionnelle à son poids, on pourra prendre ce dernier pour la mesure de la masse; alors si l'unité de poids est le gramme, et celle de ligne le mètre, l'unité de force sera l'intensité de celle qui imprimerait une vitesse d'un mètre à un gramme.

Forme de la terre. — La terre, que nous voyons entourée de tous côtés par cette calotte sphérique que nous appelons le ciel, est nécessairement un corps isolé dans l'espace. Il est facile de reconnaître que la terre elle-même a la forme sphérique; en effet, dans un pays découvert, et particulièrement en mer, la ligne qui borne la vue ou ligne d'horizon est un arc de cercle dont l'observateur occupe le milieu. Plus on s'élève au-dessus de la surface, plus le cercle d'horizon s'agrandit ; et cela a lieu dans tous les pays, en tous les points de la terre. Or, la sphère est le seul corps qui soit vu ainsi sous forme circulaire, de quelque côté qu'on le regarde.

Forme et dimensions de la lune. — La lune a la forme d'une sphère dont nous n'apercevons qu'un peu plus de la moitié. Cela résulte de l'apparence constamment circulaire de son disque, et de la forme elliptique de la ligne qui sépare les régions plongées dans l'ombre de celles qui reçoivent la lumière du soleil. Tous les diamètres du disque lunaire sont d'égale grandeur, sauf les faibles inégalités qui proviennent des dentelures produites sur les bords par les profils des montagnes. Le globe lunaire n'est donc pas aplati, comme l'est la terre à ses deux pôles de rotation; ou, s'il l'est, c'est d'une manière insensible et inappréciable pour nous. Que la lune, comme la terre, ait été fluide à l'origine, c'est une hypothèse d'une grande probabilité, mais la faible vitesse de son mouvement de rotation explique suffisamment comment il se fait qu'elle n'a point la forme d'un ellipsoïde renflé à son équateur.

Il paraît cependant certain que le globe de la lune n'est pas rigoureusement sphérique : l'attraction de la terre a dû l'allonger dans la direction du centre de notre globe, de sorte que son plus grand diamètre est toujours tourné vers nous. C'est à cette circonstance, qui est du reste une conséquence des lois de la pesanteur, que Laplace attribue la parfaite égalité des deux mouvements de rotation et de révolution de notre satellite; mouvements qui, à l'origine, étaient sans doute légèrement inégaux. Peut-être un jour arrivera-t-on à mesurer les différents méridiens lunaires avec assez d'exactitude pour rendre l'allongement dont nous parlons.

Ce n'est pas tout de connaître la forme d'un astre, il faut encore se rendre compte de ses dimensions réelles. Rien n'est plus aisé, quand on sait à la fois quelle est sa distance et sous quel angle on voit son diamètre. Il suffit alors de résoudre un problème de triangulation des plus simples.

Le rayon de la lune est environ les trois onzièmes du rayon moyen de la terre, ou plus exactement les 0,273125 de ce rayon. Evalué en kilomètres, le diamètre lunaire mesure donc 3482 kilomètres.

La circonférence d'un méridien offre un développement de 10939 kilomètres, et la longueur d'un degré est égale à 30386 mètres.

Quant à la superficie totale, elle est un peu moindre que la treizième partie de la surface de la terre, et comprend environ 38 millions de kilomètres carrés; ce qui donne 19 millions de kilomètres carrés pour la superficie de l'hémisphère vu de la terre.

Des dimensions linéaires et superficielles, si on passe au volume, on trouve que la lune est environ 49 fois moins grosse que la terre. Sa densité moyenne, rapportée à celle de l'eau, est 3,55; c'est-à-dire que le globe lunaire pèse plus de trois fois et demi autant qu'un globe d'eau de même dimension.

Formules astronomiques. — Sous ce titre, nous comprendrons les formules qui s'appliquent à la trigonométrie sphérique, au calcul de quelques différentielles, aux développements en séries continues et périodiques et à la détermination de certaines intégrales.

Formules de trigonométrie sphérique. — Les diverses opérations de l'astronomie reposant en grande partie sur la résolution des triangles sphériques, nous allons donner ici les formules trigonométriques qui servent à calculer ces triangles.

Nous désignerons toujours dans les formules qui vont suivre les trois angles d'un triangle par A, B, C, et les côtés respectivement opposés à chacun de ces angles par a, b, c.

Relations entre les éléments d'un triangle sphérique

1° TRIANGLES RECTANGLES

$$\cos a = \cos b \cos c \qquad \sin b = \sin a \sin B$$

$$\text{tang } c = \text{tang } a \cos B \qquad \text{tang } b = \sin c \text{ tang } B$$

$$\cos B = \cos b \sin C \qquad \cos a = \cot B \cot C$$

2° TRIANGLES OBLIQUANGLES

$$\cos a = \cos b \cos c + \sin b \sin c \cos A$$

$$\frac{\sin A}{\sin a} = \frac{\sin B}{\sin b} = \frac{\sin C}{\sin c}$$

$$\cot a \sin b = \cot A \sin C + \cos b \cos C$$

$$\cos A = -\cos B \cos C + \sin B \sin C \cos a.$$

Analogies de Néper

$$\frac{\text{tang } \frac{1}{2}(A+B)}{\cot \frac{1}{2} C} = \frac{\cos \frac{1}{2}(a-b)}{\cos \frac{1}{2}(a+b)} \qquad \frac{\text{tang } \frac{1}{2}(A-B)}{\cot \frac{1}{2} C} = \frac{\sin \frac{1}{2}(a-b)}{\sin \frac{1}{2}(a+b)}$$

$$\frac{\text{tang } \frac{1}{2}(a+b)}{\text{tang } \frac{1}{2} c} = \frac{\cos \frac{1}{2}(A-B)}{\cos \frac{1}{2}(A+B)} \qquad \frac{\text{tang } \frac{1}{2}(a-b)}{\text{tang } \frac{1}{2} c} = \frac{\sin \frac{1}{2}(A-B)}{\sin \frac{1}{2}(A+B)}$$

Formules de Delambre

$$\frac{\sin \frac{1}{2}(A+B)}{\cos \frac{1}{2}(a-b)} = \frac{\cos \frac{1}{2} C}{\cos \frac{1}{2} c} \qquad \frac{\sin \frac{1}{2}(A-B)}{\sin \frac{1}{2}(a-b)} = \frac{\cos \frac{1}{2} C}{\sin \frac{1}{2} c}$$

$$\frac{\cos \frac{1}{2}(A+B)}{\cos \frac{1}{2}(a+b)} = \frac{\sin \frac{1}{2} C}{\sin \frac{1}{2} c} \qquad \frac{\cos \frac{1}{2}(A-B)}{\sin \frac{1}{2}(a+b)} = \frac{\sin \frac{1}{2} C}{\sin \frac{1}{2} c}$$

Résolution des triangles sphériques

1° TRIANGLES RECTANGLES $(A = 90°)$

DONNÉES	FORMULES
I. a, b	$\cos c = \frac{\cos a}{\cos b}$, $\sin B = \frac{\sin b}{\sin a}$, $\cos C = \frac{\mathrm{tang}\, b}{\mathrm{tang}\, a}$
II. a, c	$\cos B = \frac{\mathrm{tang}\, c}{\mathrm{tang}\, a}$, $\sin C = \frac{\sin c}{\sin a}$, $\cos b = \frac{\cos a}{\cos c}$
III. a, B	$\sin b = \sin a \sin B$, $\cot C = \frac{\cos a}{\cot B}$, $\mathrm{tang}\, c = \mathrm{tang}\, a \cos B$
IV. a, C	$\cot B = \mathrm{tang}\, C \cos a$, $\mathrm{tang}\, b = \mathrm{tang}\, a \cos C$, $\sin c = \sin a \sin C$
V. b, c	$\cos a = \cos b \cos c$, $\mathrm{tang}\, B = \frac{\mathrm{tang}\, b}{\sin c}$, $\mathrm{tang}\, C = \frac{\mathrm{tang}\, c}{\sin b}$
VI. b, B	$\sin a = \frac{\sin b}{\sin B}$, $\sin c = \frac{\mathrm{tang}\, b}{\mathrm{tang}\, B}$, $\sin C = \frac{\cos B}{\cos b}$
VII. b, C	$\mathrm{tang}\, a = \frac{\mathrm{tang}\, b}{\cos C}$, $\mathrm{tang}\, c = \sin b\, \mathrm{tang}\, C$, $\cos B = \cos b \sin C$
VIII. B, C	$\cos a = \cot B \cot C$, $\cos b = \frac{\cos B}{\sin C}$, $\cos c = \frac{\cos C}{\sin B}$

2° TRIANGLES OBLIQUANGLES

$(a + b + c = 2\,p$, et $A + B + C = 2\,P)$

DONNÉES	FORMULES
I. a, b, c	$\sin \frac{1}{2} A = \sqrt{\frac{\sin (p - b) \sin (p - c)}{\sin b \sin c}}$
	$\cos \frac{1}{2} A = \sqrt{\frac{\sin p \sin (p - a)}{\sin b \sin c}}$
	$\mathrm{tang} \frac{1}{2} A = \sqrt{\frac{\sin (p - b) \sin (p - c)}{\sin p \sin (p - a)}}$
II. A, B, C	$\sin \frac{1}{2} a = \sqrt{\frac{\cos P \cos (P - A)}{\sin B \sin C}}$
	$\cos \frac{1}{2} a = \sqrt{\frac{\cos (P - B) \cos (P - C)}{\sin B \sin C}}$
	$\mathrm{tang} \frac{1}{2} a = \sqrt{\frac{\cos P \cos (P - A)}{\cos (P - B) \cos (P - C)}}$

DONNÉES	FORMULES
III. a, b, C	$\tang \frac{1}{2}(A+B) = \cot \frac{1}{2} C \frac{\cos \frac{1}{2}(a-b)}{\cos \frac{1}{2}(a+b)}$ $\tang \frac{1}{2}(A-B) = \cot \frac{1}{2} C \frac{\sin \frac{1}{2}(a-b)}{\sin \frac{1}{2}(a+b)}$ $\tang \frac{1}{2} c = \tang \frac{1}{2}(a-b) \frac{\sin \frac{1}{2}(A+B)}{\sin \frac{1}{2}(A-B)}$
IV. A, B, c	$\tang \frac{1}{2}(a+b) = \tang \frac{1}{2} c \frac{\cos \frac{1}{2}(A-B)}{\cos \frac{1}{2}(A+B)}$ $\tang \frac{1}{2}(a-b) = \tang \frac{1}{2} c \frac{\sin \frac{1}{2}(A-B)}{\sin \frac{1}{2}(A+B)}$ $\cot \frac{1}{2} C = \tang \frac{1}{2}(A-B) \frac{\sin \frac{1}{2}(a+b)}{\sin \frac{1}{2}(a-b)}$
V. a, b, A	$\sin B = \sin A \frac{\sin b}{\sin a}$ $\cot \frac{1}{2} C = \tang \frac{1}{2}(A-B) \frac{\sin \frac{1}{2}(a+b)}{\sin \frac{1}{2}(a-b)}$ $\tang \frac{1}{2} c = \tang \frac{1}{2}(a-b) \frac{\sin \frac{1}{2}(A+B)}{\sin \frac{1}{2}(A-B)}$
VI. A, B, a	$\sin b = \sin a \frac{\sin B}{\sin A}$ $\cot \frac{1}{2} C = \tang \frac{1}{2}(A-B) \frac{\sin \frac{1}{2}(a+b)}{\sin \frac{1}{2}(a-b)}$ $\tang \frac{1}{2} c = \tang \frac{1}{2}(a-b) \frac{\sin \frac{1}{2}(A+B)}{\sin \frac{1}{2}(A-B)}$
VII. a, c, B	$\tang \frac{1}{2}(A+C) = \tang M = \cot \frac{1}{2} B \frac{\cos \frac{1}{2}(a-c)}{\cos \frac{1}{2}(a+c)}$ $\tang \frac{1}{2}(A-C) = \tang N = \cot \frac{1}{2} B \frac{\sin \frac{1}{2}(a-c)}{\sin \frac{1}{2}(a+c)}$ $A = M + N, \quad C = M - N$ $\tang \frac{1}{2} b = \tang \frac{1}{2}(a-c) \frac{\sin \frac{1}{2}(A+C)}{\sin \frac{1}{2}(A-C)} =$ $\tang \frac{1}{2}(a+c) \frac{\cos \frac{1}{2}(A+C)}{\cos \frac{1}{2}(A-C)}$ $\sin b = \sin a \frac{\sin B}{\sin A} = \sin c \frac{\sin B}{\sin C}$ On a aussi :

DONNÉES	FORMULES
	$\tang \varphi = \cos B \tang c$
	$\cos b = \frac{\cos c}{\cos \varphi} \cos (a - \varphi)$
	$\sin A = \sin B \frac{\sin a}{\sin b}$
	$\sin C = \sin B \frac{\sin c}{\sin b}$
VIII. A, C, b	$\tang \frac{1}{2}(a + c) = \tang m = \tang \frac{1}{2} b \frac{\cos \frac{1}{2}(A - C)}{\cos \frac{1}{2}(A + C)}$
	$\tang \frac{1}{2}(a - c) = \tang n = \tang \frac{1}{2} b \frac{\sin \frac{1}{2}(A - C)}{\sin \frac{1}{2}(A + C)}$
	$a = m + n,\ c = m - n$
	$\cot \frac{1}{2} B = \tang \frac{1}{2}(A - C) \frac{\sin \frac{1}{2}(a + c)}{\sin \frac{1}{2}(a - c)} =$
	$\tang \frac{1}{2}(A + C) \frac{\cos \frac{1}{2}(a + c)}{\cos \frac{1}{2}(a - c)}$
	$\sin B = \sin A \frac{\sin B}{\sin A} = \sin C \frac{\sin b}{\sin c}$
	On a aussi :
	$\cos \varphi = \cos b \tang C$
	$\cos B = \frac{\cos C}{\sin \varphi} \sin (A - \varphi)$
	$\sin a = \sin b \frac{\sin A}{\sin B}$
	$\sin c = \sin b \frac{\sin C}{\sin B}$
IX. a, c, A	$\sin C = \sin A \frac{\sin c}{\sin a}$
	$\tang \frac{1}{2} b = \tang \frac{1}{2}(a - c) \frac{\sin \frac{1}{2}(A + C)}{\sin \frac{1}{2}(A - C)} =$
	$\tang \frac{1}{2}(a + c) \frac{\cos \frac{1}{2}(A + C)}{\cos \frac{1}{2}(A - C)}$
	$\cot \frac{1}{2} B = \tang \frac{1}{2}(A - C) \frac{\sin \frac{1}{2}(a + c)}{\sin \frac{1}{2}(a - c)} =$
	$\tang \frac{1}{2}(A + C) \frac{\cos \frac{1}{2}(a + c)}{\cos \frac{1}{2}(a - c)}$
	$\sin B = \sin A \frac{\sin b}{\sin a} = \sin C \frac{\sin b}{\sin c}$

DONNÉES | FORMULES

On a aussi :

$$\text{tang}\ \varphi = \cos A\ \text{tang}\ c$$

$$\cos(b-\varphi) = \frac{\cos a}{\cos c}\cos\varphi$$

$$\sin B = \sin A\frac{\sin b}{\sin a}$$

$$\sin C = \sin A\frac{\sin c}{\sin a}$$

X. A, C, a

$$\sin c = \sin a\frac{\sin C}{\sin A}$$

$$\cot\tfrac{1}{2}B = \text{tang}\tfrac{1}{2}(A-C)\frac{\sin\frac{1}{2}(a+c)}{\sin\frac{1}{2}(a-c)} = \text{tang}\tfrac{1}{2}(A+C)\frac{\cos\frac{1}{2}(a+c)}{\cos\frac{1}{2}(a-c)}$$

$$\text{tang}\tfrac{1}{2}b = \text{tang}\tfrac{1}{2}(a-c)\frac{\sin\frac{1}{2}(A+C)}{\sin\frac{1}{2}(A-C)} = \text{tang}\tfrac{1}{2}(a+c)\frac{\cos\frac{1}{2}(A+C)}{\cos\frac{1}{2}(A-C)}$$

$$\sin b = \sin a\frac{\sin B}{\sin A} = \sin c\frac{\sin B}{\sin C}$$

On a aussi :

$$\cot\varphi = \cos a\ \text{tang}\ C$$

$$\sin(B-\varphi) = \frac{\cos A}{\cos C}\sin\varphi$$

$$\sin b = \sin a\frac{\sin B}{\sin A}$$

$$\sin c = \sin a\frac{\sin C}{\sin A}$$

Formules différentielles de la trigonométrie sphérique. — En astronomie, il faut toujours emprunter certaines données à des observations dont on ne peut jamais garantir l'exactitude rigoureuse ; dans chaque problème, on aura donc à discuter l'influence d'une petite variation des données sur le résultat cherché. On est ainsi conduit à différentier les formules de la trigonométrie sphérique, en regardant toutes les grandeurs comme variables.

Soit A, B, C, les trois angles d'un triangle sphérique quelconque, et a, b, c, les trois côtés respectivement opposés à ces trois angles, on aura les formules différentielles ci-après, applicables à toute espèce de triangle sphérique :

$$(1)\quad \begin{cases} dA = -\sin a \sin c \sin B \\ dB = \dfrac{\sin C\, db - \cos a \sin B\, dc - \sin b \cos C\, dA}{\sin a} \\ dC = \dfrac{\cos c\, dB - dA - \sin b \sin C\, da}{\cos b} \\ da = \cos C\, db + \cos B\, dc + \sin b \sin C\, dA \\ db = -\sin a \cos C \\ dc = -\sin a \cos B \end{cases}$$

Application de ces formules à l'astronomie.

Soit un triangle sphérique rectangle, ayant pour sommets le centre de l'astre B, le point équinoxial du printemps C, et un point A pris sur l'équateur, à une distance déterminée par l'ascension droite de l'astre, on aura, en désignant par k l'arc compris entre le centre de l'astre et le point équinoxial du printemps, par α l'ascension droite et par δ la déclinaison de l'astre :

$$(2)\quad \begin{cases} A = 90^\circ \\ \cos k = \cos \alpha \cos \delta \\ \operatorname{tang} B = \dfrac{\operatorname{tang} \alpha}{\sin \delta} \\ \operatorname{tang} C = \dfrac{\operatorname{tang} \delta}{\sin \alpha} \end{cases}$$

En différentiant tous les éléments du triangle, on obtiendra

$$(3)\quad \begin{cases} dA = -\sin k \sin \delta \sin B \\ dB = \dfrac{\sin C\, d\alpha - \cos k \sin B\, d\delta - \sin \alpha \cos C\, dA}{\sin k} \\ dC = \dfrac{\cos \delta\, dB - dA - \sin \alpha \sin C\, dk}{\cos \alpha} \\ dk = \cos C\, d\alpha + \cos B\, d\delta + \sin \alpha \sin C\, dA \\ d\alpha = -\sin k \cos C \\ d\delta = -\sin k \cos B \end{cases}$$

Soit encore un triangle sphérique rectangle, ayant pour sommets le centre de l'astre B', le point équinoxial du printemps C', et un point A' pris sur l'écliptique, à une distance déterminée par la longitude de l'astre, on aura, en donnant à k la même signification que ci-dessus et en désignant par λ la longitude et par φ la latitude de l'astre :

$$(4)\quad \begin{cases} A' = 90^\circ \\ \cos k = \cos\lambda \cos\varphi \\ \operatorname{tang} B' = \dfrac{\operatorname{tang}\lambda}{\sin\varphi} \\ \operatorname{tang} C' = \dfrac{\operatorname{tang}\varphi}{\sin\lambda} \end{cases}$$

La différentiation des éléments du triangle donnera

$$(5)\quad \begin{cases} dA' = - \sin k \sin\varphi \sin B' \\ dB' = \dfrac{\sin C'\, d\lambda - \cos k \sin B'\, d\varphi - \sin\lambda \cos C'\, dA'}{\sin k} \\ dC' = \dfrac{\cos\varphi\, dB' - dA' - \sin\lambda \sin C'\, dk}{\cos\lambda} \\ dk = \cos C'\, d\lambda + \cos B'\, d\varphi + \sin\lambda \sin C'\, dA' \\ d\lambda = - \sin k \cos C' \\ d\varphi = - \sin k \cos B' \end{cases}$$

Représentons par ω l'obliquité de l'écliptique, et prenons sur le grand cercle passant par le pôle de l'équateur et le centre de l'astre, un angle ε égal à l'arc compris entre l'écliptique et l'équateur, nous aurons alors un triangle sphérique rectangle formé par l'équateur, l'écliptique et l'arc ε compris entre ces deux grands cercles.

Désignons par A'', B'' et ω les trois angles de ce triangle, par α l'ascension droite de l'astre, et par k' le côté opposé à l'angle A'', et qui n'est autre que l'arc d'écliptique compris entre le point équinoxial du printemps et le point où le vertical, abaissé du pôle du monde sur l'équateur, coupe l'écliptique, nous aurons, pour les formules trigonométriques :

$$(6)\quad \begin{cases} A'' = 90^\circ \\ \operatorname{tang} k' = \dfrac{\operatorname{tang}\alpha}{\cos\omega} \\ \operatorname{tang}\varepsilon = \sin\alpha \operatorname{tang}\omega \\ \cos B'' = \cos\alpha \sin\omega \end{cases}$$

Nous aurons aussi, pour les formules différentielles des éléments qui constituent le triangle :

$$
(7)\quad \left\{
\begin{aligned}
& dA'' = -\sin k' \sin \varepsilon \sin B'' \\
& dB'' = \frac{\sin \omega\, d\alpha - \cos k' \sin B''\, d\varepsilon - \sin \alpha \sin \omega\, dA''}{\sin k'} \\
& d\omega = \frac{\cos \varepsilon\, dB'' - dA'' - \sin \alpha \sin \omega\, dk'}{\cos \alpha} \\
& dk' = \cos \omega\, d\alpha + \cos B''\, d\varepsilon + \sin \alpha \sin \omega\, dA'' \\
& d\alpha = -\sin k' \cos \omega \\
& d\varepsilon = -\sin k' \cos B''
\end{aligned}
\right.
$$

Autres formules différentielles, fréquemment employées en astronomie.

Soit z la distance zénithale, δ la déclinaison et t l'angle horaire d'un astre, on a

$$
(8)\quad \left\{
\begin{aligned}
& \cos z = \sin l \sin \delta + \cos l \cos \delta \cos t \\
& \cos t = \frac{\cos z - \sin l \sin \delta}{\cos l \cos \delta}
\end{aligned}
\right.
$$

où l est la latitude géographique du lieu d'observation.

En considérant comme variables les quantités z, δ et t, on a pour leurs différentielles

$$
(9)\quad \left\{
\begin{aligned}
& dz = \frac{(\sin l \cos \delta - l \sin \delta \cos t)\, d\delta - \cos l \cos \delta \sin t\, dt}{\sin z} \\
& d\delta = -\sin k \cos B, \text{ comme à la dernière équation des formules (3)} \\
& dt = \left(\frac{\dfrac{d\delta}{\sin t}}{\tang l - \tang \delta \cos t} \right)
\end{aligned}
\right.
$$

Lorsque l'astre est au zénith, z est minimum et $dz = 0$, alors

$$\sin t = \frac{d\delta}{dt}(\tang l - \tang \delta \cos t)$$

Ce qui donne

$$(10)\quad \frac{d\delta}{dt} = \frac{\sin t}{\tang l - \tang \delta \cos t}$$

La première de ces deux équations donne l'angle horaire de l'astre à l'époque de sa plus grande hauteur, et

$$\frac{d\delta}{dt}$$

est le rapport de la variation de la déclinaison à la variation de l'angle horaire.

Pour tous les astres, ce rapport étant toujours très-petit, on peut remplacer $\sin t$ par l'arc et $\cos t$ par l'unité; alors, si on fait

$$\frac{d\delta}{dt}$$

égal à la variation de la déclinaison en une seconde de temps, l'équation ci-après donnera également en secondes de temps l'angle horaire de la plus grande hauteur

$$(11) \qquad t = 13751 \frac{d\delta}{dt} (\text{tang } l - \text{tang } \delta)$$

On devra toujours ajouter cet angle horaire t au temps de la culmination, pour obtenir le temps de la plus grande hauteur.

Un astre dont la déclinaison ne change pas pendant tout le temps qu'il reste au-dessus de l'horizon, est à sa plus grande hauteur au moment où il passe au méridien; mais si la déclinaison varie, il atteint sa plus grande hauteur hors du méridien.

Supposons que, sous une latitude boréale, un astre passe au méridien au sud du zénith et que, dans sa marche, il s'approche du pôle nord, dans ce cas

$$\frac{d\delta}{dt}$$

est positif et la plus grande hauteur de l'astre a lieu après la culmination; au contraire, quand la déclinaison diminue, l'époque de la plus grande hauteur précède celle de la culmination. L'inverse aurait lieu si l'astre passait au méridien entre le pôle et le zénith.

Formules différentielles relatives à l'azimut et à la hauteur, pour une variation de l'angle horaire. — Désignons par h la hauteur d'un astre au-dessus de l'horizon, par A son azimut, par δ sa déclinaison, par t son angle horaire et par l la latitude du lieu, nous aurons

$$\cos h \sin A = \cos \delta \sin t$$
$$\cos h \cos A = -\cos l \sin \delta + \sin l \cos \delta \cos t$$

En différentiant ces formules, on obtient

$$(12) \quad \begin{cases} \dfrac{dh}{dt} = \dfrac{\cos \delta (\sin l \sin t \cos A - \cos t \sin A)}{\sin h} = -\cos l \sin A \\ \dfrac{dA}{dt} = \dfrac{\cos \delta (\sin l \sin t \sin A + \cos t \cos A)}{\cos h} \end{cases}$$

En faisant $\sin p = \dfrac{\cos l}{\cos \delta}$ on aurait également

$$(13)\quad \begin{cases} \dfrac{dh}{dt} = -\cos\delta \sin p \\[2mm] \dfrac{dA}{dt} = \dfrac{\cos\delta \cos p}{\cos h} \end{cases}$$

On emploie encore très-souvent les dérivées du second ordre; dans ce cas, on a

$$(14)\quad \frac{d^2h}{dt^2} = -\cos l \cos A \frac{dA}{dt} = -\frac{\cos l \cos\delta \cos A \cos p}{\cos h}$$

On a aussi

$$(15)\quad \begin{cases} \dfrac{dz}{dt} = \cos\delta \sin p = \cos l \sin A \\[2mm] \dfrac{d^2z}{dt^2} = \dfrac{\cos l \cos\delta \cos A \cos p}{\cos h} \end{cases}$$

Posons maintenant

$$\sin l = \sin h \sin\delta + \cos h \cos\delta \cos p$$

Nous aurons

$$(16)\quad \frac{dp}{dt} = \frac{(\cos h \sin\delta - \sin h \cos\delta \cos p)\dfrac{dh}{dt}}{\cos h \cos\delta \sin p}$$

Puisque, d'après la première équation de la formule (12),

$$\frac{dh}{dt} = -\cos l \sin A$$

$\frac{dh}{dt}$ est égal à 0 et, par suite, h est maximum ou minimum quand $\sin A = 0$, c'est-à-dire quand l'astre est au méridien.

Mais $\frac{dh}{dt}$ est maximum quand $\sin A = \pm 1$, c'est-à-dire lorsque A est égal à 90° ou à 270°.

La variation de hauteur d'une étoile atteint donc son maximum à l'instant où celle-ci passe par le *premier vertical*, c'est-à-dire par le vertical dont l'azimut est 90° ou 270°.

Pour trouver la hauteur d'une étoile et l'époque de son passage au premier vertical, il suffit de concevoir un triangle sphérique rectangle formé par l'étoile, le zénith et le pôle; on a alors

$$(17)\quad \sin h = \frac{\sin\delta}{\sin l} \cos t = \frac{\tang\delta}{\tang l}$$

Lorsque δ est plus grand que l, la valeur de $\cos t$ est impossible, et c'est une preuve que l'étoile passera au méridien entre le zénith et le pôle, et non par le premier vertical, si δ est négatif, cos t est aussi négatif; mais, puisque pour les latitudes boréales, les angles horaires des étoiles australes sont toujours plus petites que 90° pendant leur séjour au-dessus de l'horizon, ces étoiles n'atteindront pas non plus la partie visible du premier vertical.

Remarque. — Si l'angle horaire est voisin de 0, sin h et cos t ne déterminent pas exactement les grandeurs h et t; il faut alors avoir recours à une autre formule.

Dans ce cas, après avoir déterminé la valeur de t par l'équation

$$(18) \qquad \text{tang}^2 \frac{t}{2} = \frac{\sin l\,(-\delta)}{\sin l\,(+\delta)}$$

On adoptera pour le calcul de la hauteur la formule ci-après ;

$$(19) \qquad \cos h = \text{tang}\, l \cos l$$

Dans le cas des étoiles circompolaires, dont la déclinaison est plus grande que la latitude du lieu, la dérivée

$$\frac{dA}{dt}$$

est nulle lorsque la hauteur h de l'étoile est égale à

$$\frac{\sin l}{\sin \delta}$$

On dit alors que l'étoile est à sa plus grande digression, son azimut et son angle horaire sont donnés par les équations

$$(20) \qquad \sin A = \frac{\cos \delta}{\cos l} \text{ et } \cos t = \frac{\text{tang}\, l}{\text{tang}\, \delta}$$

Outre les formules qui précèdent, il en est d'autres encore dont on fait usage en astronomie : ce sont surtout celles qui sont relatives aux développements en séries continues et en séries périodiques, et celles qui s'appliquent au calcul de certaines intégrales définies. Nous allons les donner ici d'une manière aussi précise que possible, mais sans entrer toutefois dans des démonstrations qui nous obligeraient à sortir du cadre que nous nous sommes tracé.

Formules relatives aux développements en séries continues. — Nous allons examiner successivement les neuf cas ci-après, qui se présentent le plus fréquemment.

1° Prenons d'abord l'expression $\text{tang}\, \gamma = \frac{a \sin x}{1 - a \cos x}$

En considérant les quantités a et γ comme variables, nous aurons

$$\frac{d\gamma}{da}=\frac{\sin x}{1-2a\cos x+a^2}$$

Ce qui donne pour le développement en série, suivant les puissances croissantes de a, et en supposant cette quantité plus grande que l'unité:

$$(21)\qquad \frac{d\gamma}{da}=\sin x+a\sin 2x+a^2\sin 3x+a^3\sin 4x+\ldots\ldots$$

Intégrant cette équation, en observant que γ s'annule avec x, on obtient

$$(22)\qquad \gamma=a\sin x+\tfrac{1}{2}a^2\sin 2x+\tfrac{1}{3}a^3\sin 3x+\tfrac{1}{4}a^4\sin 4x+\ldots\ldots$$

2° Supposons maintenant que l'on ait deux équations de la forme

$$A\sin B=a\sin x$$
$$A\cos B=1-a\cos x$$

Pour exprimer B et log A en séries procédant suivant les sinus et les cosinus des multiples de x, on opérera comme suit:

Et d'abord, on a

$$\text{tang } B=\frac{a\sin x}{1-a\cos x}$$

par conséquent, si on remplace γ par B dans la formule (22), cette formule donnera immédiatement l'angle B en une série procédant suivant les sinus des multiples de x. Il reste donc à développer log A en série procédant suivant les cosinus des multiples de x. On sait d'ailleurs que la valeur de A peut être déduite de l'équation

$$(23)\qquad A=\sqrt{1-2a\cos x+a^2}$$

et que, d'après la méthode des coefficients indéterminés, on a

$$\frac{a\cos x-a^2}{1-2a\cos x+a^2}=a\cos x+a^2\cos 2x+a^3\cos 3x+a^4\cos 4x+\ldots.$$

Si on multiplie cette expression par $-\frac{da}{a}$ on aura pour la valeur du premier membre,

$$\tfrac{1}{2}\,\frac{d\log(1-2a\cos x+a^2)}{da}$$

Si, dans la formule (23), on prend le logarithme de la racine, ce logarithme répondra au log de A, en sorte que l'on aura

$$(24)\qquad \log\sqrt{1-2a\cos x+a^2}=\log A$$

Ce logarithme s'obtiendrait aussi par intégration, et alors on aurait

$$(25)\quad \log A = -(a\cos x + \tfrac{1}{2}a^2\cos 2x + \tfrac{1}{3}a^3\cos 3x + \tfrac{1}{4}a^4\cos 4x + \ldots.)$$

puisque pour $a=0$, on a $\log A = 0$.

3° Prenons encore les deux équations

$$A\sin B = a\sin x$$
$$A\cos B = 1 + a\cos x$$

et remplaçons, dans les formules (22) (24) et (25), x par $180° - x$, nous aurons

$$(26)\quad \left\{\begin{array}{l} B = a\sin x - \tfrac{1}{2}a^2\sin 2x + \tfrac{1}{3}a^3\sin 3x - \tfrac{1}{4}a^4\sin 4x + \ldots.. \\ \log\sqrt{1+2a\cos x + a^2} = \log A \\ \quad = a\cos x - \tfrac{1}{2}a^2\cos 2x + \tfrac{1}{3}a^3\cos 3x - \tfrac{1}{4}a^4\cos 4x + \ldots. \end{array}\right.$$

4° Soit donnée l'expression $\tan\gamma = n\tan x$. Cette expression peut être facilement ramenée à la forme

$$\text{tang}\,\gamma = \frac{a\sin x}{1 - a\cos x}$$

en effet, on obtient par cette équation

$$\text{tang}\,(\gamma - x) = \frac{\text{tang}\,\gamma - \text{tang}\,x}{1 + \text{tang}\,\gamma\,\text{tang}\,x} = \frac{\frac{n-1}{n+1}\sin 2x}{1 - \frac{n-1}{n+1}\cos 2x}$$

et alors on a

$$(27)\quad \gamma = x + \frac{n-1}{n+1}\sin 2x + \tfrac{1}{2}\left(\frac{n-1}{n+1}\right)^2\sin 4x + \tfrac{1}{3}\left(\frac{n-1}{n+1}\right)^3\sin 6x + \ldots..$$

5° Faisons maintenant $n + \cos\varphi$, nous aurons

$$\frac{n-1}{n+1} = \text{tang}^2\tfrac{1}{2}\varphi$$

et l'équation $\text{tang}\,\gamma = \cos\varphi\,\text{tang}\,x$ nous donnera

$$(28)\quad \left\{\begin{array}{l} \gamma = x - \text{tang}^2\tfrac{1}{2}\varphi\sin 2x + \tfrac{1}{2}\text{tang}^4\tfrac{1}{2}\varphi\sin 4x \\ \quad - \tfrac{1}{3}\text{tang}^6\tfrac{1}{2}\varphi\sin 6x + \ldots. \end{array}\right.$$

6° Supposons $n = \text{séc}\,\varphi$, alors $\frac{n-1}{n+1} = \text{tang}^2\tfrac{1}{2}\varphi$, et l'équation $\text{tang}\,\gamma = \text{séc}\,\varphi\,\text{tang}\,x$ donne

$$(29)\quad \gamma = x + \text{tang}^2\tfrac{1}{2}\varphi\sin 2x + \tfrac{1}{2}\text{tang}^4\tfrac{1}{2}\varphi\sin 4x + \ldots.$$

7° Prenons encore

$$\frac{\sin\delta - \sin\varphi}{\sin\delta + \sin\varphi} = \text{tang}\,\tfrac{1}{2}(\delta - \varphi)\cot\tfrac{1}{2}(\delta + \varphi)$$

et

$$\frac{\cos\delta-\cos\varphi}{\cos\delta+\cos\varphi}=\text{tang}\,\tfrac{1}{2}(\varphi-\delta)\ \text{tang}\,\tfrac{1}{2}(\varphi+\delta)$$

nous aurons donc, si $\text{tang}\,\gamma=\dfrac{\sin\delta}{\sin\varphi}\,\text{tang}\,x$

$$(30)\qquad \gamma=x+\text{tang}\,\tfrac{1}{2}(\delta-\varphi)\cot\tfrac{1}{2}(\delta+\varphi)\sin 2x+\tfrac{1}{2}\text{tang}^2\tfrac{1}{2}(\delta-\varphi)\cot^2\tfrac{1}{2}(\delta+\varphi)\sin 4x+\ldots.$$

et si $\text{tang}\,\gamma=\dfrac{\cos\delta}{\cos\varphi}\,\text{tang}\,x$

$$(31)\qquad \gamma=x-\text{tang}\,\tfrac{1}{2}(\delta-\varphi)\,\text{tang}\,\tfrac{1}{2}(\delta+\varphi)\sin 2x+\tfrac{1}{2}\text{tang}^2\tfrac{1}{2}(\delta-\varphi)\,\text{tang}^2\tfrac{1}{2}(\delta+\varphi)\sin 4x-\ldots.$$

8° Supposons qu'une équation de la forme $\cos\gamma=\cos x+a$ doive être développée en série, suivant les puissances de a; dans ce cas, on aura l'équation

$$(32)\qquad \gamma=x+\frac{a}{\sin x}-\tfrac{1}{2}\cot x\frac{a^2}{\sin^2 x}-\tfrac{1}{6}(1+3\cot^2 x)\frac{a^3}{\sin^3 x}+\ldots..$$

9° De même, si on avait l'équation $\sin\gamma=\sin x+a$, on aurait la série

$$(33)\qquad \gamma=x+\frac{a}{\cos x}+\tfrac{1}{2}\cot x\frac{a^2}{\cos^2 x}-\tfrac{1}{6}(1+3\,\text{tang}^2 x)\frac{a^3}{\cos^3 x}+\ldots..$$

Formules relatives aux développements en séries périodiques. — Il arrive fréquemment en astronomie que, pour trouver les périodes dans lesquelles se reproduisent certains phénomènes, il soit nécessaire de recourir à des formules qui puissent déterminer ces périodes avec tout le degré d'exactitude désirable. Ce sont précisément de ces formules dont nous allons nous occuper.

Supposons la circonférence divisée en n parties égales, de façon que n soit toujours divisible par 4; de plus, soit h un nombre entier, que nous ferons ici égal à $\frac{n}{2}$, et A une fraction de la circonférence, telle que $n\,A=2\pi$, nous aurons les deux séries :

$$\sin hA+\sin 2hA+\sin 3hA+\ldots.+\sin(n-1)hA=0$$
$$1+\cos hA+\cos 2hA+\cos 3hA+\ldots.+\cos(n-1)hA=n$$

Faisons $k=\sqrt{-1}$, $n=4$, et posons $\cos\dfrac{2\pi}{n}+k\sin\dfrac{2\pi}{n}=T$, nous aurons

$$\sum_{r=0}^{r=n-1}\cos h\,r\,A+k\sum_{r=0}^{r=n-1}\sin h\,r\,A=\sum_{r=0}^{r=n-1}T^{rh}=1$$

Posons encore

$$\frac{T^{rh} - 1}{T^{h} - 1}$$

puisque $T^h = \cos 2h\pi + k \sin 2h\pi = 1$, les deux termes de la fraction qui précède sont donc nuls, et cette fraction se présente. dès lors sous la forme $\frac{0}{0}$; mais dans ce cas sa valeur est n.

En effet, si l'on développe les deux séries précédentes entre les limites de $r = n - 1$ et $r = 0$, on trouve que leur somme est réellement égale à n.

Exemple. — Soit comme ci-dessus $n = 4$ et $h = 2$; puisque $nA = 2\pi = 360°$, on aura

$$A = \frac{2\pi}{n} = 90° = \frac{1}{4} \text{ de circonf.}$$

Faisons successivement

$$r = n - \frac{n}{n} = n - 2\frac{n}{n} = n - 3\frac{n}{n} = \ldots . n - n\frac{n}{n}$$

nous aurons, en considérant d'ailleurs k égal à l'unité:

$$hr_3 A = 540° = \sin 0 = \cos 1$$
$$hr_2 A = 360° = \sin 0 = \cos 1$$
$$hr_1 A = 180° = \sin 0 = \cos 1$$
$$hr_0 A = \quad 0° = \sin 0 = \cos 1$$

d'où la somme des sinus, ajoutée à celle des cosinus, égale 4, nombre répondant à la valeur de n.

Il résulte de cette démonstration qu'en faisant $h = \frac{n}{2}$, on a en général

$$(34) \qquad \sum_{r=0}^{r=n-1} \sin hr A = 0$$

$$(35) \qquad \sum_{r=0}^{r=n-1} \cos \tfrac{1}{2} hr A = 0$$

Des deux équations qui précèdent, on en déduit facilement la suivante, quel que soit d'ailleurs le nombre entier que l'on prenne pour h:

$$(36) \qquad \sum_{r=0}^{r=n-1} \sin hr A \cos hr A = \tfrac{1}{2} \sum_{r=0}^{r=n-1} \sin 2hr A = 0$$

Pour les équations ci-après, déduites également des équations (34) et (35), il y a deux cas à observer, selon que h est un nombre pair ou un nombre impair.

Si h est un nombre pair, on a

$$(37)\qquad \sum_{r=0}^{r=n-1} \sin^2 hr\mathrm{A} = \frac{n}{2} - \tfrac{1}{2} \sum_{r=0}^{r=n-1} \cos 2hr\mathrm{A} = 0$$

$$(38)\qquad \sum_{r=0}^{r=n-1} \cos^2 hr\mathrm{A} = \frac{n}{2} + \tfrac{1}{2} \sum_{r=0}^{r=n-1} \cos 2hr\mathrm{A} = n$$

Si h est un nombre impair, on a

$$(39)\qquad \sum_{r=0}^{r=n-1} \sin^2 hr\mathrm{A} = n - \tfrac{1}{2} \sum_{r=0}^{r=n-1} \cos 2hr\mathrm{A} = \frac{n}{2}$$

$$(40)\qquad \sum_{r=0}^{r=n-1} \cos^2 hr\mathrm{A} = n - \tfrac{1}{2} \sum_{r=0}^{r=n-1} \cos 2hr\mathrm{A} = \frac{n}{2}.$$

Les équations qui précèdent conduisent à la détermination des coefficients d'une série périodique, à l'aide de valeurs numériques déjà connues; c'est ce que nous allons examiner.

Et d'abord, posons

$$\mathrm{X} = \sum \left(a_p \cos px + b_p \sin px\right)$$

où p prend successivement toutes les valeurs entières à partir de 0, et soit q un nombre connu, nous avons

$$\mathrm{X} \cos qx = \sum \left[\frac{a_p}{2} \cos (p+q)\,x + \frac{a_p}{2} \cos (p-q)\,x + \frac{b_p}{2} \sin (p+q)\,x + \frac{b_p}{2} \sin (p-q)\,x\right]$$

Dans cette équation, donnons successivement à x les valeurs 0, A, 2 A, 3 A,...., $(n-1)$ A, ou $\mathrm{A} = \frac{2\pi}{n}$

et ajoutons les équations obtenues ; d'après les formules (34) et (35), le second membre sera nul, sauf la somme des termes cosinus dans lesquels $p+q=hn$ ou $p-q=hn$, somme qui contient le facteur n.

Si l'on désigne par X_{rA} la valeur de X correspondante à la valeur r A de x, on a

$$\sum_{r=0}^{r=n-1} X_{rA} \cos qrA = \sum \left(\frac{n}{2} a_{-q+hn} + \frac{n}{2} a_{q+hn}\right)$$

Le signe Σ du second membre s'applique à toutes les valeurs entières de h; mais dans X il ne peut y avoir aucun coefficient à indice négatif, on doit donc poser $a_{-q}=0$ et on a

$$(41) \quad \left\{ \begin{array}{l} \sum_{r=0}^{r=n-1} X_{rA} \cos qrA \\ \quad = \frac{n}{2}\left(a_q + a_{n-q} + a_{n+q} + a_{2n-q} + a_{2n+q} + \ldots\right) \end{array} \right.$$

Mais ici se présentent deux cas particuliers que l'on ne doit pas perdre de vue :

1° Si $q=0, a_{-q}=a_0=a_{+q}, a_{n-q}=a_{n+q}, \ldots$; on a donc

$$(42) \quad \sum_{r=0}^{r=n-1} X_{rA} = n\left(a_0 + a_n + a_{2n} + a_{3n} + \ldots\right)$$

2° Si $q=\frac{n}{2}$, n étant un nombre pair, $a_q=a_{n-q}, a_{n+q}=a_{2n-q}, \ldots$; on a donc

$$(43) \quad \sum_{r=0}^{r=n-1} X_{rA} \cos\frac{nrA}{2} = n\left[a_{\frac{n}{2}} + a_{\frac{3n}{2}} + \ldots\right]$$

Puisque l'on a également

$$X \sin qx = \sum \left[\frac{a_p}{2}\sin(p+q)x - \frac{a_p}{2}\sin(p-q)x + \frac{b_p}{2}\cos(p-q)x - \frac{b_p}{2}\cos(p+q)x\right]$$

on trouve de même

$$(44)\quad \sum_{r=0}^{r=n-1} X_{rA} \sin q r A$$
$$= \frac{n}{2}\left(b_q - b_{n-q} + b_{n+q} - b_{2n-q} + b_{2n+q} - \dots\right)$$

En résumé, si l'on prend pour n un nombre divisible par 4, comme nous l'avons dit en commençant, chaque quadrant est alors divisé en un nombre exact de parties, et les valeurs des sinus et des cosinus se reproduisent aux signes près; en sorte que l'on obtient très-facilement les valeurs de a_p et b_p par les équations ci-après :

$$(45)\quad a_p = \frac{2}{n} \sum_{r=0}^{r=\frac{n}{4}} \underset{++}{X_{rA}} \cos p r A, \text{ si } p \text{ est un nombre pair;}$$

$$(46)\quad a_p = \frac{2}{n} \sum_{r=0}^{r=\frac{n}{4}} \underset{+-}{X_{rA}} \cos p r A, \text{ si } p \text{ est un nombre impair;}$$

$$(47)\quad b_p = \frac{2}{n} \sum_{r=0}^{r=\frac{n}{4}-1} \underset{--}{X_{rA}} \sin p r A, \text{ si } p \text{ est un nombre pair;}$$

$$(48)\quad b_p = \frac{2}{n} \sum_{r=0}^{r=\frac{n}{4}-1} \underset{-+}{X_{rA}} \sin p r A, \text{ si } p \text{ est un nombre impair.}$$

Dans ces équations,

$$\underset{++}{X_{rA}}$$

indique la somme et

$$\underset{+-}{X}$$

la somme et la différence de deux quantités

$$\underset{+}{\mathrm{X}}_{r\,\mathrm{A}} \text{ et } \underset{+}{\mathrm{X}}_{\left(\frac{n}{2}-r\right)\mathrm{A}}$$

dont les indices sont supplémentaires;

$$\underset{+-}{\mathrm{X}}_{r\,\mathrm{A}}$$

désigne la somme et la différence, et

$$\underset{--}{\mathrm{X}}_{r\,\mathrm{A}}$$

la différence seulement des deux quantités

$$\underset{-}{\mathrm{X}}_{r\,\mathrm{A}} \text{ et } \underset{-}{\mathrm{X}}_{\left(\frac{n}{2}-r\right)\mathrm{A}}$$

dont les indices sont supplémentaires; enfin

$$\underset{-+}{\mathrm{X}}_{r\,\mathrm{A}}$$

représente la somme des deux quantités

$$\underset{-}{\mathrm{X}}_{r\,\mathrm{A}} \text{ et } \underset{+}{\mathrm{X}}_{\left(\frac{n}{2}-r\right)\mathrm{A}}, \text{ ajoutées algébriquement.}$$

Formules relatives à la solution de quelques intégrales définies, souvent employées en astronomie. — Parmi les intégrales dont nous aurons plus particulièrement à nous occuper, nous signalerons la suivante.

$$\int e^{-t^2}\,dt$$

Cette intégrale, prise entre les limites 0 et ∞, 0 et T, T et ∞, est en effet assez fréquemment employée en astronomie pour nous obliger à entrer ici dans quelques détails.

L'intégrale

$$\int_0^{\infty} e^{-t^2}\,dt$$

est une transformation de l'intégrale eulérienne de première espèce, nommée *fonction gamma*, et que l'on désigne ainsi :

(49) $$\int_0^\infty e^{-x} x^{a-1} dx = \Gamma(a)$$

Dans cette intégrale, a est toujours une quantité positive et on en déduit

$$\int e^{-x} x^{a-1} dx = \int e^{-x} d\left(\frac{x^a}{a}\right) = e^{-x}\frac{x^a}{a} + \frac{1}{a}\int x^a e^{-x} dx$$

La partie en dehors du signe $\int$ s'annulant aux limites, on obtient

$$\int_0^\infty e^{-x} x^{a-1} dx = \frac{1}{a}\int_0^\infty e^{-x} x^a dx$$

ou bien

(50) $a\,\Gamma(a) = \Gamma(a+1)$

Mais l'intégrale

$$\int_0^\infty e^{-x} dx = \Gamma(1) = 1$$

on trouvera donc pour n entier

$$\Gamma(n) = (n-1)(n-2)(n-3)\ldots.1$$

Si l'on pose, dans l'équation (49), $x = t^2$, on aura

$$2\int_0^\infty e^{-t^2} t^{2(a-1)+1} dt = \Gamma(a)$$

et pour $a = \frac{1}{2}$,

$$\int_0^\infty e^{-t^2} dt = \frac{1}{2}\Gamma\left(\frac{1}{2}\right)$$

Pour trouver la valeur de cette intégrale, on la multiplie par son égale

$$\int_0^\infty e^{-y^2} dy$$

ce qui donne

$$\left(\int_0^\infty e^{-t^2} dt\right)^2 = \int_0^\infty e^{-t^2} dt \int_0^\infty e^{-y^2} dy = \int_0^\infty \int_0^\infty e^{-(t^2+y^2)} dt\, dy$$

Si l'on pose maintenant $y = xt$, alors $dy = t\,dx$, et on obtient

$$\left(\int_0^\infty e^{-t^2} dt\right)^2 = \int_0^\infty dx \int_0^\infty e^{-(1+x^2)t^2}\, t\,dt$$

mais comme

$$\int_0^\infty e^{-(1+x^2)t^2}\, t\,dt = \frac{1}{2(1+x^2)}$$

on aura

$$\left(\int_0^\infty e^{-t^2} dt\right)^2 = \tfrac{1}{2}\int_0^\infty \frac{dx}{1+x^2} = \frac{\pi}{4}$$

et ainsi

$$(51) \qquad \int_0^\infty e^{-t^2} dt = \tfrac{1}{2}\,\Gamma\left(\tfrac{1}{2}\right) = \frac{\sqrt{\pi}}{2}$$

d'où on déduit

$$\Gamma\left(\tfrac{1}{2}\right) = \sqrt{\pi}$$

et de l'équation (50),

$$\Gamma\left(\tfrac{3}{2}\right) = \tfrac{1}{2}\sqrt{\pi},\ \Gamma\left(\tfrac{5}{2}\right) = \tfrac{3}{4}\sqrt{\pi},\ \ldots\ldots$$

On peut introduire dans l'équation (49) une nouvelle constante, puisque en posant $x = h\,z$, h étant positif, les limites ne changeront pas, et on aura

$$\int_0^\infty e^{-hz}\, h^{a-1}\, z^{a-1}\, h\,dz = \Gamma(a)$$

d'où

$$(52) \qquad \int_0^\infty e^{-hz}\, h^{a-1} dz = \frac{\Gamma(a)}{h^a}$$

Mode de calcul de quelques intégrales. — Soit l'intégrale

$$\int_{T}^{\infty} e^{-t^2}\, dt$$

Pour calculer cette intégrale, on emploie différentes méthodes que nous allons indiquer.

1° Si la valeur de T est égale ou inférieure à l'unité, on l'obtiendra facilement en développant e^{-t^2} en série continue ; et d'abord, prenons cette intégrale dans les limites de 0 à T, nous aurons

$$(53) \quad \int_{0}^{T} e^{-t^2}\, dt = T - \frac{T^3}{3} + \frac{1}{1.2}\frac{T^5}{5} - \frac{1}{1.2.3}\frac{T^7}{7} + \ldots$$

$$+ \frac{1}{1.2\ldots n}\frac{T^{2n+1}}{2n+1} \text{(1)}$$

et, puisque

$$\int_{0}^{\infty} e^{-t^2}\, dt = \frac{\sqrt{\pi}}{2} \text{ (formule 51), ont obtiendra aussi } \int_{T}^{\infty} e^{-t^2}\, dt$$

2° Si T est plus grand que l'unité, on se sert pour calculer la transcendante d'une autre série obtenue à l'aide d'une intégration par parties; cette série prolongée à l'infini est cependant divergente et ne représente pas l'intégrale; mais elle peut néanmoins servir à l'évaluer avec une approximation suffisante, puisque la somme d'un certain nombre de termes de la série diffère de l'intégrale d'une quantité plus petite que le dernier terme conservé.

Puisque l'intégrale $\int e^{-t^2}\, dt$ a pour valeur

$$\int \frac{d\left(-\frac{1}{2} e^{-t^2}\right)}{dt} \frac{dt}{t}$$

si on intègre par parties, on aura

$$\int e^{-t^2}\, dt = -\frac{1}{2}\frac{e^{-t^2}}{t} - \frac{1}{2}\int e^{-t^2}\frac{dt}{t^2}$$

(1) Ici, n indique le nombre des termes de la série.

d'où l'on déduit

$$\int e^{-t^2}dt = -\frac{e^{-t^2}}{2t}\left[1-\frac{1}{2t^2}+\frac{1.3}{(2t^2)^2}-\frac{1.3.5}{(2t^2)^3}+\ldots\right.$$
$$\left.\pm\frac{1.3.5\ldots(2n-1)}{(2t^2)^n}\right]$$
$$\mp\frac{1.3.5\ldots(2n+1)}{2^{n+1}}\int e^{-t^2}\frac{dt}{t^{2n+2}}$$

en sorte que si l'on prend, pour limite de l'intégrale, T et ∞, on aura

$$(54)\quad\left\{\begin{aligned}\int_T^\infty e^{-t^2}dt &= \frac{e^{-T^2}}{2T}\left[1-\frac{1}{2T^2}+\frac{1.3}{(2T^2)^2}-\frac{1.3.5}{(2T^2)^3}+\ldots\right.\\ &\qquad\left.\pm\frac{1.3.5\ldots(2n-1)}{(2T^2)^n}\right]\\ &\qquad\mp\frac{1.3.5\ldots(2n+1)}{2^{n+1}}\int_T^\infty e^{-t^2}\frac{dt}{t^{2n+2}}\end{aligned}\right.$$

Comme les facteurs des numérateurs vont toujours en croissant, il arrivera un moment où leur valeur finira par dépasser celle de $2T^2$; il faudra donc arrêter la série à une certaine limite.

Mais avant de déterminer cette limite, examinons d'abord le reste

$$\mp\frac{1.3.5\ldots(2n+1)}{2^{n+1}}\int_T^\infty e^{-t^2}\frac{dt}{t^{2n+2}}$$

Il est facile de reconnaître à première vue que ce reste est plus petit que le terme qui le précède; mais ce qui le prouve encore d'une manière plus palpable, c'est que la valeur de l'intégrale est évidemment plus petite que le produit de l'intégrale

$$\int_T^\infty \frac{dt}{t^{2n+2}}$$

par la plus grande valeur de e^{-t^2} ou e^{-T^2} prise entre les limites T et ∞, et comme

$$\int_T^\infty \frac{dt}{t^{2n+2}} = \frac{1}{2n+1}\frac{1}{T^{2n+1}}$$

le reste sera toujours plus petit que

$$\mp \frac{1.3.5\ldots.(2n-1)}{2^{n+1}\,T^{2n+1}}\,e^{-T^2}$$

Telle est l'expression qui détermine la limite où doit s'arrêter la série dont nous avons parlé plus haut. Cette expression sera toujours prise avec un signe contraire ; c'est-à-dire que, si on s'arrête à un terme négatif, le reste sera positif. Il faudra en outre, pour que la condition soit remplie, que ce reste soit plus petit que le dernier terme employé.

Pour avoir ensuite, au moyen de cette série, la valeur de la transcendante avec le plus grand degré d'approximation, on continuera la série jusqu'au terme le plus petit, et l'erreur commise sera alors plus petite que ce dernier terme.

On doit à Laplace une autre méthode de calcul qui consiste à transformer cette transcendante en fraction continue. D'après cette méthode, si l'on pose $\frac{1}{2T^2} = k$, on a

$$(55)\qquad 2Te^{-T^2}\int_T^\infty e^{-t^2}dt = \cfrac{1}{1+\cfrac{k}{1+\cfrac{2k}{1+\cfrac{3k}{1+\cfrac{4k}{1+\ldots\ldots}}}}}$$

Ainsi, les formules (53) (54) et (55) pourront toujours servir à calculer les valeurs des intégrales

$$\int_0^T e^{-t^2}dt \text{ et } \int_T^\infty e^{-t^2}dt$$

Cette dernière transcendante étant d'un fréquent usage en astronomie, on a construit des tables à l'aide desquelles on peut la déterminer immédiatement. En fait de tables de ce genre, nous mentionnerons particulièrement celle que Bessel a donnée dans son ouvrage, *Fundamenta Astronomiæ*, pour le calcul de la transcendante

$$e^{-T^2}\int_T^{\infty} e^{-t^2}\,dt$$

de laquelle il est facile de déduire toutes les autres. Cette table est surtout très-commode, à cause de sa disposition : la première partie a pour argument T et s'étend de $T = 0$ à $T = 1$ en procédant par centièmes. Pour éviter que la transcendante devienne de plus en plus inversement proportionnelle à son argument, lorsque T est supérieur à l'unité, Bessel a pris pour argument, dans la seconde partie de sa table, le logarithme ordinaire de T, de sorte que toutes les valeurs logarithmiques de cet argument s'étendent de 0,000 à 1,000 ; ce qui peut servir dans la plupart des cas. Toutefois, lorsque la valeur de l'argument dépassera les limites de la table, le calcul de la transcendante devra se faire directement au moyen de la formule (54).

Forster (THOMAS-IGNACE-MARIE), naturaliste et astronome anglais, né à Londres le 9 novembre 1789. Il passa une partie de sa première jeunesse à la résidence de son aïeul, à Walthamstow. De bonne heure il manifesta un vif penchant pour les sciences naturelles, qu'il commença à étudier à l'âge de seize ans. Il reçut en même temps de son oncle Benjamin les premières notions d'astronomie, de mécanique et d'aérostatique. Plus tard, il alla compléter ses connaissances au collége Corpus-Christi de l'Université de Cambridge. — Le 3 juillet 1819, à onze heures du soir, Forster découvrit dans la région du nord une comète, aperçue dans la même nuit à l'Observatoire de Greenwich. Dans la même année, il visita la Flandre, la Belgique, la Suisse et Paris; puis il consigna dans le *Philosophical Magazine* ses observations sur la variété dans le pouvoir dispersif de l'atmosphère et sur les couleurs des étoiles. Presque en même temps il publia un calendrier perpétuel de tous les phénomènes de l'année. Elu membre de la Société des Astronomes de Londres, Forster se retira sur son domaine, à Hartwel, où il revint à la botanique, tout en continuant ses travaux astronomiques, et publia de nouveaux ouvrages, particulièrement sur cette dernière science.

Foudre. — Voyez *Phénomènes atmosphériques*.

Fourier (JEAN-BAPTISTE-JOSEPH), savant physicien français, né à Auxerre le 21 mars 1768, mort à Paris le 16 mai 1830. Orphelin à huit ans, Fourier fut placé à l'Ecole militaire d'Auxerre. Une profonde intelligence se développa chez lui de très-bonne heure ; il se livra surtout avec ardeur à l'étude des mathématiques. En 1827, il fut élu membre de l'Académie française. En 1828, il devint membre de la commission établie auprès du ministère de l'intérieur pour les encouragements à accorder aux lettres ; mais il ne jouit pas longtemps de tous ces honneurs : il mourut presque subitement au mois de mai 1830.

Les principaux travaux de Fourier se rapportent à la théorie de la chaleur qu'il a traitée avec une ampleur et un fonds d'érudition très-remarquable. Le jugement qu'il porta sur la *Mécanique céleste*, qu'il appelait l'*Almageste* des temps modernes, fait le plus grand honneur à l'auteur de cet ouvrage.

Foyer. — Voyez *Excentricité.*

Fresnel (AUGUSTIN-JEAN), savant physicien, né à Broglie (Eure) en 1788, mort en 1827. Ses travaux sont presque tous relatifs à l'optique, et ont pour but l'explication des phénomènes lumineux dans le système des ondulations. En appliquant les ressources de l'analyse mathématique aux expériences les plus ingénieuses, il contribua puissamment à faire prévaloir le système des ondulations sur celui de l'émission, dont Newton s'était fait le défenseur. Il s'attacha donc à l'explication, dans cette hypothèse, de tous les faits anciennement connus, et des nouveaux dont il augmenta le nombre. Ce fut en 1815, qu'il publia son premier mémoire sur les phénomènes de la diffraction.

Freycinet (CLAUDE-LOUIS DE SAULSES DE), marin et savant français, né à Montélimart en 1779, mort en 1842. Il exécuta, de 1817 à 1820, sur la corvette *l'Uranie*, un voyage scientifique autour du monde, pendant lequel il se livra, de concert avec M. Duperrey, à d'importantes observations sur le pendule et sur le magnétisme terrestre.

Il fut un des fondateurs de la *Société de géographie*, en 1821, et devint membre de l'Académie des Sciences en 1825.

Galilée (GALILEI), profond mathématicien italien que ses découvertes ont immortalisé. L'ouvrage qu'il publia, d'après le système de Copernic, sur le mouvement de la terre, lui attira les persécutions du Saint-Office. Il fut forcé d'abjurer ce qu'on appelait *ses erreurs*. Né à Pise en 1564, il mourut à Florence en 1642, à l'âge de 78 ans, l'année même de la naissance du célèbre Newton.

Gambart (ADOLPHE), astronome français, né à Cette en 1800, mort en 1836, directeur de l'Observatoire de Marseille, correspondant de l'Institut, a découvert treize comètes et fait de nombreuses observations consignées dans la *Connaissance des Temps.*

Gassendi (PIERRE), philosophe français, né à Champtercier, près de Digne, en 1592, mort en 1656. L'astronomie, la physique, les mathématiques, la métaphysique, la morale, l'histoire, fixèrent tour à tour son application, et il excella dans tous les genres. Partisan des doctrines de Galilée, il enseigna en France le mouvement de la terre. On lui doit une observation du passage de Mercure sur le soleil (7 novembre 1631), fait prédit par Képler en 1629.

Gauss (CHARLES-FRÉDÉRIC), célèbre mathématicien allemand, né à Brunswick en 1777, mort en 1855, professeur d'astronomie à Gœttingue depuis 1807, correspondant de l'Institut de France, a laissé entre autres ouvrages : *Disquisitiones arithmeticæ,* où il a enrichi de belles découvertes l'arithmétique supérieure ; *Theoria motûs corporum cœlestium,* qui contient une nouvelle méthode pour calculer les révolutions des planètes.

Géocentrique. — Se dit de la position d'un astre relativement au centre de la terre. — Voyez *Latitude* et *Longitude.*

Girouette. — Voyez *Phénomènes atmosphériques.*

Givre. — Voyez *Phénomènes atmosphériques.*

Globes enflammés. — Les plus gros des astéroïdes, ceux qui s'approchent le plus de la terre, nous apparaissent sous forme de globes enflammés ; ces globes lancent de tous côtés des étincelles et de la fumée, et finissent par éclater comme des bombes. Il est probable que les astéroïdes renferment dans leur intérieur des substances qui se transforment en gaz, comme la poudre en brûlant, ce qui détermine l'explosion.

Le 26 avril 1803, un globe de cette nature éclata aux environs de Laigle, dans le département de l'Orne; on ramassa plusieurs centaines de fragments.

Gnomon. — Les corps, quand ils sont éclairés par le soleil, projettent derrière eux une ombre dont la longueur dépend de la hauteur du soleil au-dessus de l'horizon ; plus le soleil est élevé au-dessus de l'horizon, plus la longueur de l'ombre est petite. Les anciens, qui ne connaissaient pas les instruments de précision dont on fait usage aujourd'hui, étudiaient la marche du soleil à l'aide d'un *gnomon* ou style vertical, fixé sur un plan horizontal.

D'abord infinie, au lever du soleil, l'ombre diminue jusqu'à midi ; elle augmente ensuite jusqu'au coucher du soleil. Autour du point O du style (*fig.* 32), comme centre décrivons, dans le plan horizontal, des cercles concentriques, et marquons les points *a*, *b*, *c* où l'extrémité de l'ombre tombe sur ces cercles avant midi, et les points correspondants *c'*, *b'*, *a'* après midi. Le soleil, à égale distance de part et d'autre du plan méridien, ayant sensiblement même hauteur, on aura la méridienne en traçant la bissectrice commune O M des angles *a* O *a'*, *b* O *b'*, *c* O *c'*.

Les jours suivants, au moment où l'ombre du style tombera sur la méridienne, on saura que le soleil passe au méridien. En marquant l'extrémité de l'ombre, à midi, dans les différents jours de l'année, on peut déterminer les équinoxes et les solstices.

Soit O I le style (*fig.* 33), O M la méridienne, le plan de la figure est le plan méridien. Le solstice d'été a lieu quand l'ombre est minimum, O B. Si l'on mène la bissectrice I A de l'angle B I C, on aura l'ombre O A des équinoxes ; quand, l'année suivante, l'extrémité de l'ombre tombera exactement au point A, on saura que le soleil passe par un équinoxe. La détermination du jour de l'équinoxe, par ce procédé, est assez exacte, parce que la longueur de l'ombre varie rapidement à cette époque ; mais celle du jour des solstices laisse beaucoup d'incertitude, parce que la variation de l'ombre est presque insensible dans le voisinage des solstices.

Le plan mené par I A, perpendiculairement au plan méridien, est l'équateur. L'angle I A O est l'inclinaison de l'équateur sur l'horizon ; l'angle complémentaire O I A est la hauteur du pôle, ou la latitude du lieu ; enfin l'angle B I A donne l'obliquité de l'écliptique.

Gnomonique. — La gnomonique, dans son acception la plus générale, est l'art de tracer les cadrans solaires sur un plan quelconque, avec toute la précision dont le calcul est susceptible.

La propagation de la lumière en ligne droite sert de fondement à la théorie de la *gnomonique*, comprise tout entière dans la solution de ce problème de géométrie descriptive : étant données les projections de trois surfaces A, B, C (*fig.* 34) déterminer les courbes de contact de A et de B avec une surface enveloppe, engendrée par un plan qui leur serait tangent et qui tournerait autour d'elles ; trouver aussi les intersections de cette surface avec C.

En supposant que A soit le soleil, C le cadran solaire et B le style ou axe de ce cadran, l'enveloppe sera une ligne circulaire, et les intersections seront les points de passage des lignes horaires, que nous avons désignées dans la figure par les nombres 6, 8, 10, 12, 2, 4, 6. On voit donc, d'après cette solution, qu'un cadran solaire est un plan sur lequel on trace des lignes telles que l'ombre d'un style, convenablement placé dans ce plan, indique l'heure par sa coïncidence avec une de ces lignes.

Nous ne nous étendrons pas davantage sur cette matière, qui exige à elle seule des développements qui ne peuvent trouver place ici; seulement, nous engageons ceux de nos lecteurs qui voudraient faire de cette science l'objet d'une étude spéciale à consulter notre *Traité de gnomonique.*

Goldschmidt (HERMANN), peintre et astronome allemand, né à Francfort-sur-le-Mein, le 17 juin 1802. M. Goldschmidt n'est pas seulement un peintre distingué, c'est encore un astronome observateur de premier ordre. Ecoutons-le raconter lui-même, avec cette modestie et cette simplicité qui le caractérisent, comment lui est venu son goût passionné pour l'astronomie : « Je venais de rapporter le *spleen* d'un assez long séjour en Angleterre. J'employais mille moyens pour dissiper mon humeur mélancolique ; un jour le hasard me conduisit au cours de M. Le Verrier, à la Sorbonne : le célèbre professeur expliquait une éclipse de lune, qui devait avoir lieu le même soir (le 31 mars 1847). Je compris l'explication, et dès ce moment je me suis mis à étudier avec amour une science dont je ne possédais encore que de vagues notions. Vers la fin de 1849, j'eus à ma disposition une petite lunette : ce fut le jour le plus heureux de ma vie. » — Trois ans après, le 15 novembre 1852, l'illustre peintre-astronome découvrit, avec sa « petite lunette, » une première planète, baptisée par Arago du nom de *Lutetia;* puis il découvrit successivement : *Pomone*, le 26 octobre 1854; *Atalante*, le 5 octobre 1855; *Harmonia*, le 31 mars 1856; *Daphné*, le 22 mai 1856, et une dernière, encore innommée, le 27 mai 1857. Ce n'était point dans un superbe observatoire entretenu à grands frais, c'était dans un humble atelier de peintre, au sixième étage d'une vieille maison située dans une des rues les plus fréquentées du quartier latin; c'était, en un mot, du haut du *Café Procope*, que Goldschmidt explorait le ciel et en sondait les profondeurs immenses.

Goujon, astronome français, avait annoncé longtemps d'avance l'apparition d'une comète qui a été découverte à Kiel, par Brorsen, le 26 février 1846. — Voyez *Comète de Brorsen*, page 131.

Graham (GEORGES), horloger et mécanicien, né en 1675 à Horsgills

Cumberland), mort en 1751, est l'inventeur de l'*échappement à cylindre*. Profondément versé dans l'astronomie, il s'appliqua à donner aux instruments de cette science une précision et une perfection encore inconnues. Le mural qu'il fit pour Halley, le secteur pour Bradley, et le planétaire pour le comte d'Orrery, attestent son habileté.

Grandeur de la lune. — Le diamètre apparent de la lune, vue du centre de la terre, est en moyenne de 32′. Le diamètre apparent de la terre, vue du centre de la lune, ou le double de la parallaxe de la lune, est de 114′. Or, quand deux astres sont vus à la même distance, leurs diamètres vrais sont sensiblement proportionnels à leurs diamètres apparents; donc le diamètre vrai de la lune est au diamètre vrai de la terre comme 32 est à 114 ou, plus simplement, comme 3 est à 11. Ainsi, le diamètre de la lune est à peu près les trois onzièmes de celui de la terre, et son volume est à peu près le cinquantième de celui de la terre.

Grandeur du soleil. — Le diamètre apparent du soleil, vu de la terre, est, en moyenne, de 32′3″,3 ; le diamètre apparent de la terre, vue du soleil, ou le double de la parallaxe du soleil, est, en moyenne, de 17″2. Or, quand deux astres sont vus à la même distance, les diamètres vrais de ces deux astres sont entre eux, sensiblement, comme leurs diamètres apparents ; donc le diamètre vrai du soleil est au diamètre vrai de la terre comme 32′3″,3 ou 1923″3 est à 17″,2. On en conclut que le diamètre vrai du soleil est cent douze fois environ plus grand que celui de la terre.

Les volumes des deux sphères sont entre eux comme les cubes de leurs diamètres; donc le volume du soleil, comparé à celui de la terre pris pour unité, vaut

$$\frac{\overline{1923,3}^3}{\overline{17,2}^3} = 1400000$$

environ, c'est-à-dire que le volume du soleil est 1400000 fois plus grand que celui de la terre.

Gravité à la surface des planètes (INTENSITÉ DE LA). — Le mouvement des corps qui tombent à la surface des planètes, doit être uniformément varié comme à la surface de la terre ; mais la valeur g de la gravité ne doit pas avoir la même valeur, puisque cette quantité dépend évidemment de la masse m du corps planétaire à laquelle elle est proportionnelle, et du rayon r de la planète qui la fait varier, suivant le rapport inverse de son carré ; de sorte que si on prend la pesanteur à la surface de la terre pour unité, l'on doit avoir

$$g = \frac{m}{r^2}$$

si l'on veut connaître, par exemple, l'intensité de la pesanteur à la surface de Jupiter, il faudra substituer dans la formule précédente, pour m 331,56, et pour r 10,86 que donne l'observation et qui exprime le nombre des rayons terrestres compris dans celui de Jupiter; on aura

$$g = \frac{331,56}{117,94} = 2,81$$

un calcul plus précis conduit à 2,55. Le mouvement uniformément varié des corps qui tombent à la surface de Jupiter s'effectue avec une vitesse caractéristique, presque trois fois plus grande que celle qui a lieu à la surface de la terre; cette vitesse est égale à $27^{m},77$, et les corps dans la première seconde de leur chute parcourent $13^{m},88$. Les intensités de la pesanteur, pour les corps célestes les plus remarquables, sont exprimés par les nombres suivants, celle de la terre étant prise pour unité :

Soleil	Mercure	Vénus	Mars	Jupiter	Saturne	Lune
27,89	1,07	1	0,46	2,55	1,3	0,25

Lorsqu'on veut connaître l'intensité de la gravité à la surface d'une planète, il faut tenir compte, dans l'évaluation de ces nombres, de l'influence exercée par la force centrifuge (page 229).

Gravitation universelle. — La gravitation universelle repose sur ce principe : que *tous les corps s'attirent en raison directe des masses et en raison inverse du carré des distances*. Ce principe n'est qu'une déduction des lois de Képler. — Voyez *Lois*.

Grêle, grésil. — Voyez *Phénomènes atmosphériques*.

Halley (EDMOND), savant astronome, né à Londres en 1656, mort en 1742, détermina, dès l'âge de 19 ans, la méthode directe de trouver les aphélies et les excentricités des planètes. Il sollicita de Charles II une mission pour aller observer le ciel dans l'autre hémisphère, et se rendit à Sainte-Hélène, 1676, où il fit un *Catalogue de* 350 *étoiles australes;* il y observa aussi un passage de Mercure sur le disque du soleil, et indiqua le parti qu'on pouvait tirer du passage de Vénus sur le soleil pour déterminer avec une grande précision la distance de la terre au soleil. Sa méthode fut appliquée après sa mort, en 1761. Il a beaucoup avancé la *Théorie de la lune*, et il a démontré que les comètes sont des astres de notre système solaire assujettis aux mêmes lois que les planètes, mais décrivant des ellipses très-allongées. Il a prédit en 1705, pour le commencement de 1759, le retour d'une comète qui fut découverte à Paris le 21 janvier 1759 par Messier; on la nomma *comète de Halley*.

Hansen, astronome allemand, a doté l'astronomie d'excellentes tables sur le mouvement du soleil.

Hansteen (CHRISTOPHE), astronome norvégien, est né à Christiania, le 26 septembre 1784. Il se livra à de laborieuses recherches sur le magnétisme terrestre. Il entreprit divers voyages à Londres, à Paris, à Hambourg, à Berlin, en Finlande; il fit même une excursion à travers la partie occidentale de la Sibérie, jusqu'à Irkoutsk et Kiachta. A son retour en Norvège, il fit construire à Christiania, sur une hauteur au bord de la mer, un observatoire dont il devint le directeur. Hansteen est l'auteur d'ouvrages scientifiques très-importants.

Harding (CHARLES-LOUIS), astronome allemand, né à Lauenbourg le 29 septembre 1765, mort à Gœttingue le 15 juillet 1834. Son père l'envoya en 1786 à l'université de Gœttingue, dans le but d'étudier la théologie; mais son goût l'entraîna vers les sciences physiques, et il s'occupa principalement d'astronomie. Son nom devint célèbre en 1803, par la découverte de la planète télescopique qui a reçu le nom de *Junon*. Harding a beaucoup observé, mais peu écrit.

Hauteur. — On entend par hauteur, en parlant d'un astre quelconque, l'angle que fait avec l'horizon le rayon visuel dirigé vers le centre de cet astre.

Hauteur barométrique (CORRECTION DE LA). — Lorsqu'on observe la hauteur du mercure dans un baromètre, et que cette quantité doit être introduite dans les formules susceptibles d'une grande précision, par exemple dans celle qui donne la valeur de la différence de niveau de deux stations, on doit la corriger de la variation qu'a pu éprouver la densité du liquide par les changements de température, afin qu'on puisse le considérer comme ayant toujours les mêmes qualités physiques.

Les formules étant calculées dans l'hypothèse que le mercure du baromètre a constamment la même densité, on voit que si d la représente lorsque.la température est 0°, elle sera d' lorsque la température indiquera $t°$;

v étant un volume quelconque de ce liquide, pris à zéro, ce volume deviendra

$$v = \left(1 + \frac{t}{5550}\right)$$

à la température t, et on aura :

$$\frac{d'}{d} = \frac{v}{v\left(1 + \frac{t}{5550}\right)}, \text{ ou } \frac{d'}{d} = \frac{1}{1 + \frac{t}{5550}}$$

Or, si h représente la hauteur inconnue du mercure dans un baromètre dont la température serait 0°, et h' celle que l'on observe à la température t, on aura :

$$\frac{h}{h'} = \frac{d'}{d} ; \text{ donc } \frac{h}{h'} = \frac{1}{1 + \frac{t}{5550}} ; \text{ d'où } h = \frac{h'}{1 + \frac{t}{5550}}$$

Dans les équations qui précèdent, le nombre 5550 est le dénominateur de la fraction $\frac{1}{5550}$ qui exprime la dilatation moyenne absolue du mercure pour une température de 100° centigrades.

Hauteur (COORDONNÉES DE). — Voyez *Coordonnées.* — 1er système (page 150).

Hauteur méridienne du soleil. — La hauteur du soleil au-dessus de l'horizon, à midi, varie de la même manière que la durée du jour. Le jour de l'équinoxe du printemps, le soleil passe au méridien, à peu près au point E (*fig.* 35); sa hauteur méridienne est l'angle E O H, complément de la hauteur du pôle, soit 41°10′, à Paris. A partir de l'équinoxe du printemps, la hauteur méridienne du soleil augmente jusqu'au solstice d'été, où elle égale l'angle G O H, c'est-à-dire 41°10′, plus l'obliquité de l'écliptique, soit 64°38′. A partir du solstice d'été, la hauteur diminue jusqu'au solstice d'hiver, où elle égale l'angle K O H, c'est-à-dire 41°10′, moins l'obliquité de l'écliptique, soit 17°42′. Elle augmente ensuite du solstice d'hiver au solstice d'été. Ainsi, à Paris, la hauteur méridienne du soleil varie de 17°42′ à 64°38′. Si l'on ne tient compte que des hauteurs méridiennes, le soleil paraît monter de K en G, pour redescendre ensuite ou rétrograder de G en K. Les anciens ont indiqué ce double mouvement par le signe du Capricorne ou de la Chèvre, et par celui du Cancer ou de l'Écrevisse.

La vitesse du mouvement est très-variable ; à l'équinoxe du printemps, le soleil monte rapidement et les jours croissent d'une manière très-sensible; au solstice d'été, quand le soleil cesse de monter pour descendre ensuite, il paraît stationnaire pendant quelques jours; c'est de là que vient leur dénomination de *solstice (sol stat*, le soleil s'arrête), à l'équinoxe d'automne, la hauteur du soleil diminue rapidement, ainsi que la durée des jours. Au solstice d'hiver, quand le soleil cesse de descendre pour monter ensuite, il paraît de nouveau stationnaire. Dans le voisinage des solstices, la durée des jours varie très-peu.

Hauteurs correspondantes. — On appelle ainsi deux observations d'une même étoile, faites à des hauteurs égales, et prises de part et d'autre du méridien.

Soit h et h' les hauteurs d'une même étoile correspondant respectivement aux temps t et t',

t et t' les angles horaires de cette étoile, pris de part et d'autre du méridien, et à égale distance de ce cercle,

l la latitude du lieu de l'observation,

δ la déclinaison de l'étoile.

On aura pour les hauteurs correspondantes de cette étoile :

$$\sin h = \sin l \sin \delta + \cos l \cos \delta \cos t$$
$$\sin h' = \sin l \sin \delta + \cos l \cos \delta \cos t'$$

Au lieu d'observer une étoile, si on observait le soleil, les équations qui précèdent seraient remplacées par celle-ci :

$$\sin h = \sin l \sin (\delta \mp d\delta) + \cos l \cos (\delta \mp d\delta) \cos t$$
$$\sin h' = \sin l \sin (\delta \pm d\delta) + \cos l \cos (\delta \pm d\delta) \cos t'$$

expressions dans lesquelles $d\,\delta$ est la variation de la déclinaison entre midi et le temps de chaque observation.

On emploie $-d\delta$ ou $+d\delta$, dans la première équation, selon que la déclinaison du soleil est croissante ou décroissante; on emploie $+d\delta$ ou $-d\delta$, dans la seconde équation, selon que la déclinaison est croissante ou décroissante.

Hauteur vraie du soleil. — La Table I que l'on trouve à la page 176 donne le moyen de calculer la hauteur vraie du soleil, lorsque l'on connaît sa hauteur apparente; en effet, si nous appelons x les différences logarithmiques données par cette table; h la hauteur apparente du soleil, répondant à x; h' la hauteur vraie du soleil.

On aura :

$$\text{Log} \cos h' = x + \log \cos h.$$

Soit $h = 86°$, on a :

$$\log \cos h = \bar{2}.8435845$$
$$x = 0.0001045$$
$$\log \cos h' = \bar{2}.8436890, \text{ d'où } h' = 85°59'56'',5.$$

Nota. — Dans le calcul ci-dessus, nous avons supposé la hauteur barométrique de 0m76, et la température de + 10 degrés centigrades.

Héliocentrique. — Voyez *Latitude* et *Longitude.*

Herschell (William), célèbre astronome, né à Hanovre en 1738, mort en 1822. Son père, artiste éminent, ayant dix enfants, ne pouvait leur donner une instruction fort étendue ; ils devinrent tous musiciens. En 1759, William, le troisième, se rendit en Angleterre avec son frère aîné Jacob. Après trois années de privations, il devint organiste à Halifax. Il profita de ses loisirs pour compléter son instruction dans les langues et dans les sciences. En 1766, il fut nommé organiste à Bath. Là, le hasard fit tomber un télescope entre ses mains; l'élévation du prix de cet instrument le décida à en fabriquer lui-même; ce fut ainsi qu'il devint constructeur de télescopes et astronome. C'est avec un de ses télescopes qu'il découvrit, le 13 mars 1781, la planète qui porta d'abord son nom et que l'on désigne aujourd'hui sous celui d'*Uranus*. A partir de ce moment, Herschell, pensionné par Georges III, s'établit dans le voisinage de Windsor, et sa réputation ne fit que s'accroître par les travaux qu'il exécuta dans son observatoire avec l'aide de son frère Alexandre et de sa sœur Caroline. Il y construisit son grand télescope de trente-neuf pieds, et découvrit successivement les satellites de sa planète. En 1790-91, il observa l'anneau de Saturne, quelques-uns de ses satellites, et détermina la durée de la rotation de l'anneau. Herschell a non-seulement perfectionné les moyens d'observation, mais encore considérablement agrandi le champ des connaissances astronomiques, et sa brillante imagination y a semé des idées neuves et grandioses. En étudiant la constitution des nébuleuses, il fut conduit à considérer la voie lactée comme une grande nébuleuse dont notre système planétaire fait partie, et dans laquelle il en a marqué approximativement la place; notre soleil serait une étoile de cette nébuleuse, et son éclat serait à peu près égal à celui d'une étoile de moyenne grandeur, s'il se trouvait à la distance d'une des étoiles les plus rapprochées de nous.

Hicétas, de Syracuse, pythagoricien antérieur à Philolaüs, eut un système astronomique à peu près semblable à celui de ce philosophe (voyez

Philolaüs). C'est à tort que Cicéron lui a prêté l'hypothèse de la rotation de la terre.

Hind (JOHN-RUSSELL), célèbre astronome anglais, né à Nottingham le 12 mai 1823. Il prit dès l'enfance un goût tout particulier pour l'astronomie et lut avec avidité tous les ouvrages qui traitent de cette science. Ses observations assidues ont été constamment couronnées de succès, et l'on a dit qu'il était de tous les astronomes vivants celui qui a fait le plus de conquêtes dans le champ du ciel. — On a de ce savant un petit traité sur le *Système solaire* (the solar system), un *Manuel d'astronomie* et des *Éléments d'algèbre*, 1855.

Hipparque, de Nicée en Bithynie, le plus grand astronome de l'antiquité, vivait au IIe siècle avant J.-C. La date de sa naissance et celle de sa mort sont inconnues. Il a perfectionné l'usage du dioptre et des armilles solsticiales et équinoxiales, et inventé l'astrolabe, qui lui a permis de rapporter immédiatement les positions des étoiles à l'écliptique. Il a créé la trigonométrie et imaginé la projection stéréographique, qui peut dispenser des calculs trigonométriques dans certains problèmes d'astronomie. Il a découvert la précession des équinoxes, mais il n'a osé en fixer la valeur annuelle, qu'il a seulement déclarée supérieure à 36″. Il a trouvé la longueur de l'année tropique, avec une approximation que les anciens n'ont jamais surpassée. Le premier, il a déterminé avec une exactitude suffisante la position de l'apogée solaire pour son temps, l'inégalité du mouvement apparent du soleil dans toutes les parties de son orbite, et la première inégalité de la lune, celle qui seule est sensible dans les syzygies. Il a constaté l'existence d'autres inégalités dans les autres phases de la lune, mais sans oser essayer de les définir. Il a dressé des tables et des éphémérides des mouvements du soleil et de la lune, et le premier il a calculé, avec certitude et avec une exactitude scientifique, non-seulement les éclipses de lune, mais les éclipses de soleil pour un lieu donné. Il a déterminé, d'une manière déjà assez approchée pour suffire à ce calcul, la parallaxe de la lune, et il en a tiré une estimation de la distance de la lune à la terre. La parallaxe du soleil ne pouvait être donnée convenablement par ses moyens d'observation; comme Aristarque, il a fait le soleil beaucoup moins éloigné de nous qu'il ne l'est. Il a calculé les moyens mouvements des cinq planètes, et il avait laissé, pour la détermination de leurs inégalités, de nombreuses observations, dont Ptolémée n'a employé et conservé qu'un beaucoup trop petit nombre.

Hipparque était l'auteur d'un grand nombre d'ouvrages très-importants, mais malheureusement la plupart ont été perdus.

Hiver. — Voyez *Saisons*.

Horaire. — Voyez *Cercle*, page 109.

Horizon. — On appelle ainsi le cercle visuel qui borne de tous côtés la vue d'un observateur placé à la surface de la terre.

Horizon (DÉPRESSION DE L'). — Plus on s'élève au-dessus de la surface de la terre, plus l'angle apparent sous lequel on voit la terre diminue. Pour un observateur placé en A (*fig.* 36), à la hauteur AB au-dessus du sol, le cercle d'horizon est CDE, et l'angle sous lequel il voit la terre est CAE. Si l'observateur s'élève en A′, le cercle d'horizon C′ D′ E′ augmente, mais l'angle apparent C′ A′ E′ diminue.

De là résulte le phénomène connu sous le nom de *dépression de l'horizon*. En A, l'horizon rationnel, perpendiculaire à la verticale, est AH; le rayon visuel AC tangent à la terre est incliné de l'angle CAH au-dessous de l'horizon rationnel. Cet angle est la dépression de l'horizon visible, au point A. En A′, la dépression C′ A′ H′ est plus grande. Plus on s'élève, plus la dépression augmente. On mesure cet angle avec un instrument appelé secteur de dépression.

Horizon. — *Inclinaison de l'horizon visuel avec l'horizon vrai.* — Un observateur découvre d'autant plus d'étendue au ciel, qu'il est lui-même plus élevé au-dessus du niveau des eaux; il suit de là qu'à la mer, et avec les instruments connus des navigateurs, la hauteur d'un astre comptée, comme on le fait ordinairement, du niveau de la mer, est plus grande que celle qui serait rapportée à l'horizon vrai.

Soit r le rayon de la terre,

e l'élévation de l'observateur au-dessus du niveau de la mer,

i l'inclinaison de l'horizon visuel avec l'horizon vrai, nous aurons:

$$\cos i = \frac{r}{r+e} \text{ et } e = r \operatorname{tang} i \operatorname{tang} \tfrac{1}{2} i$$

De plus, si nous prenons pour le rayon de la terre la moyenne arithmétique entre le demi-axe équatorial et le demi-axe polaire, ou 6366739 mètres, nous aurons pour logarithme du rayon 6,8039171; en sorte que les deux équations qui précèdent, mises sous forme de logarithmes, deviendront :

$$\log \cos i = \log 6{,}8039171 - \log r + e,$$
$$\text{et } \log e = \log 6{,}8039171 + \log \operatorname{tang} i + \log \operatorname{tang} \tfrac{1}{2} i.$$

Soit à calculer la valeur de i pour un élévation de 9^m au-dessus du niveau de la mer, nous aurons, par la première formule :

$$\cos i = \frac{6366739}{6366748} = 0{,}9999986, \text{ d'où } i = 5'30''$$

L'horizon vrai coïncide avec la ligne qui forme le niveau des mers; en sorte que, pour une élévation de 9^m au-dessus de ce niveau, l'horizon visuel est incliné au-dessous de l'horizon vrai de 5′30″. Par conséquent, si on a trouvé à cette élévation la hauteur apparente d'un astre égale à h, la hauteur apparente de cet astre, ramenée à l'horizon vrai, sera égale à $h - 5'30''$.

Illumination. — Voyez *Cercle*, page 109.

Immersion. — C'est l'entrée d'une planète dans l'ombre d'une autre planète.

Inclinaison. — On appelle inclinaison l'angle que fait le plan de l'orbite d'une planète avec le plan de l'écliptique. Pour déterminer l'inclinaison, on choisit le moment où la terre passe sur la ligne du nœud, et on observe la planète à cet instant; un calcul trigonométrique donne l'inclinaison (voyez *Orbite de la lune*). L'inclinaison, déduite ainsi d'un grand nombre d'observations semblables, est la même; comme la planète occupe des positions différentes sur son orbite, on en conclut que cette orbite est une courbe plane.

Les deux angles formés par la longitude du nœud et l'inclinaison déterminent la position du plan de l'orbite dans l'espace.

Inclinaison de l'orbite lunaire. — Voyez *Eclipse de lune*, page 179; *Orbite de la lune*.

Indiction. — Voyez *Calendrier*, page 85.

Inégalité des jours. — Voyez *Saisons* et *Lever*.

— **des nuits.** — Voyez *Lever*.

— **des saisons.** — Voyez *Saisons*.

— **du mouvement elliptique du soleil.** — Voyez *Mouvement elliptique du soleil*.

Inertie. — L'inertie est la propriété qu'ont les corps de ne pouvoir altérer par eux-mêmes le mouvement ou le repos qu'ils possèdent; en conséquence quand aucune action extérieure ne s'exerce sur un corps, si le corps est en repos, il reste en repos; s'il est en mouvement, il continue son mouvement rectiligne et uniforme. Les corps que nous voyons se mouvoir à la surface de la terre sont toujours soumis à quelque action extérieure, comme la pesanteur, le frottement et la résistance de l'air.

Instruments astronomiques. — Nous allons donner ici d'une manière très-succincte la description des instruments le plus généralement employés dans les observations astronomiques : tels que *Cercle mural*, *Chronomètre*, *Equatorial*, *Lunette astronomique*, *Lunette méridienne*, *Micromètre*, *Pinnules*, *Réticule* et *Théodolite*.

Cercle mural. — Le cercle mural est un grand cercle appliqué contre un mur construit dans la direction du plan méridien. Il sert à mesurer les hauteurs des étoiles au-dessus de l'horizon, ou leurs distances zénithales, à leur passage au méridien. Le cercle mural de l'Observatoire de Paris est divisé de cinq en cinq minutes; par un système particulier de micromètre, on évalue les secondes.

Chronomètre. — On appelle chronomètres des montres d'une grande précision, telles que les montres marines.

Equatorial ou *Machine parallactique.* — Cet instrument se compose d'un axe dirigé suivant là ligne des pôles, et de deux cercles gradués, dont l'un est perpendiculaire à l'axe et l'autre situé dans le plan même de cet axe; au centre de ce dernier cercle est adaptée une lunette.

Lunette astronomique. — Cette lunette se compose d'un tube, aux deux extrémités duquel sont placés deux verres lenticulaires : un grand, dirigé vers l'objet, et appelé pour cette raison *objectif;* l'autre très-petit, derrière lequel on place l'œil, et que l'on nomme *oculaire*. Les rayons lumineux envoyés par l'objet se brisent en passant à travers l'objectif et viennent former, au *foyer* de la lunette, une image renversée de l'objet; à l'aide de l'oculaire on regarde cette image comme avec une loupe.

La lunette astronomique a le double avantage d'augmenter le pouvoir de la vision et de donner au pointé une très-grande précision.

Lunette méridienne. — La lunette méridienne, ou lunette des passages, est une grande lunette portée par un axe horizontal ; cet axe est terminé par deux tourillons qui reposent sur des coussinets établis solidement sur deux piliers en maçonnerie. L'axe de la lunette est perpendiculaire à l'axe de rotation. On rend horizontal cet axe de rotation à l'aide d'un niveau à bulle d'air, et on lui donne une direction telle que le plan vertical décrit par l'axe de la lunette en tournant autour de l'axe de rotation coïncide avec le plan méridien ; on s'assure que cette condition est remplie à l'aide de l'horloge ou du chronomètre, par les observations des passages d'une étoile circompolaire.

Micromètre. — Le micromètre est un réticule composé de deux fils parallèles que l'on peut éloigner l'un de l'autre à volonté, au moyen d'une excellente vis ; ces deux fils parallèles sont traversés par un fil perpendiculaire. Le micromètre se place au foyer de la lunette ; il sert à mesurer le diamètre apparent d'un astre, c'est-à-dire l'angle sous lequel on voit cet astre.

Pinnules. — On mesure les angles au moyen de cercles divisés en parties égales. Pour viser les objets, les anciens employaient l'*alidade à pinnules* qui est encore en usage aujourd'hui dans l'arpentage et la géodésie. C'est une règle tournant autour du centre d'un cercle et surmontée, à ses deux extrémités, de deux plaques de métal perpendiculaires à l'alidade. Chacune de ces plaques est percée d'une large ouverture ou fenêtre dans laquelle est tendu un fil très-fin ; dans le prolongement du fil est pratiquée une fente très-étroite. L'œil étant placé derrière la fente étroite de l'une des pinnules, on fait tourner l'alidade jusqu'à ce que le fil tendu dans la fenêtre opposée se place exactement sur l'étoile. Le rayon visuel allant à l'étoile coïncide avec la droite qui joint la fente étroite au fil de la fenêtre opposée. Si l'on dirige ensuite l'alidade sur une autre étoile, l'arc décrit par l'alidade donne la distance angulaire des deux étoiles.

Réticule. — C'est une petite plaque métallique percée d'une ouverture circulaire dans laquelle sont tendus deux fils très-fins perpendiculaires entre eux, et que l'on place au foyer de la lunette. Quand on vise une étoile, on fait mouvoir la lunette de manière que l'image de l'étoile vienne se placer exactement au point de croisement des fils du réticule ; la droite qui va de ce point de croisement à l'étoile, et qui a une direction fixe dans la lunette, s'appelle axe de la lunette. Pour viser une autre étoile, on fait tourner l'alidade qui porte la lunette de manière que l'image se place encore au point de croisement des fils ; l'arc décrit par l'alidade est la distance angulaire des deux étoiles.

Dans les observations de nuit, on est obligé d'éclairer le réticule ; pour cela, on dispose à l'extrémité de la lunette, en avant de l'objectif, une plaque inclinée, percée d'une ouverture circulaire qui laisse entrer dans la lunette les rayons lumineux venant de l'astre. Une lampe placée à côté, à une certaine distance de la lunette, éclaire la plaque qui, recouverte d'une couche de blanc mat, éclaire légèrement par réflexion le réticule.

Théodolite. — Le théodolite se compose d'un axe vertical porté par trois pieds; à cet axe est fixé un cercle horizontal gradué; autour du même axe tourne un cercle vertical aussi gradué et portant une lunette mobile autour de son centre. Les divisions du cercle vertical indiquent l'angle que fait avec la verticale l'axe de la lunette. Une aiguille, ou alidade, indique sur le cercle horizontal l'angle dont on fait tourner le cercle vertical.

Interpolation (BUT DE L'). — On se sert constamment, en astronomie, de tables qui donnent les valeurs de certaines fonctions correspondant à des valeurs déterminées des variables. Mais dans l'application, on a aussi besoin de connaître les valeurs de la fonction pour des valeurs des variables qui ne sont pas contenues dans les tables. Les méthodes qui permettent d'obtenir ce résultat portent le nom de *méthodes d'interpolation*.

Interpolation (FORMULE GÉNÉRALE D'). — Nous allons donner ici la formule la plus généralement employée.

Soit a une première, puis une seconde, puis une troisième, puis une quatrième.... valeur d'une certaine fonction de a, donnée par les tables,

$f(a)$ la fonction d'une première valeur connue de a, prise pour terme initial de la formule,

a_0 une variable en fonction de a, et à insérer entre une première valeur et une seconde valeur de cette fonction,

Δ' la différence première entre deux valeurs consécutives de a,

Δ'' la différence seconde entre trois valeurs consécutives de a,

Δ''' la différence troisième entre quatre valeurs consécutives de a,

n l'intervalle auquel se rapporte la valeur de a_0 que l'on veut obtenir,

On aura en général :

$$(1) \quad a_0 = f(a) \pm \begin{cases} \Delta' . n \\ \Delta'' . \dfrac{n(1-n)}{1.2} \\ \Delta''' . \dfrac{n(1-n)(2-n)}{1.2.3} \end{cases}$$

REMARQUE. — Dans cette formule, les valeurs de Δ', Δ'', Δ''' sont le résultat de la moyenne arithmétique entre deux valeurs consécutives de ces différences.

On emploie le signe + devant les expressions

$$\Delta' . n, \Delta'' . \frac{n(1-n)}{1.2}, \text{et } \Delta''' . \frac{n(1-n)(2-n)}{1.2.3}$$

lorsque les différences $\Delta', \Delta'', \Delta'''$ sont positives ; on emploie au contraire le signe — lorsque les différences $\Delta', \Delta'', \Delta'''$ sont négatives.

Interpolation. — *Formule de Newton.* — Nous sommes redevables au célèbre Newton d'une formule d'interpolation qui se distingue autant par sa simplicité que par l'exactitude des résultats que l'on en tire.

Soit en effet $f(a)$ une première fonction de a prise à l'origine d'un certain intervalle n, la formule sera celle-ci :

$$f\ (a) = a$$
$$f'\ (a + \tfrac{1}{2}) = n$$
$$f''\ (a+1) = \frac{1-n}{2}$$
$$f'''(a+\tfrac{3}{2}) = \frac{2-n}{3}$$
$$f^{\text{IV}}(a+2) = \frac{3-n}{4}$$

Application de la formule. — Représentons par

$$\frac{\Delta + \Delta_0}{2}$$

la moyenne arithmétique de deux différences consécutives, et supposon que l'on prenne les fonctions de a à 24 heures d'intervalle, et que l'on veuille obtenir une fonction intermédiaire de a à 12 heures d'intervalle, on aura $n = \frac{12}{24}$ ou $\frac{1}{2}$ et, par suite

$$f'\ (a+\tfrac{1}{2}) = \tfrac{1}{2},\ \text{et}\ \frac{\Delta' + \Delta'_0}{2} \times \tfrac{1}{2} = \pm p_1$$
$$f''\ (a+1) = \tfrac{1}{4},\ \text{et}\ \frac{\Delta'' + \Delta''_0}{2} \times \tfrac{1}{4} = \pm p_2$$
$$f'''(a+\tfrac{3}{2}) = \tfrac{1}{2},\ \text{et}\ \frac{\Delta''' + \Delta'''_0}{2} \times \tfrac{1}{2} = \pm p_3$$
$$f^{\text{IV}}(a+2) = \tfrac{5}{8},\ \text{et}\ \frac{\Delta^{\text{IV}} + \Delta^{\text{IV}}_0}{2} \times \tfrac{5}{8} = \pm p_4$$

Supposons maintenant que l'on prenne les fonctions de a à 24 heures d'intervalle, et que l'on veuille obtenir une fonction intermédiaire de a à 6 heures d'intervalle, on aura $n = \frac{6}{24}$ ou $\frac{1}{4}$ et, par suite

$$f'\ (a+\tfrac{1}{2}) = \tfrac{1}{4},\ \text{et}\ \frac{\Delta' + \Delta'_0}{2} \times \tfrac{1}{4} = \pm p_1$$
$$f''\ (a+1) = \tfrac{3}{8},\ \text{et}\ \frac{\Delta'' + \Delta''_0}{2} \times \tfrac{3}{8} = \pm p_2$$

$$f'''\left(a+\tfrac{3}{2}\right)=\tfrac{7}{12},\ \text{et}\ \frac{\Delta'''+\Delta'''_0}{2}\times\tfrac{7}{12}=\pm p_3$$

$$f^{IV}(a+2)=\tfrac{11}{16},\ \text{et}\ \frac{\Delta^{IV}+\Delta^{IV}_0}{2}\times\tfrac{11}{16}=\pm p_4$$

Si nous représentons par s la somme de tous les produits partiels p_1, p_2, p_3, p_4, nous aurons pour la fonction de a à n intervalle

$$f(a)=a\pm s$$

où s est additif ou soustractif, selon que, après avoir éliminé des produits partiels les sommes équivalentes des plus et des moins, on obtient au total une somme supérieure à celles qui sont affectées du signe — ou à celles qui sont affectées du signe +.

Autre formule. — Si on prend pour les diverses fonctions de a des intervalles entièrement égaux, comme 24 heures, 12 heures, etc., sans fractionnement de temps, on a $n=1$, et

$$f'\left(a+\tfrac{1}{2}\right)=n=1$$

$$f''\left(a+\tfrac{1}{2}\right)=\frac{2n}{2}=1$$

$$f'''\left(a+\tfrac{1}{2}\right)=\frac{3n}{3}=1$$

En sorte que

$$f'\left(a+\tfrac{1}{2}\right)=\frac{\Delta'+\Delta'_0}{2}=\pm p_1$$

$$f''\left(a+\tfrac{1}{2}\right)=\frac{\Delta''+\Delta''_0}{2}=\pm p_2$$

$$f'''\left(a+\tfrac{1}{2}\right)=\frac{\Delta'''+\Delta'''_0}{2}=+p_3$$

ou p_1, p_2, p_3 sont respectivement le produit de la moyenne arithmétique de deux différences consécutives par l'unité.

Lorsque entre deux quantités consécutives de Δ', Δ'', Δ''', l'une est positive et l'autre négative, au lieu de diviser par 2 la somme des deux différences, on retranche la plus petite de la plus grande et on affecte au reste, qui devient alors le produit de la différence par l'unité, le signe de la plus grande.

Cette formule, d'un usage facile et d'une grande simplicité, est surtout fréquemment employée dans le calcul des culminations lunaires.

Prenons l'ascension droite de la lune pour 1871, août 25 et 26, nous aurons

		a	Δ'	Δ''
Août 25	0^h	$17^h52^m58^s,21$		
			$+\ 31^m57^s,19$	
	12	18 24 15 ,40		$-\ 26^s,93$
			$+\ 31\ 30\ ,26$	
Août 26	0	18 55 45 ,66		$-\ 0,72$
			$+\ 31\ 29\ ,54$	
	12	19 27 15 ,20		

Prenons maintenant pour argument de a l'ascension droite $18^h24^m15^s,40$ pour 12^h ou minuit le 25 août, nous aurons, par la formule qui précède et en nous arrêtant aux différences troisièmes :

$$f(a) - 18^h24^m15^s,40$$

$$f'(a+\tfrac{1}{2}) = \frac{31^m57^s,19 + 31^m30^s,26}{2} = 31^m43^s,73$$

$$f''(a+\tfrac{1}{2}) = \frac{26^s,93 + 0^s,72}{2} = 13^s,83$$

Pour se faire une idée de la manière de déduire les différences des diverses fonctions de a, nous allons donner une notation très-ingénieuse due à Encke, et que l'on trouve dans son mémoire sur les quadratures mécaniques, publié dans le *Iahrbuch* de Berlin pour l'année 1837.

Voici cette notation :

Argument	Fonction	Différence I	Différence II	Différence III	Différence IV	Différence V	Différence VI
$a-3w$	$f(a-3w)$						
		$f'(a-\frac{5}{2})$					
$a-2w$	$f(a-2w)$		$f''(a-2)$				
		$f'(a-\frac{3}{2})$		$f'''(a-\frac{3}{2})$			
$a-w$	$f(a-w)$		$f''(a-1)$		$f^{IV}(a-1)$		
		$f'(a-\frac{1}{2})$		$f'''(a-\frac{1}{2})$		$f^{V}(a-\frac{1}{2})$	
a	$f(a)$		$f''(a)$		$f^{IV}(a)$		$f^{VI}(a)$
		$f'(a+\frac{1}{2})$		$f'''(a+\frac{1}{2})$		$f^{V}(a+\frac{1}{2})$	
$a+w$	$f(a+w)$		$f''(a+1)$		$f^{IV}(a+1)$		
		$f'(a+\frac{3}{2})$		$f'''(a+\frac{3}{2})$			
$a+2w$	$f(a+2w)$		$f''(a+2)$				
		$f'(a+\frac{5}{2})$					
$a+3w$	$f(a+3w)$						

On voit, par le tableau qui précède, que la différence entre deux valeurs successives est la moyenne arithmétique des deux arguments consécutifs, le facteur w étant sous-entendu.

Irradiation de la lumière. — Voyez *Lumière*.

Janvier (Antide), astronome-mécanicien, né à Saint-Claude (Jura) en 1751, connu dans le monde scientifique par une sphère mécanique qui rend parfaitement compte des mouvements des corps célestes. Il a publié en 1812, sous le titre « *Des révolutions des corps célestes par le mécanisme des rouages,* » un petit traité renfermant la description de sa méthode. Cet ouvrage, qui est très-rare aujourd'hui, se recommande autant par sa simplicité que par l'exactitude des procédés employés par son auteur.

Jour (NOTIONS SUR LE). — Le jour est la durée qui s'écoule entre deux passages successifs du centre du soleil dans la même portion du même méridien : le jour est l'unité de durée. On est convenu de la partager en deux séries qui renferment chacune douze portions égales qui s'appellent *heures;* chacune de ces parties se divise en 60 *minutes,* chaque minute en 60 *secondes*... En France, et dans la plus grande partie de l'Europe, l'origine du jour est le passage du centre du soleil dans la portion du méridien inférieur à l'horizon du lieu où l'on se trouve. Cette origine porte le nom de *minuit;* lorsque le soleil passe dans la portion supérieure, il est *midi.* Le *matin* se compose des heures comprises entre minuit et midi ; le *soir* renferme celles de midi à minuit.

Le jour, tel que nous venons de le définir, n'a pas constamment la même valeur pendant toute une année. Pour les observations astronomiques qui exigent une très-grande précision, on est obligé d'avoir une unité de durée qui soit réellement toujours la même; on est convenu dans ce cas de prendre, pour remplir cette condition, un intervalle constant déterminé d'après certaines conditions astronomiques, et qui est plus petit que les plus longs jours indiqués par le soleil, et plus grand que les plus petits : cet intervalle se nomme *jour moyen,* et l'on appelle *jour solaire* celui qui est marqué par le passage du centre du soleil au méridien. La nouvelle unité que nous venons d'indiquer a les mêmes subdivisions que celle que nous avons déjà fait connaître.

Jour sidéral. — La nature nous offre dans le mouvement diurne des astres autour de l'axe du monde, une unité constante fort usitée dans les observations astronomiques : la durée qui s'écoule entre le passage d'une étoile à travers le méridien et son retour dans ce même méridien a constamment la même valeur ; elle porte le nom de *jour sidéral* ; elle reçoit les mêmes subdivisions que les deux autres espèces de jour ; elle ne peut être employée dans les usages civils à cause du mouvement propre du soleil qui, traversant à une certaine époque le méridien en même temps qu'une étoile, y passe six mois après douze heures plus tard ; de sorte que l'un des astres indiquerait midi et l'autre minuit au même instant. Le jour sidéral et le jour moyen jouissent de la constance rigoureuse que nous avons assignée à une unité quelconque de mesure, car on a calculé, d'après certains phénomènes astronomiques bien étudiés, que leur valeur ne peut avoir varié d'un centième de seconde dans un intervalle égal à 2500 ans, c'est-à-dire depuis les anciennes éclipses observées par les Chaldéens jusqu'à nos jours.

Jour solaire moyen. — Voyez *Mouvement diurne.*

Jour solaire vrai. — Voyez *Mouvement diurne.*

Jours solaires (INÉGALITÉ DES). — Voyez *Mouvement diurne.*

Jour astronomique, — civil. — Le jour *astronomique* commence à midi *moyen*, c'est-à-dire quand le soleil moyen est au méridien ; ce qui a lieu lorsque le temps sidéral est égal à la longitude moyenne du soleil. Le jour *civil* commence 12 heures *avant* le jour *astronomique* de même date.

Jours (DIVERSES ESPÈCES DE). — Nous allons compléter, en le résumant, ce que nous avons dit sur l'intervalle du temps que l'on est convenu de désigner sous la dénomination de *jour.*

On distingue trois espèces de jours : le jour *vrai*, le jour *moyen*, le jour *sidéral*; d'ou résultent trois espèces de temps : le temps *vrai*, le temps *moyen* et le temps *sidéral.*

Le jour *vrai* est l'intervalle de temps compris entre deux passages consécutifs du soleil *vrai* au même méridien ; le jour *moyen*, le temps compris entre deux passages consécutifs de l'astre fictif auquel on a donné le nom de soleil *moyen;* enfin le temps compris entre deux retours consécutifs d'une étoile au méridien, forme le jour *sidéral.*

Le jour *sidéral* commence à l'instant où le point équinoxial du printemps passe au méridien. Il se partage en 24 heures, que l'on compte de 0 à 24.

Le jour moyen *astronomique* commence à *midi moyen*; il se partage en 24 heures, que l'on compte sans interruption de 0 à 24, ou d'un midi au midi suivant.

Le jour moyen *civil* commence à *minuit moyen*, 12 heures plus tôt que le jour moyen *astronomique;* il se compose aussi de 24 heures, mais elles comprennent deux périodes de 12 heures chacune, qu'on distingue en heures du *matin*, de minuit à midi, et en heures du *soir*, de midi à minuit.

Le temps *vrai* astronomique se compte à partir de *midi vrai* de 0 à 24 heures.

Dans la *Connaissance des Temps*, on se sert du temps moyen astronomique. On n'emploie le temps moyen civil que pour les levers et couchers du soleil et de la lune, les phases de la lune et les grandes marées.

Jours caniculaires. — Les jours caniculaires sont ceux qui correspondent aux grandes chaleurs de l'été (voyez *Lever héliaque*).

Jours de l'année comptés de midi moyen du 1er janvier

ANNÉE COMMUNE

Jours	Janvier	Février	Mars	Avril	Mai	Juin	Juillet	Août	Septembre	Octobre	Novembre	Décembre
1	0	31	59	90	120	151	181	212	243	273	304	334
2	1	32	60	91	121	152	182	213	244	274	305	335
3	2	33	61	92	122	153	183	214	245	275	306	336
4	3	34	62	93	123	154	184	215	246	276	307	337
5	4	35	63	94	124	155	185	216	247	277	308	338
6	5	36	64	95	125	156	186	217	248	278	309	339
7	6	37	65	96	126	157	187	218	249	279	310	340
8	7	38	66	97	127	158	188	219	250	280	311	341
9	8	39	67	98	128	159	189	220	251	281	312	342
10	9	40	68	99	129	160	190	221	252	282	313	343
11	10	41	69	100	130	161	191	222	253	283	314	344
12	11	42	70	101	131	162	192	223	254	284	315	345
13	12	43	71	102	132	163	193	224	255	285	316	346
14	13	44	72	103	133	164	194	225	256	286	317	347
15	14	45	73	104	134	165	195	226	257	287	318	348
16	15	46	74	105	135	166	196	227	258	288	319	349
17	16	47	75	106	136	167	197	228	259	289	320	350
18	17	48	76	107	137	168	198	229	260	290	321	351
19	18	49	77	108	138	169	199	230	261	291	322	352
20	19	50	78	109	139	170	200	231	262	292	323	353
21	20	51	79	110	140	171	201	232	263	293	324	354
22	21	52	80	111	141	172	202	233	264	294	325	355
23	22	53	81	112	142	173	203	234	265	295	326	356
24	23	54	82	113	143	174	204	235	266	296	327	357
25	24	55	83	114	144	175	205	236	267	297	328	358
26	25	56	84	115	145	176	206	237	268	298	329	359
27	26	57	85	116	146	177	207	238	269	299	330	360
28	27	58	86	117	147	178	208	239	270	300	331	361
29	28		87	118	148	179	209	240	271	301	332	362
30	29		88	119	149	180	210	241	272	302	333	363
31	30		89		150		211	242		303		364

ANNÉE BISSEXTILE

Pas de changement pour les mois de janvier et février.
Le jour intercalaire du 29 février devient le 59e, et le rang de tous les jours, du 1er mars au 31 décembre, augmente d'une unité.

Jupiter. — C'est la plus grosse des planètes et la plus brillante après Vénus. Son diamètre apparent, et, par conséquent, ses distances à la terre varient dans le rapport de 30″ à 46″. Il tourne dans une ellipse peu inclinée sur l'écliptique en 4333 jours, ou 12 ans environ. Sa rotation sur lui-même se fait autour d'un axe presque perpendiculaire au plan de l'écliptique, dans un espace de 9^h36^m. Il est à remarquer que cette rotation est extrêmement rapide, eu égard au chemin que doivent parcourir les points situés dans l'équateur de l'astre, et qui, à cause de son grand volume, sont fort éloignés de l'axe de rotation. La force centrifuge y est fort considérable; aussi remarque-t-on que les pôles de Jupiter sont beaucoup plus aplatis que ceux de notre globe; cet aplatissement est égal à $\frac{1}{14}$ du rayon équatorial de cette planète.

Autour de Jupiter se meuvent en cercle, et dans le sens général des mouvements planétaires, quatre petites lunes ou satellites. Ces satellites sont extrêmement petits et invisibles à l'œil nu.

Jupiter (ASCENSION DROITE, DÉCLINAISON, LONGITUDE ET LATITUDE DE). — Voyez *Lune*.

Képler (JEAN). Un des plus grands astronomes des temps modernes, né en 1571 à Magstatt près de Weil (Wurtemberg), mort en 1630 à Ratisbonne. Képler est le premier qui ait appliqué à la détermination des phénomènes astronomiques la formule générale des sciences telle que le progrès la conçoit : *Le monde est le domaine de l'homme.* Son courage et sa foi étaient indomptables en présence de l'avenir; rien ne pouvait le décourager. Pendant vingt-deux ans il prépara les voies nouvelles de la cosmographie, en cherchant à prouver : 1° que *les carrés des temps des révolutions planétaires étaient proportionnels aux cubes des distances;* 2° que *les orbites décrites par les planètes n'étaient pas des cercles dont le soleil occupe le centre, mais des ellipses dont le soleil occupe l'un des foyers*; 3° que *le temps employé par une planète à décrire une partie de son orbite était proportionnel à la surface de l'aire décrite pendant ce temps par son rayon vecteur.* Après avoir soulevé et résolu ces questions capitales, on le vit se livrer à des travaux incessants, afin de prouver que la matière était essentiellement inerte, que le mouvement rectiligne était le seul naturel, que le mouvement curviligne des planètes résultait d'une modification imprimée au mouvement rectiligne primitif par l'attraction magnétique du soleil, enfin que l'attraction que les corps célestes exerçaient l'un sur l'autre était proportionnelle à leurs masses respectives. Il pressentit la rotation du soleil sur son axe, ainsi que la giration des étoiles fixes; il écrivit une théorie complète des éclipses, et calcula l'époque exacte du passage de Mercure et de Vénus sur le disque du soleil. En outre, ses découvertes en géométrie, en physique, etc., ne furent pas moins belles et moins importantes que ses découvertes astronomiques. Les principaux ouvrages de Képler sont : *le Prodomus; l'Astronomie optique* et *la Physique céleste.*

Lacaille (NICOLAS-LOUIS DE), célèbre astronome, né le 15 mars 1713 à Rumigny près de Reims, mort à Paris le 21 mars 1762. Professeur de mathématiques au collége Mazarin, on lui donna la jouissance, dans cet établissement, d'un petit observatoire, où il installa quelques instruments bien imparfaits, mais avec lesquels cependant il réussit à obtenir des mesures d'une exactitude surprenante.

En 1750, il partit pour le Cap de Bonne-Espérance; là il mesura un arc du méridien, la longueur du pendule, et détermina la position de plus de 10,000 étoiles du ciel austral, dans lequel il forma 16 constellations; il fut chargé aussi de lever la carte de l'île de France. On a déduit de ses observations faites au Cap, comparées à celles de Lalande à Berlin, les parallaxes de la Lune, de Mars et de Vénus. Rentré à Paris, à son retour du Cap, il publia en latin ses *Fondements de l'astronomie*, 1757, et ses *Tables solaires*, 1758. Il s'occupa ensuite des étoiles zodiacales; pour cela, il substitua l'emploi de la lunette méridienne à la méthode des hauteurs correspondantes, qu'il avait toujours employée. Lalande a dit de Lacaille « qu'il avait fait à lui seul, pendant la durée de sa vie, plus d'observations et de calculs que tous les astronomes ses contemporains réunis; » et Delambre, « qu'il était le calculateur le plus courageux et l'observateur le plus zélé, le plus actif, le plus assidu qui eût jamais existé. »

Lahire (PHILIPPE DE), célèbre mathématicien français, né à Paris en 1640, mort en 1718. Il s'exerça sur les sections coniques, qu'il traita à la manière des anciens; ses ouvrages sur cette matière eurent une grande vogue pour l'époque, mais l'analyse moderne les a facilement dépassés. Lahire s'est occupé avec assez de succès d'astronomie, de physique et de mécanique. L'érudition de Lahire était si profonde que Fontenelle a pu dire de lui, qu'il était une Académie entière des sciences. Ses principaux ouvrages sont : *Nouveaux éléments des sections coniques; La Gnomonique; Tabulæ astronomicæ; Ecole des arpenteurs; Traité de mécanique.*

Lalande (JOSEPH-JÉRÔME LEFRANÇAIS DE), illustre astronome, né à Bourg (Ain) le 11 juillet 1732, mort à Paris le 4 avril 1807. Il a publié de nombreux mémoires sur l'astronomie. Ses principaux ouvrages sont : *Exposition du calcul astronomique; Réflexions sur les comètes qui peuvent* *approcher de la terre; — Sur les éclipses de soleil; Abrégé d'astronomie.* — Le premier, il fit connaître le platine en France. On lui doit encore un *Voyage en Italie*, en 1765-66, qui est un ouvrage fort estimé.

Laplace (PIERRE-SIMON, MARQUIS DE), célèbre astronome français, né à Beaumont-en-Auge (Calvados) le 23 mars 1749, mort le 5 mars 1827, était fils d'un pauvre cultivateur; il dut son élévation à son génie et à ses connaissances profondes, fruit d'un travail opiniâtre.

Après les travaux de ses devanciers, il restait encore bien des régions de la science astronomique à explorer, et des doutes à lever sur la question débattue de la stabilité du système du monde en n'admettant que le principe de la gravitation universelle. Laplace conçut le projet de rassembler les travaux accomplis, et de rechercher la raison des phénomènes non expliqués, en n'admettant que le principe newtonien. Telle est l'origine du grand et immortel ouvrage qu'il intitula : *Traité de la Mécanique céleste*, et appelé par Fourier l'*Almageste* de ce siècle.

La *Mécanique céleste* est un ouvrage hors ligne, par l'importance des solutions, l'ordre, la clarté et la beauté de l'exposition. Un autre ouvrage, l'*Exposition du système du monde*, est l'exposé, débarrassé des formules mathématiques, de l'état des connaissances astronomiques. Ce livre, écrit avec beaucoup de simplicité et de netteté, est suivi d'une histoire abrégée de l'astronomie. Laplace a encore réuni, développé et appliqué les principes du calcul des probabilités dans la *Théorie analytique des probabilités;* c'est là qu'il expose son importante *Théorie des fonctions génératrices*.

En 1813, il fut fait comte de l'Empire; il ne vota pas moins la déchéance de Napoléon en 1814, et devint marquis et pair de France par ordonnance de Louis XVIII.

Latitude. — On entend par latitude d'un astre, la distance de cet astre à l'écliptique, mesurée sur le grand cercle abaissé du centre de l'astre perpendiculairement sur le plan de l'écliptique. Soit B (*fig.* 37) un astre quelconque, planète ou étoile, E′E′ l'écliptique; l'arc BA′ est la latitude de l'astre B. Pour compléter la définition se rattachant à cette espèce de position d'un astre dans l'espace, voir ce que nous avons dit à l'article *Coordonnées* — 4ᵉ système (page 152).

Avant de continuer ce que nous avons à dire de la latitude des astres et, plus tard, de leur longitude, nous devons donner ici l'explication des lignes tracées dans la *fig.* 37 : EE est l'axe de l'équateur; E′E′ l'axe de l'écliptique; P le pôle de l'équateur; P′ le pôle de l'écliptique; B la position d'une étoile ou d'un astre quelconque.

La latitude d'un astre est boréale ou australe, selon que cet astre se trouve au-dessus ou au-dessous de l'écliptique.

Latitude et longitude des astres. — Nous avons déjà dit ce que l'on entend par latitude d'un astre. On appelle longitude l'arc d'écliptique compris entre le point de l'équinoxe du printemps et le point où le grand cercle qui passe par les pôles de l'écliptique et l'astre coupe l'écliptique.

Soient les triangles sphériques C A B, C A' B (*fig.* 37) rectangles en A et A', nous aurons comme éléments connus :

C A qui est l'ascension droite d'un astre quelconque, d'une étoile par exemple, et que nous désignerons par a,

A B qui est sa déclinaison, et que nous désignerons par d, l'angle A de 90° formé par l'équateur et un grand cercle passant par le pôle de l'équateur et le centre de l'étoile située en B,

B C qui est commun aux deux triangles, et que nous désignerons par M, sera donné par l'équation

$$\cos M = \cos a \cos d$$

L'angle C, que nous désignerons par φ, sera donné par l'équation

$$\operatorname{tang} \varphi = \frac{\operatorname{tang} d}{\operatorname{tang} a}$$

Dans le triangle C A' B, nous aurons aussi, comme éléments connus :

Le côté C B, que nous avons désigné par M,

L'angle C, que nous désignerons par $\varphi - \omega$, ω étant l'obliquité de l'écliptique,

L'angle A' de 90° formé par le grand cercle abaissé perpendiculairement du pôle de l'écliptique sur l'écliptique, et passant par le centre de l'étoile en B.

Si nous désignons maintenant par l la latitude et par L la longitude de l'étoile, nous aurons :

$$\sin l = \sin M \sin (\varphi - \omega)$$
$$\operatorname{tang} L = \operatorname{tang} M \cos (\varphi - \omega)$$

Latitude du soleil. — Le soleil étant toujours sur l'écliptique, on conçoit que sa latitude ne puisse pas être considérable; aussi le maximum de cette latitude n'atteint-il jamais 1''.

Cette latitude est, suivant le cas, *australe* ou *boréale*.

Elle est australe de la nouvelle lune à la pleine lune, et boréale de la pleine lune à la nouvelle lune.

Le mouvement en latitude est dû à l'attraction exercée par la masse de la lune sur la masse du soleil. D'après les lois de la gravitation universelle, nous savons que les corps s'attirent proportionnellement à leurs masses et en raison inverse du carré de leurs distances.

Soit M la masse du soleil $= 324479$,

m la masse de la lune $= 0{,}0125$,

R le rayon vecteur minimum de la terre $= 0{,}933027$,

ρ le demi-diamètre de l'orbite lunaire comparé au rayon vecteur de la terre pris pour unité $= 0{,}002589$,

On a :

$R + \rho = 0{,}935616$, $R - \rho = 0{,}930438$, et π, converti en secondes, $= 648000''$.

En outre, le mouvement de la lune sur son orbite étant 13 fois et demie environ plus grand que le mouvement apparent du soleil sur l'écliptique, on aura :

$$\left(\frac{27\,\pi \dfrac{m}{(R+\rho)^2}}{\dfrac{M}{(R+\rho)^2}}\right) = 0'',674, \text{ et } \frac{0'',674}{(R-\rho)^2} = 0'',78$$

soient maintenant

a l'angle décrit par la lune sur son orbite, à partir de la conjonction (*nouvelle lune*) (1),

R le rayon vecteur de la terre répondant au temps auquel se rapporte l'angle a,

ρ le demi-diamètre de l'orbite lunaire, égal à 0,002589,

r la distance de la lune au soleil,

λ la latitude du soleil,

On aura :

$$r = R \mp (\rho \cos a), \text{ et } \lambda - \frac{0'',78}{(r \sin a)^2}$$

On voit, par la première équation, que la quantité $(\rho \cos a)$ est soustractive ou additive. Elle est soustractive de la *nouvelle lune* au *premier quartier*, et du *dernier quartier* à la *nouvelle lune;* elle est additive du *premier quartier* à la *pleine-lune* et de la *pleine-lune* au *dernier-quartier*.

(1) L'angle a décrit par la lune dans un intervalle de 12 heures ou de 24 heures est donné par la *Connaissance des Temps*; il est toujours égal à la différence de deux longitudes de la lune prises à 12 heures ou à 24 heures d'intervalle. On peut aussi calculer directement l'angle a, puisque, au moment de la ***conjonction***, la longitude de la lune est égale à celle du soleil. (Voyez *Phases*).

Latitude géocentrique. — Voyez *Parallaxe*.

Latitude géographique. — *Manière de la déterminer.* — On peut déterminer la latitude d'un lieu situé à la surface de la terre au moyen de deux observations astronomiques.

En effet, la moyenne arithmétique de la combinaison de la déclinaison de deux étoiles avec leurs distances zénithales prises sur le même méridien, l'une au sud et l'autre au nord du zénith, nous fournit un moyen bien simple de trouver cette latitude. Si d et z sont la déclinaison et la distance zénithale de la première étoile, d' et z' la déclinaison et la distance zénithale de la seconde étoile, et l la latitude, on aura :

$$l = 90^\circ - \left[\frac{(d + d') + (z + z')}{2}\right]$$

On pourrait également déterminer la latitude d'un lieu au moyen d'une simple observation de la hauteur zénithale d'une étoile dont on connaîtrait la déclinaison ; on a en effet :

$$l = 90^\circ - (d + z)$$

On pourrait encore l'obtenir au moyen de la hauteur de l'étoile, déterminée par l'angle qu'elle fait avec l'horizon. Dans ce cas, et en désignant cette hauteur par h, on aurait :

$$l = h - d$$

Les trois formules qui précèdent conduisent au même résultat ; on pourra donc indifféremment faire usage de l'une quelconque de ces trois formules, ou les employer toutes trois concurremment et en déduire la moyenne des résultats.

Ce que nous avons dit (page 283) de la latitude et de la longitude des astres se rapporte aux *Coordonnées héliocentriques*, c'est-à-dire à la position qu'ils occupent dans l'espace par rapport au centre du soleil. Nous verrons plus tard, lorsque nous traiterons en particulier de la longitude, ce que l'on entend par le lieu géocentrique d'un astre.

Laugier (PAUL-AUGUSTE-ERNEST), savant astronome français, né à Paris le 22 décembre 1812. En mai 1834, Laugier fut appelé par le Bureau des Longitudes à occuper à l'Observatoire de Paris une des places d'élève-astronome qui venaient d'y être créées. Avec un maître tel qu'Arago, il s'initia rapidement aux méthodes d'observation et ne tarda pas à compter parmi les plus habiles observateurs. Neuf ans plus tard, en juin 1843, il devenait membre adjoint du Bureau des Longitudes, et continuait en cette qualité à prendre une part active aux travaux de l'Observatoire; depuis

1862, il était membre titulaire de ce corps savant. Laugier, dès 1861, avait pris une part importante dans la rédaction de la *Connaissance des Temps*. Toute la portion dont les calculs de détail ne pouvaient être confiés à de simples calculateurs était faite par lui : tels sont les calculs des marées, ceux des éclipses et ceux des occultations des étoiles par la lune.

Travailleur ardent et persévérant, Laugier ne s'aperçut pas qu'il altérait sa santé ; mais sa constitution, ébranlée par tant de labeurs et de fatigues, était arrivée à un tel degré d'épuisement qu'à la fin il succomba ; il mourut à Paris le 5 avril 1872.

On a de lui : *Recherches sur la rotation du soleil autour de son centre de gravité*, 1841; *Découverte d'une nouvelle comète*, le 28 octobre 1842.

Leibnitz (GODEFROY-GUILLAUME), né à Leipsick en 1646, mort en 1716, un des plus grands génies qui aient existé et l'esprit le plus universel des temps modernes; à la fois philosophe, théologien, mathématicien, physicien, jurisconsulte, historien, philologue, il cultiva et perfectionna presque toutes les branches des connaissances humaines. Il étudia les anciens, surtout Platon et Aristote, et les pythagoriciens; il passa ensuite aux modernes. La découverte du calcul infinitésimal, qu'il fit concurremment avec Newton, n'est qu'un des nombreux exemples de la fécondité et de la force de son génie. Il émit aussi les premières notions du calcul intégral. Il fit créer à Berlin une Académie des sciences, dont il fut nommé président perpétuel; plus tard, il détermina le czar Pierre Ier à en fonder une à Pétersbourg. Il entretint, jusqu'à la fin de sa vie, une correspondance très-active avec les savants de l'Europe.

Lemonnier (PIERRE-CHARLES), astronome français, né à Paris en 1715, mort en 1799, débuta, à 16 ans, par des observations sur l'opposition de Saturne. Il prit part, avec Clairaut et Maupertuis, à la mesure d'un degré septentrional du méridien, détermina les changements des réfractions en hiver et en été, introduisit en France l'instrument des passages et plusieurs instruments dont il avait apprécié l'importance dans ses relations avec les astronomes d'Angleterre. Lemonnier entra à l'Académie des Sciences en 1736; il fut professeur au Collége de France, un des premiers maîtres de Lalande, et membre de l'Institut. Ses principaux ouvrages sont : *Histoire céleste*, 1741; *Théorie des comètes*, 1743; *Institutions astronomiques*, 1746; *Nouveau Zodiaque réduit à l'année*, 1755; *Essais sur les marées et leurs effets*, 1774.

Leveau, astronome français, a dressé en 1851, de concert avec M. Yvon-

Villarceau, l'éphéméride d'une comète découverte le 27 juin de la même année à Leipsick, par M. d'Arrest. — Voyez *Comète de d'Arrest*, page 131.

Lever et coucher de la lune. — La lune éclaire la terre, tantôt le soir, tantôt le matin. Après la conjonction, la lune apparaît à l'ouest, au coucher du soleil, sous forme d'un croissant délié, à une petite hauteur au-dessus de l'horizon; elle s'incline ensuite vers l'horizon et se couche peu de temps après le soleil. Au premier quartier, la lune apparaît dans le plan méridien au coucher du soleil; elle s'incline ensuite vers l'horizon, et se couche à minuit, après avoir éclairé la terre pendant la première moitié de la nuit.

Quand la lune est pleine, elle se lève à l'est, au moment où le soleil se couche à l'ouest; elle monte dans le ciel, passe au méridien à minuit, et se couche à l'ouest, au moment où le soleil se lève à l'est. Elle éclaire ainsi la terre pendant toute la nuit.

Au dernier quartier, la lune se lève à l'est à minuit; elle monte et disparaît au milieu du ciel dans la lumière du jour, après avoir éclairé la terre pendant la seconde partie de la nuit. L'heure du lever retarde de plus en plus, jusqu'au moment de la conjonction, où la lune se lève en même temps que le soleil.

Ainsi, dans la première moitié de la lunaison, nous voyons la lune apparaître le soir au milieu du ciel, puis se coucher à l'ouest. Dans la seconde moitié, nous la voyons se lever à l'est pendant la nuit, puis disparaître le matin au milieu du ciel. Il est clair que c'est la lumière diffuse, répandue dans l'atmosphère par les rayons du soleil, qui fait disparaître ainsi la lune au milieu du ciel.

Lever et coucher apparents des astres. — On entend par lever d'un astre son apparition sur l'horizon, à l'est du méridien; par son coucher, on entend sa disparition à l'horizon, à l'ouest du méridien.

Soient h la hauteur d'un astre sur l'horizon, δ sa déclinaison, t son angle horaire, c'est-à-dire sa distance au méridien, et λ la latitude du lieu d'observation, on a

$$(1) \sin h = \sin \lambda \sin \delta + \cos \lambda \cos \delta \cos t$$

Lorsque l'astre est à l'horizon $h = 0$, et l'on a

$$0 = \sin \lambda \sin \delta + \cos \lambda \cos \delta \cos t_0$$

expression dans laquelle $\cos t_0 = - \operatorname{tang} \lambda \operatorname{tang} \delta$. Le signe — placé après celui de l'égalité indique que la valeur de l'angle dont le cosinus est donné par tang λ tang δ doit être retranchée de 180° pour avoir la valeur absolue de t_0.

Au moyen de cette dernière équation on trouve pour une latitude déterminée λ, l'angle horaire correspondant au lever ou au coucher d'un astre dont la déclinaison est δ. La valeur absolue de cet angle s'appelle le *demi-axc diurne* de l'astre. Si l'on connaît le temps sidéral du passage d'une étoile au méridien, c'est-à-dire son ascension droite, on aura l'heure sidérale du lever et du coucher en diminuant ou en augmentant l'ascension droite de la valeur absolue de t_0.

Exemple. — Calculer l'époque du lever et du coucher de *Véga* à Paris pour 1871, janvier 0. — On a pour Véga

$$a = 18^h 32^m 31^s,9, \quad \delta = +38^\circ 39' 53'',7$$

de plus

$$\lambda = 48^\circ 50' 11''$$

Avec ces valeurs, on obtient pour le demi-arc diurne

$$t_0 = 154^\circ 45' 19'',4 = 10^h 19^m 1^s,3$$

Véga se lève donc à $8^h 13^m 30^s,6$ et se couche à $26^h 45^m 33^s,2$ de temps sidéral.

Pour trouver l'heure du lever et du coucher du soleil, on prend d'abord une valeur approchée de la déclinaison, avec laquelle on obtient une valeur approchée de l'angle horaire du soleil ou du temps vrai au moment de son lever ou de son coucher. Or, dans la *Connaissance des Temps* ou dans les *Annuaires astronomiques*, les déclinaisons du soleil sont données pour midi vrai; on peut donc par interpolation trouver la déclinaison à l'époque du lever ou du coucher et, avec elle, recommencer le calcul.

Pour la lune, le calcul est plus long. Après avoir cherché les temps moyens des deux culminations inférieure et supérieure consécutives, on en peut déduire le temps moyen correspondant à chaque angle horaire intermédiaire; dès lors si avec une déclinaison approchée de la lune on trouve un angle horaire approché du lever et du coucher, on aura la valeur correspondante du temps moyen; on trouvera ensuite par interpolation une valeur plus approchée de la déclinaison, avec laquelle on recommencera le calcul.

En vertu de la réfraction, toutes les étoiles nous paraissent plus hautes qu'elles ne le sont réellement; on les voit au-dessus de l'horizon quand, en réalité, elles sont au-dessous; la réfraction avance leur lever et retarde leur coucher. Soient z, δ et t la distance zénithale, la déclinaison et l'angle horaire d'une étoile, λ la latitude du lieu d'observation, on aura en général

$$\cos z = \sin\lambda \sin\delta + \cos\lambda \cos\delta \cos t$$

d'où

$$\sin z\, dz = \cos\lambda \cos\delta \sin t\, dt$$

et pour l'horizon

$$dt = \frac{dz}{\cos\lambda \cos\delta \sin t}$$

Mais dans ce cas, dz est égal à la réfraction horizontale, c'est-à-dire à 35′; on aura donc pour la correction de l'angle horaire du lever ou du coucher

$$dt = \frac{140^s}{\cos\lambda \cos\delta \sin t}$$

Exemple. — On a trouvé pour Véga (page 288), à la latitude de Paris,

$$t_0 = 10^h 19^m 1^s,3$$

et puisque $\delta = 38°39'53'',7$, $\lambda = 48°50'11''$, on a $dt_0 = 10^m 38^s,7$

la réfraction avancera donc le lever de Véga et en retardera le coucher de $10^m 38^s,7$.

On peut également calculer l'angle horaire correspondant au lever et au coucher apparent; on a, en effet,

$$\cot t = \frac{\cos z - \sin\lambda \sin\delta}{\cos\lambda \cos\delta}$$

maintenant, si l'on pose

$$z + \delta + \lambda = 2s$$

on déduit

$$(2) \quad \sin^2 \tfrac{1}{2} t = \frac{\sin(s-\delta)\sin(s-\lambda)}{\cos\lambda \cos\delta}$$

$$(3) \quad \cos^2 \tfrac{1}{2} t = \frac{\cos s \cos(s-z)}{\cos\lambda \cos\delta}$$

$$(4) \quad \text{tang}^2 \tfrac{1}{2} t = \frac{\sin(s-\delta)\sin(s-\lambda)}{\cos s \cos(s-z)}$$

formules dans lesquelles il suffira de faire $z = 90°35'$ pour avoir l'angle horaire cherché.

Lever et coucher apparents de la lune. — Avant d'aborder un sujet de cette importance, il est nécessaire d'entrer dans certains détails propres à déterminer tout d'abord les époques de culmination de l'astre.

Si nous désignons par T le temps sidéral à midi moyen, par $f(a)$ l'ascension droite en temps de l'astre à midi, par t le temps de la culmination, l'ascension droite de l'astre pour l'époque de sa culmination sera, d'après la formule d'interpolation que nous avons donnée précédemment (page 273):

$$(2) \quad x = f(a) + tf'\left(a + \tfrac{1}{2}\right) + \frac{t(t-1)}{2} f''\left(a + \tfrac{1}{2}\right)$$

On a d'ailleurs pour la valeur approchée du temps de la culmination

$$(3) \quad t = \frac{f(a) - \mathrm{T}}{24^h 3^m 56^s{,}56 - f'\left(a + \tfrac{1}{2}\right) - \frac{t-1}{2} f''\left(a + \tfrac{1}{2}\right)}$$

où la grandeur $\mathrm{T} - f(a)$ est l'angle horaire, de l'astre pour midi moyen du méridien pour lequel les éphémérides ont été construites.

Si la différence des arguments de $f(a)$ était de 12 heures au lieu de 24, le premier terme du dénominateur de la formule (3) serait $12^h 1^m 58^s{,}28$, et cette formule serait remplacée par celle-ci

$$(4) \quad t = \frac{f(a) - \mathrm{T}}{12^h 1^m 58^s{,}28 - f'\left(a + \tfrac{1}{2}\right) - \frac{t-1}{2} f''\left(a + \tfrac{1}{2}\right)}$$

Nota. — On aura une première valeur approchée de t en divisant le numérateur de chacune des équations (3) et (4) par le résultat de la soustraction des deux premières valeurs du dénominateur; ainsi on aura, suivant le cas,

$$t = \frac{f(a) - \mathrm{T}}{24^h 3^m 56^s{,}56 - f'\left(a + \tfrac{1}{2}\right)}, \text{ ou } t = \frac{f(a) - \mathrm{T}}{12^h 1^m 58^s{,}28 - f'\left(a + \tfrac{1}{2}\right)}$$

Avec cette première valeur de t, on recommencera le calcul et on obtiendra par les formules complètes (3) et (4) une valeur plus exacte de t.

Afin de faciliter le calcul des équations (2) (3) et (4) ci-dessus, toutes les quantités, à l'exception de $f(a)$ dans l'équation (2), et de t dans les équations (2) (3) (4), seront converties en secondes de temps.

Quoique, pour l'usage habituel des formules qui précèdent, il ne soit pas nécessaire de convertir la quantité t en secondes de temps, nous devons néanmoins faire remarquer que, dans les expressions $\frac{t-1}{2}$ et $\frac{t(t-1)}{2}$, 1 est l'unité de temps dont l'*initial* est l'heure, et que le résultat de la division des numérateurs par le dénominateur commun 2 est exprimé en heures et fraction décimale d'heure; que conséquemment en multipliant la fraction par 3600, on convertirait cette fraction en secondes de temps.

Variation des époques de culmination, suivant les longitudes. — Si L est la longitude d'un lieu, exprimée en temps et prise positivement à l'ouest, négativement à l'est de Paris, l'angle horaire pour ce lieu serait, suivant le cas, $f(a) - \mathrm{T} \mp \mathrm{L}$, et le temps de la culmination pour ce lieu en temps du méridien de Paris, deviendrait

(5) d'après la formule (3)

$$t = \frac{f(a) - \mathrm{T} \mp \mathrm{L}}{24^{h}3^{m}56^{s},56 - f'\,(a + \tfrac{1}{2} - \frac{t-1}{2} f''\,(a + \tfrac{1}{2})}$$

(6) d'après la formule (4)

$$t = \frac{f(a)\,\mathrm{T} \mp \mathrm{L}}{12^{h}1^{m}58^{s},28 - f'\,(a + \tfrac{1}{2}) - \frac{t-1}{2} f''(a + \tfrac{1}{2})}$$

et en temps du lieu

(7) $t_0 = t \pm \mathrm{L}$

Application des formules. — Soit proposé de calculer le temps de culmination de la lune pour Paris le 25 août 1871, en prenant le temps sidéral à midi, ou $\mathrm{T} = 10^{h}13^{m}12^{s},58$, et pour argument de a l'ascension droite de l'astre à 0^{h} (midi), telle qu'elle est donnée page 275.

Le numérateur de t, formule (4), donne $7^{h}39^{m}45^{s},63$, le dénominateur $11^{h}30^{m}29^{s},91$, et la valeur approchée de $t = 0,665$.

Il résulte de cette valeur de t, que l'ascension droite de l'astre, au moment de sa culmination supérieure, est, formule (2), de $18^{h}14^{m}2^{s}, 59$.

En désignant par a l'argument dont la valeur se rapproche le plus de cette culmination, on aura l'ascension droite de l'astre au moment de sa culmination inférieure par l'équation

(8) $$a = 12^{h} + f(a) + t\,f'\,(a + \tfrac{1}{2}) + \frac{t\,(t-1)}{2} f''\,(a + \tfrac{1}{2})$$

on a aussi, pour un lieu de longitude L,

(9) $$t = \frac{12^{h} + f(a) - \mathrm{T} \mp \mathrm{L}}{24^{h}3^{m}56^{s},56 - f'\,(a + \tfrac{1}{2}) - \frac{t-1}{2} f''\,(a + \tfrac{1}{2})}$$

ou, si l'intervalle de l'argument est 12 heures,

(10) $$t = \frac{12^{h} + f(a) - \mathrm{T} \mp \mathrm{L}}{12^{h}1^{m}58^{s},28 - f'\,(a + \tfrac{1}{2}) - \frac{t-1}{2} f''\,(a + \tfrac{1}{2})}$$

On aura d'ailleurs, ainsi que nous l'avons fait remarquer précédemment (page 290, Nota), une première valeur approchée de t en divisant le numérateur de chaque équation par le résultat de la soustraction des deux premières valeurs du dénominateur. Avec cette première valeur approchée de t, on recommencera le calcul, et on obtiendra par les formules complètes (9) et (10) une valeur exacte de t.

Prenons pour l'argument de a la valeur la plus rapprochée de la culmination supérieure, nous trouvons que cette valeur répond (page 275) à $f(a) = 18^h24^m15^s,40$; qui est l'ascension droite de la lune le 25 août à 12^h; prenons aussi pour 12^h $T = 10^h15^m10^s,86$.

Le numérateur de t (formule 10) donne $20^h19^m4^s,66$, le dénominateur $11^h30^m14^s,55$ et la valeur approchée de $t = 1,766$.

Il résulte de cette valeur de t, que l'ascension droite de l'astre, au moment de sa culmination inférieure, est, (formule 8), de $19^h30^m35^s,64$.

Il importe maintenant de convertir les deux ascensions droites ($18^h14^m2^s,59$ et $19^h30^m35^s,64$) trouvées plus haut, en temps moyen.

Le temps moyen, sauf une légère correction (1), s'obtient en retranchant du temps sidéral l'ascension droite de la lune au moment de sa culmination (2).

Pour le cas qui nous occupe, le temps moyen à l'époque de la culmination supérieure est de $15^h55^m42^s,02$ et pour l'époque de la culmination inférieure $3^h43^m58^s,43$.

Temps du lever et du coucher de la lune. — Quand il s'agit de calculer le temps du lever ou du coucher de la lune, on doit non-seulement tenir compte de la réfraction, mais encore de la parallaxe qui augmente les distances zénithales et, par suite, retarde le lever et avance le coucher.

Nous avons donné (page 288) la méthode à employer pour effectuer le calcul, nous allons l'appliquer à un exemple.

Exemple. — Trouver l'époque du lever et du coucher du centre de la lune à Paris, le 25 août 1871.

On a, rapportées au temps moyen de Paris, les déclinaisons et les parallaxes horizontales suivantes de la lune :

		δ		π
1871 août 25	0^h	— 23°24′,2		59′,61
			31′,7	
	12	— 23 55,9		59,65
			7,9	
26	0	— 24 3,8		59,67
			16,4	
	12	— 23 47,4		59,64

(1) Cette correction, qui est toujours soustractive, sera donnée par la Table que l'on trouvera ci-après. — Voyez *Temps*.

(2) Pour rendre la soustraction possible, on augmentera au besoin le temps sidéral de 24 heures.

On a trouvé en outre pour les temps moyens

de la culmination	supérieure..........	$15^h55^m,7$	différence $12^h11^m,8$.
	inférieure..........	$3\ 43\ ,9$	

Entre les deux culminations, il s'écoule donc $12^h11^m,8$.

Le temps lunaire étant compté de minuit moyen, et le temps écoulé entre minuit et midi étant de 12^h, il en résulte que le lever de la lune, en temps civil moyen, est $15^h55^m,7 - 12^h = 3^h55^m,7$ du soir.

L'intervalle du temps compris entre les deux culminations étant de $12^h11^m,8$, il en résulte que l'heure du coucher de la lune, en temps civil moyen, est $12^h11,8 - 12^h$ ou minuit $= 0^h11,8$; donc la lune se couche le 26 août à $0^h11^m,8$ du matin.

Mais nous devons faire observer que ces résultats ne donnent les époques du lever et du coucher de la lune que d'une manière approximative. Pour les déterminer avec plus d'exactitude, il faut reprendre le calcul en tenant compte de la déclinaison de l'astre au moment de ses deux culminations, de la latitude du lieu et de la distance zénithale corrigée de la réfraction et de la parallaxe.

Prenons comme valeur approchée de la déclinaison $23°24',2$ au lever et $23°55',9$ au coucher; puisque

$$\lambda = 48°50',2,\ z = 90°35' - \pi = 89°35',4$$

nous aurons, par l'une des formules (2), (3), (4) de la page 290, pour l'angle horaire correspondant au lever $t = 3^h51^m,2$, pour l'angle horaire correspondant au coucher $t' = 3^h48^m,2$. Soit maintenant le temps lunaire compté de minuit moyen, ou 12 heures, et p l'heure du passage de la lune au méridien, nous aurons aussi

$$p = 12^h - \frac{t + t'}{2} = 8^h10^m,3$$

$$\text{et}\ \frac{t - t'}{2} = +\ 1^m,5 \text{ au lever} - 1^m,5 \text{ au coucher}$$

par conséquent, l'heure du lever sera $(12^h + 1^m,5) - p = 3^h51^m,2$, et l'heure du coucher sera $12^h - 1^m,5 = 11^h58^m,5$.

Ainsi, le 25 août 1871 à Paris, la lune se lève à $3^h51^m,2$ du soir et se couche à $11^h58^m,5$ du soir.

Durée du jour et de la nuit. — Nous terminerons ce que nous avons dit jusqu'alors du lever et du coucher des astres par l'exposé d'une méthode qui peut être employée utilement pour calculer d'une manière prompte et facile la durée du jour et de la nuit, pour toutes les latitudes, et, par suite, le temps approché du lever et du coucher du soleil.

Faisons :

$\gamma = \cos 90^\circ - \delta$, δ étant la déclinaison du soleil,
h l'heure répondant à δ, et donnée par la table II que l'on trouvera ci-après,
φ la distance comprise entre l'axe des pôles de la terre et le cercle d'illumination, et exprimée en partie du rayon pris pour unité,
λ la latitude du lieu,
h' l'heure répondant à φ,
j et n la durée du jour et de la nuit, durée exprimée en minutes de temps,

nous aurons :

$$\varphi = \frac{\gamma\,\lambda}{90^\circ - \delta}\ (1),\ h' = \frac{h\,\varphi}{2\gamma}\ \text{et, par suite,}$$

lorsque la déclinaison du soleil est boréale, $j = 720^m + h'$ et $n = 24^h - j$,
lorsque la déclinaison du soleil est australe, $n = 720^m + h'$, et $j = 24^h - n$.

Temps approché du lever et du coucher du soleil. — Pour tous les lieux situés sur l'équateur, le soleil se lève régulièrement toute l'année à 6 heures du matin et se couche à 6 heures du soir; par conséquent il y a là 12 heures de jour et 12 heures de nuit. Si nous partons de ce point pour estimer *a priori* les variations que subissent les heures du lever et du coucher du soleil sous les diverses latitudes, nous arriverons à former la table ci-après, dans laquelle le temps du lever est désigné par t_0, celui du coucher par t, la durée du jour par j et celle de la nuit par n.

Table I.

t_0	t	j	n
9^h	3^h	6^h	18^h
8	4	8	16
7	5	10	14
6	6	12	12
5	7	14	10
4	8	16	8
3	9	18	6

Application. — Supposons que l'on veuille calculer les heures approchées t_0 et t du lever et du coucher du soleil pour une valeur de j égale à

(1) Dans cette équation, les quantités λ et $90^\circ - \delta$ seront converties en minutes d'arc.

16^h8^m. On remarquera d'abord que 8^m équivalent à 13 centièmes d'heure, puisque $\frac{8}{60} = 0^h,13$; de même que $0^h,13 \times 60^m = 8^m$. Dès lors, si $j = 16^h13$, on voit, d'après la table I qui précède, que le soleil

se lève entre 4^h et 3^h du matin
et se couche entre 8^h et 9^h du soir

et on a

$$\frac{16^h + 18^h}{2} = 17^h, \quad \frac{4^h + 3^h}{2} = 3^h,5 \text{ et } \frac{8^h + 9^h}{2} = 8^h,5;$$

en sorte que

$$t_o = 12^h - \frac{16^h,13 \times (12^h - 3^h,5)}{17^h} = 3^h,93, \text{ ou } 3^h\,56^m$$

$$t = 16^h,13 - \frac{16^h,13 \times (12^h - 3^h,5)}{17^h} = 8^h,06, \text{ ou } 8^h\,4^m.$$

Par conséquent, pour une valeur de j égale à $16^h\,8^m$, le soleil se lève à $3^h\,56^m$ du matin et se couche à $8^h\,4^m$ du soir.

Cet exemple suffit pour démontrer qu'il est toujours possible, en opérant sur d'autres exemples de même nature, d'obtenir des résultats analogues.

Il nous reste maintenant, pour compléter cet article, à donner les formules à l'aide desquelles on parvient à calculer les diverses valeurs de h applicables à toutes les déclinaisons du soleil.

Soit ω l'obliquité de l'écliptique,
δ la déclinaison du soleil,
h la valeur en minutes de temps de la déclinaison du soleil,

on aura

Aux équinoxes $\delta = 0$, et $h = 0$,
Aux solstices.. $\delta = \omega$, et $h = 720^m$.

Si on convertit ω en minutes d'arc, on aura encore :

Pour h répondant à $1'$, $\frac{720^m}{\omega}$

Et pour h répondant à 1°, $\frac{720^m \times 60}{\omega}$

C'est au moyen de ces deux formules et en supposant à ω une valeur de $23^\circ 28'$ que l'on a dressé la table II ci-après :

Table II

Valeurs, en minutes de temps, de la déclinaison du soleil

D → ↓	0°	1°	2°	3°	4°	5°	6°	7°
	m	m	m	m	m	m	m	m
0′	0,0	30,7	61,4	92,0	122,7	153,4	184,1	214,8
3	1,5	32,2	62,9	93,6	124,3	154,9	185,6	216,3
6	3,0	33,7	64,4	95,1	125,8	156,5	187,2	217,8
9	4,6	35,3	66,0	96,6	127,3	158,0	188,7	219,4
12	6,1	36,8	67,5	98,2	128,9	159,5	190,2	220,9
15	7,7	38,4	69,0	99,7	130,4	161,1	191,8	222,4
18	9,2	39,9	70,6	101,2	131,9	162,6	193,3	224,0
21	10,7	41,4	72,1	102,8	133,5	164,1	194,8	225,5
24	12,3	43,0	73,6	104,3	135,0	165,7	196,4	227,0
27	13,8	44,5	75,2	105,8	136,5	167,2	197,9	228,6
30	15,3	46,0	76,7	107,4	138,1	168,8	199,4	230,1
33	16,9	47,6	78,2	108,9	139,6	170,3	201,0	231,6
36	18,4	49,1	79,8	110,5	141,1	171,8	202,5	233,2
39	20,0	50,6	81,3	112,0	142,7	173,4	204,0	234,7
42	21,5	52,2	82,8	113,5	144,2	174,9	205,6	236,2
45	23,0	53,7	84,4	115,1	145,7	176,4	207,1	237,8
48	24,6	55,2	85,9	116,6	147,3	178,0	208,6	239,3
51	26,1	56,8	87,4	118,1	148,8	179,5	210,2	240,8
54	27,6	58,3	89,0	119,7	150,3	181,0	211,7	242,4
57	29,2	59,8	90,5	121,2	151,9	182,6	213,2	243,9
60	30,7	61,4	92,0	122,7	153,4	184,1	214,8	245,5

Table II [suite]

Valeurs, en minutes de temps, de la déclinaison du soleil

D	8°	9°	10°	11°	12°	13°	14°	15°
	m	m	m	m	m	m	m	m
0′	245,5	276,1	306,8	337,5	368,2	398,9	429,5	460,2
3	247,0	277,7	308,4	339,0	369,7	400,4	431,1	461,8
6	248,5	279,2	309,9	340,6	371,3	401,9	432,6	463,3
9	250,1	280,7	311,4	342,1	372,8	403,5	434,1	464,8
12	251,6	282,3	313,0	343,6	374,3	405,0	435,7	466,4
15	253,1	283,8	314,5	345,2	375,9	406,5	437,2	467,9
18	254,7	285,3	316,0	346,7	377,4	408,1	438,8	469,4
21	256,2	286,9	317,6	348,2	378,9	409,6	440,3	471,0
24	257,7	288,4	319,1	349,8	380,4	411,2	441,8	472,5
27	259,3	289,9	320,6	351,3	382,0	412,7	443,4	474,0
30	260,8	291,5	322,2	352,8	383,5	414,2	444,9	475,6
33	262,3	293,0	323,7	354,4	385,0	415,7	446,4	477,1
36	263,9	294,5	325,2	355,9	386,6	417,3	448,0	478,6
39	265,4	296,1	326,8	357,4	388,1	418,8	449,5	480,2
42	266,9	297,6	328,3	359,0	389,6	420,3	451,0	481,7
45	268,5	299,1	329,8	360,5	391,2	421,9	452,6	483,2
48	270,0	300,7	331,4	362,0	392,7	423,4	454,1	484,8
51	271,5	302,2	332,9	363,6	394,3	424,9	455,6	486,3
54	273,1	303,8	334,4	365,1	395,8	426,5	457,2	487,8
57	274,6	305,3	336,0	366,6	397,3	428,0	458,7	489,4
60	276,1	306,8	337,5	368,2	398,9	429,5	460,2	490,9

Table II [suite]

Valeurs, en minutes de temps, de la déclinaison du soleil

D	16°	17°	18°	19°	20°	21°	22°	23°
	m	m	m	m	m	m	m	m
0′	490,9	521,6	552,3	583,0	613,6	644,3	675,0	705,7
3	492,4	523,1	553,8	584,5	615,2	645,9	676,5	707,2
6	494,0	524,7	555,3	586,0	616,7	647,4	678,1	708,8
9	495,5	526,2	556,9	587,6	618,2	648,9	679,6	710,3
12	497,0	527,7	558,4	589,1	619,8	650,5	681,1	711,8
15	498,6	529,3	559,9	590,6	621,3	652,0	682,7	713,4
18	500,1	530,8	561,5	592,2	622,8	653,5	684,2	714,9
21	501,6	532,3	563,0	593,7	624,4	655,1	685,7	716,4
24	503,2	533,9	564,5	595,2	625,9	656,6	687,3	718,0
27	504,7	535,4	566,1	596,8	627,4	658,1	688,8	719,5
30	506,3	536,9	567,6	598,3	629,0	659,7	690,3	
33	507,8	538,5	569,1	599,8	630,5	661,2	691,9	
36	509,3	540,0	570,7	601,4	632,0	662,7	693,4	
39	510,9	541,5	572,2	602,9	633,6	664,3	694,9	
42	512,4	543,1	573,8	604,4	635,1	665,8	696,5	
45	513,9	544,6	575,3	606,0	636,6	667,3	698,0	
48	515,5	546,1	576,8	607,5	638,2	668,9	699,5	
51	517,0	547,7	578,4	609,0	639,7	670,4	701,1	
54	518,5	549,3	579,9	610,6	641,3	671,9	702,6	
57	520,1	550,7	581,4	612,1	642,8	673,5	704,1	
60	521,6	552,3	583,0	613,6	644,3	675,0	705,7	

Observations sur la table II. — Les valeurs du temps correspondant à la déclinaison y sont données en minutes et dixièmes de minute. On sait qu'un dixième de minute vaut 6 secondes; donc en multipliant par 6 le chiffre des dixièmes, on aura leur valeur en secondes.

Dans cette même table, les intervalles du temps sont donnés pour une déclinaison variant de 3′ en 3′, il existe donc entre deux valeurs consécutives de la déclinaison une lacune de 2′; mais rien n'est plus facile de suppléer à cette insuffisance de la table puisque, en ajoutant $0^m,5$ ou $1^m,0$ au temps correspondant à la valeur de la déclinaison qui se rapproche le plus *par défaut* de celle sur laquelle on opère, et suivant que cette dernière déclinaison surpasse la première de 1′ ou de 2′, on aura la valeur du temps correspondant à la nouvelle déclinaison.

Exemple. — On demande le temps correspondant à 8°13′ de déclinaison.

On trouve dans la table, pour	8°12′...	$251^m,6$
on a d'ailleurs pour......	1′...	$0^m,5$
par conséquent on aura pour	8°13′...	$252^m,1$

On voit donc, par cet exemple, que rien n'est plus facile d'obtenir, à l'aide de la table qui précède, non-seulement les valeurs données directement par cette table, mais encore par interpolation toutes les autres valeurs intermédiaires.

Lever héliaque. — Les étoiles se lèvent et se couchent tous les jours, et cela a lieu constamment pour chacune, en un même point de l'horizon d'un même lieu; mais le lever d'une même étoile ne se fait pas tous les jours à la même heure. Chaque jour, il a lieu un peu plus tôt que la veille, et ce n'est qu'après les 365 jours, dont se compose l'année, que le lever et le coucher d'une étoile se reproduisent à la même heure. Il en résulte que *le ciel d'une saison n'est pas le même que le ciel d'une autre saison*, c'est-à-dire que, bien que toutes les constellations passent au méridien dans les vingt-quatre heures, celles qui y passeront à minuit en juin sont tout-à-fait différentes de celles qui s'y présenteront en décembre. L'aspect du ciel varie donc un peu tous les jours, et à six mois d'intervalle les constellations qui occupaient le ciel visible pendant la nuit seront celles qui l'occuperont pendant le jour, et réciproquement; de même, celles qui se lèvent à un instant donné se couchaient à ce moment-là six mois auparavant, tandis que celles qui se couchent se lèveront à la même heure six mois après.

C'est ici le lieu d'expliquer ce que les anciens entendaient par les levers et couchers d'étoiles qui réglaient leur calendrier.

On appelle *lever héliaque* d'une étoile ou d'une constellation, l'époque de l'année où elle se lève *une heure avant le soleil.* Si ce fait a lieu un certain jour, il n'avait pas lieu la veille, et n'aura pas lieu le lendemain précisément à la même heure, puisque d'un jour à l'autre le lever avance moyennement de quatre minutes. Le lever héliaque est donc une époque bien déterminée. Or, quand Virgile parle du lever de Sirius ou d'Orion, cela ne signifie pas l'époque où se lève Orion ou Sirius, qui se lèvent tous les jours; mais l'époque du lever héliaque de la constellation et de l'étoile. Or ces levers héliaques correspondent à une certaine époque de l'année, et l'on conçoit que l'on puisse par là caractériser cette époque et la saison correspondante.

Canicule. — On appelle canicule l'intervalle compris entre le 24 juillet et le 26 août. Elle tire son nom de l'étoile fixe la plus brillante qui soit visible en Europe, *Sirius*, que les anciens appelaient *Canicula*, et qu'on a longtemps considérée comme faisant partie de la constellation du *Grand-Chien.*

Les anciens appelaient jours *caniculaires* ceux qui correspondaient au signe du Lion, parce que Sirius se levait plus tôt pour eux. Les Egyptiens adoraient cette étoile sous des noms divers, entre autres sous celui de *Sothis.* Les poètes l'ont souvent célébrée, ainsi que l'attestent les vers de Virgile, de Manlius et d'Ovide. Dans l'antiquité, le lever héliaque de Sirius était l'objet d'une attention toute spéciale; à Memphis, on l'observait avec le plus grand soin.

L'étoile Sirius était caractérisée par l'épithète de *brûlante*, parce qu'à l'époque où elle se levait héliaquement correspondaient les grandes chaleurs de l'été. Comme les grandes chaleurs coincidaient avec le lever héliaque de Sirius, cette étoile était censée les produire, et l'on disait que Sirius brûlait les moissons. En Egypte, le lever héliaque de cette étoile ramenait le débordement du Nil, et était salué comme un bienfait.

Nous devons faire observer en terminant que la coincidence de ces phénomènes avec le lever de Sirius est déjà bien loin de nous et que, par suite de la précession des équinoxes, le lever héliaque de cette étoile ne s'accorde plus avec l'époque des chaleurs et des jours caniculaires.

Le Verrier (URBAIN-JEAN-JOSEPH), astronome français, né à Saint-Lô (Manche), le 11 mars 1811, manifesta de bonne heure un goût prononcé et d'heureuses dispositions pour les sciences mathématiques. Entraîné vers l'étude de la mécanique céleste, capable d'un travail continu et doué d'une force d'abstraction rare, M. Le Verrier ne craignit pas de s'attaquer aux problèmes les plus généraux et les plus élevés de l'astronomie théorique, aborda le calcul des inégalités séculaires qui s'effectuent dans le mouvement de révolution des planètes, et reprit le problème de la stabilité du système solaire dans toute la généralité de son application. L'importance des calculs auxquels il s'est livré a eu pour résultat de faciliter la découverte de la planète *Neptune*, qui a porté son nom pendant quelque temps.

M. Le Verrier est aujourd'hui directeur de l'Observatoire de Paris.

Libration. — Dans son mouvement de révolution autour de la terre, la lune éprouve une oscillation assez marquée qui a pour effet de nous montrer une très-petite partie de l'hémisphère qui nous est toujours caché dans son ensemble. Ce mouvement d'oscillation, qu'on nomme *libration*, n'est qu'une apparence résultant de certaines inégalités de position et de mouvement.

On distingue trois sortes de librations : libration en longitude, libration en latitude, libration diurne.

La libration en longitude consiste en une variation périodique de la longitude des taches, relativement au centre de la lune ; on voit les taches voisines du bord oriental et du bord occidental paraître et disparaître alternativement ; la lune semble se balancer autour d'un axe perpendiculaire à l'écliptique. Cette libration n'est qu'une apparence provenant de ce que la rotation de la lune est uniforme, tandis que sa translation autour de la terre est soumise à diverses inégalités.

La libration en latitude consiste en une variation périodique de la latitude des taches, relativement au centre de la lune ; on voit les taches voisines des pôles de la lune paraître et disparaître alternativement ; la lune semble se balancer autour d'un axe parallèle à l'écliptique et perpendiculaire au rayon vecteur qui va du centre de la terre au centre de la lune. Cette libration n'est qu'une apparence due à ce que l'axe de rotation de la lune n'est pas perpendiculaire au plan de son orbite.

Un observateur n'est pas placé au centre de la terre, mais à sa surface, et sa position dans l'espace change en vertu de la rotation diurne du globe terrestre. Le centre apparent du disque lunaire, c'est-à-dire le point où le rayon vecteur allant de l'observateur au centre de la lune perce la surface de la lune, change par cela même ; il en résulte une troisième libration, que l'on nomme libration diurne.

Lignes trigonométriques (RELATIONS ENTRE LES). — Les lignes trigonométriques ont entre elles des relations qu'il importe de bien préciser. Soit un angle quelconque a, nous aurons :

(1) $\sin^2 a + \cos^2 a = 1$

(2) $\operatorname{tang} a = \dfrac{\sin a}{\cos a}$

(3) $\text{séc}\, a = \dfrac{1}{\cos a}$

(4) $\text{coséc}\, a = \dfrac{1}{\sin a}$

(5) $\cot a = \dfrac{\cos a}{\sin a}$

(6) $\operatorname{tang} a \cot a = 1$

Les six équations qui précèdent donnent lieu aux transformations ci-après :

$$1 - \sin^2 a = \cos^2 a, \text{ et } 1 - \cos^2 a = \sin^2 a$$

$$\sin a = \operatorname{tang} a \cos a, \text{ et } \cos a = \frac{\sin a}{\operatorname{tang} a} = \cot a \sin a$$

$$\text{séc}\, a = \frac{\operatorname{tang} a}{\sin a}, \text{ et coséc}\, a = \frac{\cot a}{\cos a}$$

$$\operatorname{tang} a = \frac{1}{\cot a}, \text{ et } \cot a = \frac{1}{\operatorname{tang} a}$$

Logarithmes. — On nomme *logarithmes*, des nombres en progression arithmétique commençant par zéro qui correspondent terme pour terme à des nombres en progression géométrique commençant par l'unité. Ainsi les deux progressions

	1	10	100	1000	10000	100000....
et	0	1	2	3	4	5 ....

forment un système de logarithmes dont la base est 10. Ce système, nommé pour cette raison système décimal, offre un avantage marqué sur toute autre espèce de système, en ce sens surtout que pour multiplier ou pour diviser par 10, 100, 1000,... il suffit d'augmenter ou de diminuer le logarithme de ce nombre de 1, 2, 3,... unités entières. En effet, on reconnaît aisément qu'en multipliant deux termes de la première progression et en ajoutant les termes correspondants de la seconde, on obtient deux termes qui se correspondent. Ainsi $100 \times 10 = 1000$ et $2 + 1 = 3$, on voit que 3 correspond à 1000. Donc pour multiplier l'un par l'autre deux termes de la première progression, tels que 100 et 10, on peut ajouter les termes correspondants 2 et 1 de la seconde et voir quel est le nombre de la première progression qui correspond à la somme 3, ce nombre est le produit cherché, de sorte qu'une multiplication se réduit à une addition ; on en conclut aisément qu'une division se ramène à une soustraction, une formation de puissance à une multiplication et une extraction de racine à une division.

Cette observation sans doute très-ancienne, mais à laquelle on n'avait donné aucune suite, suggéra à Néper, et plus tard à Briggs, la pensée de construire des tables au moyen desquelles on effectue les multiplications, les divisions, les élévations aux puissances et les extractions de racines à l'aide d'additions, de soustractions, de multiplications et de divisions.

Cette belle découverte, qui a rendu et qui ne cessera jamais de rendre les plus grands services à toutes les sciences, date du commencement du XVIIe siècle.

Dans le système de logarithmes que nous venons d'exposer, nous avons pris la base décimale. C'est là en effet le système généralement employé, et que l'on nomme pour cette raison *logarithmes vulgaires*.

Ce système peut aussi se définir par ces deux progressions, qui sont du reste analogues aux deux premières,

$$\ldots \; \frac{1}{10^3} : \frac{1}{10^2} : \frac{1}{10} : 1 : 10 : 10^2 : 10^3 : \ldots$$

$$\ldots -3 \;.\; -2 \;.\; -1 \;.\; 0 \;.\; 1 \;.\; 2 \;.\; 3 \;.\; \ldots$$

On voit, par ces deux progressions, que les puissances de 10 ont pour logarithmes des nombres entiers qui sont les exposants mêmes de ces puissances.

Le logarithme de tout nombre commensurable qui n'est pas une puissance entière de 10 est incommensurable. Il en résulte en général que les logarithmes des nombres ne peuvent être calculés qu'avec une certaine approximation : on les évalue ordinairement en nombre décimaux.

Tout logarithme se compose de deux parties distinctes ; d'une partie entière que l'on appelle la *caractéristique* du logarithme, et d'une partie décimale que l'on appelle *mantisse*.

La caractéristique du logarithme d'un nombre plus grand que 1 contient autant d'unités que le nombre a de chiffres à sa partie entière, moins un.

En effet, soit le nombre

351,475

ce nombre, qui a trois chiffres à sa partie entière, est compris entre 100 et 1000, c'est-à-dire entre

$$10^2 \text{ et } 10^3$$

son logarithme est compris entre les logarithmes de 10^2 et de 10^3, c'est-à-dire entre

2 et 3

et, par conséquent, ce logarithme a pour partie entière, ou pour caractéristique, le nombre 2.

Les nombres moindres que 1 ont tous des logarithmes négatifs. Il y a avantage à décomposer un logarithme négatif en deux parties, l'une *entière et négative*, l'autre *fractionnaire et positive*. Soit par exemple le logarithme négatif

$$-4.56783$$

on a

$$-4.56783 = 4 - 0{,}56783$$

ou, en ajoutant et retranchant 1 au second membre,

$$\begin{aligned} -4.56783 &= -4 - 1 + (1 - 0.56783) \\ &= -5 = 0.43217 \end{aligned}$$

Sous cette dernière forme, le logarithme négatif se compose d'une partie *entière négative* — 5, et d'une partie *fractionnaire positive* 0.43217. La partie entière — 5 est appelée *caractéristique négative;* on convient d'écrire comme il suit ce logarithme à caractéristique négative

$$\bar{5}{,}43217$$

Lorsqu'un nombre moindre que 1 est mis sous forme de fraction décimale, on prend le logarithme de la partie significative de la fraction, et on donne à ce logarithme une caractéristique négative composée d'autant d'unités plus une, qu'il y a de zéros après la virgule.

Ainsi, les logarithmes des nombres

$$0{,}005678 \text{ et } 0{,}5678$$

sont respectivement

$$\bar{3}.74879 \text{ et } \bar{1}.74879$$

Usage des Tables. — Les tables dont on fait plus particulièrement usage sont : 1° celles de Dupuis, à sept décimales, pour les nombres et les lignes trigonométriques; 2° celles de Gauss, qui sont surtout utiles lorsque l'on veut trouver le logarithme de la somme ou de la différence de deux nombres connus seulement par leurs logarithmes. Ces dernières tables se recommandent par la brièveté qu'elles apportent dans le calcul, et notamment quand on veut éviter l'emploi d'un angle auxiliaire dans les formules astronomiques.

Toutes les tables de logarithmes étant précédées ou suivies d'instructions destinées à en faciliter l'usage, nous n'avons pas à nous en préoccuper ; nous allons donc passer immédiatement à leur application.

Calcul logarithmique. — Les logarithmes sont susceptibles de toutes les opérations de l'arithmétique. Il y a seulement quelques précautions à prendre lorsque les caractéristiques ne sont pas toutes positives, et cette remarque nous suggère l'idée de dire un mot sur les transformations des logarithmes.

Transformations des logarithmes. — Ces transformations comprennent deux cas que l'on peut définir comme suit :

1er CAS. — Etant donné un logarithme à caractéristique négative et mantisse positive, le transformer en logarithme entièrement négatif.

2e CAS. — Etant donné un logarithme entièrement négatif, le transformer en logarithme à caractéristique négative et mantisse positive

Exemples de transformations

1er CAS. — Soit le logarithme $\bar{3}.4637528$

on a

$$\bar{3}.4637528 = +3 - 0.4637528$$
$$= -2.5362472$$

En effet, 3 — 0,4637528 = 2.5362472. Pour ne pas se méprendre sur l'espèce de ce dernier logarithme, c'est-à-dire pour ne pas le confondre avec un logarithme entièrement positif, on peut le faire précéder du signe —, ou mettre à la suite la lettre *n*.

La lettre *n*, placée à la suite d'un logarithme, est l'indice employé généralement dans les tables astronomiques pour désigner un logarithme entièrement négatif.

2e CAS. — Soit le logarithme -2.5362472,

on a

$$-2.5362472 = -2 - 1 + (1 - 0{,}5362472)$$
$$= \bar{3}.4637528$$

En effet, en ajoutant ensemble — 2 et — 1, on obtient pour la caractéristique du logarithme — 3; on a de plus, pour la mantisse, 1 — 0,5362472 = 0,4637528; en sorte que le nouveau logarithme devient — 3 + 0,4637528, que l'on écrit ainsi $\bar{3}.4637528$.

Addition. — L'addition des logarithmes présente quatre cas différents que nous allons exposer, en les faisant suivre d'exemples qui en faciliteront l'application.

1er CAS. — Tous les logarithmes dont on cherche la somme peuvent être entièrement positifs ou entièrement négatifs; alors on réunit tous les logarithmes de même espèce pour en faire la somme, comme dans les additions ordinaires.

Exemples

	3.6263404		— 4.3736596
	2.9684829		— 5.0315171
Somme...	6.5948233	Somme...	— 9.4051767

2e CAS. — Si les caractéristiques seules sont négatives, on ajoute les parties décimales des logarithmes et si l'addition produit quelques unités, on les retranche de la somme des caractéristiques. Le reste sera la caractéristique de la somme cherchée, et cette caractéristique sera nécessairement affectée du signe — placé au-dessus du chiffre.

Exemples

	$\bar{1}$.9769566		$\bar{3}$.8273693
	$\bar{1}$.9768720		$\bar{2}$.1586640
Somme....	$\bar{1}$.9538286	Somme....	$\bar{5}$.9860333

3e CAS. — Lorsque l'on a à ajouter plusieurs logarithmes dont les uns sont entièrement positifs et les autres entièrement négatifs, on ajoute séparément les uns et les autres, on prend la différence de ces deux sommes et on lui donne le signe de la plus grande *(les logarithmes positifs ne sont affectés d'aucun signe.)*

Exemples

	3.5684325		4.2583245 *n*
	2.0172543 *n*		6.7324821 *n*
	4.6234752		3.4567316
	0.2185118		1.5428418
	5.9998675 *n*		2.3355234 *n*
Som. des posit....	8.4104195	Som. des posit....	4.9995734
Som. des négat....	8.0171218 *n*	Som. des négat....	13.3263300 *n*
Différence.....	0.3932977	Différence.....	8.3267566 *n*

4e CAS. — Pour l'addition des logarithmes dont quelques-uns ont des caractéristiques négatives, on fait d'abord la somme de toutes les décimales; s'il en résulte quelques unités, on les ajoute aux caractéristiques positives, on retranche ensuite les négatives des positives ainsi augmentées; leur différence est la caractéristique de la somme cherchée.

Exemples

4.3254231	$\bar{7}$.4302940
$\bar{2}$.0003475	0.1236542
$\bar{7}$.8425624	3.8543218
6.1134532	$\bar{1}$.3009123
2.2817862	$\bar{4}$.7091823

Soustraction. — La soustraction des logarithmes présente aussi quatre cas que nous allons examiner.

1er CAS. — Soit a le logarithme duquel on doit retrancher le logarithme b, et supposons qu'ils soient l'un et l'autre entièrement positifs ou négatifs. Pour effectuer la soustraction on change le signe de b, on prend sa différence avec a, et cette différence est le reste cherché.

Exemples

$a = 3.4635724$	$a = -4.3256741$
$b = 2.7428632$	$b = -2.6137832$
0.7207092	-1.7118909

2e CAS. — Supposons que l'un des deux logarithmes soit entièrement positif et l'autre entièrement négatif. Après avoir changé mentalement $-$ en $+$, on ajoute le logarithme a au logarithme b, et on met devant la somme le signe de a.

Exemples

$a = 1.5342654$	$a = -2.8325830$
$b = -2.6573521$	$b = 4.2132641$
4.1916175	-7.0458471

3e CAS. — Si a et b n'ont de négatifs que leurs caractéristiques, on retranche de la fraction décimale de a celle de b, on change le signe de la caractéristique de b que l'on compare ensuite avec celle de a, et leur différence est la caractéristique du reste cherché.

Si, pour rendre possible la soustraction des deux fractions décimales, on a ajouté une dizaine au premier chiffre (chiffre des dixièmes) de la fraction décimale de a, on diminuera la caractéristique de b d'une unité, et on opérera comme il est dit plus haut.

Exemples

$a = \bar{3}.6734521$	$a = \bar{8}.3452640$	$a = \bar{5}.2735128$
$b = \bar{1}.4503742$	$b = \bar{6}.4521592$	$b = \bar{4}.6374139$
$\bar{2}.2230779$	$\bar{3}.8931048$	$\bar{2}.6360989$

4e cas. — Lorsque l'une des deux caractéristiques est positive et l'autre négative, on fait la soustraction des décimales comme au cas précédent, on change le signe de la caractéristique de b, et on ajoute cette caractéristique à celle de a, la somme est la caractéristique du logarithme de la différence.

Si, pour rendre possible la soustraction des deux fractions décimales, on ajoute une dixaine au premier chiffre (chiffre des dixièmes) de la fraction décimale de a, on diminuera d'une unité la caractéristique de ce logarithme, et on opérera comme il est dit plus haut.

Exemples

$a = 4.7485320$	$a = 3.2645782$
$b = \bar{2}.5743281$	$b = \bar{1}.0418543$
6.1662039	4.2227239
$a = 3.4357215$	$a = 5.3258930$
$b = \bar{1}.7264638$	$b = \bar{3}.5349724$
3.7092577	7.7909206

Soustraction remplacée par une simple addition. — Nous avons vu, d'après la règle établie au 1er cas des transformations des logarithmes (page 305), qu'on peut toujours changer un logarithme à caractéristique négative en un logarithme entièrement négatif. Dans ce cas, la soustraction se réduit en une simple addition, et il résulte quelquefois de cette manière d'opérer des avantages réels que l'on appréciera facilement.

En effet, prenons deux exemples puisés au hasard dans chacun des deux derniers cas qui précèdent, et appliquons-y cette règle, nous verrons que les résultats sont identiquement les mêmes, et que l'on n'éprouve aucune difficulté pour les obtenir.

Exemples puisés dans le 3e cas

$a = \bar{8}.3452640$	$a = \bar{5}.2735128$
$b = 5.5478408$	$b = 3.3625861$
$\bar{3}.8931048$	$\bar{2}.6360989$

Exemples puisés dans le 4e cas

$$a = 3.4357215 \qquad a = 5.3258930$$
$$b = 0.2735362 \qquad b = 2.4650276$$
$$\overline{3.7092577} \qquad \overline{7.7909206}$$

Multiplication. — La multiplication d'un logarithme par un nombre ne présente aucune difficulté. En effet, veut-on multiplier par n un log. a entièrement positif, et un autre b entièrement négatif? Les deux produits seront an, et $-bn$.

Exemples

Soient $a = 3.4726183$, $n = 2$, $b = -2.6435742$, $n = 3$,

on a

$$an = 3.4726183 \times 2 = 6.9452366,$$
$$\text{et } -bn = -2.6435742 \times 3 = -7.9307226.$$

Si la caractéristique c d'un log. que l'on veut multiplier par n était négative, pendant que la fraction décimale ou mantisse m serait positive, le produit serait évidemment $-cn + mn$; en ayant soin, toutefois, de retrancher du produit cn les unités qui pourraient être contenues dans mn.

Exemples

Supposons que l'on ait respectivement -2 et -4 pour les valeurs de c, 0.3286495 et 0.4572468 pour les valeurs de m, 2 et 3 pour les valeurs de n.

On aura d'abord

$$-c + m = \begin{cases} \bar{2}.3286495 \\ \bar{4}.4572468 \end{cases}$$

et ensuite

$$cn = \begin{cases} \bar{2} \times 2 = \bar{4} \\ \bar{4} \times 3 = \overline{12} \end{cases}$$

$$mn = \begin{cases} 2m = 0.6572990 \\ 3m = 1.3717404 \end{cases}$$

en sorte que

$$-cn + mn = \begin{cases} \bar{4}.6572990 \\ \overline{11}.3717404 \end{cases}$$

Division. — La division d'un logarithme par un nombre ne présente non plus aucune difficulté. En effet, veut-on diviser par n un log. a entièrement positif, et un autre b entièrement négatif? Les deux quotients seront $\frac{a}{n}$ et $\frac{-b}{n}$.

Exemples

Soient $a = 6.9452366$, $n = 2$, $b = -7.9307226$, $n = 3$, on a

$$\frac{a}{n} = \frac{6.9452366}{2} = 3.4726183$$

$$\frac{-b}{n} = \frac{-7.9307226}{3} = -2.6435742$$

Si on avait à opérer sur des logarithmes dont la caractéristique seule serait négative, il faudrait d'abord examiner si n est un diviseur exact de c; s'il l'était en effet, on opérerait comme précédemment, et le quotient donnerait le logarithme résultant de

$$\frac{c+m}{n}$$

Exemples

Soient $c = \bar{4}$, $m = 0.3463276$, et $n = 2$, on aurait :

$$\log \frac{c+m}{n} = \frac{\bar{4},3463276}{2} = \bar{2}.1731638$$

Si, au contraire, la caractéristique du log. à diviser par n n'était pas exactement divisible par ce nombre, on ajouterait à c la plus petite quantité négative possible pour que cette division puisse se faire sans reste et, pour ne pas altérer la valeur du logarithme, on intercalerait entre la virgule ou le point et le premier chiffre de la mantisse cette même quantité prise positivement. Par ce moyen, n divisant exactement la nouvelle caractéristique, le reste de la division du log. s'effectuerait aussi sans aucune difficulté.

Exemples

Soit à diviser le log. $\bar{1}.3475822$ par 3;
on fera :

$$c = \bar{1} + \bar{2} = \bar{3}, \text{ et } m = 0.23475822$$

et on aura :

$$\log \frac{c+m}{n} = \frac{\bar{3}.23475822}{3} = \bar{1}.7825274$$

Soit également à diviser le log. $\bar{4}.6328475$ par 5;
on fera :

$$c = \bar{4} + \bar{1} = \bar{5}, \text{ et } m = 0.16328475$$

et on aura :

$$\log \frac{c+m}{n} = \frac{\bar{5}.16328475}{5} = \bar{1}.3265695$$

Application du calcul logarithmique

Nous avons dit (page 302) que la multiplication, la division, l'élévation aux puissances et l'extraction des racines des nombres se réduisent à l'addition, la soustraction, la multiplication et la division des logarithmes de ces nombres. Il nous reste maintenant à indiquer la manière d'effectuer le calcul.

Multiplier deux nombres l'un par l'autre pour obtenir un produit revient à ajouter au logarithme du multiplicande celui du multiplicateur : la somme des deux logarithmes est le logarithme du produit.

Diviser deux nombres l'un par l'autre revient à retrancher du logarithme du dividende celui du diviseur, la différence des deux logarithmes est le logarithme du quotient.

Pour élever un nombre à une puissance quelconque x, il suffit de multiplier le logarithme de ce nombre par x, le produit donne le logarithme du nombre élevé à la puissance dont x est l'exposant.

Pour extraire la racine x d'un nombre, il suffit de diviser le logarithme de ce nombre par x, le quotient donne le logarithme de la racine dont x est l'exposant.

Usage des logarithmes. — Pour faire apprécier l'utilité du calcul logarithmique, nous allons donner ci-après des exemples d'application des logarithmes à quelques problèmes puisés dans l'astronomie, la navigation, la géographie, la géométrie, etc.

PROB. I. — *Trouver la hauteur du soleil ou d'une étoile, quand on connaît sa distance au méridien.*

Imaginons un triangle sphérique P Z S *(fig.* 38) qui ait pour sommets le pôle P, le zénith Z et le soleil S; concevons maintenant un arc ZX perpendiculaire sur le côté P S.

Nous avons dès lors, comme éléments connus, le côté P S qui est égal au complément de la déclinaison de l'astre, l'angle X de 90 degrés, le côté P Z qui est égal au complément de la hauteur du pôle ou de la latitude du lieu et l'angle P qui est égal à la distance de l'astre au méridien.

D'où nous pouvons déduire :

$$(1)\quad \text{tang } PX = \text{tang } PZ \cos P$$

$$(2)\quad \sin ZX = \sin PZ \sin P$$

et, par suite, $SX = PS - PX$;

d'où l'on tire :

(3) $\cos ZS = \cos SX \cos ZX$, c'est la distance du soleil au zénith, ou le complément de sa hauteur.

Comme on a également besoin dans les éclipses de l'angle S, on déduira la valeur de cet angle par l'équation :

$$(4)\quad \text{tang } S = \frac{\text{tang } ZX}{\sin SX}$$

c'est l'angle que fait le vertical avec le cercle de déclinaison.

Prob. II. — *On propose de trouver l'heure par le moyen de la hauteur du soleil.*

Imaginons comme précédemment un triangle sphérique P Z S (*fig.* 38). On observe la hauteur du soleil avec un quart de cercle ou un gnomon (1). On connaît donc les trois côtés du triangle P Z S, savoir : P Z égal au complément de la latitude du lieu, Z S égal au complément de la hauteur du soleil, et P S égal au complément de sa déclinaison. Soit $2p$ le périmètre de ce triangle, ou simplement :

$$p = \frac{PZ + ZS + PS}{2}$$

on aura :

$$(5)\quad \sin\frac{P}{2} = \sqrt{\frac{\sin(p - PS)\sin(p - PZ)}{\sin PS \sin PZ}}$$

On double l'angle trouvé et l'on a l'angle P; on le convertit en temps à raison de 15° par heure.

Si c'est une étoile, on y ajoute l'ascension droite de l'étoile, moins celle du soleil, et l'on a le temps vrai.

Dans les équations qui précèdent, si on remplace les valeurs des sinus, tangentes, cotangentes et cosinus naturels par leurs logarithmes, ces équations deviendront, savoir :

(1) Pour mesurer la hauteur du soleil au moyen d'un gnomon, supposons un plan horizontal D E (*fig.* 39) au milieu duquel est implantée perpendiculairement à ce plan une tige métallique A B d'une longueur C, et munie à son extrémité B d'une petite plaque percée d'un trou, et que l'on appelle gnomon. On mesurera la distance b du pied A de la tige au point lumineux C. L'angle B, égal au complément de la hauteur du soleil, sera donné par l'équation

$$\text{tang } B = \frac{b}{c}$$

l'angle C, égal à la hauteur du soleil, $= 90° - B$.

$$(1)\ \text{tang PX} = \text{tang PZ} + \cos P$$
$$(2)\ \sin ZX = \sin PZ + \sin P$$
$$(3)\ \cos ZS = \cos SX + \cos ZX$$
$$(4)\ \text{tang S} = \text{tang ZX} - \sin SX$$
$$(5)\ \sin \frac{P}{2} = \frac{1}{2} \left\{ \left[\sin(p - PS) + \sin(p - PZ)\right] - (\sin PS + \sin PZ) \right\}$$

PROB. III. — *Connaissant l'ascension droite et la déclinaison d'un astre, trouver sa longitude et sa latitude.*

On fait d'abord ces deux équations, dans lesquelles α et δ représentent respectivement l'ascension droite et la déclinaison de l'astre :

$$(6)\ \cos \alpha \cos \delta = \cos \varphi$$
$$(7)\ \sin \alpha \cot \delta = \cot a$$

On ajoute à l'angle a l'obliquité de l'écliptique dans les six premiers signes pour les déclinaisons australes, et dans les six derniers signes pour les déclinaisons boréales ; dans les autres cas, on prend la différence, et on a l'angle γ qu'il faut employer dans les deux analogies suivantes, où la longitude est représentée par L et la latitude par l.

$$(8)\ \cos \gamma \text{ tang } \varphi = \text{tang L}$$
$$(9)\ \sin \gamma \sin \varphi = \sin l$$

Si l'angle L a été trouvé plus grand que 90°, il faudra, pour avoir la longitude vraie, prendre le supplément à 360°, si l'on est dans le premier quart d'ascension droite; dans le second, ajouter 180°; dans le troisième prendre le supplément à 180°.

En remplaçant les sinus, tangentes, cotangentes et cosinus naturels par leurs logarithmes, les équations qui précèdent deviendront, savoir :

$$(6)\ \cos \alpha + \cos \delta = \cos \varphi$$
$$(7)\ \sin \alpha + \cot \delta = \cot a$$
$$(8)\ \cos \gamma + \text{tang } \varphi = \text{tang L}$$
$$(9)\ \sin \gamma + \sin \varphi = \sin l$$

PROB. IV. — *Trouver la précession annuelle en ascension droite et en déclinaison.*

Si on représente par α l'ascension droite d'une étoile, par δ sa déclinaison, par p la précession annuelle en ascension droite, par p' la précession annuelle en déclinaison, on a les valeurs de p et de p' par les équations :

$$p = 45'',93 + 20'',096 \sin \alpha \text{ tang } \delta$$
$$p' = 20'',096 \cos \alpha$$

En faisant usage des logarithmes, les deux équations ci-dessus se traduisent comme suit :

Le logarithme constant 1.3031096, ajouté avec le logarithme sinus de l'ascension droite et le logarithme tangent de la déclinaison, donne celui du nombre qu'il faut ajouter à 45″,93 dans les six *premiers* signes pour les étoiles *boréales*.

Le même logarithme, ajouté au logarithme cosinus de l'ascension droite, donne le logarithme de la précession en déclinaison, qui est croissante pour les étoiles boréales dans les signes ascendants 9, 10, 11, 0, 1 et 2 de longitude.

Ce logarithme constant suppose 50″,24 pour la précession annuelle dans ce siècle-ci (*Connaissance des Temps*, 1871, page 5).

Il répond toujours à $\frac{4}{10}$ de la précession annuelle.

Prob. V. — *Tracer un cadran solaire horizontal pour une latitude donnée.*

Prenons pour exemple un cadran disposé pour Paris, dont la latitude est 48°51′. Le style doit faire un angle égal à la hauteur du pôle. Supposons qu'on demande l'angle de la ligne d'une heure avec la méridienne : on ajoutera le logarithme sinus de la latitude 48°51′ avec celui de la tangente de 15°, qui répond à une heure, et on aura le logarithme tangent de 11°24′ qui est l'angle cherché. On aura les autres, en prenant successivement 30°, 45°, 60° et 75°.

Pour orienter le cadran, à défaut d'une boussole, il suffit de voir avec une montre simple si elle diffère également du cadran, à midi et à six heures, car alors on est sûr que le cadran est bien placé ; si non on le tourne de la moitié de la différence que le cadran indique à six heures. Il faut qu'il soit bien horizontal ; mais il suffit de verser de l'eau sur le plan pour s'en assurer.

Pour les cadrans de toute espèce, on peut consulter notre *Traité de Gnomonique.*

Prob. VI. — *Un navigateur a trouvé par le loc qu'on avait parcouru* 226 *milles ou minutes, et, par la boussole, qu'on était sur le rumb du* N. E. $\frac{1}{4}$ N., *ou* 33°45′. *Il s'agit de trouver combien on a avancé vers le nord.*

On conçoit un triangle rectangle dont l'hypothénuse est 226 ; on ajoute à son logarithme celui du cosinus du rumb, et l'on a un logarithme qui répond à 188 milles, ou 3° 8′ de grand cercle, dont on a avancé en latitude vers le nord.

Pour trouver le chemin qu'on a fait d'orient en occident, ici vers l'orient, on ajoute le sinus du rumb ; on trouve 126 milles.

Mais si on n'est pas sous l'équateur, il faut y réduire les milles est et ouest; supposons que la latitude du moyen parallèle soit de 49°, comme à Paris, il faut ôter le logarithme cosinus de 49° de la somme trouvée, et l'on a celui de 191′ ou 3°11′; c'est ce que l'on a fait en longitude, c'est-à-dire en degrés et minutes comptés sur l'équateur ou sur le parallèle de 49°.

Disposition du calcul

$$226 = \log 2.3541084 \qquad 226 = \log 2.3541084$$
$$\cos 33°45' = \log \bar{1}.9198464 \qquad \sin 33°45' = \log \bar{1}.7447390$$
$$188 = \log 2.2739548 \qquad 126 = \log 2.0988474$$
$$126 = \log 2.0988474$$
$$\cos 49° = \log \bar{1}.8169429$$
$$191 = \log 2.2819045$$

PROB. VII. — *Un géographe veut connaître le degré de longitude pour un parallèle donné, par exemple, à* 46°.

Il lui suffit d'ajouter le logarithme de 111100 mètres, degré moyen de la terre, avec celui du cosinus de 46°, et il trouve celui de 77176 mètres, le thermomètre centigrade supposé à 12° au-dessus de zéro.

Cela suppose la terre sphérique et, pour être exact, il faudrait tenir compte de l'aplatissement (voyez ce mot) ; mais on a rarement besoin de cette précision.

PROB. VIII. — *Un voyageur veut savoir la latitude du lieu où il est.*

Il plante un bâton que nous supposerons de 1 mètre, et il en mesure l'ombre à midi ; nous la supposerons de 0^m67 ; le logarithme de 0^m67, ôté de celui de 1^m, lui donne la tangente de 56°11′ ; c'est la hauteur du soleil.

Sa déclinaison { ajoutée à cette hauteur, si la déclinaison est australe,
ôtée de cette hauteur, si la déclinaison est boréale,

donne la hauteur de l'équateur, dont le complément est la latitude cherchée.

PROB. IX. — *Un géographe connaît la longitude et la latitude de deux villes, et il veut savoir leur distance.*

On a dans ce cas un triangle sphérique PZS (*fig.* 38), dont on connaît deux côtés et l'angle compris, savoir : les côtés PZ et PS respectivement égaux aux distances des deux pays au pôle, c'est-à-dire aux compléments de leurs latitudes géographiques, et l'angle P égal à la différence des longitudes.

Pour trouver le troisième côté ZS, qui est la distance cherchée, le calcul à effectuer est absolument le même que pour la distance du soleil au zénith (formule 3, page 312). En multipliant les degrés par 111, 3 K (1), on aura la distance en kilomètres.

Prob. X. — *Un géographe connaît la distance de Juvisy à Villejuif,* 11142 *mètres, et ayant pris les angles sur Fontenay-aux-Roses, il a trouvé* 87°52′ *et* 61°28′, *d'où il suit que le troisième angle est de* 30°40′ *; il s'agit de déterminer les distances de Villejuif à Fontenay, et de Fontenay à Juvisy.*

La solution de ce problème se réduit à résoudre un triangle rectiligne obliquangle ABC (*fig.* 40), dont les trois angles A, B, C représentent respectivement Juvisy, Villejuif et Fontenay, et les côtés a, b, c, opposés aux angles, désignent les distances entre Villejuif et Fontenay, Juvisy et Fontenay, Juvisy et Villejuif.

On a comme éléments connus du triangle

$A = 87°52'$, $B = 61°28'$, $C = 180° - (A + B) = 30°40'$, et $c = 11142^m$,

d'où l'on déduit

$$a = c \frac{\sin A}{\sin(A+B)}, \text{ c'est la distance de Villejuif à Fontenay,}$$

$$b = c \frac{\sin B}{\sin(A+B)}, \text{ c'est la distance de Juvisy à Fontenay.}$$

Si on remplace les quantités qui précèdent par leurs logarithmes, on aura

$$a = c + [\sin A - \sin(A+B)] = 4.3390557;$$

ce logarithme répond à 21830^m.

$$b = c + [\sin B - \sin(A+B)] = 4.2831180;$$

ce logarithme répond à 19192^m.

Prob. XI. — *On propose de trouver la hauteur d'un clocher, d'un édifice, d'un arbre...., par la longueur de l'ombre à midi.*

Pour effectuer l'opération, on prend la déclinaison du soleil pour le jour où cette opération a lieu ; on la retranche de la latitude du lieu, ou on y ajoute (selon que la déclinaison est boréale ou australe) ; on ajoute le logarithme cotangent de la différence ou de la somme avec celui de la longueur de l'ombre mesurée du pied de l'objet, et on a le logarithme de la hauteur cherchée.

(1) K est le cosinus du parallèle moyen ; c'est-à-dire le cosinus de la moyenne arithmétique des deux latitudes.

Prob. XII. — *Un architecte veut connaître la hauteur d'une tour.*

Pour cela, il s'en éloigne d'une longueur quelconque b, et il mesure l'angle C que fait le rayon visuel dirigé sur le sommet avec l'horizontale partant du centre de l'instrument (*graphomètre* ou *cercle répétiteur*); il a dès lors un triangle rectiligne rectangle dont il connaît deux angles et un côté, savoir: l'angle A de 90°, l'angle C qu'il vient de mesurer, et le côté b qui est la distance du pied de la tour au pied de l'instrument; par conséquent il ne lui reste plus qu'à calculer le côté c du triangle; ce qui est très-facile puisque, par le 4e cas de la résolution des triangles rectilignes rectangles, on a

$$c = b \text{ tang C}$$

d'où $\log c = \log b + \log \text{tang C}$.

En ajoutant à c la hauteur de l'instrument qui a servi à mesurer l'angle C, on aura la hauteur cherchée.

Prob. XIII. — *Un officier du génie veut connaître la distance du rempart d'une ville assiégée.*

Pour cela, il a mesuré 300 mètres le long du glacis, puis un angle droit d'un côté et un angle de 82°35′ de l'autre.

Pour arriver à connaître la distance, il ne s'agit que de faire cette proportion

$$\cos 82°35' : 300^{m} :: R : D.$$

Comme le logarithme du rayon R est toujours zéro, il suffit de retrancher le logarithme cos 82°35′ de celui de 300m, le reste est le logarithme de la distance cherchée.

Effectuant le calcul, on trouverait

$$\begin{aligned} \log 300 &= 2.4771213 \\ \log \cos 82°35' &= \bar{1}.1108726 \\ \hline D = \log\ & 3.3662487 \end{aligned}$$

d'où $D = 2324^{m}$; c'est la distance cherchée.

Prob. XIV. — *Un géomètre a mesuré la surface d'une forêt de* 285 *hectares, sur le penchant d'une montagne inclinée de* 30 *degrés, il veut savoir quelle est la surface réelle de cette forêt, en la rapportant à un plan horizontal.*

Il suffit, pour effectuer le calcul, de multiplier 285 hectares par le cosinus de l'inclinaison; ou bien, en faisant usage des logarithmes, d'ajouter le logarithme de 285 avec celui du cosinus de 30°; la somme répond à 247 hectares, qui forment la surface cherchée.

PROB. XV. — *Un ingénieur veut connaître le niveau vrai d'un canal sur une distance de* 1200 *mètres, sachant d'ailleurs que ce niveau s'abaisse au-dessous du niveau apparent dans la proportion de* 1^m *pour* $3568^m,248$, *et qu'il varie comme le carré des distances.*

On fera donc cette proportion :

$$(3568,248)^2 : (1200)^2 :: 1 : x$$

$$\text{d'où } x = \frac{1200^2 \times 1}{3568,248^2}$$

ou, en représentant la distance par d :

$$x = \frac{d^2}{3568,248^2}$$

Cela revient à retrancher le logarithme constant 7.1049101 du double logarithme de la distance.

Disposition du calcul

$$\begin{aligned} 1200 &= \log\ 3.0791812 \\ & \qquad\qquad\qquad\ \ 2 \\ 1200^2 &= \log\ 6.1583624 \\ &- \log\ 7.1049101 \\ x &= \log\ \bar{1}.0534523 \end{aligned}$$

d'où $x = 0^m,113$ millimètres; c'est la quantité dont le niveau vrai est au-dessus du niveau apparent, à la distance de 1200 mètres. Mais, pour avoir un résultat plus exact, on devrait encore tenir compte de la réfraction. — Voyez *Niveau.*

PROB. XVI. — *Trouver la surface d'un cercle dont on connaît le diamètre.*

On ajoutera le double du logarithme du diamètre avec le logarithme constant $\bar{1}.8950909$, et on aura celui de la surface.

Exemple. — Supposons un cercle dont le diamètre soit de 24 mètres, on aura :

$$\begin{aligned} 24 &= \log\ 1.3802112 \\ & \qquad\qquad\qquad\ \ 2 \\ 24^2 &= \log\ 2.7604224 \\ &+ \log\ \bar{1}.8950909 \\ \text{Surface} &= \log\ 2.6555133 = 452,39 \text{ mètres carrés.} \end{aligned}$$

PROB. XVII. — *Trouver la surface d'un segment de cercle.*

Supposons un arc de 64° ou 230400″ qui, en décimales du rayon, vaut

$$\frac{230400 \times 2\pi}{1296000} \text{ ou } 1,11701$$

on en retranche 0,89879 (sinus naturel de 64°); la moitié de la différence divisée par 3,1416 (surface du cercle dans la supposition du rayon égal à l'unité) donne 0,03473 pour le segment entier, en parties de la surface du cercle entier.

Voici la disposition du calcul :

$$\begin{aligned}
230400'' &= \log 5.3624825 \\
2\pi &= \log 0.7981809 \\
\text{somme} &= \quad 6.1606634 \\
1296000'' &= \log 6.1126050 \\
\text{diff.} &= \log 0.0480584 = 1,11701 \\
\sin 64° &= \log \bar{1}.9536534 = 0,89879 \\
&\qquad\qquad \text{diff.} = 0,21822 \\
&\qquad\qquad \tfrac{1}{2}\,\text{diff.} = 0,10911 = \log \bar{1}.0378646 \\
&\qquad\qquad 3,1416 = \log 0.4971499 \\
&\qquad\qquad \text{diff.} = \bar{2}.5407147 = 0,03473
\end{aligned}$$

PROB. XVIII. — *Trouver le sinus-verse d'un arc, sachant d'ailleurs que ce sinus est la partie du rayon comprise entre le pied du sinus proprement dit et la circonférence.*

Soit B C D (*fig.* 41) un arc que nous désignerons par x, A B est le sinus et A D le sinus-verse de cet arc; C D est le rayon de la circonférence qui a son centre au point C, rayon que nous supposerons égal à l'unité, ou $r = 1$.

D'après le principe du carré de l'hypothénuse, nous aurons donc en général

$$\text{sin-verse } x = r - \sqrt{(r^2 - \sin^2 x)}, \text{ ou simplement } r - \cos x.$$

soit $x = 3°20'$, on a

$$\begin{aligned}
r^2 &= 1,000000 \\
\sin x &= \log \bar{2}.7645111 \\
&\qquad\qquad {}^2 \\
\sin^2 x &= \log \bar{3}.5290222 \quad = 0,003381 \\
r^2 \sin x^2 &= 0,996619 = \log \bar{1}.9985296 \\
\sqrt{(r^2 \sin^2 x)} &= \tfrac{1}{2} \log \bar{1}.9992648 = 0,99831;
\end{aligned}$$

d'où sinus-verse $= 1 - 0,99831 = 0,00169$; $r - \cos x$ donne le même résultat.

On fait un grand usage du sinus-verse dans la marine.

PROB. XIX. — *Trouver la surface d'un segment de sphère.*

Ayant déterminé 50 mille étoiles dans l'espace du pôle au tropique d'hiver, on désire savoir combien un observateur placé en un lieu quelconque de la terre en trouverait dans toute la partie visible du ciel.

Il faut d'abord calculer, par l'équation

$$\frac{\pi r^2 \alpha}{5400}$$

la surface de la calotte sphérique depuis le pôle jusqu'à 66°32′, en remarquant que α est l'angle de la calotte sphérique exprimé en minutes d'arc, et 5400 le nombre de minutes contenues dans le quart de la circonférence ou 90 degrés.

Mais l'espace de 66°32′, compris entre le pôle et le tropique d'hiver, constitue un arc de 133°4′ ou de 7984′.

Si on fait $r = 1$, on aura pour la surface de la calotte sphérique

$$S = \frac{3.1416 \times 7984}{5400}$$

Ceci revient à ajouter au logarithme de α le logarithme constant 4.7647561; la somme de ces deux logarithmes donne celui de la surface cherchée.

Exemple

$$\begin{array}{r} \log \alpha \text{ ou de } 7984' = 3.9022205 \\ \log \bar{4}.7647561 \\ \hline \end{array}$$

Somme $= \log 0.6669766 = 4{,}6449$; c'est la surface de la calotte sphérique.

On aura la surface entière de la sphère par cette autre équation $4\pi r^2$. En faisant comme précédemment $r = 1$, on aura $4\pi r^2 = 12{,}5664$, dont la moitié (6,2832) a pour log. 0.7981809.

Pour avoir maintenant le nombre des étoiles que l'on trouverait dans toute la partie visible du ciel, on fera cette proportion

$$4{,}6449 : 50000 :: 6{,}2832 : x \text{ ; d'ou } x = \frac{50000 \times 6{,}2832}{4{,}6449}$$

Effectuant le calcul par les logarithmes, on a

$$50000 = \log 4.6989700$$
$$\frac{4\pi r^2}{2} = \log 0.7981809$$
$$5.4971509$$
$$4.6449 = \log 0.6669766$$

$x = \log 4.8301743 = 67635$; tel est le nombre des étoiles que l'on trouverait sur la moitié de la surface de la sphère céleste, ou la partie du ciel vue d'un point quelconque de la terre.

PROB. XX. — *Un géographe veut connaître la longueur en kilomètres du* 60e *parallèle de latitude.*

Les parallèles de latitude vont toujours en diminuant de longueur de l'équateur au pôle. A l'équateur, chaque degré vaut, en kilomètres, 111,3. Si donc on multiplie 360° par 111,3 cos λ (λ étant le parallèle de latitude), on aura la longueur de ce parallèle en kilomètres.

Ceci revient à ajouter au logarithme constant 4.6027977 le logarithme cosinus du parallèle de latitude ; le nombre répondant au logarithme de la somme est précisément la longueur de ce parallèle en kilomètres.

Disposition du calcnl

$$\log 4.6027977$$
$$\cos 60° = \log \bar{1}.6989700$$

Somme $= \log 4.3017677 = 20034$ kilomètres; c'est la longueur du 60e parallèle de latitude.

PROB. XXI. — *On demande la contenance d'un tonneau ayant* 0m80 *de longueur entre les deux fonds,* 0m60 *de diamètre sur la bonde et* 0m40 *sur le fond.*

Si on représente par L la longueur du tonneau, par R le rayon sur la bonde et par r le rayon du fond, on aura le volume par cette équation $\frac{1}{3}\pi L(2R^2 + r^2)$. En divisant le produit de cette équation par 0,001, on aura la contenance du tonneau en litres.

Ceci revient à ajouter au logarithme constant 3.0200296, les logarithmes de L et de $(2R^2 + r^2)$; le nombre répondant au logarithme de la somme est la valeur en litres de la contenance du tonneau.

On a, d'après l'énoncé du problème

$$L = 0^m80,\ R = 0^m30,\ r = 0^m20$$

d'où $R^2 = 0{,}09$, $2R^2 = 0{,}18$, $r^2 = 0{,}04$, et $(2R^2 + r^2) = 0{,}22$

En sorte que, en opérant comme il vient d'être dit, on a

$$\begin{array}{rl} & \log\ 3.0200296 \\ L = & \log\ \bar{1}.9030900 \\ 2\,R^2 + r^2 = & \log\ \bar{1}.3424227 \\ \hline \text{Somme} = & \log\ 2.2655423 \end{array}$$

Ce dernier logarithme donne 184,31 litres; c'est la contenance du tonneau.

PROB. XXII. — *On demande le jaugeage d'un navire ou d'un bateau à vapeur ayant une longueur* L, *une largeur* l *et une hauteur* h?

Quoique la coque des navires et des bateaux diffèrent sensiblement par leur forme de celle du prisme, il y a cependant entre ces deux formes une sorte de rapport qui a fait découvrir au savant Arago une méthode simple et sûre pour jauger toutes espèces de steamers.

Cette méthode consiste à multiplier entre elles les trois dimensions, et à diviser le produit par le nombre constant 3,80. Le quotient donne la valeur en tonneaux de la contenance du navire ou du bateau.

Il résulte de ces explications que la solution du problème sera donnée par l'équation

$$T = \frac{L\,l\,h}{3{,}80}$$

ou, en faisant usage des logarithmes, par son équivalente

$$\log T = (\log L + \log l + \log h) = \log 0.5797836$$

La méthode ci-dessus peut donner des résultats exacts jusqu'à concurrence de 400 tonneaux; elle a été approuvée par le Gouvernement, qui en a prescrit l'usage à l'administration des douanes pour mesurer la contenance des bâtiments. (Ordonnance du 5 décembre 1837.)

Logarithmes logistiques. — On appelle logarithme logistique d'un nombre l'excès du logarithme constant 3.55630 sur le logarithme de ce nombre.

La caractéristique du logarithme logistique d'un nombre est positive ou négative, suivant que ce nombre est inférieur ou supérieur à 3600.

Soit n le nombre dont on veut avoir le logarithme logistique, on aura toujours ce logarithme par l'équation

$$\log \text{logist. } n = \log 3.55630 - \log n$$

Application. — Prenons deux valeurs de n : 300 et 4721, nous aurons

$$\begin{array}{rl} \log & 3.55630 \\ 300 = \log & 2.47712 \\ \hline \text{Diff.} = & 1.07918 \end{array}$$
; c'est le log. logist. de 300

$$\begin{array}{rl} \log & 3.55630 \\ 4721 = \log & 3.67403 \\ \hline \text{Diff.} = & \bar{1}.88227 \end{array}$$
; c'est le log. logist. de 4721

Pour avoir le logarithme logistique d'un nombre quelconque de minutes, on devra convertir ces minutes en secondes et prendre le logarithme répondant à ce nombre de secondes.

Le principal usage des logarithmes logistiques consiste à calculer plus promptement le quatrième terme d'une proportion, ou à trouver la partie proportionnelle en minutes et secondes, lorsque le premier terme est 60 minutes ; ce qui arrive fréquemment dans l'astronomie.

On conçoit dès lors qu'une table dressée d'après les éléments que nous venons de faire connaître, serait d'une grande utilité.

Voici la forme et la disposition que l'on pourrait adopter pour construire une table de logarithmes logistiques.

Spécimen d'une table de logarithmes logistiques.

MINUTES →	0	1	2	3	4
SECONDES → ↓	0	60	120	180	240
0	Inf. nég.	1.7782	1.4771	1.3010	1.1761
1	3.5563	1.7710	1.4735	1.2986	1.1743
2	3.2553	1.7639	1.4699	1.2962	1.1725
3	3.0792	1.7570	1.4664	1.2939	1.1707
4	2.9542	1.7501	1.4629	1.2915	1.1689
5	2.8573	1.7434	1.4594	1.2891	1.1671

Spécimen d'une table de logarithmes logistiques [suite].

MINUTES →	5	6	7	8	9
SECONDES → ↓	300	360	420	480	540
0	1.0792	1.0000	0.9331	0.8751	0.8239
1	1.0777	0.9988	0.9320	0.8742	0.8231
2	1.0763	0.9976	0.9310	0.8733	0.8223
3	1.0749	0.9964	0.9300	0.8724	0.8215
4	1.0734	0.9952	0.9289	0.8715	0.8207
5	1.0720	0.9940	0.9279	0.8706	0.8199

Soit donnée une table construite suivant le spécimen qui précède, en étendant la colonne verticale des secondes jusqu'à 59 et la première colonne horizontale du haut, intitulée minutes, jusqu'à 80, répondant dans la deuxième colonne horizontale à 4800, nous allons examiner l'usage que l'on pourrait en faire.

I. — *Trouver le logarithme logistique d'un nombre composé de minutes et de secondes.*

Au haut de la table cherchez les minutes et descendez la colonne jusqu'à la rencontre du nombre des secondes qui se trouvent dans la première colonne verticale à gauche, et vous aurez le logarithme demandé.

Nota. — Si les heures sont un terme de la proportion, on les prendra dans la première colonne horizontale du haut, comme s'il s'agissait de minutes, et on prendra les minutes de temps dans la première colonne verticale à gauche, comme s'il s'agissait de secondes.

II. — *Trouver le logarithme logistique d'un nombre.*

Cherchez dans la seconde ligne horizontale du haut de la table, si le nombre s'y trouve, le logarithme logistique est celui qui est immédiatement au-dessous ; si, au contraire, il ne s'y trouve pas, vous prendrez le nombre immédiatement plus petit que celui que vous cherchez et vous prendrez son complément dans la première colonne verticale à gauche, vous trouverez alors en regard de ces deux nombres le logarithme demandé.

Ainsi, pour avoir le logarithme de 1531, on cherchera, comme il vient d'être dit, le nombre 1500 et, vis-à-vis de 31, on trouvera 0,3713 pour le logarithme de 1531

Remarque. — Lorsque les deux premiers termes de la proportion, ou le premier et le troisième, sont des nombres ordinaires tous les deux, ou l'un des deux plus grands que 4800, on prend leur moitié, leur tiers.... etc. Cette réduction n'influe en rien sur la valeur du quatrième terme de la proportion ni sur son logarithme.

En effet, supposons que l'on ait la proportion

5504 : 320 :: 430 : 25

on aura de même...... 2752 : 160 :: 430 : 25

et.................. 2752 : 320 :: 215 : 25

Mais si le nombre formant le deuxième terme ou le troisième terme de la proportion est supérieur à 4800, on en prend la moitié, le tiers.... etc., et on multiplie par 2, 3.... etc. le nombre que l'on aura trouvé pour le quatrième terme.

Nous terminerons cet exposé des logarithmes logistiques par un tableau où se trouvent résumés les divers cas que nous venons d'énumérer.

Emploi des logarithmes logistiques

POUR LES MINUTES ET LES SECONDES		POUR LES NOMBRES	
60′ 0″..0.0000	60′ 0″..0.0000	60′ 0″..0.0000	60′ 0″..0,0000
:46′12″..0.1135	:78′27″..$\bar{1}$.8836	: 4721 ..$\bar{1}$.8823	: 1531 ..0.3713
:: 8′ 7″..0.8688	::13′53″..0.6356	::37′28″..0.2045	::46′12″..0.1135
: 6′15″..0.9823	:18′ 9″..0.5193	: 2948 ..0.0868	: 1179 ..0.4848
46′12″—1.8865	78′27″—0.1164	4721 —0.1177	46′12″—1.8865
:60′ 0″..0.0000	:60′ 0″..0.0000	:60′ 0″..0.0000	: 1179 ..0.4848
:: 6′15″..0.9823	::18′ 9″..0.5193	:: 2948 ..0.0868	::60′ 0″..0.0000
: 8′ 7″..0.8688	:13′53″..0.6357	:37′28″..0.2045	: 1531 ..0.3713

Emploi des logarithmes logistiques [suite]

POUR LES HEURES			
24^h0^m —1.6021	24^h0^m —1.6021	46′11″—1.8863	76′34″—0.1059
:46′11″..0.1137	:76′34″..$\bar{1}$.8941	:24^h0^m..0.3979	:24^h0^m..0.3979
:: 8^h7^m..0.8688	::13^h53^m..0.6357	::15′37″..0.5846	::44′17″..0.1319
:15′37″..0.5846	:44′17″..0.1319	: 8^h7^m..0.8688	:13^h53^m..0.6357

Compléments arithmétiques des logarithmes. — On appelle complément arithmétique d'un logarithme le nombre qu'il faut ajouter à ce logarithme pour obtenir celui de l'unité. Voyez *Transformation des logarithmes et ses applications*

Exemples

log......	$\bar{1}$.85386	$\bar{3}$.63573	$\bar{6}$.53186
complém.	0.14614	2.36427	5.46814
sommes..	0.00000	0.00000	0.00000

Loi de Bode. — D'après cette loi, les distances des planètes au soleil seraient entre elles à peu près comme les nombres

3. 7. 10. 16. 28. 52. 100. 196. 388

que l'on obtient en ajoutant le nombre 4 aux termes de la progression

0. 3. 6. 12. 24. 48. 96. 192. 384

dont chaque terme est double du précédent, et devant laquelle on a mis le terme 0.

Cette loi empirique a été trouvée par le professeur Bode vers la fin du XVIIIe siècle. Cette découverte a fait époque, comme tout ce qui est nouveau; mais aujourd'hui la loi de Bode est complètement tombée en désuétude.

D'après cette loi, les distances relatives des planètes au soleil seraient

pour Mercure......	4	pour Mars........	16	pour Saturne.....	100
— Vénus........	7	— Pallas.......	28	— Uranus.....	196
— La Terre.....	10	— Jupiter.......	52	— Neptune....	388

tandis que des calculs reposant sur des données plus exactes donnent les nombres suivants :

pour Mercure...	3,87	pour Mars......	15,24	pour Saturne...	95,39
— Vénus.....	7,23	— Pallas.....	27,70	— Uranus...	191,83
— la Terre....	10,00	— Jupiter....	52,03	— Neptune..	300,37

Dans les calculs astronomiques, au lieu des nombres qui précèdent, on prend pour les distances moyennes des planètes au soleil des nombres dix fois moindres, en sorte que l'on a

pour Mercure...	0,387	pour Mars......	1,524	pour Saturne..	9,539
— Vénus.....	0,723	— Pallas.....	2,770	— Uranus...	19,183
— la Terre....	1,000	— Jupiter....	5,203	— Neptune..	30,037

Loi des aires. — Chaque jour, le soleil parcourt sur son ellipse un petit arc SS′ (*fig.* 42), tandis que le rayon vecteur TS, allant du centre de la terre au centre du soleil, décrit une aire STS′, que l'on peut assimiler à un secteur dans le cercle décrit du point T comme centre avec TS pour rayon. Il est évident que l'aire de ce secteur est proportionnelle à l'angle STS′ et au carré du rayon TS.

L'angle STS′ représente le mouvement angulaire du soleil. Si l'on compare les observations faites dans le cours d'une année, on voit immédiatement que le mouvement angulaire est d'autant plus grand que le diamètre apparent est aussi plus grand, ou que la distance du soleil à la terre est plus petite; il est maximum au périgée, minimum à l'apogée; mais il ne varie pas proportionnellement au carré du diamètre apparent. Képler a reconnu que le mouvement angulaire varie proportionnellement au carré du diamètre apparent, ou en raison inverse du carré de la distance, et il en a conclu que l'aire décrite chaque jour par le rayon vecteur est constante. C'est en cela que consiste *la loi des aires*, que l'on énonce ainsi : *Les aires décrites par le rayon vecteur de la terre sont proportionnelles au temps.*

Soit M le moyen mouvement tropique du soleil en un jour, et r le rayon vecteur de la terre, on aura la distance angulaire parcourue par le soleil sur l'écliptique par la relation

$$\frac{M}{r^2}$$

ou, en désignant par τ la valeur d'une année tropique en jours solaires moyens,

$$M = \frac{360^\circ}{\tau}$$

Loi de l'inertie. — L'inertie est la propriété que possèdent les corps de ne pouvoir altérer par eux-mêmes le mouvement ou le repos qu'ils possèdent; tous les corps connus de la nature sont inertes; lorsque l'un d'eux est en mouvement ou en repos, si aucune cause extérieure n'agit sur lui, il persévère indéfiniment dans cet état. Si, à la surface de la terre, on voit souvent un corps en mouvement passer en repos, on peut conclure que d'autres corps extérieurs ont agi sur lui en lui faisant éprouver des résistances ou des chocs.

Il résulte de cette définition que lorsqu'aucune action extérieure ne s'exerce sur un corps, si le corps est en repos, il reste en repos; s'il est en mouvement, il continue son mouvement rectiligne et uniforme.

La première partie de ce principe a été connue de toute antiquité. La seconde partie n'a été énoncée d'une manière nette que du temps de Képler et de Galilée; il a fallu une longue réflexion pour y arriver, car les corps que nous voyons se mouvoir à la surface de la terre sont toujours soumis à quelque action extérieure, comme la pesanteur, le frottement et la résistance de l'air. Quand nous lançons une pierre sur une surface plane et horizontale, nous la voyons se mouvoir en ligne droite, mais sa vitesse diminue graduellement et elle finit par s'arrêter; ceci provient principalement du frottement que la pierre éprouve en roulant sur le sol. Mais si l'on fait glisser la pierre sur une glace unie, son mouvement se conserve beaucoup plus longtemps, et ce temps est d'autant plus grand que le poli est plus parfait. On conçoit que si le frottement était tout-à-fait nul, si d'ailleurs la pierre n'éprouvait pas la résistance de l'air, le mouvement se continuerait indéfiniment. Et les deux principes que nous venons de définir sont ce que l'on appelle la *loi de l'inertie.*

Lois de Képler. — Tous les corps du système planétaire sont soumis aux *trois lois de Képler* et au principe de la *gravitation universelle* (page 263),

Les lois de Képler se formulent ainsi :

1re *loi. — Les orbites des planètes sont des ellipses dont le soleil occupe l'un des foyers;* car la distance d'une planète au soleil est variable, comme on s'en est assuré par des observations du diamètre apparent du soleil.

2e *loi. — Les surfaces décrites par les rayons vecteurs autour de ce foyer commun sont proportionnelles aux temps employés à les décrire;* d'où il suit que la longueur du rayon vecteur étant plus courte au périhélie ou périgée, l'arc décrit par la planète dans l'unité de temps sera plus grand; le contraire a lieu à l'aphélie ou apogée.

3e *loi. — Les carrés des temps des révolutions planétaires sont proportion-*

nels aux cubes des grands axes de leurs orbites ; en d'autres termes, aux cubes de leurs distances moyennes au soleil. Elevons au carré le temps que Jupiter et la Terre, par exemple, mettent à faire leur révolution, et au cube le grand axe de leurs orbites, on trouvera que le carré du temps de la révolution de Jupiter contient le carré du temps de la révolution de la Terre, autant de fois que le cube de l'axe de l'orbite de Jupiter contient le cube de l'axe de l'orbite terrestre.

Loi de Newton. — Voyez *Attraction* (page 56).

Longitude. — En astronomie, la longitude d'un astre est l'arc d'écliptique compris entre le point de l'équinoxe du printemps et le point où le grand cercle qui passe par les pôles de l'écliptique et l'astre coupe l'écliptique : l'arc CA' (*fig.* 37) est la longitude de l'astre B.

Pour de plus amples renseignements, voyez *Coordonnées*, 4e *système* (page 152) et *Latitude* (page 283).

Longitude de la lune. — Il y a dans le mouvement de la lune en longitude trois inégalités principales nommées *évection*, *variation*, *équation annuelle.*

La première, qui est la plus considérable des inégalités périodiques auxquelles est assujéti le mouvement de la lune, a été découverte par Ptolémée; elle est due à l'attraction que le soleil exerce sur cet astre. Son effet constant et général est de diminuer l'équation du centre dans les syzygies, et de l'augmenter dans les quadratures.

La seconde, qui a été découverte par Tycho-Brahé, dépend de la distance angulaire de la lune au soleil; elle atteint sa plus grande valeur dans les octants, et disparaît dans les syzygies et les quadratures. La plus grande valeur de cette inégalité est d'une demi-révolution synodique, $14^{j},765294$, dans l'intervalle d'une révolution du périgée.

La troisième n'est autre que la différence annuelle qui existe entre le mouvement vrai et le mouvement moyen; c'est, en d'autres termes, la quantité dont il faut augmenter ou diminuer sa position, calculée dans l'hypothèse d'un mouvement unique dans le cours d'une année tropique.

Nous avons défini les trois inégalités périodiques que l'on observe dans le mouvement de la lune en longitude, nous allons maintenant examiner comment elles se produisent.

Evection. — Nous avons déjà dit que l'évection est l'inégalité produite par l'attraction de la masse du soleil sur la masse de la lune.

Soit M la masse du soleil, m la masse de la terre, m' la masse de la lune, r le demi-diamètre de l'orbite terrestre ou le moyen rayon vecteur de la terre, r' la valeur relative du rayon de l'orbite lunaire par rapport au rayon vecteur de la terre pris pour unité, τ la valeur en jours solaires moyens d'une année tropique (1), R le rayon vecteur réel de la terre au temps t, R' le rayon vecteur joignant les centres de la lune et du soleil au temps t.

Si nous supposons m et r chacun égal à 1 et $\frac{360°}{\tau}$ égal à 59'8'',3, nous aurons la proportion

$$M - 1 : 59'8'',3 :: M - m' R' : x, \ x \text{ étant l'}\textit{évection;}$$

$$(1) \quad \text{d'où } x = \left(\frac{59'8'',3\ (M - m'\ R')}{M - 1}\right)$$

Aux quadratures, $R' = R$,

Entre les quadratures et la conjonction, $R' = R - r' \sin a$.

Entre les quadratures et l'opposition, $R' = R + r' \sin a$,

Les angles a sont toujours compris entre 0° et 90° et comptés à partir des quadratures; r' a pour valeur 0,002589.

Variation. — La variation est une des trois inégalités périodiques que l'on remarque dans le mouvement en longitude de la lune. Cette inégalité dépend de la distance angulaire de la lune au soleil; elle atteint, comme nous l'avons dit précédemment, sa plus grande valeur dans les octants, et disparaît dans les syzygies et les quadratures.

La plus grande valeur de cette inégalité étant d'une demi-révolution synodique, dans l'intervalle d'une révolution entière du périgée, nous aurons

$$\text{par an......} \quad \frac{194°33'10'',1}{9,19982} = 21°8'50'',85$$

$$\text{par lunaison.} \quad \frac{21°8'50'',85}{12,368267} = 1°42'35'',337$$

Le maximum de la variation est donc de 1°42'35'',34 par lunaison. Puisque cette variation, qui atteint sa plus grande valeur dans les octants, disparaît dans les syzygies et les quadratures, nous aurons donc, en repré-

(1) De 1800 à 1900, τ = 365j,2422; par conséquent

$$\frac{360°}{\tau} = 59'8'',3$$

pour le moyen mouvement tropique du soleil en un jour.

sentant par v la variation et par γ l'angle décrit par la lune sur son orbite à partir de la première quadrature

$$(2)\quad \sin v = \sin 0^\circ 51'17'',7 \times \begin{cases} \tan \gamma \begin{cases} \text{entre } 0^\circ \text{ et } 45^\circ \\ \text{— } 135^\circ - 180^\circ \\ \text{— } 180^\circ - 225^\circ \\ \text{— } 315^\circ - 360^\circ \end{cases} \\ \cot \gamma \begin{cases} \text{— } 45^\circ - 90^\circ \\ \text{— } 90^\circ - 135^\circ \\ \text{— } 225^\circ - 270^\circ \\ \text{— } 270^\circ - 315^\circ \end{cases} \end{cases}$$

Equation annuelle. — C'est l'inégalité provenant de la différence qui existe entre les révolutions anomalistiques et sidérales de la lune dans le cours d'une année tropique.

Dans le cours d'une année tropique, que nous supposons de $365^j,2422$, ces révolutions ont pour valeur, savoir :

Révolutions anomalistiques...	$176^\circ 52'38'',04$
Révolutions sidérales........	$137^\circ 44'48'',48$
Différence...	$39^\circ\ 7'49'',56$

et cette différence est la valeur de l'équation annuelle.

Si nous prenons maintenant l'équation diurne, exprimée en partie de l'équation annuelle, la valeur de cette équation, que nous désignons par ε, sera donnée par l'expression

$$(3)\quad \varepsilon = \frac{39^\circ 7'49'',56}{365,2422} = 6'25'',69$$

Nous allons examiner maintenant les autres éléments qui concourent également à déterminer la longitude de la lune.

Soit π la longitude du périgée lunaire à midi moyen du 1er janvier d'une année quelconque postérieure à 1850, et que nous désignerons par T, on aura au temps T

$$(4)\quad \pi = 99^\circ 51'52'',1 + 39^\circ 7'49'',56\,(T - 1850)$$

Nota. — Le reste de la division par 360 du nombre de degrés contenus dans π donne exactement la valeur de π dégagé de toutes les circonférences entières décrites par le périgée pendant l'intervalle $T - 1850$.

Exemple. — On demande la longitude du périgée lunaire pour 1871 janvier 0, c'est-à-dire sa distance au point équinoxial du printemps.

On a, d'après la formule ci-dessus,

$$\pi = 99^\circ 51' 52'',1 + (39^\circ 7' 49'',56 \times 21) = 821^\circ 44' 20'',8$$

Mais, d'après la note qui précède, on a pour le reste de la division de 821° par 360, 101°; donc, à midi moyen du 1er janvier 1871, $\pi = 201^\circ 36' 12'',9$.

La longitude du périgée lunaire au temps t compté de 0 à 364 ou 365 à partir de midi moyen du 1er janvier, sera donnée par l'équation

$$(5) \quad \pi' = \pi + 6'22'',72.\, t$$

Soit maintenant δ la distance de la lune au point équinoxial du printemps et δ' la distance de cet astre à son périgée, ou l'angle auquel se rapporte le rayon vecteur de la lune (voyez *Rayon vecteur*), on aura

$$(6) \quad \delta' = \begin{cases} \pi' - \delta, \text{ si } \pi' \text{ est plus grand que } \delta \\ \delta - \pi', \text{ si } \pi' \text{ est plus petit que } \delta \end{cases}$$

δ est une inconnue; mais on peut, sans erreur sensible, l'obtenir par l'équation

$$\delta = (\mu + \varepsilon)\, n$$

où μ est le moyen mouvement diurne de la lune en longitude et a pour valeur $\frac{360^\circ}{27,32158}$ ou 13°10′35″,03, ε l'équation diurne et n le nombre de jours comptés de l'origine des longitudes, c'est-à-dire du point équinoxial du printemps; n est toujours compris entre 0 et 28.

Soit de plus ρ le rayon vecteur de la lune, on aura pour la différence diurne de la longitude de la lune au temps marqué par n,

$$(7) \quad d\,☾ = \left[\frac{\mu}{\rho^2} + \varepsilon \pm (x + v)\right]$$

On voit, par cette formule, que l'équation ε est toujours additive, et que l'évection x et la variation v sont deux quantités qui se combinent et dont la somme est tantôt additive, tantôt soustractive. Elle est additive entre l'opposition et la conjonction, et soustractive entre la conjonction et l'opposition.

De ce que l'on peut connaître à chaque instant la longitude du périgée lunaire (page 331), il en résulte que si l'on connaît au même instant la distance de la lune au périgée, on aura la longitude de la lune par cette équation, tirée de la formule (6) :

$$(8) \quad ☾ = \pi' \begin{cases} + \delta', \text{ si } \delta \text{ est plus grand que } \pi \\ - \delta', \text{ si } \delta \text{ est plus petit que } \pi \end{cases}$$

dans laquelle π' est la longitude du périgée lunaire, δ' la distance de la lune au périgée et ☾ la longitude du centre de la lune.

Il ressort de l'équation qui précède que lorsque la lune est au périgée, sa longitude est égale à celle du périgée. Cet astre passe à l'apogée lorsque sa longitude au temps t surpasse de 180° celle du périgée.

Puisque le mouvement du périgée en un jour est de 6'22",72, la longitude de la lune à l'apogée sera donnée par l'équation

$$☾ = \pi' + 180^\circ + (6'22'',72 . t)$$

où t, qui est le temps compté du périgée, a pour valeur moyenne 13j,67.

De même, si l'on connaît la longitude a de la lune à l'apogée, on aura sa longitude au périgée, ou simplement la longitude du périgée, par cette autre équation

$$\pi' = 180^\circ + a$$

Le temps moyen employé par la lune pour effectuer son mouvement de révolution de l'apogée au périgée est de 13j,55.

Relation entre la longitude de la lune et celle du soleil.

Il existe entre la longitude de la lune et celle du soleil une relation intime dont on se rendra facilement compte en examinant de près les diverses phases par lesquelles passe la lune, dans le cours d'une révolution synodique. (Voyez *Phases*.)

Notes complémentaires sur les inégalités du mouvement de la lune en longitude.

Evection. — Soit M la masse du soleil, = 324479; m la masse de la terre, = 1; m' la masse de la lune, = 0,012; r le demi-diamètre de l'orbite terrestre, = 1; r' la valeur relative du rayon de l'orbite lunaire par rapport au rayon vecteur de la terre pris pour unité, = 0,002589; Θ la valeur en jours solaires moyens d'une année tropique, = 365,2422; R le rayon vecteur réel de la terre au temps t; R' le rayon vecteur joignant les centres de la lune et du soleil au temps t; μ le moyen mouvement tropique du soleil en un jour,

$$= \frac{360^\circ}{\Theta} = 59'8'',3 \text{ ou } 3548'',3$$

Représentons l'*évection* par x, nous aurons :

$$x = \frac{\mu (M - m' R')}{M - m} = \frac{3548'',3 \times (324479 - 0,012 \ R'}{324478} \text{ ; d'où la valeur}$$

moyenne de $x = 59'8'',31$.

Variation. — Soit τ la révolution sidérale de la lune, = 27j,29226157; τ_0 la révolution synodique de la lune, = 29j,530589; k la valeur en secondes d'arc de la circonférence du cercle, = 1296000"; θ le temps nécessaire au périgée lunaire pour effectuer une révolution complète $= 9{,}19982$ ans; Θ la valeur en jours solaires moyens d'une année tropique, $= 365{,}2422$.

La plus grande valeur de cette inégalité étant d'une demi-révolution synodique dans l'intervalle d'une révolution entière du périgée, on aura :

$$\text{par an} \ldots\ldots\ldots \quad \frac{\frac{1}{2}\left(\frac{k\,\tau_0}{\tau}\right)}{\theta} = q$$

$$\text{par lunaison} \ldots\ldots \quad \left(\frac{\frac{q}{\Theta}}{\tau_0}\right) = u$$

Le maximum de la *variation* est donc égal à l'angle u par lunaison. Puisque cette variation, qui atteint sa plus grande valeur dans les octants, disparaît dans les syzygies et les quadratures, nous aurons donc, en représentant par v la variation et par γ l'angle décrit par la lune sur son orbite, à partir de la première quadrature :

$$\sin v = \sin \tfrac{1}{2} u \times \begin{cases} \operatorname{tang} \gamma & \begin{cases} \text{entre } 0^\circ \text{ et } 45^\circ \\ \text{— } 135^\circ - 180^\circ \\ \text{— } 180^\circ - 225^\circ \\ \text{— } 315^\circ - 360^\circ \end{cases} \\ \cot \gamma & \begin{cases} \text{— } 45^\circ - 90^\circ \\ \text{— } 90^\circ - 135^\circ \\ \text{— } 225^\circ - 270^\circ \\ \text{— } 270^\circ - 315^\circ \end{cases} \end{cases}$$

Mais l'angle q vaut $21^\circ 8' 50'',85$; donc l'angle u que l'on en déduit vaudra, dans toute la période séculaire comprise entre 1850 et 1950, $1^\circ 42' 35'',337$.

Equation annuelle. — Soit τ_0 la valeur en jours solaires moyens d'une année tropique, $= 365{,}2422$; τ le temps de la révolution sidérale de la lune, $= 27^{j},29226157$; τ' le temps de la révolution anomalistique de la lune; θ le temps nécessaire au périgée lunaire pour effectuer une révolution complète, $= 9{,}19982$ ans; k la valeur en secondes d'arc de la circonférence du cercle, $= 1296000''$; μ le mouvement annuel et μ' le mouvement diurne du périgée lunaire; ρ le nombre des révolutions sidérales et ρ' celui des révolutions anomalistiques de la lune, dans le cours d'une année tropique; ε l'équation annuelle.

Nous aurons :

$$\tau' = \frac{\left(k + \frac{k}{\theta . \tau_0}\,\tau\right) . \tau}{k} = 27^{j},51393298$$

$$\mu = \frac{360^\circ}{\theta} = 38^\circ 49' 45'',34$$

$$\mu' = \frac{\mu}{\tau_0} = 6'22'',7196$$

$$\rho = \frac{\tau_0}{\tau} = 13,38263$$

$$\rho' = \frac{\tau_0}{\tau'} = 13,27481$$

$$\varepsilon = \left(\frac{\tau' k}{\tau} - k\right).\rho = \left(\frac{\rho k}{\rho'} - k\right).\rho = \frac{\rho^2 k}{\rho'} - \rho k = 39^\circ 7' 49'',56$$

Longitude des astres. — Voyez *Latitude* (page 283).

Longitude du nœud de la lune. — La longitude du nœud de la lune sert à calculer la nutation des étoiles et des planètes. Elle est donnée de dix jours en dix jours dans la *Connaissance des Temps*, mais on peut l'obtenir pour un jour quelconque à l'aide de son mouvement diurne, dont la valeur est de — 3′10″,63468.

La longitude du nœud de la lune diminuant chaque jour de 3′10″,63468, on aura

à l'expiration d'une révolution annuelle de { 365 jours, — 19°19′41″,66 ; 366 jours, — 19.22.52 ,29 }

Avec ces données, il est très-facile de calculer la longitude du nœud de la lune au commencement d'une année et, par suite, pour un jour quelconque de cette année.

Exemple. — On demande la longitude du nœud ascendant de la lune pour 1871, janvier 0 (*midi*).

En 1850, janvier 0, la longitude du nœud avait pour valeur 146°13′40″,0; or, de 1850 à 1871, on a

$$1871 - 1850 = 21 \text{ années} \begin{cases} \text{bissextiles } \frac{21}{4} = 5 \\ \text{communes } 21 - 5 = 16 \end{cases}$$

on aura donc la longitude du nœud de la lune le 1er janvier 1871, à midi moyen, par la formule

$$☊ = 146^\circ 13' 40'',0 - (19^\circ 22' 52'',29 \times 5 + 19^\circ 19' 41'',66 \times 16)$$

et on trouvera pour 1871, janvier 0, ☊ = 100°4′12″,0.

Longitude du nœud des planètes. — On appelle nœud d'une planète le point où l'orbite de cette planète coupe l'écliptique : tel est P, par exemple (*fig.* 43). Une planète est dite dans son nœud lorsque sa longitude héliocentrique est égale à sa longitude géocentrique ; or la longitude géocentrique d'une planète, quand elle est dans son nœud, est toujours égale à la longitude du soleil augmentée de 180 degrés. Par conséquent une planète est dans son nœud quand elle est en opposition, c'est-à-dire quand elle est située dans le même plan que le soleil et la terre, tel que STP (*fig.* 43). — Dans cette figure, S est le soleil, T la terre et P la planète, ABA′ le demi-cercle de l'équateur, ESE′P le cercle de l'écliptique qui coupe l'équateur en B (point équinoxial du printemps et origine des longitudes et des ascensions droites), OSO′P l'orbite de la planète.

La différence entre les longitudes héliocentrique et géocentrique d'une planète donne la distance de cette planète à son nœud. Quand on connaît la distance d'une planète à son nœud, on peut en déduire la longitude du nœud, puisque cette longitude est l'excès de la longitude héliocentrique de la planète sur la distance de cette planète à son nœud.

Si on représente par N la longitude du nœud ascendant d'une planète à un instant donné, par H et G les longitudes héliocentrique et géocentrique de cette planète pour cet instant, on aura

$$N = H - dL$$

expression dans laquelle dL est la différence entre les longitudes héliocentrique et géocentrique de la planète, en sorte que

$$dL = \begin{cases} H - G, \text{ si H est plus grand que G} \\ G - H, \text{ si H est plus petit que G} \end{cases}$$

Il résulte de cette équation que lorsque la longitude géocentrique d'une planète est égale à sa longitude héliocentrique, la longitude du nœud est égale à cette dernière longitude. Ceci se comprend, puisqu'une planète est dans son nœud lorsque sa position est opposée à celle de la terre, par rapport au soleil.

Pour lever toute difficulté à l'égard des calculs auxquels donnent lieu les formules qui précèdent, nous allons les faire suivre de quelques exemples, que nous appliquerons à deux planètes différentes.

I. — On demande la longitude du nœud ascendant de Mercure pour 1871, mai 15,0.

On a pour cette époque

$$H = 234^\circ 4' 44'',7 \text{ et } G = 234^\circ 5' 43'',4$$

Disposition du calcul

$G = 234°5'43'',4$	$H = 234°4'44'',7$
$H = 234.4.44\ ,7$	$dL = -\ 0.0.58\ ,7$
$dL = \ 0.0.58\ ,7$	$N = 234.3.46\ ,0$

II. — On demande la longitude du nœud ascendant de Mars pour 1871, mars 19,0.

On a pour cette époque $H = 178°49'12'',4$ et $G = 178°7'26'',5$.

Disposition du calcul

$H = 178°49'12'',4$	$H = 178°49'12'',4$
$G = 178.\ 7.26\ ,5$	$dL = -\ 0.41.45\ ,9$
$dL = \ 0.41.45\ ,9$	$N = 178.\ 7.26\ ,5$

Nous avons dit que la longitude géocentrique d'une planète, quand elle est dans son nœud, est toujours égale à la longitude du soleil augmentée de 180 degrés, nous allons faire ressortir l'évidence de cette définition, en la faisant suivre de deux exemples que nous appliquerons à la planète Mercure.

I. — Supposons que l'on ait à une certaine époque (mai 1871) 54°7'20'',7 pour la longitude du soleil et 234°7'20'',7 pour la longitude héliocentrique de Mercure, on aura

$$G = 234°7'20'',7$$
$$H = 234.7.20\ ,7$$

dans ce cas, $dL = 0$ et, par suite, $N = H$.

II. — Supposons que l'on ait encore à une autre époque (sept. 1871) 168°20'14'',3 pour la longitude du soleil et 348°20'14'',3 pour la longitude de Mercure, on aura

$$G = 348°20'14'',3$$
$$H = 348.20.14\ ,3$$

par conséquent, $dL = 0$ et, par suite, $N = H$.

Nous avons vu (*Aspect des astres*, page 49) qu'une planète est en *conjonction* lorsque sa longitude héliocentrique est égale à la longitude du soleil. Par conséquent la longitude du soleil indique suffisamment l'époque à laquelle se rapporte la longitude héliocentrique d'une planète.

On sait d'ailleurs que le moyen mouvement tropique du soleil en un jour est de 59'8'',3 et qu'aux époques ci-après, la longitude de cet astre est approximativement de, savoir :

T	$\odot$	T	$\odot$	T	$\odot$
1er janvier.......	281°	1er mai.........	39°	1er septembre....	161°
1er février.......	310	1er juin.........	70	1er octobre.......	190
1er mars........	339	1er juillet........	100	1er novembre....	220
1er avril.........	9	1er août.........	130	1er décembre.....	250

Représentons par t la date approchée de l'opposition ou de la conjonction d'une planète, par $\odot$ la longitude du soleil et par T le temps auquel se rapporte cette longitude *(éléments donnés par le tableau qui précède)*, par H la longitude héliocentrique d'une planète au moment de sa conjonction ou de son opposition, par M le moyen mouvement tropique du soleil en un jour, nous aurons la date approchée de l'opposition qui suit immédiatement la conjonction précédente, ou la date approchée de la conjonction qui suit immédiatement l'opposition précédente, par l'équation ci-après :

$$t = \mathrm{T} + \frac{\mathrm{H} - \odot}{\mathrm{M}}, \text{ dans laquelle } \frac{\mathrm{H} - \odot}{\mathrm{M}}$$

est le nombre de jours à ajouter au temps T. Pour faciliter les calculs, on convertira en secondes d'arc les quantités M et H — $\odot$.

Désignons par M et m, après les avoir convertis en secondes d'arc, le moyen mouvement diurne de la longitude du soleil et de la planète, et faisons

$$d\mathrm{M} = \begin{cases} m - \mathrm{M}, \text{ s'il s'agit d'une planète inférieure} \\ \mathrm{M} - m, \text{ s'il s'agit d'une planète supérieure} \end{cases}$$

nous aurons pour le temps t' qu'il convient d'appliquer au mouvement de la terre et de la planète pour qu'elles se retrouvent en opposition ou en conjonction,

$$t' = \frac{648000}{d\mathrm{M}}$$

D'où il résulte que $\mathrm{M}t'$ sera la quantité du mouvement que l'on devra ajouter à la longitude du soleil et $m\,t'$ celle que l'on devra ajouter à la longitude héliocentrique de la planète, à partir de l'époque où la terre et la planète sont en *conjonction*, c'est-à-dire à partir de l'instant où la longitude héliocentrique de la planète est égale à la longitude du soleil.

En ajoutant successivement $\mathrm{M}t'$ et mt' à la longitude précédente, on a alternativement pour l'opposition et la conjonction les longitudes géocentriques du soleil et les longitudes héliocentriques de la planète.

Si nous prenons pour exemple la planète Mercure, nous aurons

$$\mathrm{M}t' = +\,57°6'26'',8 \text{ et } mt' = +\,237°6'26'',8$$

Longitude géocentrique d'une planète. — Il arrive souvent que l'on ait besoin de connaître la longitude d'une planète vue de la terre; il est donc important d'exposer ici la méthode à suivre pour déterminer cette longitude.

Soit un triangle rectiligne dont les trois angles C, P et T représentent les positions respectives du soleil, de la planète et de la terre, et les trois côtés ρ, r et r', opposés à chacun de ces angles, représentent les distances de la terre à la planète, du soleil à la terre (rayon vecteur de la terre), et de la planète au soleil (rayon vecteur de la planète).

Si nous prenons dans les tables astronomiques la longitude héliocentrique H de la planète (1), la longitude géocentrique ☉ du soleil et les distances r et r' de la terre au soleil et du soleil à la planète, nous aurons trois éléments connus : l'angle C ou de commutation, égal à la différence des longitudes héliocentrique de la planète et géocentrique du soleil, r le côté opposé à l'angle P et r' le côté opposé à l'angle T, d'où l'on déduit :

$$\tfrac{1}{2}(P+T)=\varphi=90^\circ-\tfrac{1}{2}C;\ \text{tang}\,\tfrac{1}{2}(P-T)=\text{tang}\,\gamma=\frac{r-r'}{r+r'}\cos\tfrac{1}{2}C$$

$$T=\begin{cases}\varphi-\gamma, \text{ s'il s'agit d'une planète inférieure}\\ \varphi+\gamma, \text{ s'il s'agit d'une planète supérieure}\end{cases}$$

$$P=\begin{cases}\varphi+\gamma, \text{ s'il s'agit d'une planète inférieure}\\ \varphi-\gamma, \text{ s'il s'agit d'une planète supérieure}\end{cases}$$

$$\rho=(r+r')\frac{\sin\tfrac{1}{2}C}{\cos\tfrac{1}{2}(P-T)}=(r-r')\frac{\cos\tfrac{1}{2}C}{\sin\tfrac{1}{2}(P-T)}$$

Ces formules renferment les éléments nécessaires pour déterminer à un instant donné la longitude géocentrique d'une planète; en effet, soient ε l'élongation et G la longitude géocentrique à déterminer, on aura

$$\varepsilon=C+\gamma \text{ et } G=\odot+\varepsilon$$

Application. — Soit proposé de calculer la longitude géocentrique de la planète *Mars* pour 1871, mars 19,0.

On a pour cette époque

$$H=178^\circ49'12'',4;\ \odot=358^\circ26'57'',0;\ r=0,9962106;\ r'=1,6497651$$

(1) On peut aussi calculer directement cette longitude d'après la méthode indiquée aux pages 283 et 352.

Disposition du calcul.

$\odot = 358^\circ 26' 57'',0$	
$H = 178.49.12\,,4$	$\log \dfrac{r - r'}{r + r'} = \bar{1}.3926970$
	$\log \cot \tfrac{1}{2} C = \bar{3}.5101576$
$C = 179.37.44'',6$	
$\tfrac{1}{2} C = 89.48.52\,,3$	$\log \operatorname{tang} \gamma = \bar{4}.9028546$
$C = 179^\circ 37' 44'',6$	$\odot = 358^\circ 26' 57'',0$
$\gamma = 0.\ 2.44\,,9$	$\varepsilon = 179.40.29\,,5$
$\varepsilon = 179^\circ 40' 29'',5$	$G = 178^\circ\ 7' 26'',5$

Donc la longitude géocentrique de la planète était de 178°7′26″,5.

Longitude du périgée solaire. — La longitude du périgée solaire subit une variation périodique qui est due à deux causes : 1° à son mouvement propre qui est annuellement de 11″,8; 2° à la précession des points équinoxiaux, qui est actuellement de 50″,2 par an ; ce qui donne une valeur de 62″ environ pour la variation annuelle.

En l'an 1248, la longitude du périgée solaire coïncidait avec le solstice d'hiver; par conséquent la longitude du périgée, que nous désignerons par P, avait pour valeur 270°.

Dans l'intervalle de temps qui s'est écoulé entre l'année 1248 et l'année 1800, le mouvement propre du périgée solaire, combiné avec la précession des points équinoxiaux, a acquis une valeur de 9°30′36″,8; ce qui donne pour la longitude du périgée solaire en 1800, 279°30′36″,8.

Nous partirons donc de cette longitude pour donner une formule qui servira à calculer celle qui devra être appliquée aux années postérieures, que nous désignerons par t, et nous aurons

$$P = 279^\circ 30' 36'' 8 + 62'',0235881266.\ (t - 1800).$$

D'après cette formule, on voit que la longitude du périgée solaire augmente chaque année de 1′2″,023588.

Le mouvement annuel du périgée solaire, que nous désignerons par dP, était en 1800 de 9°30′36″,8; en 1870 il était de 10°42′58″,5; en 1871 il sera de 10°44′0″,5.

En ajoutant à 270° le mouvement du périgée solaire, on aura la longitude du soleil à l'instant où la terre passe au périhélie.

Dans ce cas, la longitude du soleil, que nous désignerons par ⊙, = 270° + dP. Mais il est bon de remarquer qu'à cet instant P et ⊙ sont d'égale valeur; c'est donc à partir de cet instant que nous compterons le temps.

Longitude du soleil. — La longitude du soleil, telle qu'elle est donnée par la *Connaissance des Temps* est la longitude géocentrique du soleil. La longitude héliocentrique de la terre est égale à $180° + \odot$; $\odot$ étant la longitude géocentrique du soleil.

Pour avoir la longitude géocentrique du soleil, c'est-à-dire sa longitude apparente, il suffit d'ajouter à la longitude du périgée l'anomalie vraie du soleil telle qu'elle est donnée par la table que l'on trouvera pages 32 et suivantes, et alors on aura

$$\odot = P + v.$$

Longitude du soleil (DIFFÉRENCE DIURNE DE LA). — La loi de l'attraction nous fournit un moyen bien simple de calculer la différence diurne de la longitude du soleil. En effet, soit M le moyen mouvement tropique du soleil en un jour ou

$$\frac{360°}{\tau}$$

(τ étant la valeur en jours solaires moyens d'une année tropique), f une certaine constante, ou le coefficient de la force attractive que l'unité de masse du soleil exerce sur l'unité de masse de la terre à l'unité de distance, m la masse de la terre prise pour unité, r son rayon vecteur, $d\odot$ la différence de longitude du soleil pour un jour, on aura l'équation

$$d\odot = \left[\frac{M\frac{(fm)}{r^2}}{fm}\right]$$

Pour simplifier le calcul, et sans que pour cela les résultats donnés par cette formule subissent la moindre altération, on pourrait supposer à fm une valeur égale à 1, alors la formule qui précède se réduirait à cette expression

$$d\odot = M\left(\frac{1}{r^2}\right)$$

On comprend dès lors que, connaissant le rayon vecteur de la terre pour un jour quelconque de l'année, il sera toujours possible d'obtenir pour ce jour la différence de longitude du soleil.

Temps auquel se rapporte la longitude 280° *du soleil.* — Avant de déterminer l'instant du passage du soleil en un lieu de l'écliptique situé à 280°

du point équinoxial du printemps, instant qui répond toujours à $18^h 40^m$ de temps sidéral, il convient de définir les éléments qui entrent dans le calcul.

Soient : t_1 l'instant du passage du soleil en un lieu de l'écliptique situé à 280° du point équinoxial du printemps, ou le temps qui s'écoule entre cet instant et midi moyen du 1er janvier de l'année pour laquelle on désire avoir la valeur de cette quantité ;

t_0 l'instant du passage du soleil au même lieu de l'écliptique dans une année prise comme terme de comparaison ;

r la demi-somme du résultat de la division par 365 des excès combinés d'une année sidérale et d'une année tropique avec une année commune (1), ou

$$\frac{1}{2}\left(\frac{0,498537}{365}\right) = 0^{an},000682927$$

r' la demi-somme du résultat de la division par 366 des excès combinés d'une année bissextile avec une année sidérale et une année tropique (2), ou

$$\frac{1}{2}\left(\frac{1,501463}{366}\right) = 0^{an},002051179$$

n le nombre des années communes écoulées depuis le passage du soleil au lieu 280° de l'écliptique au temps t_0 ;

n' le nombre des années bissextiles également écoulées depuis le passage du soleil au lieu 280° de l'écliptique au temps t_0 ;

on aura la valeur de t_1 par cette équation

$$t_1 = t_0 \mp (r\,n - r'\,n').$$

Lorsque le produit de r' par n' sera plus grand que le produit de r par n, on retranchera celui-ci du premier et on remplacera le signe —, placé après t, par le signe +. Dans le cas contraire, on fera usage du signe —.

Application de la formule.

Soit proposé de trouver le temps où le soleil aura atteint une longitude moyenne de 280° avant midi moyen du 1er janvier 1877, en partant de

(1)

Année tropique	= 365^j,242199	0.242199
Année comm..	= 365 ,000000	
Année sidérale.	= 365 ,256338	0.256338
Année comm..	= 365 ,000000	
Somme des différences...		0,498537

(2)

Année bissext.	= 366j.000000	0,757801
Année tropique	= 365 ,242199	
Année bissext.	= 366 ,000000	0,743662
Année sidérale.	= 365 ,256338	
Somme des différences...		1,501463

l'année 1867 pour laquelle t_0 avait pour valeur $0^{an},00193$ avant midi moyen du 1er janvier.

De 1867 à 1877, on compte 10 années : 7 communes et 3 bissextiles ; on a par conséquent $n = 7$, $n' = 3$ et, par suite :

$$\begin{aligned} 0^{an},000682927 \times 7 &= 0^{an},004780489 \\ 0^{an},002051179 \times 3 &= 0^{an},006153537 \\ \text{Différence} &= +\ 0^{an},001373048 \end{aligned}$$

En sorte que l'on aura, pour le temps compris entre l'instant où le soleil parvient à la distance de 280° du point équinoxial du printemps et midi moyen du 1er janvier de l'année que l'on considère,

Pour 1867... $0^{an},00193$ avant midi moyen du 1er janvier
$+\ 0^{an},00137$

Pour 1877... $0^{an},00330$ avant midi moyen du 1er janvier.

Pour convertir ce temps en jours, on le divisera par $0^{an}0027379$ ou on le multipliera par 365,2422.

Il résulte de cette définition que si on représente par n_1 le nombre de jours compris dans la fraction d'année t_1, on aura en général

$$n_1 = \left(\frac{t_1}{\frac{1}{\tau}}\right) = \tau t_1$$

Nous allons terminer cet article par une table donnant, pour plusieurs années, l'instant du passage du soleil à la longitude moyenne 280 degrés sur l'écliptique.

ANNÉES	TEMPS avant midi moyen du 1er janvier, et se rapportant à la longitude 280°.	ANNÉES.	TEMPS avant midi moyen du 1er janvier, et se rapportant à la longitude 280°.	ANNÉES.	TEMPS avant midi moyen du 1er janvier, et se rapportant à la longitude 280°.
1870	$0^{an}002615325$	1874	$0^{an}002617723$	1878	$0^{an}002620121$
	— 0 000682927		— 0 000682927		— 0 000682927
1871	0 001932398	1875	0 001934796	1879	0 001937194
	— 0 000682927		— 0 000682927		— 0 000682927
1872	0 001249471	1876	0 001251869	1880	0 001254267
	+ 0 002051179		+ 0 002051179		+ 0 002051179
1873	0 003300650	1877	0 003303048	1881	0 003305446
	— 0 000682927		— 0 000682927		— 0 000682927
1874	0 002617723	1878	0 002620121	1882	0 002622519

Longitude géographique. — Nous avons défini (page 149) ce que l'on entend par longitude géographique; nous allons examiner ici la méthode que l'on peut employer pour la déterminer avec toute l'exactitude désirable.

On peut déterminer la longitude d'un lieu situé à la surface de la terre par une simple observation astronomique.

Soit en effet T l'heure du passage d'un astre au premier méridien (heure donnée par la *Connaissance des Temps*), T' l'heure du passage de ce même astre au méridien du lieu d'observation, t l'angle horaire de l'astre, c'est-à-dire sa distance au méridien exprimée en temps, h l'heure de la pendule au moment de l'observation, L la longitude cherchée, exprimée également en temps, on aura

$$T' = h \left\{ \begin{array}{l} + t, \text{ si l'astre observé se trouve à l'}\textit{est}\text{ du méridien} \\ - t, \text{ si l'astre observé se trouve à l'}\textit{ouest}\text{ du méridien} \end{array} \right.$$

et, par suite, $L = T - T'$.

On voit, par cette dernière équation, que la différence du temps qui s'écoule entre les deux passages de l'astre aux méridiens sera précisément la longitude en temps du lieu d'observation, par rapport au premier méridien. Elle sera orientale si T est plus grand que T'; elle sera occidentale si T est plus petit que T'. Une longitude *est* s'exprime généralement par le signe + placé devant la quantité qui donne la valeur de cette longitude; une longitude *ouest* s'exprime par le signe — placé également devant la quantité qui donne la valeur de cette longitude.

On suppose que, dans une observation de ce genre, on a un chronomètre réglé sur l'heure du premier méridien.

Un exemple fera mieux apprécier l'usage que l'on peut faire des formules qui précèdent.

Supposons en effet que l'on ait $T = 13^h30^m$, $h = 12^h45^m$, $t = -15° = -1^h0^m$ (1).

On aura $T' = 12^h45^m + 1^h0^m$, et $L = -0^h15^m$.

Dans cette dernière équation, L est la longitude cherchée ou la distance du lieu d'observation au premier méridien. Cette longitude se trouve à l'ouest du premier méridien parce que T est plus petit que T'.

Longomontanus (CHRISTIAN), astronome danois, né à Langsberg (Jutland) en 1562, mort en 1647, recteur du Gymnase de Viborg en 1603,

(1) On a mis -1^h, parce que l'astre se trouve à l'est du méridien du lieu d'observation; par conséquent, dans l'équation T' on devra mettre $+1^h$ parce que l'on doit toujours employer un signe contraire.

professeur de mathématiques à l'Académie de Copenhague en 1605, essaya de concilier les idées de Copernic et de Ptolémée avec celles de Tycho-Brahé, dont il fut disciple ; il admettait le mouvement annuel du soleil, mais il faisait tourner la terre sur elle-même pour expliquer la succession des jours et des nuits. Il crut avoir trouvé la quadrature du cercle. Ses principaux ouvrages sont : *Cyclometria vera*, 1612; *Pentas problematum philosophiæ*, 1623; *Inventio quadraturæ circuli*, 1634; *Astronomia danica*, 1622.

Lumière. — Nous n'entreprendrons pas de rechercher les causes qui produisent la lumière : ce serait nous livrer à une étude qui appartient exclusivement au domaine de la physique et, par cela même, dépasser le but que nous nous sommes proposé d'atteindre, mais nous parlerons de sa transmission et des effets qu'elle produit dans certains cas particuliers que nous allons examiner.

Les corps que la lumière peut traverser sont *diaphanes* ou *transparents*, comme l'eau, le verre ordinaire, l'air....; ceux qui ne la laissent passer qu'en très-petite quantité sont *translucides*, comme la porcelaine ordinaire; enfin, on appelle corps *opaques* ceux qui interceptent toute la lumière qui les rencontre, comme les métaux, les bois, les pierres.... Un corps qui reçoit des rayons lumineux est *éclairé;* dans le cas contraire il est *obscur*.

La transmission de la lumière s'effectue *en ligne droite* et dans *tous les sens* autour du point radieux lorsqu'elle traverse librement un même milieu homogène. On sait, en effet, que lorsqu'un corps opaque se trouve sur la droite qui joint l'œil avec un point lumineux, la vision est interceptée : le disque lunaire, par exemple, commence à s'éclipser lorsqu'il touche une des génératrices du cône droit tangent au globe terrestre et au soleil.

La transmission de la lumière *n'est pas instantanée;* l'observation des éclipses des satellites de Jupiter et quelques autres phénomènes astronomiques, donnent le moyen de vérifier ce fait. On sait, en effet, que le premier satellite de cette planète (celui qui est le plus près de son centre) s'éclipse quatre fois en sept jours; l'on observe l'instant de l'une de ces éclipses, lorsque Jupiter est en opposition, c'est-à-dire lorsque la terre est entre cette planète et le soleil, et où par conséquent elle n'est séparée de la planète que de la différence des distances au foyer de leurs mouvements; on détermine plus tard par l'observation, l'époque d'une autre éclipse qui a lieu près de la conjonction, c'est-à-dire lorsque le soleil se trouve entre la terre et la planète et où par conséquent notre globe est séparé de Jupiter d'une quantité à peu près égale à la somme des distances au foyer des mouvements; or, on trouve que cette seconde époque est séparée de la première d'une quantité plus grande que le produit de 42^h 1/2 *(temps qui s'écoule entre deux éclipses consécutives du premier satellite)*, par le nombre d'éclipses qui ont dû se reproduire entre elles; la différence doit être attribuée au temps que la lumière emploie pour parcourir le diamètre de l'orbite terrestre qui représente la différence des distances qu'elle parcourt pour parvenir à la terre aux deux époques que nous venons d'indiquer. — Un autre phénomène astronomique auquel on donne le nom général d'*aberration* (page 9), conduit encore à admettre que la transmission de la lumière n'est pas instantanée.

La vision peut s'opérer sans que la lumière arrive directement du corps lumineux à l'œil; il suffit qu'elle parvienne sur une *surface polie*, sur un *miroir*, par exemple, et que l'œil soit convenablement placé. — En supposant que le point *a* *(fig.* 44) soit lumineux et que *m n* représente la surface dont il s'agit, l'œil situé en *o* pourra voir le point *a* vers *a'*. Le phénomène qui se produit alors est celui de la *réflexion* de la lumière; le point *k* est le *point d'incidence; a k* est le *rayon incident*, *k o* le *rayon réfléchi* et si on élève au point *k* une perpendiculaire *k f* à la surface du miroir, l'angle *a k f* sera l'*angle d'incidence*, et *o k f* l'*angle de réflexion.*

Lorsque la lumière parvient à l'œil après avoir parcouru deux milieux homogènes différents, on observe qu'elle est déviée de sa route aux points où elle traverse la surface de séparation des deux milieux. — Ainsi, *m n* *(fig.* 45) représentant cette surface, et *a* étant un point lumineux, l'œil situé en *o* ne verra pas ce point dans la direction de la droite *a o*; ce point lui paraîtra placé sur une autre droite telle que *o a'*, dont la position dépendra des propriétés particulières des milieux et de la surface *m n*. Ce phénomène est celui de la *réfraction; m n* est la *surface réfringente* ou *dirimante;* le point *k* est celui d'*incidence; a k* est le *rayon incident; k o* le *rayon réfracté*. Si on élève au point *k* une normale *f f'* à la surface réfringente, *a k f* sera l'*angle d'incidence*, et *o k f'* l'*angle de réfraction.*

Lumière (ABSORPTION DE LA). — Les milieux les plus diaphanes absorbent la lumière d'une manière très-sensible; sur le sommet des hautes montagnes on découvre un nombre beaucoup plus grand d'étoiles que dans les plaines, parce que les couches inférieures de l'atmosphère ont une densité beaucoup plus grande que les couches supérieures; on peut admettre que cette absorption a lieu parce que les rayons qui arrivent à la surface des particules d'air sont réfléchis en partie et dispersés dans toutes sortes de directions; sous ce rapport, tous les milieux ont la même propriété que l'air.

Lumière (INTENSITÉ DE LA). — L'intensité de la lumière varie nécessairement avec la distance à laquelle elle est reçue ; en supposant que le point lumineux soit le centre d'une infinité de sphères, et que la quantité de lumière répandue sur chacune d'elles soit la même, son intensité devra être réciproque de l'étendue de ces surfaces ; et comme elles sont proportionnelles aux carrés de leurs rayons, on peut conclure que l'intensité de la lumière est réciproque du carré de la distance au point radieux, lorsqu'on la reçoit perpendiculairement à sa direction.

Si la surface qui reçoit la lumière est inclinée sur sa direction, il est toujours facile, par un simple calcul trigonométrique, de trouver la valeur de son intensité, qui est proportionnelle au sinus de l'inclinaison du faisceau sur sa surface.

Lorsque le corps lumineux a des dimensions appréciables, chacun des éléments de sa surface étant visible dans toutes les directions situées en avant du plan mené par cet élément tangentiellement à la surface, on doit conclure qu'il émet des rayons lumineux dans toutes ces directions ; et, comme dans celles qui se rapprochent du plan tangent, les rayons sont plus pressés que dans celles qui lui sont perpendiculaires, il en résulte que l'intensité d'un faisceau incliné s'étend à des distances incalculables, encore bien qu'elle ne se rapproche pas de l'infini ; ce qui devrait avoir lieu si les rayons obliques avaient une intensité égale à ceux qui sont perpendiculaires. Il est naturel de supposer que, dans le cas dont il s'agit, l'intensité des rayons lumineux est proportionnelle au sinus de l'angle que ces rayons forment avec le plan tangent mené par le point que l'on considère; de cette manière, l'accroissement d'intensité dû au rapprochement des rayons, est compensé par la diminution due à l'obliquité.

Ce que nous venons de dire de l'intensité de la lumière peut également s'appliquer à l'intensité de la chaleur. En effet, de ce que l'intensité de la lumière est inversement proportionnelle au carré de la distance mesurée du foyer d'où elle émane, on peut admettre que l'intensité d'un faisceau de chaleur est aussi inversement proportionnelle au carré de la distance mesurée de ce même foyer où la chaleur prend sa source. Si l'on conçoit que le point rayonnant est le centre de plusieurs sphères, et si l'on admet que la propagation de la chaleur ait lieu sans aucune déperdition, les surfaces de ces sphères étant proportionnelles aux carrés de leurs rayons, la quantité de chaleur qui traversera l'unité de leur superficie sera évidemment d'autant plus petite que la surface aura plus d'étendue, et sera par conséquent inverse du carré de son rayon.

Il résulte de cette définition que l'intensité d'un faisceau calorifique rayonnant est proportionnelle au sinus de l'angle qu'il fait avec l'élément superficiel qui le transmet.

Lumière (IRRADIATION DE LA). — L'*irradiation* est un effet d'optique qui consiste à présenter certains objets plus grands qu'ils ne sont en réalité. Ainsi, quand on regarde deux disques égaux : l'un blanc sur fond noir, l'autre noir sur fond blanc, le premier semble un peu plus grand que le second. En général, on voit les objets par les images qui se forment au fond de l'œil sur la rétine; l'éclat de la lumière agrandit un peu les images; et c'est précisément cette particularité que l'on appelle l'*irradiation* de la lumière.

Lumière (POLARISATION DE LA). — Nous n'entrerons pas dans les détails que comporte l'étude de cette propriété de la lumière ; nous ferons connaître seulement les expériences suivantes, qui serviront à constater que les rayons lumineux peuvent n'avoir pas toujours les mêmes propriétés lorsqu'on les considère par leurs *côtés* divers.

1° En disposant un rhomboïde naturel de carbonate de chaux sur un petit cercle coloré, tracé sur une feuille de papier, ou sur un petit trou pratiqué dans une carte, il sera aisé de se placer convenablement pour voir deux images du cercle ou du trou ; mais si on remarque ces deux images à travers un rhomboïde, elles se trouveront en général au nombre de quatre; cependant en faisant tourner ce second cristal au-dessus du premier, il ne sera pas difficile de saisir deux positions dans lesquelles les quatre images se réduisent à deux : ces positions sont celles où les sections principales des deux cristaux sont parallèles ou perpendiculaires. On voit donc que, suivant la manière dont le second cristal se présente aux *côtés* des rayons réfractés dans le premier, ils peuvent être divisés ou non.

2° Les rayons de lumière réfléchis par une substance diaphane acquièrent des propriétés particulières lorsque l'angle sous lequel ils rencontrent la surface réfléchissante a une valeur déterminée qui dépend de la nature de cette surface. Pour prendre un cas simple qui fera comprendre en quoi consiste le phénomène, supposons qu'un faisceau de rayons lumineux ln (*fig.* 46) tombe sur un plan de verre ordinaire mk non étamé, de manière à faire avec lui un angle de 35°25′; il se réfléchira en nl'; et si on reçoit ce rayon réfléchi à travers un rhomboïde de carbonate de chaux, perpendiculairement à une face naturelle, il fournira en général deux images; mais dans les positions où la face principale du cristal sera parallèle ou perpendiculaire au plan de réflexion, on n'en recevra qu'une. Cette manière de faire réfléchir la lumière sur les lames de verre, lui communique donc une modification analogue à celle que lui imprime la double réfraction à travers une substance cristallisée. La réflexion sur presque tous les corps, excepté sur les substances métalliques, polarise la lumière naturelle du soleil, des nuées, des flammes.... On peut ainsi très-facilement vérifier les faits précédents en employant la lumière réfléchie sur les meubles, sur les ardoises, sur l'eau....

3° Si on présente au rayon réfléchi en $n\,l'$ une autre glace de verre, il pourra s'y réfléchir encore en général; mais on remarquera les phénomènes suivants, si l'angle du rayon $n\,l'$ avec le second miroir est aussi de 35°25′ : lorsque le second miroir sera *parallèle* au premier, les deux réflexions s'effectueront dans le même plan; alors le rayon $n\,l'$ sera complètement réfléchi par la seconde glace. Plaçons le second miroir de manière que le nouveau plan de réflexion soit *perpendiculaire* au premier ; pour lui donner cette position, il suffira de le faire tourner d'un quart de révolution autour de $n\,l'$, en conservant toujours le même angle 35°25′ que fait ce rayon avec ce miroir ; alors on observera qu'il n'y a pas une seule molécule lumineuse qui soit réfléchie ; le rayon $n\,l'$ est complètement réfracté par le miroir.

Ces phénomènes, et beaucoup d'autres encore que nous pourrions citer, nous apprennent que les molécules lumineuses qui ont traversé des substances jouissant de la double réfraction, ou qui ont été réfléchies sous *certaines* inclinaisons par certaines surfaces polies, présentent des propriétés différentes, suivant qu'on les observe par tel ou tel *côté* ou par tel ou tel *pôle* ; on dit alors que les rayons lumineux qu'elles composent sont *polarisés*.

Lumière (VITESSE DE LA). — L'observation des éclipses des satellites de Jupiter, qui a donné la preuve que la transmission de la lumière n'est pas instantanée, a fourni aussi le moyen de déterminer la valeur de sa vitesse : soit T le temps réel d'une éclipse du premier satellite de cette planète, et t le temps employé par la lumière pour parvenir de ce satellite à la terre, $T+t$ sera le temps apparent de l'éclipse; soit de même T' et t' les quantités analogues pour une seconde éclipse éloignée de la première d'un grand intervalle, on aura aussi $T'+t'$ pour le temps apparent de la seconde éclipse : la différence connue des temps apparents étant représentée par d, on aura

$$d=[(T'+t')-(T+t)]\text{; d'où } t'-t=d-(T'-T)$$

Mais les observations astronomiques ont appris qu'il s'écoule à peu près $42^{h}\frac{1}{2}$ entre deux éclipses successives du premier satellite de Jupiter ; en représentant donc par n le nombre connu d'éclipses qui ont dû avoir lieu entre deux de ses positions pour lesquelles on connaîtra ses distances à la terre, et dans l'hypothèse que l'équation précédente se rapporte à ces distances, elle deviendra $t'-t=d-(42^h\frac{1}{2}\times n-1)$; équation qui fait connaître le temps employé par la lumière pour parcourir la différence des distances du satellite à la terre, pour les deux éclipses que l'on a observées; et, en supposant que le mouvement de la lumière soit uniforme, le rapport de la différence des distances à la différence des temps donnera la vitesse de la lumière.

Supposons $n=3$, $T=42^h,500$, $T'=42^h,500\times 3=127^h,500$, $t=0^h,582$, $t'=0^h,583$, on a $d=(T'+t')-(T+t)=85^h001$, et $t'-t=d-(T'-T)=d-(42^h\frac{1}{2}\times n-1)=0^h,001$. Soient maintenant 4,211 et 4,219 les distances du satellite à la terre à l'époque des deux éclipses observées, on a pour la différence $4{,}219-4{,}211=0{,}008$.

La vitesse de la lumière est donc dans le rapport de 0,001 à 0,008 ou de $\frac{1}{8}$ environ; c'est-à-dire que, en multipliant la distance du satellite à la terre par $\frac{1}{8}$, on aura le temps employé par la lumière pour franchir cet espace; en multipliant ce produit par 3600, on le convertirait en secondes de temps. En divisant maintenant

$$\left[\frac{(4{,}211+4{,}219)}{2}\times 33000000\right]$$

par le nombre de secondes obtenu comme il vient d'être dit, on trouverait pour la vitesse de la lumière 73300 lieues par seconde. Ce résultat est trop fort de 5000 lieues (*Aberration*, page 9); la différence vient sans doute de ce que les quantités que nous avons employées ne sont pas rigoureusement exactes. En effet, nous savons que la lumière du soleil parvient à la terre dans l'espace de 8^m13^s ou de 493 secondes, si nous prenons maintenant pour la parallaxe π du soleil $8'',57$ et pour le demi-axe équatorial a de la terre 1435 lieues de 25 au degré, nous aurons donc pour la vitesse v de la lumière

$$v=\frac{a\cot\pi}{493}=70000$$

La lumière parcourt donc 70000 lieues par seconde, et ce nombre, qui est assurément le plus exact, n'offre plus qu'un écart de 3300 lieues avec le résultat donné plus haut. Mais les quantités que nous avons employées ayant été prises au hasard, et n'étant par conséquent le résultat d'aucune observation astronomique, cette différence s'explique tout naturellement. En résumé, l'exemple que nous avons donné avait moins pour but de donner un résultat exact, que d'indiquer la manière de procéder.

Lumière cendrée. — On appelle de ce nom l'espèce de lumière pâle qui fait paraître la portion du disque lunaire qui n'est pas éclairée par les rayons directs du soleil; ce phénomène est surtout marqué lorsque la lune est près de sa conjonction. Les rayons du soleil qui rencontrent la terre sont en partie réfléchis dans toutes sortes de directions; ceux qui, après cet incident, rencontrent le globe lunaire, s'y réfléchissent de nouveau et reviennent vers la terre; après avoir été ainsi très-affaiblis, ils produisent la faible clarté dont il s'agit. Cette explication est conforme à tout ce que l'on connaît de plus précis sur la théorie de la lumière.

Lumière zodiacale. — Après le coucher du soleil on peut observer, surtout pendant certaines saisons de l'année, au mois d'octobre, par exemple, un triangle allongé, blanchâtre, dont un côté, qui est le plus petit, se trouve dans l'horizon, et dont les deux autres, assez longs et inclinés vers le sud, diffèrent peu de l'écliptique; de telle sorte que le triangle total se trouve compris dans le zodiaque; sa position, par rapport à l'horizon, n'est pas constante; il constitue ce que l'on nomme *lumière zodiacale*, qui est attribuée à la réflexion des rayons solaires sur de nombreux fragments planétaires très-petits qui tournent autour du soleil à des distances très-variées, et qui sont répandus dans l'espace; il est possible que quelques-uns d'eux, entrant dans la sphère d'activité de la terre, tombent à sa surface et produisent les aérolithes. La lumière zodiacale est également visible le matin, avant le lever du soleil, dans certaines saisons de l'année.

Lunaison. — Voyez *Révolution synodique*.

Lune. — C'est cette planète qui suit la terre dans tous ses mouvements de translation et qui l'accompagne dans sa révolution annuelle autour du soleil. De tous les corps célestes, la lune est le plus rapproché de la terre. La lune est un corps opaque, de forme sphérique, sans éclat par lui-même, mais réfléchissant avec vivacité les rayons du soleil. Des montagnes fort élevées, formées par des volcans éteints, hérissent sa surface. La lune est le satellite de la terre et tourne autour d'elle en $27^{j}7^{h}43^{m}$. Elle emploie le même temps à faire une révolution sur elle-même.

Lune (ASCENSION DROITE, DÉCLINAISON, LONGITUDE ET LATITUDE DE LA). — Nous allons donner ici les formules générales à l'aide desquelles on peut toujours calculer les éléments qui constituent la position de cet astre dans l'espace.

Soit α l'ascension droite, δ la déclinaison, λ la longitude et φ la latitude de la lune, nous aurons :

$$\cos \alpha = \frac{\cos M}{\cos \delta}, \cos \delta = \frac{\cos M}{\cos \alpha}, \cos \lambda = \frac{\cos M}{\cos \varphi}, \cos \omega = \frac{\cos M}{\cos \lambda}$$

Dans ces équations, M est l'arc d'un grand cercle compris entre le centre de l'astre et le point équinoxial du printemps ; on obtient la valeur de cet arc par l'équation

$$\cos M = \cos \lambda \cos \varphi = \cos \alpha \cos \delta$$

Nota. — Les équations qui précèdent s'appliquent à tous les astres en général, à l'exception du soleil.

Pour le soleil, on aura toujours, en représentant par ω l'obliquité de l'écliptique :

$$\text{tang } \alpha = \text{tang } \lambda \cos \omega, \ \text{tang } \delta = \sin \alpha \text{ tang } \omega, \ \cot \lambda = \cot \alpha \cos \omega$$

Quant à la latitude, qui n'est jamais bien considérable, on la calculera d'après la méthode que nous avons exposée page 283 et suivante.

Mac-Lear, astronome anglais, guidé par l'éphéméride tracée dès l'année 1851 par MM. Leveau et Yvon-Villarceau, put constater, à la fin de 1857, au cap de Bonne-Espérance, la réapparition de la comète de d'Arrest, et s'assurer ainsi de la grande concordance entre sa position réelle dans le ciel et celle que l'éphéméride lui avait assignée.

Manilius (Marcus), poète latin de la fin du siècle d'Auguste, a laissé un poème en cinq chants sur l'*Astronomie*, qui a été traduit en français par l'astronome Pingré, en 1786.

Marées. — Les eaux de l'océan s'élèvent et s'abaissent chaque jour par le mouvement régulier du *flux* et du *reflux*. Ces oscillations périodiques produisent deux *hautes mers* ou *pleines mers*, et deux *basses mers*, dans le temps qui s'écoule entre deux passages consécutifs de la lune au méridien, ou dans un jour lunaire. La durée moyenne du jour lunaire étant de $24^h 50^m \frac{1}{2}$, le retard moyen des marées d'un jour à l'autre est de $50^m \frac{1}{2}$; en sorte que si la haute mer arrive un jour à 2 heures du matin, celle du lendemain matin aura lieu à $2^h 50^m \frac{1}{2}$. L'intervalle moyen entre deux pleines mers consécutives est de $12^h 25^m$. La basse mer intermédiaire ne tient pas le milieu entre ces deux pleines mers, parce que l'on a observé que la mer n'emploie pas le même temps à monter et à descendre. Ainsi, par exemple, au Havre la mer met $2^h 8^m$ de plus à descendre qu'à monter ; la même chose a lieu à Boulogne ; à Brest, la différence est seulement de 16^m.

L'annonce des grandes marées intéresse les travaux et les mouvements des ports où l'on doit prendre des précautions contre les inondations qu'elles peuvent produire.

Les plus grandes marées ont lieu vers les syzygies, ou les nouvelles et pleines lunes, et les plus petites marées vers les quadratures, ou les premiers et derniers quartiers.

Ce sont les actions simultanées du soleil et de la lune sur les eaux de la mer qui produisent la marée composée que nous observons dans nos ports.

L'effort unique qui résulte des attractions du soleil et de la lune sur les eaux de la mer varie chaque jour avec les positions relatives de ces deux astres. A la nouvelle lune, ils agissent dans la même direction : la marée est la somme des deux marées partielles. Il en est de même à la pleine lune. Ainsi, vers les syzygies, la haute mer lunaire correspond à la haute mer solaire. Mais, vers les quadratures, les astres agissent dans des directions rectangulaires; la haute mer lunaire correspond à la basse mer solaire, et la marée est la différence des deux marées partielles. Entre les syzygies et les quadratures, le soleil tend plus ou moins à accroître ou à diminuer la marée lunaire.

La hauteur des marées varie avec les déclinaisons du soleil et de la lune et avec les distances de ces astres à la terre. Elle est d'autant plus grande que la lune et le soleil sont plus près de la terre et plus rapprochés du plan de l'équateur. Aussi les marées les plus fortes arrivent aux équinoxes, quand la lune est périgée et très-voisine de l'équateur; et les plus faibles aux solstices, quand la lune est apogée avec une grande déclinaison. Au reste, on a remarqué que plus la mer s'élève quand elle est pleine, plus elle descend dans la basse mer suivante.

Les vents, cause principale des irrégularités du mouvement de la mer, produisent dans les marées des variations accidentelles.

Dans tous les ports de l'Océan, on a trouvé que la plus haute marée n'a pas lieu le jour même de la syzygie, mais un jour et demi après; que la haute mer qui arrive au moment de la syzygie est celle qui résulte des attractions du soleil et de la lune 36 heures auparavant. La marée observée un jour quelconque est précisément celle qui est déterminée par les positions du soleil et de la lune 36 heures auparavant.

A l'époque des équinoxes, quand la lune nouvelle ou pleine se trouve dans ses moyennes distances à la terre, le temps qui s'écoule entre son passage au méridien d'un port et l'instant de la pleine mer qui suit ce passage, est toujours le même : il se nomme *établissement du port.* L'établissement du port est donc le retard de la pleine mer sur le passage de la lune au méridien, le jour d'une syzygie équinoxiale. Ce retard constant provient des circonstances locales et de la configuration des côtes. Il est souvent très-différent pour deux ports voisins, parce que les circonstances locales, sans rien changer aux lois des marées, ont plus ou moins d'influence sur la grandeur des marées dans un port et sur son établissement.

Les jours de la nouvelle et de la pleine lune, l'instant où les deux astres exercent la plus grande action relativement à un port est celui du passage de la lune au méridien de ce port. Les autres jours, cet instant précède quelquefois le passage de la lune au méridien, et d'autres fois il le suit; mais il ne s'en écarte jamais beaucoup, parce que la lune, à cause de sa proximité de la terre, produit dans nos ports une marée qui est moyennement trois fois celle qui résulte de l'action du soleil.

Le retard journalier des marées est moyennement de $50^{m}\frac{1}{2}$; ce retard varie avec les phases de la lune, avec les déclinaisons de la lune et du soleil, avec les distances de ces astres à la terre.

Pour avoir égard à toutes ces circonstances, représentons par p l'heure du passage de la lune au méridien d'un port un jour donné, et par H l'heure de la pleine mer qui suit ce passage; supposons qu'un jour et demi avant le passage p, les demi-diamètres apparents et les déclinaisons du soleil et de la lune soient $\odot$ et ☾, puis δ et δ', et que α soit l'excès de l'ascension droite du soleil vrai sur celle de la lune.

Posons

$$(1)\quad A = 3{,}06\,\frac{☾^3 \cos^2 \delta'}{\odot^3 \cos^2 \delta} \qquad\qquad (2)\quad C = \frac{1}{30}\ \text{arc tang}\ \frac{\sin 2\alpha}{A + \cos 2\alpha}$$

Dans la première équation, les demi-diamètres $\odot$ et ☾ du soleil et de la lune seront réduits en partie du rayon 1; pour cela on les convertira tout d'abord en secondes d'arc, puis on obtiendra leur valeur en parties du rayon par les expressions

$$\frac{\pi \odot}{64800} \text{ et } \frac{\pi ☾}{64800}$$

que l'on élèvera à la troisième puissance. Afin de simplifier les calculs, la valeur de A trouvée par l'équation sera multipliée par 10; ce qui revient à multiplier immédiatement le deuxième membre de l'équation par 30,6.

La seconde expression a pour signification $C = \frac{1}{30}$ de l'arc dont la tangente a pour valeur

$$\frac{\sin 2\alpha}{A + \cos^2 \alpha}$$

Les valeurs de C sont données par la Table I ci-après (page 357).

Ces quantités une fois déterminées, nous aurons, d'après la formule de la *Mécanique céleste* convenablement transformée

$$H - p - e = C$$

et l'heure de la pleine mer

$$H = p + C + e$$

La quantité e est une constante qui varie d'un port à un autre et qui dépend des circonstances locales.

Désignons par E l'établissement du port ou le retard $H - p$ de la pleine mer sur le passage p de la lune au méridien, le jour d'une syzygie équinoxiale, quand la lune est à sa moyenne distance de la terre (1). Alors $\alpha = 18^\circ$, puisque l'ascension droite du soleil surpasse celle de la lune de 18 degrés un jour et demi avant la syzygie. Avec l'écart moyen $\alpha = 18^\circ$ et les valeurs moyennes δ' et ☾, puis de δ et ☉, qui conviennent à la syzygie équinoxiale, on trouve d'abord la valeur de A et ensuite $C = 19^m$; on a donc

$$H = p + 19^m + e$$

Mais le jour de la syzygie équinoxiale, le retard $H - p = E$; donc $E = 19^m + e$: d'où l'on tire

$$e = E - 19^m$$

enfin l'heure d'une pleine mer quelconque est

(3) $H = p + C + E - 19^m$

Le passage de p se déduit des passages de la lune au méridien de Paris, l'établissement E du port est donné par l'observation des marées syzygies équinoxiales (voir la Table II ci-après, page 358), enfin C par la Table I (page 357).

Avec le nombre A obtenu par l'équation (1) et que l'on aura multiplié par 10, et la différence d'ascension droite pour un instant précédant de 36 heures le passage p, la Table I (page 357) donne en minutes de temps la correction C.

Si un jour on a $A = 21$ et $3^h 30^m$ de différence d'ascension droite, la correction C sera $- 55^m$. Cette correction prend toujours le signe — ou le signe + de la colonne dans laquelle tombe la différence d'ascension droite exprimée en temps.

Passage de la lune au méridien du port. — Si l'on applique la correction $n \times 2^s,104$ à l'heure du passage de la lune au méridien de Paris, on aura l'heure du passage au méridien du port dont la longitude est de n minutes.

(1) On trouvera les valeurs de E, ou les heures de la pleine mer dans les principaux ports des côtes de l'Europe, les jours de la nouvelle et de la pleine lune, dans la Table II ci-après (page 358).

A Brest, le plus occidental des ports de France, on a $n = 27^m$ de temps, et la correction $27 \times 2^s{,}104$ (voyez *Passage de la lune au méridien*), qui est seulement de 57^s, peut être négligée. Ainsi, on peut prendre pour le passage de la lune au méridien d'un port quelconque de France la même heure qu'à Paris.

Différence d'ascension droite du soleil et de la lune. — Soient p l'heure du passage de la lune au méridien de Paris un jour donné, p' l'heure du passage l'avant-veille de ce jour, et D la différence entre les heures du passage la veille et l'avant-veille du jour donné. L'heure p' est la différence d'ascension droite entre le soleil moyen et la lune, deux jours lunaires avant le passage p du jour donné; mais pour l'avoir seulement 36 heures avant le passage p, il faudra prendre $p' + 0{,}55$ D et toujours en retrancher le temps moyen à midi vrai, afin que la différence d'ascension droite soit ramenée au soleil vrai.

Heure de la pleine mer. — Au passage p de la lune au méridien du lieu le jour donné, appliquez la correction C fournie par la table I, page 357, ajoutez l'établissement du port, retranchez le nombre constant 19 minutes, et vous aurez, en temps moyen, l'heure de la pleine mer.

Exemple. — On demande pour le port de Brest l'heure de la pleine mer qui arrive après le passage de la lune au méridien, le vendredi soir 6 janvier 1871.

Passage de la lune au méridien, à Brest comme à Paris, l'avant-veille, le 4 janvier		10^h31^m
Retard $D = 50^m$ du passage de la lune du 5 au 6; donc correction toujours additive $+ 0{,}55 \times 55^m$....................	+	28
Temps moyen à midi vrai le 5, toujours à retrancher	—	5
La différence d'ascension droite du soleil et de la lune 36 heures avant le passage du 6 janvier est donc		10^h54^m

Pour le 6 janvier, la formule (1), page 354, donne $A = 32$. Avec ce nombre 32, et la différence 10^h54 d'ascension droite, on trouve dans la table I, ci-après, la correction additive $C = + 15^m$.

Heure du passage de la lune au méridien, le 6 janvier, à Brest comme à Paris		0^h12^m M.
Correction C, table I	+	15
Etablissement du port, table II, page 358...............		3 46
Correction constante	—	19
Heure de la pleine mer, le 7 janvier 1871...............		3^h54^m M.

Table I (correction C)

Diff d'asc. droite — h	Diff d'asc. droite — m	Diff d'asc. droite + h	Diff d'asc. droite + m	Argument A 18	19	20	21	22	23	24	25	26	27	28	29	30	31	32	34	36	38	40	42
h	m	h	m	m	m	m	m	m	m	m	m	m	m	m	m	m	m	m	m	m	m	m	m
0	0	12	0	0	0	0	0	0	0	0	0	0	0	0	0	0	0	0	0	0	0	0	0
	10		50	4	3	3	3	3	3	3	3	3	3	3	3	2	2	2	2	2	2	2	2
	20		40	7	7	6	6	6	6	6	6	6	5	5	5	5	5	5	5	4	4	4	4
	30		30	11	10	10	10	9	9	9	9	8	8	8	8	8	7	7	7	7	6	6	6
	40		20	14	13	13	12	12	12	12	11	11	11	10	10	10	10	9	9	9	8	8	8
	50		10	18	17	17	16	16	15	15	14	14	13	13	13	12	12	12	11	11	10	10	10
1	0	11	0	21	20	20	19	19	18	17	17	16	16	16	15	15	14	14	13	13	12	12	11
	10		50	25	24	23	22	21	21	20	20	19	19	18	18	17	17	16	16	15	14	14	13
	20		40	28	27	26	25	25	24	23	22	22	21	20	20	19	19	18	18	17	16	15	15
	30		30	32	30	29	28	27	26	26	25	24	23	23	22	22	21	21	20	19	18	17	16
	40		20	35	34	32	31	30	29	28	27	27	26	25	24	24	23	23	21	21	20	19	18
	50		10	38	37	35	34	33	32	31	30	29	28	27	27	26	25	25	23	22	21	20	20
2	0	10	0	41	40	38	37	36	34	33	32	31	30	29	29	28	27	26	25	24	23	22	21
	10		50	44	43	41	40	38	37	36	34	33	32	31	31	30	29	28	27	25	24	23	22
	20		40	47	46	44	42	41	39	38	37	35	34	33	32	31	31	30	28	27	26	24	23
	30		30	50	48	46	45	43	41	40	39	37	36	35	34	33	32	31	30	28	27	26	24
	40		20	53	51	49	47	45	43	42	40	39	38	37	36	35	34	33	31	29	28	27	25
	50		10	56	53	51	49	47	45	44	42	41	39	38	37	36	35	34	32	30	29	27	26
3	0	9	0	58	55	53	51	49	47	45	44	42	41	39	38	37	36	35	33	31	30	28	27
	10		50	60	58	55	53	51	49	47	45	43	42	40	39	38	37	36	34	32	30	29	27
	20		40	62	59	57	54	52	50	48	46	44	43	41	40	38	37	36	34	32	30	29	27
	30		30	64	61	58	55	53	51	49	47	45	43	42	40	39	38	36	34	32	31	29	28
	40		20	66	62	59	56	54	51	49	47	45	43	42	40	39	38	36	34	32	30	29	27
	50		10	67	63	60	57	54	52	49	47	45	43	42	40	39	37	36	34	32	30	28	27
4	0	8	0	67	63	60	57	54	51	49	47	45	43	41	40	38	37	36	33	31	29	28	26
	10		50	67	63	60	56	53	51	48	46	44	42	40	39	37	36	35	32	30	29	27	25
	20		40	67	63	59	56	52	50	47	45	43	41	39	38	36	35	33	31	29	27	26	24
	30		30	66	61	57	54	51	48	45	43	41	39	37	36	34	33	32	29	28	26	24	23
	40		20	64	59	55	51	48	46	43	41	39	37	35	34	32	31	30	27	26	24	23	21
	50		10	61	56	52	48	45	42	40	38	36	34	32	31	30	28	27	25	23	22	20	19
5	0	7	0	56	52	48	44	41	38	36	34	32	30	29	28	26	25	24	22	21	19	18	17
	10		50	51	46	42	39	36	34	32	30	28	27	25	24	23	22	21	19	18	17	16	15
	20		40	43	39	36	33	30	28	26	25	23	22	21	20	19	18	17	16	15	14	13	12
	30		30	35	31	28	26	24	22	21	19	18	17	16	15	15	14	13	12	11	10	10	9
	40		20	24	22	19	18	16	15	14	13	12	12	11	10	10	9	9	8	8	7	7	6
	50		10	12	11	10	9	8	8	7	7	6	6	6	5	5	5	5	4	4	4	3	3
6	0	6	0	0	0	0	0	0	0	0	0	0	0	0	0	0	0	0	0	0	0	0	0

Table II. — ÉTABLISSEMENTS

Heures de la pleine mer dans les principaux ports des côtes de l'Europe, les jours de la nouvelle et pleine lune, et longitudes de ces ports en minutes de temps.

Nord de l'Europe sur la mer d'Allemagne	Etablissement	Longitude
Hambourg. *Elbe*	5^h 0^m	31^m E.
Cuxhaven	0 40	26 E.
Gestendorp. *Weser*	1 10	25 E.
Vegesack. *Weser*	4 15	26 E.
Eckwarden. *Jahde*	0 50	24 E.
Delfzill. *Ems*	0 15	19 E.
Groningue	11 15	17 E.
Amsterdam	3 0	10 E.
Rotterdam	3 0	9 E.
Moerdick	5 15	9 E.
Bergen-op-Zoom	3 0	8 E.
Flessingue. *Bouches de l'Escaut*	1 0	5 E.
Anvers	4 25	8 E.
Ostende	0 20	2 E.
Nieuport	0 15	2 E.
France		
Dunkerque	12 13	0 O.
Calais	11 49	2 O.
Boulogne	11 26	3 O.
Dieppe	11 8	5 O.
Le Havre-de-Grâce	9 53	9 O.
Honfleur	9 30	8 O.
La Hougue	8 48	16 O.
Cherbourg	7 58	16 O.
Jersey	6 25	18 O.
Guernesey	6 28	20 O.
Mont Saint-Michel	6 30	15 O.
Saint-Malo	6 10	17 O.
Morlaix	5 15	24 O.
Brest. *Le port*	3 46	27 O.

Table II [suite]

France (suite)	Etablissement	Longitude
Lorient. *Le port*.	3h 32m	23m O.
La Roche-Bernard.	4 30	19 O.
La Loire. *L'embouchure*.	3 45	18 O.
L'île d'Oléron. *Au château*	4 0	14 O.
Pertuis-de-Maumusson.	3 30	14 O.
L'île d'Aix.	3 37	14 O.
Rochefort.	3 48	13 O.
Embouchure de la Gironde — Tour de Cordouan.	3 53	14 O.
Embouchure de la Gironde — Royan.	4 1	13 O.
Embouchure de la Gironde — Bordeaux.	7 45	12 O.
Rade de la terre de Buch, près de la chapelle d'Arcachon.	4 45	14 O.
En dehors et près de la barre du bassin d'Arcachon.	4 8	14 O.
Bayonne.	4 5	15 O.
Espagne et Portugal		
Lisbonne.	4 40	46 O.
Cadix. *Le Môle*.	1 15	34 O.
Gibraltar.	0 0	31 O.
Ecosse		
Le canal des Orcades.	8 15	21 O.
Montrose.	1 30	19 O.
Angleterre		
La rivière de Humber.	5 15	10 O.
Londres. *Tamise*.	2 15	10 O.
Emb. de la Tamise. *North Foreland*.	11 45	4 O.
Douvres.	11 10	4 O.
Le cap Dungeness.	11 12	6 O.
Portsmouth.	11 40	14 O.
Plymouth.	5 30	26 O.
L'île Sainte-Marie. *Sorlingues*.	4 30	35 O.

Table II [suite]

Angleterre (suite)	Etablissement	Longitude
Bristol	$7^h\ 12^m$	20^m O.
Liverpool	11 23	21 O.
Irlande		
Dublin	11 30	35 O.
Waterford	5 20	38 O.
Cork. *Dans la baie*	4 20	43 O.
La rivière Shannon. *L'embouchure*	3 45	48 O.
Limerick	6 0	44 O.

Marées des syzygies (CALCUL DE LA HAUTEUR DES). — Les marées des syzygies ne sont pas toutes également fortes, parce que les marées partielles qui concourent à les former varient avec les déclinaisons de la lune et du soleil et les distances de ces astres à la terre; elles sont d'autant plus considérables, que la lune et le soleil sont plus rapprochés de la terre et du plan de l'équateur.

Lorsque la lune et le soleil sont à l'équateur, on a

$$\text{pour la déclinaison} \begin{cases} \text{de la lune, } \delta' = 0 \\ \text{du soleil, } \delta = 0 \end{cases}$$

En prenant pour la moyenne distance de la lune à la terre, $d = 1$, on a également pour la moyenne distance du soleil à la terre, $D = 386{,}25$; en sorte que

$$\frac{\cos^3 \delta'}{d^4} = 1, \frac{(D \cos \delta)^3}{D^4} = 0{,}002589$$

et on a

$$x = 1 + 0{,}002589 = 1{,}002589$$
$$x' = 1 - 0{,}002589 = 0{,}997411$$

Soient f et F les forces attractives que les masses m et M de la lune et du soleil exercent sur les eaux de l'Océan, on a

$$f = \frac{m}{d^3} = \frac{0{,}012}{1} = 0{,}012, \text{ et } F = \frac{M}{D^3} = \frac{324479}{57624275} = 0{,}00563$$

Si, pour faciliter les calculs, on fait $f = 1$, on a $F = 0{,}4692$ et, par suite,

$$f + F = 1{,}4692 \text{ et } f - F = 0{,}5308$$

Supposons maintenant que la lune et le soleil soient en même temps à l'équateur et à leurs moyennes distances à la terre, on aurait

$$\alpha = \left(\frac{f+F}{x+x'} + \frac{f-F}{x+x'}\right) = 1$$

et α est ce que l'on appelle l'*unité de hauteur.*

Formule générale. — Les équations qui précèdent nous conduisent à une formule générale qui servira utilement à calculer la hauteur des marées.

Soient h cette hauteur, δ' la déclinaison de la lune, r le rayon vecteur de l'orbite lunaire (1), δ la déclinaison du soleil, et R le rayon vecteur de la terre, on a en général

$$h = \left(\frac{\cos^3 \delta'}{r^4} \pm \frac{(386{,}25 \cos \delta)^3}{(386{,}25 \text{ R})^4}\right)$$

Dans cette équation, le second membre s'ajoute au premier lorsque la lune est en conjonction ; on le retranche au contraire du premier lorsque la lune est en opposition. — La quantité résultant de cette dernière partie de l'équation est généralement très-petite et pourrait, à la rigueur, être négligée.

Nous compléterons cet article par deux tableaux donnant : le premier, la hauteur de toutes les grandes marées pour l'année 1871, et calculée par la formule qui précède ; le second, l'unité de hauteur des principaux ports de la France.

Tableau des grandes marées de l'année 1871

	Jours et heures de la syzygie	Hauteur de la marée
Janvier.....	P. L. le 6 à 9h.33m soir..................	0,79
	N. L. le 21 à 0.41 matin................	0,94
Février.....	P. L. le 5 à 2.11 soir..................	0,89
	N. L. le 19 à 1.58 soir..................	0,95
Mars.......	P. L. le 7 à 3.48 matin................	1,02
	N. L. le 21 à 4.10 matin................	0,94

(1) La *Connaissance des Temps* ne donne pas ce rayon, mais on peut toujours l'obtenir par l'équation

$$r = \frac{0{,}016591}{\text{tang } p}$$

dans laquelle p est la parallaxe horizontale équatoriale de la lune.

Tableau des grandes marées de l'année 1871 [suite]

	Jours et heures de la syzygie	Hauteur de la marée
Avril.......	P. L. le 5 à 2ʰ.32ᵐ soir.................	1,10
	N. L. le 19 à 7.13 soir.................	0,89
Mai........	P. L. le 4 à 11.9 soir	1,08
	N. L. le 19 à 10.54 matin..............	0,78
Juin	P. L. le 3 à 6.36 matin................	1,01
	N. L. le 18 à 2.39 matin...............	0,73
Juillet......	P. L. le 2 à 1.45 soir.................	0,95
	N. L. le 17 à 5.36 soir.................	0,75
	P. L. le 31 à 9.26 soir.................	0,95
Août.......	N. L. le 16 à 7.11 matin...............	0,85
	P. L. le 30 à 6.30 matin...............	0,98
Septembre...	N. L. le 14 à 7.19 soir.................	0,98
	P. L. le 28 à 5.54 soir.................	0,97
Octobre.....	N. L. le 14 à 6.29 matin...............	1,06
	P. L. le 28 à 8.23 matin...............	0,89
Novembre....	N. L. le 12 à 5.18 soir.................	1,05
	P. L. le 27 à 2. 3 matin...............	0,79
Décembre....	N. L. le 12 à 4.11 matin...............	1,00
	P. L. le 26 à 9.44 soir.................	0,73

Dans nos ports, les plus grandes marées suivent d'un jour et demi la nouvelle et la pleine lune. Ainsi, on aura l'époque où elles arrivent, en ajoutant un jour et demi à la date des syzygies. On voit par ce tableau que, pendant l'année 1871, les plus grandes marées ont été celles des 8 mars, 7 avril, 4 mai, 4 juin, 15 octobre, 14 novembre et 13 décembre. Ces marées, surtout celles des 7 avril, 4 mai et 15 octobre, auraient pu occasionner des désastres si elles avaient été favorisées par les vents.

On obtiendra la hauteur d'une grande marée dans un port, en multipliant la hauteur de la marée prise dans le tableau précédent, par l'unité de hauteur qui convient à ce port.

Exemple. — Quelle a été à Brest la hauteur de la marée arrivée le 7 avril, un jour et demi après la syzygie du 5? Multipliez $3^{m}21$, unité de hauteur à Brest, par le facteur 1,10 de la Table, vous aurez $3^{m}53$ pour la hauteur de la mer au-dessus du niveau moyen qui aurait lieu si l'action du soleil et de la lune venait à cesser.

Voici l'unité de hauteur pour quelques ports de la France continentale.

	Unité de hauteur		Unité de hauteur
	m		m
Entrée de l'Adour........	1,40	Les Ecrehoux..........	5,13
Arcachon...............	1,95	Cherbourg............	2,82
Cordouan...............	2,35	Barfleur...............	2,82
La Rochelle.............	2,67	La Hougue............	3,04
Saint-Nazaire (Loire).....	2,68	Port-en-Bessin.........	3,20
Le Croisic..............	2,50	Entrée de l'Orne........	3,65
Port-Louis..............	2,35	Le Havre..............	3,57
Lorient................	2,24	Fécamp...............	3,86
Audierne...............	2,00	Dieppe................	4,40
Brest..................	3,21	Cayeux (Somme)........	4,58
Ile Bréhat..............	5,01	Boulogne..............	3,96
Saint-Malo.............	5,68	Calais................	3,12
Granville...............	6,15	Dunkerque............	2,68

Avec les unités de hauteur qui se trouvent dans ce tableau, et les résultats généraux fournis par le tableau précédent (page 361), on a pu déduire la hauteur des plus grandes marées qui se sont produites dans nos ports pendant l'année 1871.

De ces deux tableaux, celui qui précède est invariable, tandis que celui qui se trouve à la page 361 ne s'applique qu'à l'année pour laquelle il a été calculé.

Mars. — C'est une des planètes du système solaire, la quatrième dans l'ordre des distances au soleil. Elle exécute sa révolution autour du soleil en $686^{j}23^{h}30^{m}39^{s}$. Sa lumière rougeâtre et toujours trouble indique l'existence d'une atmosphère. Son volume est à peine le sixième de celui de la terre. La durée de la rotation de Mars sur lui-même est de $24^{h}31^{m}21^{s}3$ dixièmes.

Mars (ASCENSION DROITE, DÉCLINAISON, LONGITUDE ET LATITUDE DE). — Les éléments de cette nature, qui servent à déterminer la position de l'astre dans l'espace, peuvent se calculer d'après la méthode que nous avons exposée lorsque nous avons traité des positions de la lune (page 351).

Masse. — La *masse* d'un corps est le nombre total d'atomes dont il est formé ; ce nombre est trop grand pour pouvoir être assigné pour un corps donné, quelque petit que soit son volume; ainsi on ne peut connaître la valeur *absolue* de la masse d'un corps, mais on conçoit facilement qu'il est possible de parvenir à une expression de cette masse en prenant celle d'un autre corps pour terme de comparaison; les masses des deux corps sont des quantités d'une même nature mathématique et par conséquent comparables ; on pourra obtenir la masse *relative* de tous à l'aide de celle de l'un d'eux.

Les corps sont *homogènes* ou *hétérogènes*. Un corps est homogène lorsqu'il est tel qu'une de ses particules prise en un lieu quelconque de toute l'étendue de sa masse possède absolument les mêmes propriétés; il est hétérogène dans le cas contraire. On distingue aussi dans les corps la *densité*. — Voyez le mot, page 161).

Relation entre la masse, le volume et la densité d'un corps homogène. — Si la masse d'un certain corps homogène est représentée par m, sa densité par d et son volume par v, on a évidemment la relation $m = v\,d$. On voit ainsi que, pour un même corps homogène, la masse est proportionnelle au volume, et que les volumes égaux d'un pareil corps ont des masses égales.

Masses (PRINCIPES RELATIFS A LA COMPARAISON DES). — Pour pouvoir comparer entre elles les masses des corps de natures différentes, on admet que toutes celles des corps auxquels la même force instantanée communique la même vitesse, ont la même valeur quelles que soient les propriétés particulières de ces corps. Une conséquence importante de cette hypothèse consiste en ce que la masse m à laquelle une certaine force constante instantanée communique une vitesse v, est réciproque de cette vitesse, c'est-à-dire que si m devient double, triple, quadruple...., v deviendra la moitié, le tiers, le quart.... de ce qu'elle était ; en général, on voit que m et v ont une liaison numérique telle que si l'une de ces quantités est *multipliée* par un nombre quelconque, l'autre sera *divisée* par ce même nombre, et que, par conséquent, leur produit $m\,v$, correspondant à une force donnée invariable, sera lui-même un nombre constant. On donne à ce produit le nom de *quantité de mouvement;* expression que l'on doit considérer comme formée d'une manière arbitraire, dont il est inutile de rechercher l'étymologie et à laquelle il ne faut attacher aucune idée métaphysique; elle est commode pour désigner rapidement *le produit d'une masse par la vitesse que lui imprime une force instantanée.*

Masse d'un corps (MESURE DE LA). — Les considérations précédentes conduisent à une évaluation de la masse relative des corps. Il suffit pour cela de prendre pour unité de masse, celle que recevrait une vitesse égale à l'unité de ligne par l'action de la force instantanée constante que l'on considère : on voit alors que la quantité de mouvement produite dans l'unité de masse serait égale à 1×1 ou à l'unité; celle qui serait reçue par la masse m qui prend une vitesse v, serait égale à $m\,v$, et comme cette quantité est invariable, on a $m\,v = 1$ qui donne

$$m = \frac{1}{v}$$

ce qui montre que, dans l'hypothèse actuelle, *la masse d'un corps est égale à l'unité divisée par la vitesse que lui imprime une force instantanée constante.* Par exemple, si dans un cas particulier, on trouvait que la force agissant sur une certaine masse lui communique une vitesse égale à $\frac{1}{10}$ d'unité de ligne, on aurait $v = \frac{1}{10}$ et, par suite, $m = 10$, et l'on saurait ainsi que cette masse est égale à 10 fois celle que l'on prend pour unité; mais cette manière d'évaluer les masses des corps présenterait beaucoup de difficultés dans l'application.

Il ne sera pas toujours indispensable de faire agir la force sur l'unité de masse; il suffira, dans certains cas, de connaître la vitesse v' qu'elle peut imprimer à une autre masse m'; alors, si l'on veut calculer la masse m à laquelle elle donne une vitesse connue v, on aura $m\,v = m'\,v'$, d'où on tirera

$$m = \frac{m'\,v'}{v}$$

Masse des planètes. — Les attractions réciproques que les corps célestes exercent les uns sur les autres causent dans leurs mouvements des *inégalités* ou des *perturbations* qui dépendent de leurs *éléments* et de leurs masses; l'observation les fait connaître, et par conséquent on conçoit qu'elles peuvent servir à déterminer ces dernières; les calculs sont généralement compliqués, mais on peut aisément comprendre comment on peut obtenir les masses des planètes qui ont des satellites en les comparant à celle de la terre; supposons qu'il s'agisse de trouver la masse de Jupiter, en prenant pour unité celle de la terre; pour cela on se rappellera que le premier satellite de cette planète est distant du centre de son mouvement à peu près de la même quantité que la lune l'est du centre de la terre, et que la durée de sa révolution est 16 fois plus rapide que celle de notre satellite. Soit a (*fig.* 31) le centre du satellite de Jupiter et c le centre de cette planète. Au bout d'une seconde le satellite aura décrit un arc $a\,m$ qui pourra être pris pour sa vitesse; s'il avait obéi pendant ce temps à la force attractive seule, il aurait décrit la quantité *ad* déterminée par la perpendiculaire *md* abaissée de *m* sur *ac;* le double de cette quantité est la mesure de l'intensité de la force attractive; mais l'orbite du satellite étant à peu près circulaire, *ad* est proportionnel au carré de l'arc *am*, par conséquent la force attractive est proportionnelle au carré de la vitesse du satellite ou à $(16)^2$; mais il est de plus évident que la masse de la planète est proportionnelle à l'intensité de la force attractive centrale; cette masse est donc proportionnelle à $(16)^2$ ou à 256; on trouve ainsi que la masse de Jupiter est de 256 fois plus grande que celle de la terre; d'autres calculs font connaître cette même masse d'une manière plus exacte et celles des planètes qui n'ont pas de satellites.

Nous allons donner ici la formule dont on fait usage dans ces sortes de calculs, en l'appliquant à une planète ayant des satellites.

Soit M la masse du soleil, m celle de la planète, m' celle d'un satellite, R le rayon du cercle que décrit la planète autour du soleil, T la durée de sa révolution sidérale, r le rayon du cercle que décrit le satellite autour de la planète, t la durée de sa révolution sidérale. La force qui produit le mouvement de la planète autour du soleil est

$$\frac{f(\mathrm{M}+m)}{\mathrm{R}^2}$$

pour chaque unité de masse; or, on sait que la force centripète, capable de produire le mouvement circulaire de la planète, est

$$\frac{4\pi^2 \mathrm{R}}{\mathrm{T}^2}$$

on a donc l'égalité

$$\frac{f(\mathrm{M}+m)}{\mathrm{R}^2}=\frac{4\pi^2 \mathrm{R}}{\mathrm{T}^2}$$

On a de même, pour le mouvement du satellite,

$$\frac{f(m+m')}{r^2}=\frac{4\pi^2 r}{t^2}$$

Si l'on néglige la masse de la planète relativement à celle du soleil, et la masse du satellite relativement à celle de la planète, on a approximativement

$$\frac{f\mathrm{M}}{\mathrm{R}^2}=\frac{4\pi^2 \mathrm{R}}{\mathrm{T}^2},\ \frac{fm}{r^2}=\frac{4\pi^2 r}{t^2}$$

d'où l'on déduit

$$\frac{\mathrm{M}}{m}=\left(\frac{\mathrm{R}^3}{r^3}\frac{t^2}{\mathrm{T}^2}\right)$$

En appliquant cette formule à la terre, on trouve

$$\frac{R^3}{r^3} = 57624059, \frac{t^2}{T^2} = 0,0056308 \text{ et, par suite, } \frac{M}{m} = 324479.$$

Ainsi, la masse du soleil est 324479 fois plus grande que celle de la terre. C'est ainsi que l'on a pu évaluer les masses des planètes qui ont des satellites, en prenant celle du soleil pour unité.

Quant aux planètes qui n'ont pas de satellites, on détermine leur masse par les perturbations qu'elles font éprouver aux autres planètes.

On trouvera plus loin, parmi les éléments du système solaire, les masses des corps célestes les plus remarquables, qui ont toutes été calculées d'après la méthode que nous venons d'indiquer. (Voyez *Système solaire.*)

Mathieu (CLAUDE-LOUIS), astronome français, membre de l'Institut, né à Mâcon le 25 novembre 1783. Il a été nommé membre titulaire du Bureau des longitudes le 26 mars 1862, et en dirige encore les travaux.

Nous devons à M. Mathieu la théorie du calcul des marées et des tables pour calculer les hauteurs par les observations barométriques.

Maupertuis (PIERRE-LOUIS MOREAU DE), géomètre et astronome, né à Saint-Malo en 1698, mort à Bâle en 1759, entra d'abord dans la carrière militaire; mais, entraîné par sa passion pour les sciences, l'abandonna, et fut élu membre de l'Académie des sciences à 25 ans, 1723. En 1736, ayant été envoyé dans le Nord, avec d'autres académiciens, pour déterminer la figure de la terre, il exécuta cette difficile entreprise avec le plus heureux succès, dans le court espace d'une année. L'immense réputation dont il jouit, principalement à la suite de cette expédition, séduisit Frédéric II, qui le nomma président de l'Académie de Berlin, 1740. Il était savant et bon écrivain, mais avait peu de littérature, et là, comme ailleurs, il ne figure pas au premier rang. Ses ouvrages ont été publiés à Lyon, en 1768.

Maury (MATTHEW-FONTAINE), hydrographe et astronome américain, né dans l'état de Virginie le 14 janvier 1806. Il est l'auteur de *Cartes de vents et de courants* (Wind and current Charts), qui ont été d'une si grande utilité pour la navigation. C'est de ces cartes mêmes qu'il a tiré son ouvrage sur la *Géographie physique de la mer* (Physical Geography of the sea, New-York, 1854, avec planches et dessins).

Méchain (PIERRE-FRANÇOIS-ANDRÉ), illustre astronome, né à Laon en 1744, mort à Paris en 1805, découvrit plusieurs comètes, calcula plusieurs orbites, et fut reçu à l'Académie des sciences. Il fut chargé de mesurer la partie du méridien comprise entre Rhodez et Barcelone.

Melloni (MACEDONIO), célèbre physicien italien, né à Parme en 1801, mort à Naples en 1854, commença par enseigner la physique à l'Université de sa ville natale, où il avait fait ses études. Il enseigna successivement à Dôle et à Genève. Les résultats de ses études furent communiqués à l'Institut de France, qui en proclama l'importance et la rigoureuse précision. Melloni s'est surtout attaché à comparer la chaleur rayonnante avec la lumière, et il a établi l'identité des lois qui régissent ces deux ordres de phénomènes. Toute son œuvre se résume dans cette idée vraiment capitale : « La chaleur rayonnante jouit des mêmes propriétés que la lumière.»

Mercure. — C'est une très-petite planète dont le diamètre forme les deux cinquièmes de celui de la terre, et du volume le seizième. C'est la première dans l'ordre des distances au soleil. Mercure décrit autour du soleil une orbite elliptique très-allongée dont l'excentricité dépasse le cinquième de la distance moyenne. Il exécute sa révolution sidérale dans une période d'environ 88 jours, en tournant sur son axe à peu près en 24 heures, comme la terre. On suppose que cette planète est environnée d'une atmosphère. La chaleur qu'elle éprouve est égale à celle de l'eau en ébullition, si elle n'est tempérée par la densité de l'atmosphère qui l'entoure. Mercure est le plus souvent invisible à l'œil nu.

Mercure (ASCENSION DROITE, DÉCLINAISON, LONGITUDE ET LATITUDE DE). — Les éléments de cette nature, qui servent à déterminer la position de l'astre dans l'espace, peuvent se calculer d'après la méthode que nous avons exposée lorsque nous avons traité des positions de la lune (page 351).

Mers (BASSES ET HAUTES). — Voyez *Marées*.

Méridien. — Si on considère un plan passant par la verticale d'un observateur et par le centre du soleil lorsqu'il est midi pour cet observateur, ce plan sera ce que l'on appelle le *méridien* du lieu où l'on observe, et l'on appelle *méridienne* de ce lieu la ligne droite suivant laquelle le méridien coupe le plan de l'horizon. Comme chaque point de la terre a sa verticale, chacun a aussi son méridien.

Tout plan passant par la verticale d'un lieu coupe la sphère céleste suivant un cercle que l'on appelle un *vertical;* or, un pareil plan pouvant tourner en tous sens autour de la ligne droite verticale qui le détermine, il y a donc une infinité de *verticaux* pour un même point. Mais un *vertical* est déterminé si on donne un point par lequel il passe. Ainsi, le vertical qui passe par une étoile donnée se nomme le vertical de cette étoile pour le lieu de l'observation. Le méridien n'est autre chose que le *vertical du soleil à midi.*

Parmi les verticaux, il faut également remarquer celui qui coupe le méridien à angles droits. Le méridien et ce vertical coupent la circonférence de l'horizon en quatre points équidistants qui ont reçu le nom commun de *points cardinaux*, et qui portent chacun un nom particulier : tels que *sud*, *nord* ou *septentrion*, *est* ou *orient* et *ouest* ou *occident*. Le spectateur qui fait face au soleil à midi a devant lui le *sud*, et derrière lui le *nord;* à sa gauche se touve l'*est*, et à sa droite l'*ouest*. L'est et l'ouest sont les deux points où le soleil se lève et se couche aux deux jours de l'année que l'on nomme les *équinoxes;* les autres jours, son lever et son coucher ont lieu dans le voisinage de ces points.

Considérons la sphère céleste tournant autour d'un diamètre PP′ (*fig.* 27), dont les extrémités sont les pôles du monde et le diamètre lui-même l'axe de la sphère, et imaginons que l'on mène le cercle Q′EQ que nous avons appelé l'équateur. Par un point quelconque de ce cercle et l'axe de la sphère, supposons mené un plan, qui sera un méridien, et, pour fixer les idées, que ce plan soit celui de la figure ; de sorte que ce méridien vu de face, sera le cercle Q′P′QP. Le méridien coupera l'équateur en deux points Q′Q, et ce méridien, que nous avons imaginé d'abord et mené arbitrairement entre mille autres, se nomme le *premier méridien* ou *premier vertical.* Le point Q′ par lequel passe le premier méridien est l'origine des *coordonnées* (page 148). Les astronomes sont convenus de placer cette origine à l'un des points où l'équateur céleste est coupé par l'orbite ou ligne circulaire que le soleil semble décrire en un an, et que l'on désigne sous le nom d'*écliptique*. Ce point, désigné dans la figure par la lettre E, a reçu le nom d'*équinoxe du printemps*, parce que c'est précisément celui où se trouve le centre du soleil le 20 mars, et qu'à cette date le jour se trouve égal à la nuit par toute la terre.

En prenant le point E pour origine des coordonnées, le premier méridien serait celui désigné par la ligne ponctuée PEP′.

Méridien. (DÉTERMINATION DU). — La méthode qui se présente le plus naturellement à l'esprit pour déterminer le méridien est celle-ci : on mesure avec le théodolite les *hauteurs correspondantes* de l'astre que l'on aura choisi pour effectuer l'opération. On sait en effet qu'un astre atteint sa plus grande culmination quand il passe au méridien, et qu'à égale distance prise de part et d'autre de ce vertical, il a à très-peu de chose près la même hauteur sur l'horizon. Si donc, après avoir pris deux hauteurs correspondantes de l'astre, on mesure l'angle horizontal compris entre les deux positions observées, la moitié de cet angle donnera le point par lequel passe le méridien du lieu.

Il se présente encore une autre méthode beaucoup plus simple, et qui repose sur le même principe. Si l'astre que l'on aura choisi est le soleil, par exemple, on pourra remplacer le théodolite par un gnomon. Dans ce cas, on marquera sur le plan horizontal au-dessus duquel est implanté le style, les deux points lumineux à des heures correspondantes du matin et du soir, comme 9^h et 3^h, puis on tracera sur ce plan une droite passant par le milieu de l'angle que font entre elles les deux lignes horaires; cette droite sera la direction de la méridienne astronomique, et le plan vertical passant par cette droite sera le méridien du lieu.

Méridien magnétique. — Si nous examinons attentivement les évolutions d'une aiguille de boussole, taillée dans un aimant naturel, et suspendue sur un pivot, nous ne tarderons pas à nous convaincre que cette aiguille tend de plus en plus à prendre une *direction à peu près constante*, surtout pendant un intervalle de temps qui n'est pas considérable et, dans tous les cas, pendant la durée d'une journée, cette direction varie très-peu; elle revient dans la position qu'elle prend d'elle-même, si on l'en écarte; les pôles sont toujours placés de la même manière par rapport à une ligne fixe. L'importante propriété que nous signalons dans un aimant qui peut se mouvoir librement dans un plan horizontal, porte le nom général de *direction*. Le phénomène, dont il s'agit ici, doit être attribué à l'action de la terre qui agit sur l'aiguille comme pourrait le faire un aimant placé au-dessous d'elle et qui aurait comme elle deux pôles capables d'exercer des attractions et des répulsions sur les siens. Si on transporte l'aiguille mobile sur les divers points d'un parallèle terrestre quelconque compris dans nos latitudes, on observe qu'une de ses extrémités se dirige toujours vers les régions septentrionales et l'autre vers le midi ; on doit alors conclure que l'hémisphère boréal terrestre contient une certaine espèce de magnétisme, et que l'hémisphère austral renferme l'espèce contraire. Cette considération détermine à donner les noms de *magnétisme boréal* et de *magnétisme austral* à ceux que renferme le globe terrestre et qui se trouvent dans les hémisphères de mêmes noms.

Si on suppose que l'aiguille représente une série rectiligne de molécules matérielles formant un aimant, ayant ses deux pôles et sa ligne moyenne, en la suspendant librement de manière qu'elle puisse se mouvoir dans un plan horizontal, l'un des pôles p', par exemple, se dirigera vers le pôle boréal de la terre, et p vers le pôle austral; si on conçoit alors un plan vertical qui passe par la droite $p\,p'$, il représentera le *méridien magnétique* du lieu où l'aiguille est placée, pour le moment de l'expérience; ce plan coupera l'horizon suivant une droite, qui sera la *méridienne magnétique*, laquelle fera, avec la méridienne astronomique, un angle dont l'amplitude se nomme *déclinaison;* l'appareil qui sert à observer cet angle est une *boussole de déclinaison.*

Méridienne du temps moyen. — Supposons une ligne verticale A B (*fig.* 47) coïncidant exactement avec le méridien ; plaçons en A un style faisant avec la verticale un angle égal au complément de la latitude du lieu, et à l'extrémité duquel on aura ajusté un gnomon. Supposons maintenant que l'on ait un bon chronomètre ; si, pendant une année, on a soin de marquer tous les jours au midi donné par le chronomètre le point lumineux qui se produit dans le voisinage de la verticale A B, on obtiendra à la fin de l'année une suite de points que l'on pourra réunir par un trait continu; l'ensemble de ces points ainsi réunis donnera une figure qui a une grande ressemblance avec le chiffre 8, et cette figure est ce que l'on appelle la *méridienne du temps moyen.*

Il existe bien une autre méthode pour tracer la méridienne du temps moyen, mais le cadre de cet ouvrage ne nous permet pas de l'exposer ici, et nous ne pouvons qu'engager ceux de nos lecteurs qui voudraient en faire l'objet d'une étude spéciale à consulter notre *Traité de gnomonique.*

Messier (CHARLES), astronome, né à Badonviller (Lorraine) en 1730, mort en 1817, fut employé chez le géographe Delisle, puis commis au dépôt des cartes de la marine, et entra à l'Académie des Sciences en 1770. Messier n'a fait qu'observer pendant toute sa vie, sans jamais calculer ses observations. Il s'est surtout occupé des comètes, dont il a découvert un assez grand nombre, des éclipses, des taches du soleil. Il n'a laissé aucun ouvrage ; ses observations se trouvent dans les Mémoires de l'Académie et dans la *Connaissance des Temps.*

Mesure de la terre. — Le plus court chemin d'un point à un autre, sur la surface de la terre, est l'arc de grand cercle qui les joint. On appelle *arc d'un degré* un arc de grand cercle tel que les verticales menées à ses deux extrémités font entre elles un angle d'un degré. Si la terre était parfaitement sphérique, sa mesure reviendrait à celle d'un degré ; une fois la longueur de cet arc connu, en multipliant par 360, on aurait la longueur de la circonférence entière, d'où l'on déduirait facilement le rayon.

L'angle des verticales aux deux extrémités d'un arc s'obtient aisément, quand l'arc appartient à un méridien ; car cet angle est la différence des latitudes des deux extrémités. On mesurera donc de préférence l'arc d'un degré sur un méridien. L'opération a été faite directement en Pensylvanie (États-Unis), en 1768 ; dans un pays plat, voisin de la mer, on a tracé un arc de méridien, et on en a mesuré la longueur avec des règles placées les unes à la suite des autres.

Mais, en général, la mesure directe étant très-difficile à effectuer, à cause des inégalités du sol, on a recours à la méthode de triangulation.

Soit B′ B″ (*fig.* 48) l'arc de méridien que l'on veut mesurer; on forme un réseau de triangles ayant pour sommets les points les plus remarquables, tels que clochers, sommets de collines, etc.; on mesure directement une base M N, que l'on rattache au réseau; on mesure avec un théodolite les angles de tous ces triangles. On peut alors calculer, par les formules de la trigonométrie, les côtés de tous ces triangles et les parties de l'arc méridien comprises dans chacun d'eux. En faisant la somme de ces parties, on a l'arc total B′ B″.

On observe aussi la hauteur du pôle aux deux extrémités B′ B″; la différence donne l'arc exprimé en degrés. En divisant la longueur totale par le nombre de degrés contenus dans l'arc, on obtient la longueur de l'arc d'un degré.

Pour faire abstraction des inégalités de la surface de la terre, on imagine la surface des mers prolongée sous les continents, et l'on projette le réseau des triangles sur cette surface idéale. Le théodolite donne immédiatement les angles projetés, c'est-à-dire réduits à l'horizon.

La partie la plus difficile de l'opération est la mesure de la base. Dans une plaine unie et autant que possible horizontale, on jalonne une ligne droite, puis on la mesure par les moyens ordinaires.

On vérifie les opérations et les calculs de la triangulation en mesurant une seconde base *m n* à l'autre extrémité, et en comparant sa longueur à celle donnée par le calcul.

Voici les calculs auxquels donnerait lieu la résolution des triangles compris dans la figure 48.

Triangles

1........ $c = \frac{a \sin M}{\sin A}, \; b = \frac{a \sin N}{\sin A}$

Triangles.

2\. . . . . $a = b\,\frac{\sin A}{\sin (A + M)},\; c = b\,\frac{\sin A}{\sin (A + M)}$

3\. . . . . $b = c\,\frac{\sin (C + A)}{\sin C},\; a = c\,\frac{\sin A}{\sin C}$

4\. . . . . $b = c\,\frac{\sin (C + A)}{\sin C},\; a = c\,\frac{\sin A}{\sin C}$

5\. . . . . $b = a\,\frac{\sin (A + C)}{\sin A},\; c = a\,\frac{\sin C}{\sin A}$

6\. . . . . $b = a\,\frac{\sin (A + C)}{\sin A},\; c = a\,\frac{\sin C}{\sin A}$

7\. . . . . $a = b\,\frac{\sin A}{\sin (A + C)},\; c = b\,\frac{\sin C}{\sin (A + C)}$

8\. . . . . $b = a\,\frac{\sin B}{\sin (B + C)},\; c = a\,\frac{\sin C}{\sin (B + C)}$

9\. . . . . $a = b\,\frac{\sin A}{\sin (A + C)},\; c = b\,\frac{\sin C}{\sin (A + C)}$

10\. . . . . $b = a\,\frac{\sin (A + C)}{\sin A},\; c = a\,\frac{\sin C}{\sin A}$

11\. . . . . $b = c\,\frac{\sin (C + A)}{\sin C},\; a = c\,\frac{\sin A}{\sin C}$

12\. . . . . $b = a\,\frac{\sin (A + C)}{\sin A},\; c = a\,\frac{\sin C}{\sin A}$

13\. . . . . $b = a\,\frac{\sin (A + C)}{\sin A},\; c = a\,\frac{\sin C}{\sin A}$

14\. . . . . $a = b\,\frac{\sin A}{\sin (A + C)},\; c = b\,\frac{\sin C}{\sin (A + C)}$

15\. . . . . $a = b\,\frac{\sin A}{\sin (A + C)},\; c = b\,\frac{\sin C}{\sin (A + C)}$

16\. . . . . $b = c\,\frac{\sin (n + A)}{\sin n},\; a = c\,\frac{\sin A}{\sin n}$

17\. . . . . $a = b\,\frac{\sin A}{\sin (A + n)},\; c = b\,\frac{\sin n}{\sin (A + n)}$

Toute portion du méridien, comprise dans chaque triangle, serait donnée par les quantités ci-après :

$$\text{Côté commun aux triangles}\left\{\begin{array}{ll} 3 \text{ et } 4 \ldots\ldots\ldots & = \dfrac{a+c}{2} \\ 5 - 6 \ldots\ldots\ldots & = \dfrac{c+a}{2} \\ 9 - 10 \ldots\ldots\ldots & = \dfrac{a+b}{2} \\ 12 - 13 \ldots\ldots\ldots & = \dfrac{c+a}{2} \\ 14 - 15 \ldots\ldots\ldots & = \dfrac{a+c}{2} \end{array}\right.$$

La somme de toutes ces quantités donnerait la longueur de l'arc B′ B″ du méridien.

L'opération que nous venons de décrire sommairement a été exécutée à diverses latitudes. Voici quelques-uns des résultats obtenus :

	Latitude moyenne	Longueur du degré
Pérou..........	1°31′ 0″	110583 mètres
Inde............	12.32.21.	110631 —
France et Espagne	46. 8. 6.	111144 —
Angleterre.......	52. 2.20.	111224 —
Laponie.........	66.20.10.	111477 —

On voit, par ce tableau, que la longueur de l'arc d'un degré n'est pas la même partout ; elle augmente à mesure que l'on s'éloigne de l'équateur.

Puisque les arcs d'un degré ne sont pas égaux, la terre n'a pas une forme rigoureusement sphérique. De ce qu'ils sont plus grands vers les pôles que vers l'équateur, on conclut que la terre est aplatie au pôle et renflée à l'équateur. — Voyez *Aplatissement.*

Mesure des angles. — Voyez *Angles.*

Mesure du temps. — La révolution diurne de la sphère céleste, ou en réalité la rotation de la terre autour de son axe est uniforme ; elle peut donc servir comme mesure du temps. La durée d'une révolution de la terre autour de son axe, c'est-à-dire le temps qui s'écoule entre deux culminations successives d'une même étoile, s'appelle *jour sidéral.* Le jour sidéral commence, en d'autres termes il est 0^h temps sidéral, à l'instant où le point équinoxial du printemps passe au méridien ; on dit qu'il est 1^h, 2^h, 3^h, ..., temps sidéral, quand l'angle horaire de ce point est 1^h, 2^h, 3^h,...., c'est-à-dire à l'instant où passe au méridien le point de l'équateur dont l'ascension droite est 1^h, 2^h, 3^h, ..., ou 15°, 30°, 45°, ...

Nous avons déjà vu (page 212) que les points équinoxiaux ne sont pas fixes, mais qu'ils se déplacent lentement sur l'écliptique. Ce mouvement est composé de deux autres : l'un est proportionnel au temps, et se combine avec le mouvement de la sphère céleste ; l'autre est périodique. Par suite de ce dernier, l'angle horaire de l'équinoxe du printemps ne varie pas d'une manière uniforme, et le temps sidéral, pris rigoureusement, n'est pas une mesure invariable. Mais cette irrégularité est très-petite, et dans une période de 19 ans, reste comprise entre $+ 1^s$ et $- 1^s$ *(Brünnow)*.

Si le 21 mars le soleil est à l'équinoxe du printemps, il passe ce jour-là au méridien vers $0^{h\ sid.}$. Mais le soleil se meut sur l'écliptique d'un mouvement rétrograde, et, puisque le 23 septembre il se trouve à l'équinoxe d'automne et possède une ascension droite de 12^h, il passe ce jour-là au méridien vers $12^{h\ sid}$. Le passage du soleil au méridien a donc lieu dans le cours d'une année successivement à toutes les heures du jour sidéral.

L'emploi du temps sidéral présenterait pour la vie civile de grands inconvénients, aussi fait-on servir le soleil lui-même à la mesure du temps. L'angle horaire du soleil, à un instant quelconque, s'appelle *temps solaire vrai*, et le temps qui sépare deux culminations successives *jour solaire vrai*. Il est *midi vrai* en un lieu, quand le centre du soleil est au méridien de ce lieu; mais l'ascension droite du soleil ne variant pas uniformément, le temps vrai présente aussi l'inconvénient de n'être pas uniforme. Deux causes produisent cette irrégularité du mouvement du soleil en ascension droite : l'inclinaison de l'écliptique sur l'équateur et la non-uniformité du mouvement du soleil sur l'écliptique. Ce mouvement annuel du soleil n'est qu'une apparence et provient du mouvement de la terre autour du soleil.

Puisque l'ascension droite du soleil ne varie pas uniformément, le temps solaire vrai, toujours égal à l'angle horaire du soleil, ne peut servir de mesure du temps. On a donc adopté un autre temps uniforme, le *temps solaire moyen*. — Voyez *Equation du temps*, page 209.

Il résulte de ces définitions, que l'on peut mesurer le temps par un mouvement uniforme ou par un mouvement qui se répète à des intervalles égaux. Les anciens employaient, dans ce but, l'écoulement du sable fin ou de l'eau dans des vases disposés à cet effet : c'étaient les *sabliers* et les *clepsydres*. Mais ces instruments ne pouvaient atteindre à une précision suffisante ; les modernes les ont remplacés par les *horloges* et les *chronomètres*.

Métius (JACQUES), géomètre et astronome hollandais, né à Alkmaar, vers 1575, passe généralement pour être l'inventeur du télescope par réfraction. Il fit cette découverte à Middelbourg, vers 1609. — Son frère aîné, Adrien Métius, né en 1571, mort en 1635, professeur de mathématiques à Franeker, fut également un géomètre et un astronome distingué.

Méton ou **Méthon**, astronome athénien, vivait dans le ve siècle avant J.-C.; il établit à Athènes, avec la collaboration d'Euctémon, l'ennéadécaétéride ou cycle de 19 ans. Il y construisit, sur le Pnyx, un gnomon pour l'observation des solstices. Il calcula un calendrier météorologique et astronomique, commençant au solstice qu'il crut observer le 27 juin de l'année 432 av. J.-C., à 6 heures du matin, sous le méridien d'Athènes; mais le solstice vrai n'arriva que 34 heures plus tard.

Mètre (DÉTERMINATION DU). — Une des plus grandes opérations géodésiques que l'on ait entreprises dans le XVIIIe siècle est celle qui se rattache à la détermination d'une nouvelle unité de mesure de longueur, à laquelle on a donné le nom de *mètre*, qui est la traduction du mot grec μετρον, qui signifie mesure.

Le 8 mai 1790, l'Assemblée nationale, voulant substituer à la confusion des mesures principales un système général des poids et mesures, décida, sur la proposition d'une commission nommée par l'Académie et composée de Borda, Lagrange, Laplace, Monge et Condorcet, que toutes les mesures seraient déduites de l'unité de longueur, et que l'unité de longueur serait liée à la grandeur de la terre. Dans ce but, Méchain et Delambre mesurèrent par triangulation l'arc du méridien qui traverse la France de Dunkerque à Barcelone, arc de près de 10 degrés. Combinant leurs résultats avec ceux obtenus précédemment au Pérou, ils trouvèrent, pour la longueur du quart du méridien terrestre, 5130740 toises. On a pris la dix-millionième partie du quart du méridien terrestre pour la nouvelle unité de longueur, à laquelle on donna le nom de *mètre;* ainsi, la longueur du mètre est de 0,51374 toise, ou 3 pieds 11 lignes et une fraction 0,296 de ligne. Dans ces opérations géodésiques, l'unité de longueur était la toise en fer de l'Académie, autrement dite toise du Pérou, parce qu'elle a servi dans la mesure de l'arc du Pérou. Le système nouveau fut adopté par la Convention, sanctionné plus tard par le Corps législatif, et déclaré obligatoire à partir du 2 novembre 1801. Ainsi, la valeur légale du mètre est de 0,513074 toise. Telle est la longueur de l'étalon en platine déposé aux archives de l'Etat.

Le méridien de Paris a été prolongé depuis cette époque, vers le nord, de Dunkerque à Greenwich, en Angleterre ; vers le sud, de Barcelone à l'île de Formentara, par MM. Biot et Arago.

On a reconnu depuis, à l'aide de nouvelles mesures, que la longueur assignée au quart du méridien terrestre par la commission chargée de la détermination du mètre est un peu trop faible. De sorte que le quart du méridien, au lieu de contenir 10000000 mètres exactement, en contient 10000839 environ. — Voyez *Terre.*

Micromètre. — Nous avons déjà donné (page 272) une description sommaire de cet appareil ; mais comme on fait un fréquent usage dans l'astronomie de la *lunette micrométrique*, nous allons compléter nos indications par une description plus détaillée.

Cet appareil, qui a pour but de trouver la valeur de l'angle visuel sous lequel est compris un objet très-éloigné et très-petit, et de trouver la distance de cet objet quand on connaît sa grandeur réelle, se compose d'une lunette ordinaire dans l'intérieur et sur l'axe *o l* (*fig.* 49) de laquelle se trouve disposée une plaque formée en cristal de roche, composée et placée de la manière suivante : les faces planes *b c* et *a d* qui la terminent sont perpendiculaires à l'axe de la lunette dont l'objectif est en *m;* elle est formée par la réunion de deux prismes triangulaires rectangles, dont les bases *a b c*, *a c d* sont parallèles à *o l;* celui dont la base est *a c d* est taillé de manière que l'axe du cristal soit parallèle à l'axe *o l* de la lunette ; celui dont la base est *a b c* est coupé de telle sorte que la direction de l'axe principal est perpendiculaire à *o l;* par cette disposition, on conçoit que les rayons partis d'un objet lumineux éloigné *l* qui rencontreront la face *a d* traverseront le premier prisme sans se dévier ; lorsqu'ils parviendront à la face *a c*, le rayon ordinaire continuera sa route en ligne droite et sans déviation, puisqu'il ne change pas de milieu ; le rayon extraordinaire, au contraire, sera dévié le plus possible ; il suivra dans le second prisme la ligne *m' n*, et rentrera dans l'air suivant *n l''*. Tous les rayons partis de l'objet lumineux, et qui pourront tomber sur la plaque cristallisée, suivent une marche semblable : les foyers des rayons ordinaires se réuniront vers *l'*, et formeront une image de l'objet lumineux ; ceux des rayons extraordinaires donneront aussi lieu à une image placée vers *l''*. Lorsque la distance de la plaque à l'oculaire devient plus petite ou plus grande, les deux images se rapprochent ou s'éloignent perpendiculairement à l'axe de la lunette ; car dans ce mouvement la longueur *k l'* est variable, et l'angle *l' k l''* est constant ; son sommet *k* se trouve seulement ainsi à diverses distances de l'oculaire. On peut faire mouvoir la plaque perpendiculairement à l'axe de la lunette à l'aide d'une tige extérieure qui soutient le support auquel elle est fixée.

Pour employer cet appareil à la détermination des angles visuels sous lesquels on peut voir les objets éloignés, on supposera le centre de l'objet placé au sommet de cet angle, un de ses côtés étant supposé se confondre avec l'axe de la lunette; l'angle inconnu dce (*fig.* 50) sera égal à son opposé au sommet acb; or le triangle rectangle acb donne, en appelant c l'angle inconnu acb : $\text{tang}\ c = \frac{ab}{ac}$; en supposant que la plaque cristallisée ait été placée dans la lunette de manière que les deux images soient tangentes, le triangle abk donnera $ab = ak\ \text{tang}\ k$, en nommant k l'angle akb ; la substitution donne $\text{tang}\ c = \frac{\text{tang}\ k}{ac}\ ak$. Dans cette formule, le coefficient $\frac{\text{tang}\ k}{ac}$ est un nombre constant pour un même instrument; pour en déterminer la valeur dans chaque cas particulier, on déterminera celle de tang c et de ak pour un cas déterminé; leur substitution dans l'équation précédente fera connaître $\frac{\text{tang}\ k}{ac}$. Pour effectuer cette opération, supposons qu'on ait placé une mire sphérique m (*fig.* 51) d'un rayon connu r à une distance connue d, il est évident que si d est très-grand par rapport à r, on aura sensiblement $\text{tang}\ \frac{1}{2}\ c = \frac{r}{d}$; équation qui fera connaître l'angle c. En plaçant l'objectif de la lunette au point c, on pourra donner à la plaque cristallisée une position telle que les deux images de la mire se *confondent*, et lui faire prendre ensuite celle où elles sont *tangentes* ; une échelle de parties égales tracée sur la surface extérieure du tube de la lunette, et sur laquelle se meut un index porté par la tige à laquelle est fixée la plaque, fait connaître la portion de l'axe parcourue par celle-ci en passant de la première position à la seconde, c'est-à-dire la quantité ak (*fig.* 50).

Le coefficient $\frac{\text{tang}\ k}{ac}$ étant ainsi déterminé, pour avoir à l'aide de la lunette la valeur de l'angle visuel sous lequel est compris un objet éloigné, il suffira de chercher avec elle la distance ak qui répond à cet objet; pour cela on disposera d'abord la plaque de manière que les deux images se confondent, et ensuite de manière qu'elles soient tangentes; on lira sur l'échelle la quantité dont la plaque s'est avancée vers l'objectif; il ne restera plus qu'à substituer cette valeur dans la formule qui donne la valeur générale de tang c.

On peut voir aisément que si la grandeur réelle de la mire était connue, la lunette micrométrique faisant connaître l'angle visuel qu'elle sous-tend, il serait facile d'avoir sa distance ; car la formule précédente

$$\text{tang}\ \tfrac{1}{2}\ c = \frac{r}{d} \text{ donne } d = \frac{r}{\text{tang}\ \frac{1}{2}\ c}$$

Midi (CORRECTION DU). — Voyez *Equation des hauteurs correspondantes*.

Mille géographique. — Le mille géographique est une mesure linéaire qui répond à une minute d'arc, c'est-à-dire que l'on compte 60 milles pour chaque degré mesuré sur l'équateur. Le mille est donc la 21600e partie de l'équateur terrestre, dont le développement est de 40070467 mètres ; ce qui donne pour la valeur du mille géographique 1855 mètres. Cette mesure est celle que l'on emploie dans la marine, et que l'on désigne plus particulièrement sous le nom de *mille marin.* Le *nœud*, étant le $\frac{1}{120}$ du mille, vaut 15^m46.

Minuit (CORRECTION DU). — La correction du midi telle qu'elle est donnée par l'équation (3), au mot *Passage d'une étoile*, donne le moyen d'opérer la correction du minuit; en effet, si nous faisons

$$f = \frac{12^h - \tau}{\tau}.$$

où τ est donné par l'équation (2), au mot *Passage d'une étoile*, nous aurons

$$x = f\mu\,(\text{A tang}\,\lambda - \text{B tang}\,\delta)$$

où x est positif ou négatif selon que l'angle horaire t du soleil se trouve dans l'une ou l'autre des conditions indiquées à la suite du mot *Passage d'une étoile.*

Moindres carrés (MÉTHODE DES). — Nous avons déjà dit (page 210) ce que l'on entend par *équation empirique*, et nous avons vu que ce genre d'équation repose essentiellement sur la méthode des moindres carrés; nous allons entrer ici dans quelques détails qui feront ressortir toute l'importance que cette méthode offre aux solutions qui se rattachent aux observations astronomiques.

En astronomie, on détermine constamment les grandeurs par l'observation. Mais quand on observe plusieurs fois un même phénomène, il n'est pas rare de trouver des résultats différents pour chaque observation. Ces différences sont dues à deux causes : d'abord, à la personnalité de l'observateur; ensuite, à la propriété particulière de l'instrument.

Pour réduire ces différences à leur plus simple expression, on pourrait à la rigueur multiplier les observations de telle sorte que, entre une certaine limite, les plus et les moins dans les résultats puissent se compenser, et prendre ensuite comme valeur probable celle qui se rapproche le plus de la moyenne des observations. Mais cette manière d'opérer, qui se présente le plus naturellement à l'esprit, ne satisferait pas à toutes les conditions du problème qu'on se propose de résoudre. On doit alors recourir à des formules particulières qui puissent donner des résultats d'une exactitude plus rigoureuse.

L'emploi de ces formules exigeant des connaissances assez étendues en mathématiques, et n'étant pas par conséquent à la portée de tout le monde, nous avons dû les dégager de tout ce qui pourrait embarrasser le plus grand nombre de nos lecteurs, et ne donner que les éléments essentiels pour déterminer avec une approximation suffisante les valeurs les plus probables des erreurs auxquelles les observations peuvent donner lieu.

Désignons par s la somme des carrés de toutes les erreurs résiduelles provenant des observations, par n le nombre de ces observations, par e l'erreur probable d'une observation isolée, et par e' l'erreur probable de la moyenne arithmétique de toutes les valeurs observées, on aura en général

(1) $e = 0{,}674489\sqrt{\dfrac{s}{n-1}}$ (2) $e' = \dfrac{0{,}674489}{\sqrt{n}}\sqrt{\dfrac{s}{n-1}}$

Nous allons maintenant compléter ces indications par un exemple approprié à notre sujet.

Exemple. — Supposons que l'on ait déterminé télégraphiquement, au moyen de 20 étoiles différentes, la différence des longitudes de deux lieux, et que les observations aient donné les résultats suivants :

ÉTOILES	DIFFÉRENCE de longitude	ERREURS RÉSIDUELLES ou Ecart de la moyenne	CARRÉ DES ERREURS residuelles
1	$3^m42^s,58$	+ $0^s,12$	0,0144
2	3.42,63	+ 0,07	0,0049
3	3.42,97	— 0,27	0,0729
4	3.42,76	— 0,06	0,0036
5	3.42,49	+ 0,21	0,0441
6	3.42,53	+ 0,17	0,0289
7	3.42,68	+ 0,02	0,0004
8	3.42,56	+ 0,14	0,0196
9	3.42,95	— 0,25	0,0625
10	3.42,98	— 0,28	0,0784
11	3.42,47	+ 0,23	0,0529
12	3.42,78	— 0,08	0,0064
13	3.42,82	— 0,12	0,0144
14	3.42,58	+ 0,12	0,0144
15	3.42,65	+ 0,05	0,0025
16	3.42,74	— 0,04	0,0016
17	3.42,84	— 0,14	0,0196
18	3.42,73	— 0,03	0,0009
19	3.42,59	+ 0,11	0,0121
20	3.42,61	— 0,09	0,0081
Moyenne.	3.42,70		

On trouve, pour la somme des carrés des erreurs résiduelles,

$$s = 0,4626$$

et, puisque le nombre n des observations est égal à 20, l'erreur probable d'une observation isolée (1) est

$$\pm 0^s,105$$

et l'erreur probable de la moyenne arithmétique (2)

$$\pm 0^s,024$$

Cette dernière erreur s'ajoute à la moyenne arithmétique ou se retranche de cette moyenne, suivant que la différence entre les sommes des plus et des moins dans les erreurs résiduelles est affectée du signe — ou du signe +. On sait d'ailleurs que cette différence entre les deux sommes prend le signe de la plus forte.

Dans l'exemple qui précède, les sommes des erreurs résiduelles étant + 1,24 et — 1,36, on a donc pour la différence — 0,12 ; par conséquent le résultat probable des observations est $3^m42^s,70 + 0^s,024 = 3^m42^s,724$.

Quant à l'erreur probable d'une observation isolée, elle serait : pour la 1re étoile $+ 0^s,105$, pour la 3e étoile $- 0^s,105$, c'est-à-dire toujours affectée du même signe que l'erreur résiduelle provenant de cette observation ; en sorte que, dans l'espèce, les différences de longitude correspondantes à ces deux observations donneraient les résultats $3^m42^s,619$ et $3^m42^s,829$.

Mois. — Lorsque les hommes, parlant la même langue et ayant les mêmes aspirations, se furent constitués en société, leur premier soin dut les porter à rechercher les moyens de régler les travaux agraires par des lois immuables reposant, d'une part, sur le retour périodique des saisons et, ensuite, sur la division du temps, qui en est la conséquence naturelle.

Cette division du temps remonte donc à la plus haute antiquité ; seulement, dans l'origine, elle dut être bien défectueuse, puisque, aujourd'hui encore, chez des nations civilisées, nous voyons bien des anomalies dans leur calendrier.

En l'an 45 avant l'ère chrétienne, Jules-César, frappé du désordre qui existait dans le calendrier des Romains, conçut l'heureuse idée de le réformer complètement; il divisa l'année en douze *mois* qui reçurent chacun un nom particulier (Voyez *Calendrier*, page 74).

Mois lunaire. — (Voyez *Révolution synodique.*)

Mois solaire. — C'est le temps employé par le soleil pour parcourir l'intervalle qui sépare chacun des signes du zodiaque.

Montagnes de la lune. — La surface de la lune est hérissée de montagnes très-élevées. Quand la lune a la forme d'un croissant, si on la regarde avec une lunette, on voit que la ligne intérieure du croissant, au lieu d'être unie comme le bord extérieur, présente des dentelures nombreuses qui accusent les inégalités du sol. On aperçoit même dans la partie obscure, à une petite distance de la ligne d'illumination, des points brillants isolés : ce sont des sommets de montagnes encore éclairés par le soleil, tandis que la plaine environnante est dans l'ombre. Galilée, qui, le premier, a reconnu et mesuré les montagnes de la lune, estimait que la distance des points brillants isolés à la ligne d'illumination au moment de la quadrature peut égaler le $\frac{1}{20}$ du diamètre de la lune, ce qui donne pour la hauteur des montagnes de notre satellite $\frac{1}{400}$ de son diamètre, soit 8700 mètres environ. Ainsi, les montagnes de la lune sont aussi élevées que celles de la terre.

Quand on examine avec une lunette la partie éclairée du disque lunaire, on voit distinctement les ombres que projettent les montagnes derrière elles ; ces ombres ont la forme de petites taches noires dirigées à l'opposé du soleil, et sont d'autant plus allongées que les rayons du soleil tombent plus obliquement sur la lune. C'est de la longueur des ombres, mesurées avec le micromètre (page 377), que l'on déduit, en général, la hauteur des montagnes de la lune.

Les montagnes de la lune sont très-nombreuses : les unes forment des chaînes ou s'élèvent en pics élevés. Le pic Leibnitz a plus de 8000 mètres d'élévation ; le pic Dœrfel a 8000 mètres. Mais la plupart des montagnes de la lune présentent le caractère volcanique et ressemblent au Vésuve ou aux volcans éteints de l'Auvergne ; ce sont des montagnes coniques, au centre desquelles s'ouvrent des cratères larges et profonds ; dans le cratère, on voit l'ombre projetée par le rebord du côté du soleil, ce qui prouve l'existence d'une excavation. Le fond du cratère est ordinairement plus bas que le niveau général de la surface de la lune ; on remarque aussi que l'anneau qui enveloppe le cratère a une masse d'autant plus grande que l'excavation est plus grande, ce qui fait penser que cet anneau a été formé par les laves vomies par le cratère. Du fond des cratères les plus larges s'élève ordinairement une petite montagne conique qui a surgi au centre du volcan primitif. Les volcans lunaires sont, en général, beaucoup plus considérables que les volcans terrestres. Le cratère Bernouilli a 25900 mètres d'ouverture et 5800 mètres de profondeur ; les cratères Eudoxus et Pythéas ont 31000 mètres d'ouverture et 3600 de profondeur ; tandis que notre Etna n'a que 3500 mètres de diamètre. Nous citerons encore, parmi les montagnes cratériformes, celle de Tycho, dont le cratère a 85000 mètres de diamètre, 5000 mètres de profondeur, et au centre duquel s'élève un cône de 1500 mètres.

Les volcans nombreux qui existent à la surface de la lune paraissent aujourd'hui complètement éteints, car on n'aperçoit aucune lueur dans la partie non éclairée du disque, et la force intérieure qui a produit, à une époque reculée, les énormes éruptions volcaniques dont elle porte les traces, paraît avoir entièrement disparu.

La lune, dans son ensemble, offre l'aspect d'une pierre calcinée.

Outre les montagnes et les nombreux cratères, on voit encore à la surface de la lune de grandes taches grises que l'on a regardées longtemps comme autant de mers, mais qui ne sont à proprement parler que de vastes plaines auxquelles la nature du sol donne une teinte grise permanente.

La lune étant l'astre le plus voisin de nous, est celui dont nous connaissons le mieux la constitution physique. Herschell, avec son grand télescope, voyait la lune à moins de 60 kilomètres (15 lieues). On a dressé des cartes de la lune où toutes les taches, toutes les montagnes, tous les cratères sont marqués. Une des plus remarquables est celle qui a été dressée par Beer et Mœdler, d'après leurs propres observations.

Montagnes de la terre. — Les inégalités que nous voyons à la surface de la terre, les grandes montagnes qui nous paraissent si énormes, n'altèrent pas sensiblement la forme générale sphérique du globe terrestre. La plus haute montagne d'Europe, le mont Blanc, a 4800 mètres d'élévation au-dessus du niveau des mers; la plus haute montagne du globe, l'Himalaya, en Asie, a 8588 mètres d'élévation, c'est à peu près la 800me partie du rayon de la terre. Sur un globe de 4 décimètres de diamètre, la plus haute montagne serait représentée par un grain de sable d'un quart de millimètre; les montagnes ordinaires, les collines devraient être figurées par la poussière la plus fine. Sur ce globe, une mince couche d'eau, mise avec un pinceau, figurerait les mers.

Mousson. — Saison où soufflent certains vents réglés et périodiques de la mer des Indes (voyez *Vents*).

Mouvement (DÉFINITION DU). — Si un corps se déplace pour occuper alternativement des positions différentes, on dit alors qu'il est en mouvement; ainsi, le mouvement n'est autre que le déplacement des corps, et la résultante d'une force qui agit sur eux et les oblige à changer de situation. En astronomie, le mouvement s'entend de la révolution et de la marche réelle ou apparente des corps célestes.

On distingue, en général, deux sortes de mouvements : le *mouvement uniforme* et le *mouvement varié*. Un mouvement est *uniforme* lorsque l'espace parcouru par le corps mobile qui le possède est proportionnel au temps écoulé ; dans cette espèce de mouvement, le chemin parcouru pendant l'unité de durée porte le nom de *vitesse ;* il est toujours le même quelle que soit celle de ces unités que l'on veut considérer ; un mouvement dans lequel cette proportionnalité n'a pas lieu est *varié*.

La nature nous présente un grand nombre de mouvements variés : le plus commun d'entre eux est celui des corps qui tombent ; l'action de la pesanteur ne les abandonne jamais et doit incessamment modifier leur vitesse ; le mouvement annuel de la terre autour du soleil est encore de cette espèce ; on conçoit, en effet, que lorsqu'elle traverse le point de son orbite qui est le plus près du soleil, ou le périhélie, l'attraction solaire doit s'exercer avec une plus grande intensité que lorsque l'astre parvient au point le plus éloigné du centre d'action, ou à son aphélie ; le passage par le premier de ces points se fait maintenant vers le 1er janvier ; vers le 2 juillet, notre planète passe par le dernier. La variation de la vitesse de notre globe est parfaitement confirmée par l'observation directe ; on peut appliquer ce résultat à toutes les planètes et aux satellites.

On appelle *mouvement uniformément varié* celui dans lequel la variation de la vitesse est proportionnelle au temps. On peut concevoir son existence en imaginant le temps pendant lequel il a lieu partagé en une infinité d'intervalles, tous infiniment petits, au commencement de chacun desquels les forces accélératrices communiqueront au mobile une impulsion de laquelle résulte un accroissement de vitesse infiniment petit, mais ayant toujours la même valeur.

La première propriété que nous reconnaissons au mouvement est celle d'avoir une *durée*, c'est-à-dire de nous faire éprouver une succession d'impressions : un mouvement peut commencer, se prolonger et finir. La durée est une quantité mathématique, susceptible par conséquent d'être exprimée en nombres ou de pouvoir être mesurée, et comme elle est un élément important dans la théorie du mouvement, nous allons faire connaître les moyens qui sont généralement employés pour l'exprimer numériquement.

Pour *mesurer* une quantité quelconque, on convient d'en prendre une portion dont la grandeur est arbitraire, mais *invariable*, après qu'elle a été choisie : on l'appelle *unité de mesure ;* on cherche ensuite, au moyen de quelques propriétés connues de la quantité qu'on veut apprécier, le nombre de fois que cette unité s'y trouve comprise, et ce nombre est sa *mesure ;* ainsi la mesure, telle que nous la comprenons ici, est une portion limitée du temps, mais une portion constante, telle que un jour, une heure, une minute.....

L'*époque* d'un phénomène est le nombre d'unités de durée qui se sont écoulées depuis une origine convenue jusqu'à sa production : on dira, par exemple, un corps a commencé son mouvement à $7^h35^m23^s$ du matin ; il a cessé de se mouvoir à $9^h18^m45^s$ du soir. Alors $7^h35^m23^s$ du matin est l'époque du premier phénomène, et $9^h18^m45^s$ du soir est celle du second. Le temps est donc l'expression numérique en heures, minutes, secondes... de la durée qui s'est écoulée pendant la production d'un phénomène, ou entre deux phénomènes différents ; il est aisé de s'assurer que celui que nous venons d'indiquer a eu lieu pendant un intervalle de temps égal à $12^h43^m22^s$. Le mot *intervalle* indique en général une différence de temps. Un intervalle de temps infiniment petit est un *instant*, un *moment*.

Mouvement angulaire. — Voyez *Loi des aires* (page 327).

Mouvement apparent. — On peut se faire très-facilement une idée du mouvement apparent ; en effet supposons un voyageur placé sur le pont d'un navire ou dans un wagon de chemin de fer : il verra le rivage ou le paysage fuir et se dérober devant lui comme si ce rivage ou ce paysage était animé d'un mouvement contraire à celui du navire ou du wagon ; on conçoit cependant que le rivage ou le paysage reste immobile et que le mouvement dont on le croirait animé n'est qu'une fiction de nos sens abusés, dont la cause est due à la rapidité avec laquelle est emporté le navire ou le wagon.

Ceci une fois compris, il est donc aussi facile d'expliquer le mouvement apparent des astres que nous voyons tourner autour de nous ; en effet, supposons maintenant un observateur placé à la surface de la terre, en un lieu assez rapproché de l'équateur ; on sait qu'à l'équateur la vitesse de rotation de la terre est de 375 lieues à l'heure ; or, dans ce mouvement rapide, notre observateur verra donc tous les astres fuir et disparaître comme s'ils étaient emportés par un mouvement égal et contraire à celui de notre globe, et c'est précisément à cette cause qu'est dû le mouvement apparent. Il est vrai de dire, toutefois, que ces astres étant eux-mêmes animés d'un mouvement propre, le mouvement apparent se trouve un peu modifié ; mais cette modification, qui n'a lieu que dans une certaine mesure, ne laisse pas moins entrevoir un mouvement apparent très-prononcé.

Mouvement des planètes et des satellites. — Les planètes se meuvent autour du soleil en décrivant des orbes circulaires plus ou moins allongés. Il résulte des observations astronomiques que ces orbes ou orbites ne sont autres que des ellipses dont le soleil occupe l'un des foyers. Les satellites se meuvent de même autour de leurs planètes respectives en décrivant également des orbites de forme elliptique dont la planète occupe aussi l'un des foyers.

Outre ce mouvement général, que l'on appelle le mouvement de *translation*, les planètes et les satellites possèdent un mouvement propre, ou de *rotation*, qu'ils effectuent en même temps autour de l'axe qui passe par leurs pôles. Ainsi, les planètes et les satellites possèdent deux mouvements bien distincts dont on peut se rendre facilement compte; en effet, figurons-nous une personne qui valse : nous la voyons tourner sur elle-même en même temps qu'elle fait le tour de la salle, et ces deux mouvements combinés donnent une idée assez nette des mouvements de rotation et de translation des astres dans l'espace. Supposons maintenant que la salle où se trouve notre valseur tourne à son tour sur une hélice ; nous aurons par là, dans une proportion réduite à la vérité, mais réelle, l'explication des mouvements du système solaire.

Mouvement de l'axe de la terre. — Voyez *Nutation*.

Mouvement des comètes. — Voyez *Comètes*.

Mouvement du système solaire. — Le soleil est le centre commun de tous les mouvements planétaires. Si donc nous nous plaçons par la pensée à la surface du soleil, nous verrons la terre et les autres planètes tourner autour de cet astre dans le même sens, en décrivant des orbes sensiblement circulaires et situés à peu près tous dans le même plan.

L'idée de considérer le soleil comme le centre des mouvements planétaires est très-ancienne ; elle a été imaginée pour la première fois par l'illustre Pythagore, grand philosophe et grand mathématicien, environ six cents ans avant l'ère chrétienne; oubliée pendant la longue nuit du moyen-âge, elle a été remise en lumière par Copernic dans son immortel ouvrage, qui parut en 1540, peu de jours avant sa mort, et fut le point de départ des progrès de l'astronomie et des sciences en général dans les temps modernes.

Dans ce système, les planètes sont des globes obscurs, semblables à la terre; elles sont animées comme elle d'un double mouvement, mouvement de rotation sur elles-mêmes, mouvement de translation autour du soleil, de qui elles reçoivent la chaleur et la lumière. Les planètes sont disposées dans l'ordre suivant, à partir du soleil : Mercure, Vénus, la Terre, Mars, un groupe de petites planètes, Jupiter, Saturne, Uranus, Neptune.

Les deux planètes Mercure et Vénus, plus rapprochées du soleil que la Terre, sont les planètes inférieures; les autres sont les planètes supérieures.

Certaines planètes sont accompagnées de petites planètes secondaires, que l'on nomme *lunes* ou *satellites*. Les satellites se meuvent autour de la planète à laquelle ils appartiennent dans le sens du mouvement général, décrivant aussi des orbes sensiblement circulaires et à peu près dans le plan de l'écliptique. La terre a un satellite, la *lune;* Jupiter en a quatre, Saturne huit, Uranus huit. Neptune un : Mercure, Vénus, Mars n'ont pas de satellite.

Mouvement direct, — rétrograde — On appelle mouvement direct tout mouvement qui s'accomplit dans le même sens que celui de la terre, c'est-à-dire de l'ouest à l'est, et mouvement rétrograde tout mouvement en sens contraire.

Les planètes inférieures ne s'éloignent jamais du soleil au-delà d'une certaine limite, d'un côté ou de l'autre; elles semblent osciller autour de lui en l'accompagnant dans sa marche annuelle. Mercure ne s'éloigne pas du soleil au-delà de 22 degrés, Vénus au-delà de 45 degrés. Quand la planète, dans son mouvement direct, devance le soleil vers l'est, on la voit le soir, après le coucher du soleil, à l'ouest. Quand, au contraire, dans son mouvement rétrograde, elle passe à l'ouest du soleil, on la voit le matin, avant le lever de cet astre, à l'est. Pendant chaque période, la planète passe deux fois en conjonction : une première fois à son maximum de vitesse directe, une seconde fois à son maximum de vitesse rétrograde.

Les planètes supérieures s'éloignent du soleil à toutes les distances angulaires; cependant leur mouvement a une relation intime avec celui du soleil. Le maximum de vitesse directe a lieu quand la planète est en conjonction avec le soleil, le maximum de vitesse rétrograde, quand elle est en opposition; mais la planète va toujours moins vite que le soleil. Par exemple, après la conjonction, la planète Mars reste en arrière du soleil de plus en plus, tout en ayant son mouvement direct le plus rapide; alors on la voit le matin, à l'est, avant le lever du soleil. Quand sa distance au soleil, ou son élongation, est de 137 degrés, elle paraît stationnaire par rapport aux étoiles. Elle commence alors son mouvement rétrograde, qui atteint sa plus grande rapidité lorsqu'elle est à 180 degrés du soleil, c'est-à-dire en opposition. Quand elle n'est plus qu'à 137 degrés à l'est du soleil, elle paraît de nouveau stationnaire, pour reprendre ensuite son mouvement direct.

Mouvement diurne. — Le mouvement diurne résulte de la rotation de la terre autour de son axe entre deux culminations successives du soleil au même méridien. Le mouvement diurne peut donc servir à déterminer la mesure du temps. (Voyez *Mesure du Temps*, page 374).

Par suite du mouvement diurne, un astre passe deux fois par jour au méridien d'un lieu : à sa culmination supérieure quand le temps sidéral est égal à son ascension droite ; à sa culmination inférieure quand le temps sidéral la surpasse de 12 heures. L'époque de la culmination des étoiles fixes peut donc s'obtenir immédiatement. Mais si l'astre a un mouvement propre, il faudrait en réalité connaître l'époque de la culmination, afin de calculer ensuite l'ascension droite correspondante.

Pour le soleil, l'équation du temps à midi vrai, déduite des éphémérides, donne le temps moyen du passage au méridien pour lequel les éphémérides ont été construites, et cette équation, interpolée pour le temps vrai τ, donne le temps moyen de la culmination, pour un méridien dont la différence de longitude à l'ouest est τ.

Les lieux de la lune et des planètes sont donnés dans les éphémérides pour les midis moyens d'un méridien déterminé. Désignons par $f(a)$ l'ascension droite exprimée en temps de l'astre à midi, par t le temps de la culmination, l'ascension droite de l'astre pour l'époque de sa culmination sera donnée par la formule (2) page 290.

Mouvement du périgée lunaire. — Le grand axe de l'ellipse lunaire tourne dans le plan de l'orbite ; il accomplit une révolution sidérale, suivant le mouvement direct, en 9 ans environ. Ainsi, pour fixer le mouvement de la lune, on imagine que, tandis que la lune décrit son ellipse, cette ellipse tourne dans son plan, et que ce plan lui-même se déplace dans l'espace.

Soit π le rapport du diamètre à la circonférence, ou $\pi = 3,1416$;

R la distance du centre du soleil au centre de l'orbite lunaire ;

T le temps que met le périgée à effectuer sa révolution sidérale, ou $T = 9,189479$.

La vitesse du mouvement est en général

$$v = \frac{2\pi R}{T}$$

Si nous prenons la distance moyenne, ou $R = 1$, l'équation qui précède deviendra

$$v = \frac{2\pi}{T} = 0,6829565$$

Si nous multiplions cette équation par une quantité k égale à la circonférence convertie en secondes d'arc, nous aurons

$$kv = 885111'',624$$

Maintenant, si nous représentons par t le nombre des années écoulées depuis 1850, et par v' une dérivée de la vitesse, nous aurons aussi

$$v' = \frac{2\pi}{t}$$

et pour la quantité Q du mouvement

$$Q = \frac{kv}{v'}$$

En sorte que la longitude du périgée lunaire au temps t sera donnée par l'équation

$$P' = 99°51'52'',1 + Q$$

Le reste de la division par 360 du nombre de degrés contenus dans P' donne exactement la valeur de P' dégagé dans toutes les circonférences entières décrites par le périgée pendant l'intervalle t. (Voyez *Longitude du périgée lunaire*, page 331.)

Pour faciliter l'emploi de ces formules, nous allons les appliquer à un exemple.

Exemple. — Soit proposé de calculer la longitude P' du périgée lunaire pour 1871 janvier 0.

On a, d'après Hansen, pour 1850 janvier 0, $P' = 99°51'52'',1$, et pour 1871, $t = (1871 - 1850) = 21$; on a ensuite

$$v' = \frac{2\pi}{t} = \frac{6,2832}{21} = 0,2992$$

$$\text{et } Q = \frac{kv}{v'} = \frac{885111'',624}{0,2992} = 821°44'20'',8$$

par conséquent la longitude du périgée lunaire pour 1871 janvier 0, sera $99°51'52'',1 + 821°44'20'',8 = 921°36'12'',9$;

$$\text{d'où } P' = 201°36'12'',9$$

On obtiendrait le même résultat par cette autre équation

$$P' = 99°51'52'',1 + kr$$

qui, en définitive, n'est que la conséquence des équations précédentes, et dans laquelle r est le résultat de la division $\frac{t}{T}$, abstraction faite de la partie entière du quotient. Dans l'exemple ci-dessus

$$\frac{t}{T} = \frac{21}{9,2} = 2,2826 \text{ ; on a donc } r = 0,2826$$

Il résulte de l'ensemble de ces formules, que le mouvement annuel du périgée lunaire est de 39°7′52″,281, et son mouvement diurne de

$$\frac{39°7'52'',381}{365,25} \text{ ou } 6'25'',68756$$

en sorte que 140872″,381 × t sera la quantité de son mouvement pour t années, et 385″,68756 × n la quantité de son mouvement pour n jours.

Mouvement du périgée solaire. — Voyez *Longitude du périgée solaire.*

Mouvement elliptique du soleil (INÉGALITÉ DU). — Les lois du mouvement elliptique ne représentent pas encore d'une manière rigoureusement exacte le mouvement du soleil. La précision des observations modernes a fait reconnaître certaines variations ou inégalités, parmi lesquelles nous signalerons le mouvement du grand axe et la diminution de l'obliquité de l'écliptique.

Le grand axe de l'ellipse solaire n'est pas fixe dans le ciel ; il tourne dans le plan de l'ellipse, dans le sens même du mouvement du soleil, de 11″,8 par an (*Longitude du périgée solaire*, page 340). Le plan de l'ellipse se déplace aussi dans l'espace, mais d'une manière très-lente ; il en résulte une diminution graduelle de l'obliquité de l'écliptique de 46″,45 par siècle (*Ecliptique*, page 201). Ainsi, l'obliquité moyenne de l'écliptique, qui était de 23°27′54″,80 en 1800, n'est plus que de 23°27′21″,82 au 1er janvier 1871. Cette diminution ne sera pas indéfinie ; après avoir diminué pendant une longue période de temps, l'obliquité augmentera ensuite pour diminuer de nouveau. On croit que la diminution totale d'obliquité ne dépassera pas 3 degrés.

Mouvement elliptique (PERTURBATION DU). — Si les planètes n'étaient soumises qu'à l'action du soleil, elles décriraient exactement des ellipses autour de son centre; mais les planètes s'attirent mutuellement. Chaque planète est attirée non-seulement par le soleil, mais encore par les autres planètes, ce qui complique beaucoup son mouvement. La masse du soleil étant très-grande par rapport à celle des planètes, l'action du soleil prédomine; de sorte que l'ellipse d'une planète n'est que légèrement modifiée par l'action des autres planètes; c'est là ce que l'on appelle les *perturbations du mouvement elliptique.*

Les perturbations du mouvement elliptique sont remarquables surtout dans le mouvement de la lune. Si la lune n'était soumise qu'à l'action de la terre, elle décrirait exactement une ellipse autour de la terre, comme foyer; le soleil, à cause de la grandeur de sa masse, et malgré son éloignement, modifie le mouvement elliptique d'une manière assez considérable. Ainsi, c'est l'action du soleil qui, déplaçant le plan de l'orbite lunaire, fait rétrograder la ligne des nœuds, fait mouvoir le grand axe dans le sens direct et produit les nombreuses inégalités dans le mouvement en longitude.

Mouvement propre des étoiles. — Le mouvement propre d'une étoile résulte et de son mouvement propre particulier en vertu duquel elle se meut dans l'espace suivant une loi qui est encore inconnue, et d'un mouvement apparent ou parallactique résultant du déplacement du système solaire.

Le mouvement parallactique, le seul que l'on puisse déterminer avec un certain degré d'exactitude, se fait suivant un grand cercle mené par l'étoile et le point vers lequel le système solaire est emporté; car, en supposant rectiligne le mouvement du soleil, l'étoile est toujours vue dans le plan que détermine sa position et deux positions quelconques du soleil.

Soient :

ρ le rapport qui existe entre le déplacement rectiligne du soleil pendant le temps $t'-t$ et la distance de l'étoile au soleil (1),

a et d, a' et d' les ascensions droites et les déclinaisons de l'étoile aux temps t et t',

A et D l'ascension droite et la déclinaison se rapportant au mouvement propre du soleil,

On aura :

$$\cos d' \, (a'-a) = \rho \cos D \sin (a-A)$$
$$d'-d = -\rho \left[\cos d \sin D - \sin d \cos D \cos (a-A)\right]$$

Ces formules permettent de calculer ρ, ou, si ρ est connu, les différences $a'-a$ et $d'-d$. En outre, dans le triangle formé par le pôle de l'équa-

(1) Pour les rapports des moyennes distances au soleil des étoiles de différentes grandeurs, voir le tableau qui se trouve à la page 168.

teur, l'étoile et le point dont les coordonnées sont A et D, on a, en désignant par δ la distance de ce point à l'étoile et par P l'angle à l'étoile :

$$\sin \delta \sin P = \cos D \sin (a - A)$$
$$\sin \delta \cos P = \sin D \cos \delta - \cos D \sin \delta \cos (a - A)$$

Maintenant, si on représente par φ l'angle de la direction du mouvement de l'étoile avec son cercle de déclinaison, on a

$$\operatorname{tang} \varphi = \frac{a' - a}{d' - d} \cos d'$$

par conséquent

$$\varphi = 180^\circ - P$$

c'est-à-dire que l'étoile se meut sur le grand cercle qui joint sa position actuelle au point dont l'ascension droite et la déclinaison sont A et D, en s'éloignant de ce dernier.

Les coordonnées A et D, rapportées à l'équateur et à l'équinoxe de 1800, sont, en comparant les observations de Bradley avec celles qui ont été faites depuis par Argelander, Gallowey, Struve et Mœdler :

$$A = 260^\circ 10' 33'',6 ; \; D = + 34^\circ 38' 20'',4$$

Par conséquent le point vers lequel est emporté le système solaire est ainsi déterminé avec autant d'exactitude que le permet la difficulté de cet important problème.

Mouvement du soleil (VALEUR ABSOLUE DU). — La formule

$$\operatorname{tang} P = \frac{\cos D \sin (a - A)}{\sin D \cos d - \cos D \sin d \cos (a - A)}$$

où l'on emploie les valeurs trouvées plus haut pour A et D, permet de déduire des observations de chaque étoile une direction suffisamment approchée de ce mouvement parallactique.

Herschell estima de la sorte que le soleil marche vers la constellation d'Hercule, emportant avec lui son cortége de planètes et de comètes, avec une vitesse que Bessel a évaluée à 700000 myriamètres ou 1575200 lieues par jour.

Mouvement (QUANTITÉ DE). — Voyez *Masses*, page 364.

Mouvement uniforme (ÉQUATIONS RELATIVES AU). — Représentons par v la vitesse d'un mobile qui se meut uniformément, par t le temps écoulé à partir d'une origine convenue, et par e l'espace parcouru ; puisque, d'après la définition de cette espèce de mouvement (page 384), cette dernière quantité est proportionnelle à t, quelque petite ou grande que soit sa valeur, il est évident qu'on doit avoir $e = vt$, puisque v représente l'espace parcouru pendant l'unité de temps.

S'il y avait une distance d entre l'origine des espaces et le point de départ du mobile, on aurait évidemment $e = d + vt$.

Les deux équations que nous venons d'établir contiennent toute la théorie du mouvement uniforme, et peuvent servir à résoudre toutes les questions qui lui sont relatives. La première, par exemple, donne :

$$e = vt, \; v = \frac{e}{t}, \; t = \frac{e}{v}$$

Ces équations donnent immédiatement la solution des problèmes suivants : 1° Quel est l'espace parcouru par un mobile pendant un temps t avec une vitesse v? — 2° Quelle est la vitesse d'un mobile qui a décrit un espace e dans un temps t? — 3° Pendant combien de temps a dû se mouvoir un mobile qui a parcouru un espace e avec une vitesse v? — Il est aisé de faire des calculs numériques sur les formules générales que nous venons de donner.

Mouvement rectiligne varié. — C'est ainsi que l'on désigne tout mouvement rectiligne dans lequel le mobile parcourt des espaces inégaux pendant des temps égaux.

Le mouvement varié peut être *accéléré* ou *retardé*. Il est accéléré quand les espaces parcourus pendant des temps égaux vont sans cesse en augmentant ; il est retardé quand ces espaces vont, au contraire, en diminuant. Nous citerons comme exemple de mouvement accéléré, le mouvement d'un corps qui tombe librement ou qu'on lance de haut en bas, et, comme exemple de mouvement retardé, le mouvement ascendant d'un corps qu'on lance de bas en haut.

Chute des corps (Formules relatives à la). — Les espaces parcourus par les corps dans leur chute libre, sont proportionnels aux carrés des temps employés à les parcourir. Il résulte de cette loi que la chute des corps s'opère d'un mouvement uniformément accéléré, et, par suite, qu'on peut lui appliquer les formules de ce mouvement.

D'après cela, si on représente par g l'accélération qu'un corps reçoit pendant chaque seconde, par h l'espace qu'il parcourt pendant les t premières secondes de sa chute, et par v la vitesse qu'il possède à l'époque t secondes, on aura les deux formules

$$v = gt \qquad h = \tfrac{1}{2} gt$$

pour déterminer toutes les circonstances de la chute libre. L'accélération g vaut, à Paris, 9m80896 ou sensiblement 9m81; elle est double de l'espace que les corps parcourent pendant la première seconde de leur chute.

Les deux formules précédentes font connaître la vitesse qu'un corps possède à une époque quelconque de sa chute, et l'espace qu'il parcourt pendant un temps quelconque; elles permettent aussi de résoudre les questions suivantes :

1° *Trouver le temps qu'un corps met pour tomber d'une hauteur* h. — On obtient ce temps en résolvant l'équation $h = \frac{1}{2} g t^2$ par rapport à t. On a ainsi

$$t = \sqrt{\frac{2h}{g}}$$

2° *Trouver la vitesse que possède un corps quand il tombe d'une hauteur* h. — On obtient cette vitesse en substituant dans la formule $v = gt$, la valeur du temps qu'emploie le corps pour tomber de la hauteur h, c'est-à-dire la valeur

$$\sqrt{\frac{2h}{g}}. \text{ On a ainsi } v = \sqrt{2gh}$$

Cette vitesse se nomme la *vitesse due à la hauteur* h.

3° *Trouver la hauteur d'où un corps doit tomber pour acquérir la vitesse* v. — On obtient cette hauteur en éliminant le temps entre les deux équations $v = gt$ et $h = \frac{1}{2} g t^2$. On a ainsi

$$h = \frac{v^2}{2g}$$

Mouvement circulaire ou de rotation. — Un corps solide possède un mouvement circulaire ou de rotation autour d'un axe, quand tous ses points décrivent en même temps des arcs de cercle dont les centres sont sur cet axe et dont les plans sont perpendiculaires à cet axe. Ce mouvement, qui est le plus simple de tous les mouvements curvilignes, fournit le théorème suivant : — *Tous les points d'un corps solide animé d'un mouvement circulaire décrivent dans le même temps des arcs proportionnels à leurs distances à l'axe de rotation.*

Le mouvement de rotation peut être *uniforme* ou *varié*. Il est uniforme quand un point quelconque du corps qui tourne décrit des arcs égaux pendant des temps égaux; il est varié quand un point décrit des arcs inégaux dans des temps égaux.

Mouvement circulaire uniforme. — La vitesse de chacun des points du mobile dans le mouvement circulaire est constante; elle vaut l'arc décrit pendant chaque unité de temps, ou le rapport de l'arc décrit pendant un certain temps au temps employé à décrire cet arc.

Mouvement circulaire uniforme (VITESSE ANGULAIRE DANS LE). — On peut considérer la vitesse angulaire d'un corps qui tourne sous plusieurs points de vue :

1° Si l'on représente par ω la vitesse du point situé à l'unité de distance de l'axe et par V la vitesse du point situé à la distance R, on aura $V = \omega R$, car les quantités V et ω, représentant les arcs décrits dans le même temps, sont proportionnelles à leurs rayons. — La quantité ω, qui représente la vitesse du point situé à l'unité de distance de l'axe, se nomme la *vitesse angulaire*, ou mieux, la *vitesse linéaire de rotation.*

2° On désigne plus généralement et plus spécialement sous le nom de *vitesse angulaire* le nombre des *degrés*, *minutes*, *secondes*.... contenus dans l'arc décrit, pendant une seconde, par un point quelconque du mobile. Cette vitesse est évidemment la même quel que soit le point considéré.

Cette vitesse et la première sont évidemment liées l'une à l'autre; pour exprimer cette liaison, en désignant par V_a la seconde, on dira :

Le chemin décrit pendant un tour, ou pour 360°, par le point situé à l'unité de distance de l'axe est 2π;

Pour 1° ce chemin est alors

$$\frac{2\pi}{360} \text{ ou } \frac{\pi}{180}\text{ ; il sera donc } \frac{\pi V_a}{180}$$

pour le nombre de *degrés*, etc., contenus dans V_a; de là résulte la relation cherchée :

$$\omega = \frac{\pi V_a}{180}, \text{ d'où } V_a = \frac{180\,\omega}{\pi}$$

2° Enfin, dans l'industrie, on estime habituellement la rapidité de rotation d'une roue au moyen du nombre de tours effectués par cette roue en une minute.

Si l'on désigne ce nombre par n, on en déduit facilement ω ou V_a; en effet :

Pour n tours, le chemin à l'unité de distance de l'axe est $2\pi n$; le nombre de *degrés*, etc., contenus dans l'arc correspondant est $360 . n$, pendant une seconde; ces deux quantités, 60 fois moindres, donneront donc :

$$\omega = \frac{\pi n}{30} \text{ et } V_a = n . 6^\circ$$

relation qui lie complètement entre elles les trois quantités ou éléments de rotation ω, V_a et n.

Mouvement circulaire varié. — La vitesse de chacun des points du mobile n'est plus constante quand le mouvement circulaire est varié. On prend alors pour vitesse du mouvement circulaire, à un instant donné, la vitesse du mouvement uniforme qui aurait lieu à partir de l'instant donné, si le mouvement cessait de s'accélérer ou de se ralentir; ou bien : le rapport de l'arc parcouru ou de l'angle dont tourne le mobile pendant un temps infiniment petit, à partir de l'instant donné, au temps employé à parcourir cet arc ou à tourner de cet angle. — La *vitesse linéaire de rotation* est, dans ce mouvement comme dans le mouvement uniforme, la vitesse du point situé à l'unité de distance de l'axe.

La relation $V = \omega R$ s'applique au mouvement varié comme au mouvement uniforme. Considérons en effet un point A situé à une distance de l'axe égale à R et un point a situé à l'unité de distance ; soient A B et $a b$ les arcs parcourus par les deux points dans un même temps τ; on a

$$\frac{A\,B}{a\,b} = \frac{R}{1} = R \text{ et par suite } \frac{\left(\frac{A\,B}{\tau}\right)}{\left(\frac{a\,b}{\tau}\right)} = R$$

ce rapport est vrai quel que soit le temps τ ; il est vrai, par conséquent, quand on suppose ce temps infiniment petit. Or, dans cas,

$$\frac{A\,B}{\tau} \text{ et } \frac{a\,b}{\tau}$$

représentent les vitesses V et ω que les deux points A et a possèdent au même instant. On a donc

$$\frac{V}{\omega} = R \text{ et, par suite, } V = \omega R$$

Nous avons dit (page 384) que le mouvement de la terre autour du soleil est un *mouvement varié ;* nous allons essayer ici d'en donner un exemple. Nous savons d'ailleurs que le mouvement du soleil n'est qu'un mouvement apparent : que c'est la terre qui tourne autour du soleil, et non le soleil qui tourne autour de la terre, comme on serait tenté de le croire ; mais, comme le mouvement apparent du soleil a la même valeur que le mouvement réel de la terre autour de cet astre, on peut prendre le mouvement apparent pour le mouvement réel.

Ceci une fois admis, représentons par v la vitesse du soleil ou l'angle qu'il décrit sur l'écliptique dans l'intervalle de temps t compté depuis l'équinoxe du printemps, par M le moyen mouvement tropique du soleil en un jour (page 341), par R la valeur moyenne du rayon vecteur de la terre depuis l'équinoxe du printemps jusqu'à l'époque t que l'on considère, on aura

$$v = \frac{Mt}{R^2}$$

et alors v sera ce que l'on appelle la longitude géocentrique du soleil au temps t.

Si nous considérons maintenant la vitesse diurne v' du soleil, ou l'angle qu'il décrit en un jour sur l'écliptique, on a

$$v' = \frac{M}{R^2}$$

et, dans ce cas, v' est la différence de longitude du soleil pour le jour auquel se rapporte la moyenne du rayon vecteur R de la terre.

Ces équations, que nous avons appliquées à la terre, peuvent être également appliquées aux autres planètes, en prenant bien entendu les valeurs de M et de R qui se rapportent à ces planètes.

Mouvement uniformément varié (LOIS DU). — D'après la définition de cette espèce de mouvement (page 384), la valeur v de la vitesse au bout du temps t étant proportionnelle à celle de ce temps, si on représente par g l'accroissement constant que la force accélératrice produit pendant chaque unité de temps, on doit avoir comme pour la *chute des corps* (page 393), $v = gt$; ainsi, dans cette espèce de mouvement, la première loi consiste en ce que les vitesses sont directement proportionnelles aux temps après lesquels elles sont acquises.

Théorème. — Soit proposé de calculer la valeur de l'espace e parcouru au bout du temps t.

Partageons le temps total t et la vitesse v qui lui correspond en n parties égales respectivement à $\frac{t}{n}$ et à $\frac{v}{n}$ aussi petites que l'on voudra. Supposons que la force agit à des intervalles séparés par un temps égal à $\frac{t}{n}$ et communique au point mobile, au commencement de chaque division du temps, une augmentation de vitesse égale à $\frac{v}{n}$; cherchons les espaces successifs parcourus pendant les diverses divisions $\frac{t}{n}$ du temps avec les vitesses successives

$$\frac{v}{n}, \frac{2v}{n}, \frac{3v}{n}, \frac{4v}{n} \ldots\ldots\ldots\ldots \frac{nv}{n}$$

Pendant chaque division du temps le mouvement étant uniforme, il suffira de multiplier toutes ces vitesses par $\frac{t}{n}$ pour avoir la valeur de l'espace parcouru correspondant ; on trouvera ainsi successivement :

$$\frac{vt}{n^2}, \frac{2vt}{n^2}, \frac{3vt}{n^2}, \frac{4vt}{n^2} \ldots\ldots\ldots\ldots \frac{nvt}{n^2}$$

La série des espaces forme donc une progression arithmétique dont le premier terme est

$$\frac{vt}{n^2}, \text{ le dernier } \frac{nvt}{n^2}$$

et le nombre des termes n ; en cherchant la somme e des termes par une formule connue, on obtient :

$$e = \frac{vt}{n^2} + \frac{vt}{2}$$

Pour que cette formule donne l'espace parcouru par le mobile lorsqu'il est soumis à l'action d'une force *continue*, il faut y supposer n infiniment grand, et alors elle donne $e = \frac{vt}{2}$ et comme nous avons déjà trouvé $v = gt$, on a $e = \frac{1}{2} g t^2$. Cette équation contient la seconde loi fondamentale du mouvement que nous considérons ; elle exprime que l'espace décrit est directement proportionnel au carré du temps employé à le parcourir.

Nous avons représenté précédemment (page 393) la force accélératrice constante par la quantité g. La dernière des équations que nous venons de trouver donne

$$g = \frac{2e}{t^2}$$

qui fait voir qu'en général dans un mouvement uniformément varié, l'intensité de la force accélératrice est équivalente au quotient du double de l'espace parcouru et du carré du temps employé à le parcourir.

Si, dans l'expression précédente, on suppose $t = 1$, on obtient $g = 2e$; ce résultat fait voir que l'intensité de la force qui anime le mobile est équivalente au double de l'espace parcouru pendant la première unité de temps.

En combinant les deux équations fondamentales qui contiennent quatre quantités e, v, t, g, on pourra en calculer deux au moyen de deux autres, et trouver d'autres résultats relatifs aux propriétés générales d'un mouvement uniformément varié.

Nous avons déjà fait une application importante de cette théorie lorsque nous avons traité de la chute des corps (page 393), en remplaçant dans les formules e par h.

Mouvement moyen diurne du nœud ascendant des planètes. — Soit τ la durée en jours moyens de la révolution sidérale de la terre, t une quantité analogue se rapportant à la révolution sidérale d'une planète, nous aurons :

1° Pour le rapport entre la distance parcourue par une planète sur son orbite et une révolution sidérale de la terre sur l'écliptique,

$$\frac{\tau}{t}$$

2° Pour la distance parcourue par la planète sur son orbite pendant que la terre exécute sa révolution sidérale autour du soleil,

$$\frac{\tau}{t} \times 360^\circ$$

Lorsqu'il s'agit d'une planète inférieure,

$$\frac{\tau}{t}$$

indique le nombre de révolutions sidérales effectuées par la planète pendant que la terre décrit son orbite autour du soleil. Cette quantité indique en outre le nombre de fois que cette planète sera en *conjonction inférieure* dans le cours d'une révolution sidérale de la terre.

Lorsqu'il s'agit d'une planète supérieure, l'inverse de l'expression qui précède, c'est-à-dire

$$\frac{t}{\tau}$$

indique le nombre de révolutions sidérales effectuées par la terre pendant que la planète décrit son orbite autour du soleil. Cette quantité indique en outre le nombre de fois que la terre sera en *opposition* avec la planète dans le cours d'une révolution sidérale de cette planète.

Quand une planète inférieure est en *conjonction inférieure*, ou bien encore quand une planète supérieure est en *opposition*, la longitude héliocentrique H de cette planète diffère toujours de 180 degrés avec la longitude géocentrique $\odot$ du soleil.

Puisque

$$\frac{\tau}{t} . 360^\circ$$

est la moyenne distance parcourue par la planète sur son orbite pendant que la terre exécute sa révolution sidérale autour du soleil, on a pour la distance parcourue par la planète sur son orbite après n révolutions sidérales de la terre

$$n\left(\frac{\tau}{t} . 360^\circ\right)$$

En prenant pour origine du temps l'instant où la longitude héliocentrique de la planète est égale à la longitude géocentrique du soleil, on a pour la longitude moyenne de la planète au temps T compté de l'origine, et comprenant un intervalle de n révolutions sidérales de la terre,

$$H = v + \left[n \left(\frac{\tau}{t} . 360^{\circ} \right) \right]$$

équation dans laquelle v est la longitude héliocentrique de la planète à l'époque adoptée pour origine du temps.

Supposons maintenant qu'à une époque quelconque, prise pour origine du temps, la longitude géocentrique du soleil et la longitude héliocentrique de la planète aient une même valeur v, nous aurons au temps t', compté de cette origine, et en représentant le moyen mouvement diurne de la terre par M et celui de la planète par m,

$$\odot = v + Mt' \text{ et } H = v + mt'$$

$\odot$ et H ont une même valeur v lorsque la terre et la planète sont en *conjonction*. On peut donc prendre l'époque de la conjonction pour origine du temps t'

Désignons cette époque par T_0, et par n le nombre des années comptées de cette époque; nous aurons au temps T, c'est-à-dire à une époque en tout semblable à celle de T_0, à l'expiration de l'intervalle désigné par n,

$$M\tau = 360^{\circ} \text{ et } m\tau = x$$

Puisque au temps T_0, époque d'origine,

$$\odot = v \text{ et } H = v$$

on aura au temps t', compté de cette origine,

$$\odot = v + Mt', \; H = v + mt'$$

et, par suite, au temps T,

$$\odot = v \text{ (comme à l'origine), et } H = xn$$

De l'équation ci-dessus, $H = v + mt'$, se déduit l'expression

$$\mu = \frac{mt'}{t'} = m$$

dans laquelle μ est le mouvement moyen diurne du nœud ascendant de la planète ; m le moyen mouvement diurne de cette planète, mouvement exprimé en secondes d'arc; t' le temps moyen nécessaire à la terre et à la planète pour décrire sur leurs orbites respectives des arcs qui diffèrent entre eux de 180 degrés.

Il ressort de cette définition du temps, que

$$t' = \frac{648000''}{d\,\mathrm{M}}$$

équation dans laquelle t' est une quantité qui a pour unité le jour solaire moyen, et $d\,\mathrm{M}$, converti en secondes d'arc, est la différence entre les moyens mouvements diurnes de la terre et de la planète : ainsi $d\,\mathrm{M}$ a pour valeur $m - \mathrm{M}$ ou $\mathrm{M} - m$ selon qu'il s'agit d'une planète inférieure ou d'une planète supérieure.

Pour faire ressortir l'utilité des formules qui précèdent, nous allons les appliquer à deux exemples que nous prendrons au hasard.

Premier exemple. — On demande quelle serait la longitude moyenne du nœud ascendant de Vénus au temps t' compté de l'équinoxe du printemps, en supposant qu'à cette époque la longitude héliocentrique de la planète coïncide avec le lieu du soleil sur l'écliptique, et sachant d'ailleurs qu'au moment de la conjonction inférieure, la longitude héliocentrique d'une planète inférieure est égale à la longitude du nœud de cette planète.

Vénus est une planète inférieure, par conséquent $d\,\mathrm{M} = m - \mathrm{M}$; mais $\mathrm{M} = 3548'',1927$ et $m = 5767'',6698$; donc $d\,\mathrm{M} = 2219'',4771$, et $t' = 291^{j},96066$.

Si nous prenons à l'origine $v = 0$, nous aurons au temps t'

$$\odot = 287^{\circ}45'32'',682 \text{ et } \mathrm{H} = 107^{\circ}45'32'',682$$

Par conséquent H, qui est la longitude héliocentrique de la planète au moment de la conjonction inférieure, est aussi la longitude du nœud de cette planète à ce même moment.

Deuxième exemple. — On demande quelle serait la longitude moyenne du nœud ascendant de Mars au temps t' compté de l'équinoxe du printemps, en supposant qu'à cette époque la longitude héliocentrique de la planète coïncide avec le lieu du soleil sur l'écliptique, et sachant d'ailleurs qu'au moment de l'opposition, la longitude héliocentrique d'une planète supérieure est égale à la longitude du nœud de cette planète.

Mars est une planète supérieure, par conséquent $d\,\mathrm{M} = \mathrm{M} - m$; mais $\mathrm{M} = 3548'',1927$ et $m = 1886'',5184$; donc $d\,\mathrm{M} = 1661'',6743$, et $t' = 389^{j},9801544$.

Remarque. — Quand il s'agit d'une planète supérieure, au lieu de multiplier la quantité M par t' on peut, pour simplifier, la multiplier par

$$t' - \left(\frac{t'}{\tau}\,\tau\right)$$

en ayant soin de ne prendre de

$$\frac{t'}{\tau}$$

que la partie entière du quotient ; en effet, l'expression

$$t' - \left(\frac{t'}{\tau}\,\tau\right)$$

en tenant compte de l'observation que nous venons de faire au sujet de

$$\frac{t'}{\tau}$$

est le temps moyen qui excède celui nécessaire à la terre pour effectuer une ou plusieurs révolutions sidérales autour du soleil.

Ceci admis, si nous prenons comme précédemment, à l'origine, $v = o$, nous aurons au temps t'

$$\odot = 24°21'54'',7363 \text{ et } H = 204°21'54'',7363.$$

Par conséquent H, qui est la longitude héliocentrique de la planète au moment de l'opposition, est aussi la longitude du nœud de cette planète à ce même moment.

Mouvement du nœud des planètes (VITESSE DU). — La quantité μ, telle que nous l'avons déterminée (page 400), n'est que le mouvement moyen du nœud ; cette quantité, employée dans les calculs relatifs à la détermination de la longitude, ne donnerait qu'un résultat approximatif. Pour obtenir plus exactement la longitude du nœud d'une planète à un instant donné, on devra donc opérer d'après la méthode que nous avons indiquée précédemment (pages 335 et suivantes).

La vitesse du mouvement du nœud en un jour serait, d'après la formule du mouvement varié (pages 399 et suivantes),

$$v' = \frac{m}{r^2}$$

en supposant au rayon vecteur r de la planète une valeur moyenne égale à l'unité, et variant du périhélie à l'aphélie d'une quantité égale à l'excentricité.

Mouvement tropique du soleil. — Voyez *Equation du temps*.

Nadir. — Supposons une ligne coupant l'horizon à angle droit et prolongée à l'infini au-dessus et au-dessous de l'horizon : le point où cette ligne rencontrerait la sphère céleste au-dessous de l'horizon se nomme le *nadir;* ce point est opposé au *zénith* (voyez *Zénith*).

Nébuleuses. — C'est le nom que l'on donne en général à des amas d'étoiles très-rapprochées les unes des autres et dont le nombre, parfois considérable, forme comme une traînée de lumière diffuse qui en rend souvent l'observation très-difficile.

Parmi les nébuleuses, nous distinguerons la constellation des *Pléiades;* cette constellation présente six ou sept étoiles, très-resserrées, visibles à l'œil nu; avec un télescope, on en compte de cinquante à soixante. L'opinion d'Herschell sur la Chevelure de Bérénice mérite d'être citée; cette constellation, qui se compose d'une infinité d'étoiles dont l'ensemble affecte une figure bizarre à laquelle elle doit le nom qu'elle porte, « est, dit Herschell, le plus magnifique amas d'étoiles que j'aie jamais vu dans le ciel. »

Dans le Verseau, il y a un amas, beau, grand, rond et résoluble seulement par les très-bonnes lunettes. Herschell compare cette amas d'étoiles à une poussière d'or.

Dans la Balance, il y a aussi un bel amas de forme arrondie. L'espace environnant paraît complètement vide.

Nébuleuses résolubles. — C'est le nom que l'on donne à ces amas d'étoiles qui, à l'œil nu, ou avec des lunettes ordinaires, ressemblent à des taches blanchâtres, mais qui, avec des lunettes assez puissantes, se résolvent en étoiles. Ces amas ont, en général, la forme sphérique et sont composés d'étoiles de même grandeur, disposées autour du centre avec régularité. On observe, il est vrai, une plus grande condensation vers le centre; mais ceci n'est probablement qu'une apparence provenant de ce que les rayons visuels rencontrent un plus grand nombre d'étoiles vers le centre que vers les bords. Il est impossible de compter le nombre d'étoiles contenues dans une même agglomération; Herschell l'évalue à 20000 au moins. Quelquefois l'amas a une forme irrégulière et ses contours sont moins bien dessinés.

La première nébuleuse fut découverte par Simon Marius, en 1612, près de γ d'Andromède; elle est visible à l'œil nu; Simon Marius la comparait à la flamme d'une chandelle vue à travers une feuille de corne. Elle a une forme ovale allongée et présente à son centre une condensation marquée, son étendue est considérable : elle a près d'un demi-degré de longueur sur 15 à 20 minutes de largeur. Cette nébuleuse était regardée jusqu'à présent comme irréductible et formée d'un simple amas de matière cosmique; mais, il y a quelques années, la puissante lunette de l'observatoire de Cambridge, aux États-Unis, paraît l'avoir résolue en une multitude d'étoiles très-rapprochées les unes des autres.

Herschell a découvert dans le ciel des nébuleuses sphériques ou ovales, de teinte laiteuse et uniforme, nettement limitées ou légèrement vaporeuses sur les bords. A cause de leur ressemblance avec les planètes, il leur a donné le nom de *nébuleuses planétaires.* Comme elles ont un diamètre apparent sensible, qui varie de 1″ à 60″, ces masses nébuleuses doivent occuper un espace considérable, aussi grand que toute l'étendue de notre système planétaire. Nous citerons comme exemples les nébuleuses planétaires qui se trouvent dans le Verseau et dans Andromède.

On remarque aussi des *nébuleuses doubles.* La 27e nébuleuse du catalogue de Messier est formée de deux nébuleuses rondes et brillantes, réunies par un filet lumineux; le tout est entouré d'une légère nébulosité de forme ovoïde.

Il existe enfin quelques *nébuleuses annulaires.* On en voit une remarquable entre les étoiles β et γ de la Lyre; le diamètre de l'ouverture est moitié du diamètre total; l'intérieur est rempli d'une lumière très-faible.

La 51e nébuleuse de Messier se compose d'une grande nébuleuse sphérique et brillante, entourée d'un anneau placé à une assez grande distance, et qui se bifurque comme la voie lactée. Elle est accompagnée d'une petite nébuleuse sphérique, placée à côté comme un satellite.

Le nombre des nébuleuses est très-considérable; on en compte aujourd'hui plus de six mille.

La *voie lactée* n'est autre chose qu'une nébuleuse résoluble ou une immense agglomération d'étoiles ayant une forme aplatie, semblable à un disque ou à une lentille. Notre soleil est placé à l'intérieur de cette agglomération; c'est l'une des étoiles innombrables dont elle est composée. Quand nous dirigeons nos rayons visuels perpendiculairement au plan du disque, nous ne rencontrons qu'un petit nombre d'étoiles : ce sont les étoiles brillantes du firmament; mais quand nous les dirigeons vers la circonférence, nous rencontrons une multitude d'étoiles qui nous paraissent pressées les unes contre les autres; c'est là ce qui produit l'apparence de la voie lactée. Si nous nous éloignions suffisamment de la voie lactée, elle nous apparaîtrait comme une petite tache blanche, semblable aux autres nébuleuses; c'est notre présence au milieu de cette agglomération lenticulaire qui nous fait voir ce grand cercle se dessinant sur la voûte céleste. Herschell estimait que l'agglomération dont notre soleil fait partie contient au moins cinquante millions d'étoiles; il supposait que le soleil n'occupe pas le centre de cet amas, mais qu'il est plus près d'un bord que de l'autre.

Quelques astronomes ont pensé que la voie lactée est un anneau creux, comme la belle nébuleuse de la Lyre. D'autres l'ont comparée, à plus juste titre, à la singulière nébuleuse 51 de Messier, dont nous avons dit quelques mots; elle paraît offrir, en effet, dans sa structure et sa bifurcation, une grande analogie avec cette nébuleuse. S'il en est ainsi, notre soleil est placé au milieu d'une première agglomération sphérique ; les étoiles de cette agglomération, étant voisines de notre soleil, nous paraissent brillantes et nous entourent de tous côtés. Cet amas globulaire est entouré, à une grande distance, d'un anneau circulaire formé lui-même par une agglomération d'étoiles : c'est la voie lactée. L'ensemble constitue notre nébuleuse, et il y a une multitude de nébuleuses pareilles dans l'espace.

Les nébuleuses ne sont pas distribuées au hasard dans l'espace, elles paraissent disposées par couches ou strates. Ainsi, près de la Vierge, on voit un amas de nébuleuses. Des deux nuées de Magellan, voisines du pôle austral, la plus grande paraît être une immense agglomération de nébuleuses. « Les magnifiques zônes du ciel austral, comprises entre les parallèles du 50e et du 80e degré, dit M. de Humboldt, sont les plus riches en étoiles nébuleuses et en amas de nébulosités irréductibles. Des deux nuages magellaniques qui tournent autour du pôle austral, de ce pôle si pauvre en étoiles qu'on dirait une contrée dévastée, le plus grand surtout paraît être une étonnante agglomération d'amas sphériques d'étoiles plus ou moins grandes et de nébulosités irréductibles, dont l'éclat illumine le champ de la vision et forme comme le fond du tableau. L'aspect de ces nuages, ajoute l'illustre savant, la brillante constellation du navire Argo, la voie lactée, l'aspect si pittoresque de tout le ciel austral, ont produit sur moi une impression ineffaçable. » Notre voie lactée elle-même présente le même caractère : Herschell y a reconnu cent cinquante-sept groupes distincts, sans compter dix-huit groupes analogues, situés sur les limites de cette zône.

On a cru reconnaître un autre anneau de nébulosités coupant le premier, c'est-à-dire la voie lactée, à angle droit, et passant par Cassiopée, la Grande-Ourse, la chevelure de Bérénice, la Vierge et les nuées de Magellan.

Ces découvertes, dont nous devons la plus grande partie à W. Herschell et à M. Struve, agrandissent l'immensité des cieux, et nous montrent l'univers sous un aspect nouveau, plus majestueux et plus admirable. Chaque étoile est un soleil entouré d'un cortége de planètes, auxquelles il distribue la chaleur et la lumière; les soleils sont groupés en amas par milliers; ces amas paraissent à leur tour groupés en amas plus considérables ou en vastes anneaux. On estime que la lumière met trois ans pour franchir la distance qui sépare deux soleils voisins; elle doit mettre des siècles pour parcourir le diamètre de la voie lactée, des milliers d'années pour aller d'un amas à un autre. Ainsi, nous n'apercevons que longtemps après les grands changements qui s'accomplissent dans les régions éloignées du ciel.

Les anciens considéraient les cieux comme fixes et immuables; cette fixité, cette immutabilité étaient pour eux le caractère de la perfection, le sceau de la Divinité. Les découvertes modernes en astronomie stellaire doivent modifier nos idées à cet égard; les cieux sont en changement continuel, en travail incessant de transformation et de progrès; nous assistons à la formation des mondes. Les nébuleuses pures, comme celle d'Orion, nous montrent la matière cosmique à son état originel, diffuse, phosphorescente, sans trace aucune d'organisation; en vertu de l'attraction, cette matière diffuse s'agglomère en masses ovoïdes, qui se condensent peu à peu vers le centre; un noyau central se forme, une étoile nouvelle est créée: telles sont les nébuleuses stellaires.

Ainsi était notre soleil dans les temps primitifs : étoile naissante, entourée d'une immense atmosphère, douée d'un mouvement de rotation sur elle-même. Par un refroidissement et une concentration ultérieure, des dépôts se sont formés successivement dans cette atmosphère, à différentes distances et dans le plan de l'équateur général du système : ce sont les planètes; et ainsi s'expliquent leur disposition à peu près dans un même plan, leur mouvement sensiblement circulaire dans le même sens, et aussi leur rotation sur elles-mêmes. D'autres dépôts moins considérables se sont formés loin de l'équateur : ce sont les comètes. Nous voyons sans doute dans la lumière zodiacale le reste de cette nébulosité, origine de notre système solaire.

Quelquefois, dans la masse nébuleuse diffuse se déterminent deux ou plusieurs centres de condensation, et alors se forme une étoile double ou multiple. Quand la condensation a lieu uniformément dans toute la masse, on a une nébuleuse planétaire, origine d'un soleil isolé.

Neige. — Voyez *Phénomènes atmosphériques*.

Neper (JEAN), baron écossais, célèbre par l'invention des logarithmes, né en 1550, mort en 1618. Dans son ouvrage intitulé : *Mirifici logarithmorum canonis descriptio*, 1614, il ne donna pas la théorie sur laquelle la table est fondée; ce fut son fils qui la publia en 1619. On doit encore au même savant les formules qui portent le nom d'*Analogies de Neper*, et deux formules générales pour la résolution des triangles sphériques rectangles.

Neptune. — Cette planète a été découverte en 1846, avec des circonstances extrêmement remarquables. M. Leverrier, dont elle a quelque temps porté le nom, s'attachant à ce fait déjà connu que les positions réelles d'Uranus ne s'accordaient jamais d'une manière précise avec celles que lui assignaient les tables astronomiques d'après la théorie, désaccord d'où l'on avait conclu l'existence d'une planète invisible qui, par son attraction, troublait les mouvements d'Uranus, s'attacha à déterminer par le calcul la masse, la position et tous les éléments d'une planète propre à produire les perturbations dont il s'agissait, et il finit par assigner une région céleste assez étroite dans laquelle l'astre hypothétique devait être confiné. Cette région fut immédiatement explorée par les astronomes et on finit par y découvrir une sorte de petite étoile de 9e grandeur qui manifesta tous les caractères de la planète cherchée. On comprend tout ce qu'a de merveilleux une nouvelle découverte faite *à priori*, et quel poids elle ajoute aux démonstrations d'ailleurs si complètes du système de l'attraction céleste. Neptune n'est visible qu'au moyen de fortes lunettes. La durée de sa révolution sidérale doit être de 165 ans, presque double par conséquent de celle d'Uranus; quant à la durée de sa rotation probable sur son axe, on n'a pu encore la déterminer. On lui a découvert un satellite qui fait sa révolution en 6 jours environ.

Neptune (ASCENSION DROITE, DÉCLINAISON, LONGITUDE ET LATITUDE DE). — Les éléments de cette nature, qui servent à déterminer la position de l'astre dans l'espace, peuvent se calculer d'après la méthode que nous avons exposée lorsque nous avons traité des positions de la lune (page 352).

Newton (ISAAC), très-célèbre mathématicien, physicien et astronome, né à Woolsthorpe (Lincoln), le 25 décembre 1642, mort le 20 mars 1727.

Les travaux que Newton entreprit sont considérables; il s'est appliqué à la solution d'une foule de problèmes très-délicats et très-difficiles qu'aucun autre avant lui n'avait entrevus ou osé aborder. Son génie inventif lui fit découvrir bien des choses nouvelles dont il se servit avec bonheur pour élargir le cercle des connaissances astronomiques, auxquelles il fit faire des progrès immenses.

Il ne perdait aucune occasion de s'instruire, il interrogeait la nature jusque dans ses moindres détails; le hasard même lui venait quelquefois en aide, et il savait en profiter. Ainsi, la chute d'une pomme attira un jour son attention sur la pesanteur : il se demanda si c'est la même cause qui retient la lune dans l'orbite qu'elle décrit autour de la terre et les planètes dans leurs orbites autour du soleil. Une des lois de Képler lui fait découvrir que, pour les planètes, la force centrifuge varie en raison inverse du carré de leur distance au soleil : il en conclut qu'il en est de même de la pesanteur solaire. Pour appliquer ces résultats à la lune, il avait besoin d'une mesure exacte du rayon terrestre : cet élément lui manqua jusqu'en 1682, et il s'arrêta, sans communiquer ses pensées à personne. Vers le même temps, des expériences sur la réfraction de la lumière à travers les prismes lui firent découvrir la composition de la lumière. Lorsque Picard eut donné la mesure d'un degré du méridien, Newton reprit ses anciens calculs sur le mouvement de la lune; cette fois, l'accord entre sa théorie et l'observation ne laissa rien à désirer.

Généralisant son principe, il eut la satisfaction d'en voir découler l'explication d'une foule de vérités qui n'avaient pu jusqu'alors être démontrées; il vit la cause des marées, donna une solution du problème de la précession des équinoxes.

Newton posséda jusqu'à l'âge de 80 ans une santé égale, qu'il dut à sa sobriété et à sa tempérance. Alors il la sentit s'affaiblir, et au commencement de 1727 il fut attaqué de la pierre. Les cruels accès qui terminèrent ses jours ne lui arrachèrent ni plaintes ni murmures. Enfin, il s'endormit à 85 ans dans la paix qu'il avait cherchée.

Pope lui fit une épitaphe en vers anglais, qui ont été traduits en notre langue de la manière suivante :

L'épaisse nuit régnait sur le monde encore brut;
Dieu dit : *Que Newton soit*.... soudain le jour parut.
Pour second créateur, tout l'univers le nomme ;
Interrogez le ciel, la nature, le temps :
C'est un dieu, diront-ils, il ne craint rien des ans....
Hélas ! ce marbre seul atteste qu'il fut homme.

Nicolet, astronome français, est surtout connu par les calculs auxquels il s'est livré, de concert avec M. Brousseau, pour déterminer la valeur de l'aplatissement de la terre.

Niveau apparent et niveau vrai. — Le niveau apparent, qui est établi suivant une ligne parallèle à l'horizon, se trouve toujours plus élevé que le niveau vrai qui est calculé suivant la sphéricité de la terre. Cette différence de niveau varie avec le double carré des distances divisé par le diamètre moyen de la terre augmenté du carré de la distance due à la réfraction pour une hauteur de niveau égale à l'unité.

Soit h la hauteur du niveau apparent; h' la hauteur du niveau vrai; d la distance entre deux points nivelés; R le rapport de la distance d à la hauteur h prise pour unité : quantité égale à 3568m,248 (prob. xv, page 318) (1); r l'expression de la réfraction, c'est-à-dire la distance donnée par la réfraction, en supposant la hauteur h égale à l'unité : quantité égale à 4155m,431.

Comme la différence de niveau varie proportionnellement au double carré des distances divisé par le diamètre moyen de la terre augmenté du carré de la distance due à la réfraction pour une hauteur de niveau égale à l'unité, on aura

$$h' = h - \left(\frac{2\,d^2}{R^2 + r^2}\right)$$

mais $R^2 + r^2 = 30000000$, on aura donc

$$h' = h - \left(\frac{2\,d^2}{30000000}\right) \text{ ou simplement } h' = h - \left(\frac{0{,}0000002\,d^2}{3}\right)$$

Ainsi, en tenant compte de la réfraction, le niveau apparent est au-dessus du niveau vrai de la quantité exprimée par le deuxième membre de l'équation.

Pour faciliter les opérations, on a dressé des tables très-commodes où l'on trouve immédiatement, en regard de chaque distance, les différences entre le niveau apparent et le niveau vrai. Ces tables sont d'un usage facile, et leur emploi n'exige aucun calcul.

Nœud de la lune. — Voyez *Longitude*, page 335.

Nœud des planètes. — Voyez *Longitude*, page 335; *Mouvement*, pages 399 et suivantes.

Nœud marin. — Voyez *Mille géographique*, page 379.

Nombre d'or. — Voyez *Calendrier*, page 82.

Nord. — Voyez *Méridien*, page 368.

Nuage. — Voyez *Phénomènes atmosphériques.*

Nuits (INÉGALITÉ DES). — Voyez *Durée du jour et de la nuit*, page 293.

Nutation. — Le mouvement de précession, dont nous avons décrit les principaux effets (page 212), n'est pas uniforme; il est soumis à des inégalités qui varient avec le temps. D'autre part, l'angle que fait l'axe de la terre avec l'axe de l'écliptique n'est pas constant; il éprouve des variations

(1) R^2 est égal au diamètre moyen de la terre.

très-petites qui font que l'axe de la terre s'éloigne et se rapproche alternativement de l'axe de l'écliptique. C'est ce double phénomène d'oscillation du point équinoxial et de balancement de l'axe de la terre que l'on désigne sous le nom de *nutation*.

La nutation fait varier périodiquement l'obliquité de l'écliptique, laquelle éprouve, comme nous l'avons vu (page 201), une diminution séculaire de 48″,4.

Nutation de l'équinoxe et de l'obliquité. — La variation périodique de l'équateur par rapport à l'écliptique consiste en un mouvement périodique sur l'écliptique des points d'intersection de l'équateur et de l'écliptique, et dans une variation périodique de l'obliquité.

Si nous représentons par ☊ la longitude du nœud ascendant de l'orbite lunaire sur l'écliptique, par ☉ la longitude du soleil, par ☾ la longitude de la lune, par P la longitude du périgée solaire, par P′ la longitude du périgée lunaire, par N λ la nutation en longitude, par N ω la nutation en obliquité, et par t le nombre des années écoulées depuis l'an 1800, nous aurons :

$$(A)\ N\lambda = \begin{cases} -(17'',2405 + 0'',000172.t) \sin ☊ + 0'',2073 \sin 2 ☊ \\ -(1'',2692 + 0'',000001.t) \sin 2 ☉ - 0'',2041 \sin 2 ☾ \\ +(0'',1279 - 0''000004.t) \sin(☉ - P) - 0'',0213 \sin(☉ + P) \\ +0'',0677 \sin(☾ - P'). \end{cases}$$

$$(B)\ N\omega = \begin{cases} +(9'',2231 + 0'',000009.t) \cos ☊ - (0'',0897 - \\ \quad 0'',000001.t) \cos 2 ☊ \\ +(0'',5509 - 0'',000003.t) \cos 2 ☉ + (0'',0886 - \\ \quad 0'',000001.t) \cos 2 ☾ \\ +(0'',0093 - 0'',000001.t) \cos(☉ + P) \end{cases}$$

Nutation en ascension droite et en déclinaison. — Représentons l'ascension droite d'une étoile par α, sa déclinaison par δ, sa longitude par λ et l'obliquité de l'écliptique par ω, nous aurons pour quotient de deux valeurs différentielles de ces quantités divisées l'une par l'autre, et convenablement combinées :

$$\frac{d\alpha}{d\lambda} = \cos\omega + \sin\omega \operatorname{tang}\delta \sin\alpha$$

$$\frac{d\alpha}{d\omega} = -\cos\alpha \operatorname{tang}\delta$$

$$\frac{d\delta}{d\lambda} = \cos\alpha \sin\omega$$

$$\frac{d\,\delta}{d\,\omega} = \sin\alpha$$

$$\frac{d^2\,\alpha}{d\lambda^2} = \sin^2\omega \left(\frac{\sin 2\,\alpha}{2} + \cot\omega \cos\alpha \,\text{tang}\,\delta + \sin 2\,\alpha \,\text{tang}\,\delta\right)$$

$$\frac{d^2\,\alpha}{d\lambda\, d\omega} = -\sin\omega\,(\cos^2\alpha - \cot\omega \sin\alpha \,\text{tang}\,\delta + \cos 2\,\alpha \,\text{tang}^2\,\delta)$$

$$\frac{d^2\,\alpha}{d\omega^2} = -\left(\frac{\sin 2\,\alpha}{2} + \sin 2\,\alpha \,\text{tang}^2\,\delta\right)$$

$$\frac{d^2\,\delta}{d\lambda^2} = -\sin^2\omega \sin\alpha\,(\cot\omega + \sin\alpha \,\text{tang}\,\delta)$$

$$\frac{d^2\,\delta}{d\lambda\, d\omega} = \sin\omega \cos\alpha\,(\cot\omega + \sin\alpha \,\text{tang}\,\delta)$$

$$\frac{d^2\,\delta}{d\omega^2} = -\cos^2\alpha \,\text{tang}\,\delta$$

Représentons maintenant par $\alpha' - \alpha$ l'expression de la nutation en ascension droite, par $\delta' - \delta$ l'expression de la nutation en déclinaison, et prenons pour $N\lambda$ et $N\omega$ les valeurs données par les équations (A) et (B), nous aurons pour la nutation en ascension droite et en déclinaison :

$$\alpha' - \alpha = \frac{d\,\alpha}{d\lambda} N\lambda + \frac{d\,\alpha}{d\omega} N\omega + \frac{1}{2}\frac{d^2\,\alpha}{d\lambda^2} N\lambda^2 + \frac{d^2\,\alpha}{d\lambda\, d\omega} N\lambda\, N\omega + \frac{d^2\,\alpha}{d\omega^2} N\omega^2$$

$$\delta' - \delta = \frac{d\,\delta}{d\lambda} N\lambda + \frac{d\,\delta}{d\omega} N\omega + \frac{1}{2}\frac{d^2\,\delta}{d\lambda^2} N\lambda^2 + \frac{d^2\,\delta}{d\lambda\, d\omega} N\lambda\, N\omega + \frac{d^2\,\delta}{d\omega^2} N\omega^2$$

Nutation (ELLIPSE DE). — On peut se faire aisément une idée de la nutation, en la réduisant à son premier terme, qui est d'ailleurs le plus important. On a alors

$$\sin\omega\, N\lambda = -10'',05 \cos 2\,\omega \sin \text{☊}$$
$$N\omega = -10'',05 \cos 2\,\omega \cos \text{☊}$$

Par l'effet de la précession luni-solaire, le pôle de l'équateur décrit autour du pôle de l'écliptique un petit cercle dont le rayon est ω. Considérons maintenant, dans le plan tangent mené au pôle moyen d'un certain temps, un système de coordonnées rectangulaires dans lequel l'axe des x soit tangent au cercle de latitude, et désignons par x et y les coordonnées du pôle vrai, nous aurons $y = \sin\omega\, N\lambda$, $x = N\omega$ et, par suite, en remplaçant dans l'équation la quantité $10'',05$ par C,

$$y^2 = C^2 \cos 2\,\omega - \frac{\cos^2 2\,\omega}{\cos^2\omega}\, x^2$$

Le pôle vrai décrit donc autour du pôle moyen une ellipse dont le demi grand axe est C cos ω, et le demi petit axe C cos 2 ω : cette ellipse s'appelle *ellipse de nutation*. Pour obtenir la position du pôle vrai sur cette ellipse, on mène dans le plan de l'ellipse un cercle concentrique de diamètre égal au grand axe ; on imagine qu'un rayon de ce cercle le décrive, pendant la révolution des nœuds de la lune, d'un mouvement uniforme et rétrograde, de telle sorte que ce rayon coïncide avec la portion du demi grand axe la plus rapprochée de l'écliptique, toutes les fois que le nœud ascendant de la lune coïncide avec l'équinoxe du printemps. On abaisse ensuite par l'extrémité de ce rayon une perpendiculaire sur le grand axe de l'ellipse, et le point où cette perpendiculaire coupe la circonférence de l'ellipse est le lieu vrai du pôle de la terre.

Objectif. — Une lunette astronomique se compose d'un tube, aux deux extrémités duquel sont placés deux verres lenticulaires : un grand et un petit. Le grand, dirigé vers l'objet, est appelé pour cette raison *objectif*; le petit, derrière lequel se place l'œil de l'observateur, se nomme *oculaire*.

Obliquité de l'écliptique. — Voyez *Ecliptique*, page 201.

Observatoire. — C'est le nom que l'on donne à un établissement destiné spécialement aux observations astronomiques. Nous connaissons aujourd'hui 79 établissements de ce genre ; on en trouve la désignation et la position dans la *Connaissance des Temps* pour 1871, pages 412 et 413.

Occident. — C'est l'un des quatre points cardinaux ; il est opposé à l'*orient* (voyez *Méridien*, page 368).

Occultation. — C'est la disparition momentanée d'une étoile ou d'une planète cachée par la lune.

Pour faciliter le calcul de l'occultation dans un lieu dont on connaît la longitude et la latitude, on trouve dans la *Connaissance des Temps* les deux latitudes extrêmes entre lesquelles le phénomène peut être observé, ainsi que les valeurs de certaines quantités h, p, q, q', qui dépendent de la position géocentrique de la lune à l'époque T, temps moyen de Paris de la conjonction vraie en ascension droite, instant pour lequel on a toujours $p = 0$.

Ces quantités h, p, q, q', dont la signification est donnée dans le Mémoire de Bessel sur le calcul des occultations (*Astronomische Nachrichten*, n° 145), et d'autres quantités u, u', v, v', qui dépendent de la position de l'observateur sur le globe, et dont nous donnons plus bas les expressions, servent, comme nous allons l'indiquer, à calculer les circonstances de l'occultation pour le lieu donné.

Soient :

$\pm d$ la longitude du lieu par rapport à Paris, exprimée en temps ou en degrés : *positive* si le lieu est à l'est, *négative* s'il est à l'ouest;

$\pm \varphi$ la latitude géographique................ } latitude..... { boréale $+$
$\pm \varphi'$ la latitude géocentrique................. } { australe $-$

$\pm$ D la déclinaison de l'étoile............... déclinaison.. { boréale $+$ / australe $-$

$\pm h$ l'angle horaire de l'étoile à l'instant T de la conjonction vraie en ascension droite : *positif* si l'astre est dans l'ouest; *négatif* s'il est dans l'est ;

e l'excentricité d'un méridien terrestre, supposée constante pour tous les méridiens ;

r le rayon de la terre dans le lieu considéré.

On calculera d'abord par les formules suivantes log ($r \cos \varphi'$) et log ($r \sin \varphi'$) :

$$(1) \quad \left\{ \begin{array}{l} \sin \theta = e \sin \varphi, \ \log e = \bar{2}.9122052 \\ \log (r \cos \varphi') = \log \cos \varphi - \log \cos \theta \\ \log (r \sin \varphi') = (1{,}0848864) + \log \operatorname{tang} \theta \end{array} \right.$$

On calculera ensuite avec T, d et h l'angle horaire de l'étoile au moment de la conjonction vraie.

Puis on déterminera approximativement l'intervalle de temps τ qui sépare la conjonction vraie T de la conjonction apparente dans le lieu considéré, au moyen de l'expression

$$\tau = \frac{A}{\mu . f - B}$$

τ est exprimé en unité d'heure,

$$f = \frac{0{,}4256}{\cos \varphi'}$$

Les quantités A et B sont données dans la table suivante, qui sert à ramener le temps moyen de la conjonction vraie en ascension droite au temps moyen de la conjonction apparente.

L'argument de cette table est l'angle horaire de l'étoile à l'instant de la conjonction vraie.

A est toujours de même signe que l'angle horaire;

B est *positif* lorsque l'angle horaire est moindre que 6 heures ;
négatif quand l'angle horaire est plus grand que 6 heures ;

μ désigne le mouvement horaire de la lune en ascension droite exprimé en secondes de temps pour l'instant T, ou le mouvement relatif si l'astre occulté est une planète.

Table pour ramener le temps moyen de la conjonction vraie en ascension droite au temps moyen de la conjonction apparente

ANGLE HORAIRE de l'étoile AU MOMENT DE LA CONJONCTION VRAIE		A	B	ANGLE HORAIRE de l'étoile AU MOMENT DE LA CONJONCTION VRAIE		A	B
h m	h m			h m	h m		
0. 0	12. 0	0	26	3. 0	9. 0	71	19
0.10	11.50	4	26	3.10	8.50	74	18
0.20	11.40	9	26	3.20	8.40	77	17
0.30	11.30	13	26	3.30	8.30	79	16
0.40	11.20	17	26	3.40	8.20	82	15
0.50	11.10	22	26	3.50	8.10	84	14
1. 0	11. 0	26	25	4. 0	8. 0	87	13
1.10	10.50	30	25	4.10	7.50	89	12
1.20	10.40	34	25	4.20	7.40	91	11
1.30	10.30	38	24	4.30	7.30	92	10
1.40	10.20	42	24	4.40	7.20	94	9
1.50	10.10	46	23	4.50	7.10	95	8
2. 0	10. 0	50	23	5. 0	7. 0	97	7
2.10	9.50	54	22	5.10	6.50	98	5
2.20	9.40	57	21	5.20	6.40	98	4
2.30	9.30	61	21	5.30	6.30	99	3
2.40	9.20	64	20	5.40	6.20	100	2
2.50	9.10	68	19	5.50	6.10	100	1
3. 0	9. 0	71	19	6. 0	6. 0	100	0

Le temps approché de la conjonction apparente dans le lieu sera

$$T + \tau + d$$

Cela fait, on calculera les quantités (p), (q) et (h), qui doivent être employées dans le calcul de l'occultation, par les formules

$$(2) \quad (p) = p'\tau, \qquad (q) = q + q'\tau, \qquad (h) = h + d + \tau_1 - 15\,\mu'\tau$$

τ_1 désigne la valeur en arc de l'intervalle τ *préalablement converti en temps sidéral*, $15\mu'\tau$ la variation que subit l'ascension droite pendant l'intervalle τ si l'astre occulté est une planète. Cet angle horaire de l'astre (h) correspond au temps $T+\tau\pm d$, temps moyen du lieu compté de midi.

Enfin on déterminera les quantités u, u', v, v', qui dépendent de la position du lieu, à l'aide des formules

$$(3)\quad \left\{\begin{array}{ll} a=r\cos\varphi'\sin(h), & u=a, \\ b=r\cos\varphi'\cos(h), & u'=b\lambda, \\ c=r\sin\varphi'\cos D, & v=c-b\sin D, \\ & v'=a\lambda\sin D. \end{array}\right. \qquad \log\lambda=\bar{1}.41916.$$

Avec u, u', v, v' et les quantités (p), (q), p', q', on procédera comme il suit au calcul de l'occultation :

On cherchera d'abord les valeurs de M, N, m et n par les relations

$$(4)\quad \left\{\begin{array}{ll} m\sin M=(p)-u, & n\sin N=p'-u', \\ m\cos M=(q)-v, & n\cos N=q'-v', \end{array}\right.$$

dans lesquelles m et n doivent être positifs, condition qui détermine complètement les arcs M et N.

On calculera ensuite l'angle ψ, plus petit que 180 degrés, par l'expression

$$(5)\quad \cos\psi=\frac{m}{k}\sin(M-N),\ \log k=\bar{1}.43609;$$

puis les intervalles de temps t et t' compris entre l'époque $T+\tau\pm d$ et les instants de l'immersion et de l'émersion :

$$(6)\quad \left\{\begin{array}{l} t=-3600\,\dfrac{m}{n}\cos(M-N)-3600\,\dfrac{k}{n}\sin\psi, \text{ pour l'immersion,} \\ t'=-3600\,\dfrac{m}{n}\cos(M-N)+3600\,\dfrac{k}{n}\sin\psi, \text{ pour l'émersion.} \end{array}\right.$$

t et t' sont exprimés en secondes de temps.

On en conclura :

$$(7)\quad \left\{\begin{array}{ll} \text{pour le temps de l'immersion....} & I=T+\tau\pm d+t, \\ \text{pour le temps de l'émersion.....} & E=T+\tau\pm d+t'. \end{array}\right.$$

Enfin on a pour l'angle-pôle

$$(8)\quad \left\{\begin{array}{l} Q=270^\circ-(N+\psi) \text{ pour l'immersion} \\ Q'=270^\circ-(N-\psi) \text{ pour l'émersion.} \end{array}\right.$$

Si l'on trouvait pour cos ψ une valeur plus grande que 1, ou, ce qui revient au même, si l'on avait

$$\frac{m}{k} \sin(\text{M}-\text{N}) > 1$$

cette circonstance indiquerait ou qu'il y a appulse, c'est-à-dire que la lune passe près de l'étoile sans la cacher, ou que l'occultation a peu de durée. Mais il faut une approximation complète pour lever le doute et décider si réellement

$$\frac{m}{k} \sin(\text{M}-\text{N})$$

est plus grand que 1 : et dans ce cas il n'y a pas d'occultation, mais seulement *appulse*.

Lorsque l'astre qui doit être occulté par la lune est une planète, il faut, dans les formules précédentes, remplacer

$$k \text{ par } k \pm \frac{\sigma}{\pi}, \text{ et } \lambda \text{ par } \lambda - 0{,}0000727\,\mu'$$

où σ est le demi-diamètre de la planète, π la parallaxe horizontale équatoriale de la lune moins celle de la planète, μ' le mouvement horaire de la planète en ascension droite exprimé en secondes de temps, positif si le mouvement est direct, négatif s'il est rétrograde. Quant au double signe qui affecte

$$\frac{\sigma}{\pi}$$

on remarquera que le signe *plus* se rapporte à l'immersion du premier bord et à l'émersion du second, et le signe *moins* à l'immersion du second bord et à l'émersion du premier.

Nous allons appliquer ces formules au calcul de l'occultation de β^1 Scorpion, le 16 octobre 1871, à San-Francisco :

$$\begin{cases} \text{Longitude....}\ 8^h18^m58^s = 124^\circ44'28'' \text{ à l'ouest de Paris,} \\ \text{Latitude..} = 37^\circ49'\,27''\ \text{N.;} \end{cases}$$

Position de β^1 Scorpion *(Connaissance des Temps*, page 386) :

$$\begin{cases} \alpha = \quad 15^h57^m56^s, \\ \delta = -19^\circ27',0. \end{cases}$$

I. Par les formules (1) on trouve

$$\log(r\sin\varphi') = \bar{1}.78528+;\ \log(r\cos\varphi') = \bar{1}.89811\,;\ \varphi' = 37^\circ38',5\ \text{N.}$$

On a (*Connaissance des Temps*, page 390), pour les éléments du calcul de β' Scorpion, le 16 octobre 1871,

$T = 14^h 8^m 7^s$	$h = +177°41'$	$q = +0{,}9286$
	$\log p' = \bar{1}{,}76536$	$p' = +0{,}5826$
	$\log q' = \bar{1}{,}23356 -$	$q' = -0{,}1712$

II. On conclut de là l'angle horaire vrai de β' Scorpion à San-Francisco au moment de la conjonction vraie :

Angle horaire à Paris........................	$+177°41'$
Longitude du lieu...........................	$-124,45$ O.
Angle horaire à San-Francisco...............	$+52,56$
	$+3^h 31^m,7$

III. Avec l'angle horaire $+3^h 31^m,7$, la table précédente, page 414, donne $A = +79{,}51$ et $B = +15{,}83$. On a d'ailleurs, à l'instant T, $\mu = 147^s{,}41$ et, comme pour le lieu $\log f = \bar{1}{,}73033$, on en conclut $\mu f = 79{,}23$. La formule page 413 donne donc

$$\tau = \frac{+79{,}51}{79{,}23 - 15{,}83} = +1^h 15^m 15^s$$

$$\log \tau = 0{,}09833 +$$

IV. Le temps moyen approché de la conjonction apparente dans le lieu et l'angle horaire qui lui correspond seront alors

T..........	$14^h\ 8^m\ 7^s$	h..........	$+177°41'$
d..........	$-8.18.58$	d..........	-124.45
τ..........	$+1.15.15$	τ_1..........	$+18.52$
$T + d + \tau$...	$7.\ 4.24$	(h)........	71.48

V. Calcul de (p) et de (q), par les formules (2) :

$\log p' = \bar{1}.76536 +$	$\log q' = \bar{1}.23356 -$
$\log \tau = 0.09833 +$	$\log \tau = 0.09833 +$
$\log p'\tau = \bar{1}.86369 +$	$\log q'\tau = \bar{1}.33189 -$
$(p) = +0.7306$	$q'\tau = -0.2147$
	$q = +0.9286$
	$(q) = +0.7139$

VI. Calcul de u, u', v, v', par les formules (3) :

$\log r \cos\varphi' = \bar{1}.89811 +$	$\log r \cos\varphi' = \bar{1}.89811 +$
$\log \sin (h) = \bar{1}.97771 +$	$\log \cos (h) = \bar{1}.49462 +$
$\log a = \bar{1}.87582 +$	$\log b = \bar{1}.39273 +$
$a = u = +0.7513$	$\log \lambda = \bar{1}.41916 +$
	$\log u' = \bar{2}.81189 +$
	$u' = +0.0648$
$\log \sin\varphi' = \bar{1}.78528 +$	$\log b = \bar{1}.39273 +$
$\log \cos D = \bar{1}.97448 +$	$\log \sin D = \bar{1}.52242 -$
$\log c = \bar{1}.75976 +$	$\log b \sin D = \bar{2}.91515 -$
$c = +0.5751$	
$-b \sin D = +0.0823$	$\log a = \bar{1}.87582 +$
$v = +0.6574$	$\log \lambda = \bar{1}.41916 +$
	$\log \sin D = \bar{1}.52242 -$
$v' = -0.0657$	$\log v' = \bar{2}.81740 -$

VII. Calcul de M, N, m, n, par les formules (4) :

$(p) - u = -0.0207$	$\log m \sin M = \bar{2}.31597 -$
$(q) - v = +0.0565$	$\log m \cos M = \bar{2}.75205 +$
$M = 339°53'$	$\log \tan M = \bar{1}.56392 -$
$\log m = \bar{2}.77939 +$	$\log \cos M = \bar{1}.96266 +$
$p' - u' = +0.5178$	$\log n \sin N = \bar{1}.71416 +$
$q' - v' = -0.1055$	$\log n \cos N = \bar{1}.02325 -$
$N = +101°31'$	$\log \tan N = 0.69091 -$
$\text{co-log}\, n = 0.27701$	$\log \sin N = \bar{1}.99117 +$
$\log k = \bar{1}.43609 +$	
$\log \frac{k}{n} = \bar{1}.71310 +$	

VIII. Calcul de ψ, t, t', Q et Q', par les formules (5), (6), (7) et (8) :

$$M - N = 238°22'$$

$$\log m = \bar{2}.77939 +$$
$$\text{co-log}\, k = 0.56391 +$$
$$\log \sin (M - N) = \bar{1}.93014 +$$
$$\log \cos \psi = \bar{1}.27344 -$$

$$\log \sin \psi = \bar{1}.99221 +$$
$$\log \frac{k}{n} = \bar{1}.71310 +$$
$$\pm 3600 = \log \quad 3.55630 \pm$$
$$3.26161 \pm$$
$$\mp 0^h 30^m 27^s$$
$$+ 0.\ 3.35$$
$$t \ - 0.26.52$$
$$t' + 0.34.\ 2$$

$$\psi = 100°49'$$
$$N = 101.31$$

$$N + \psi = 202°20'$$
$$270.\ 0$$
$$N - \psi = \quad 0.42$$

Angles-pôle $\begin{cases} Q = \ 67.40 \\ Q' = 269.18 \end{cases}$

$$-3600 = 3.55630 -$$
$$\log m = \bar{2}.77939 +$$
$$\text{co-log}\, n = 0.27701 +$$
$$\cos (M - N) = \bar{1}.71973 -$$
$$2.33243 +$$
$$+ 0^h 3^m \ 35^s$$

	Immersion	Émersion
$T + d + \tau$	$7^h\ 4^m 24^s$	$7^h\ 4^m 24^s$
t............	$-0.26.52$	$t' = 0.34.\ 2$
I............	6.37.32	E = 7.38.26
Q............	68°	Q'... 269°

Ces temps de l'immersion et de l'émersion sont exacts à la minute, ce qui suffit pour se préparer à l'observation.

Occultations des planètes et des étoiles par la lune, visibles à Paris. — On trouve dans la *Connaissance des Temps* le tableau des occultations ou des appulses des planètes, et des étoiles jusqu'à la sixième grandeur inclusivement, visibles à Paris. L'immersion et l'émersion sont données à la minute, en temps moyen et en temps sidéral. Pour se préparer à l'observation, il est nécessaire de connaître les points du disque lunaire où doivent avoir lieu l'immersion et l'émersion ; ils sont déterminés soit par l'angle que font entre eux les grands cercles menés du centre de la lune au pôle et à l'étoile (angle-pôle), soit par l'angle des grands cercles menés du centre de la lune au zénith et à l'étoile (angle-zénith). Ces angles, vus dans une lunette qui renverse les objets, sont comptés sur la circonférence du disque lunaire, en haut, de gauche à droite, c'est-à-dire dans le sens du mouvement des aiguilles d'une montre : le point zéro pour l'angle-pôle est à l'intersection du disque lunaire et de l'arc passant par le pôle du monde et le centre apparent de la lune ; et pour l'angle-zénith, à l'intersection du disque et de l'arc passant par le zénith et le centre apparent de la lune.

Octant. — On désigne ainsi : 1° un instrument d'observation astronomique qui comprend un secteur de cercle de 45 degrés; 2° une des constellations de la partie australe du ciel, et qui est placée précisément au pôle austral, au-dessous du Paon et de l'Indien.

On donne aussi ce nom à quatre des phases de la lune.

Oculaire. — C'est le plus petit des verres placés aux extrémités d'une lunette astronomique (voyez *Objectif*).

Olbers (HENRI-GUILLAUME-MATHIAS), médecin et astronome, né à Arbergen, près de Brême, en 1758, mort à Brême en 1840, a découvert deux planètes, *Pallas* en 1802, et *Vesta* en 1807. Il a émis l'idée que les petites planètes sont les éclats d'une plus grande qui a fait explosion; cette hypothèse, qui l'a dirigé dans la recherche de *Vesta*, n'a pas été admise par les astronomes. Olbers fut nommé associé étranger de l'Académie des Sciences de Paris en 1829. On trouve quelques écrits de lui dans la *Correspondance mensuelle* du baron de Zach, et dans les *Nouvelles astronomiques* de Schumacher.

Ombre. — C'est l'obscurité produite par un corps opaque qui intercepte les rayons lumineux.

Ombre (CÔNE D'). — Voyez *Eclipse de lune; Eclipse de soleil.*

Ombres (PROBLÈME DES). — Voyez *Gnomonique*.

Ondulation. — L'ondulation consiste en un mouvement oscillatoire ou de vibration, tel que le roulis à la surface des eaux, le flux et le reflux de la mer, la propagation du son, de la lumière, de la chaleur.... On admet que le son se propage dans l'air par des sortes de vibrations concentriques semblables aux ondes formées à la surface d'une eau tranquille par la chute d'un corps. La même hypothèse s'applique aux phénomènes de la lumière et de la chaleur.

Pour de plus amples explications, nous renvoyons nos lecteurs aux traités spéciaux sur la matière et notamment au cours de physique adopté pour l'enseignement des élèves de l'école polytechnique.

Opposition. — C'est l'aspect de deux astres, sous lequel ils sont éloignés l'un de l'autre de six signes ou de 180 degrés.

Orbite. — C'est le nom que l'on donne à la courbe que décrit le centre d'une planète dans son mouvement de révolution autour du soleil, d'occident en orient. Les orbites sont elliptiques et non circulaires, comme on l'avait cru jusqu'à Képler, qui a levé toute espèce de doute à cet égard.

Orbite de la lune. — La courbe que décrit la lune autour de la terre perce le plan de l'écliptique E E′ (*fig.* 52) en deux points N N′ que l'on nomme les *nœuds*. Cette courbe est l'orbite de la lune ; elle est sensiblement plane.

Soit L une position quelconque de la lune. Du point L abaissons un arc de grand cercle L K, perpendiculaire à l'écliptique ; cet arc L K est la latitude de la lune, et l'arc d'écliptique O K en est la longitude. On connaît ces deux coordonnées ; on connaît aussi l'arc N K, différence entre la longitude de la lune et celle du nœud; on peut donc, dans le triangle sphérique L N K, calculer l'angle N. Si l'on répète le même calcul dans chacune des positions de la lune, on trouve pour l'angle N une valeur à peu près constante ; on en conclut que la courbe décrite par la lune autour de la terre est sensiblement plane. L'angle constant N mesure l'*inclinaison* de l'orbite lunaire sur le plan de l'écliptique ; cette inclinaison est de 5°9′ en moyenne.

La lune ne s'écarte jamais beaucoup de l'écliptique; sa plus grande latitude boréale ou australe ne dépasse pas 5°20′.

Dans le triangle sphérique L N K, calculons de même le côté N L, c'est-à-dire l'angle que fait, avec la ligne du nœud ascendant T N, le rayon vecteur T L mené du centre de la terre au centre de la lune. Prenons ensuite des longueurs inversement proportionnelles aux valeurs du diamètre apparent, nous pourrons dessiner sur le papier la courbe décrite par la lune dans le plan de son orbite. Cette courbe est une ellipse dont la terre occupe l'un des foyers. L'excentricité de cette ellipse est de $\frac{1}{18}$ environ, ou plus exactement de 0,0549.

Le mouvement de la lune sur l'ellipse s'effectue suivant la loi des aires; c'est-à-dire que le rayon vecteur (ligne menée du centre de la terre au centre de la lune) décrit des aires égales dans des temps égaux.

Représentons par $d\lambda$ la différence entre la longitude de la lune et celle du nœud (1), par φ la latitude de la lune, par i l'angle d'inclinaison que fait l'orbite lunaire avec l'écliptique, nous aurons :

$$\text{tang } i = \frac{\text{tang } \varphi}{\sin d\lambda}$$

Représentons en outre par a le côté N L, c'est-à-dire l'angle que fait avec la ligne du nœud ascendant T N, le rayon vecteur T L, nous aurons également

$$\cos a = \cos d\lambda \cos \varphi$$

Remarque. — On calculerait de même l'inclinaison des orbites des planètes et l'angle que font entre eux la ligne du nœud ascendant et le rayon vecteur, en prenant les valeurs φ et $d\lambda$ relatives à ces planètes.

Calcul de la latitude. — Les valeurs i et $d\lambda$ étant connues, la première des équations qui précèdent donnerait la latitude de la lune par cette autre expression :

$$\text{tang } \varphi = \text{tang } i \sin d\lambda$$

Lorsque la longitude ☾ de la lune surpasse de 180° la longitude ☊ du nœud ascendant, la latitude de la lune est nulle.

Ainsi, pour ☾ — ☊ = 180° + ☊, on a $\varphi = o$

Par conséquent, si l'on a

☾ — ☊ plus petit que 180° + ☊, on aura — φ (*latitude boréale*),
☾ — ☊ plus grand que 180° + ☊, on aura — φ (*latitude australe*).

Exemples

I. — Soit ☾ = 7°23′46″, et ☊ = 93°41′53″
On a ☾ — ☊ = 273°41′53″, et 180° + ☊ = 273°41′53″
Mais ☾ — ☊ est égal à 180° + ☊, donc la latitude est nulle, ou $\varphi = o$

II. — Soit ☾ = 181°49′27″, et ☊ = 92°10′47″.
On a ☾ — ☊ = 89°30′40″, et 180° + ☊ = 272°10′47″
Mais ☾ — ☊ est plus petit que 180° + ☊, donc la latitude est boréale.

---

(1) $d\lambda = \begin{cases} ☾ — ☊, \text{ si ☾ est plus grand que ☊} \\ ☊ — ☾, \text{ si ☾ est plus petit que ☊} \end{cases}$

☾ est la longitude de la lune et ☊ la longitude de son nœud ascendant.

III. — Soit ☾ $= 15°34'6''$, et ☊ $= 91°32'41''$

On a ☾ — ☊ $= 284°1'25''$, et $180°$ + ☊ $= 271°32'41''$

Mais ☾ — ☊ est plus grand que $180°$ + ☊, donc la latitude est australe.

Orbite de la terre. — L'orbite de la terre n'est autre que l'écliptique que nous avons décrit page 200. Lorsque nous avons dit que l'écliptique est le cercle que paraît décrire le soleil sur la sphère céleste dans l'espace d'une année, nous n'avons raisonné qu'au point de vue du mouvement apparent (page 385); car, en réalité, ce n'est pas le soleil qui tourne autour de la terre, mais bien la terre qui tourne autour du soleil, et l'écliptique est bien l'orbe décrit par la terre autour de l'astre radieux qui lui distribue la lumière et la chaleur.

Admettre une hypothèse contraire, ce serait tomber dans le même aveuglement que les anciens, mais avec cette différence que, pour les anciens qui ne connaissaient pas les lois de la gravitation universelle, leur ignorance au moins était excusable. Pour nous, qui avons étudié ces lois, une pareille hypothèse ne serait pas soutenable : non-seulement elle serait en opposition avec tous les phénomènes observés jusqu'ici, mais encore avec le simple bon sens; car il serait impossible d'admettre aujourd'hui, sans faire injure à la science et choquer la raison, qu'une masse comme le soleil puisse se déplacer constamment pour tourner autour d'un atome comme la terre.

Orbite des planètes. — Les orbites des planètes sont des ellipses (page 421), dont le soleil occupe l'un des foyers.

Quand on connaît la longitude du nœud d'une planète et l'inclinaison de son orbite, c'est-à-dire l'angle que fait cette orbite avec l'écliptique, on peut calculer à chaque instant, au moyen de la longitude et de la latitude géocentriques, déduites de l'observation, la longueur du rayon vecteur (ligne allant du centre du soleil au centre de la planète) et l'angle que fait ce rayon vecteur avec la ligne du nœud ascendant. A l'aide de ces deux coordonnées, on peut tracer la courbe décrite par la planète; on obtient ainsi les deux premières lois de Képler (page 328), à savoir : 1° que les courbes décrites par les planètes sont des ellipses dont le soleil occupe un foyer; 2° que les aires décrites par le rayon vecteur sont proportionnelles au temps.

Soit un triangle rectiligne dont les trois angles P, T, S représentent les positions respectives de la planète, de la terre et du soleil, et les trois côtés r, r' et ρ opposés à ces angles et représentant les distances de la terre au soleil (rayon vecteur de la terre), du soleil à la planète (rayon vecteur de la planète) et de la planète à la terre.

Mesurons l'angle T et prenons dans les tables astronomiques la longitude héliocentrique de la planète, la longitude géocentrique du soleil et le rayon vecteur de la terre, nous aurons par conséquent trois éléments connus : l'angle T déduit de l'observation, l'angle S égal à la différence des longitudes héliocentrique de la planète et géocentrique du soleil et le rayon vecteur r de la terre.

Faisons maintenant $M = 90° - \frac{1}{2} S$, et $N = M - T$, nous aurons pour le troisième angle $P = M + N = 180° - (S + T)$, et pour les distances

de la planète à la terre, $\rho = r \dfrac{\sin S}{\sin(S + T)}$.

du soleil à la planète, $r' = r \dfrac{\sin T}{\sin(S + T)}$

Orbites apparentes des étoiles. — Dans le cours d'une année, les étoiles décrivent autour de leurs positions moyennes une ellipse dont le demi grand axe est égal à la constante de l'aberration ($20'',445$, page 13), et le demi petit axe au produit de cette constante par le sinus de la latitude de l'étoile; en sorte que si l'on représente par a le demi grand axe de l'ellipse et par φ la latitude de l'étoile, on aura toujours

pour le demi grand axe, $a = 20'',445$
pour le demi petit axe, $b = a \sin \varphi$, ou $b = 20'',445 \sin \varphi$

Pour les étoiles situées dans le plan de l'écliptique, le demi petit axe est nul puisque $\varphi = o$. Elles décrivent donc, dans le cours d'une année, une ligne droite et parcourent sur l'écliptique $20'',445$ de chaque côté de leur position moyenne. Pour une étoile qui coïnciderait avec le pôle de l'écliptique, on aurait $\varphi = 90°$ et, par suite, les deux axes seraient égaux; dans l'espace d'un an, une pareille étoile décrirait donc autour de sa position moyenne un cercle de rayon égal à $20'',445$.

Il en est absolument de même pour l'aberration diurne. En vertu de cette dernière aberration, les étoiles décrivent dans un jour sidéral, autour de leur position moyenne, une ellipse dont le demi grand axe est $0'',311 \cos \lambda$ et le demi petit axe $0'',311 \cos \lambda \sin \delta$, où λ est la latitude géographique du lieu et δ la déclinaison de l'étoile.

Pour les étoiles équatoriales, cette ellipse se réduit à une ligne droite, tandis que pour une étoile qui coïnciderait avec le pôle du monde, elle deviendrait un cercle.

Orbites des comètes. — Rayons vecteurs dans l'ellipse. — Les comètes périodiques ont pour orbites des ellipses très-allongées dont le soleil occupe l'un des foyers (*Mouvement des comètes*, page 117).

Jusqu'à présent on a considéré le demi grand axe a d'une ellipse comme la moyenne de tous les rayons vecteurs, en nombre infini, que l'on peut mener d'un foyer de la courbe à tous les points de l'ellipse.

Aussi, dans les orbites planétaires, on donne habituellement pour distance moyenne d'une planète au soleil le demi grand axe de l'orbite, sans se préoccuper de la forme de l'ellipse, c'est-à-dire de son *petit axe*, ou, ce qui revient au même, de son *excentricité*.

D'après cette manière de considérer les choses, on a admis que dans l'ellipse très-excentrique P D A D′ (*fig.* 53), qui a son foyer au centre du cercle C D D′ C″ C′ et qui a son *grand axe* égal au diamètre du cercle, la *distance moyenne* de tous les points de l'ellipse au foyer F est égal à la distance moyenne de tous les points du cercle au même foyer F, c'est-à-dire est égal au rayon de ce cercle.

Cette moyenne n'est nullement celle que l'on doit considérer quand on suppose les rayons vecteurs distribués dans un certain ordre, bien que pris en *nombre infini*.

Le nombre de rayons vecteurs que l'on peut mener du foyer d'une courbe polaire à cette courbe ne dépend nullement de sa longueur.

Considérons, en effet, la droite O B (*fig.* 54) pouvant tourner autour du point O. Si l'on fixe à cette droite en A et A′ deux styles, et qu'on lui imprime un mouvement de rotation autour du point O, le style A′ engendrera la circonférence A′ C′ D′, et le style A la circonférence A C D; ces circonférences sont évidemment très-inégales. Or, dans le mouvement de la droite O B, le rayon vecteur de la grande circonférence A C D a nécessairement parcouru toutes les positions occupées par le rayon vecteur O A; le nombre de rayons vecteurs est donc le même dans les deux circonférences, bien que, pour nous servir d'une expression improprement admise, l'une des circonférences paraisse contenir plus de points que l'autre.

On voit donc que dans les *courbes polaires* le nombre de rayons vecteurs compris entre deux points A et B de la courbe dépend simplement de l'angle parcouru par le rayon pour passer de la position A à la position B, et nullement de la longueur de l'arc compris entre les deux points.

Ce qui constitue réellement la distinction entre les *courbes polaires* représentée par l'équation générale

$$r = f(\omega)$$

c'est que, pour chaque *variation* $d\omega$ de l'angle ω, le rayon vecteur r subit une *variation* correspondante dr telle, que la limite du rapport

$$\frac{dr}{d\omega}$$

est une fonction particulière de la variable ω et de certains paramètres, fonction qui dépend de $f(\omega)$.

On sait que l'équation polaire de l'ellipse est

$$r = \frac{a(1-e^2)}{1+e\cos\omega}$$

a étant le demi grand axe, e l'excentricité et ω l'angle que fait le rayon vecteur avec la ligne des absides.

Il est clair que si, dans cette expression, on fait varier ω depuis zéro jusqu'à 2π, par quantités égales aussi petites que l'on pourra, on obtiendra toutes les valeurs possibles du rayon vecteur. Soit r_0 le rayon vecteur moyen de l'ellipse, et b le demi petit axe de cette ellipse, on a

$$r_0 = \frac{a(1-e^2)}{\sqrt{1-e^2}}, \text{ ou } r_0 = a\sqrt{1-e^2} = b$$

Ainsi, dans l'ellipse, le demi petit axe b est la limite vers laquelle tend la moyenne arithmétique entre les rayons vecteurs également distribués tout autour du foyer et faisant entre eux des angles égaux de plus en plus petits.

Application numérique

Prenons une orbite très-excentrique, l'orbite de la comète de Halley, par exemple, et déterminons la moyenne de 72 rayons vecteurs de cette orbite, en supposant que ces rayons fassent entre eux un angle de 5 degrés.

Les éléments de cette orbite sont :

pour l'excentricité, $e = 0{,}9674$
pour le demi grand axe, $a = 17{,}95$
pour le demi petit axe, $b = 4{,}546$.

Dans les 72 rayons vecteurs à déterminer, nous en avons deux qui sont égaux ; l'un à la distance *périhélie*, l'autre à la distance *aphélie* (1), et deux

---

(1) La distance *périhélie* ou φ, qui correspond à

$$\omega = 0^\circ \text{ ou } 360^\circ, = \frac{a(1-e^2)}{1+e}$$

la distance *aphélie* ou φ', qui correspond à

$$\omega = 180^\circ, = \frac{a(1-e^2)}{1-e}$$

d'où l'on tire $a = \dfrac{\varphi(1+e)}{1-e^2} = \dfrac{\varphi'(1-e)}{1-e^2} = \frac{1}{2}(\varphi+\varphi')$

autres, correspondant à $\omega = 90^\circ$ et $\omega = 270^\circ$, qui sont égaux à $a(1-e^2)$; il nous reste donc 68 rayons vecteurs à calculer. Il suffit évidemment de déterminer les 34 rayons de la première moitié de l'ellipse, puisque les 34 autres sont égaux à ceux-ci.

En faisant varier dans la formule

$$\frac{1}{1+e\cos\omega}$$

ω depuis $+5^\circ$ jusqu'à $+85^\circ$, nous aurons 17 premiers nombres que nous désignerons par $\rho_1, \rho_2 \ldots \rho_{17}$ et leur somme par $\Sigma\rho$. En faisant varier dans la même formule, ω depuis $+95^\circ$ jusqu'à $+175^\circ$ ou, dans l'expression

$$\frac{1}{1-e\cos\omega}$$

ω depuis 85° jusqu'à 5°, nous aurons les 17 autres rayons que nous désignerons de même par $\rho'_1, \rho'_2 \ldots \rho'_{17}$ et leur somme par $\Sigma\rho'$.

On aura donc

$$r_0 = \left[\frac{a(1-e^2)}{72}\left(\frac{1}{1+e} + \frac{1}{1-e} + 2 + 2(\Sigma\rho + \Sigma\rho')\right)\right]$$

En faisant les opérations numériques, on trouverait :

ANGLES COMPTÉS du périhélie		RAYONS VECTEURS		ANGLES COMPTÉS du périhélie		RAYONS VECTEURS	
5°	355°	ρ_1	0.58353	95°	265°	ρ'_1	1.2517
10	350	ρ_2	0.58693	100	260	ρ'_2	1.3775
15	345	ρ_3	0.59248	105	255	ρ'_3	1.5289
20	340	ρ_4	0.60033	110	250	ρ'_4	1.7128
25	335	ρ_5	0.61067	115	245	ρ'_5	1.9387
30	330	ρ_6	0.62363	120	240	ρ'_6	2.2198
35	325	ρ_7	0.63939	125	235	ρ'_7	2.5748
40	320	ρ_8	0.65826	130	230	ρ'_8	3.0306
45	315	ρ_9	0.68054	135	225	ρ'_9	3.6275
50	310	ρ_{10}	0.70668	140	220	ρ'_{10}	4.4263
55	305	ρ_{11}	0.73630	145	215	ρ'_{11}	5.5221
60	300	ρ_{12}	0.77246	150	210	ρ'_{12}	7.0655
65	295	ρ_{13}	0.81353	155	205	ρ'_{13}	9.2990
70	290	ρ_{14}	0.86115	160	200	ρ'_{14}	12.6020
75	285	ρ_{15}	0.91659	165	195	ρ'_{15}	17.4790
80	280	ρ_{16}	0.98126	170	190	ρ'_{16}	24.2300
85	275	ρ_{17}	1.05700	175	185	ρ'_{17}	31.5910
		$\Sigma\rho$ =	12.42072			$\Sigma\rho'$ =	131.4772

D'où il résulte que la dernière équation donnerait pour la valeur moyenne du rayon vecteur de l'orbite de la comète de Halley $r_0 = 4{,}84935$. On voit par là que ce rayon approche beaucoup du demi petit axe de cette orbite, et qu'en général on pourra prendre le demi petit axe d'une ellipse quelconque pour le rayon vecteur moyen de cette ellipse.

Formule générale. — L'équation qui sert à calculer les rayons vecteurs des orbites des comètes périodiques, des planètes et des satellites, peut s'exprimer par une formule générale dans laquelle on représente par R le rayon vecteur, par a le demi grand axe de l'orbite, par e l'excentricité et par ω l'angle que fait le rayon vecteur avec le grand axe de l'orbite, à partir du périhélie, et l'on a

$$R = \frac{a(1 - e^2)}{1 \pm e \cos \omega}$$

On emploie $+ e \cos \omega$ si l'angle ω est compris entre 0° et 90°, ou entre 270° et 360°; on emploie $- e \cos \omega$ si l'angle ω est compris entre 90° et 180°, ou entre 180° et 270°.

Nous avons vu d'ailleurs (page 426) qu'au périhélie

$$R = \frac{a(1 - e^2)}{1 + e}$$

et qu'à l'aphélie

$$R = \frac{a(1 - e^2)}{1 - e}$$

Développement de l'ellipse. — On entend ici par développement d'une ellipse, la longueur de son périmètre.

Soit comme précédemment a le demi grand axe, b le demi petit axe et e l'excentricité de l'ellipse; si nous faisons

$$r = \frac{1}{2}\left[a(1 - e^2) + \frac{a(1 - e^2)}{1 + e}\right],\ m = a - r,\ \text{tang}\, B = \frac{m}{b},\ n = \frac{b}{\cos B} = \frac{m}{\sin B}$$

$$B' = 135^\circ - (90^\circ - B),\ M = 90^\circ - \tfrac{1}{2}B',\ \text{tang}\, N = \frac{n - r}{n + r} \cot \tfrac{1}{2}B'$$

nous aurons d'abord

$$A' = M + N,\ C' = M - N$$

et par suite

$$q = \frac{1}{2}\left[(n + r)\frac{\sin \frac{1}{2}B'}{\cos \frac{1}{2}(A' - C')}\right] = \frac{1}{2}\left[(n - r)\frac{\cos \frac{1}{2}B'}{\sin \frac{1}{2}(A' - C')}\right]$$

$$K = 90^\circ - (B + C'),\ Q = \tfrac{1}{2}K \text{ et } \rho = \frac{q}{\sin Q}$$

Si nous représentons par Δ le développement de l'ellipse, nous aurons

$$\Delta = \pi r + \frac{4 \pi \rho K}{180}$$

Dans cette équation, l'angle K sera toujours exprimé en degrés ; les minutes et les secondes seront converties en parties décimales du degré, à l'aide de la table ci-après ; ainsi, pour un angle de 15°20′10″ par exemple, on écrirait 15,336.

Surface ou *aire de l'ellipse.* — En représentant par S la surface de l'ellipse, cette surface sera donnée par l'équation

$$S = \left[\frac{4 \pi \rho K}{360} + \left(\frac{\pi r}{2} - 4 \gamma\right) - 2 a (\rho - b)\right]$$

dans laquelle

$$\gamma = \frac{r^2}{2}\left[\frac{\sin E}{\sin V} \sin (E + V)\right], \text{ et où } E = \left(\frac{180° - K}{2} - A'\right) \text{et } V = 135° - E$$

Dans le premier membre de l'équation, K a la même valeur que dans l'équation précédente, et est exprimé de la même manière, c'est-à-dire en degrés et parties décimales du degré.

Cette équation, comme on le voit, exige des calculs assez longs qui en rendent souvent l'application difficile ; aussi, pour simplifier, a-t-on presque toujours recours à cette autre formule

$$S = \pi a^2 \sqrt{1 - e^2}$$

qui est beaucoup plus simple et qui donne à peu près les mêmes résultats.

TABLE DE CONVERSION

des minutes en parties du degré

	0′	10′	20′	30′	40′	50′
0′	0,00000	0,16667	0,33333	0,50000	0,66667	0,83333
1	0,01667	0,18333	0,35000	0,51667	0,68333	0,85000
2	0,03333	0,20000	0,36667	0,53333	0,70000	0,86667
3	0,05000	0,21667	0,38333	0,55000	0,71667	0,88333
4	0,06667	0,23333	0,40000	0,56667	0,73333	0,90000
5	0,08333	0,25000	0,41667	0,58333	0,75000	0,91667
6	0,10000	0,26667	0,43333	0,60000	0,76667	0,93333
7	0,11667	0,28333	0,45000	0,61667	0,78333	0,95000
8	0,13333	0,30000	0,46667	0,63333	0,80000	0,96667
9	0,15000	0,31667	0,48333	0,65000	0,81667	0,98333
10	0,16667	0,33333	0,50000	0,66667	0,83333	1,00000

TABLE DE CONVERSION

des secondes en parties du degré

	0″	10″	20″	30″	40″	50″
0″	0,00000	0,00278	0,00556	0,00834	0,01112	0,01390
1	0,00028	0,00306	0,00584	0,00862	0,01140	0,01418
2	0,00056	0,00334	0,00612	0,00890	0,01168	0,01446
3	0,00083	0,00361	0,00639	0,00917	0,01195	0,01473
4	0,00111	0,00389	0,00667	0,00945	0,01223	0,01500
5	0,00139	0,00417	0,00695	0,00973	0,01251	0,01528
6	0,00167	0,00445	0,00723	0,01000	0,01279	0,01556
7	0,00194	0,00472	0,00750	0,01028	0,01306	0,01584
8	0,00222	0,00500	0,00778	0,01056	0,01334	0,01612
9	0,00250	0,00528	0,00806	0,01084	0,01362	0,01640
10	0,00278	0,00556	0,00834	0,01112	0,01390	0,01667

Orient. — C'est le nom que l'on donne à l'un des quatre points cardinaux, opposé à l'*occident* (voyez *Méridien*, page 368).

Ouest. — C'est un des quatre points cardinaux; il a la même signification qu'*occident*.

Ourse. — C'est le nom que l'on donne à deux constellations, *grande ourse* et *petite ourse*, qui sont placées tout près du pôle nord et qui, dans nos climats septentrionaux, demeurent toujours au-dessus de notre horizon.

Pape, astronome français, observa en Europe (1858), en même temps que Tuttle observait en Amérique, une comète qui venait de faire son apparition dans le ciel En rapprochant les éléments elliptiques de cette comète de ceux de la seconde comète de 1790, découverte à Paris par Méchain, on ne tarda pas à reconnaître qu'il y avait entre ces deux comètes une analogie parfaite et que, par conséquent, ce pouvait bien être la même. Cette hypothèse, en effet, fut complètement réalisée (voyez *Comète de Tuttle*, page 132).

Parallactique (MACHINE). — Voyez *Equatorial*, page 271.

Parallaxe. — On appelle *parallaxe* d'un astre l'angle sous lequel, du centre de l'astre, on voit le rayon de la terre; en d'autres termes, la parallaxe d'un astre est la moitié du diamètre apparent de la terre vue du centre de l'astre.

La parallaxe d'un astre dépend de la distance de l'astre au centre de la terre.

On distingue deux espèces de *parallaxes:* la *parallaxe horizontale* et la *parallaxe de hauteur*. Nous allons donner ici les formules usuelles qui servent à les calculer.

Soit r le rayon de la terre, d la distance du centre de la terre au centre de l'astre, p la parallaxe horizontale, on aura en général

$$\sin p = \frac{r}{d}$$

Comme l'arc p est très-petit, le sinus est sensiblement égal à l'arc lui-même; on a donc

$$p = \frac{r}{d}$$

Ainsi, l'arc qui mesure la parallaxe est égal au rayon de la terre divisé par la distance du centre de la terre au centre de l'astre.

La parallaxe d'un astre est d'autant plus petite que l'astre est plus éloigné de la terre. Nous indiquerons dans un instant les moyens par lesquels on détermine la parallaxe de la lune et celle du soleil. Quant aux étoiles, elles sont si éloignées de la terre que leur parallaxe est insensible.

La position que l'on attribue à un astre dans l'espace dépend évidemment de la position de l'observateur à la surface de la terre; d'autre part, le lieu occupé par un observateur se déplace, à cause de la rotation de la terre. Pour rendre les observations indépendantes de ces variations, on les rapporte au centre de la terre, soit A (*fig.* 55) la position de l'observateur à la surface de la terre, OZ la verticale du lieu; on imagine que l'observateur soit placé au centre de la terre en conservant la même verticale OZ Quand le soleil est à l'horizon en S, la distance zénithale observée ZAS est de 90 degrés; mais, pour l'observateur placé au centre de la terre, la distance zénithale ZOS est plus petite; elle est égale à ZAS, c'est-à-dire à 90 degrés, moins la parallaxe OSA que l'on nomme, pour cette raison, *parallaxe horizontale.* Supposons maintenant que le soleil soit en S′, à une certaine hauteur au-dessus de l'horizon, la distance zénithale observée est ZAS′; pour l'observateur placé au centre de la terre, la distance zénithale du soleil est l'angle ZOS′; or on a

$$ZOS' = ZAS' - OS'A.$$

Pour rapporter l'observation au centre de la terre, il faut donc, de la distance zénithale observée ZAS′, retrancher l'angle OS′A, que l'on appelle *parallaxe de hauteur.*

Connaissant la parallaxe horizontale, il est facile de calculer la parallaxe de hauteur; en effet, désignons par p la parallaxe horizontale, par r

le rayon de la terre, par d la distance de la terre au centre de l'astre, par p' la parallaxe de hauteur et par z la distance zénithale observée ZAS' : le triangle AS'O donne

$$\frac{\sin p'}{r} = \frac{\sin z}{d}$$

d'où l'on déduit

$$\sin p' = \frac{r}{d} \sin z$$

ou, en remplaçant le sinus de l'arc très-petit p' par l'arc lui-même,

$$p' = p \sin z.$$

Telle est la formule au moyen de laquelle on calcule la parallaxe de hauteur, quand on connaît la parallaxe horizontale.

Parallaxe annuelle des étoiles. — Nous avons dit (page 431) que les étoiles, à cause de leur grand éloignement de la terre, ont une parallaxe insensible. Ceci est vrai pour le plus grand nombre des étoiles ; mais pour quelques-unes d'entre elles, on peut encore en déterminer la parallaxe avec un certain degré d'approximation. Seulement, dans le cas qui nous occupe, le diamètre de la terre serait insuffisant pour établir un base d'observation, il faut donc opérer sur une base beaucoup plus étendue : pour cela, on prend le diamètre de l'orbite terrestre (1) et on rapporte les opérations au centre de la terre.

Soit la position d'une étoile en A (*fig.* 56) : en opérant sur le diamètre B C de l'orbite terrestre à deux époques opposées (aux deux équinoxes ou aux deux solstices), on déterminera les angles B et C et on aura dès lors un triangle rectiligne dont on connaîtra deux angles et le côté a opposé à l'angle A ; il sera donc facile de déduire l'angle A et les côtés b, c opposés aux angles B, C, puisque dans ce triangle, on a

$$A = 180^\circ - (B + C),\ b = \frac{a \sin B}{\sin A},\ c = \frac{a \sin C}{\sin A}$$

Prenons maintenant pour la distance du centre de la terre au centre de l'étoile

$$d = \frac{b + c}{2}$$

et désignons par p la parallaxe annuelle de l'étoile, nous aurons

$$p = 206265 \times \frac{1}{d}$$

(1) Le diamètre moyen de l'orbite terrestre, comparé au rayon de la terre pris pour unité, vaut 47387, et a pour logarithme 4,6756592.

Si nous faisons tang $x = d$, nous aurons également pour l'angle parallactique

$$p = 90^\circ - x$$

Parallaxe en longitude et en latitude (EXPRESSION DE LA). — Soient λ et φ la longitude et la latitude d'une étoile vue du soleil, p la parallaxe annuelle de cette étoile, r le rayon vecteur de la terre, $\odot$ la longitude du soleil, $\lambda' - \lambda$ et $\varphi' - \varphi$ l'expression de la parallaxe en longitude et en latitude, on aura

$$\lambda' - \lambda = -pr \sin(\lambda - \odot) \text{ séc } \varphi$$
$$\varphi' - \varphi = -pr \cos(\lambda - \odot) \sin \varphi$$

Parallaxe équatoriale horizontale de la lune. — La distance de la terre à la lune est de 60,273 rayons terrestres; or le rayon équatorial de la terre étant de 1435 lieues, il en résulte que la distance réelle de la terre à la lune est de $60{,}273 \times 1435 = 86492$ lieues. Si l'on fait cette distance égale à 1, on a pour le demi-diamètre équatorial terrestre

$$\frac{1435}{86492} = 0{,}01659113$$

En multipliant 86492 lieues par le rayon vecteur de la lune, on aura toujours la distance réelle de la terre à la lune.

Soit a le demi-diamètre équatorial de la terre comparé à la distance moyenne de la terre à la lune ramenée à l'unité, ou

$$a = \frac{1435}{86492}$$

r le rayon vecteur de la lune; p la parallaxe équatoriale horizontale de la lune ; on aura en général

$$\text{tang } p = \frac{a}{r} = \frac{0{,}01659113}{r}$$

Parallaxe équatoriale horizontale du soleil. — Le rayon vecteur de la terre étant 1, la distance réelle de la terre au soleil est de 34000000 lieues. En multipliant 34000000 lieues par le rayon vecteur de la terre, on aura toujours la distance réelle de la terre au soleil.

Soit a le demi-diamètre équatorial de la terre comparé à la distance moyenne de la terre au soleil ramenée à l'unité, ou

$$a = \frac{1435}{34000000}$$

r le rayon vecteur de la terre; p la parallaxe équatoriale horizontale du soleil; on a en général

$$\text{tang}\, p = \frac{a}{r} = \frac{0,0000422}{r}$$

Nommons x un très-petit angle inférieur à 60″, on a

$$\sin \text{ ou tang}\, x = \frac{x}{206265}$$

Réciproquement, en multipliant par 206265 le sinus ou la tangente d'un angle x, inférieur à 60″, on a la valeur de cet angle en secondes.

Parallaxe du soleil (DÉTERMINATION DE LA). — La meilleure méthode de détermination de la parallaxe solaire est, sans contredit, celle qui repose sur les observations des passages de Vénus sur le disque du soleil; cette méthode, dont le principe est dû à Lagrange, consiste à calculer d'abord le phénomène pour le centre de la terre et à déduire de ce premier résultat les différentes phases du passage pour les divers lieux de la terre.

Le cadre de cet ouvrage ne nous permettant pas d'entrer dans les détails que comporte une observation de ce genre, nous prions ceux de nos lecteurs qui désireraient en faire l'objet d'une étude spéciale de consulter les mémoires qui ont été écrits sur ce sujet, et notamment les *Annales de l'Observatoire*, par Le Verrier, vol. V et VI, où l'on trouve une discussion approfondie des anciennes observations des passages de Mercure et de Vénus et les formules relatives à ces passages.

Les passages de Vénus sur le disque du soleil sont beaucoup moins fréquents que ceux de Mercure; après s'être succédé à un intervalle de huit ans, ils ne se reproduisent qu'après plus d'un siècle. Les derniers passages ont eu lieu le 3 juin 1769 et tout récemment le 8 décembre 1874. Le même phénomène se reproduira le 6 décembre 1882.

A propos des observations faites le 8 décembre 1874, nous avons reçu communication des dépêches suivantes :

Caire, 9 décembre soir. — Les observations au télescope faites au moyen du micromètre, près d'ici, et les observations photographiques faites à Thèbes, lors du passage de Vénus sur le soleil, ont parfaitement réussi.

Alexandrie (Egypte), 9 décembre, soir. — Les observations de l'expédition anglaise sur le passage de Vénus ont très-bien réussi; on a pris une cinquantaine de photographies.

Nagasaki, 9 décembre. — Les observations pour le passage de Vénus ont bien réussi. Le temps a été fort beau. Le télescope a donné de belles images de la planète au moment où son disque formait une couronne sur celui du soleil. De nombreuses photographies ont été prises.

Les observations ont pareillement réussi à Hiégo et à Kobe.

Calcutta, 9 décembre, soir. — Les observations du passage de Vénus faites ici sont excellentes. Entrée au centre à 7 h. 56 m., elle passait au milieu à 10 h. 5 m. et sortait à 12 h. 13 m.

A Madras, il a été impossible d'avoir des observations satisfaisantes à cause des nuages.

Bombay, 9 décembre. — L'observation du passage de Vénus, faite à Noorkee par le colonel Tennant, a bien réussi. Cent photographies du phénomène ont pu être prises.

Melbourne, 9 décembre. — Toutes les phases du passage de Vénus ont été observées avec succès.

Les observations faites à Adélaïde, à Hobarts-Town n'ont que partiellement réussi.

L'observation des passages de Vénus est extrêmement importante; elle sert à déterminer la parallaxe solaire, à l'aide de laquelle on peut calculer avec une grande exactitude la distance de la terre au soleil.

Sans entrer ici dans tous les détails d'une opération aussi délicate et aussi compliquée que celle relative à la détermination de cette parallaxe, nous allons néanmoins donner une idée de la méthode employée en pareil cas.

Soit S le soleil, T la terre, V Vénus (*fig.* 57); pour simplifier, supposons que deux observateurs soient placés sur la terre en A et B, aux deux extrémités d'un diamètre perpendiculaire à l'écliptique; le premier verra Vénus se projeter en *a* sur le disque du soleil, le second en *b;* le premier verra la tache parcourir une corde *m n* du disque solaire, le second une corde plus petite *p q*. Chacun des observateurs mesure, à l'aide d'un chronomètre, la durée du passage ; comme on connaît le mouvement angulaire de Vénus, vue de la terre, mouvement relatif au soleil, et par conséquent l'angle parcouru en une seconde, on calcule aisément, au moyen des temps observés, les longueurs angulaires des cordes *m n* et *p q*; en les comparant au diamètre angulaire du soleil, on en déduit leurs distances au centre de cet astre, et par suite leur distance mutuelle *a b*, c'est-à-dire l'angle sous lequel de la terre on voit la longueur *a b*. En comparant les durées des révolutions sidérales de la terre et de Vénus, on trouve, au moyen de la troisième loi de Képler, que les distances du soleil à Vénus et à la terre sont entre elles comme 72 est à 100; il en résulte que les distances V T et V S de Vénus à la terre et au soleil sont entre elles comme 100 — 72 ou 28 est à 72; ainsi le rapport de V T à V S égale $\frac{28}{72} = 0{,}39$; le rapport de A B à *a b* égale aussi 0,39.

Puisque l'on connaît l'angle sous lequel on voit la longueur *a b* à la distance S T du soleil à la terre, il suffira de multiplier cet angle par 0,39 pour avoir l'angle sous lequel on voit, de la même distance, le diamètre de la terre A B ; cet angle est le double de la parallaxe du soleil.

Le passage de 1769 a été observé en Sibérie et dans l'Océanie. Les durées des passages différaient de plus de 8 minutes, on en a déduit, pour la parallaxe du soleil, 8″,5776. Il en résulte que la distance moyenne du soleil à la terre est d'environ vingt-quatre mille rayons terrestres, ou 34 millions de lieues de 25 au degré. Cette distance a été prise pour unité dans l'évaluation des dimensions des orbites planétaires.

Parallaxe d'un astre. — Nous avons déjà fait connaître (page 431) les formules à l'aide desquelles on parvient à calculer la parallaxe d'un astre; nous allons compléter les indications que nous avons données à cet égard par de nouvelles formules applicables aux différents points géographiques ramenés au centre de la terre.

Nous savons que la terre n'est pas une sphère parfaite, qu'elle ressemble beaucoup à un ellipsoïde aplati, et que si l'on fait son demi grand axe ou rayon équatorial égal à 1, on aura pour son demi petit axe ou rayon polaire 0,9966573 (voyez *Aplatissement*, page 38).

Désignons maintenant par l la latitude géographique d'un lieu, par l' sa latitude géocentrique, par a demi grand axe équatorial terrestre, par b le demi petit axe polaire et par R le rayon de la terre, on aura

$$\text{tang}\, l' = \frac{b^2}{a^2}\, \text{tang}\, l,\ \text{R} = a\sqrt{\frac{\cos l}{\cos l' \cos (l - l')}}$$

Désignons aussi par z la distance zénithale vraie de l'astre rapportée au centre de la terre, par z' la distance zénithale apparente observée en un point quelconque de la surface de la terre, par d la distance du centre de l'astre au centre de la terre, par p' la parallaxe de hauteur et par p la parallaxe horizontale équatoriale, on aura

$$p' = z' - z \text{ et } \sin p' = \frac{\text{R}}{d} \sin z'$$

Pour tout autre astre que la lune, p' sera toujours un très-petit angle dont on pourra remplacer le sinus par l'arc, et on aura

$$p' = 206265'' \times \left(\frac{\text{R}}{d} \sin z'\right)$$

On voit par là que la parallaxe de hauteur est proportionnelle au sinus de la distance zénithale apparente. Elle est nulle au zénith, atteint son maximum à l'horizon et diminue les hauteurs de tous les astres.

La parallaxe horizontale équatoriale est donnée par l'équation

$$p = 206265'' \times \frac{a}{d} = 206265'' \times \frac{1}{d}$$

Distance d'une étoile fixe au centre de la terre (calcul de la). — Pour effectuer ce calcul, il se présente trois cas qui dépendent de la position de l'étoile, et que nous allons examiner successivement.

Soient B, A (*fig.* 58) un même lieu de la terre d'où l'on observe aux époques de l'équinoxe du printemps et de l'équinoxe d'automne les étoiles E, E′ ou E″; Z et Z′ le zénith des points B et A. Faisons maintenant z égal à la distance zénithale des étoiles E, E′ ou E″, et désignons par φ la latitude du lieu de la terre d'où l'on observe l'étoile dont on veut avoir la distance, et par Δ la base B A, égale à l'axe de l'orbite terrestre ou à 47387, on aura :

Pour l'étoile E (1er cas) $B = \varphi - z$, $A = 180° - (\varphi + z)$;
Pour l'étoile E′ (2e cas) $B = \varphi - z$, $A = 180° - (\varphi - z)$;
Pour l'étoile E″ (3e cas) $B = \varphi + z$, $A = 180° - (\varphi + z)$.
Dans les trois cas, l'angle $C = 180° - (B + A)$.

Par conséquent on aura toujours :

Pour la distance de l'étoile au point B, $a = \Delta \dfrac{\sin A}{\sin (A + B)}$

Pour la distance de l'étoile au point A, $b = \Delta \dfrac{\sin A}{\sin (A + B)}$

Pour ramener ces distances au centre de la terre, imaginons un triangle rectiligne K, P, Q ayant pour sommets l'étoile, le lieu occupé par l'observateur et le centre de la terre, et représentons par a' et b' les distances a et b corrigées, nous aurons dès lors

$P = 180° - z$, $M = 90° - \frac{1}{2} P$ et, suivant que l'on aura à opérer sur la distance a ou b,

$$\text{tang } N = \begin{cases} \dfrac{a-1}{a+1} \cot \frac{1}{2} P \\ \dfrac{b-1}{b+1} \cot \frac{1}{2} P \end{cases}$$

Par conséquent $Q = M + N$, $K = M - N$;

$$\text{d'où } a' = (a+1) \frac{\sin \frac{1}{2} P}{\cos \frac{1}{2} (P - K)}, \quad b' = (b + 1 \frac{\sin \frac{1}{2} P}{\cos \frac{1}{2} (P - K)}$$

et, enfin,

$$d = \frac{a' + b'}{2}$$

sera la distance moyenne de l'étoile au centre de la terre.

Une fois cette distance connue, on pourra calculer la parallaxe annuelle de l'étoile par la méthode que nous avons indiquée précédemment (page 432), et qui consiste à faire $p = 206265'' \times \frac{1}{d}$

Parallaxe horizontale équatoriale de la lune. — A cause de l'importance de cette parallaxe, nous croyons qu'il est nécessaire d'en dire encore un mot.

Nous avons vu (page 430) ce que l'on entend par parallaxe ; la parallaxe de la lune est donc l'angle sous lequel, du centre de la lune, on voit le rayon de la terre. Si la terre était sphérique, la parallaxe aurait au même instant la même valeur à l'équateur et dans un lieu quelconque. Mais la terre est un sphéroïde aplati et la parallaxe diminue avec le rayon de la terre, à mesure que l'on s'éloigne de l'équateur.

Soit p la parallaxe horizontale équatoriale que l'on trouve dans la *Connaissance des Temps* et que l'on peut calculer directement par la formule que nous avons donnée page 431, et a l'aplatissement de la terre ; la parallaxe pour la latitude L est

$$p - a p \sin^2 L$$

Le plus souvent on se contente de la parallaxe équatoriale ; mais dans les calculs qui exigent quelque précision, il faut avoir égard à la correction $a p \sin^2 L$ qui se retranche toujours de la parallaxe équatoriale p.

L'aplatissement de la terre étant de 0,0033427 (page 38), l'équation ci-dessus deviendra

$$p - 0{,}0033427\, p \sin^2 L$$

Nota. — En général, pour mesurer la distance d'un astre à la terre ou déterminer sa parallaxe, on saisit l'instant où cet astre passe au méridien.

Parallaxe de hauteur. — Nous allons compléter cet article par une série de Tables où on trouvera toutes calculées les parallaxes de hauteur de la lune, du soleil et des planètes à divers degrés de hauteur sur l'horizon.

Ces tables ont été calculées à l'aide de la formule

$$\sin p' = \sin p \cos h$$

où p' est la parallaxe de hauteur, p la parallaxe horizontale et h la hauteur de l'astre sur l'horizon.

Table A

Parallaxe de hauteur de la lune

HAUTEUR	Parallaxe horizontale							
	54′	55′	56′	57′	58′	59′	60′	61′
°	′ ″	′ ″	′ ″	′ ″	′ ″	′ ″	′ ″	′ ″
0	54. 0	55. 0	56. 0	57. 0	58. 0	59. 0	60. 0	61. 0
3	53.56	54.55	55.55	56.55	57.55	58.55	59.55	60.55
6	53.42	54.42	55.41	56.41	57.41	58.41	59.40	60.40
9	53.20	54.19	55.19	56.18	57.17	58.16	59.16	60.15
12	52.49	53.50	54.46	55.45	56.44	57.42	58.41	59.40
15	52. 9	53. 8	54. 6	55. 3	56. 2	56.59	57.57	58.55
18	51.21	52.18	53.16	54.13	55.10	56. 7	57. 4	58. 1
21	50.25	51.21	52.17	53.13	54. 9	55. 5	56. 2	56.57
24	49.20	50.14	51.10	52. 4	52.59	53.54	54.49	55.44
25	48.56	49.51	50.45	51.39	52.34	53.28	54.23	55.17
26	48.32	49.26	50.20	51.13	52. 8	53. 1	53.56	54.49
27	48. 7	49. 0	49.54	50.47	51.41	52.34	53.28	54.21
28	47.41	48.34	49.27	50.20	51.13	52. 6	52.59	53.52
29	47.14	48. 6	48.59	49.51	50.44	51.36	52.29	53.21
30	46.46	47.38	48.30	49.22	50.14	51. 5	51.58	52.50
31	46.17	47. 9	48. 0	48.52	49.43	50.34	51.26	52.17
32	45.47	46.39	47.29	48.21	49.11	50. 2	50.53	51.44
33	45.17	46. 3	46.58	47.48	48.38	49.29	50.19	51. 9
34	44.46	45.36	46.26	47.15	48. 5	48.55	49.14	50.34
35	44.14	45. 3	45.52	46.41	47.31	48.20	49. 8	49.58
36	43.41	44.30	45.18	46. 6	46.55	47.44	48.32	49.21
37	43. 7	43.55	44.43	45.31	46.19	47. 7	47.55	48.43
38	42.33	43.20	44. 8	44.55	45.42	46.29	47.17	48. 4
39	41.58	42.45	43.31	44.18	45. 4	45.51	46.38	47.24
40	41.22	42. 8	42.54	43.40	44.25	45.12	45.58	46.44
41	40.45	41.31	42.16	43. 1	43.46	44.32	45.17	46. 2
42	40. 7	40.52	41.37	42.21	43. 6	43.51	44.35	45.20
43	30.30	40.13	40.57	41.41	42.25	43. 9	43.52	44.37
44	38.51	39.34	40.17	41. 0	41.43	42.26	43. 9	43.53
45	38.11	38.53	39.36	40.18	41. 0	41.43	42.25	43. 8
46	37.30	38.12	38.54	39.35	40.17	40.59	41.49	42.22
47	36.49	37.30	38.11	38.52	39.33	40.14	40.55	41.36
48	36. 7	36.48	37.28	38. 8	38.48	39.28	49. 9	40.49
49	35.25	36. 5	36.44	37.23	38. 3	38.42	39.22	40. 1
50	34.42	35.21	35.59	36.38	37.17	37.55	38.34	39.13
51	33.59	34.36	35.14	35.52	36.30	37. 8	37.45	38.23
52	33.15	33.51	39.29	35. 5	35.42	36.20	36.56	37.33
53	32.30	33. 6	33.42	34.18	34.54	35.31	36.06	36.43

Table A [suite]

Parallaxe de hauteur de la lune

HAUTEUR	Parallaxe horizontale							
	54′	55′	56′	57′	58′	59′	60′	61′
°	′ ″	′ ″	′ ″	′ ″	′ ″	′ ″	′ ″	′ ″
54	31.45	32.20	32.55	33.30	34. 5	34.41	35.16	35.51
55	30.59	31.33	32. 7	32.41	33.16	33.50	34.28	34.59
56	30.12	30.45	31.19	31.52	32.26	32.59	33.33	34. 7
57	29.25	29.57	30.30	31. 2	31.35	32. 8	32.41	33.13
58	28.37	29. 9	29.41	30.12	30.44	31.16	31.48	32.19
59	27.49	28.20	28.51	29.21	29.52	30.23	30.54	31.25
60	27. 0	27.30	28. 0	28.30	29. 0	29.30	30. 0	30.30
61	26.11	26.40	27. 9	27.38	28. 7	28.36	29. 5	29.34
62	25.21	25.49	26.17	26.46	27.14	27.42	28.10	28.38
63	24.31	24.58	25.25	25.53	26.20	26.47	27.14	27.41
64	23.40	24. 7	24.33	24.59	25.26	25.52	26.18	26.44
65	22.49	23.15	23.40	24. 5	24.31	24.56	25.21	25.47
66	21.58	22.22	22.47	23.11	23.35	24. 0	24.24	24.49
67	21. 6	21.29	21.53	22.16	22.39	23. 3	23.27	23.50
68	20.14	20.36	20.59	21.21	21.43	22. 6	22.29	22.51
69	19.21	19.42	20. 4	20.26	20.47	21. 9	21.30	21.52
70	18.28	18.49	19. 9	19.30	19.50	20.11	20.31	20.52
73	15.47	16. 5	16.22	16.40	16.58	17.15	17.32	17.50
76	13. 4	13.20	13.33	13.47	14. 2	14.16	14.31	14.45
79	10.19	10.31	10.40	10.53	11. 4	11.16	11.27	11.38
82	7.31	7.39	7.48	7.56	8. 4	8.13	8.21	10.41

Table B

Parallaxe de hauteur du soleil pour le premier jour de chaque mois ; la parallaxe horizontale équatoriale étant supposée de 8″,86, à la distance moyenne

HAUTEUR	1er Janvier	1er Février / 1er Decemb.	1er Mars / 1er Novemb.	1er Avril / 1er Octobre	1er Mai / 1er Septemb	1er Juin / 1er Août	1er Juillet
°	″	″	″	″	″	″	″
0	9,01	8,99	8,93	8,86	8,79	8,73	8,71
3	9,00	8,98	8,92	8,85	8,77	8,72	8,70
6	8,96	8,94	8,89	8,81	8,74	8,68	8,67
9	8,90	8,88	8,82	8,75	8,68	8,62	8,61

Table B [suite]

Parallaxe de hauteur du soleil pour le premier jour de chaque mois; la parallaxe horizontale équatoriale étant supposée de 8″,86, à la distance moyenne

HAUTEUR	1er Janvier	1er Février / 1er Decemb.	1er Mars / 1er Novemb.	1er Avril / 1er Octobre	1er Mai / 1er Septemb.	1er Juin / 1er Août	1er Juillet
°	″	″	″	″	″	″	″
12	8,81	8,79	8,74	8,67	8,59	8,54	8,52
15	8,70	8,68	8,63	8,56	8,49	8,43	8,42
18	8,57	8,55	8,50	8,43	8,36	8,31	8,29
21	8,41	8,39	8,34	8,27	8,20	8,15	8,14
24	8,23	8,21	8,16	8,09	8,03	7,98	7,96
27	8,03	8,01	7,96	7,89	7,83	7,78	7,76
30	7,80	7,78	7,74	7,67	7,61	7,56	7,55
33	7,56	7,54	7,49	7,43	7,37	7,32	7,31
36	7,29	7,27	7,23	7,17	7,11	7,06	7,05
39	7,00	6,99	6,94	6,89	6,83	6,79	6,77
42	6,70	6,68	6,64	6,58	6,53	6,49	6,48
44	6,48	6,47	6,43	6,37	6,32	6,28	6,27
46	6,26	6,24	6,21	6,15	6,10	6,07	6,05
48	6,03	6,01	5,98	5,93	5,88	5,84	5,83
50	5,79	5,78	5,74	5,70	5,65	5,61	5,60
52	5,55	5,53	5,50	5,45	5,41	5,38	5,36
54	5,30	5,28	5,25	5,21	5,16	5,13	5,12
56	5,04	5,03	5,00	4,95	4,91	4,88	4,87
58	4,78	4,76	4,73	4,70	4,66	4,63	4,62
60	4,51	4,49	4,47	4,43	4,39	4,37	4,36
62	4,23	4,22	4,19	4,16	4,12	4,10	4,09
64	3,95	3,94	3,92	3,88	3,85	3,83	3,82
66	3,67	3,66	3,63	3,60	3,57	3,55	3,54
68	3,38	3,37	3,35	3,32	3,29	3,27	3,26
70	3,08	3,07	3,06	3,03	3,00	2,99	2,98
72	2,78	2,78	2,76	2,74	2,71	2,70	2,69
74	2,48	2,48	2,46	2,44	2,42	2,41	2,40
76	2,18	2,17	2,16	2,14	2,13	2,11	2,11
78	1,87	1,87	1,86	1,84	1,83	1,82	1,81
80	1,56	1,56	1,55	1,54	1,53	1,52	1,51
82	1,25	1,25	1,24	1,23	1,22	1,22	1,21
84	0,94	0,94	0,93	0,93	0,92	0,91	0,91
86	0,63	0,63	0,62	0,62	0,61	0,61	0,61
88	0,31	0,31	0,31	0,31	0,31	0,30	0,30
90	0,00	0,00	0,00	0,00	0,00	0,00	0,00

TABLE C

Parallaxe de hauteur des planètes

HAUTEUR	Parallaxe horizontale											
	1″	2″	3″	4″	5″	6″	7″	8″	9″	10″	20″	30″
°	″	″	″	″	″	″	″	″	″	″	″	″
0	1,0	2,0	3,0	4,0	5,0	6,0	7,0	8,0	9,0	10,0	20,0	30,0
3	1,0	2,0	3,0	4,0	5,0	6,0	7,0	8,0	9,0	10,0	20,0	30,0
6	1,0	2,0	3,0	4,0	5,0	6,0	7,0	8,0	9,0	9,9	19,9	29,8
9	1,0	2,0	3,0	4,0	4,9	5,9	6,9	7,9	8,9	9,9	19,8	29,6
12	1,0	2,0	2,9	3,9	4,9	5,9	6,8	7,8	8,8	9,8	19,6	29,3
15	1,0	1,9	2,9	3,9	4,8	5,8	6,8	7,7	8,7	9,7	19,3	29,0
18	1,0	1,9	2,9	3,8	4,8	5,7	6,7	7,6	8,6	9,5	19,0	28,5
21	0,9	1,9	2,8	3,7	4,7	5,6	6,5	7,5	8,4	9,3	18,7	28,0
24	0,9	1,8	2,7	3,7	4,6	5,5	6,4	7,3	8,2	9,1	18,3	27,4
27	0,9	1,8	2,7	3,6	4,5	5,3	6,2	7,1	8,0	8,9	17,8	26,7
30	0,9	1,7	2,6	3,5	4,3	5,2	6,1	6,9	7,8	8,7	17,3	26,0
33	0,8	1,7	2,5	3,4	4,2	5,0	5,9	6,7	7,5	8,4	16,8	25,2
36	0,8	1,6	2,4	3,2	4,0	4,9	5,7	6,5	7,3	8,1	16,2	24,3
39	0,8	1,6	2,3	3,1	3,9	4,7	5,4	6,2	7,0	7,8	15,5	23,3
42	0,7	1,5	2,2	3,0	3,7	4,5	5,2	5,9	6,7	7,4	14,9	22,3
45	0,7	1,4	2,1	2,8	3,5	4,2	4,9	5,7	6,4	7,1	14,1	21,2
48	0,7	1,3	2,0	2,7	3,3	4,0	4,7	5,4	6,0	6,7	13,4	20,1
51	0,6	1,3	1,9	2,5	3,1	3,8	4,4	5,0	5,7	6,3	12,6	18,9
54	0,6	1,2	1,8	2,4	2,9	3,5	4,1	4,7	5,3	5,9	11,8	17,6
57	0,5	1,1	1,6	2,2	2,7	3,3	3,8	4,4	4,9	5,4	10,9	16,3
60	0,5	1,0	1,5	2,0	2,5	3,0	3,5	4,0	4,5	5,0	10,0	15,0
63	0,5	0,9	1,4	1,8	2,3	2,7	3,2	3,6	4,1	4,5	9,1	13,6
66	0,4	0,8	1,2	1,6	2,0	2,4	2,8	3,2	3,7	4,1	8,1	12,2
69	0,4	0,7	1,1	1,4	1,8	2,2	2,5	2,9	3,2	3,6	7,2	10,8
72	0,3	0,6	0,9	1,2	1,5	1,9	2,2	2,5	2,8	3,1	6,2	9,3
75	0,3	0,5	0,8	1,0	1,3	1,6	1,8	2,1	2,3	2,6	5,2	7,8
78	0,2	0,4	0,6	0,8	1,0	1,2	1,5	1,7	1,9	2,1	4,2	6,2
81	0,2	0,3	0,5	0,6	0,8	0,9	1,1	1,3	1,4	1,6	3,1	4,7
84	0,1	0,2	0,3	0,4	0,5	0,6	0,7	0,8	0,9	1,0	2,1	3,1
87	0,1	0,1	0,2	0,2	0,3	0,3	0,4	0,4	0,5	0,5	1,0	1,6
90	0,0	0,0	0,0	0,0	0,0	0,0	0,0	0,0	0,0	0,0	0,0	0,0

La parallaxe de hauteur, ainsi que nous l'avons dit (page 438), se déduit de la parallaxe horizontale, et son effet se fait verticalement comme celui de la réfraction, mais en sens contraire ; car la parallaxe d'un astre le fait paraître plus abaissé qu'il ne l'est effectivement, tandis que la réfraction le fait paraître plus élevé. Ces deux effets cessent tous deux quand l'astre est au zénith, et ils sont les plus grands possibles quand il est à l'horizon.

Il ne faut pas confondre la parallaxe horizontale équatoriale d'un astre avec sa parallaxe horizontale proprement dite ; la première, qui se rapporte au rayon équatorial terrestre, a pour expression (page 433)

$$\text{tang}\, p = \frac{a}{r}$$

tandis que la seconde, qui se rapporte au rayon mené du centre de la terre en un lieu quelconque de sa surface, situé au-dessus ou au-dessous de l'équateur, est donnée par l'équation

$$\sin p_0 = \sin p \cos L$$

ou simplement, s'il s'agit du soleil ou des planètes

$$p_0 = p \cos L$$

et dans laquelle p_0 est la parallaxe horizontale, p la parallaxe horizontale équatoriale et L la latitude du lieu.

Si nous nommons π le résultat de la division de la parallaxe horizontale du soleil par le rayon vecteur de la terre, on aura pour la parallaxe de hauteur p' du soleil à la latitude L

$$\sin p' = \sin \pi \cos L$$

ou, comme le sinus est sensiblement égal à l'arc,

$$p' = \pi \cos L$$

C'est au moyen de cette dernière formule qu'a été calculée la table B (pages 440 et 441).

Réduction de la hauteur apparente de la lune à la hauteur vraie. — Comme l'effet de la parallaxe de la lune est plus grand que celui de la réfraction, il arrive que la hauteur vraie de la lune est égale à sa hauteur apparente augmentée de l'excès de la parallaxe de hauteur sur la réfraction qui y correspond.

Nous donnons ci-après une table qui facilitera singulièrement les calculs puisque, pour obtenir la hauteur vraie, il suffira d'ajouter à la hauteur apparente portée dans la première colonne de cette table les quantités qui se trouvent en regard dans les autres colonnes.

Exemple. — Supposons la parallaxe horizontale de la lune de 54′ et sa hauteur apparente observée de 10°: sa hauteur vraie sera 10° + 47′56″, ou de 10°47′56″.

Table additive pour réduire la hauteur apparente de la lune à la hauteur vraie, ou différence de la parallaxe de hauteur à la réfraction

Hauteur apparente de la lune	Parallaxe horizontale de la lune							
	54′	55′	56′	57′	58′	59′	60′	61′
°	′ ″	′ ″	′ ″	′ ″	′ ″	′ ″	′ ″	′ ″
0	21. 0	22. 0	23. 0	24. 0	25. 0	26. 0	27. 0	28. 0
1	29.31	30.31	31.31	32.31	33.31	34.31	35.31	36.31
2	35.23	36.23	37.23	38.23	39.23	40.23	41.23	42.23
3	39.20	40.20	41.20	42.20	43.20	44.20	45.19	46.19
4	42. 1	43. 1	44. 0	45. 1	46. 0	47. 0	48. 0	49. 0
5	43.53	44.53	45.53	46.53	47.52	48.52	49.52	50.52
6	45.14	46.14	47.14	48.13	49.13	50.13	51.12	52.12
7	46.15	47.15	48.14	49.14	50.14	51.13	52.13	53.12
8	46.59	47.58	48.58	49.57	50.57	51.56	52.56	53.55
9	47.32	48.31	49.30	50.29	51.29	52.28	53.27	54.26
10	47.56	48.55	49.54	50.53	51.52	52.51	53.50	54.50
11	48.14	49.13	50.12	51.11	52. 9	53. 8	54. 7	55. 6
12	48.26	49.25	50.23	51.22	52.21	53.19	54.18	55.17
13	48.34	49.32	50.31	51.29	52.28	53.26	54.25	55.23
14	48.38	49.36	50.35	51.33	52.31	53.29	54.28	55.26
15	48.40	49.38	50.36	51.34	52.31	53.29	54.27	55.25
16	48.38	49.35	50.33	51.31	52.28	53.26	54.24	55.21
17	48.34	49.31	50.29	51.26	52.23	53.21	54.18	55.16
18	48.28	49.25	50.22	51.19	52.16	53.13	54.10	55. 7
19	48.20	49.16	50.13	51.10	52. 6	53. 3	54. 0	54.57
20	48. 9	49. 6	50. 2	50.59	51.55	52.51	53.48	54.44
21	47.58	48.54	49.59	50.46	51.42	52.38	53.34	54.30
22	47.44	48.39	49.35	50.31	51.26	52.22	53.18	54.13
23	47.29	48.24	49.19	50.14	51.10	52. 5	53. 0	53.55
24	47.12	48. 7	49. 2	50.57	50.52	51.47	52.41	53.36
25	46.55	47.49	48.44	49.38	50.32	51.27	52.21	53.15
26	46.36	47.30	48.24	49.18	50.12	51. 5	51.59	52.53
27	46.16	47. 9	48. 3	48.56	49.49	50.43	51.36	52.30
28	45.54	46.47	47.40	48.33	49.26	50.19	51.12	52. 5
29	45.31	46.24	47.16	48. 9	49. 1	49.54	50.46	51.39
30	45. 7	45.59	46.51	47.43	48.35	49.27	50.19	51.11
31	44.43	45.34	46.25	47.17	48. 8	49. 0	49.51	50.43
32	44.16	45. 7	45.58	46.49	47.40	48.31	49.22	50.13
33	43.50	44.40	45.30	46.21	47.11	48. 1	48.52	49.42
34	43.22	44.11	45. 1	45.51	46.41	47.30	48.20	49.10
35	42.53	43.42	44.31	45.20	46. 9	46.58	47.47	48.37

Table additive pour réduire la hauteur apparente de la lune à la hauteur vraie, ou différence de la parallaxe de hauteur à la réfraction [suite]

Hauteur apparente de la lune	Parallaxe horizontale de la lune							
	54′	55′	56′	57′	58′	59′	60′	61′
°	′ ″	′ ″	′ ″	′ ″	′ ″	′ ″	′ ″	′ ″
36	42.23	43.12	44. 0	44.48	45.37	46.25	47.14	48. 2
37	41.52	42.40	43.28	44.16	45. 3	45.51	46.39	47.47
38	41.20	42. 7	42.55	43.42	44.29	45.16	46. 4	46.51
39	40.47	41.34	42.21	43. 7	43.54	44.41	45.27	46.14
40	40.14	41. 0	41.46	42.32	43.18	44. 4	44.50	45.36
41	39.40	40.25	41.10	41.56	42.41	43.26	44.11	44.57
42	39. 4	39.49	40.34	41.18	42. 3	42.47	43.32	44.17
43	38.28	39.12	39.56	40.40	41.24	42. 8	42.52	43.36
44	37.52	38.35	39.18	40. 1	40.44	41.27	42.11	42.54
45	37.14	37.56	38.39	39.21	40. 4	40.46	41.29	42.11
46	36.35	37.17	37.59	38.41	39.22	40. 4	40.46	41.27
47	35.56	36.37	37.18	37.59	38.40	39.21	40. 2	40.43
48	35.17	35.57	36.37	37.17	37.57	38.37	39.18	39.58
49	34.36	35.16	35.55	36.34	37.14	37.53	38.32	39.12
50	33.55	34.34	35.12	35.51	36.29	37. 8	37.46	38.25
51	33.13	33.51	34.29	35. 6	35.44	36.22	37. 0	37.37
52	32.30	33. 7	33.44	34.21	34.58	35.35	36.12	36.49
53	31.47	32.23	32.59	33.36	34.12	34.48	35.24	36. 0
54	31. 3	31.39	32.14	32.49	33.24	34. 0	34.35	35.10
55	30.19	30.53	31.28	33. 2	32.36	33.11	33.45	34.20
56	29.33	30. 7	30.41	31.14	31.48	32.21	32.55	33.28
57	28.48	29.20	29.53	30.26	30.58	31.31	32. 4	32.36
58	28. 1	28.33	29. 5	29.37	30. 9	30.40	31.12	31.44
59	27.14	27.45	28.16	28.47	29.18	29.49	30.20	30.51
60	26.27	26.57	27.27	27.57	28.27	28.57	29.27	29.57
61	25.39	26. 8	26.37	27. 6	27.35	28. 4	28.34	29. 3
62	24.51	25.19	25.47	26.15	26.43	27.11	27.34	28. 8
63	24. 2	24.29	24.56	25.23	25.51	26.18	26.45	27.12
64	23.12	23.39	24. 5	24.31	24.58	25.24	25.50	26.17
65	22.23	22.48	23.13	23.39	24. 4	24.30	24.55	25.20
66	21.32	21.57	22.21	22.46	23.10	23.34	23.59	24.23
67	20.42	21. 5	21.29	21.52	22.16	22.39	23. 2	23.26
68	19.51	20.13	20.36	20.58	21.21	21.43	22. 6	22.28
69	18.59	19.21	19.42	20. 4	20.25	20.47	21. 8	21.30
70	18. 7	18.28	18.49	19. 9	19.30	19.50	20.11	20.31
71	17.15	17.35	17.54	18.14	18.33	18.53	19.12	19.32

Table additive pour réduire la hauteur apparente de la lune à la hauteur vraie, ou différence de la parallaxe de hauteur à la réfraction [suite]

Hauteur apparente de la lune	Parallaxe horizontale de la lune							
	54′	55′	56′	57′	58′	59′	60′	61′
°	′ ″	′ ″	′ ″	′ ″	′ ″	′ ″	′ ″	′ ″
72	16.23	16.41	17. 0	17.18	17.37	17.55	18.14	18.33
73	15.30	15.47	16. 5	16.23	16.40	16.58	17.15	17.33
74	14.37	14.53	15.10	15.26	15.43	16. 0	16.16	16.33
75	13.43	13.59	14.14	14.13	14.46	15. 1	15.17	15.32
76	12.50	13. 4	13.19	13.33	13.48	14. 2	14.17	14.31
77	11.56	12. 9	12.23	12.36	12.50	13. 3	13.17	13.30
78	11. 2	11.14	11.27	11.39	11.51	12. 4	12.16	12.29
79	10. 7	10.19	10.30	10.42	10.53	11. 4	11.16	11.27
80	9.13	9.23	9.33	9.44	9.54	10. 5	10.15	10.25
81	8.18	8.27	8.37	8.46	8.55	9. 5	9.14	9.24
82	7.23	7.31	7.40	7.48	7.56	8. 5	8.13	8.21
83	6.28	6.35	6.42	6.50	6.57	7. 5	7.12	7.19
84	5.33	5.39	5.45	5.51	5.58	6. 4	6.10	6.17
85	4.37	4.43	4.48	4.53	4.58	5. 4	5. 9	5.14
86	3.42	3.46	3.50	3.55	3.59	4. 3	4. 7	4.11
87	2.47	2.50	2.53	2.56	2.59	3. 2	3. 5	3. 9
88	1.51	1.53	1.55	1.57	1.59	2. 2	2. 4	2. 6
89	0.56	0.57	0.58	0.59	1. 0	1. 1	1. 2	1. 3
90	0.00	0.00	0.00	0.00	0.00	0.00	0.00	0.00

Parallèles. — On a imaginé sur la sphère céleste deux séries de cercles. Les uns sont les grands cercles déterminés par des plans menés par l'axe du monde : on les nomme *cercles horaires* ou *méridiens*. Le cercle horaire d'une étoile (page 109) est le grand cercle qui passe par les deux pôles et par l'étoile.

Les autres sont des petits cercles déterminés par des plans perpendiculaires à l'axe du monde, et par conséquent parallèles au plan de l'équateur: on les nomme pour cette raison *cercles parallèles*, ou simplement *parallèles*. Les parallèles sont d'autant plus petits qu'ils sont plus rapprochés des pôles.

Passage d'une étoile au méridien. — Soit t et t' les angles horaires d'une même étoile, pris de part et d'autre du méridien et à égale distance de ce cercle ; soit également T le temps de la pendule correspondant à l'observation de t, et T' celui correspondant à l'observation de t', on aura pour le temps du passage de l'étoile au méridien

$$(1) \qquad \tfrac{1}{2}(T + T')$$

L'emploi de cette équation suppose que la déclinaison de l'astre est invariable pendant l'intervalle des observations ; ce qui peut être admis pour les étoiles. Mais dans le cas où il s'agirait du soleil, dont la déclinaison peut varier beaucoup en quelques heures, la moyenne arithmétique des temps des deux observations ne donnerait pas exactement le temps du passage du soleil au méridien; si, par exemple, la déclinaison du soleil va en croissant, l'angle horaire correspondant à une même hauteur est plus grand après midi qu'avant et, par suite, la moyenne arithmétique des temps tombe un peu après midi vrai. La moyenne des temps tombe au contraire avant midi, si la déclinaison du soleil est décroissante. On devra donc alors appliquer à la moyenne arithmétique des temps une correction dépendant de la variation de la déclinaison. Cette correction s'appelle *équation des hauteurs correspondantes* ou *correction du midi*. Pour déterminer cette correction, nous regarderons comme connue la marche de la pendule.

Soit T le temps de la pendule avant midi, c'est-à-dire au moment de l'observation de l'angle t,

T' le temps de la pendule après midi, c'est-à-dire au moment de l'observation de l'angle t',

T_0 la moyenne arithmétique entre T et T', ou l'heure du midi non corrigé,

t l'angle horaire se rapportant à la première observation, c'est-à-dire pris à l'est du méridien.
t' l'angle horaire se rapportant à la deuxième observation, c'est-à-dire pris à l'ouest du méridien, } Angles exprimés en temps.

On a

$$T = 24^h - t, \quad T' = 24^h + t', \quad T_0 = \tfrac{1}{2}(T + T')$$

On a également pour le demi-intervalle de temps compris entre les deux observations $T_0 - T$ et t'.

On prend alors pour la valeur de τ la moyenne arithmétique des résultats, et on a

$$(2) \qquad \tau = \frac{(T_0 - T) + t'}{2}$$

c'est le demi-intervalle de temps réduit compris entre les deux observations.

Si nous faisons A $= 0{,}001389$ (τ cosée τ), et B $= 0{,}001389$ (τ cot τ), nous aurons

$$(3) \qquad \left\{ \begin{array}{l} A\,\mu\,\text{tang}\,\lambda = Z,\ B\,\mu\,\text{tang}\,\delta = Z' \\ \text{et } Z + Z' = x \end{array} \right.$$

Dans les équations A et B, τ placé en première ligne dans la parenthèse est exprimé en heures et fraction décimale d'heure, et τ placé en seconde ligne, sous les expressions cosée τ et cot τ, est exprimé en arc.

Dans les expressions A μ tang λ, et B μ tang δ, μ est la variation de la déclinaison du soleil en 48 heures, exprimée en secondes d'arc ;

λ est la latitude du lieu d'observation ;

δ est la déclinaison du soleil à midi moyen le jour de l'observation.

Dans l'expression $Z + Z' = x$, x est ce que l'on appelle l'*équation des hauteurs correspondantes*, et est toujours exprimé en secondes de temps.

Puisque T_0 est l'heure du midi non corrigé, $T_0 \pm x$ sera l'heure de la pendule lorsque le soleil sera au méridien ; et on emploiera $+ x$ ou $- x$, selon que l'angle horaire t sera plus petit ou plus grand que le temps écoulé entre l'instant de l'observation de cet angle et celui du passage du soleil au méridien.

Mais $T_0 \pm x$ n'est pas précisément le temps moyen ; pour obtenir ce temps moyen, on devra corriger cette expression de l'*équation du temps*, en y ajoutant la valeur de cette équation si elle est positive, et en la retranchant si elle est négative. (Voyez *Equation du temps*.)

Passage de la lune au méridien. — La lune, à cause de son grand mouvement propre d'occident en orient, emploie un peu plus de temps que le soleil pour aller d'un méridien à un autre. Elle retarde moyennement sur le soleil de $50^m{,}5$ dans un jour, et de $2^s{,}104$ dans une minute. Soit p l'heure du passage de la lune au méridien de Paris ; l'heure du passage au méridien sera

$$(4) \qquad p \pm n \times 2^s{,}104$$

pour le lieu dont la longitude est n minutes de temps.

La correction $n \times 2^s{,}104$ est *additive* ou *soustractive*, suivant que le lieu est à l'ouest ou à l'est de Paris. Elle est toujours fort petite pour la France.

A Brest, dont la longitude est une des plus grandes de France, on a $n = 27$ et correction $27 \times 2^s{,}104 = 56^s{,}8$. Ainsi, la plus grande correction n'est pas d'une minute ; on peut donc la négliger, en général, et prendre pour le passage de la lune au méridien dans toutes les villes de France, la même heure que pour le passage au méridien de Paris.

Passage inférieur, — supérieur. — Voyez *Etoiles circompolaires*, page 213.

On dit aussi, en parlant d'un astre, que son *passage supérieur* a lieu à tel méridien lorsque le centre de cet astre coïncide avec la portion du cercle horaire située au-dessus de l'horizon et passant par ce méridien. Réciproquement, il y a *passage inférieur* lorsque le centre de l'astre coïncide avec la portion du cercle horaire passant par le même méridien, mais au-dessous de l'horizon.

Passages (LUNETTE DES). — Voyez *Lunette méridienne*, page 271.

Pendule. — Tout le monde sait ce que c'est qu'une pendule; nous n'avons donc pas besoin d'entrer ici dans les détails de sa construction. Ce que nous avons surtout à examiner, c'est la régularité de sa marche et sa correction possible. Nous allons donc aborder de suite le seul sujet qui puisse nous occuper en pareil cas, c'est-à-dire la vérification de la marche de la pendule.

Pour faire cette vérification, on observera deux passages consécutifs d'une même étoile au méridien. Si l'intervalle qui sépare les deux passages de l'étoile au méridien est égal à 24 heures, c'est une preuve que la marche de la pendule est régulière. Si cet intervalle, au contraire, est supérieur ou inférieur à 24 heures, on rectifiera suivant le cas, l'heure donnée par la pendule, par l'une des deux équations :

$$t = t' - a, \text{ ou } t = t' + b$$

équations dans lesquelles t est l'heure rectifiée, t' celle donnée par la pendule entre deux passages consécutifs de l'étoile au méridien, a la quantité dont la pendule est en avance sur l'étoile, b la quantité dont la pendule est en retard sur l'étoile.

Pour avoir le coefficient de a et de b applicable à une seconde de temps, on divisera chacune de ces quantités par 86400.

Soient donc a et b les quantités exprimées en secondes de temps de ce qu'avance ou retarde la pendule en 24 heures, t et t' l'heure du passage au méridien d'une étoile et du soleil ou de deux étoiles, dt la différence des temps des passages, ou $t - t'$, on aura suivant le cas

$$(t - t') - \left(\frac{a}{86400} dt\right), \text{ ou } (t - t') + \left(\frac{b}{86400} dt\right)$$

La quantité $t - t'$ corrigée de la marche de la pendule, ainsi que nous venons de l'expliquer, est la différence d'ascension droite entre l'étoile et le soleil ou entre les deux étoiles.

Périgée lunaire, – solaire. — Voyez *Longitude du périgée lunaire*, page 331 ; *du périgée solaire*, page 340. — *Périgée* est synonyme de *périhélie*.

Périhélie. — Nous avons vu précédemment (page 423) que les orbites des planètes sont des ellipses dont le soleil occupe l'un des foyers. Le point qui se trouve le plus rapproché du foyer occupé par le soleil s'appelle *périhélie;* de deux mots grecs *péri*, auprès, *hélios*, soleil.

Période julienne. — Cette période de 7980 ans proposée dans le XVIe siècle par Joseph Scaliger est le produit des trois nombres 28, 19, 15 qui représentent en années juliennes les cycles solaire, lunaire et d'indiction romaine. Dans l'an 1 de notre ère, on comptait 10 de cycle solaire, 2 de cycle lunaire, 4 d'indiction. Cette année correspond à l'année 4714 de la période julienne. Ce nombre 4714 est le seul de tous les nombres compris dans la période 7980 qui, divisé successivement par 28, 19 et 15, donne pour reste les trois cycles 10, 2, 4. Ce nombre 4714 qui caractérise bien la 1re année de notre ère, montre en même temps que la période julienne a commencé 4714 ans avant notre ère. Puisque l'an 1 correspond à l'an 4714, l'an 0 correspond à l'année 4713, et si l'on désigne par A le millésime d'une année de notre ère, on aura généralement pour la période julienne :

Année, avant notre ère. . . . . . $4714 - A$,
Année, après notre ère. . . . . . $4713 + A$.

L'année de la période julienne en 1871 est donc $4713 + 1871 = 6584$.

Nous venons de voir que l'an 0 de notre ère commence avec l'année 4713 de la période julienne et, par suite, quand l'année 4712 est entièrement révolue. Ces 4712 années, qui forment 1178 groupes de 4 ans ou de 1461 jours, comprennent les 1721058 jours écoulés du commencement de la période au commencement de notre ère. Mais une année bissextile dont le millésime est a comprend $1461 \times \frac{1}{4} a$ jours; on a donc, pour cette année bissextile,

(1) Avant l'ère chrétienne, jours. . . . . $1721058 - 1461 \times \frac{1}{4} a$.
(2) Après l'ère chrétienne, jours. . . . . $1721058 + 1461 \times \frac{1}{4} a$.

La formule (1) donne exactement les jours de la période julienne pour toutes les années bissextiles avant l'ère chrétienne.

La formule (2) donne exactement les jours de la période jusqu'en 1582, année de la réforme grégorienne ; mais, à partir de cette époque, les résultats qu'elle fournit doivent être diminués de 10 jours pour toutes les bissextiles de 1584 à 1696 ; de 11 jours de 1700 à 1796 ; de 12 jours de 1800 à 1896 ; de 13 jours de 1900 à 2096.

Quelques exemples suffiront pour faire comprendre l'emploi des formules qui précèdent.

I. — On demande le nombre de jours de la période julienne pour le 22 mars à midi moyen de l'année 326 *avant* l'ère chrétienne.

On a tout d'abord pour le 1er janvier 324, formule (1) :

	$1721058 - 1461 \times \frac{324}{4} =$ jours.......	1602717
Ensuite :	Jours de la bissextile 324 à 325.....—	366
	Jours de 325 à 326................—	365
	Jours du 1er janvier au 22 mars 326..—	80
	Jours demandés de la période....	1601906

II. — On demande le nombre de jours de la période julienne pour le 15 juin à midi moyen de l'année 1582 de l'ère chrétienne.

On a tout d'abord pour le 1er janvier 1580, formule (2) :

	$1721058 + 1461 \times \frac{1580}{4} =$ jours.......	2298153
Ensuite :	Jours de la bissextile 1580 à 1581...+	366
	Jours de 1581 à 1582..............+	365
	Jours du 1er janvier au 15 juin 1582..+	165
	Jours demandés de la période...	2299049

III. — Quelle est la date de l'année qui correspond à 2357458 jours de la période julienne ?

Si nous faisons, formule (2),

$$1721058 + 1461 \times \frac{a}{4} = 2357458$$

nous aurons

$$1461 \times \frac{a}{4} = (2357458 - 1721058) = 636400$$

d'où

$$\frac{a}{4} = \frac{636400}{1461} = 435 + 865 \text{ jours}$$

et, en négligeant le reste de la division, $a = 435 \times 4 = 1740$.

Par conséquent, pour le 1er janvier de l'an 1740, on a, formule (2)

	1721058 + 1461 × 435 = jours...............	2356593
Ensuite :	Jours de la bissextile 1740 à 1741.............	366
	Jours de 1741 à 1742........................	365
	Jours du 1er janvier au 15 mai 1742............	134
	Enfin, somme égale aux jours donnés...........	2357458

La date demandée est donc le 15 mai 1742.

Perturbations planétaires. — C'est ainsi que l'on désigne les variations que l'on remarque dans les mouvements des corps célestes, par suite de l'attraction réciproque que ces corps exercent les uns sur les autres. Tous les corps agissant à distance et s'attirant mutuellement, il n'y en a aucun qui ne sollicite au mouvement même les corps qui en sont le plus éloignés ; de là un branle général dans l'ensemble de tous les astres, et c'est vraisemblablement à cette cause qu'il faut attribuer les mouvements propres des étoiles et l'entraînement du système solaire vers une certaine région du ciel. Mais c'est surtout entre les corps voisins que cette influence se manifeste d'une manière très-appréciable. Quand, par suite de leurs mouvements respectifs, deux planètes se trouvent à une distance assez rapprochée, leur action attractive réciproque détermine dans le mouvement de chacune une altération sensible ; c'est ainsi que Clairaut a pu annoncer que le retour de la comète de 1682 subirait un retard de 618 jours par l'attraction de Jupiter, et qu'un calcul du même genre a été fait d'avance et vérifié en 1835. Ces faits de perturbation sont à la fois la conséquence et la démonstration la plus complète du principe de l'attraction universelle.

Pesanteur. — En général, on appelle *pesanteur* la cause du mouvement que prennent vers la terre les corps que l'on abandonne à eux-mêmes.

La pesanteur communiquant le même mouvement à tous les corps qui tombent près de la surface de la terre, on doit en conclure que l'intensité de cette force est *constante* ; mais cette force étant accélératrice, elle produit nécessairement dans le corps qui tombe un mouvement varié, et la constance de son action doit se comprendre de la manière suivante : si on divise le temps total pendant lequel elle agit, et qui est nécessairement toujours très-petit, en un nombre très-grand de parties égales, et si l'on conçoit que la pesanteur agit seulement au commencement de chacun de ces intervalles de temps, l'intensité de chacune des impulsions qu'elle imprimera alors aura toujours la même valeur. (Voyez *Chute des corps*, page 393).

Pesanteur (INTENSITÉ DE LA). — Soit L la longueur et N le nombre d'oscillations d'un pendule, T le temps en secondes exprimant la durée des oscillations et g la valeur de la gravité ou l'intensité de la pesanteur relative au lieu d'observation, on a

$$g = \frac{\pi^2 N^2 L}{T^2} \tag{1}$$

On entend ici par *pendule*, un corps qui est suspendu à l'extrémité d'un fil en soie ou d'un axe en acier. Si on écarte le pendule de la position où il se trouve naturellement en équilibre, et si on l'abandonne ensuite à lui-même, il prend un *mouvement oscillatoire* qui lui fait faire des *oscillations* de part et d'autre de cette position, jusqu'à ce que la résistance du milieu ou les frottements qui ont lieu dans la suspension, finissent par détruire les impulsions que la pesanteur lui communique. On appelle *oscillation* le passage du corps par deux positions extrêmes successives de part et d'autre de la verticale qui passe par le milieu du point de suspension.

La formule (1) qui précède donne aussi le moyen de déterminer approximativement la latitude du lieu où l'on opère ; en effet, si on représente cette latitude par λ, on a

$$\sin \lambda = \frac{1 - \rho}{0,003874867} \tag{2}$$

expression dans laquelle

$$\rho = 1 - (0,003874867 \sin \lambda) = \frac{9,78019}{g}$$

Réciproquement, la latitude étant connue, on peut, par une transformation facile à saisir, obtenir la valeur de l'intensité de la pesanteur pour cette latitude ; en effet, puisque

$$\rho = 1 - (0,003874867 \sin \lambda) = \frac{9,78019}{g}$$

on a aussi

$$g = \frac{9,78019}{\rho} \tag{3}$$

A Paris, par exemple, dont la latitude est de 48°50′, on a $g = 9^{m},8088$.

Mais il ne faudrait pas en conclure pour cela que cette dernière équation donne toujours très-exactement l'intensité de la pesanteur. La masse de la terre n'est pas constituée d'une manière homogène ; il y existe des amas volumineux de substances dont la pesanteur spécifique est plus grande que la moyenne qui appartient à sa masse totale ; dans d'autres régions l'inverse a lieu ; elle renferme aussi de grandes cavités ; il est facile de comprendre comment le mouvement d'un pendule dont les oscillations ont lieu près de ces espaces où la matière terrestre est distribuée d'une manière aussi irrégulière, doit éprouver des variations insolites et, par conséquent donner à cette dernière valeur de g un résultat qui peut différer de celui que l'on obtiendrait par la formule (1).

Pesanteur spécifique et poids de la terre. — Nous avons vu, page 161, ce que l'on entend par la densité des corps célestes. D'après la définition que nous en avons donnée, si nous faisons le rayon de la terre égal à l'unité, ou $r=1$, nous aurons pour son volume

$$v=\frac{4\pi r^3}{3}=4{,}1888$$

La force f qui imprime le mouvement à la masse m de la terre (page 230) est donnée par l'équation

$$f=\frac{4\pi^2 r}{T^2}=0{,}03367$$

Dans cette équation le rayon $r=6366700^{m}$ et le temps T de son mouvement diurne est exprimé par 86400 secondes.

La masse des corps célestes est égale à leur volume divisé par la racine carrée de la force qui lui imprime le mouvement; en sorte que l'on a toujours

$$m=\frac{v}{\sqrt{f}}$$

Dans le cas qui nous occupe

$$m=\frac{4{,}1888}{0{,}18349}=22{,}8285$$

Mais on a aussi

$$v=\frac{m}{p'};\ \text{donc}\ p'=\frac{m}{v}$$

Puisque $m=22{,}8285$ et $v=4{,}1888$, on a par conséquent

$$p'=\frac{22{,}8285}{4{,}1888}=5{,}45;\ \text{soit}\ 5{,}5$$

La pesanteur spécifique ou densité moyenne 5,5 de la terre étant admise, il est aisé de trouver son poids, car son rayon est connu et représenté par 6366700^{m} environ; la formule

$$\frac{4\pi r^3 p'}{3}$$

servira pour obtenir à peu près le nombre cherché ; si on l'exprime en kilogrammes, sa valeur renfermera ving-cinq chiffres.

On sait, en effet, que le nombre de centimètres cubes contenus dans le volume d'un corps sphérique formé avec une substance dont la pesanteur spécifique serait p', et dont le rayon contiendrait r centimètres, serait exprimé par

$$\frac{4 \pi r^3}{3}$$

or p' est la valeur du nombre de grammes contenus dans l'unité de volume; par conséquent le nombre de kilogrammes cherché sera

$$p = \frac{\frac{4}{3} \pi r^3 p'}{1000}$$

ce qui donne pour le poids présumé de la terre

5945670394489341702533333 kilogrammes

Ainsi, en admettant que la pesanteur spécifique de la terre, prise dans l'ensemble de sa masse, soit 5,5, un décimètre cube de matière terrestre renfermant dans la même proportion que la masse entière tous les éléments qui entrent dans la composition de notre globe, pèse 5 kilogrammes 5 dixièmes. La pesanteur spécifique de l'eau, pour un volume de $0^{m}001$ décimètre cube, vaut 1 kilogramme ; donc, à volume égal, la matière terrestre pèse 5 fois et demie plus que l'eau.

Pesanteur de l'air atmosphérique. — Voyez *Atmosphère*, page 51.

Phases lunaires. — Les phases principales de la lune sont au nombre de quatre, que nous allons définir.

Nouvelle lune.... — La nouvelle lune a lieu quand la lune et le soleil ont exactement la même longitude; on dit alors que la lune est en *conjonction.*

Premier quartier. — La lune entre dans cette phase lorsque sa longitude diffère de 270 degrés avec celle du soleil; on dit alors que la lune est en *première quadrature.*

Pleine lune...... — La pleine lune a lieu quand sa longitude diffère de 180 degrés avec celle du soleil; on dit alors que la lune est en *opposition.*

Dernier quartier. — La lune entre dans cette phase lorsque sa longitude diffère de 90 degrés avec celle du soleil; on dit alors que la lune est en *deuxième quadrature.*

Après le *dernier quartier* revient la *nouvelle lune;* il en est de même des autres phases, qui se reproduisent alternativement dans l'ordre que nous venons d'indiquer.

On appelle *octant* chacune des positions de la lune tenant le milieu entre la nouvelle lune et le premier quartier, le premier quartier et la pleine lune, la pleine lune et le dernier quartier, le dernier quartier et la nouvelle lune.

Phases de la terre. — Ce que nous venons de dire des phases de la lune vue de la terre s'applique également aux phases de la terre vue de la lune.

Phénomènes atmosphériques. — On donne en général le nom de *phénomène* à tout ce qui peut être observé. Les phénomènes atmosphériques, dont nous donnons ci-après la description, sont au nombre de onze; ils comprennent tout ce qu'il y a de plus remarquable dans l'atmosphère et tout ce qui peut aussi attirer l'attention de l'observateur.

1° *Arc-en-ciel.* — Tout le monde connaît le météore qui porte le nom d'*arc-en-ciel*; c'est une couronne irisée qui apparaît quand les rayons du soleil viennent frapper un nuage qui se résout en eau. On aperçoit souvent deux arcs concentriques : dans l'arc extérieur, les sept couleurs primitives se succèdent dans l'ordre suivant, en commençant par la partie la plus élevée : *violet*, *indigo*, *bleu*, *vert*, *jaune*, *orangé*, *rouge;* dans l'arc intérieur, les couleurs suivent l'ordre inverse. C'est absolument le même ordre que gardent entre elles les couleurs du rayon lumineux décomposé par le prisme.

2° *Aurore boréale.* — Phénomène lumineux qui paraît la nuit dans le ciel, du côté du nord; la cause n'en est pas encore bien déterminée, quoiqu'on l'attribue assez généralement à l'électricité ou au magnétisme terrestre. Il s'annonce d'abord par une espèce de brouillard qui occupe la partie nord de l'horizon; la partie visible de ce brouillard paraît bientôt bordée d'une lueur blanchâtre produisant un arc lumineux ou plusieurs arcs concentriques, séparés par des bandes obscures d'où s'élancent des jets et des rayons de lumière diversement colorés. Quand le phénomène augmente, des brèches nombreuses se forment dans l'arc et dans le segment obscur, et disparaissent instantanément; des vibrations de lumière, des éclairs viennent frapper comme par secousses toutes les parties du météore. Enfin, lorsqu'il est arrivé à sa plus grande extension, on voit se former une couronne de feu vers laquelle convergent une multitude de traits enflammés. C'est alors qu'il présente un spectacle admirable, tant par la variété des figures lumineuses qui se jouent de mille manières dans les hautes régions de l'atmosphère, que par la vivacité et la richesse des couleurs dont elles brillent. Il diminue ensuite par degrés, puis finit par s'éteindre, tantôt subitement, tantôt avec lenteur, à moins qu'il ne se prolonge pour se confondre avec le crépuscule du matin. Les aurores boréales, rares en France et plus encore en Italie, sont très-fréquentes dans les régions plus septentrionales, et sont un bienfait pour ces pays que, sans cela, un long hiver plongerait dans les ténèbres d'une nuit profonde.

3° *Crépuscule.* — C'est le nom que l'on donne à cette lumière affaiblie qui précède le lever du soleil et qui demeure après le soleil couché jusqu'à la nuit close. Le premier reçoit le nom particulier d'*aurore* et le second conserve celui de *crépuscule.* Ce phénomène a lieu lorsque les rayons qui partent du soleil, abaissé au-dessous de l'horizon d'environ 18 degrés, frappent la partie supérieure de l'atmosphère qui les réfléchit et nous en renvoie la lumière.

4° *Foudre.* — Tel est le nom que l'on donne au fluide électrique qui se dégage avec fracas et sous la forme de feu, par le choc de deux nuages ; c'est une combinaison qui déchire, brise, enflamme, pulvérise les corps au milieu desquels elle se forme; phénomène lumineux d'un éclat surprenant et qui s'accompagne d'un bruit souvent terrible, que l'on nomme *tonnerre.* Les effets de la foudre sont désastreux : elle fond les métaux, tue les animaux, brise ce qu'elle ne peut fondre, incendie les édifices, etc.

5° *Grêle, grésil.* — Lorsque l'abaissement de température qui détermine la formation des nuages ou de la pluie est considérable, l'eau condensée peut être solidifiée ; les aiguilles cristallines qui en résultent se groupent en masses plus ou moins volumineuses et compactes; en tombant sur la terre, elles donnent lieu aux météores qui portent le nom de *grêle* et de *grésil.*

On ne connaît pas de théorie complète sur la formation de la grêle. Ce météore se présente avec les circonstances suivantes : sa chute n'a lieu que pendant les saisons les plus chaudes, rarement pendant la nuit, le plus souvent aux heures de la journée où la température est le plus élevée; les nuages qui la contiennent sont profonds, gonflés, très-peu élevés, d'une couleur cendrée; avant leur chute, les grêlons occasionnent un bruit particulier dans l'atmosphère, semblable à celui qui pourrait être attribué à la violence de leur choc mutuel très-souvent répété. Le centre des grêlons est neigeux et opaque; il est recouvert d'une couche de glace diaphane ou de plusieurs alternativement opaques et diaphanes ; rarement les grêlons sont tout-à-fait transparents ; la forme est assez diverse : ils sont quelquefois sphériques, aplatis, longs, armés de pointes pyramidales, polyédriques, etc. ; leur poids est aussi très-variable, et peut prendre toutes les valeurs inférieures à 300 grammes ; la grêle précède souvent les pluies d'orage, les accompagne et ne leur succède jamais.

La formation de la partie centrale du grêlon peut être attribuée à l'évaporation rapide qui a lieu à la surface du nuage, et qui est produite par la présence du soleil et par l'état de sécheresse de l'air ambiant ; ces circonstances peuvent refroidir assez la partie intérieure pour convertir à l'état de neige la vapeur qui s'y trouve renfermée et pour lui donner une température sensiblement au-dessous de zéro ; les noyaux étant ainsi formés, sont transportés, par des causes quelconques, dans des couches dont ils condensent les vapeurs sur leur surface, ou, sans changer beaucoup de place, ils condensent autour d'eux, en la solidifiant, la vapeur des nuages qui passent près du lieu qu'ils occupent ; il se produirait ainsi une espèce de distillation, et les grêlons se choqueraient en se précipitant avec l'air dans le vide formé par la condensation du nuage ; mais ces considérations ne sont pas appuyées par des expériences directes.

La chute du grésil ayant lieu par des températures assez basses, on pourrait l'attribuer à la solidification confuse de très-petites gouttes d'eau formées par des nuages qui se résolvent en pluie.

6° *Neige.* — C'est une vapeur congelée qui tombe des nues sur la terre en flocons blancs et légers ; elle est produite par des amas de cristaux très-variés dont on a observé et décrit quarante-huit formes différentes. Si l'air est agité, elle tombe sous forme de flocons blancs irréguliers, mais s'il est parfaitement calme, c'est sous forme d'étoile à six rayons. L'influence de la neige sur la conservation des plantes et sur la constitution de l'atmosphère est un fait reconnu et palpable. La neige contribue à la fertilité des terres et à l'accroissement des végétaux qu'elle protège contre la rigueur du froid.

7° *Nuages.* — Le nuage est une vapeur aqueuse, vésiculeuse, suspendue dans l'atmosphère, dont elle trouble la transparence, qui s'y soutient parce qu'elle est en équilibre avec le poids de la colonne d'air située au-dessous, et qui est tantôt rassemblée en masses circonscrites, tantôt étendue sans distinction de limites. Les nuages sont le météore le plus commun, dans nos climats surtout, celui dont l'absence ou la présence constitue en quelque sorte la physionomie de l'atmosphère.

Nuages et brouillards (Formation des). — Lorsque, par des courants atmosphériques, des masses d'air froid se mêlent à d'autres qui sont formées par de l'air échauffé, l'eau hygrométrique de ces dernières se réduit à l'état liquide; les particules de cette eau affectent la forme de très-petites sphères creuses et donnent lieu aux *brouillards*, lorsqu'elles reposent sur la surface de la terre, et aux *nuages* lorsqu'elles se trouvent suspendues dans les hautes régions de l'atmosphère. Après le coucher du soleil le rayonnement nocturne refroidit la surface de la terre et peut rendre visible l'eau hygrométrique de l'air qui la touche. L'eau des rivières ne se refroidissant pas aussi rapidement que les corps solides des rivages, la température de l'air qui repose sur les eaux doit être plus élevée que celle de l'air dans l'intérieur des terres ; le premier doit contenir plus de vapeurs que le dernier ; on conçoit dès lors que les courants atmosphériques, en mêlant ces masses d'air, devront déterminer la formation de *brouillards* au-dessus des eaux. On a pu remarquer que cela arrive en effet très-souvent le soir au-dessus des rivières, des lacs.... On observe quelquefois des *brouillards* qui ont des odeurs particulières, d'autres qui paraissent dus à des substances sèches.... ; leurs causes ne sont pas encore connues.

Nuages (Mouvement et hauteur des). — Lorsque des courants verticaux ou inclinés à l'horizon amènent dans une région froide de l'atmosphère l'air échauffé d'une autre région, il se forme des *nuages* qui doivent être considérés comme composés d'eau à l'état de vapeur vésiculaire, tenue en suspension dans une masse d'air plus ou moins dilatée. Si leur densité moyenne est égale à celle de l'air qui les entoure, ils sont par eux-mêmes incapables de s'éloigner ou de s'approcher de la surface de la terre; si cette densité devient plus petite, ils s'élèvent. Cette circonstance peut avoir lieu par une élévation de température qu'éprouve l'air qu'ils contiennent : elle peut être déterminée, par exemple, par le passage des rayons du soleil à travers le nuage; les globules de vapeur les interceptent, s'échauffent et transmettent cet accroissement de chaleur à l'air dans lequel elles flottent, et le dilatent; enfin lorsque leur densité moyenne devient plus grande, les nuages s'abaissent. On conçoit d'ailleurs que leur course est incessamment modifiée par la direction des courants atmosphériques qui les emportent; ces mouvements peuvent les transporter dans des couches d'air dont les températures sont plus ou moins élevées, et peuvent ainsi les faire disparaître où les rendre plus épais; en suivant attentivement un léger nuage, il n'est pas rare de le voir grossir et disparaître. Quelquefois on les voit se former par un temps serein : sans doute alors un mouvement ascensionnel d'air chaud laisse condenser la vapeur invisible qu'ils contiennent; cette vapeur, devenue vésiculaire et visible, est emportée par le courant horizontal supérieur, sous la forme d'une longue traînée. La hauteur des nuages est assez variable ; on peut en observer souvent plusieurs couches à diverses hauteurs, se mouvant dans des directions quelquefois opposées; on a remarqué qu'ils descendent après le coucher du soleil. Il est probable que dans les hautes régions de l'atmosphère, les nuages sont formés par des amas de glaçons d'une petite pesanteur spécifique moyenne.

8° *Pluie.* — Lorsque la température d'un nuage se trouve abaissée d'une quantité notable par une cause quelconque, la vapeur d'eau qu'il contient se convertit en eau liquide que l'air peut être incapable de soutenir; il se produit alors le météore connu sous le nom de *pluie.* La pluie est donc la précipitation des vapeurs aqueuses retenues en suspension dans l'atmosphère, et qui s'en échappent lorsque leurs molécules se rapprochent assez les unes des autres pour se réunir en gouttes rapides et pleines, et tomber alors par leur propre poids. Plusieurs causes concourent sans doute à amener cette précipitation. Un simple abaissement dans la température, produit par une cause quelconque, par un courant d'air froid, par exemple, peut amener la condensation de la matière des nuages. Le même effet peut être produit par le transport de ce nuage dans une région plus froide. Il y a dans la formation des pluies d'orages une condition de plus par la présence du fluide électrique qui du reste joue sans doute un rôle important dans la production de toute espèce de pluie. Quelques auteurs donnent de la formation de la pluie l'explication suivante : Ils pensent que la pluie est toujours le résultat de la rencontre de deux courants atmosphériques contraires, de températures différentes et pouvant entraîner chacune des masses de vapeurs vésiculaires. La pluie tombe en quantité inégale, suivant la configuration et le climat de chaque contrée; les pays montagneux en reçoivent une plus grande quantité : aux environs de Lima et sur toute la côte du Pérou, l'on ne connaît pas la pluie, tandis qu'au contraire il pleut beaucoup sur les côtes de la Norwége et de l'Écosse.

Lorsqu'il s'agit d'eau tombant de l'atmosphère, *pluie* ne s'entend jamais que de l'eau à l'état liquide. Les précipitations d'eau à l'état vésiculeux constituent le *brouillard.*

9° *Rosée.* — La rosée est une eau qui se condense pendant la nuit sur les plantes, et que l'action des vents ou de la chaleur solaire dissipe le matin. La rosée dépend en partie de la transpiration des végétaux, en partie aussi des vapeurs qui s'élèvent de la terre ou de l'eau tenue en dissolution dans l'atmosphère.

La rosée, en se congelant, produit le *givre* sur les arbres et la *gelée blanche* sur les plantes basses, comme la pluie ordinaire, en se congelant sur le sol, donne lieu au *verglas*.

10° *Trombe.* — C'est un amas de vapeur semblable à un nuage fort épais, mu en tourbillon par le vent, s'allongeant de bas en haut ou de haut en bas en forme de cylindre ou de cône renversé et capable d'engloutir des vaisseaux, de renverser des maisons, de déraciner des arbres, etc. Il y a des trombes marines et des trombes terrestres. Les premières, qui sont beaucoup plus fréquentes, causent en général une grande frayeur aux navigateurs, qui tirent quelquefois un coup de canon à boulet dans une trombe pour la crever et en atténuer ainsi les effets désastreux.

11° *Vents.* — Le vent est le mouvement plus ou moins rapide d'une masse d'air qui se transporte d'un lieu dans un autre, suivant une direction déterminée.

La différence de température à l'équateur et aux pôles produit quatre grands courants d'air : deux courants d'air chaud, qui vont de l'équateur aux pôles, dans les régions supérieures de l'atmosphère; deux courants d'air froid, qui viennent, au contraire, des pôles à l'équateur, en suivant la surface de la terre. En effet, l'air échauffé de l'équateur, au contact du sol, se dilate et s'élève dans les régions supérieures de l'atmosphère, pour se déverser vers les pôles; il se forme ainsi à l'équateur un vide, que l'air froid des pôles, plus dense, vient combler.

Ceci est un phénomène général : lorsque, dans un espace quelconque, dans un appartement par exemple, une partie est échauffée tandis que l'autre est froide, on voit toujours s'établir deux courants d'air : un courant supérieur, de la partie chaude à la partie froide; un courant inférieur, de la partie froide à la partie chaude.

La rotation de la terre autour de son axe, se combinant avec ces deux grands déplacements atmosphériques, produit les vents d'est et d'ouest. La terre tourne de l'ouest à l'est. Les divers points de la surface, décrivant en un jour chacun le parallèle sur lequel il est situé, ont des vitesses inégales : à l'équateur, la vitesse égale

$$\frac{2\pi r}{86400}$$

ou 464 mètres environ par seconde; elle diminue à mesure qu'on s'éloigne de l'équateur; à 60 degrés de latitude, à Saint-Pétersbourg, la vitesse est moitié de celle de l'équateur; au pôle, elle est nulle. L'air froid qui vient du pôle, en rasant le sol, a une vitesse moindre que celle des lieux dans lesquels il arrive; le sol marche donc vers l'est plus vite que l'air, en sorte que tout se passe comme si, le sol étant immobile, l'air allait en sens contraire, de l'est à l'ouest, avec une vitesse égale à la différence des deux vitesses.

Le même phénomène se produit dans un grand nombre de circonstances: en chemin de fer, par un temps calme, si l'on est monté sur les wagons, on éprouve la sensation d'un vent violent soufflant en sens contraire du mouvement du convoi. Ainsi s'expliquent les vents d'est.

Dans l'hémisphère boréal, le courant d'air froid allant du nord au sud, et la rotation de la terre produisant une vitesse relative de l'est à l'ouest, on a un vent du nord-est. Dans l'hémisphère austral, le courant allant du sud au nord, on a un vent du sud-est Ces deux vents inférieurs, connus sous le nom de *vents alizés*, règnent constamment entre les deux tropiques, sur l'océan Atlantique et le grand Océan.

On a remarqué que, dans ces mêmes contrées, les nuages élevés marchent en sens contraire, emportés par le courant supérieur.

Entre la zône du vent alizé nord-est et celle du vent alizé sud-est, sur l'équateur, il existe une région de calmes entremêlés de violents orages.

Le courant d'air chaud qui va de l'équateur au pôle, après s'être refroidi dans les régions supérieures de l'atmosphère, devient plus dense et s'abaisse vers le 30e degré de latitude. Ayant conservé à peu près la vitesse de rotation de l'équateur, il va plus vite de l'ouest à l'est que le parallèle qu'il vient toucher; ce vent souffle donc de l'ouest avec une vitesse égale à la différence des vitesses. Le courant d'air se transportant d'ailleurs du sud au nord dans notre hémisphère, il en résulte un vent du sud-ouest, qui règne généralement dans l'Atlantique, et qui facilite le retour d'Amérique. Les paquebots à voiles qui font un service régulier entre Liverpool et New-York mettent quarante-trois jours, en moyenne, pour aller d'Europe en Amérique, et vingt-trois seulement pour revenir.

Les grands courants atmosphériques dont nous venons de parler ont pour effet de tempérer les climats; les courants d'air froid qui viennent des pôles modèrent l'extrême chaleur de la zône torride, tandis que les courants d'air chaud, qui de l'équateur se déversent vers les pôles, adoucissent la rigueur des zônes glaciales.

On a constaté aussi dans la mer l'existence de grands courants qui agissent d'une manière analogue, transportant l'eau chaude vers les régions polaires et ramenant l'eau froide vers la zône torride.

Un grand nombre de circonstances locales produisent des vents qui ont une étendue plus ou moins grande. Ainsi, l'échauffement alternatif du continent de l'Asie et de la pointe méridionale de l'Afrique produit des vents appelés *moussons*, qui soufflent régulièrement dans la mer des Indes. Quand le soleil est vers le tropique boréal, il échauffe fortement les côtes et le continent de l'Asie, tandis que la pointe méridionale d'Afrique est dans l'hiver. Il s'établit ainsi un courant inférieur du Cap à la presqu'île de l'Hindoustan: c'est la *mousson* du sud-ouest, dont profitent les marins pour aller dans l'Inde. Quand le soleil est vers le tropique austral, la pointe d'Afrique étant fortement échauffée, le vent souffle en sens contraire; c'est la *mousson* du nord-est, qui ramène les navires de l'Inde au cap de Bonne-Espérance.

Vent (Direction et vitesse du). — La direction du vent est assez variable; ordinairement elle est horizontale; mais, dans certaines circonstances, on peut observer des vents qui se meuvent sur des lignes qui ont une position quelconque par rapport à l'horizon, et sur lesquelles ils s'éloignent ou se rapprochent de ce plan; quelquefois, sur une même verticale, se trouvent plusieurs courants qui ont des directions très-diverses. Lorsque le vent se meut sur une horizontale, la direction fait avec la méridienne du lieu où on l'observe un angle qui porte le nom de *rumb* du vent; on en trouve une valeur approchée à l'aide de l'appareil qui porte le nom de *girouette*; les mécanismes plus précis qui sont employés à cet usage s'appellent *anémomètres*. La vitesse v du vent peut être observée comme suit: on livre au courant un corps qu'il emporte à peu près horizontalement; on compte le nombre de secondes t employées à parcourir un espace e, on a alors $v = \frac{e}{t}$. Pour un vent qui est à peine sensible, on trouve $0^{m},5$; celui qui est modéré correspond à 2^{m}; un vent fort à 10^{m}; une grande tempête à 27^{m}; un des plus rapides que l'on ait observés donne 45^{m}. Cette dernière vitesse est celle des ouragans les plus violents qui déracinent les arbres et renversent les édifices; on les observe quelquefois dans les régions équatoriales.

Philolaüs, astronome et philosophe né à Crotone ou à Tarente, florissait vers la deuxième moitié du ve siècle av. J.-C. Il enseigna d'abord à Héraclée, puis à Thèbes, où il s'était retiré. Il fut le premier pythagoricien qui écrivit sur la philosophie.

Le système astronomique exposé par Philolaüs différait essentiellement de celui de Pythagore; suivant Philolaüs, la lune, le soleil et les cinq autres planètes tiraient leur lumière d'un feu central invisible pour nous, et exécutaient leurs révolutions d'occident en orient autour de ce feu, et autour duquel la terre elle-même décrivait un cercle dans le même sens en un peu moins d'un jour, mais de manière que la face habitée par nous regardât toujours vers le dehors de ce cercle. Une 9ᵉ planète, tournant autour du feu central dans un cercle plus petit, était, par conséquent, aussi invisible pour nous. La sphère des fixes, qui complétait le nombre sacré *dix*, tournait très-lentement d'occident en orient, de telle sorte que, de cette révolution et de celle de la terre dans le même sens, résultait l'apparence du mouvement diurne du ciel autour de la terre d'orient en occident. Philolaüs arrivait ainsi à prêter à ses dix révolutions célestes concentriques des durées d'autant plus longues, qu'elles s'exécutaient à une plus grande distance du feu central. C'est donc à tort que des auteurs modernes ont prêté à Philolaüs le système de Copernic. Seulement, en repoussant le préjugé de l'immobilité de la terre, et en prêtant à ce corps une révolution équivalente pour ses effets à la rotation, Philolaüs préparait les esprits directement à l'hypothèse de la rotation de la terre, et indirectement à l'hypothèse de sa révolution annuelle autour du soleil. Plus tard, en effet, la première hypothèse et même la seconde ont eu quelques partisans dans l'antiquité.

Piazzi (Giuseppe), astronome italien, né en 1746 à Ponte (Valteline), mort en 1826, professa la philosophie à Gênes et les mathématiques à Malte et à Palerme. Nommé, en 1791, directeur de l'observatoire de cette dernière ville, il découvrit, en 1801, la planète *Cérès*, dressa jusqu'en 1814 un catalogue de 7,646 étoiles, établit un système métrique uniforme pour la Sicile, eut part en 1812 à la nouvelle division territoriale du pays, fut appelé à Naples en 1817 pour examiner les plans du nouvel observatoire fondé par Murat sur les hauteurs de Capo-di-Monte, et en fut quelque temps le directeur. On a de lui, outre de nombreux mémoires, plusieurs ouvrages très-importants sur l'astronomie.

Picard (Jean), illustre astronome français, né à La Flèche en 1620, mort en 1683, observa avec Gassendi l'éclipse de soleil du 15 août 1645, le remplaça dans la chaire d'astronomie du collége de France, et fut membre de l'Académie des Sciences à sa formation, en 1666. Picard a fait naître la précision dans les méthodes d'observation par des découvertes importantes. Avec Auzout, il a inventé le micromètre ; il a appliqué les lunettes à la mesure des angles, imaginé et mis en pratique avec succès les méthodes de vérification qu'exigent les instruments astronomiques, déterminé la mesure d'un degré du méridien avec une grande exactitude, et attiré le premier l'attention sur le double phénomène de la *nutation* et de l'*aberration*, qui ne fut expliqué que plus tard par Bradley. Il a observé le premier la longueur du pendule simple battant la seconde, et introduit dans la pratique la méthode des hauteurs correspondantes. C'est à Picard que l'on doit l'établissement de l'Observatoire de Paris; mais la direction ne lui en fut pas confiée ; il se vit préférer Cassini, qu'il avait fait appeler d'Italie.

On doit à Picard plusieurs ouvrages importants sur l'astronomie.

Pingré (ALEXANDRE-GUI), astronome français, né à Paris en 1711, mort en 1796, enseigna d'abord la théologie, mais les querelles du jansénisme et les conseils du chirurgien Lecat lui firent changer l'objet de ses études, et il s'appliqua à l'astronomie. L'observation du passage de Mercure en 1753 le fit entrer à l'académie des sciences comme correspondant. Nommé, peu de temps après, bibliothécaire de Sainte-Geneviève, il trouva, dans la collection confiée à sa garde, les éléments du plus important de ses ouvrages, *la Cométographie*, ou *Traité historique et théorique des comètes*, 1783. Cet ouvrage, malgré les travaux postérieurs, n'a pas perdu tout son mérite. Le détail des observations de Pingré se trouve dans la *Bibliographie astronomique* de Lalande. On doit à Pingré une traduction estimable des *Astronomiques* de Manilius, qui a paru en 1786.

Plan horizontal, — vertical. — Un *plan horizontal* est celui qui coïnciderait avec la ligne de niveau d'une eau tranquille et tenue en équilibre par le seul fait de son propre poids. Un *plan vertical* est celui qui suivrait la direction d'un fil à plomb.

Plan méridien. — Le plan vertical passant par l'axe du monde s'appelle *plan méridien*, ou simplement *méridien.* — Voyez le mot.

Plans et cercles de la sphère céleste. — Nous avons déjà eu occasion dans le cours de cet ouvrage, de parler des plans et cercles de la sphère céleste; nous allons néanmoins les rappeler ici, afin de mieux en faire comprendre l'utilité. Nous dirons d'abord ce que c'est que la sphère céleste.

La *sphère céleste* est une sphère idéale qui a pour centre l'œil de l'observateur, et sur laquelle on suppose fixées les étoiles. Le point où le rayon visuel, mené à une étoile, perce la sphère céleste est la position attribuée à l'étoile sur cette sphère.

L'*axe* du monde est la ligne droite autour de laquelle semble tourner la sphère céleste. L'axe perce la sphère céleste en deux points opposés, que l'on nomme les *pôles*. L'un, visible en Europe, est le pôle *boréal;* l'autre, invisible en Europe, est le pôle *austral*.

Si, par le centre de la sphère céleste, on conçoit un plan perpendiculaire à l'axe du monde, ce plan coupe la sphère céleste suivant un grand cercle que l'on nomme *équateur*. L'équateur partage la sphère céleste en deux moitiés ou hémisphères : l'hémisphère boréal et l'hémisphère austral. L'hémisphère boréal est celui qui contient le pôle boréal, l'hémisphère austral celui qui contient le pôle austral.

On a imaginé sur la sphère céleste deux séries de cercles. Les uns sont des grands cercles, déterminés par des plans menés par l'axe du monde ; on les nomme *cercles horaires* ou *méridiens*. Le cercle horaire d'une étoile est le grand cercle qui passe par les deux pôles et par l'étoile. Les autres sont des petits cercles, déterminés par des plans perpendiculaires à l'axe du monde, et par conséquent parallèles au plan de l'équateur ; on les nomme pour cette raison *cercles parallèles*, ou simplement *parallèles*. Les parallèles sont d'autant plus petits qu'ils sont plus rapprochés des pôles.

Planètes (DESCRIPTION DES). — Voyez *Constitution physique*, pages 138 et suivantes.

Planètes (ÉPHÉMÉRIDES DES). — On trouve dans la *Connaissance des Temps*, calculées pour midi moyen de Paris, les positions héliocentriques et géocentriques de Mercure, Vénus, Mars, Jupiter et Saturne pour tous les jours de l'année, et de quatre en quatre jours pour Uranus et Neptune. Les longitudes et latitudes héliocentriques, les ascensions droites et les déclinaisons sont rapportées en secondes et fractions de secondes. Les longitudes héliocentriques et les ascensions droites sont comptées de l'équinoxe *vrai*, c'est-à-dire affectées de la nutation. Les ascensions droites et les déclinaisons sont apparentes parce qu'elles sont de plus corrigées de l'aberration.

Le passage au méridien de Paris en temps moyen astronomique pourra servir à calculer le passage au méridien d'un autre lieu.

A la fin de chaque éphéméride on trouve les jours où les planètes sont en opposition, en conjonction, en quadrature ou à leur plus grande élongation.

On peut déterminer la latitude par l'observation de la hauteur méridienne de Vénus, Mars, Jupiter et Saturne, lorsque ces planètes passent au méridien pendant la nuit ou dans le crépuscule du matin ou du soir.

Planètes télescopiques. — Il y a entre Mars et Jupiter un nombre assez considérable de petites planètes que l'on ne peut apercevoir qu'au moyen du télescope, et qu'on nomme pour cette raison *planètes télescopiques ;* on en connaît aujourd'hui cent huit, qui ont reçu presque toutes un nom particulier ; les quatre premières, qui sont les plus importantes, sont désignées par les noms de *Cérès*, *Pallas*, *Junon* et *Vesta*.

Planètes (MASSE ET PARALLAXE DES). — Voyez *Masse et parallaxe.*

Platon, très-illustre philosophe grec, né dans l'île d'Egine, alors soumise aux Athéniens, vers 430 ou 427 avant Jésus-Christ, mort en 387. Il porta d'abord le nom d'Aristoclès, reçut à Athènes une éducation brillante que son génie développa encore d'une manière extraordinaire. Rien de tout ce que l'esprit humain peut embrasser de connaissances ne lui était étranger. En astronomie, son système ne diffère pas essentiellement de celui de Pythagore ; c'est-à-dire qu'il admet l'immobilité absolue de la terre au centre du monde, la révolution diurne du ciel entier d'orient en occident, et les révolutions circulaires de la lune, du soleil et des cinq planètes, d'occident en orient autour de la terre. Pourtant Théophraste affirmait que, dans sa vieillesse, Platon avait tiré la terre du centre du monde. En effet, un passage des *Lois* indique énigmatiquement un système qui paraît n'être autre que celui de Copernic, et auquel Platon avait été conduit en tentant d'expliquer, par des mouvements circulaires tous concentriques et uniformes, les anomalies apparentes des mouvements planétaires ; il avait vu sans doute qu'il n'y pouvait réussir qu'en faisant tourner la terre et toutes les planètes autour du soleil immobile.

Par ses leçons plus encore que par ses écrits, Platon avait imprimé aux mathématiques pures la plus heureuse impulsion. Il faut lui pardonner d'avoir, à l'exemple des Pythagoriciens, introduit les nombres dans certaines spéculations où ils jouent un rôle arbitraire, et d'avoir souvent enveloppé sa pensée dans des mythes ingénieux.

Pluie. — Voyez *Phénomènes atmosphériques*, page 460.

Poids. — C'est le nom que l'on donne à la résultante de toutes les forces que la pesanteur exerce sur les corps. — Voyez *Pesanteur.*

Poids des corps célestes. — Les volumes et les densités des corps célestes étant connus, il est facile d'obtenir leurs poids ; en effet, les formules que nous avons trouvées précédemment, pages 454 et 455, donnent

$$v = \frac{4\pi r^3}{3} = \frac{m}{p'}; \ r^3 = \frac{v}{\frac{4}{3}\pi}; \ p' = \frac{m}{v}; \ p = \frac{4\pi}{3} r^3 p' = vp'$$

Si l'on prend le poids de la terre pour unité, on trouve pour la valeur de p les nombres suivants :

Soleil.	Mercure.	Vénus.	Mars.	Jupiter.	Saturne.	Uranus.
323656	0,0743	0,7855	0,1121	328	105	16

Neptune.	Lune.
18	0,012

Points cardinaux. — Voyez *Méridien*, page 368.

Polaire. — Voyez *Etoiles*, page 213.

Polaires (CERCLES). — Voyez *Cercles*, page 109.

Polarisation. — On appelle polarisation la modification que la réflexion, la réfraction et quelques autres circonstances font éprouver à la lumière. L'œil ne peut pas reconnaître cette modification ; mais on y parvient à l'aide d'instruments nommés *polariscopes*. L'un des plus commodes est le polariscope de M. Arago ; il consiste en un petit tube muni de cristaux biréfringents ; quand l'œil reçoit, à travers ce tube, des rayons de lumière, on voit deux petites images rondes placées l'une à côté de l'autre. Si la lumière est naturelle, c'est-à-dire non polarisée, les deux petites images sont blanches ; si la lumière est polarisée, les deux images se colorent de couleurs complémentaires : par exemple, l'une en rouge, l'autre en vert.

Un corps lumineux peut être solide, liquide ou gazeux. Si l'on examine, à l'aide du polariscope, la lumière qui émane, sous un angle très-petit, d'un corps solide ou liquide incandescent, par exemple d'un boulet chauffé à blanc ou d'une nappe de fonte en fusion, on reconnaît que cette lumière présente des traces de polarisation, comme si elle avait subi une réfraction. Si l'on examine de la même manière la lumière émise par un gaz enflammé, on ne trouve aucune trace de polarisation. Or, quand on étudie avec le polariscope la lumière qui nous vient des bords du soleil et qui est émise sous un angle très-petit, on ne reconnaît aucune trace de polarisation, les deux images sont parfaitement blanches. Ceci prouve d'une manière évidente la nature gazeuse du soleil en tant que corps lumineux.

Il n'en faut pas conclure cependant que la lumière du soleil soit produite par une combinaison chimique, comme la flamme d'une bougie ou celle du gaz d'éclairage. Il nous semble plus probable qu'elle provient d'un grand mouvement électrique s'accomplissant dans la photosphère. (On peut consulter sur cette question l'intéressante notice de M. Arago, dans l'*Annuaire* de 1852.)

Pôle austral, — boréal. — Voyez *Plans et cercles de la sphère*, page 465.

Pôle (HAUTEUR DU). — La hauteur du pôle est égale à l'arc du méridien compris entre le pôle et l'horizon. (Voyez *Axe du monde*.)

Pons (JEAN-LOUIS), né en 1761 à Peyre (Hautes-Alpes), mort en 1831, d'abord simple concierge de l'Observatoire de Marseille, s'exerça seul aux observations et y acquit une grande habileté. Astronome-adjoint en 1813, il obtint la direction de l'Observatoire de Lucques en 1819, et de celui de Florence en 1825. Il a découvert 37 comètes.

Pontécoulant (DE), savant mathématicien français, a rendu, par ses observations et les calculs auxquels il s'est livré, d'immenses services à la science astronomique. C'est lui qui avait prédit avec le plus d'exactitude l'époque de réapparition de la comète de Halley, en 1835. Ses calculs ne l'ont mis en défaut que de trois jours sur le passage de l'astre au périhélie.

Port (ÉTABLISSEMENT DU). — Voyez *Marées*, page 353.

Position apparente. — Cette apparence sphérique que nous offre le vide sans bornes où les astres sont suspendus, résulte de ce que les points de cet espace qui s'offre à nos regards, présentent à même distance les mêmes conditions de lumière et de visibilité. Notre œil doit donc être affecté par eux comme s'ils étaient placés à même distance. Il en est ainsi des astres eux-mêmes; notre œil, ne pouvant apprécier l'intervalle énorme qui nous en sépare, ne peut pas apprécier non plus l'inégalité de leurs distances ; il doit dès lors être affecté comme si tous ces flambeaux célestes étaient également éloignés de nous. Il en résulte que nous voyons les astres et tous les points de l'espace où ils se projettent, comme s'ils étaient attachés à la surface d'une sphère dont notre œil occuperait le centre ; et c'est cette illusion, que l'on serait tenté de prendre pour la réalité, qu'on est convenu d'appeler la *position apparente* d'un astre.

Positions apparentes des étoiles. — La position apparente d'une étoile est déterminée par son ascension droite et sa déclinaison. (Voyez *Ascension droite et déclinaison.)*

Les ascensions droites et les déclinaisons de 116 étoiles principales sont données par la *Connaissance des Temps* de dix en dix jours, et celles de la Polaire et de δ de la Petite-Ourse pour tous les jours de l'année à l'instant de leur passage au méridien de Paris.

Le jour sidéral étant plus court que le jour solaire *moyen* de 3^m56^s, il y a, pour chaque étoile, un jour dans l'année où elle passe deux fois au méridien ; on a tenu compte de cette particularité dans la *Connaissance des Temps* en indiquant, en regard de la date où elle se produit, les deux positions de l'étoile à ses deux passages.

Les positions moyennes, données à la suite des positions apparentes, se rapportent au commencement de l'année, en faisant commencer celle-ci au moment où la longitude moyenne du soleil est égale à 280° : pour 1871, par exemple, cet instant précède de $0^j,706$ midi moyen du 1er janvier. (Voyez *Temps auquel se rapporte la longitude* 280° *du soleil*, pages 341 et suivantes.)

Les déclinaisons moyennes des étoiles peuvent être déduites du Catalogue normal des distances polaires de 140 étoiles fondamentales que M. Laugier a publié dans la *Connaissance des Temps* de l'année 1860. Quant aux ascensions droites, elles peuvent être tirées du Catalogue de M. Airy.

Positions apparentes des étoiles (TERMES PÉRIODIQUES CONTENUS DANS L'EXPRESSION DES). — Les termes périodiques contenus dans l'expression des positions apparentes des étoiles sont l'*aberration*, la *nutation* et la *parallaxe annuelle*.

L'*aberration* et la *parallaxe* ont une période d'une année (voyez *Aberration*, page 14 ; — *Parallaxe*, page 432), et par conséquent peuvent être déterminées par la comparaison des lieux apparents observés pendant le cours d'une année. La *nutation*, qui est le terme principal, a une période de 18 ans et 219 jours, temps de la révolution complète des nœuds de l'orbite lunaire sur l'écliptique ; on ne pourra donc trouver la constante de la nutation que par la comparaison d'un grand nombre de positions apparentes faites pendant une longue suite d'années. (Voyez *Nutation*, pages 409 et suivantes.)

Il résulte en effet d'un grand nombre d'observations, faites dans les conditions indiquées plus haut, que les quantités k et v, représentant les constantes de l'*aberration* et de la *nutation*, peuvent se traduire respectivement par les valeurs numériques 20″,4091 et 9″,1649.

Quant à la *parallaxe*, on devra toujours la déduire de l'observation directe, d'après la méthode que nous avons exposée précédemment (pages 432 et 436).

Positions rapportées à l'horizon. — Pour exprimer les relations qui existent entre la hauteur h et l'azimut A d'une étoile, son ascension droite α et sa déclinaison δ, le temps sidéral τ et la latitude λ du lieu d'observation, on a

$$\sin h = \sin \lambda \sin \delta + \cos \lambda \cos \delta \cos (\tau - \alpha)$$

$$\cot A = -\frac{\cos \lambda \operatorname{tang} \delta}{\sin (\tau - \alpha)} + \sin \lambda \cot (\tau - \alpha)$$

La première de ces équations montre que, par l'observation de la hauteur d'une étoile connue, on peut déterminer le temps si la latitude du lieu d'observation est également connue. En effet, de cette équation, on déduit

$$\cos (\tau - \alpha) = \frac{\sin h - \sin \lambda \sin \delta}{\cos \lambda \cos \delta}$$

Si l'on prend maintenant un angle T égal à $\cos (\tau - \alpha)$, on a $\alpha + T = \tau$; on aurait de même $\tau - T = \alpha$. Par conséquent, il sera donc toujours possible d'obtenir le temps sidéral si l'ascension droite est connue, ou l'ascension droite si le temps sidéral seul est connu.

Précession. — Voyez *Equinoxes*, page 211.

Précession luni-solaire annuelle. — La précession luni-solaire annuelle pour l'époque $1750 + t$, est

$$\pi = 50'',37572 - 0''000243589 . t$$

et la variation même dans l'espace de temps écoulé de 1750 à $1750 + t$, est

$$50'',37572 . t - 0'',0001217945 . t^2$$

c'est l'arc de l'écliptique fixe compris entre les points d'intersection de ce grand cercle avec l'équateur au commencement de l'année 1750 et l'équateur au commencement de $1750 + t$.

Précession planétaire. — La précession planétaire, ou précession générale annuelle, a pour expression

$$\pi' = 50'',21129 + 0'',0002442966 . t$$

et la variation même dans l'espace de temps écoulé de 1750 à $1750 + t$, est

$$50'',21129 . t + 0'',0001221483 . t^2$$

c'est l'arc d'écliptique vrai entre les points d'intersection de ce grand cercle avec l'équateur au commencement des années 1750 et $1750 + t$.

Pour $1750 + t$, l'angle compris entre l'équateur et l'écliptique fixe a pour valeur

$$\omega' = 23°28'18'',0 + 0'',0000098423 . t^2$$

et l'*obliquité moyenne* de l'écliptique, angle compris entre l'équateur et l'écliptique vrai (en négligeant la nutation) est

$$\omega = 23°28'18'',0 - 0'',48368 . t - 0'',00000272295 . t^2$$

Pression atmosphérique (VALEUR DE LA). — Supposons que le vase *a b c d* (*fig.* 59) soit plein d'un liquide quelconque, et, pour fixer les idées, nous prendrons du mercure.

Ayons un tube de verre ouvert à une de ses extrémités, fermé hermétiquement à l'autre, d'un centimètre de diamètre intérieur et de 0^m90 de longueur; remplissons-le entièrement avec une portion de mercure contenu dans *a b c d*, et renversons-le dans ce vase, en tenant le doigt sur son extrémité ouverte *k*. On pourra observer qu'après avoir ôté le doigt et placé le tube dans la position verticale *g k*, au bout de quelques instants, le niveau du liquide se fixera au-dessus de *a d*, en *h f* dans l'intérieur du tube; en supposant que l'espace *g h* soit entièrement vide *(privé d'air)*, on voit que la colonne liquide *h m* est soutenue par la présence de l'air atmosphérique extérieur, qui presse sur le niveau *a d;* car si le tube *g k* était indéfini et vide, l'air extérieur y pousserait évidemment une certaine colonne du mercure contenu dans le vase *a b c d;* par conséquent, nous pouvons tirer la conclusion suivante de cette expérience remarquable : la pression atmosphérique est égale au poids d'une colonne liquide verticale, ayant une base équivalente à l'unité de surface, et pour hauteur la distance des deux plans de niveau *a d* et *h f*. Ce poids mesure aussi la valeur de force élastique de l'air qui touche le niveau extérieur *a d*.

On voit que cette pression est déterminée pour un liquide donné, si on connaît la hauteur *h m* ; aussi, pour simplifier le discours, on fait la pression atmosphérique *égale* à cette hauteur. Ainsi on dit : dans telle circonstance la pression atmosphérique est égale à $0^m,76$; mais il ne faut pas oublier que cette expression abrégée doit être toujours regardée comme équivalente à celle-ci : la pression atmosphérique est égale au *poids* d'une colonne verticale de mercure ayant $0^m,76$ de hauteur et l'unité de surface pour base.

La hauteur de la colonne *h f m n* deviendra plus grande ou plus petite selon que la pression atmosphérique le deviendra elle-même, ou selon que la force élastique du gaz qui presse le niveau *a d* deviendra plus grande ou plus petite.

Nous avons vu (pages 60 et suivantes) que l'instrument qui sert à mesurer les pressions atmosphériques a reçu le nom de *baromètre*. Ainsi la figure 59 prise dans son ensemble, et à laquelle on ajouterait une échelle graduée dont le point zéro coïnciderait avec le point de division mn, n'est rien moins qu'un baromètre dans toute sa simplicité, qui servirait tout comme un autre à déterminer la valeur des pressions atmosphériques.

Pression barométrique (CALCUL DE LA). — Après avoir indiqué les moyens d'observer la pression atmosphérique, il nous sera facile d'en calculer la valeur dans toutes les occasions. Soit en effet p la pression atmosphérique, p' la pesanteur spécifique du mercure et h la hauteur de la colonne barométrique, on aura pour son expression $p = hp'$; dans les circonstances ordinaires $h = 76^{cm}$ et $p' = 13^{gr},598$; on a donc $p = 1033^{gr},448$. On voit donc que la pression atmosphérique moyenne est un peu plus grande qu'un kilogramme. La pression correspondante à un décimètre carré serait $103^{k},34$; c'est celle qui a lieu sur une surface à peu près égale à celle de la main, et qui, agissant de part et d'autre, la laisse libre.

La surface du corps d'un homme est à peu près égale à 175 décimètres carrés; la pression totale qu'il supporte est donc égale à $18084^{k},50$: les fluides et les solides du corps résistent à cette énorme pression, qui est équilibrée par elle-même dans toutes les directions.

On calculerait aisément la pression totale de l'atmosphère sur la surface entière de la terre; elle se trouverait exprimée par un nombre de vingt chiffres.

Principes relatifs à l'action des forces. — L'emploi des forces produit ou modifie le mouvement; nous allons appliquer quelques-uns de ces principes à la pesanteur.

Application à la pesanteur. — Nous avons vu (*Chute des corps*, page 393) que les corps possèdent, dans leur chute libre, un mouvement uniformément accéléré. Il résulte de là que la *pesanteur* qui produit ce mouvement est une force constante.

Si on appelle g la vitesse que la pesanteur donne aux corps pendant la première seconde de leur chute libre, la formule $v = gt$ fait connaître la vitesse à l'époque t.

La valeur de g n'est pas la même aux différents points du globe; elle varie avec la latitude (formule 3, page 453), mais ses variations toutefois sont presque insensibles quand on considère la chute des corps dans des lieux situés à des latitudes peu différentes.

Lorsqu'un corps est lancé verticalement de haut en bas, il possède encore un mouvement uniformément accéléré. La vitesse qu'il possède à l'époque t est alors donnée par la formule $v = a + g\,t$, et l'espace qu'il parcourt pendant le temps t par la formule $h = a\,t + \frac{1}{2}\,g\,t^2$, où a est la vitesse initiale résultant de la force d'impulsion donnée au corps.

Lorsqu'un corps est lancé verticalement de bas en haut, il possède un mouvement uniformément retardé. Les formules qui donnent la vitesse et l'espace sont alors

$$v = a - g\,t \qquad\qquad h = a\,t - \tfrac{1}{2}\,g\,t^2$$

en représentant toujours par g l'accélération résultant de l'action de la pesanteur, par a la vitesse initiale et par h l'espace parcouru.

Dans ce dernier cas, la vitesse du corps diminue de plus en plus à mesure qu'il s'élève et il arrive une époque où elle devient nulle. Le corps cesse alors de monter; puis, dans l'instant suivant, il retombe vers la terre. — On peut se proposer plusieurs questions importantes relatives à l'ascension et à la chute subséquente.

1° *Trouver la durée de l'ascension.* — Le corps cesse de monter quand sa vitesse devient nulle, c'est-à-dire quand on a $a - g\,t = 0$. On tire de là $t = \frac{a}{g}$, ce qui donne la durée de l'ascension.

2° *Trouver la hauteur à laquelle le corps monte.* — Le corps s'élève à une hauteur fournie par l'équation $h = a\,t - \frac{1}{2}\,g\,t^2$, dans laquelle on doit remplacer t par la durée $\frac{a}{g}$ de l'ascension. On a donc

$$h = \frac{a^2}{g} - \frac{a^2}{2g}, \text{ ou bien } h = \frac{a^2}{2g}$$

3° *Trouver la durée de la chute.* — Le temps de la chute est fourni par l'équation $h = \frac{1}{2}\,g\,t^2$, dans laquelle h représente l'espace parcouru.

Le corps parcourant dans sa chute le même espace $\frac{a^2}{2g}$ qu'il a parcouru en montant, on a $\frac{a^2}{2g} = \frac{g\,t^2}{2}$; d'où $t = \frac{a}{g}$. Ce temps est précisément égal à celui que le mobile a mis pour s'élever au point le plus haut de sa course.

4° *Trouver la vitesse que le mobile possède en revenant au point de départ.*— Cette vitesse est fournie par la formule $v = \sqrt{2\,g\,h}$ dans laquelle on doit remplacer h par l'espace parcouru, c'est-à-dire par $\frac{a^2}{2g}$. On obtient ainsi $v = \sqrt{a^2}$ ou $v = a$. Cette vitesse est précisément égale à la vitesse initiale. — On voit par là qu'un corps, lancé de bas en haut, monte à une hauteur telle qu'il acquiert, en retombant au point de départ, une vitesse égale à la vitesse d'impulsion.

Problèmes. — Il existe une relation bien simple entre le poids d'un corps, la force qui lui communique une accélération et l'accélération elle-même.

Si on désigne la force par f, l'accélération par γ, le poids du corps par p et l'accélération due à la pesanteur par g (formule 3, page.453), on a

$$\frac{f}{\gamma} = \frac{p}{g}$$

Cette équation conduit à la solution des trois problèmes qui suivent :

1° Quelle force faut-il appliquer à un corps de poids donné pour lui communiquer une accélération déterminée?

Solution : $f = p\,\frac{\gamma}{g}$

2° Quelle est l'accélération que prend un corps d'un poids donné sous l'influence d'une force donnée?

Solution : $\gamma = g\,\frac{f}{p}$

3° Quel est le poids du corps qui reçoit une accélération donnée sous l'influence d'une force donnée?

Solution : $p = f\,\frac{g}{\gamma}$

Remarquons bien, dans les calculs numériques, que les deux forces f et p doivent être rapportées à la même unité : au kilogramme par exemple. Quant à l'accélération γ, elle doit être rapportée au mètre et à la seconde puisque l'accélération g est rapportée à ces unités.

Printemps. — Voyez *Saisons*.

Production du sol terrestre. — Voyez *Sol terrestre*.

Ptolémée (CLAUDE), célèbre astronome et géographe, né à Ptolémaïs (Thébaïde), vécut à Alexandrie vers l'an 130, sous les empereurs Adrien et Antonin. Les principes de son système astronomique sont exposés dans sa *Grande composition*, traité en 13 liv., plein d'érudition et de talent, et qui, traduit en arabe, a pris le nom d'*Almageste*, sous lequel on le désigne quelquefois. Ce système consistait à admettre l'immobilité absolue de la terre au centre du monde et la révolution diurne du ciel entier d'orient en occident. On doit encore à Ptolémée une *Géographie* en 8 liv., ouvrage indispensable pour la connaissance de l'antiquité ; 4 liv. de *Syntaxe mathématique;* les *Harmoniques* en 6 liv.; les cent *Propos astrologiques;* un

Traité d'optique, et, sous le nom de *Canon royal*, des tables historiques sur les rois babyloniens.

Puissance réfractive. — Voyez *Réfraction*.

Purbach (GEORGES), astronome, né en 1423, à Peurbach, près de Lintz (Autriche), mort en 1461, a laissé : *Theoricæ planetarum*, ouvrage très-souvent réimprimé. Regiomontanus fut son élève.

Pythagore, célèbre philosophe de la Grèce, né à Samos vers l'an 584 avant J.-C. Après de longs voyages, il fonda à Crotone, en Italie (Grande-Grèce), une école fameuse qui s'appela l'*école italique*. Pythagore cultiva avec le plus grand succès l'arithmétique, la géométrie, l'astronomie et la musique. Il mourut à Métaponte, à l'âge de 84 ans, victime de la persécution générale qui s'éleva contre lui et ses disciples, à cause de sa *Théologie arithmétique* qui consistait dans la science des propriétés mystiques qu'il attribuait aux nombres, dont l'unité ou *monade* était le principe génératif, l'attribut essentiel, le caractère sublime, le sceau même de Dieu.

Son *système astronomique* différait peu de celui que Ptolémée nous légua plus tard; il expliquait la succession des jours et des nuits par la rotation du ciel entier autour de la terre qu'il supposait immobile au centre du monde.

Quadrature. — Voyez *Aspect des astres*, page 49.

Quadrature de la lune. — Voyez *Phases lunaires*, page 455.

Quatre-Temps. — Voyez *Calendrier*, page 89.

Ramond de Carbonnières (LOUIS-FRANÇOIS-ÉLISABETH), né à Strasbourg en 1755, mort en 1827, fut nommé professeur d'histoire naturelle à l'Ecole centrale des Hautes-Pyrénées, en 1796.

C'était un homme instruit dans la physique et la géologie. On lui doit : *Observations faites dans les Pyrénées*, 1789 ; *Voyage au mont Perdu*, 1801; *Mémoire sur la formule barométrique de la Mécanique céleste*, 1812.

Rayon vecteur. — On appelle rayon vecteur d'une planète ou d'un satellite la ligne qui joint le centre d'une planète au centre du soleil ou le centre d'un satellite au centre de la planète de laquelle il dépend ; ainsi, le rayon vecteur de la terre est la ligne qui joint les centres de la terre et du soleil, et le rayon vecteur de la lune la ligne qui joint les centres de la lune et de la terre.

L'équation qui sert à calculer les rayons vecteurs des orbites des planètes et de leurs satellites est donnée par une formule générale que l'on trouvera page 428.

Rayons vecteurs de l'orbite lunaire. — On a pour l'excentricité de l'orbite lunaire en 1900 (page 221) $e = 0{,}0549$; d'où $e^2 = 0{,}0030140$ et $1 - e^2 = 0{,}9969860$.

Rayons vecteurs de l'orbite terrestre. — On a pour l'excentricité de l'orbite terrestre en 1900 (page 221) $e = 0{,}016816$; d'où $e^2 = 0{,}0002828$ et $1 - e^2 = 0{,}9997172$.

Si, pour les rayons vecteurs de la lune et de la terre, on fait le demi grand axe des orbites égal à l'unité, ou $a = 1$, la formule que nous avons donnée (page 428) se réduit à

$$R = \frac{1 - e^2}{1 \pm e \cos \omega}$$

et on a

$$\text{au } \textit{périgée } R = \frac{1 - e^2}{1 + e}$$

$$\text{à l'}\textit{apogée } R = \frac{1 - e^2}{1 - e}$$

Dans la première de ces équations, on emploie $+ e \cos \omega$ lorsque ω est compris entre 0° et 90°, ou entre 270° et 360°; on emploie $- e \cos \omega$ lorsque l'angle ω est compris entre 90° et 180°, ou entre 180° et 270°.

C'est à l'aide des éléments qui précèdent que nous avons dressé les deux tables ci-après, donnant de degré en degré les rayons vecteurs de la lune et de la terre.

TABLE I

Rayons vecteurs de la lune

DISTANCES AU PÉRIGÉE		RAYONS	DISTANCES AU PÉRIGÉE		RAYONS
0°	360°	0.9451000	40°	320°	0.9567490
1	359	9451072	41	319	9573204
2	358	9451296	42	318	9579044
3	357	9451672	43	317	9585012
4	356	9452201	44	316	9590992
5	355	9452873	45	315	9597293
6	354	9453697	46	314	9603607
7	353	9454666	47	313	9610041
8	352	9455787	48	312	9616594
9	351	9457060	49	311	9623249
10	350	9458388	50	310	9630026
11	349	9460048	51	309	9636905
12	348	9461763	52	308	9643896
13	347	9463622	53	307	9650961
14	346	9465635	54	306	9658199
15	345	9467792	55	305	9665503
16	344	9470095	56	304	9672902
17	343	9472542	57	303	9680312
18	342	9475135	58	302	9688007
19	341	9477873	59	301	9695704
20	340	9480757	60	300	9703497
21	339	9483778	61	299	9711382
22	338	9486955	62	298	9719353
23	337	9490260	63	297	9727414
24	336	9493712	64	296	9735554
25	335	9497312	65	295	9744762
26	334	9501041	66	294	9752096
27	333	9504917	67	293	9760488
28	332	9508943	68	292	9768952
29	331	9513071	69	291	9777498
30	330	9517357	70	290	9786106
31	329	9521784	71	289	9794788
32	328	9526333	72	288	9803543
33	327	9531023	73	287	9812362
34	326	9535845	74	286	9821251
35	325	9540806	75	285	9830183
36	324	9445880	76	284	9839186
37	323	9551092	77	283	9848234
38	322	9556430	78	282	9857338
39	321	9561901	79	281	9866508

TABLE I

Rayons vecteurs de la lune [suite]

DISTANCES AU PÉRIGÉE		RAYONS	DISTANCES AU PÉRIGÉE		RAYONS
80°	280°	0.9875712	120°	240°	1.0251257
81	279	9884965	121	239	0259971
82	278	9894261	122	238	0268604
83	277	9903599	123	237	0277263
84	276	9912973	124	236	0285629
85	275	9923383	125	235	0294008
86	274	9931825	126	234	0302305
87	273	9941297	127	233	0310519
88	272	9950794	128	232	0318630
89	271	9960317	129	231	0326645
90	270	9969860	130	230	0334556
91	269	9979421	131	229	0342371
92	268	9988999	132	228	0350070
93	267	9998588	133	227	0357672
94	266	1.0008187	134	226	0365156
95	265	0017783	135	225	0372521
96	264	0027403	136	224	0379778
97	263	0037013	137	223	0386905
98	262	0046622	138	222	0393922
99	261	0056226	139	221	0400807
100	260	0065820	140	220	0407560
101	259	0075400	141	219	0414181
102	258	0084980	142	218	0420679
103	257	0094527	143	217	0427033
104	256	0104052	144	216	0433357
105	255	0113564	145	215	0439327
106	254	0123052	146	214	0445266
107	253	0132497	147	213	0451058
108	252	0141918	148	212	0456703
109	251	0151304	149	211	0462190
110	250	0160646	150	210	0467539
111	249	0169943	151	209	0472729
112	248	0179206	152	208	0477759
113	247	0188412	153	207	0482628
114	246	0197572	154	206	0487348
115	245	0206675	155	205	0491895
116	244	0215722	156	204	0496291
117	243	0224700	157	203	0500514
118	242	0233620	158	202	0504563
119	241	0242474	159	201	0508461

TABLE I

Rayons vecteurs de la lune [suite]

DISTANCES AU PÉRIGÉE		RAYONS	DISTANCES AU PÉRIGÉE		RAYONS
160°	200°	1.0512172	171°	189°	1.0541460
161	199	0515720	172	188	0543043
162	198	0519093	173	187	0544437
163	197	0522291	174	186	0545641
164	196	0525312	175	185	0546668
165	195	0528158	176	184	0547505
166	194	0530826	177	183	0548163
167	193	0533319	178	182	0548737
168	192	0535623	179	181	0548917
169	191	0537750	180	180	0549000
170	190	0539811			

TABLE II

Rayons vecteurs de la terre

DISTANCES AU PÉRIGÉE		RAYONS	DISTANCES AU PÉRIGÉE		RAYONS
0°	360°	0.9831840	18°	342°	0.9839805
1	359	9831869	19	341	9840705
2	358	9831936	20	340	9841655
3	357	9832075	21	339	9842652
4	356	9832239	22	338	9843687
5	355	9832460	23	337	9844786
6	354	9832732	24	336	9845920
7	353	9833049	25	335	9847095
8	352	9833427	26	334	9848325
9	351	9833843	27	333	9848791
10	350	9834316	28	332	9850907
11	349	9834829	29	331	9852275
12	348	9835400	30	330	9853061
13	347	9836009	31	329	9855123
14	346	9836679	32	328	9856016
15	345	9837384	33	327	9858143
16	344	9838139	34	326	9859320
17	343	9838951	35	325	9860605

TABLE II

Rayons vecteurs de la terre [suite]

DISTANCES AU PÉRIGÉE		RAYONS	DISTANCES AU PÉRIGÉE		RAYONS
36°	324°	0.9862991	76°	284°	0.9955314
37	323	9864398	77	283	9957855
38	322	9865936	78	282	9960433
39	321	9867534	79	281	9965111
40	320	9869227	80	280	9967666
41	319	9871000	81	279	9970336
42	318	9872836	82	278	9973030
43	317	9874766	83	277	9975744
44	316	9876755	84	276	9978482
45	315	9878805	85	275	0981235
46	314	9880952	86	274	9984002
47	313	9883161	87	273	9986782
48	312	9885448	88	272	9989574
49	311	9887773	89	271	9992370
50	310	9890182	90	270	9997172
51	309	9892480	91	269	1.0000108
52	308	9894214	92	268	0003044
53	307	9896818	93	267	0005977
54	306	9899325	94	266	0008912
55	305	9901227	95	265	0011848
56	304	9904041	96	264	0014774
57	303	9905291	97	263	0017702
58	302	9908764	98	262	0020622
59	301	9910136	99	261	0023541
60	300	9913739	100	260	0026450
61	299	9915293	101	259	0029353
62	298	9917007	102	258	0032247
63	297	9921091	103	257	0035141
64	296	9922602	104	256	0038009
65	295	9926627	105	255	0040873
66	294	9928477	106	254	0043727
67	293	9930525	107	253	0046567
68	292	9932630	108	252	0049395
69	291	9937027	109	251	0052206
70	290	9938986	110	250	0055002
71	289	9941259	111	249	0057784
72	288	9943586	112	248	0060494
73	287	9948100	113	247	0063292
74	286	9950353	114	246	0066023
75	285	9952814	115	245	0068731

TABLE II

Rayons vecteurs de la terre [suite]

DISTANCES AU PÉRIGÉE		RAYONS	DISTANCES AU PÉRIGÉE		RAYONS
116°	244°	1.0071457	149°	211°	1.0143381
117	243	0074081	150	210	0144912
118	242	0076724	151	209	0146395
119	241	0079346	152	208	0147844
120	240	0082550	153	207	0149239
121	239	0084515	154	206	0150591
122	238	0087773	155	205	0151897
123	237	0089580	156	204	0153145
124	236	0092074	157	203	0154351
125	235	0094537	158	202	0155519
126	234	0096972	159	201	0156621
127	233	0099379	160	200	0157684
128	232	0101756	161	199	0158696
129	231	0104105	162	198	0159656
130	230	0106414	163	197	0160563
131	229	0108693	164	196	0161431
132	228	0110930	165	195	0162237
133	227	0113149	166	194	0162993
134	226	0115329	167	193	0163703
135	225	0117479	168	192	0164356
136	224	0119578	169	191	0164965
137	223	0121648	170	190	0165513
138	222	0123690	171	189	0166021
139	221	0125678	172	188	0166466
140	220	0127625	173	187	0166866
141	219	0129558	174	186	0167211
142	218	0131424	175	185	0167499
143	217	0133263	176	184	0167738
144	216	0135058	177	183	0167923
145	215	0136811	178	182	0168056
146	214	0138514	179	181	0168129
147	213	0140178	180	180	0168160
148	212	0141794			

Moyen d'étendre les tables qui précèdent.

Les tables qui précèdent donnent directement la valeur de R (rayon vecteur) de degré en degré, pour tous les degrés de la circonférence.

Si on voulait obtenir le rayon vecteur répondant à un arc intermédiaire compris entre deux valeurs consécutives de ω, on pourrait se servir de la formule d'interpolation indiquée à la page 273, en multipliant les différences premières par n et les différences secondes par

$$\frac{n\,(1-n)}{2}$$

Soit n'' le nombre de secondes d'arc dépassant celui des degrés, on aura :

pour un arc intermédiaire, compris entre $0''$ et $1800''$, $n = \dfrac{3600 - n''}{3600}$

pour un arc intermédiaire, compris entre $1800''$ et $3600''$, $n = \dfrac{n''}{3600}$

Si nous représentons maintenant par Δ' les différences premières, par Δ'' les différences secondes et par R le rayon vecteur répondant au nombre de degrés compris dans l'arc pour lequel le nouveau rayon est à calculer, nous aurons pour la valeur de ce nouveau rayon, que nous désignerons par r :

$$r = R \pm \begin{cases} \Delta'.\, n \\ \Delta''\, \dfrac{n\,(1-n)}{2} \end{cases}$$

Application de la formule. — On propose de calculer la valeur du rayon vecteur de la lune répondant à un arc de $3°26'32''$.

$26'32''$ donnent $1592''$, nombre inférieur à $1800''$, par conséquent nous avons :

$$n = \frac{3600 - 1592}{3600} = 0{,}5578\,;\ \frac{n\,(1-n)}{2} = 0{,}1233$$

$$\left.\begin{array}{l}\text{Pour } 5°,\ R = 0{,}9452873 \\ \text{Pour } 6°,\ R = 0{,}9463697\end{array}\right\}\Delta' = +\,824$$

$5°$ tenant le milieu entre $4°$ et $6°$, on prendra, pour la différence seconde, l'excès des différences premières comprises entre $4°$ et $5°$, $5°$ et $6°$. On trouve ainsi :

$$\text{pour les différences premières entre}\begin{cases}4° \text{ et } 5° & +\,672 \\ 5° \text{ et } 6° & +\,824\end{cases}$$

et pour les différences secondes $672 - 824 = +\,152$; donc $\Delta'' = +\,152$.

Nous aurons donc pour $26'32''$:

$$0{,}5578 \times 824 = 459{,}6272$$
$$0{,}1233 \times 152 = 18{,}7416$$
$$\text{Somme} \quad 478{,}3688$$

En résumé, pour 5°, $R = 0{,}9452873$
pour $26'32''$ + 478

donc pour $5^\circ26'32''$, $r = 0{,}9453351$

Demi-diamètre de la lune et du soleil. — Les rayons vecteurs de la lune et de la terre donnent le moyen de calculer le demi-diamètre de ces deux astres ; en effet, soit R le rayon vecteur de la lune et ☾ son demi-diamètre apparent, on aura en général

$$☾ = \frac{15'24'',5}{R}$$

Soit pareillement R le rayon vecteur de la terre et ⊙ le demi-diamètre apparent du soleil, on aura aussi

$$⊙ = \frac{16'1'',36}{R}$$

Rayons vecteurs des comètes. — Voyez *Orbites des comètes,* page 425.

Reflux. — Voyez *Marée.*

Réfraction (CAUSE DE LA). — La déviation qu'un rayon de lumière éprouve par la réfraction est due à une action attractive que les substances réfringentes exercent sur les molécules qui le composent ; cette force agit à une distance infiniment petite, et de part et d'autre de la surface d'immersion. Elle fait varier la vitesse des particules lumineuses de telle sorte qu'elle devient plus grande lorsque ces particules lumineuses passent du vide dans un milieu réfringent quelconque, ou d'un milieu plus rare dans un autre plus dense, et diminue dans le cas contraire ; mais toujours la portion de la trajectoire décrite par la molécule, et dans laquelle elle éprouve l'action réfractive des milieux, sera infiniment petite, l'attraction dont il s'agit ici pouvant être comparée aux affinités chimiques.

Réfraction (VÉRIFICATION DU PRINCIPE GÉNÉRAL DE LA).

1° *Première partie du principe général.* — On peut facilement vérifier d'une manière expérimentale la première partie de la loi énoncée plus haut; on concevra aisément comment on peut y parvenir pour toutes sortes de substances à l'aide du principe suivant : *a b c* (*fig.* 60) étant une section verticale faite dans un prisme triangulaire formé d'une substance diaphane et dont les arêtes sont horizontales, il sera facile d'observer que l'œil étant situé en *o*, l'image directe de l'objet lumineux *l* et son image réfractée l' se trouvent dans un plan vertical passant par le point o et par conséquent que les rayons incidents partis de l et qui produisent l'image l', ne sont pas de ce plan.

2° *Seconde partie du principe général.* — Pour établir la seconde partie, nous supposerons que le quotient entre le sinus de l'angle d'incidence et celui de l'angle de réfraction est en effet constant ; nous allons donner les moyens d'en déterminer la valeur pour une substance donnée, et comme on pourra calculer avec elle la direction du rayon réfracté correspondant à un *indice quelconque* pour la substance donnée, il sera évident alors que le rapport dont il s'agit est invariable. On nomme ce nombre, pour plus de simplicité, *rapport* ou *indice de réfraction.*

La substance dont on veut déterminer le rapport de réfraction étant ramenée à la forme prismatique $a\,b\,c$ (*fig.* 61), et placée ainsi que nous venons de le dire précédemment, on observera d'abord le phénomène suivant : en la faisant tourner de manière que ses arêtes restent toujours horizontales, l'image réfractée l' d'un point lumineux l pourra s'*élever* graduellement jusqu'à une certaine limite, après laquelle elle *descendra*, quoique le prisme continue à tourner dans le même sens. En supposant que l'appareil soit arrêté dans la position où l' est parvenu à la plus grande hauteur, on voit que le rayon incident $l\,d$ rencontre la face $a\,b$ au point d, pénètre dans sa substance en suivant la ligne réfractée $d\,d'$, qui traverse l'autre face $a\,c$ en d' et rentre dans l'espace ambiant en se réfractant de nouveau dans la direction $d'\,o$; cette ligne prolongée rencontre le rayon incident primitif $l\,d$ en un point k, et l'angle $l\,k\,l'$ est le plus petit possible dans cette position où l' cesse de s'élever ; or il ne sera pas très-difficile, dans ce cas, de reconnaître que le triangle $a\,d\,d'$ est isocèle; on placera pour cela en d, sur le trajet du rayon incident, une aiguille noire dont l'image se confondra avec celle de l'objet l et une autre aiguille en d' au point d'émergence ; on mesurera les distances $a\,d$ et $a\,d'$ que l'on trouvera égales. Le triangle $a\,b\,c$ étant la base du prisme, on pourrait observer la déviation près d'elle et tracer des échelles de parties égales sur les côtés $a\,b$ et $a\,c$. Il serait facile de construire sur ce principe un appareil suffisamment précis pour établir le principe en question d'une manière parfaitement rigoureuse. Quant à la coloration des images, produite par la dispersion, c'est là un obstacle difficile à vaincre dans les déterminations relatives à l'indice de réfraction, et on devra en faire abstraction.

Le principe dont nous nous occupons peut d'ailleurs se prouver par le calcul ; on voit en effet que la position de $o\,d'$, par rapport à $a\,c$, est la même que celle de ld par rapport à ab, et que les angles ldn, $od'n'$ et leurs opposés au sommet sont égaux ; de même mdd' ne diffère pas de $md'd$.

Pour déterminer, à l'aide de ce théorème, la valeur l du rapport de réfraction représentant l'angle ldn et ses égaux par i, l'angle mdd' ou $md'd$ par r, et l'angle de déviation lkl' par k, on voit que

$$l = \frac{\sin i}{\sin r}$$

et que pour avoir la valeur de l il faut chercher celle de i et de r ; pour cela on observera d'abord que $r + r$ est supplément de l'angle dmd', et que l'angle *réfringent* du prisme, a, est aussi supplément du même angle dmd' dans le quadrilatère $admd'$ qui a deux angles droits en d et en d' ; on voit donc que $a = 2r$; de plus l'angle k, extérieur dans le triangle kdd', est égal à $i - r + i - r$ ou $2i - 2r$, ou enfin $k = 2i - a$; cette équation et la précédente fournissent pour les valeurs des angles d'incidence et de réfraction :

$$i = \tfrac{1}{2}(k + a), \text{ et } r = \tfrac{1}{2}a$$

On voit donc que l'indice cherché ou l sera :

$$l = \frac{\sin \frac{1}{2}(k + a)}{\sin \frac{1}{2}a}$$

sa détermination se réduit donc à celle des angles a et k. Or l'angle a, qui est celui du prisme à travers les faces duquel passe le rayon lumineux sera donné par l'équation

$$\sin \tfrac{1}{2} a = \frac{\frac{1}{2}\beta}{\psi}$$

dans laquelle β est la longueur de la base bc et ψ celle des côtés ab ou ac du prisme (*fig.* 61). Quant à l'angle k, on l'obtiendra comme suit : — Et d'abord, appelons x la distance $d'c$ (*fig.* 61), z la distance oc, et mesurons l'angle o, nous aurons :

$$\sin \gamma = \frac{z}{x} \sin o, \text{ et } \varphi = 180^\circ - (\gamma + \tfrac{1}{2} a)$$

D'où

$$\tfrac{1}{2} k = 180^\circ - \varphi = \gamma + \tfrac{1}{2} a$$

Les angles a et k étant ainsi obtenus, il ne restera plus qu'à les substituer dans la valeur précédente de l pour achever de déterminer celle de l'indice de réfraction.

Réfraction (DÉFINITION DE LA PUISSANCE DE). — En admettant l'hypothèse de l'action attractive des milieux sur les molécules lumineuses s'exerçant à des distances infiniment petites des surfaces de séparation pour produire la réfraction, on trouve que si on représente par v la vitesse de la lumière dans le vide, par v' celle qu'elle possède dans le milieu après avoir été réfractée, par d la densité du milieu, et par m un nombre constant positif,

$$v'^2 = v^2 + dm$$

la quantité dm s'appelle *puissance réfractive;* c'est, comme on voit, la valeur dont le carré de la vitesse augmente en passant du vide dans le milieu réfringent,

Mais l'on a, par suite de la définition du pouvoir réfringent,

$$v' \sin r = v \sin i; \text{ d'où } v' = v\,l$$

En substituant cette dernière valeur dans l'équation précédente, on trouvera facilement :

$$v^2 l^2 = v^2 + dm\,; \text{ d'où } m = \frac{v^2 (l^2 - 1)}{d}$$

Cette valeur de m est celle du *pouvoir réfringent* de la substance donnée ; elle se trouve, comme on voit, en divisant la puissance réfractive par la densité; elle exprime ainsi en quelque sorte la puissance réfractive de la molécule du milieu réfringent.

On voit que sa valeur renferme un facteur constant v^2 et un autre $\frac{l^2-1}{d}$ variable avec le milieu que l'on considère; comme on ne peut avoir pour but que de comparer entre eux les pouvoirs réfringents des diverses substances, on supprime le facteur commun v^2, et l'on prend pour leur expression $\frac{l^2-1}{d}$

Ainsi, la connaissance de ce nombre se réduit à la détermination du rapport de réfraction l (page 486), à la connaissance de la densité d (1) du

(1) Pour déterminer la densité ou pesanteur spécifique d'un corps, on s'y prend en général de la manière suivante : on cherche le poids p d'un certain volume du corps

corps réfringent et enfin à la substitution de ces nombres dans la fraction

$$\frac{l^2-1}{d}$$

Réfraction (TABLES DE). — Les tables qui suivent ont été calculées d'après les formules de Laplace, par M. Caillet, examinateur de la marine. On a adopté, comme Laplace, la constante $\alpha = 60'',616$, que Delambre a déduite d'un grand nombre d'observations de Piazzi et de plusieurs centaines de hauteurs du soleil, qu'il avait observées à Bourges, depuis 70 degrés jusqu'à 90°20′ de distance au zénith. Cette constante a été confirmée plus tard, par les expériences directes de MM. Biot et Arago sur le pouvoir réfringent de l'air.

La table I donne pour la température de 10 degrés centigrades et pour la pression barométrique $0^m,76$, des réfractions moyennes dont les navigateurs peuvent souvent se contenter.

La table II donne les facteurs relatifs au baromètre et au thermomètre, par lesquels on doit multiplier la réfraction moyenne pour avoir la réfraction qui répond réellement à la pression et à la température de l'air au moment de l'observation.

On trouvera dans la table II les deux facteurs correspondants aux hauteurs observées du baromètre et du thermomètre et on les multipliera l'un par l'autre. Le produit sera le multiplicateur de la réfraction moyenne.

Réfraction (USAGE DES TABLES DE). — Nous avons constaté (page 442) que la réfraction a pour effet de faire paraître un astre plus élevé sur l'horizon qu'il ne l'est en réalité.

Pour avoir sa hauteur réelle, on devra donc, de la hauteur apparente observée, retrancher la valeur de la réfraction telle qu'elle se déduit des formules ci-après, que nous allons faire suivre de quelques exemples pour en faciliter l'application.

Désignons par β le facteur du baromètre et par τ celui du thermomètre centigrade; par r la réfraction moyenne et par r' la réfraction corrigée;

On aura, pour le produit des facteurs :

$$p = \beta\tau$$

dont il s'agit, et le poids p' d'un égal volume d'eau ou d'air atmosphérique; on a pour lors

$$d = \frac{p}{p'}$$

et par suite

$$x = \begin{cases} 1 - p, \text{ si } p \text{ est plus petit que l'unité (1}^{\text{er}} \text{ cas)}; \\ p - 1, \text{ si } p \text{ est plus grand que l'unité (2}^{\text{e}} \text{ cas)}. \end{cases}$$

En sorte que l'on obtiendra :

Dans le premier cas..... $r' = r - rx;$
Dans le second cas...... $r' = r + rx.$

La valeur de r est donnée par la table I ci-après, et les valeurs de β et de τ, qui servent à déterminer x, par la table II.

Exemple. — On a observé pour la hauteur d'un astre 3°45′18″, sous la pression barométrique 0m,741 et la température + 9°,25 du thermomètre centigrade; on demande sa réfraction.

La table I donne		La table II donne
Pour 3°40′......	12′35″,90	Pour 0m,741 du baromètre $\beta = 0{,}975$
5′....—	12 ,10	+ 9°,25 du thermomètre $\tau = 1{,}003$
18″ ou 0′,3...—	0 ,73	d'où $p = 0{,}978$

r = 12.23 ,07 = 743″,07 et $1 - p = 0{,}022$
743″,07×0,022= — 16 ,35

r' = 12. 6 ,72

Exemple. — On a observé pour la hauteur d'un astre 3°44′40″, sous la pression barométrique 0m766 et la température + 8°,1 du thermomètre centigrade; on demande sa réfraction.

La table I donne, pour 3°44′,67. . . . . r = 12′24,″61

La table II donne, $\beta = 1{,}008$, $\tau = 1{,}007$; d'où p = 1,015 et $p - 1 = 0{,}015$.

En sorte que 12′24″,61 ou 744″,61 × 0,015 = +. . . 11,17
et r' = 12.35,78

Table I

Réfraction pour baromètre 0m,760 et thermomètre centigrade + 10°

Hauteur apparente	Réfraction	Diff. pour 10'	Hauteur apparente	Réfraction	Diff. pour 10'	Hauteur apparente	Réfraction	Diff. pour 10'
° ′	′ ″	″	° ′	′ ″	″	° ′	′ ″	″
0. 0	33.47,9	112,7	3. 10	13.57,9	29,0	6. 20	8. 6,9	11,0
10	31.55,2	104,8	20	13.28,9	27,3	30	7.55,9	10,5
20	30.10,4	97,2	30	13. 1,6	25,7	40	7.45,4	10,1
30	28.33,2	90,1	40	12.35,9	24,2	50	7.35,3	9,7
40	27. 3,1	83,5	50	12.11,7	22,9	7. 0	7.25,6	9,3
50	25.39,6	77,3	4. 0	11.48,8	21,6	10	7.16,3	9,0
1. 0	24.22,3	71,6	10	11.27,2	20,5	20	7. 7,3	8,6
10	23.10,7	66,4	20	11. 6,7	19,4	30	6.58,7	8,3
20	22. 4,3	61,6	30	10.47,3	18,4	40	6.50,4	8,0
30	21. 2,7	57,1	40	10.28,9	17,5	50	6.42,4	7,7
40	20. 5,6	53,1	50	10.11,4	16,6	8. 0	6.34,7	7,5
50	19.12,5	49,4	5. 0	9.54,8	15,8	10	6.27,2	7,1
2. 0	18.23,1	46,0	10	9.39,0	15,1	20	6.20,1	7,0
10	17.37,1	42,9	20	9.23,9	14,3	30	6.13,1	6,7
20	16.54,2	40,1	30	9. 9,6	13,7	40	6. 6,4	6,5
30	16.14,1	37,4	40	8.55,9	13,1	50	5.59,9	6,2
40	15.36,7	35,1	50	8.42,8	12,5	9. 0	5.53,7	6,1
50	15. 1,6	32,9	6. 0	8.30,3	12,0	10	5.47,6	5,9
3. 0	14.28,7	30,8	10	8.18,3	11,4	20	5.41,7	5,7
10	13.57,9		20	8. 6,9		30	5.36,0	

Table I [suite]

Réfraction pour baromètre 0m760 et thermomètre centigrade + 10°

Hauteur apparente	Réfraction	Diff. pour 10′	Hauteur apparente	Réfraction	Diff. pour 10′	Hauteur apparente	Réfraction	Diff. pour 10′
° ′	′ ″	″	° ′	′ ″	″	°	′ ″	″
9. 30	5.36,0		12. 40	4.14,1		25	2. 4,4	
		5,5			3,2			0,90
40	5.30,5		50	4.10,9		26	1.59,0	
		5,3			3,2			0,84
50	5.25,2		13. 0	4. 7,7		27	1.54,0	
		5,2			3,2			0,79
10. 0	5.20,0		10	4. 4,5		28	1.49,3	
		5,0			3,0			0,74
10	5.15,0		20	4. 1,5		29	1.44,8	
		4,9			3,0			0,69
20	5.10,1		30	3.58,5		30	1.40,7	
		4,7			2,9			0,65
30	5. 5,4		40	3.55,6		31	1.36,8	
		4,6			2,9			0,62
40	5. 0,8		50	3.52,7		32	1.33,1	
		4,5			2,7			0,58
50	4.56,3		14. 0	3.50,0		33	1.29,6	
		4,4			2,58			0,55
11. 0	4.51,9		15°	3.34,5		34	1.26,3	
		4,2			2,28			0,53
10	4.47,7		16	3.20,8		35	1.23,1	
		4,2			2,03			0,50
20	4.43,5		17	3. 8,6		36	1.20,1	
		4,0			1,82			0,48
30	4.39,5		18	2.57,7		37	1.17,2	
		3,9			1,64			0,46
40	4.35,6		19	2.47,8		38	1.14,5	
		3,8			1,49			0,44
50	4.31,8		20	2.38,9		39	1.11,9	
		3,7			1,35			0,42
12. 0	4.28,1		21	2.30,8		40	1. 9,4	
		3,6			1,24			0,40
10	4.24,5		22	2.23,4		41	1. 7,1	
		3,6			1,14			0,38
20	4.20,9		23	2.16,6		42	1. 4,7	
		3,4			1,05			0,37
30	4.17,5		24	2.10,3		43	1. 2,5	
		3,4			0,97			0,36
40	4.14,1		25	2. 4,4		44	1. 0,3	

Table I [suite]

Réfraction pour baromètre 0m,760 et thermomètre centigrade + 10°

Hauteur apparente	Réfraction	Diff. pour 10'	Hauteur apparente	Réfraction	Diff. pour 10'	Hauteur apparente	Réfraction	Diff. pour 10'
°	′ ″	″	°	″	″	°	″	″
44	1. 0,3		60	33,7		76	14,5	
		0,34			0,22			0,18
45	0.58,3		61	32,3		77	13,5	
		0,33			0,22			0,18
46	0.56,3		62	31,0		78	12,4	
		0,32			0,22			0,18
47	0.54,3		63	29,7		79	11,3	
		0,31			0,21			0,18
48	0.52,5		64	28,4		80	10,3	
		0,30			0,21			0,18
49	0.50,7		65	27,2		81	9,2	
		0,29			0,20			0,17
50	0.48,9		66	26,0		82	8,2	
		0,28			0,20			0,17
51	0.47,2		67	24,8		83	7,2	
		0,28			0,20			0,17
52	0.45,5		68	23,6		84	6,1	
		0,27			0,20			0,17
53	0.43,9		69	22,4		85	5,1	
		0,26			0'19			0,17
54	0.42,3		70	21,2		86	4,1	
		0,26			0,19			0,17
55	0.40,8		71	20,1		87	3,1	
		0,25			0,19			0,17
56	0.39,3		72	18,9		88	2,0	
		0,24			0,19			0,17
57	0.37,9		73	17,8		89	1,0	
		0,24			0,19			0,17
58	0.36,4		74	16,7		90	0,0	
		0,23			0,18			
59	0.35,0		75	15,6				
		0,23			0,18			
60	0.33,7		76	14,5				

Table II

Correction des réfractions moyennes de la table I

Baromètre millim.	Facteur	Baromètre millim.	Facteur	Baromètre millim.	Facteur	Baromètre millim.	Facteur	Thermom centigrade °	Facteur	Thermom. centigrade °	Facteur
630	0.829	670	0.882	710	0.934	750	0.987	—29	1.168	+11	0.996
631	830	671	883	711	936	751	988	28	1.163	12	0.993
632	832	672	884	712	937	752	989	27	1.158	13	0.989
633	833	673	885	713	938	753	991	26	1.153	14	0.985
634	834	674	887	714	939	754	992	25	1.148	15	0.982
635	0.835	675	0.888	715	0.941	755	0.993	—24	1.144	+16	0.978
636	837	676	889	716	942	756	995	23	1.139	17	0.975
637	838	677	891	717	943	757	996	22	1.134	18	0.971
638	839	678	892	718	945	758	997	21	1.128	19	0.968
639	841	679	893	719	946	759	999	20	1.125	20	0.964
640	0.842	680	0.895	720	0.947	760	1.000	—19	1.120	+21	0.961
641	843	681	896	721	949	761	01	18	1.115	22	0.957
642	845	682	897	722	950	762	03	17	1.111	23	0.954
643	846	683	899	723	951	763	04	16	1.106	24	0.950
644	847	684	900	724	953	764	05	15	1.102	25	0.947
645	0.849	685	0.901	725	0.954	765	1.007	—14	1.097	+26	0.944
646	850	686	903	726	955	766	08	13	1.093	27	0.940
647	851	687	904	727	957	767	09	12	1.089	28	0.937
648	853	688	905	728	958	768	11	11	1.084	29	0.934
649	854	689	907	729	959	769	12	10	1.080	30	0.931
650	0.855	690	0.908	730	0.961	770	1.013	— 9	1.076	+31	0.927
651	857	691	909	731	962	771	14	8	1.071	32	0.924
652	858	692	910	732	963	772	16	7	1.067	33	0.921
653	859	693	912	733	964	773	17	6	1.063	34	0.918
654	860	694	913	734	966	774	18	5	1.059	35	0.915
655	0.862	695	0.914	735	0.967	775	1.020	— 4	1.055	+36	0.912
656	863	696	916	736	968	776	21	3	1.051	37	0.908
657	864	697	917	737	970	777	22	2	1.047	38	0.905
658	866	698	918	738	971	778	24	— 1	1.043	39	0.902
659	867	699	920	739	972	779	25	0	1.039	40	0.899
660	0.868	700	0.921	740	0.974	780	1.026	+ 1	1.035	+41	0.896
661	870	701	922	741	975	781	28	2	1.031	42	0.893
662	871	702	924	742	976	782	29	3	1.027	43	0.890
663	872	703	925	743	978	783	30	4	1.023	44	0.887
664	874	704	926	744	979	784	32	5	1.019	45	0.884
665	0.875	705	0.928	745	0.980	785	1.033	+ 6	1.015	+46	0.881
666	876	706	929	746	982	786	34	7	1.011	47	0.878
667	878	707	930	747	983	787	36	8	1.007	48	0.876
668	879	708	932	748	984	788	37	9	1.004	49	0.873
669	880	709	938	749	986	789	1.038	+10	1.000	+50	0.870

Regiomontanus (JEAN MULLER, dit), astronome allemand, né en 1436 près de Kœnigsberg (Saxe-Hildburghausen), dont le nom signifie *mont royal (regius mons)*, mort en 1476, élève et ami de Purbach, fit un cours de mathématiques à Vienne, se rendit en Italie en 1461, pour se fortifier dans la langue grecque, enseigna avec grand succès l'astronomie à Padoue en 1463. Il est, avec Purbach, un des générateurs de l'astronomie ; tous deux ont reconnu les invraisemblances du système de Ptolémée. Ils publièrent ensemble, à la demande de Bessarion, un abrégé, en langue latine de l'*Almageste* de Ptolémée.

Réticule. — Voyez *Instruments astronomiques*, page 272.

Rétrogradation. — C'est le nom que l'on donne au mouvement d'un astre qui s'accomplit de l'est à l'ouest, c'est-à-dire dans le sens opposé au mouvement direct.

Révolution. — En général, on donne le nom de *révolution* au retour d'un astre au point de son orbite d'où il est parti, ou au temps qu'il a mis pour décrire cette orbite. Le temps de la *révolution* de la sphère étoilée est le même dans tous les siècles *(Arago)*.

Révolution du grand axe de l'orbite lunaire. — Voyez *Mouvement du périgée lunaire*, page 388.

Révolution du grand axe de l'orbite terrestre. — Voyez *Longitude du périgée solaire*, page 340.

Révolution sidérale de la lune. — La lune a un mouvement propre sur la sphère céleste. Si l'on compare sa position à celle des étoiles voisines, on voit qu'elle se meut de l'ouest à l'est, à peu près dans le plan de l'écliptique, et qu'elle met un intervalle de $27^j 7^h 43^m 11^s,5$ pour revenir au point de son orbite d'où elle était partie précédemment; cet intervalle de temps est ce que l'on appelle la *révolution sidérale de la lune*.

Révolution sidérale des planètes. — En notant les moments des passages de la planète au nœud ascendant, on trouve que l'intervalle de temps entre deux passages consécutifs est constant : ce temps est la durée de la *révolution sidérale* de la planète.

D'après la troisième loi de Képler (page 328), les carrés des temps des révolutions des planètes sont proportionnels aux cubes de leurs distances moyennes au soleil ; réciproquement, les cubes des distances moyennes des planètes au soleil sont proportionnels aux carrés des temps de leurs révolutions, en sorte que l'on a $r^3 : t^2 :: r_0^3 : t_0^2$, d'où $t^2_0 = \frac{t^2\, r_0^3}{r^3}$; expression dans laquelle t_0^2 est le carré du temps de la révolution d'une planète, r_0^3 le cube de la distance moyenne de cette planète au soleil, t^2 le carré du temps de la révolution sidérale de la terre et r^3 le cube de sa distance moyenne au soleil. Si l'on prend $365^j,256$ pour le temps de la révolution sidérale de la terre et 1 pour son rayon vecteur, on aura

$$t_0^2 = 133411,945536\, r_0^3$$

Révolution synodique de la lune. — On appelle ainsi le temps qui s'écoule entre deux conjonctions successives de la lune et du soleil. La *révolution synodique* de la lune est plus grande que sa *révolution sidérale.* Après $27^j 7^h 43^m 11^s,5$ la lune a accompli sa révolution sidérale ; mais pendant ce temps, le soleil a marché vers l'est de 27° environ; pour revenir en conjonction, il faut donc que la lune rejoigne le soleil, ce qui a lieu $2^j 5^h 0^m 51^s,4$ après. On trouve ainsi, par un calcul très-simple, que la durée de la *révolution synodique* de la lune est de $29^j 12^h 44^m 2^s,9$. C'est le *mois lunaire* ou la *lunaison.*

Révolution synodique du nœud de la lune. — On appelle *révolution synodique du nœud* le temps qui s'écoule entre deux passages successifs du soleil au même nœud, par exemple au nœud ascendant. Cette révolution synodique du nœud est de $346^j,619$. Elle est plus courte que la révolution sidérale du soleil; car pendant que le soleil décrit l'écliptique de l'ouest à l'est, le nœud se déplaçant en sens inverse, va en quelque sorte au devant du soleil, qui atteint ainsi le nœud dix-neuf jours environ avant d'avoir accompli sa révolution sidérale. Deux cent vingt-trois lunaisons forment à peu près dix-neuf révolutions synodiques du nœud.

Rosée (EXPLICATION DE LA). — Voyez *Phénomènes atmosphériques,* page 460.

Rotation — C'est le mouvement d'un corps céleste sur lui-même autour d'un axe perpendiculaire au plan de l'orbite.

Rotation de la lune. — Le disque de la lune n'a pas un éclat uniforme ; on remarque à sa surface de grandes taches grises qui dessinent une sorte de figure. Ces taches sont toujours les mêmes, la lune nous présente constamment la même face. On en conclut que la lune est douée d'un mouvement de rotation sur elle-même, et qu'elle accomplit sa rotation dans le même temps que sa révolution autour de la terre.

Rotation de la terre. — Il est un grand nombre de circonstances dans lesquelles un observateur attribue le mouvement propre de la terre aux objets qui l'entourent. Quand nous descendons une rivière en bateau, nous croyons voir les arbres du rivage se mouvoir en sens inverse ; l'illusion est complète si aucune secousse du bateau ne nous avertit de son mouvement.

Placés sur la terre et n'éprouvant aucune sensation directe de son mouvement, les hommes ont dû nécessairement croire d'abord la terre immobile et le ciel en mouvement autour d'elle. Il a fallu une longue réflexion pour les amener à douter d'une idée si naturelle et leur faire adopter l'hypothèse contraire au mouvement de la terre. Et d'abord un examen plus attentif des étoiles nous les fait considérer non plus comme des points lumineux fixés à une sphère creuse, mais comme des astres isolés les uns des autres et situés à des distances très-différentes de la terre. La sphère céleste n'a pas d'existence réelle. C'est une sphère purement fictive, imaginée pour représenter commodément les directions suivant lesquelles de la terre nous voyons les étoiles. Or, il est difficile de comprendre comment des astres si nombreux, indépendants les uns des autres, pourraient combiner leurs mouvements de manière à décrire des cercles très-inégaux dans le même temps. Dans l'autre hypothèse, au contraire, tout est expliqué par le mouvement d'un seul corps, la rotation de la terre sur elle-même.

La terre, en tournant, emporte avec elle tous les corps placés à sa surface, de sorte que leurs dispositions respectives ne sont pas changées; tout se passe à la surface de la terre, comme si ce mouvement commun n'existait pas. Voilà pourquoi, tant que nous n'observons que les corps placés sur la terre, rien ne nous avertit de son mouvement. Il en est de même sur un bateau qui descend le courant d'un fleuve; un observateur placé sur le pont, et dont toute l'attention est occupée à ce qui se passe dans le bateau, ne s'aperçoit pas du mouvement du bateau ; mais s'il observe des corps extérieurs, les arbres du rivage par exemple, le mouvement se manifeste immédiatement par un déplacement relatif. C'est ainsi que le mouvement de la terre nous est révélé par l'observation des étoiles.

Rotation du soleil. — A l'œil nu, le soleil nous apparaît comme un disque brillant d'un éclat uniforme ; mais quand on l'examine avec une lunette munie de verres colorés, pour en affaiblir l'éclat, on aperçoit à sa surface des taches noires de forme irrégulière ; en les observant avec attention, on les voit toutes se mouvoir de l'est à l'ouest d'un mouvement commun. Elles ne sont pas dues à des corps étrangers qui passent devant le disque du soleil, car souvent des taches apparaissent ou disparaissent à l'intérieur même du disque. Aussi le soleil tourne sur lui-même dans le même sens que la terre ; la durée de sa rotation est de vingt-cinq jours et demi ; son équateur est incliné de 7°20′ sur l'écliptique. Les taches se montrent surtout dans le voisinage de l'équateur solaire ; la région des taches ne s'étend qu'à 30 degrés de part et d'autre de l'équateur.

Rumb. — Voyez *Phénomènes atmosphériques*, page 463.

Sabine (EDWARD), physicien anglais, né vers 1790, d'une famille originaire d'Italie, entra, comme officier d'artillerie, dans l'armée anglaise, et prit part, comme physicien de l'expédition, au voyage de Parry, de 1819 à 1820. De 1822 à 1823, il dirigea lui-même une expédition qui longea les côtes d'Afrique et d'Amérique, puis visita le Spitzberg et le Groënland, pour recueillir, sous les latitudes les plus diverses, des observations relatives au pendule et au magnétisme terrestre.

On doit à M. Sabine plusieurs mémoires importants sur ses observations.

Saisons. — Le mouvement annuel du soleil sur un cercle oblique à l'équateur produit le grand phénomène des saisons.

Puisque les aires décrites par le rayon vecteur de la terre sont proportionnelles au temps (*Loi des aires*, pages 327), les durées des saisons sont entre elles comme les aires des quatre parties de l'ellipse. Or, il est aisé de voir que la portion G′ T H (*fig.* 62), qui correspond à l'hiver, est la plus petite ; viennent ensuite l'automne G′ T H′, le printemps H T G, et l'été G T H′.

Les quatre saisons, rangées par ordre de grandeur croissante, sont : l'hiver, l'automne, le printemps, l'été.

Voici quelle est, à peu près, la durée des saisons en jours moyens : hiver, 89^j1^h ; automne, 89^j17^h ; printemps, 92^j22^h ; été, 93^j14^h. Cette durée des saisons, qui est le résultat de l'observation directe, peut également s'obtenir par l'équation :

$$x = \frac{90\,\tau r^2}{360\,r_m^2} = \frac{32872{,}5\,r^2}{360\,r_m^2}$$

dans laquelle r est le rayon vecteur moyen de la terre, applicable à une saison quelconque ; r_m le rayon vecteur moyen de la terre entre tous les rayons vecteurs de l'orbite ; τ la durée d'une année sidérale en jours solaires moyens ; x la durée également en jours solaires moyens de la saison pour laquelle on a calculé le rayon r.

Saturne. — C'est la deuxième des planètes du système solaire, qui nous apparaît comme une étoile de deuxième grandeur, avec une lumière pâle, livide et comme plombée. Saturne tourne autour du soleil dans une orbite inclinée de 2 degrés et demi sur le plan de l'écliptique, et dont le rayon est neuf fois et demi celui de ce dernier. Cette planète emploie 29 ans 5 mois et 14 jours à accomplir sa révolution, et tourne sur elle-même en dix heures et demie environ. Autour de Saturne circulent un corps opaque, large et mince, qu'on appelle son anneau, et sept satellites, dont six se meuvent à peu près dans le plan de l'anneau, tandis que le septième s'en éloigne sensiblement.

Saturne (ASCENSION DROITE, DÉCLINAISON, LONGITUDE ET LATITUDE DE). — Les éléments de cette nature, qui servent à déterminer la position de l'astre dans l'espace, peuvent se calculer d'après la méthode que nous avons exposée lorsque nous avons traité des positions de la lune (page 352).

Scheiner (LE P.), astronome de l'Observatoire du Collége Romain, s'est occupé spécialement de l'observation des taches du soleil, qu'il a étudiées avec un soin minutieux.

Schroter, astronome allemand, est surtout connu par ses observations de la planète Vénus, dont il a estimé la hauteur des montagnes, et trouvé qu'elles sont six fois plus élevées que les plus hautes observées à la surface de la terre.

Schumacher, astronome allemand, est surtout connu par la publication des *Nouvelles astronomiques*, recueil essentiellement utile qui contient tous les faits importants qui se rapportent à l'astronomie.

Schwabe, astronome allemand, s'est surtout attaché à étudier les taches du soleil et à constater leur phase de périodicité. (Voyez *Taches du soleil.*)

Scintillation. — Les étoiles paraissent dans une agitation continuelle; on les voit trembloter et changer d'éclat et de couleur d'une manière très-rapide. Ce phénomène n'est pas dû à un mouvement réel des étoiles; car la scintillation est surtout sensible dans le voisinage de l'horizon, elle est plus faible au zénith. Elle n'est pas la même toutes les nuits; elle est très-remarquée quand l'atmosphère est agitée; dans certaines régions de la terre, où l'air est très-calme, les étoiles scintillent peu. Ainsi, la scintillation dépend de l'état de l'atmosphère. Arago a donné de ce phénomène une théorie complète; on peut consulter à cet égard la remarquable notice insérée par l'illustre savant dans l'*Annuaire du Bureau des longitudes* pour l'année 1852.

Secchi (LE P.), illustre astronome, directeur de l'Observatoire du Collége Romain. Pendant vingt ans, il a étudié avec une persévérance sans égale la constitution physique du soleil; il a consigné les résultats de ses observations dans un ouvrage scientifique très-intéressant intitulé : *Le Soleil*, qui a été publié pour la première fois en 1870.

Séleucus, astronome, chaldéen d'origine, grec de nom et d'éducation, né à Séleucie sur le Tigre (Babylonie), florissait à Babylone au IIe siècle avant J.-C. Il admit l'immensité du monde et soutint l'hypothèse astronomique proposée par Aristarque de Samos, hypothèse identique au système de Copernic. Il avait observé les marées de la mer Erythrée; il paraît avoir étudié avec soin les périodes de ce phénomène, et avoir remarqué la différence des *heures de port*. Il avait essayé de trouver la cause des marées dans l'opposition qui devait exister au point de contact entre les tourbillons produits autour de la terre et de la lune par les rotations de ces deux corps dans le même sens.

Semaine. — Voyez *Calendrier*, page 75.

Septentrion. — Voyez *Méridien*, page 368.

Signes du Zodiaque. — Voyez *Zodiaque*.

Sol terrestre (PRODUCTIONS DU). — La température a une grande influence sur la fécondité du sol et sur la distribution des races animales et des espèces végétales à la surface du globe terrestre. La zône torride, en général, est remarquable par sa fécondité ; elle est riche en magnifiques végétaux, tels que le bananier, le cocotier, l'arbre à pain, le dattier, qui fournissent à l'homme une nourriture abondante. La banane est un fruit doux qui, d'après M. de Humboldt, dans une même étendue de terre, produit une quantité de substance nutritive quatre fois plus grande que la pomme de terre, et cent trente-trois fois plus grande que le froment ; il en mûrit toute l'année. L'arbre à pain est presque aussi productif que le bananier ; quatre arbres à pain suffisent, dit-on, pour nourrir un homme. La sève du cocotier donne du sucre et du vin. Le dattier croît sans culture au sud de l'Atlas, en Afrique, dans les pays secs et chauds.

Le riz a été cultivé dans le sud de l'Asie dès la plus haute antiquité, et donne une grande quantité d'aliments; il exige beaucoup de chaleur et d'humidité. C'est la nourriture générale dans le Japon, la Chine; chez certains peuples de l'Inde et de l'archipel asiatique, Madagascar, Mozambique et la Guinée; dans l'Afrique du Nord, l'Asie-Mineure, la

Perse et tout le sud de l'Europe. Les Européens l'ont introduit dans les Etats du sud des Etats-Unis, la Caroline et la Louisiane.

Dans les parties des zônes tempérées plus éloignées des tropiques, on cultive surtout les céréales. Les céréales ne paraissent pas avoir de limite vers l'équateur. Le froment s'étend, en Norwége, jusqu'au 64e degré de latitude; l'avoine, jusqu'au 65e; l'orge, jusqu'au cap Nord, au 70e. La limite nord des céréales coïncide à peu près avec celle du chêne et des arbres fruitiers.

Dans les pays de montagnes, on voit les climats se succéder par étages: en bas, les magnifiques productions de la zône torride; plus haut, la vigne et les céréales; plus haut encore, les sapins et les pâturages; enfin on dépasse la limite de la végétation, et l'on arrive aux neiges éternelles.

Soleil. — C'est l'astre le plus éclatant de ceux qui se montrent à nous sur la voûte céleste; c'est un globe immense jouissant d'une lumière qui lui est propre et qu'il dispense à tous les corps qui composent son système. Placé à l'un des foyers des orbites elliptiques que décrivent les planètes dans l'espace, le soleil exerce sur elles la plus grande influence; il les échauffe et les éclaire. Par sa lumière et sa chaleur, la terre et sans doute les autres planètes sont fécondées, vivifiées, et offrent aux yeux de l'être intelligent le spectacle merveilleux de la vie, du mouvement, des couleurs, et d'une infinité d'autres phénomènes. C'est par son action vivifiante que les végétaux sont élaborés dans le sein de la matière organique, et deviennent à leur tour le soutien de l'homme et des animaux. Par elle les eaux de la mer se transforment en vapeurs pour circuler dans l'air, arroser la terre, et produire les sources et les rivières. Elle est la cause de toutes les perturbations de l'équilibre chimique entre les éléments de la nature, qui, par une série de compositions et de décompositions, donnent lieu à de nouveaux produits. Frappés de la beauté de cet astre, et plus encore de son immense et bienfaisante influence, la plupart des peuples l'ont regardé comme le plus grand, le plus beau, le meilleur des dieux, et l'ont adoré sous divers noms, tels que Baal, Bel, Moloch, Belphégor, Adonis, Osiris, Mithras, Dionius, Phœbus, etc.

Dans tous les temps, les peuples ont cru, d'après le témoignage des sens, que le soleil tournait autour de la terre; tout le monde sait aujourd'hui que ce sont au contraire la terre et les autres planètes qui tournent autour du soleil.

Il ne faudrait pas en conclure pour cela que le soleil reste immobile dans l'espace; on se tromperait étrangement, car il est prouvé aujourd'hui que le soleil tourne sur lui-même et qu'il accomplit en même temps un mouvement parallactique en se dirigeant vers la constellation d'Hercule, emportant avec lui tout son cortége de planètes (*Mouvement du soleil*, page 392).

La distance du soleil à la terre est de 152 millions de kilomètres, c'est-à-dire qu'il faudrait à une locomotive de chemin de fer qui marcherait avec une vitesse continue de 32 kilomètres à l'heure, 500 ans pour franchir l'espace compris entre la terre et le soleil.

De tout temps les hommes se sont demandé ce que peut être ce grand luminaire qui nous verse périodiquement la chaleur et la lumière, et comment il se fait qu'il brille et échauffe toujours sans jamais s'éteindre et même sans s'affaiblir. Tel est encore aujourd'hui, malgré les incidents de tout genre et les préoccupations du moment, le problème de la constitution physique du soleil. Quoique ce problème ait donné lieu à des observations nombreuses et à des expériences scientifiques très-importantes, la connaissance que nous avons de la constitution du soleil ne repose encore que sur des hypothèses.

Le soleil est un corps brillant qui nous distribue, à des degrés différents, selon la position des diverses régions de la terre et l'état de l'atmosphère, la lumière et la chaleur.

Lumière du soleil. — Un des progrès les plus frappants de la physique moderne, c'est la connaissance des modifications singulières que la lumière subit selon les milieux dont elle émane ou ceux qu'elle rencontre sur son trajet. Ces modifications qui portent, dans les idées actuelles, sur le mode d'ondulation de l'éther, se conservent indéfiniment, tant que les rayons altérés ne rencontrent pas d'autres milieux sur leur route. Il en résulte un moyen d'analyse fort délicat qui permet d'étudier, dans la lumière émanée d'un corps, la constitution intime de ce corps à quelque distance qu'il soit placé, pourvu qu'il n'y ait pas de doutes sur celle du milieu qu'elle a traversé pour venir jusqu'à nous. Or, les espaces célestes n'étant pas occupés par un milieu gazeux, la lumière qui nous vient des astres, soit au bout de quelques minutes, soit au bout de plusieurs années ou de plusieurs siècles, conserve l'empreinte de l'état physique de ces astres, et peut nous renseigner sur leur constitution.

Le soleil, vu au polariscope sur ses bords, c'est-à-dire sous des incidences obliques, ne donne pas trace de polarisation, pas plus qu'au centre où sa surface est vue par des rayons normalement émis. On peut donc en conclure que la surface lumineuse du soleil n'est ni solide, ni liquide, mais gazeuse. Notons cependant que le mot gazeux que nous employons ici ne doit pas être pris dans le sens ordinaire, mais dans celui d'une flamme contenant en suspension une infinité de molécules solides incandescentes. Telle est la nature ignée du soleil, capable de produire cette lumière vive que notre vue ne peut supporter sans en être vivement affectée.

Chaleur du soleil. — C'est ici le lieu de préciser le degré d'énergie et de constance de la radiation solaire et d'indiquer la cause ou l'origine de cette chaleur énorme.

La chaleur solaire reçue normalement sur un mètre carré de surface, en tenant compte de l'absorption de l'atmosphère, est de 0,294 calorie (1) par seconde, ce qui suffirait à faire bouillir un litre d'eau en moins de six minutes. Ce mètre carré est supposé placé à une distance du soleil égale à celle qui nous sépare de cet astre. Transportons-le très-près de la surface solaire elle-même; alors il recevra, non plus 0,294 calorie par seconde, mais 13578. Telle est la radiation solaire par mètre carré; elle représente en travail entièrement utilisé, comme puissance motrice, une force de 77,000 chevaux. Quant à sa radiation totale par seconde, on l'obtiendra aisément en se rappelant que la surface du soleil est 12,000 fois plus grande que celle de la terre, et que celle-ci a pour surface 510 millions de millions de mètres carrés. Quelle effroyable énergie de radiation le soleil ne disperse-t-il pas à chaque instant dans l'espace!

Sans nous lancer dans ces nombres prodigieux qui cessent, par leur énormité même, de parler à notre esprit, passons à la constance de cette radiation. D'une manière générale, on peut affirmer que la température de la terre, qui dépend presque exclusivement de la radiation solaire, n'a pas subi de changement très-notable depuis les âges géologiques les plus reculés. En effet, le globe terrestre a toujours été, sauf dans les commencements, couvert de végétaux et habité par des animaux plus ou moins compliqués. Or, dans l'échelle immense des températures qui comprend tous les phénomènes possibles, la vie végétale et animale se trouve comprise dans l'étroit intervalle de quelques degrés seulement. La radiation solaire n'a donc pu varier elle-même, depuis les âges géologiques les plus reculés, que d'une quantité relativement peu considérable. De savants botanistes, en étudiant la distribution géographique actuelle des végétaux

(1) On entend par *calorie* la quantité de chaleur nécessaire pour élever un kilogramme d'eau de un degré du thermomètre centigrade. C'est l'unité de mesure pour la chaleur.

les plus délicats, aux extrêmes limites de leurs lieux de production, ont constaté que la température moyenne de plusieurs régions déterminées du globe n'a pas varié sensiblement depuis deux ou trois mille ans. On peut en conclure que le soleil, d'où émane une chaleur qui n'a point subi de variation sensible depuis des siècles, présente des phases très-distinctes de stabilité prolongée.

Cause ou origine de la chaleur du soleil. — Les astronomes sont en possession, par la mesure de la parallaxe de quelques étoiles, d'une idée assez nette de leur énorme distance. Par l'étude des mouvements de quelques étoiles doubles, ils sont parvenus à y constater l'existence de l'attraction. Enfin, par la combinaison de ces deux notions, ils ont pu déterminer approximativement la masse des étoiles engagées dans quelqu'un de ces systèmes binaires. Ils ont toujours trouvé ainsi des masses comparables à celle du soleil, confirmation nouvelle et précise de cette idée que le soleil n'est qu'une étoile comme les autres, et que les étoiles sont des soleils. Or les étoiles ou les soleils, comme on voudra, brillent seuls au ciel de leur propre lumière; les planètes ou les satellites, dont la masse est imperceptible vis-à-vis du soleil correspondant, n'émettent ni lumière ni chaleur appréciables. N'y aurait-il pas quelque rapport entre ces deux qualités spéciales aux soleils, celle de briller et celle d'avoir une masse considérable? Un phénomène terrestre va nous mettre sur la voie. Sur la terre, dans les régions supérieures de l'atmosphère, un peu de lumière et de chaleur se développe fréquemment par la chute des aérolithes, des bolides, des étoiles filantes. Ces petits corps, en circulant dans l'espace, rencontrent la terre avec une vitesse de plusieurs lieues à la seconde, et par leur choc donnent lieu à une production de chaleur lumineuse. Pourquoi n'en serait-il pas de même sur le soleil? Pourquoi ces corpuscules que la terre rencontre dans son orbite, et qui y développent accidentellement un peu de chaleur et de lumière, ne tomberaient-ils pas sur le soleil où le choc, bien plus énergique, donnerait lieu à une incandescence bien supérieure. S'il en était ainsi, nous aurions la clef de tout le mystère. En vertu de leur masse supérieure, les étoiles attireraient à elles les matériaux cosmiques disséminés dans leur sphère d'attraction, et ceux qui voguent en tous sens dans l'espace comme les comètes. Tous ceux qui atteindraient la surface de l'astre le choqueraient avec une vitesse énorme, bien supérieure à celle de nos étoiles filantes; ils suffiraient peut-être à alimenter la production de chaleur et de lumière qui semble liée dans l'univers à toute masse d'une certaine grandeur. La question se réduit à calculer la chaleur produite par la chute d'une quantité admissible de matière, et de voir si cette chaleur répond à celle qui existe en fait. Or, pour le soleil, une masse quelconque venant d'une distance très-grande par rapport aux dimensions de notre système, arriverait à cet astre avec une vitesse de 150 lieues par seconde; le travail absorbé par le choc d'une masse de 3 décigrammes contre la surface du soleil supposé solide serait de 5600000 kilogrammètres. A raison de 425 kilogrammètres par calorie, nous voyons que la chaleur développée serait de 13000 calories, à peu près la radiation solaire actuelle par seconde et par mètre carré.

Concluons de là que, pour entretenir la radiation solaire, il suffirait que la masse des aérolithes ou étoiles filantes qui en atteignent à chaque seconde la surface fût de 3 décigrammes seulement par mètre carré ; si on la ramenait à la densité moyenne du soleil, cela ferait sur cet astre, au bout de l'année, une couche de 6 à 7 mètres d'épaisseur. Cette légère addition annuelle est admissible, car elle n'aurait aucune influence appréciable sur les éléments astronomiques où l'observation ne constate point de variation, soit dans la longueur de l'année, soit dans le diamètre angulaire du soleil.

Cette conception, due à MM. Mayer et Waterston, est fort belle, non par l'artifice des aérolithes, qui peut soulever des objections sérieuses, mais par la transformation en chaleur et en lumière d'une certaine quantité de force vive, élément assez largement réparti dans l'univers.

Nous avons vu par l'exposé qui précède que, si des matériaux épars sur un grand espace viennent à se réunir au centre d'action prépondérant, la chute de ces matériaux et, par suite, le choc qui anéantit la vitesse acquise est une source de chaleur bien plus abondante que toutes les actions chimiques opérant sur la même masse. Le calcul montre que la quantité de chaleur développée par l'annulation de la force vive des matériaux du soleil, en les supposant disséminés primitivement dans un très-grand espace, suffit pour expliquer l'énorme quantité de chaleur qu'il perd en tous sens dans l'espace sans bornes. Il convient d'ajouter que la force vive dont cet amas de matière était primitivement capable, est loin d'avoir été transformée en chaleur. En se refroidissant, le soleil se contracte; ses matériaux se rapprochent du centre, et cette chute continuelle, si faible qu'elle paraisse, donne lieu à une nouvelle transformation de travail en calories très-considérable et peut-être même capable de subvenir en grande partie à la dépense annuelle ; mais ces calculs ne sauraient être faits avec quelque rigueur, faute de connaître la loi des densités à l'intérieur du soleil et celle de la contraction.

Cette contraction progressive est liée évidemment à la radiation extérieure. Celle-ci domine et régularise l'autre, car les courants ascendants ne sont pas indépendants, comme dans notre atmosphère, de la chute de la pluie, c'est-à-dire des courants inverses. Dans la masse solaire, les premiers sont, au contraire, forcés par les seconds : c'est la chute des particules refroidies de la photosphère, c'est leur arrivée et leur expansion en vapeurs dans la dernière couche qui déterminent et règlent sur place l'expulsion des courants ascendants, et par suite l'alimentation de la photosphère. Qu'on nous pardonne de tant insister sur la stabilité de la radiation ainsi alimentée; ce n'est là il est vrai qu'une hypothèse, mais une hypothèse qui mérite de fixer l'attention des savants, et dont nous pourrons peut-être un jour avoir le dernier mot.

Le caractère essentiel de la théorie que nous venons d'exposer est de rattacher la phase solaire à la phase initiale, celle des nébuleuses, que Laplace a prise pour point de départ du système solaire, et à la phase finale de l'extinction. Telle serait l'évolution complète des grands amas de matière qui dissipent peu à peu dans l'espace leur énergie par voie de radiation lumineuse et calorifique. Elle nous fait envisager, non comme prochain assurément, mais comme inévitable, la fin du soleil lui-même.

Le cœur se serre et l'imagination s'effraie à la seule pensée que ce flambeau du monde pourrait cesser d'envelopper de ses effluves féconds la terre que nous habitons et toutes les planètes soumises à sa puissance. La réalisation d'un événement aussi terrible ne repose il est vrai que sur des probabilités; mais il est permis, même à des esprits sérieux, de s'en préoccuper, puisque déjà les annales du ciel en offrent des exemples. Ainsi, pour ne citer qu'un fait de cette nature arrivé de nos jours, nous rapporterons le récit d'un astronome distingué de l'Observatoire de Paris, M. Flammarion. « J'ai pu, a-t-il dit dans une de ses conférences, tenue à Evreux il y a « quelques années, constater, en 1862, dans la région de la *Couronne « boréale*, la disparition subite de tout un monde beaucoup plus considé- « rable que celui qui constitue notre système solaire. Pendant plus de six « semaines, à l'aide d'un puissant télescope, j'ai assisté à un spectacle « vraiment navrant; je n'ai pu voir sans frémir la destruction d'une de « ces antiques merveilles de la création dévorée par un incendie général « qui ne s'est éteint que pour faire place à un chaos inextricable où règne « maintenant la mort ensevelie dans un linceul de ténèbres. »

Ceci, il est vrai, est un de ces événements qui font époque, mais qui, fort heureusement, sont assez rares; et puis ce qui nous rassure sur notre propre compte, c'est que l'on peut affirmer, sans crainte d'être démenti, qu'il se passera certainement encore bien des générations avant que ce jour si redouté vienne marquer le terme de notre existence et nous précipiter pour jamais dans les abîmes de l'éternité!

Disons toutefois que c'est en considérant cette phase finale qu'on peut se rendre compte du rôle énorme que le soleil joue dans notre monde solaire, en dehors des actions mécaniques dues à l'attraction invariable des masses. Quand la circulation interne qui alimente la photosphère et régularise sa radiation, en y faisant participer l'énorme masse du soleil presque entière, viendra à se ralentir, la vie végétale et animale, qui aura commencé depuis longtemps à se resserrer vers l'équateur, disparaîtra entièrement de notre globe. Réduit aux faibles radiations stellaires, il sera envahi par le froid et les ténèbres de l'espace; les mouvements continuels de l'atmosphère feront place à un calme complet; les derniers nuages auront répandu sur la terre leurs dernières pluies; les ruisseaux, les rivières et les fleuves cesseront de ramener à la mer les eaux que la radiation solaire lui enlevait incessamment. La mer elle-même, entièrement gelée, cessera d'obéir aux mouvements des marées; la terre n'aura plus d'autre lumière propre que celle des étoiles filantes qui continueront à pénétrer dans l'atmosphère et à s'y enflammer. Peut-être les alternatives qu'on observe dans les étoiles au commencement de leur phase d'extinction se produiront-elles dans le soleil; peut-être le développement de chaleur dû à quelque affaiblissement de la masse solaire rendra-t-il un instant à cet astre sa splendeur première; mais il ne tardera pas à s'affaiblir et à s'éteindre une seconde fois, comme les étoiles fameuses du Cygne, du Serpentaire, et dernièrement encore de la Couronne dont nous avons rapporté la fin tragique, racontée avec tant d'autorité par M. Flammarion. Quant au reste de notre petit monde, planètes et comètes partageront le sort de la terre, tout en continuant à circuler suivant les mêmes lois autour du soleil éteint; seulement, la force répulsive du soleil ayant disparu, les comètes n'auront plus de queues.

Si, dans la suite des âges, certains événements, impossibles à prévoir, venaient à mettre ce système éteint en conflit avec d'autres corps actuellement séparés de nous par d'énormes distances, de manière à remettre en jeu, sous une nouvelle forme, l'énergie qu'il possède encore en vertu de son mouvement de translation, ses matériaux s'engageraient dans d'autres combinaisons sans rapport avec l'état actuel. Tel est, pour qui n'envisage dans l'univers que la matière et les forces brutes, le sort qui nous attend, conclusion moins riante mais plus sûre que l'incorruptibilité des cieux.

Mais si, reculant devant cette froide perspective, nous revenons à l'état actuel de notre monde si merveilleusement vivifié par son soleil, nous ne saurions assez admirer l'harmonieuse simplicité des moyens que l'Auteur de toutes choses a mis en jeu pour produire autour de nous le mouvement et la vie, l'ordre et la beauté.

Soleil (ASCENSION DROITE DU). — Pages 42 et 43.

— (DÉCLINAISON DU). — Page 158.

— (LONGITUDE DU). — Page 341.

— (LATITUDE DU). — Page 283.

— (DIAMÈTRE APPARENT DU). — Page 163.

Les trois premiers éléments ci-dessus : *ascension droite*, *déclinaison* et *longitude*, peuvent également être obtenus à l'aide des formules que nous avons données à la page 352.

Soleil (ABERRATION DU). — Page 21.

— (PARALLAXE DU). — Page 434.

— (LEVER ET COUCHER DU). — Pages 294 et suivantes.

— (HAUTEUR DU). — Nous avons donné (page 176) une table à l'aide de laquelle il est toujours facile de calculer la hauteur vraie du soleil lorsque l'on connaît sa hauteur apparente. En effet, supposons la hauteur apparente du soleil égale à 50°10′, sous une pression barométrique de $0^m,76$ et une température de + 10 degrés du thermomètre centigrade, nous aurons, en représentant par h la hauteur apparente ou observée et par h' la hauteur vraie,

$$\log \frac{\cos h'}{\cos h} = 0{,}0001086$$

d'où $\log \cos h + \log \frac{\cos h'}{\cos h} = \log \cos h'$

Type du calcul

$$\cos h = \log \bar{1}.8065575$$

$$\frac{\cos h'}{\cos h} = + \log 0.0001086$$

$$h' = \log \cos \bar{1}.8066661 = 50^\circ 9' 3''$$

Donc la hauteur apparente 50°10′, observée sous une pression barométrique de $0^m,76$ et une température de + 10 degrés du thermomètre centigrade, donne pour hauteur vraie 50°9′3″ ; c'est par conséquent une différence de — 57″ sur la hauteur apparente.

Solstices. — Si, par le centre de la sphère céleste, on mène dans le plan de l'écliptique une ligne perpendiculaire à la ligne des équinoxes, cette ligne détermine sur l'écliptique deux points appelés les *solstices*. L'un est le solstice d'été, celui qui est dans l'hémisphère boréal ; l'autre le solstice d'hiver, celui qui est dans l'hémisphère austral.

Sosigène d'Alexandrie, philosophe péripatéticien et astronome, a écrit: des *Essais sur les Catégories;* un commentaire sur le traité *Du Ciel* d'Aristote; un traité *sur les sphères de mouvement contraire* ajoutées par Aristote au système astronomique de Calippe; un ouvrage *sur la vision*, traité d'optique qui embrassait l'explication des météores lumineux; enfin trois traités *sur la longueur de l'année*, dans lesquels il se corrigeait lui-même. Appelé par J. César pour réformer la calendrier romain, il se contenta de mettre en vigueur, l'an 45 av. J.-C., le cycle solaire de 4 ans trouvé par Eudoxe en Egypte dans l'usage astronomique. Pourtant Sosigène n'ignorait pas l'incertitude de ce cycle, signalée déjà par Hipparque, mais ce cycle avait le mérite de la simplicité, et il n'en fallait pas davantage pour le décider à le mettre en usage.

Spectre (1). — Toute lumière blanche en se réfractant peut être considérée comme composée de plusieurs rayons lumineux diversement colorés et *inégalement réfrangibles*, qui se séparent par leur réfraction dans le prisme et par leur retour dans l'air; en regardant une étoile à travers un prisme, son image allongée et mince est irisée des sept couleurs du spectre. L'étendue des couleurs varie avec le prisme; elle est différente pour chacune; par des moyens particuliers on distingue dans le spectre plus de 500 *lignes noires* perpendiculaires à sa longueur, et distribuées très-inégalement.

Le phénomène de l'existence d'un si grand nombre de lignes noires dans l'étendue du spectre est extrêmement remarquable; on en a distingué sept en *raies fixes*, dont la position est assez facile à préciser, soit à cause de leur intensité ou du nombre plus ou moins grand de lignes qui sont près d'elles; on les désigne par les lettres convenues B, C, D, E, F, G, H, à partir de la partie rouge. La distribution des raies est toujours la même lorsque la lumière qui les produit a la même origine : par exemple, si on observe un spectre formé par la lumière directe du soleil, par celle des

(1) Un spectre, en terme de physique, est une image colorée et oblongue qui se forme sur la muraille d'une chambre obscure, lorsqu'on y fait arriver un rayon de lumière brisé par le prisme.

planètes, de la lune ou de l'atmosphère, les raies fixes et toutes les autres ont exactement les mêmes positions les unes par rapport aux autres parce que la lumière qui leur donne naissance est, dans tous les cas, celle du soleil; mais si l'on observe des spectres formés par les diverses étoiles, les diverses flammes ou par toute autre nature de lumière, on trouve une disposition entre les raies qui est variable d'une lumière à l'autre; de sorte que l'on est forcé de conclure que toutes ces lumières ont des propriétés différentes, même abstraction faite de leur intensité. Mais pour pouvoir observer les raies dont il s'agit, il faut des prismes dont la pureté optique soit parfaite; c'est-à-dire que toute leur masse soit de la plus grande homogénéité, et exempte de stries et de filandres qu'il est impossible de découvrir à vue d'œil, mais que l'observation des raies rend sensibles.

Spectre (INDICES DE RÉFRACTION DES DIVERSES PARTIES DU).—Pour déterminer les indices de réfraction correspondant aux diverses parties du spectre, on peut employer les limites des sept nuances particulières que l'on y distingue très-aisément; mais ces limites ne sont pas accusées d'une manière très-précise, et l'on conçoit que les nombres obtenus avec elles ne doivent pas avoir une précision bien grande; si l'on se sert des sept lignes fixes dont la position est bien caractérisée et convenue, en employant des moyens analogues à ceux que nous avons fait connaître (pages 486 et suivante), on pourra déterminer avec beaucoup d'exactitude l'indice correspondant à chacune d'elles pour une substance diaphane donnée. Si l'on se sert de la lumière solaire, on obtient des nombres analogues aux suivants :

	B	C	D	E	F	G	H
Flint glass........	1.6277	1.6297	1.6350	1.6420	1.6483	1.6603	1.6711
Crown glass.......	1.5243	1.5253	1.5280	1.5314	1.5343	1.5399	1.5447
Eau.............	1.3309	1.3317	1.3336	1.3359	1.3378	1.3413	1.3442

Mais on comprend que toutes les espèces de flint glass et toutes celles de crown glass n'ont pas les mêmes indices parce que les compositions de ces espèces de verre varient beaucoup.

En prenant la différence des indices extrêmes de réfraction, on obtient ce que l'on appelle le *coefficient de dispersion*, ou simplement la *dispersion*. Le tableau ci-dessus rend très-simple le calcul de ce coefficient pour toutes les substances qu'il renferme ; on trouve pour le flint glass 0,0434, pour le crown glass 0,0204 et pour l'eau 0,0133.

On nomme *pouvoir dispersif* d'une substance diaphane le quotient que l'on obtient en divisant la valeur de la dispersion prise par rapport aux limites du spectre, par l'indice du rayon moyen (que l'on prend ordinairement vers le jaune) diminué de l'unité. On conçoit que la valeur de cette quantité pourrait être obtenue en la rapportant aux raies du spectre ; mais les résultats connus et vérifiés ont été déterminés en employant pour limites le rouge et le violet extrêmes pour la dispersion, et en se servant du jaune pour rayon moyen. On a trouvé ainsi des nombres analogues aux suivants :

Flint glass, 0,048 ; Crown glass, 0,033 ; Eau, 0,035

Spectre (HOMOGÉNÉITÉ DES COULEURS DU). — Toutes les nuances obtenues dans un spectre solaire sont homogènes, c'est-à-dire qu'elles se composent de rayons qui ont le même indice de réfraction ; il semble naturel de supposer, par exemple, que le vert qui se trouve placé entre le jaune et le bleu et que l'on peut former mécaniquement, comme on sait, en mêlant des substances qui possèdent ces couleurs, n'est pas cependant produit, dans l'image dispersée du soleil, par la réunion d'une portion des rayons bleus et des rayons jaunes entre lesquels il se trouve placé. Si l'on reçoit en effet le spectre sur un carton percé d'un trou à travers lequel on fera passer les rayons verts, et qu'on les présente à un autre prisme, les nouvelles réfractions qu'ils éprouveront ne feront varier que leur direction ; la nouvelle image reçue sera toujours verte ; il en est de même des rayons orangés qui ne sont pas produits par la réunion des rouges et des jaunes. Cependant la conclusion à laquelle on parvient ainsi ne saurait être considérée comme absolument exempte de toute objection parce que certaines expériences ont fait reconnaître que la composition du spectre peut être envisagée sous d'autres aspects, qui portent à admettre qu'il ne contient que trois couleurs élémentaires : le rouge, le jaune et le bleu ; nous ne pouvons entrer ici dans le détail de cette discussion. Dans tous les cas, ce retour sur lui-même du spectre qui commence par le rouge et se termine par le violet, qui a beaucoup d'analogie avec lui, est au moins très-remarquable.

Sphère céleste. — C'est une sphère idéale d'un rayon très-grand, qui a pour centre l'œil de l'observateur, et sur laquelle on suppose fixées les étoiles. Le point où le rayon visuel, mené à une étoile, perce la sphère céleste est la position attribuée à l'étoile sur cette sphère.

En quelque lieu de la terre que soit placé l'observateur, l'axe du monde (page 58) lui semble toujours passer par le lieu qu'il occupe. On en conclut que la terre est comme un point situé au centre de la sphère céleste; en d'autres termes, les dimensions de la terre sont infiniment petites, comparées à l'immense distance des étoiles à la terre.

Sphéricité de la terre. — Tout le monde sait que la terre est entourée par le ciel de tous côtés, il faut donc en conclure que c'est nécessairement un corps isolé dans l'espace. Il est facile de reconnaître également que ce corps a une forme sphérique; en effet, dans un pays découvert, particulièrement en mer, la ligne qui borne la vue ou ligne d'horizon est un cercle dont l'observateur occupe le centre. Plus on s'élève au-dessus de la surface, plus le cercle d'horizon s'agrandit (page 269); et cela a lieu dans tous les pays, en tous les points de la terre. Or, la sphère est le seul corps qui soit vu ainsi sous forme circulaire, de quelque côté qu'on le regarde.

Struve (FRÉDÉRIC-GEORGES-GUILLAUME DE), astronome russe, né le 15 avril 1793, à Altona, mort le 23 novembre 1864, à Saint-Pétersbourg. Après avoir étudié la philosophie et l'astronomie à Dorpat, il fut en 1813 attaché à l'Observatoire de cette ville, et en devint directeur en 1817. D'une activité extrême, il s'appliqua, pendant plusieurs années, à continuer les recherches d'Herschèll sur les étoiles fixes et doubles, et il arriva aux plus beaux résultats. Il s'occupa ensuite de géodésie et parvint à connaître l'étendue exacte d'un arc de 20 degrés, le plus grand qu'on eût alors mesuré. En 1839, il avait été nommé directeur du magnifique observatoire de Poulkova. Struve est l'auteur de nombreux ouvrages scientifiques très-appréciés et d'un mérite vraiment exceptionnel.

Struve (OTHON-GUILLAUME DE), astronome russe, fils du précédent, né à Dorpat le 7 mai 1819, fit ses études sous la principale direction de son illustre père, obtint, dès l'âge de 20 ans, une place à l'Observatoire de Poulkova, et devint, quelques années plus tard, second astronome de ce grand établissement; il en est aujourd'hui le directeur.

Sud. — C'est un des quatre points cardinaux. (Voyez *Méridien*, page 368.)

Système solaire (ÉLÉMENTS DU). — Les principaux éléments du système solaire se trouvent résumés dans les deux tableaux ci-après; dans le 1er les longitudes sont rapportées à l'équinoxe moyen du 1er janvier 1850.

NOMS des PLANÈTES	Moyens mouvements diurnes	DURÉES des révolutions sidérales en jours moyens	DISTANCES moyennes au soleil	EXCENTRICITÉS	LONGITUDES des perihélies	LONGITUDES moyennes au 1er janv. 1850 à midi moyen	LONGITUDES des nœuds ascendants	INCLINAISONS
Mercure . .	14732″,4194	87,9693	0,3870987	0,205605	75°. 7′.14″	327°.15′.20″	46°.33′. 9″	7°. 0′. 8″
Vénus	5767 ,6698	224,7008	0,7233322	0,006843	129 .27 .15	245 .33 .15	75 .19 .52	3 .23 .35
La Terre . .	3548 ,1927	365,2564	1,0000000	0,016770	100 .21 .22	100 .46 .44	0 . 0 . 0	0 . 0 . 0
Mars	1886 ,5184	686,9796	1,5236913	0,093261	333 .17 .54	83 .40 .31	48 .23 .53	1 .51 . 2
Jupiter . . .	299 ,1286	4332,5848	5,202798	0,048239	11 .54 .53	160 . 1 .20	98 .54 .20	1 .18 .40
Saturne . . .	120 ,4548	10759,2198	9,538852	0,055996	90 . 6 .12	14 .50 .41	112 .21 .44	2 .29 .28
Uranus . . .	42 ,2331	30686,8208	19,182639	0,046578	168 .16 .45	28 .26 .42	73 .14 .14	0 .46 .30
Neptune . .	21 ,5545	60126,72	30,03697	0,008720	47 .14 .37	335 . 8 .59	130 . 6 .52	1 .46 .59

NOMS des PLANÈTES	DIAMÈTRES à la distance 1	DIAMÈTRES réels	VOLUMES	MASSES		DENSITÉ	PESANTEUR à la surface	ROTATION
				LE SOLEIL étant 1	LA TERRE étant 1			
Mercure . . .	6″,70	0,378	0,054	$\frac{1}{4348000}$	0,075	1,376	0,521	0j.24h. 5m
Vénus.	16 ,90	0,954	0,868	$\frac{1}{412150}$	0,787	0,905	0,864	23 .21
La Terre. . .	17 ,72	1	1	$\frac{1}{324479}$	1	1	1	23 .56
Mars.	9 ,57	0,540	0,157	$\frac{1}{2968300}$	0,109	0,714	0,382	24 .37
Jupiter. . . .	197 ,76	11,160	1389,996	$\frac{1}{1050}$	309,028	0,236	2,581	9 .55
Saturne . . .	168 ,82	9,527	864,694	$\frac{1}{3512}$	92,394	0,121	1,104	10 .30
Uranus. . . .	74 ,81	4,221	75,253	$\frac{1}{20574}$	15,771	0,209	0,883	»
Neptune. . .	78 ,10	4,407	85,605	$\frac{1}{17500}$	18,542	0,216	0,953	»
Soleil.	32′.3″,64	108,556	1279266,8	1	324479	0,253	27,474	25 .12 . 0
Lune.	4″,8368	0,273	0,020	$\frac{1}{26445039}$	0,012	0,602	0,164	27 . 7 .43

Syzygie. — On donne indistinctement le nom de *syzygie* aux deux situations respectives de la lune, la conjonction ou l'opposition.

Table pour faciliter le calcul des lignes trigonométriques des angles comprenant plusieurs quadrants ou plusieurs circonférences

ANGLES SUPPLÉMENTAIRES								
80	**70**	**60**	**50**	**40**	**30**	**20**	**10**	**0**
100	110	120	130	140	150	160	170	180
280	290	300	310	320	330	340	350	360
460	470	480	490	500	510	520	530	540
640	650	660	670	680	690	700	710	720
820	830	840	850	860	870	880	890	900
1000	1010	1020	1030	1040	1050	1060	1070	1080
1180	1190	1200	1210	1220	1230	1240	1250	1260
1360	1370	1380	1390	1400	1410	1420	1430	1440

Les lignes trigonométriques des angles compris dans cette partie de la Table sont les mêmes que celles de leurs suppléments placés en tête des colonnes, eu égard toutefois à la distinction indiquée ci-après :

Lignes trigonometriques des angles supplementaires	Lignes trigonométriques des angles correspondants
sinus	sinus
— tangente	tangente
— cotangente	cotangente
— cosinus	cosinus

Voir la Note I *ci-après.*

Table pour faciliter le calcul des lignes trigonométriques des angles comprenant plusieurs quadrants ou plusieurs circonférences

ANGLES COMPLÉMENTAIRES								
80	**70**	**60**	**50**	**40**	**30**	**20**	**10**	**90**
190	200	210	220	230	240	250	260	270
370	380	390	400	410	420	430	440	450
550	560	570	580	590	600	610	620	630
730	740	750	760	770	780	790	800	810
910	920	930	940	950	960	970	980	990
1090	1100	1110	1120	1130	1140	1150	1160	1170
1270	1280	1290	1300	1310	1320	1330	1340	1350
1450	1460	1470	1480	1490	1500	1510	1520	1530

Les lignes trigonométriques des angles compris dans cette partie de la Table s'obtiennent à l'aide des lignes trigonométriques des angles complémentaires placés en tête des colonnes, et cela de la manière suivante :

Lignes trigonométriques des angles complémentaires	Lignes trigonométriques des angles correspondants
sinus	cosinus
tangente	cotangente
cotangente	tangente
cosinus	sinus

Voir la Note II *ci-après.*

NOTES

I. — Le signe — placé devant les lignes trigonométriques indique que, dans le cas d'une soustraction de deux quantités données, c'est la quantité positive qui doit être retranchée de la quantité négative. Ainsi, dans ce cas tang a — cos b, on retranchera tang a de cos b. Mais si les deux quantités, tang a et cos b, étaient positives, on effectuerait la soustraction dans le sens qu'elle se trouve posée, c'est-à-dire que l'on retrancherait cos b de tang a.

II. — Les angles compris dans la dernière colonne de cette partie de la table ont exactement les mêmes lignes trigonométriques que l'angle 90° placé en tête de cette colonne.

Après avoir indiqué le mode de calcul des lignes trigonométriques des très-grands angles, il n'est pas sans utilité de donner le moyen de calculer celles qui se rapportent aux infiniment petits. On peut d'ailleurs admettre que la longueur d'un très-petit angle ou arc quelconque x, qui ne dépasse pas 10″, est sensiblement égale au sinus ou à la tangente de cet angle ou de cet arc et que, dans ce cas, on a

$$\sin x \text{ ou } \operatorname{tang} x = \frac{x}{206265} = \frac{\pi}{648000}\, x$$

Si on fait $x = 1''$, on a

$$\text{Sin } x \text{ ou tang } x = 0{,}000004848137 \text{ (1)}$$
$$\text{dont le logarithme} = \bar{6}.6855749.$$

Maintenant, si on voulait avoir la valeur d'un très-petit angle dont on connaîtrait seulement le logarithme-sinus, on retrancherait de ce logarithme celui indiqué ci-dessus; alors on aurait pour différence le logarithme du nombre de secondes contenues dans cet angle.

Exemple. — Soit donné le logarithme-sinus $\bar{5}.1339170$; on demande l'angle auquel répond ce sinus.

Calcul :

$$\begin{array}{r} \log \sin \bar{5}.1339170 \\ -\log \bar{6}.6855749 \\ \hline \end{array}$$
$$\text{Angle cherché} = \log 0.4483421 = 2'',81.$$

(1) Ce nombre est donné par l'expression

$$\frac{\pi}{648000}$$

dans laquelle 648000 est le nombre de secondes contenues dans la demi-circonférence.

Taches de la lune. — Prenons la lune au moment de son opposition; nous voyons d'abord à l'ouest, tout près du bord, une large tache grise, de forme ovale et régulière, au milieu de la teinte plus lumineuse du bord : c'est la *Mer des Crises*. Entre la Mer des Crises et le centre du disque, un large espace sombre, découpé à sa partie inférieure par une sorte de promontoire aigu, a reçu le nom de *Mer de la Tranquillité*. Elle projette vers l'ouest deux appendices, dont le plus occidental et le plus grand forme la *Mer de la fécondité*, tandis que l'autre, plus petit et plus rapproché du centre, est la *Mer de Nectar*.

En partant de la Mer de la Tranquillité, remontons maintenant vers le nord, nous trouvons la *Mer de la Sérénité*, moins grande que la première, mais presque toute aussi régulière de forme que la Mer des Crises. Cette tache est traversée dans toute sa longueur par une raie brillante, à peu près rectiligne, qui se dirige du nord au sud. La *Mer des Vapeurs* est comme un prolongement, vers le centre, de celle de la Sérénité.

Enfin la *Mer des Pluies*, de forme ronde, la plus vaste de toutes celles que nous venons de citer, termine au nord la série de taches grisâtres auxquelles on a donné le nom impropre de mers. Redescendons actuellement vers l'est, nous y trouvons l'*Océan des Tempêtes*, dont les contours plus vagues vont se perdre, vers le sud, dans la *Mer des Humeurs* et dans la *Mer des Nuées*, à peu de distance d'un point lumineux d'où partent, dans toutes les directions, des sillons blanchâtres d'une grande longueur.

On distingue encore, au-dessus de la Mer de la Sérénité, et dans le voisinage du pôle boréal une tache étroite allongée de l'est à l'ouest, et connue sous le nom de *Mer du Froid;* sur la limite du bord nord-ouest se trouve une tache de forme ovale fort allongée : c'est la *Mer de Humboldt;* et enfin sur le bord extrême du sud-ouest, la *Mer Australe*, dont on n'aperçoit qu'une partie.

Toutes ces prétendues mers projettent sur leurs rives, ou dans leur prolongement, des taches sombres plus petites qui ont reçu le nom de golfes, de lacs ou de marais.

Entre les Mers de la Sérénité et du Froid s'étendent le *Lac des Songes* et le *Lac de la Mort*. Les *Marais de la Putréfaction* et *des Brouillards* occupent la partie occidentale de la Mer des Pluies, dont la rive septentrionale forme un golfe arrondi connu sous le nom de *Golfe des Iris* ou des *Arcs-en-ciel*. Le *Golfe de la Rosée* est le prolongement vers l'extrême nord-ouest de l'Océan des Tempêtes.

Enfin, pour terminer cette nomenclature des taches de la lune, citons encore le *Marais du Sommeil* à l'ouest de la Mer de la Tranquillité; le

Golfe du Centre qui est le prolongement méridional de la Mer des Vapeurs; enfin le *Golfe des Marais* qui s'avance jusque sur le bord méridional de la Mer des Pluies.

Taches du Soleil. — Ces taches ont une forme irrégulière et variable, mais elles sont nettement définies sur leur contour; elles sont généralement entourées d'une sorte de bordure moins sombre, appelée *pénombre.* Voici la description qu'en donne sir John Herschell : « Les taches ne sont pas permanentes ; d'un jour à l'autre, ou même d'heure en heure, elles semblent s'élargir ou se resserrer, changer de forme, puis disparaître tout-à-fait, ou reparaître dans d'autres parties de la surface où il n'y en avait point auparavant. En cas de disparition, l'obscurité centrale se resserre de plus en plus, et s'évanouit avant les bords. Il arrive encore qu'elles se séparent en deux ou plusieurs taches. Toutes ces circonstances annoncent une mobilité extrême qui ne convient qu'à un fluide, et accusent un état violent d'agitation qui ne semble compatible qu'avec l'état atmosphérique ou gazeux de la matière. L'échelle sur laquelle s'accomplissent ces mouvements est immense. Une seconde angulaire, pour l'observateur terrestre, correspond sur le disque solaire à 170 lieues, et un cercle de ce diamètre (comprenant plus de 22000 lieues carrées) est le moindre espace que nous puissions voir distinctement à la surface du disque. Or, on a observé des taches dont le diamètre surpassait 16000 lieues, à peu près cinq fois le diamètre de la terre.

« Pour que de semblables taches disparaissent en six semaines (et elles durent rarement plus longtemps), il faut que les bords, en se rapprochant, décrivent plus de 360 lieues par jour.

« Plusieurs autres circonstances tendent à confirmer les mêmes aperçus. La portion du disque solaire que les taches ne recouvrent point est loin d'avoir un éclat uniforme. Le *fond* en semble parsemé d'une multitude de petits points obscurs ou *pores* qui, examinés attentivement, se montrent dans un état perpétuel de changement. On ne peut mieux représenter ces apparences qu'en les comparant à l'aspect d'une précipitation chimique floconneuse opérée avec lenteur dans un fluide transparent, et vue d'en haut. La ressemblance est si fidèle qu'elle ne peut manquer de faire naître l'idée d'un fluide lumineux qui se mêle, sans se confondre, avec une atmosphère transparente et non lumineuse, soit qu'il flotte à la manière des nuages dans notre atmosphère, soit qu'il forme de vastes traînées ou colonnes de flammes, analogues à celles de nos aurores boréales.

« Enfin, dans le voisinage des grandes taches ou groupes de taches, on observe souvent de larges espaces couverts de raies bien marquées, courbes ou à embranchements, qui sont plus lumineuses que le reste du disque, et qu'on nomme *facules*. On voit fréquemment des taches se former auprès des facules lorsqu'il n'y en avait pas auparavant. On peut les regarder très-probablement comme les faîtes de vagues immenses produites dans les régions supérieures de l'atmosphère solaire, à la suite de violentes agitations. »

Un fait très-général dans l'histoire des taches, fait qui a été noté par Galilée et le P. Scheiner, c'est qu'elles sont confinées presque exclusivement dans une zône assez étroite de la sphère céleste, s'étendant à 40 degrés de part et d'autre de l'équateur. Quelle que soit donc la cause des taches et leur mode de production, ce phénomène est en relation de manière ou d'autre avec la rotation du soleil, puisque c'est cette rotation qui détermine l'équateur solaire. A l'équateur même, les taches sont peu fréquentes ou ne durent pas longtemps. Si ces taches sont dues à des circonstances atmosphériques, cette région pourra être considérée comme une région des calmes en comparaison des deux zônes latérales de 10 à 30 degrés de latitude héliocentrique, où les taches se montrent bien plus nombreuses et plus persistantes que partout ailleurs. A 35 degrés, elles deviennent bien plus rares ; au-delà de 50 degrés, on n'en voit plus ; les deux calottes polaires n'en présentent jamais.

Ces phénomènes présentent une telle analogie de distribution avec ceux des vents alizés sur notre propre globe, où l'on distingue aussi une zône équatoriale des calmes, deux zônes à peu près équidistantes de vents à direction constante, et enfin deux calottes de vents à direction relativement indifférente, que sir J. Herschell a été conduit à identifier pour ainsi dire avec les phénomènes terrestres la formation et la distribution des taches solaires.

Les alizés de notre atmosphère sont dus à une cause première, l'excès de la température équatoriale sur celle des pôles. Il faut donc d'abord retrouver sur le soleil un excès analogue. Puisque nous admettons que le soleil est entouré d'une vaste atmosphère, bien au-delà de la photosphère, dont l'éclat rend tout le reste invisible, cette atmosphère doit être aplatie aux pôles, par suite de la rotation ; aplatissement peu sensible sans doute puisque l'une de ses couches inférieures, la photosphère, n'en présente pas du tout, mais enfin il doit y en avoir aux limites extrêmes. Il en résulte que, vers les pôles, les rayons ayant moins d'épaisseur, les régions polaires doivent rayonner davantage, se refroidir plus vite et laisser aux régions équatoriales mieux protégées une certaine supériorité de température. Il doit donc y avoir, dans l'énorme atmosphère du soleil comme dans la nôtre, un courant supérieur équatorial et un contre-courant polaire inférieur, modifiés tous les deux par la rotation du globe lui-même. Le soleil a ainsi ses vents alizés et ses zônes d'orages et de cyclones produits par la rencontre momentanée et le conflit des deux courants superposés.

Le soleil, depuis longtemps, joue dans le système solaire le rôle d'une masse prépondérante mille fois plus grande à elle seule que celle de son mince cortége planétaire. Son action mécanique n'a plus rien de mystérieux, car les planètes se meuvent autour de lui suivant les lois mécaniques de l'attraction, rendue familière par les phénomènes de la pesanteur sur notre globe. Si le soleil continue à gouverner notre système, considéré désormais comme une bien petite fraction de l'univers, ce n'est plus par un privilége quasi divin, mais par sa simple prépondérance sur les actions mutuelles du même genre de tous ces petits corps. La mécanique céleste n'est plus qu'un chapitre très-développé, un cas particulier de la mécanique générale, comme autrefois l'astronomie était une simple application des lois de la géométrie pure.

La question d'origine du système solaire a été hardiment envisagée par des esprits élevés, tels que Buffon, Kant et Laplace, tandis que la géologie, étudiant le globe terrestre jusque dans ses époques primitives, nous amenait peu à peu à l'idée que ces globes, étoiles ou soleils, planètes ou satellites, résultent de l'agglomération de matériaux portés primitivement à une haute température et soumis ensuite dans l'espace au refroidissement. Laplace a montré, dans une synthèse admirable, que les planètes pouvaient résulter de l'abandon que le soleil, primitivement répandu dans un espace énorme, avait dû faire de quelques parcelles de sa masse sous la double influence de son refroidissement progressif et de son mouvement originaire de rotation. Mais on dirait qu'en s'occupant des taches du soleil et en tâchant péniblement d'en deviner la constitution physique, les astronomes de ces derniers temps oubliaient ces grandes idées pour se livrer à une fantaisie médiocre.

Cependant une triple série d'études suivirent de bien près les travaux des deux Herschell et contribuèrent, plus que tout ce que nous venons de rappeler, aux progrès décisifs de la question : ce sont les travaux d'Arago, de Schwabe, enfin ceux de Laugier continués et largement développés par Carrington. Ici nous sortons du domaine des hypothèses pour aborder de véritables recherches instituées dans un but précis et aboutissant à d'irréfragables résultats.

Nous avons vu déjà (page 501) comment pouvait se produire la lumière du soleil. « Il suffit, dit M. Arago, de soumettre cette lumière à l'analyse optique pour se renseigner sur la constitution de l'astre qui la produit. Si elle présente des traces de polarisation ou d'absorption spéciale, ces traces nous mettent sur la voie de la constitution physique ou chimique de ces astres tout aussi bien que si nous en tenions des fragments sous nos yeux et dans nos laboratoires. » C'est là un champ immense d'expérimentation et d'analyse que l'optique moderne a ouvert à l'astronomie, et dont cette science a tiré dans ces derniers temps un merveilleux parti.

Mais revenons aux taches du soleil, et suivons attentivement les travaux qui ont été entrepris pour constater leurs phases de périodicité. Un astronome de Dessau, M. Schwabe, résolut de vérifier une conjecture plusieurs fois émise antérieurement par d'anciens observateurs qui avaient cru remarquer une certaine périodicité dans la fréquence des taches du soleil. Il s'attacha simplement à noter bien régulièrement, jour par jour, le nombre des taches qu'il apercevait sur cet astre. D'année en année il voyait ce nombre varier avec une certaine régularité, croître d'abord, atteindre un maximum pendant lequel le soleil présentait chaque jour des taches nombreuses, puis décroître jusqu'à un minimum très-marqué pour reprendre ensuite la marche précédente. Au bout d'une vingtaine d'années, la périodicité du phénomène des taches fut mise hors de doute; la durée de la période fut fixée approximativement à dix ans, de telle sorte que les minima reviennent d'une manière à peu près régulière à des intervalles de ce genre. Le professeur Wolf, de Zurich, entreprit de colliger toutes les observations antérieures des taches pour y rechercher des traces de cette remarquable périodicité; il parvint à dresser un tableau qui montre pendant deux siècles et demi, de 1610 à 1870, la marche du phénomène. La période est de onze ans et demi environ, mais avec de notables anomalies.

Arrivons à l'étude directe des mouvements des taches. C'est dans cette branche trop négligée que nous trouverons bientôt les vrais éléments de notre étude finale. Nous avons vu que Scheiner et Galilée avaient déterminé par leurs observations des taches les éléments de la rotation du soleil. Le premier avait trouvé, en 1626, pour l'inclinaison de l'équateur solaire sur l'écliptique, 7°15′; pour longitude du nœud, 67°0′; pour durée de la rotation, de vingt-quatre à vingt-six jours. Lalande, en 1771, avait trouvé pour l'inclinaison 7°15′; pour longitude du nœud, 77°56′; enfin pour la rotation, $25^j,4$. D'autres astronomes avaient publié des résultats non moins discordants, surtout pour la durée de la rotation. En 1841, Laugier, considérant qu'il y avait quelque intérêt pour la science à déterminer avec plus de précision ces éléments, et surtout la durée de la rotation dont on a besoin pour l'exacte détermination d'une des constantes fondamentales du système solaire, entreprit une longue série d'observations des taches. Au lieu de se borner, comme la plupart des astronomes, à une ou deux taches de longue durée, il résolut d'observer un grand nombre de taches prises dans des régions aussi différentes que possible sur les deux hémisphères. Il y avait là une idée profondément juste. Le résultat numérique de son mémoire fut d'assigner à l'inclinaison de l'équateur solaire sur l'écliptique une valeur de 7°9′, et à la longitude du nœud 75°16′; la durée de la rotation fut fixée en moyenne à $25^{j}34$. Ce qui frappa le plus Laugier dans le cours de ses recherches délicates, ce fut la mise en évidence d'un fait déjà entrevu par Scheiner, mais négligé ou plutôt complètement oublié depuis plus de deux siècles. Les taches n'ont pas la même vitesse; chaque tache, suivant sa position, donne une rotation différente; elles ont aussi d'autres mouvements propres qui les font s'écarter ou se rapprocher l'une de l'autre. Les choses se passent, disait Laugier à ses amis, comme si chaque zône de la photosphère avait un mouvement particulier. Or, l'incertitude des observations ne saurait expliquer de pareils résultats; car les rotations des différentes zônes observées par Laugier varient de $24^{j},28$ à $26^{j},23$: la différence est de deux jours entiers, tandis que l'erreur à craindre sur les résultats isolés fournis par chaque tache prise à part ne dépasse guère trois ou quatre heures.

Le mémoire de Laugier n'a pas été publié; l'auteur s'est borné à donner ses principaux résultats. Par déférence sans doute pour des opinions universellement adoptées, il se contenta de publier quelques faits dont il était sûr sans vouloir appeler l'attention sur ses travaux par l'éclat d'une controverse. Toujours est-il que, s'il n'a pas consenti à donner le tableau de ses rotations, tache par tache, avec les latitudes en regard, il n'en a pas moins indiqué les termes extrêmes et signalé la voie où la science a progressé depuis.

Il résulte des observations faites par Laugier et vérifiées depuis par Carrington que la relation étroite qui existe entre les mouvements propres des taches en longitude et leur situation par rapport à l'équateur peut s'énoncer ainsi : la rotation des taches est d'autant plus lente que la latitude est plus grande.

Le travail de M. Carrington a duré de novembre 1853 à la fin de mars 1861. Il s'est étendu à 954 groupes de taches et comprend 5290 observations. Le résultat final, présenté sous forme empirique par cet astronome, consiste en ce que le mouvement angulaire diurne d'une tache, dont la latitude est $\pm\, l$, est donné sensiblement par la formule

$$10°25' \mp 165' \sin^{\frac{7}{4}} (l - 1°)$$

Il ressort avec évidence du calcul et de toutes les opérations que les vitesses varient d'une tache à l'autre, comme l'avait dit Laugier, de manière à conduire, pour la rotation du soleil, à toutes les valeurs comprises entre vingt-cinq et vingt-sept jours. Il est bien vrai, comme l'a montré M. Carrington, que ces vitesses dépendent exclusivement de la latitude de chaque tache, en sorte que la variation de vitesse d'une tache à l'autre est proportionnelle à une certaine fonction de la latitude. On a montré de plus, par une discussion complète, que cette fonction n'est autre chose que le carré du sinus de la latitude, absolument comme celle qui exprime la variation de la pesanteur terrestre, lorsqu'on marche de l'équateur vers les pôles. En outre, cette liaison des taches avec la latitude est si intime, que si une tache vient à s'écarter un peu de sa position moyenne, par une oscillation perpendiculaire à l'équateur, elle prend à chaque instant la vitesse correspondant à la zône où elle se trouve.

Rien de plus frappant que le tableau suivant, où l'on a consigné, zône par zône, la durée de la rotation solaire déduite des mouvements des taches correspondantes.

Durée de la rotation solaire, sur les divers parallèles de degré en degré.

Latitude	Rotation	Latitude	Rotation	Latitude	Rotation	Latitude	Rotation
0°	25j,187	12°	25j,388	24°	25j,975	36°	26j,891
1	25,188	13	25,423	25	26,040	37	26,979
2	25,193	14	25,460	26	26,107	38	27,068
3	25,200	15	25,500	27	26,176	39	27,159
4	25,210	16	25,543	28	26,248	40	27,252
5	25,222	17	25,588	29	26,322	41	27,346
6	25,238	18	25,636	30	26,398	42	27,440
7	25,256	19	25,686	31	26,475	43	27,536
8	25,277	20	25,739	32	26,555	44	27,633
9	25,300	21	25,794	33	26,636	45	27,730
10	25,327	22	25,852	34	26,717		
11	25,356	23	25,913	35	26,804		

Temps (DÉFINITION DU). — Le temps est l'expression numérique en heures, minutes, secondes... de la durée qui s'est écoulée depuis la production d'un phénomène, ou entre deux phénomènes différents. Supposons, par exemple, qu'un corps ait commencé son mouvement a $7^h35^m23^s$ du matin et qu'il ait cessé de se mouvoir à $9^h18^m45^s$ du soir; alors $7^h35^m23^s$ du matin est l'époque du premier phénomène, et $9^h18^m45^s$ du soir est celle du second. Il est aisé de s'assurer que le temps qui s'est écoulé entre les deux phénomènes est égal à $13^h43^m22^s$. On dit aussi qu'il a eu lieu pendant un intervalle de temps égal à $13^h43^m22^s$. Le mot *intervalle* indique en général une différence de temps.

Transformation du temps civil en temps astronomique. — Le temps moyen civil diminué de 12 heures donne le temps moyen astronomique.

Si le temps civil est exprimé en heures du soir, supprimez la désignation *soir*, et vous aurez le temps astronomique.

Si le temps civil est exprimé en heures du matin, ôtez un jour de la date, ajoutez 12 heures, et vous aurez le temps astronomique. Ainsi :

le 24 janvier à 5^h49^m du matin, temps moyen civil,
correspond au 23 janvier à 17^h49^m, temps moyen astronomique.

Transformation du temps astronomique en temps civil. — Le temps moyen astronomique augmenté de 12 heures donne le temps moyen civil.

Si le nombre d'heures surpasse 12, diminuez-le de 12, ajoutez un jour à la date, et vous aurez le temps civil, exprimé en heures du *matin*. Ainsi,

le 17 mars à 22^h54^m, temps moyen astronomique,
correspond au 18 mars à 10^h54^m du matin, temps moyen civil.

Conversion du temps d'un lieu connu en temps de Paris. — Le temps d'un lieu s'exprime en temps de Paris à l'aide de la longitude géographique de ce lieu, réduite en temps. Au même instant, l'heure de Paris est plus petite que dans un lieu à l'est et plus grande que dans un lieu à l'ouest.

Ainsi, pour un lieu à l'*est* de Paris, *retranchez* sa longitude en temps du temps donné, et vous aurez l'heure correspondante de Paris; si le lieu est à l'*ouest* de Paris, au temps donné *ajoutez* sa longitude en temps, et la somme sera l'heure de Paris.

Exemple. — Une observation a été faite à Nankin, le 13 juillet à $2^h24^m13^s$, temps astronomique, on demande l'heure de Paris.

Temps de l'observation................	Juillet 13,	$2^h24^m13^s$
Longitude orientale de Nankin.........	—	7.45,48
Temps de Paris, correspondant.........	Juillet 12,	18.38.25

Temps (MESURE DU). — Voyez *Mesure*, page 374.

Temps sidéral. — Voyez *Mesure du temps*, page 374.

Temps sidéral à midi moyen le 1er janvier d'une année quelconque.

Soient : τ le temps sidéral cherché;

τ' le temps sidéral à midi moyen le 1er janvier d'une année prise à volonté, comme 1867, 1868, 1869, 1870..... et que nous désignerons par a;

n le nombre de jours comptés depuis midi moyen du 1er janvier de l'année a jusqu'au 31 décembre à midi moyen de l'année qui précède l'année a' pour laquelle on veut obtenir la valeur de τ le 1er janvier à midi moyen ;

On aura le temps sidéral par l'expression ci-après:

$$\tau = [\tau' + 236^s{,}55468172485.(n+1) - 24^h.(a'-a)]$$

Si l'on prend pour a une année commune de 365 jours, on aura la valeur de n par l'équation

$$n = 364 + (365.\,t + 366.\,t')$$

dans laquelle t est le nombre des années communes et t' celui des années bissextiles, comptées à partir de l'année a prise pour origine du temps.

Si l'on prend pour a une année bissextile de 366 jours, on aura la valeur de n par cette équation

$$n = 365 + (365.\,t + 366.\,t')$$

Un exemple nous mettra à même d'apprécier l'emploi que l'on peut faire de ces formules.

Soit proposé de calculer le temps sidéral à midi moyen le 1er janvier 1881.

De 1870 à 1880, on compte 10 années, dont 7 années communes et 3 années bissextiles, par conséquent on a

$$n = 364 + (365 \times 7) + (366 \times 3) = 4017$$

Le 1er janvier 1870, à midi moyen, τ' =	$18^h43^m42^s{,}91$
$236^s{,}554681 \times 4018$ = +...	264. 1. 16, 71
Somme...	282.44. 59, 72
$a' - a = 1881 - 1870 = 11$, et $24^h \times 11$ = —..	264
donc le 1er janvier 1881, à midi moyen, τ =	$18^h44^m59^s{,}62$

Pour faciliter les calculs, nous donnons ci-après une table dans laquelle on trouvera de suite, pour plusieurs années, le nombre de jours comptés depuis midi moyen du 1er janvier 1870 jusqu'au midi moyen du 31 décembre de chacune de ces années.

Table donnant les valeurs de n

DU 1er JANVIER 1870 au 31 décembre.	NOMBRE DE JOURS comptés du 1er janvier 1870, à partir de midi moyen	DIFFÉRENCES	DU 1er JANVIER 1870 au 31 décembre.	NOMBRE DE JOURS comptés du 1er janvier 1870, à partir de midi moyen.	DIFFÉRENCES
1870	364		B. 1884	5478	
		365			365
1871	729		1885	5843	
		366			365
B. 1872	1095		1886	6208	
		365			365
1873	1460		1887	6573	
		365			366
1874	1825		B. 1888	6939	
		365			365
1875	2190		1889	7304	
		366			365
B. 1876	2556		1890	7669	
		365			365
1877	2921		1891	8034	
		365			366
1878	3286		B. 1892	8400	
		365			365
1879	3651		1893	8765	
		366			365
B. 1880	4017		1894	9130	
		365			365
1881	4382		1895	9495	
		365			366
1882	4747		B. 1896	9861	
		365			365
1883	5112		1897	10226	
		366			365
B. 1884	5478		1898	10591	

Les années bissextiles sont précédées de la lettre B.

On pourra facilement, à l'aide des différences, étendre cette table aussi loin que l'on voudra; seulement, nous devons faire ici une remarque à l'égard des années bissextiles.

Pour éviter l'anticipation de l'année tropique sur l'année civile, on est convenu en France et dans les États où l'on suit le calendrier grégorien, de supprimer trois bissextiles séculaires sur quatre. Les années 1700, 1800 et 1900 qui devaient être bissextiles dans le style Julien, à raison de leur rang dans la période de quatre ans, ont été communes; mais l'an 2000 devra être bissextile, et ainsi de quatre en quatre siècles.

Pour reconnaître si une année séculaire est bissextile ou commune, il faut supprimer les deux zéros à droite du millésime; si les chiffres restant (partie séculaire) sont exactement divisibles par 4, l'année est bissextile; si au contraire, la division donne un reste, l'année est commune.

Ainsi, les années séculaires 1900, 2100, 2200, 2300, 2500, 2600, 2700... seront communes, et par conséquent ne comprendront que 365 jours. Mais les années séculaires 2000, 2400, 2800, 3200, 3600... seront bissextiles, et comprendront par conséquent 366 jours.

Nous venons d'indiquer (page 525) la manière de calculer le temps sidéral à midi moyen le 1er janvier d'une année quelconque, on peut encore calculer ce temps d'une manière beaucoup plus simple. En effet, nous avons vu (pages 341 et suivante) comment on parvient à obtenir le temps qui s'écoule entre l'instant où le soleil arrive au lieu de l'écliptique situé à 280 degrés du point équinoxial du printemps et midi moyen du 1er janvier; nous savons d'ailleurs que cette longitude moyenne du soleil répond à 18^h40^m de temps sidéral, par conséquent si on ajoute à 18^h40^m la quantité $236^s,55.\,n$ (n étant la valeur en jours de l'intervalle qui s'écoule entre l'instant où le soleil atteint une longitude moyenne de 280 degrés et midi moyen du 1er janvier), on aura le temps sidéral au commencement de l'année.

Ainsi, en représentant par τ le temps sidéral à midi moyen le 1er janvier d'une certaine année, on aura

$$\tau = 18^h40^m + 236^s,55\,.\,n$$

En représentant par t la fraction d'année donnée par la table qui se trouve à la page 343, on aurait également

$$\tau = 18^h40^m + 86400^s\,.\,t$$

Si l'on voulait obtenir le temps sidéral τ' pour un jour quelconque d'une année pour laquelle on connaîtrait déjà celui du 1er janvier de cette même année à midi moyen, on ferait usage de cette formule

$$\tau' = \tau + 236^s,55\,.\,n'$$

formule dans laquelle n' est le nombre de jours comptés depuis midi moyen du 1er janvier.

Lorsque τ' atteint ou dépasse 24^h, on retranche 24^h du résultat, et on a ainsi toujours le temps sidéral à partir de l'équinoxe du printemps.

Le temps sidéral est la valeur, en temps, de la longitude moyenne du soleil; en conséquence si l'on représente la première de ces valeurs par τ et la seconde par L, on aura cette dernière par l'expression

$$L = \frac{\tau \times 54000''}{3600''}$$

expression donnant la valeur de L en secondes d'arc.

Les secondes d'arc seront divisées par 3600 pour avoir des degrés; le reste sera divisé par 60 pour avoir des minutes et le dernier reste sera des secondes qu'il faudra ajouter, avec la fraction qui les accompagne, aux degrés et minutes que l'on aura trouvés.

Un exemple suffira pour indiquer la manière de faire l'application de cette formule.

Soit donné le temps sidéral $18^h43^m42^s,91$; on demande quelle est la valeur de L répondant à ce temps.

$18^h43^m42^s,91$, convertis en secondes de temps, donnent, savoir :

$$\begin{aligned} 18^h \times 60^m &= 1080^m \\ &+ 43 \\ &= 1123^m \times 60^s = 67380^s \\ & + 42,91 \\ & = 67422^s,91 \end{aligned}$$

On aura donc, d'après la formule,

$$L = \frac{67422^s,91 \times 54000''}{3600''} = 1011343'',65$$

ou $280°55'43'',65$.

Temps solaire moyen; — vrai. — (Voyez *Mesure du Temps*, page 375).

Table pour la conversion du temps sidéral en temps moyen

(*Table* I)

Temps sidéral	Temps moyen	Temps sidéral	Temps moyen	Temps sidéral	Temps moyen	Temps sidéral	Temps moyen	Temps sidéral	Temps moyen
h	m s	m	s	m	s	s	s	s	s
1	0. 9,830	1	0,164	31	5,079	1	0,003	31	0,085
2	0.19,659	2	0,328	32	5,242	2	0,005	32	0,087
3	0.29,489	3	0,491	33	5,406	3	0,008	33	0,090
4	0.39,318	4	0,655	34	5,570	4	0,011	34	0,093
5	0.49,148	5	0,819	35	5,734	5	0,014	35	0,096
6	0.58,977	6	0,983	36	5,898	6	0,016	36	0,098
7	1. 8,807	7	1,147	37	6,062	7	0,019	37	0,101
8	1.18,636	8	1,311	38	6,225	8	0,022	38	0,104
9	1.28,466	9	1,474	39	6,389	9	0,025	39	0,106
10	1.38,296	10	1,638	40	6,553	10	0,027	40	0,109
11	1.48,125	11	1,802	41	6,717	11	0,030	41	0,112
12	1.57,955	12	1,966	42	6,881	12	0,033	42	0,115
13	2. 7,784	13	2,130	43	7,045	13	0,035	43	0,117
14	2.17,614	14	2,294	44	7,208	14	0,038	44	0,120
15	2.27,443	15	2,457	45	7,372	15	0,041	45	0,123
16	2.37,273	16	2,621	46	7,536	16	0,044	46	0,126
17	2.47,103	17	2,785	47	7,700	17	0,046	47	0,128
18	2.56,932	18	2,949	48	7,864	18	0,049	48	0,131
19	3. 6,762	19	3,113	49	8,027	19	0,052	49	0,134
20	3.16,591	20	3,277	50	8,191	20	0,055	50	0,137
21	3.26,421	21	3,440	51	8,355	21	0,057	51	0,139
22	3.36,250	22	3,604	52	8,519	22	0,060	52	0,142
23	3.46,080	23	3,768	53	8,683	23	0,063	53	0,145
24	3.55,909	24	3,932	54	8,847	24	0,066	54	0,147
		25	4,096	55	9,010	25	0,068	55	0,150
		26	4,259	56	9,174	26	0,071	56	0,153
		27	4,423	57	9,338	27	0,074	57	0,156
		28	4,587	58	9,502	28	0,076	58	0,158
		29	4,751	59	9,666	29	0,079	59	0,161
		30	4,915	60	9,830	30	0,082	60	0,164

Table pour la conversion du temps moyen en temps sidéral

(*Table* II)

Temps moyen	Temps sidéral	Temps moyen	Temps sidéral	Temps moyen	Temps sidéral	Temps moyen	Temps sideral	Temps moyen	Temps sidéral
h	m s	m	s	m	s	s	s	s	s
1	0. 9,856	1	0,164	31	5,093	1	0,003	31	0,085
2	0.19,713	2	0,329	32	5,257	2	0,005	32	0,088
3	0.29,569	3	0,493	33	5,421	3	0,008	33	0,090
4	0.39,426	4	0,657	34	5,585	4	0,011	34	0,093
5	0.49,282	5	0,821	35	5,750	5	0,014	35	0,096
6	0.59,139	6	0,986	36	5,914	6	0,016	36	0,099
7	1. 8,995	7	1,150	37	6,078	7	0,019	37	0,101
8	1.18,852	8	1,314	38	6,242	8	0,022	38	0,104
9	1.28,708	9	1,478	39	6,407	9	0,025	39	0,107
10	1.38,565	10	1,643	40	6,571	10	0,027	40	0,110
11	1.48,421	11	1,807	41	6,735	11	0,030	41	0,112
12	1.58,278	12	1,971	42	6,900	12	0,033	42	0,115
13	2. 8,134	13	2,136	43	7,064	13	0,036	43	0,118
14	2.17,991	14	2,300	44	7,228	14	0,038	44	0,120
15	2.27,847	15	2,464	45	7,392	15	0,041	45	0,123
16	2.37,704	16	2,628	46	7,557	16	0,044	46	0,126
17	2.47,560	17	2,793	47	7,721	17	0,047	47	0,129
18	2.57,417	18	2,957	48	7,885	18	0,049	48	0,131
19	3. 7,273	19	3,121	49	8,049	19	0,052	49	0,134
20	3.17,129	20	3,285	50	8,214	20	0,055	50	0,137
21	3.26,986	21	3,450	51	8,378	21	0,057	51	0,140
22	3.36,842	22	3,614	52	8,542	22	0,060	52	0,142
23	3.46,699	23	3,778	53	8,707	23	0,063	53	0,145
24	3.56,555	24	3,943	54	8,871	24	0,066	54	0,148
		25	4,107	55	9,035	25	0,068	55	0,151
		26	4,271	56	9,199	26	0,071	56	0,153
		27	4,435	57	9,364	27	0,074	57	0,156
		28	4,600	58	9,528	28	0,077	58	0,159
		29	4,768	59	9,692	29	0,079	59	0,162
		30	4,928	60	9,856	30	0,082	60	0,164

Conversion du temps sidéral en temps moyen. — Retranchez du temps sidéral donné le temps sidéral à midi moyen, en ajoutant 24^h au premier, si cela est nécessaire pour rendre la soustraction possible ; le reste sera le temps sidéral écoulé depuis midi moyen. Diminuez-le de la correction correspondante donnée par la table I, page 529, vous aurez le temps moyen cherché.

Exemple. — On demande le temps moyen d'une observation faite à Paris, le 14 février 1871, à $16^h 24^m 36^s,62$ de temps sidéral ?

Temps sidéral de l'observation......................	$16^h 24^m 36^s,62$
Temps sidéral à midi moyen, le 14 février 1871.......	21.36.13,97
Différence ou temps sidéral écoulé depuis midi moyen..	18.48.22,65
Correction toujours soustractive donnée pour $18^h 48^m 22^s,65$ par la table I, page 529..........................—	3. 4,86
Temps moyen astronomique demandé................	18.45.17,79

Conversion du temps moyen en temps sidéral. — Ajoutez ensemble le temps sidéral à midi moyen, le temps moyen proposé et la correction toujours additive donnée, pour ce temps moyen, par la table II, page 530; la somme sera le temps sidéral demandé.

Exemple. — Quel est le temps sidéral qui correspond, le 14 février 1871, à $16^h 45^m 46^s,49$ de temps moyen à Paris?

Temps sidéral à midi moyen le 14 février 1871........	$21^h 36^m 13^s,97$
Temps moyen donné..............................	16.45.46,49
Correction toujours additive, pour $16^h 45^m 46^s,49$, table II, page 530...................................+	2.45,22
Somme = temps sidéral demandé............	14.24.45,68

La conversion de ce temps sidéral en degrés, à raison de 15 degrés pour une heure, donne l'ascension droite du *milieu du ciel* pour le temps moyen proposé. Ainsi le 14 février 1871, à $16^h 45^m 46^s,49$, temps moyen de Paris, l'ascension droite du milieu du ciel est de $216°11'25'',2$.

Conversion du temps vrai en temps moyen. — Calculez l'équation du temps pour l'heure vraie de Paris comptée de midi vrai, et ajoutez cette équation à l'heure vraie donnée, puis retranchez 12^h de la somme toutes les fois que l'équation du temps est comprise entre 11^h et 12^h; le résultat sera le temps moyen cherché.

Exemple. — On demande le temps moyen d'une observation faite le

18 novembre 1871, à $16^h14^m48^s$ temps vrai, à Nankin, qui est $7^h45^m48^s$ à l'est de Paris?

Le temps vrai correspondant de Paris est, le 18 novembre, de $8^h29^m0^s$, et l'équation du temps, pour cette heure, est $11^h45^m21^s45$, comme on l'a trouvé page 208; on a donc

Temps vrai de Nankin..................	novembre 18,	$16^h14^m48^s,00$
Equation du temps....................		11.45.21,45
Somme — 12^h = temps moyen cherché...	novembre 18,	16. 0. 9,45

Conversion du temps moyen en temps vrai. — Calculez l'équation du temps pour le temps moyen de Paris, retranchez-la du temps moyen donné, et vous aurez le temps vrai demandé. Il faut ajouter 12^h au reste quand l'équation du temps pour le temps moyen donné est compris entre 11^h et 12^h.

Exemple. — On demande le temps vrai d'une observation faite 6 octobre 1871, à $21^h56^m5^s$ temps moyen, à New-York, dont la longitude est $5^h5^m21^s$ à l'ouest de Paris?

Ajoutez la différence de longitude $5^h5^m21^s$ et le temps moyen $21^h56^m5^s$ de New-York, le 6 octobre; vous aurez (page 208) le temps moyen correspondant de Paris, $3^h1^m26^s$ le 7 octobre, et ensuite

Equation du temps à *midi moyen*, le 7 octobre		$11^h47^m55^s,84$
Correction, le 7 octobre *(équation du temps à midi moyen, moins équation du temps à midi vrai*, page 209)..........	—	0,14
Equation du temps à *midi moyen*, le 7 octobre..........		11.47.55,70
Diminution en 24^h, 16^s88; soit pour $3^h1^m26^s$.........	—	2,11
Equation du temps correspondant au temps moyen donné		11.47.53,59
Temps moyen donné de New-York..........	octobre 6,	21.56. 5,00
Différence + 12^h = temps vrai demandé.....	octobre 6,	22. 8.11,41

Temps sidéral à midi moyen. — Le temps sidéral à midi moyen de Paris, ou l'ascension droite moyenne du soleil, est l'heure sidérale du passage du soleil *moyen* au méridien de Paris.

Pour avoir le temps sidéral à midi moyen d'un autre lieu, avec la longitude en temps de ce lieu, prenez dans la table II (page 530), une correction que vous ajouterez au temps sidéral à midi moyen de Paris, si le lieu est à l'ouest de Paris, et que vous en retrancherez si le lieu est à l'est; le résultat sera le temps sidéral cherché.

Exemple. — On demande le temps sidéral à midi moyen à Grennwich, le 5 avril 1871 ?

La longitude en temps de Grennwich, à l'ouest de Paris, est $9^m20^s,6$; avec cette quantité la table II donne la correction $1^s,53$, qui, ajoutée à $0^h53^m21^s,63$ temps sidéral de Paris le 5 avril à midi moyen, donne $0^h\,53^m23^s,16$, pour le temps sidéral demandé.

Le temps sidéral à midi moyen sert à convertir un temps sidéral donné en temps moyen astronomique, et réciproquement (page 531).

Il sert aussi à calculer l'heure moyenne du passage des planètes et des étoiles au méridien. En effet, l'ascension droite en temps d'une étoile, ou d'une planète, est le temps sidéral de son passage au méridien; on aura donc l'heure moyenne du passage en convertissant ce temps sidéral en temps moyen à l'aide du temps sidéral à midi moyen, comme dans l'exemple que nous avons donné à la page 531.

Temps (TABLES DU). — Sous ce titre, nous comprenons les trois tables ci-après.

TABLE I

Conversion de chaque jour des mois en jours de l'année et des heures en jours

MOIS		ANNÉE		heures	PARTIES DU JOUR	heures	PARTIES DU JOUR
		commune	bissextile				
Janvier..........	0	0	— 1	1	0,041667	13	0,541667
Février..........	0	31	30	2	0,083333	14	0,583333
Mars............	0	59	59	3	0,125000	15	0,625000
Avril...........	0	90	90	4	0,166667	16	0,666667
Mai.............	0	120	120	5	0,208333	17	0,708333
Juin............	0	151	151	6	0,250000	18	0,750000
Juillet..........	0	181	181	7	0,291667	19	0,791667
Août............	0	212	212	8	0,333333	20	0,833333
Septembre.......	0	243	243	9	0,375000	21	0,875000
Octobre.........	0	273	273	10	0,416667	22	0,916667
Novembre.......	0	304	304	11	0,458333	23	0,958333
Décembre........	0	334	334	12	0,500000	24	1,000000

TABLE II

Conversion des minutes et secondes en fractions décimales du jour

MINUTES	FRACTIONS décimales du jour	MINUTES	FRACTIONS décimales du jour	SECONDES	FRACTIONS décimales du jour	SECONDES	FRACTIONS décimales du jour
1	0,000694	31	0,021527	1	0,000012	31	0,000358
2	0,001389	32	0,022222	2	0,000023	32	0,000370
3	0,002083	33	0,022917	3	0,000035	33	0,000382
4	0,002778	34	0,023611	4	0,000046	34	0,000394
5	0,003472	35	0,024305	5	0,000058	35	0,000405
6	0,004167	36	0,025000	6	0,000069	36	0,000416
7	0,004861	37	0,025694	7	0,000081	37	0,000428
8	0,005556	38	0,026388	8	0,000093	38	0,000440
9	0,006250	39	0,027083	9	0,000104	39	0,000451
10	0,006944	40	0,027778	10	0,000116	40	0,000463
11	0,007639	41	0,028472	11	0,000127	41	0,000475
12	0,008333	42	0,029167	12	0,000139	42	0,000486
13	0,009028	43	0,029861	13	0,000150	43	0,000497
14	0,009722	44	0,030556	14	0,000162	44	0,000509
15	0,010417	45	0,031250	15	0,000174	45	0,000521
16	0,011111	46	0,031944	16	0,000185	46	0,000532
17	0,011806	47	0,032638	17	0,000197	47	0,000544
18	0,012500	48	0,033333	18	0,000208	48	0,000556
19	0,013194	49	0,034027	19	0,000220	49	0,000567
20	0,013889	50	0,034722	20	0,000231	50	0,000579
21	0,014583	51	0,035416	21	0,000243	51	0,000590
22	0,015278	52	0,036111	22	0,000255	52	0,000602
23	0,015972	53	0,036806	23	0,000266	53	0,000613
24	0,016667	54	0,037500	24	0,000278	54	0,000625
25	0,017361	55	0,038194	25	0,000289	55	0,000637
26	0,018056	56	0,038889	26	0,000301	56	0,000648
27	0,018750	57	0,039583	27	0,000312	57	0,000659
28	0,019444	58	0,040277	28	0,000324	58	0,000671
29	0,020139	59	0,040972	29	0,000336	59	0,000683
30	0,020833	60	0,041667	30	0,000347	60	0,000694

TABLE III

Division du temps en jours et fractions de l'année

MOIS	Année commune			Année bissextile			MOIS	Année commune			Année bissextile		
	Jour du mois	Jour de l'année	Fraction de l'année	Jour du mois	Jour de l'année	Fraction de l'année		Jour du mois	Jour de l'année	Fraction de l'année	Jour du mois	Jour de l'année	Fraction de l'année
Janv.	1	0	0,0000	1	0	0,0000	Fév.	1	31	0,0849	1	31	0,0849
	2	1	0,0027	2	1	0,0027		2	32	0,0876	2	32	0,0876
	3	2	0,0055	3	2	0,0055		3	33	0,0904	3	33	0,0904
	4	3	0,0082	4	3	0,0082		4	34	0,0931	4	34	0,0931
	5	4	0,0110	5	4	0,0110		5	35	0,0958	5	35	0,0958
	6	5	0,0137	6	5	0,0137		6	36	0,0986	6	36	0,0986
	7	6	0,0164	7	6	0,0164		7	37	0,1013	7	37	0,1013
	8	7	0,0192	8	7	0,0192		8	38	0,1040	8	38	0,1040
	9	8	0,0219	9	8	0,0219		9	39	0,1068	9	39	0,1068
	10	9	0,0246	10	9	0,0246		10	40	0,1095	10	40	0,1095
	11	10	0,0274	11	10	0,0274		11	41	0,1123	11	41	0,1123
	12	11	0,0301	12	11	0,0301		12	42	0,1150	12	42	0,1150
	13	12	0,0329	13	12	0,0329		13	43	0,1177	13	43	0,1177
	14	13	0,0356	14	13	0,0356		14	44	0,1205	14	44	0,1205
	15	14	0,0383	15	14	0,0383		15	45	0,1232	15	45	0,1232
	16	15	0,0411	16	15	0,0411		16	46	0,1259	16	46	0,1259
	17	16	0,0438	17	16	0,0438		17	47	0,1287	17	47	0,1287
	18	17	0,0465	18	17	0,0465		18	48	0,1314	18	48	0,1314
	19	18	0,0493	19	18	0,0493		19	49	0,1342	19	49	0,1342
	20	19	0,0520	20	19	0,0520		20	50	0,1369	20	50	0,1369
	21	20	0,0548	21	20	0,0548		21	51	0,1396	21	51	0,1396
	22	21	0,0575	22	21	0,0575		22	52	0,1424	22	52	0,1424
	23	22	0,0602	23	22	0,0602		23	53	0,1451	23	53	0,1451
	24	23	0,0630	24	23	0,0630		24	54	0,1478	24	54	0,1478
	25	24	0,0657	25	24	0,0657		25	55	0,1506	25	55	0,1506
	26	25	0,0684	26	25	0,0684		26	56	0,1533	26	56	0,1533
	27	26	0,0712	27	26	0,0712		27	57	0,1561	27	57	0,1561
	28	27	0,0739	28	27	0,0739		28	58	0,1588	28	58	0,1588
	29	28	0,0767	29	28	0,0767					29	59	0,1615
	30	29	0,0794	30	29	0,0794							
	31	30	0,0821	31	30	0,0821							

TABLE III

Division du temps en jours et fractions de l'année [suite]

MOIS	ANNÉE COMMUNE Jour du mois	Jour de l'année	Fraction de l'année	ANNÉE BISSEXTILE Jour du mois	Jour de l'année	Fraction de l'année	MOIS	ANNÉE COMMUNE Jour du mois	Jour de l'année	Fraction de l'année	ANNÉE BISSEXTILE Jour du mois	Jour de l'année	Fraction de l'année
Mars	1	59	0,1615	1	60	0,1643	Avril	1	90	0,2464	1	91	0,2492
	2	60	0,1643	2	61	0,1670		2	91	0,2492	2	92	0,2519
	3	61	0,1670	3	62	0,1698		3	92	0,2519	3	93	0,2546
	4	62	0,1698	4	63	0,1725		4	93	0,2546	4	94	0,2574
	5	63	0,1725	5	64	0,1752		5	94	0,2574	5	95	0,2601
	6	64	0,1752	6	65	0,1780		6	95	0,2601	6	96	0,2628
	7	65	0,1780	7	66	0,1807		7	96	0,2628	7	97	0,2656
	8	66	0,1807	8	67	0,1834		8	97	0,2656	8	98	0,2683
	9	67	0,1834	9	68	0,1862		9	98	0,2683	9	99	0,2711
	10	68	0,1862	10	69	0,1889		10	99	0,2711	10	100	0,2738
	11	69	0,1889	11	70	0,1917		11	100	0,2738	11	101	0,2765
	12	70	0,1917	12	71	0,1944		12	101	0,2765	12	102	0,2793
	13	71	0,1944	13	72	0,1971		13	102	0,2793	13	103	0,2820
	14	72	0,1971	14	73	0,1999		14	103	0,2820	14	104	0,2847
	15	73	0,1999	15	74	0,2026		15	104	0,2847	15	105	0,2875
	16	74	0,2026	16	75	0,2053		16	105	0,2875	16	106	0,2902
	17	75	0,2053	17	76	0,2081		17	106	0,2902	17	107	0,2930
	18	76	0,2081	18	77	0,2108		18	107	0,2930	18	108	0,2957
	19	77	0,2108	19	78	0,2136		19	108	0,2957	19	109	0,2984
	20	78	0,2136	20	79	0,2163		20	109	0,2984	20	110	0,3012
	21	79	0,2163	21	80	0,2190		21	110	0,3012	21	111	0,3039
	22	80	0,2190	22	81	0,2218		22	111	0,3039	22	112	0,3066
	23	81	0,2218	23	82	0,2245		23	112	0,3066	23	113	0,3094
	24	82	0,2245	24	83	0,2272		24	113	0,3094	24	114	0,3121
	25	83	0,2272	25	84	0,2300		25	114	0,3121	25	115	0,3149
	26	84	0,2300	26	85	0,2327		26	115	0,3149	26	116	0,3176
	27	85	0,2327	27	86	0,2355		27	116	0,3176	27	117	0,3203
	28	86	0,2355	28	87	0,2382		28	117	0,3203	28	118	0,3231
	29	87	0,2382	29	88	0,2409		29	118	0,3231	29	119	0,3258
	30	88	0,2409	30	89	0,2437		30	119	0,3258	30	120	0,3285
	31	89	0,2437	31	90	0,2464							

TABLE III

Division du temps en jours et fractions de l'année [suite]

MOIS	ANNÉE COMMUNE			ANNÉE BISSEXTILE			MOIS	ANNÉE COMMUNE			ANNÉE BISSEXTILE		
	Jour du mois	Jour de l'année	Fraction de l'année	Jour du mois	Jour de l'année	Fraction de l'année		Jour du mois	Jour de l'année	Fraction de l'année	Jour du mois	Jour de l'année	Fraction de l'année
Mai	1	120	0,3285	1	121	0,3313	Juin	1	151	0,4134	1	152	0,4162
	2	121	0,3313	2	122	0,3340		2	152	0,4162	2	153	0,4189
	3	122	0,3340	3	123	0,3368		3	153	0,4189	3	154	0,4216
	4	123	0,3368	4	124	0,3395		4	154	0,4216	4	155	0,4244
	5	124	0,3395	5	125	0,3422		5	155	0,4244	5	156	0,4271
	6	125	0,3422	6	126	0,3450		6	156	0,4271	6	157	0,4299
	7	126	0,3450	7	127	0,3477		7	157	0,4299	7	158	0,4326
	8	127	0,3477	8	128	0,3504		8	158	0,4326	8	159	0,4353
	9	128	0,3504	9	129	0,3532		9	159	0,4353	9	160	0,4381
	10	129	0,3532	10	130	0,3559		10	160	0,4381	10	161	0,4408
	11	130	0,3559	11	131	0,3587		11	161	0,4408	11	162	0,4435
	12	131	0,3587	12	132	0,3614		12	162	0,4435	12	163	0,4463
	13	132	0,3614	13	133	0,3641		13	163	0,4463	13	164	0,4490
	14	133	0,3641	14	134	0,3669		14	164	0,4490	14	165	0,4518
	15	134	0,3669	15	135	0,3696		15	165	0,4518	15	166	0,4545
	16	135	0,3696	16	136	0,3724		16	166	0,4545	16	167	0,4572
	17	136	0,3724	17	137	0,3751		17	167	0,4572	17	168	0,4600
	18	137	0,3751	18	138	0,3778		18	168	0,4600	18	169	0,4627
	19	138	0,3778	19	139	0,3806		19	169	0,4627	19	170	0,4654
	20	139	0,3806	20	140	0,3833		20	170	0,4654	20	171	0,4682
	21	140	0,3833	21	141	0,3860		21	171	0,4682	21	172	0,4709
	22	141	0,3860	22	142	0,3888		22	172	0,4709	22	173	0,4737
	23	142	0,3888	23	143	0,3915		23	173	0,4737	23	174	0,4764
	24	143	0,3915	24	144	0,3943		24	174	0,4764	24	175	0,4791
	25	144	0,3943	25	145	0,3970		25	175	0,4791	25	176	0,4819
	26	145	0,3970	26	146	0,3997		26	176	0,4819	26	177	0,4846
	27	146	0,3997	27	147	0,4025		27	177	0,4846	27	178	0,4873
	28	147	0,4025	28	148	0,4052		28	178	0,4873	28	179	0,4901
	29	148	0,4052	29	149	0,4079		29	179	0,4901	29	180	0,4928
	30	149	0,4079	30	150	0,4107		30	180	0,4928	30	181	0,4956
	31	150	0,4107	31	151	0,4134							

TABLE III

Division du temps en jours et fractions de l'année [suite]

MOIS	ANNÉE COMMUNE			ANNÉE BISSEXTILE		
	Jour du mois	Jour de l'année	Fraction de l'année	Jour du mois	Jour de l'année	Fraction de l'année
Juillet	1	181	0,4956	1	182	0,4983
	2	182	0,4983	2	183	0,5010
	3	183	0,5010	3	184	0,5038
	4	184	0,5038	4	185	0,5065
	5	185	0,5065	5	186	0,5093
	6	186	0,5093	6	187	0,5120
	7	187	0,5120	7	188	0,5147
	8	188	0,5147	8	189	0,5175
	9	189	0,5175	9	190	0,5202
	10	190	0,5202	10	191	0,5229
	11	191	0,5229	11	192	0,5257
	12	192	0,5257	12	193	0,5284
	13	193	0,5284	13	194	0,5312
	14	194	0,5312	14	195	0,5339
	15	195	0,5339	15	196	0,5366
	16	196	0,5366	16	197	0,5394
	17	197	0,5394	17	198	0,5421
	18	198	0,5421	18	199	0,5448
	19	199	0,5448	19	200	0,5476
	20	200	0,5476	20	201	0,5503
	21	201	0,5503	21	202	0,5531
	22	202	0,5531	22	203	0,5558
	23	203	0,5558	23	204	0,5585
	24	204	0,5585	24	205	0,5613
	25	205	0,5613	25	206	0,5640
	26	206	0,5640	26	207	0,5667
	27	207	0,5667	27	208	0,5695
	28	208	0,5695	28	209	0,5722
	29	209	0,5722	29	210	0,5750
	30	210	0,5750	30	211	0,5777
	31	211	0,5777	31	212	0,5804

MOIS	ANNÉE COMMUNE			ANNÉE BISSEXTILE		
	Jour du mois	Jour de l'année	Fraction de l'année	Jour du mois	Jour de l'année	Fraction de l'année
Août	1	212	0,5804	1	213	0,5832
	2	213	0,5832	2	214	0,5859
	3	214	0,5859	3	215	0,5887
	4	215	0,5887	4	216	0,5914
	5	216	0,5914	5	217	0,5941
	6	217	0,5941	6	218	0,5969
	7	218	0,5969	7	219	0,5996
	8	219	0,5996	8	220	0,6023
	9	220	0,6023	9	221	0,6051
	10	221	0,6051	10	222	0,6078
	11	222	0,6078	11	223	0,6106
	12	223	0,6106	12	224	0,6133
	13	224	0,6133	13	225	0,6160
	14	225	0,6160	14	226	0,6188
	15	226	0,6188	15	227	0,6215
	16	227	0,6215	16	228	0,6242
	17	228	0,6242	17	229	0,6270
	18	229	0,6270	18	230	0,6297
	19	230	0,6297	19	231	0,6325
	20	231	0,6325	20	232	0,6352
	21	232	0,6352	21	233	0,6379
	22	233	0,6379	22	234	0,6407
	23	234	0,6407	23	235	0,6434
	24	235	0,6434	24	236	0,6461
	25	236	0,6461	25	237	0,6489
	26	237	0,6489	26	238	0,6516
	27	238	0,6516	27	239	0,6544
	28	239	0,6544	28	240	0,6571
	29	240	0,6571	29	241	0,6598
	30	241	0,6598	30	242	0,6626
	31	242	0,6626	31	243	0,6653

TABLE III

Division du temps en jours et fractions de l'année [suite]

MOIS	ANNÉE COMMUNE			ANNÉE BISSEXTILE			MOIS	ANNÉE COMMUNE			ANNÉE BISSEXTILE		
	Jour du mois	Jour de l'année	Fraction de l'année	Jour du mois	Jour de l'année	Fraction de l'année		Jour du mois	Jour de l'année	Fraction de l'année	Jour du mois	Jour de l'année	Fraction de l'année
Sept.	1	243	0,6653	1	244	0,6681	Oct.	1	273	0,7474	1	274	0,7502
	2	244	0,6681	2	245	0,6708		2	274	0,7502	2	275	0,7529
	3	245	0,6708	3	246	0,6735		3	275	0,7529	3	276	0,7557
	4	246	0,6735	4	247	0,6763		4	276	0,7557	4	277	0,7584
	5	247	0,6763	5	248	0,6790		5	277	0,7584	5	278	0,7611
	6	248	0,6790	6	249	0,6817		6	278	0,7611	6	279	0,7639
	7	249	0,6817	7	250	0,6845		7	279	0,7639	7	280	0,7667
	8	250	0,6845	8	251	0,6872		8	280	0,7667	8	281	0,7694
	9	251	0,6872	9	252	0,6900		9	281	0,7694	9	282	0,7721
	10	252	0,6900	10	253	0,6927		10	282	0,7721	10	283	0,7748
	11	253	0,6927	11	254	0,6954		11	283	0,7748	11	284	0,7776
	12	254	0,6954	12	255	0,6982		12	284	0,7776	12	285	0,7803
	13	255	0,6982	13	256	0,7009		13	285	0,7803	13	286	0,7830
	14	256	0,7009	14	257	0,7036		14	286	0,7830	14	287	0,7858
	15	257	0,7036	15	258	0,7064		15	287	0,7858	15	288	0,7885
	16	258	0,7064	16	259	0,7091		16	288	0,7885	16	289	0,7913
	17	259	0,7091	17	260	0,7119		17	289	0,7913	17	290	0,7940
	18	260	0,7119	18	261	0,7146		18	290	0,7940	18	291	0,7967
	19	261	0,7146	19	262	0,7173		19	291	0,7967	19	292	0,7995
	20	262	0,7173	20	263	0,7201		20	292	0,7995	20	293	0,8022
	21	263	0,7201	21	264	0,7228		21	293	0,8022	21	294	0,8049
	22	264	0,7228	22	265	0,7255		22	294	0,8049	22	295	0,8077
	23	265	0,7255	23	266	0,7283		23	295	0,8077	23	296	0,8104
	24	266	0,7283	24	267	0,7310		24	296	0,8104	24	297	0,8132
	25	267	0,7310	25	268	0,7338		25	297	0,8132	25	298	0,8159
	26	268	0,7338	26	269	0,7365		26	298	0,8159	26	299	0,8186
	27	269	0,7365	27	270	0,7392		27	299	0,8186	27	300	0,8214
	28	270	0,7392	28	271	0,7420		28	300	0,8214	28	301	0,8241
	29	271	0,7420	29	272	0,7447		29	301	0,8241	29	302	0,8268
	30	272	0,7447	30	273	0,7474		30	302	0,8268	30	303	0,8296
								31	303	0,8296	31	304	0,8323

TABLE III

Division du temps en jours et fractions de l'année [suite]

MOIS	ANNÉE COMMUNE			ANNÉE BISSEXTILE			MOIS	ANNÉE COMMUNE			ANNÉE BISSEXTILE		
	Jour du mois	Jour de l'année	Fraction de l'année	Jour du mois	Jour de l'année	Fraction de l'année		Jour du mois	Jour de l'année	Fraction de l'année	Jour du mois	Jour de l'année	Fraction de l'année
Nov.	1	304	0,8323	1	305	0,8351	Déc.	1	334	0,9145	1	335	0,9172
	2	305	0,8351	2	306	0,8378		2	335	0,9172	2	336	0,9199
	3	306	0,8378	3	307	0,8405		3	336	0,9199	3	337	0,9227
	4	307	0,8405	4	308	0,8433		4	337	0,9227	4	338	0,9254
	5	308	0,8433	5	309	0,8460		5	338	0,9254	5	339	0,9282
	6	309	0,8460	6	310	0,8488		6	339	0,9282	6	340	0,9309
	7	310	0,8488	7	311	0,8515		7	340	0,9309	7	341	0,9336
	8	311	0,8515	8	312	0,8542		8	341	0,9336	8	342	0,9364
	9	312	0,8542	9	313	0,8570		9	342	0,9364	9	343	0,9391
	10	313	0,8570	10	314	0,8597		10	343	0,9391	10	344	0,9418
	11	314	0,8597	11	315	0,8624		11	344	0,9418	11	345	0,9446
	12	315	0,8624	12	316	0,8652		12	345	0,9446	12	346	0,9473
	13	316	0,8652	13	317	0,8679		13	346	0,9473	13	347	0,9501
	14	317	0,8679	14	318	0,8707		14	347	0,9501	14	348	0,9528
	15	318	0,8707	15	319	0,8734		15	348	0,9528	15	349	0,9555
	16	319	0,8734	16	320	0,8761		16	349	0,9555	16	350	0,9583
	17	320	0,8761	17	321	0,8789		17	350	0,9583	17	351	0,9610
	18	321	0,8789	18	322	0,8816		18	351	0,9610	18	352	0,9637
	19	322	0,8816	19	323	0,8843		19	352	0,9637	19	353	0,9665
	20	323	0,8843	20	324	0,8871		20	353	0,9665	20	354	0,9692
	21	324	0,8871	21	325	0,8898		21	354	0,9692	21	355	0,9720
	22	325	0,8898	22	326	0,8926		22	355	0,9720	22	356	0,9747
	23	326	0,8926	23	327	0,8953		23	356	0,9747	23	357	0,9774
	24	327	0,8953	24	328	0,8980		24	357	0,9774	24	358	0,9802
	25	328	0,8980	25	329	0,9008		25	358	0,9802	25	359	0,9829
	26	329	0,9008	26	330	0,9035		26	359	0,9829	26	360	0,9856
	27	330	0,9035	27	331	0,9062		27	360	0,9856	27	361	0,9884
	28	331	0,9062	28	332	0,9090		28	361	0,9884	28	362	0,9911
	29	332	0,9090	29	333	0,9117		29	362	0,9911	29	363	0,9939
	30	333	0,9117	30	334	0,9145		30	363	0,9939	30	364	0,9966
								31	364	0,9966	31	365	0,9993

NOTA. — Les fractions de l'année qui figurent dans la table III qui précède ont été calculées à l'aide de la formule qui se trouve à la page 26 de cet ouvrage, en faisant $t = 365{,}2422$ et par suite, $f = \frac{n}{t}$.

Terre (FIGURE ET DIMENSIONS DE LA). — La figure de la terre, ainsi que nous l'avons dit précédemment (page 204) est un ellipsoïde aplati, c'est-à-dire engendré par la révolution d'une ellipse tournant autour de son petit axe.

Soit a le demi grand axe, b le demi petit axe de l'ellipse méridienne, ayant respectivement pour valeur 6377544^{m} et 6356080^{m}, et λ la latitude géographique d'un point donné.

Appelons L la longueur en mètres de l'arc du méridien compris entre l'équateur et le point où le parallèle de latitude coupe le méridien, et faisons

$$x = \sqrt[9]{\frac{b}{a}}$$

nous aurons pour la valeur de cette dernière quantité 0,99962545, et pour son carré 0,99925093.

La longueur de l'arc du méridien sera donnée par l'équation

$$\text{(1)} \qquad L = \frac{180\, a \sqrt{1 - x^2}}{\pi} \sin^2 \lambda$$

d'où l'on déduit

$$\text{(2)} \qquad a = \frac{\dfrac{L}{\sin^2 \lambda}\;\dfrac{\pi}{180}}{\sqrt{1 - x^2}}$$

La formule (1), mise sous forme de logarithmes, se calcule avec une grande facilité; en effet, il suffit d'ajouter au logarithme constant 7,0000364, le double du logarithme sinus de la latitude, pour obtenir le logarithme de la longueur en mètres de l'arc du méridien compris entre l'équateur et le point où le parallèle de latitude coupe le méridien.

On trouverait ainsi que le quart du méridien terrestre, qui répond à la latitude 90°, est de 10 000 839 mètres (page 377).

La formule (2), mise également sous forme de logarithmes, n'est pas moins facile à calculer que la précédente ; en effet, après avoir retranché du logarithme de L le double logarithme sinus de la latitude, si on ajoute à la différence le logarithme constant 1,8046172, on aura le logarithme de la longueur en mètres du demi grand axe de l'ellipse méridienne.

Au lieu de prendre pour a la valeur indiquée plus haut, si l'on ramène cette valeur à l'unité, on aura

$$a = 1 \text{ et } b = \frac{6356080}{6377544} = 0{,}9966344$$

et, par suite, l'excentricité de l'ellipse méridienne sera donnée par l'équation

(3) $$e = \sqrt{(a+b)(a-b)} = 0{,}0819748$$

d'où

$$e^2 = (a+b)(a-b) = 0{,}006719873$$

On aurait la valeur du demi petit axe par cette autre équation

(4) $$b = \sqrt{(a+e)(a-e)}$$

Les formules (1), (2), (3) et (4) qui précèdent s'appliquent également à toute espèce d'ellipse.

Représentons maintenant par ρ le rayon de courbure de la terre au point de rencontre du parallèle de latitude avec le méridien, nous aurons

(5) $$\rho = \frac{a(1-e^2)}{(1-e^2\sin^2\lambda)^{\frac{3}{2}}}$$

Cette dernière formule, appliquée à l'équateur, ou à 0° de latitude, donne $\rho = 0{,}99328$; elle donnerait aux pôles, ou à 90° de latitude, $\rho = 1{,}01090$.

En multipliant ces deux nombres par la valeur en mètres du demi axe équatorial (*), on aurait également la valeur en mètres du rayon de courbure de la terre en chacun de ces points.

Ainsi, dans le premier cas, $\rho = 6377544^{m} \times 0{,}99328 = 6334687^{m}$; et dans le second cas, $\rho = 6377544^{m} \times 1{,}01090 = 6447059^{m}$.

Il résulte de ce qui précède, que le développement d'un méridien est de 40003356 mètres; ce qui donne pour rayon moyen

$$r = \frac{40003^{km},356}{2\pi} = 6366^{km},732$$

Si nous considérons maintenant la terre comme sphérique, c'est-à-dire engendrée par un grand cercle ayant les dimensions d'un méridien, nous aurons pour sa surface

$$s = 4\pi r^2 = 509376162 \text{ kilomètres carrés.}$$

(*) Bessel avait trouvé pour le demi axe équatorial 6377398^{m} (page 204), mais des calculs plus récents ont démontré que cette quantité est trop faible de 146^{m}.

Telles sont les dimensions de la terre prise dans son ensemble. Dans cette superficie, les mers en occupent à peu près les trois quarts : soit 382 millions de kilomètres carrés ; le reste est occupé par les continents qui comprennent : 1° dans l'Ancien-Monde, l'Europe, l'Asie et l'Afrique ; 2° dans le Nouveau-Monde, les deux Amériques ; 3° dans le Monde-Maritime, l'Océanie qui se compose de la Nouvelle-Hollande et des autres îles qui forment, avec cette dernière, ce que Balbi appelle le Continent Austral.

La terre est la troisième des planètes dans l'ordre de leur distance au soleil, dont elle est éloignée d'environ trente-cinq millions de lieues. Elle tourne sur elle-même autour d'un axe idéal en complétant chaque jour une révolution. Pendant ce temps elle se meut encore dans l'espace en décrivant chaque année, autour du soleil, une ellipse qui est son orbite. Ce mouvement de translation produit l'alternative des saisons.

Théodolite. — Voyez *Instruments*, page 272.

Théon l'Ancien, astronome-observateur, florissait pendant la jeunesse de Ptolémée, qui reçut communication de ses observations. On l'a quelquefois confondu avec son contemporain Théon de Smyrne.

Théon de Smyrne, mathématicien et philosophe platonicien du IIe siècle de notre ère. Il nous reste de lui une *Arithmétique* et une *Astronomie.*

Théon d'Alexandrie, mathématicien, observa à Alexandrie, en 365 après Jésus-Christ, une éclipse de soleil et une éclipse de lune. Théon a commenté, ou plutôt paraphrasé, les treize livres de la *Grande Composition mathématique* de Ptolémée, en y ajoutant quelques théorèmes élémentaires et quelques exemples de calcul.

Tischler, astronome allemand, a calculé les éléments elliptiques de la comète de Tuttle, en vue de son prochain retour en 1871. L'exactitude des calculs de Tischler ne laissaient rien à désirer, et sa prédiction s'est réalisée à point nommé. La comète est en effet revenue en 1871 ; elle a été aperçue à Marseille, le 13 octobre, par M. Borrelly.

Tonnerre. — Voyez *Foudre*, page 457.

Torricelli (EVANGELISTA), physicien célèbre, né en 1608, mort en 1647, enseigna les mathématiques à Florence, inventa le microscope et le baromètre, perfectionna les lunettes, etc.

Triangulation. — Voyez *Mesure de la terre*, page 371.

Trigonométrie sphérique. — Voyez *Formules*, pages 233 et suiv.

Trombe. — Voyez *Phénomènes atmosphériques*, page 461.

Tropiques. — On appelle *tropiques* les deux parallèles situés à 23°28′ de part et d'autre de l'équateur : l'un est appelé le tropique du Cancer ou de l'Ecrevisse ; l'autre, le tropique du Capricorne. Le jour du solstice d'été, le soleil semble parcourir le tropique du Cancer ; le jour du solstice d'hiver, le tropique du Capricorne.

Tuttle, astronome américain, aperçut le 4 janvier 1858, à l'observatoire de Cambridge (Etats-Unis), une comète qui venait de faire son apparition dans le ciel. Par suite des observations des éléments elliptiques de cette comète, on ne tarda pas à reconnaître qu'elle était absolument la même que celle qui avait été découverte par Méchain, en 1790. (Voyez *Comète de Tuttle*, page 132.)

Tycho-Brahé, célèbre astronome suédois, né en 1546 dans la terre de Kundstorp, en Scanie, mort à Prague en 1601. Tycho-Brahé a apporté de notables améliorations à la théorie de la lune; il a découvert la *variation*, l'*équation annuelle;* on lui doit aussi la détermination de l'inégalité principale de l'inclinaison de l'orbite lunaire sur l'écliptique. Le premier, il introduisit l'effet de la réfraction dans le calcul astronomique; mais il se trompa en admettant que la réfraction est nulle à 45°. Il a posé les premiers éléments de la théorie des comètes, et donné un catalogue de 777 étoiles, observées avec une exactitude inconnue jusqu'alors. Tycho-Brahé a aussi proposé un système qui, venant après celui de Copernic, ne pouvait être accepté. La terre, selon lui, serait immobile au centre du monde, et les planètes tourneraient autour du soleil, qui, avec ce cortége, circulerait autour de la terre. Il a partagé, d'ailleurs, bien des préjugés de son temps, et cru à l'astrologie. Il a laissé plusieurs ouvrages importants.

Uranus. — C'est une planète située à 2 milliards 957 millions de kilomètres (663 millions de lieues) de la terre; son diamètre est de 53,733 kilomètres (13,400 lieues). Son volume est égal à soixante-quinze fois celui de la terre et son poids à seize fois seulement. La pesanteur à la surface d'*Uranus* est de douze centièmes moins forte que celle que l'on observe à la surface de la terre. Cette planète, découverte par Herschell en 1781, exécute sa révolution autour du soleil dans l'espace de 84 ans. Elle a 6 satellites, mais 2 seulement sont bien apparents.

Uranus (ASCENSION DROITE, DÉCLINAISON, LONGITUDE ET LATITUDE D'). — Les éléments de cette nature, qui servent à déterminer la position de l'astre dans l'espace, peuvent se calculer d'après la méthode que nous avons exposée lorsque nous avons traité des positions de la lune (page 352).

Valz, astronome français, a constaté le 27 janvier 1846, à Marseille, la réapparition dans le ciel de la comète de Biela, et signalé la particularité de son dédoublement en deux noyaux distincts et séparés. — Voyez *Comète de Biela*, page 128.

Variation en longitude. — Le mouvement en longitude de la lune et du soleil n'est pas uniforme; il varie suivant la position que l'astre occupe sur l'écliptique. — Voyez : *Longitude de la lune*, page 329 ; *Longitude du soleil*, page 341.

Variations annuelles dans les positions des étoiles. — Lorsque l'on connaît les variations relatives des plans auxquels sont rapportées les positions des étoiles, il est facile de déterminer les variations qui en résultent pour ces positions elles-mêmes.

Nous allons examiner successivement les variations que subissent les étoiles dans leurs positions, par rapport à l'*ascension droite* et à la *déclinaison*, à la *longitude* et à la *latitude*.

Variation en ascension droite et en déclinaison. — Soit α et δ l'ascension droite et la déclinaison d'une étoile rapportées à l'équateur et à l'équinoxe vrai de 1750, et faisons

$$m = 46'',02824 + 0'',0003086450 . t$$
$$n = 20'',06442 - 0'',0000970204 . t$$

On aura:

Pour la variation annuelle en ascension droite

$$\frac{d\alpha}{dt} = m + n \text{ tang } \delta \sin \alpha$$

Pour la variation annuelle en déclinaison

$$\frac{d\delta}{dt} = n \cos \alpha$$

Variation en longitude et en latitude. — Représentons par $\frac{dl}{dt}$ la précession générale annuelle, par $\frac{d\varphi}{dt}$ l'inclinaison annuelle de l'écliptique, nous aurons tout d'abord

$$\frac{dl}{dt} = 50'',21129 + 0'',0002442966 . t$$

$$\frac{d\varphi}{dt} = 0'',48892 - 0'',0000061430 . t$$

Faisons maintenant $M = 171°36'10'' + 39'',79 . t$, et représentons par λ la longitude et par β la latitude d'une étoile, nous aurons

Pour la variation annuelle en longitude

$$\frac{d\lambda}{dt} = \frac{dl}{dt} + \text{tang}\ \beta \cos(\lambda - M) \frac{d\varphi}{dt}$$

Pour la variation annuelle en latitude

$$\frac{d\beta}{dt} = -\sin(\lambda - M) \frac{d\varphi}{dt}$$

Vents. — Voyez *Phénomènes atmosphériques*, page 461.

Vénus. — C'est la planète la plus rapprochée du soleil après Mercure. Elle fait sa révolution autour du soleil en $224^j,701$. Vénus a ses phases comme la lune. Lorsqu'elle apparaît avant le lever du soleil, on la nomme *Lucifer ;* lorsqu'elle paraît le soir, au coucher du soleil, on l'appelle *Vesper* ou l'*Etoile du berger*.

Vénus (ASCENSION DROITE, DÉCLINAISON, LONGITUDE ET LATITUDE DE). — Les éléments de cette nature, qui servent à déterminer la position de l'astre dans l'espace, peuvent se calculer d'après la méthode que nous avons exposée lorsque nous avons traité des positions de la lune (page 352).

Verglas. — Voyez *Phénomènes atmosphériques*, page 461.

Vitesse. — On appelle ainsi l'espace parcouru par un corps mobile pendant l'unité de durée de son mouvement. Lorsque le mouvement est uniforme, l'espace parcouru est toujours le même quelle que soit l'unité de temps que l'on adopte; par conséquent la vitesse est proportionnelle au temps. Cette proportionnalité cesse d'avoir lieu si le mouvement est varié. — Voyez *Mouvement*, page 383.

Vitesse de l'air. — Imaginons un espace vide que l'on ouvre dans l'atmosphère par un orifice pratiqué en minces parois, et cherchons la vitesse avec laquelle l'air s'introduira dans cet espace ; pour cela, rappelons que la hauteur d'une colonne d'air uniformément dense qui correspondrait à l'orifice est égale, dans les circonstances ordinaires, à 7985^m; ce qui donnera pour la vitesse inconnue

$$v = \sqrt{7985 . 2g}$$

et si l'on suppose l'intensité g de la pesanteur $= 9^m,81$ comme à Paris, par exemple (page 453), on aura $v = 395^m$.

Si l'espace dans lequel pénètre l'air est déjà occupé par un gaz, on calculera la vitesse v d'écoulement par la formule suivante :

Soit h la différence des colonnes de mercure qui mesurent les forces élastiques des gaz à l'intérieur et à l'extérieur du vase où se fait l'écoulement, d la densité du gaz qui se meut; elle dépend de sa pression et de sa température, on a

$$v = 516\sqrt{\frac{h}{d}}$$

Cette expression est seulement applicable aux cas ordinaires où les pressions ne diffèrent que d'une petite quantité.

Exemple. — Le calcul de la densité de l'air contenu dans un vase ayant conduit à $d = 1{,}35$, la hauteur h étant égale à $0^{m},06$, avec quelle vitesse l'air s'écoulera-t-il dans l'atmosphère? — On trouve $v = 109^{m}$ à peu près.

Vitesse dans le mouvement uniforme. — Représentons par a la vitesse d'un mobile qui se meut uniformément, par t le temps écoulé à partir d'une origine convenue et par e l'espace parcouru. Puisque, d'après la définition du mouvement uniforme (page 393), la vitesse est proportionnelle à t, quelque petite ou grande que soit sa valeur, il est évident qu'on doit avoir $e = at$, puisque a représente l'espace parcouru pendant l'unité de temps.

S'il y avait une distance b entre l'origine des espaces et le point de départ du mobile, on aurait évidemment $e = b + at$.

Les deux équations que nous venons de donner contiennent toute la théorie du mouvement uniforme, et peuvent servir à résoudre toutes les questions qui s'y rattachent. La première, par exemple, donne

$$e = at,\ a = \frac{e}{t},\ t = \frac{e}{a}$$

En traduisant, comme nous l'avons fait, la vitesse dans le mouvement uniforme, nous n'avons fait que de répéter ce que nous avons dit précédemment (page 393); mais nous avons préféré faire cette répétition plutôt que de laisser planer une incertitude sur un élément qui trouve fréquemment son application dans la pratique.

Quant aux problèmes auxquels répondent les trois équations qui précèdent, nous renvoyons nos lecteurs à ceux que nous avons définis à l'article intitulé : *Mouvement uniforme*, page 393.

Vitesse de la lumière. — Voyez *Lumière*, page 349.

Vitesse diurne d'un point de l'équateur terrestre. — On sait que le mouvement diurne apparent des astres (page 385) est produit par le mouvement réel de la terre sur son axe; il est ainsi le résultat d'une illusion analogue à celle où l'on voit la campagne environnante tourner autour d'un point sur lequel on dirige sa vue, lorsqu'on est emporté par une voiture rapide ; des observations astronomiques font découvrir facilement que le mouvement diurne de la terre est uniforme et s'accomplit dans un nombre de secondes moyennes égal à 86164,09, plus petit que 86400, qui représente la valeur en secondes d'un jour moyen : r étant le rayon de l'équateur et π la circonférence dont le diamètre est l'unité, on aura $2\pi r$ pour la longueur de la circonférence du cercle équatorial, et par conséquent

$$\frac{2\pi r}{86164}$$

pour la vitesse de l'un de ses points, et comme on a trouvé (page 541) que $r = 6377544^{m}$, la substitution de cette valeur dans l'équation donne 465^{m} pour la vitesse cherchée.

Vitesse diurne d'un lieu quelconque du globe terrestre. — Chaque lieu du globe décrit, par le mouvement diurne de la terre, un parallèle circulaire dont le plan est perpendiculaire à l'axe du monde, et dont le rayon est à peu près le cosinus de la latitude vraie ou apparente de ce lieu, dans un cercle dont le rayon est celui de l'équateur terrestre ; il est facile de connaître ce cosinus, qui a pour valeur 6377544 cos latit., et si on le désigne par r, la vitesse diurne du lieu serait toujours représentée par

$$\frac{2\pi r}{86164}$$

On trouve ainsi, par exemple, que Paris possède une vitesse égale à 300 mètres.

Vitesse de l'électricité. — La vitesse de l'électricité est si grande, qu'un courant électrique ferait le tour de la terre à peu près en un cinquième de seconde ; on peut donc admettre qu'un signal électrique se transmet instantanément d'une ville à l'autre. Si deux observateurs notent, l'un le moment où il envoie le signal, l'autre le moment où il le reçoit, la différence des temps donnera la différence des longitudes. Si donc la longitude de l'une des deux villes est connue, il sera très-facile de déterminer celle qui convient à l'autre. Ce procédé très-précis a déjà été employé en Amérique et même en Europe avec un plein succès.

Voie lactée. — Voyez *Nébuleuses*, page 403.

Volcans lunaires. — Voyez *Montagnes de la lune*, page 382.

Volcans terrestres. — La chaleur centrale du globe terrestre est accusée par les nombreux volcans qui font leurs explosions à sa surface. Le nombre des volcans en activité est à peu près de 163 ; l'eau de la mer joue sans doute un rôle important dans la production de ce phénomène, puisque le plus grand nombre se trouve dans de petites îles ou très-près de la mer; les plus éloignés n'en sont pas à 25 myriamètres ; le plus souvent un bruit formidable précède ou accompagne les éruptions et se propage au loin, quelquefois à 150 myriamètres.

Volney (CONSTANTIN-FRANÇOIS BOISGIRAIS DE), successivement sénateur et pair de France, naquit à Craon (Mayenne) le 25 février 1757, mourut le 25 avril 1820. Il entreprit un voyage en Egypte et en Syrie, où il fit une étude approfondie des choses et des hommes. Dégagé de tout préjugé, n'ayant d'autre passion que l'amour de ses semblables et de la vérité, il porta ses méditations sur les causes des révolutions des empires, qui lui ont fourni la matière d'un de ses ouvrages les plus importants, intitulé *Les Ruines.*

Widemann, astronome allemand, a constaté le 15 janvier 1846, à Kœnigsberg, la réapparition dans le ciel de la comète de Biela et signalé, comme M. Valz, la particularité de son dédoublement en deux noyaux distincts et séparés. (Voyez *Comète de Biela*, page 128.)

Winnecke, astronome allemand, aperçut le 8 mars 1858, à l'observatoire de Bonn, une comète qui venait de faire son apparition dans le ciel. En observant les éléments paraboliques de cette comète avec ceux de la troisième comète de 1819, découverte par Pons, on ne tarda pas à reconnaître qu'il y avait entre ces deux comètes une grande analogie et que, par conséquent, ce pouvait bien être la même; cette hypothèse en effet devint dès cet instant une réalité. (Voyez *Comète de Winnecke*, page 132.)

Wiston, astronome anglais, avait prédit longtemps d'avance l'apparition d'une comète pour l'année 1757. Cette comète, qui n'est autre que celle que Halley avait lui-même annoncée quelques années avant sa mort pour la fin de 1758 ou le commencement de 1759, est arrivée le 25 décembre 1758 ; c'est-à-dire avec un retard d'une année sur la prédiction de Wiston. Cet écart considérable ne peut être dû qu'à une erreur de calcul ou bien à certains éléments qui auraient été négligés et qui provenaient des perturbations apportées dans la marche de la comète, par suite de l'attraction des planètes Jupiter et Saturne. (Voyez *Rapport de Clairaut sur la comète de Halley*, page 118.)

Yvon-Villarceau, astronome français, a dressé en 1851, de concert avec M. Leveau, l'éphéméride d'une comète découverte le 27 juin de la même année à Leipsick, par M. d'Arrest. (Voyez *Comète de d'Arrest*, page 131.)

Zach (FRANÇOIS, BARON DE), astronome allemand, né à Presbourg en 1754, mort en 1832, entra au service dans les troupes de l'Autriche, puis, après un séjour à Londres, dans celles du duc de Saxe-Gotha, devint général, et reçut, en 1787, la direction de l'observatoire du mont Seeberg. On a de lui : *Correspondance mensuelle pour les progrès de la géographie et de l'astronomie; Ephémérides géographiques*, publication qu'il fonda en 1798, et qui est continuée encore aujourd'hui.

Zénith. — Supposons une ligne droite coupant l'horizon à angle droit et prolongée à l'infini au-dessus de l'horizon : le point où cette ligne rencontrerait la sphère céleste est appelé *zénith.* Le zénith est opposé au nadir.

Zodiaque. — On donne ce nom à une bande circulaire de 16 degrés de largeur environ, supposée tracée sur la sphère céleste, et traversée en son milieu par l'écliptique. Les anciens ont divisé le cercle de l'écliptique en douze parties égales, que l'on nomme les *Signes du Zodiaque*, et dont voici l'ordre, la figure et les noms, à partir de l'équinoxe du printemps :

0	♈	le Bélier	Printemps	6	♎	la Balance	Automne
1	♉	le Taureau		7	♏	le Scorpion	
2	♊	les Gémeaux		8	♐	le Sagittaire	
3	♋	l'Ecrevisse	Eté	9	♑	le Capricorne	Hiver
4	♌	le Lion		10	♒	le Verseau	
5	♍	la Vierge		11	♓	les Poissons	

La série de ces douze constellations se trouve résumée dans les deux vers latins qui suivent

Sunt : *Aries, Taurus, Gemini, Cancer, Leo, Virgo,*
Libraque, Scorpius, Arcitenens, Caper, Amphora, Pisces.

L'histoire, qui est d'ailleurs parfaitement en harmonie avec les annales astronomiques, nous apprend que deux siècles avant l'apparition d'Hipparque (1) sur la scène du monde, 408 ans avant l'ère vulgaire, le point équinoxial du printemps répondait exactement au signe du Bélier. Or, à

(1) Hipparque, de Nicée en Bithynie, est l'un des plus grands astronomes de l'antiquité; il florissait 150 ans avant J.-C.

cette époque, la précession annuelle était de 49″68410 ; on sait d'ailleurs que cette quantité augmente de 0″,02443 par siècle. D'après cela, il est facile de se rendre compte de la marche rétrograde du point équinoxial du printemps qui finit par parcourir ainsi tous les degrés de l'écliptique, et passer successivement par tous les signes du zodiaque.

Nous allons résumer dans le tableau ci-après les époques de passage du point équinoxial du printemps par chacun de ces signes.

Passage du point équinoxial du printemps par chacun des signes du zodiaque		Passage du point équinoxial du printemps par chacun des signes du zodiaque	
ANNÉES	SIGNES DU ZODIAQUE	ANNÉES	SIGNES DU ZODIAQUE
— 2590	Le Taureau	10187	Le Scorpion
— 408	Le Bélier	12245	La Balance
1754	Les Poissons	14284	La Vierge
3894	Le Verseau	16305	Le Lion
6013	Le Capricorne	18307	L'Ecrevisse
8110	Le Sagittaire	20292	Les Gémeaux

Dans le tableau qui précède, les années avant l'ère vulgaire sont précédées du signe —; les autres, qui ont commencé avec cette époque, ne sont accompagnées d'aucun signe.

Le zodiaque n'a plus aujourd'hui qu'un intérêt historique; son emploi n'offre plus aucune importance pour l'astronomie.

Les recherches étymologiques des signes du zodiaque ont donné lieu, de la part de certains esprits philosophiques, à des appréciations que nous allons résumer ici, plutôt comme sujet de curiosité que comme article de foi.

Volney dit, en parlant du culte des symboles ou idolâtrie : « Dès l'instant que le peuple agricole eut porté un regard observateur sur les astres, il sentit le besoin d'en distinguer les individus ou les groupes, et de les dénommer chacun proprement, afin de s'entendre dans leur désignation ; or, une grande difficulté se présenta pour cet objet : car d'un côté les corps célestes, semblables en formes, n'offraient aucun caractère spécial pour être dénommés; de l'autre, le langage, pauvre en sa naissance, n'avait point d'expressions pour tant d'idées neuves et métaphysiques. Le mobile ordinaire du génie, le besoin, sut tout surmonter. Ayant remarqué que dans la révolution annuelle, le renouvellement et l'apparition périodique des productions terrestres étaient constamment associés au lever ou au coucher de certaines étoiles et à leur position relativement au soleil, terme fondamental de toute comparaison, l'esprit, par un mécanisme naturel, lia dans sa pensée les objets terrestres et célestes qui étaient liés dans le fait; et leur appliquant un même signe, il donna aux étoiles ou aux groupes qu'il en formait, les noms mêmes des objets terrestres qui leur répondaient.

« Ainsi l'Ethiopien de Thèbes appela astres de l'inondation ou du *Verse-Eau*, ceux sous lesquels le Nil commençait son débordement; astres du *Bœuf* ou du *Taureau*, ceux sous lesquels il convenait d'appliquer la charrue à la terre; astres du *Lion*, ceux où cet animal, chassé des déserts par la soif, se montrait sur les bords du fleuve; astres de l'*Epi* ou de la *Vierge moissonneuse*, ceux où se recueillait la moisson; astres de l'*Agneau* ou des *Chevreaux*, ceux où naissent ces animaux précieux; et ce premier moyen résolut une première partie des difficultés.

« D'autre part, l'homme avait remarqué, dans les êtres qui l'environnaient, des qualités distinctives et propres à chaque espèce; et, par une première opération, il en avait retiré un nom pour les désigner; et par une seconde, il y trouva un moyen ingénieux de généraliser ses idées; et, transportant le nom déjà inventé à tout ce qui présentait une propriété, une action analogue ou semblable, il enrichit son langage d'une métaphore perpétuelle.

« Ainsi le même Ethiopien ayant observé que le retour de l'inondation du Nil répondait constamment à l'apparition d'une très-belle étoile qui, à cette époque, se montrait à la source de ce fleuve, et semblait par là avertir le laboureur de se garder de la surprise des eaux, il compara cette action à celle de l'animal qui, par son aboiement, avertit d'un danger, et il appela cet astre le *Chien* ou *Aboyeur (Sirius)*; de même, il nomma astres du *Crabe*, ceux où le soleil, parvenu à la borne du tropique, revenait sur ses pas, en marchant à reculons et de côté, comme le *Crabe* ou *Cancer*; astres du *Bouc sauvage*, ceux où, parvenu au point le plus culminant du ciel, ou faîte du gnomon horaire, le soleil imitait l'action de l'animal qui se plaît à grimper au faîte des rochers; astres de la *Balance*, ceux où les jours et les nuits égaux semblaient en équilibre comme cet instrument; astres du *Scorpion*, ceux où certains vents réguliers apportaient une vapeur brûlante comme le venin du scorpion. Ainsi encore, il appela *Anneaux* et *Serpents* la trace figurée des orbites des astres et des planètes; et tel fut le moyen général d'appellation de toutes les étoiles, et même des planètes prises par groupes ou par individus, selon leurs rapports aux opérations champêtres et terrestres, et selon les analogies que chaque nation y trouva avec les travaux agricoles et avec les objets de son climat et de son sol.

« De ce procédé, il résulta que des êtres abjects et terrestres entrèrent en association avec les êtres supérieurs et puissants des cieux ; et cette association se resserra chaque jour par la constitution même du langage et le mécanisme de l'esprit. On disait, par une métaphore naturelle : « Le « Taureau répand sur la terre les germes de la fécondité (au printemps); « il ramène l'abondance et la création des plantes (qui nourrissent). « L'Agneau (ou Bélier) délivre les cieux des génies malfaisants de l'hiver; « il sauve le monde du Serpent (emblème de l'humide saison), et il ramène « le règne du bien (de l'été, saison de toute jouissance). Le Scorpion « verse son venin sur la terre, et répand les maladies et la mort, etc.; et « ainsi de tous les effets semblables. »

« Ce langage, compris de tout le monde, subsista d'abord sans inconvénient : mais, par le laps du temps, lorsque le Calendrier eut été réglé, le peuple, qui n'eut plus besoin de l'observation du ciel, perdit de vue le motif de ces expressions, et leur allégorie, restée dans l'usage de la vie, y devint un écueil fatal à l'entendement et à la raison. Habitué à joindre aux *symboles* les idées de leurs *modèles*, l'esprit finit par les confondre : alors, ces mêmes animaux, que la pensée avait transportés aux cieux, en redescendirent sur la terre ; mais, dans ce retour, vêtus des livrées des astres, ils s'en arrogèrent les attributs, et ils en imposèrent à leurs propres auteurs. Alors le peuple, dans sa simplicité et son ignorance, croyant voir près de lui ses *dieux*, leur adressa plus facilement sa prière ; il demanda au *bélier* de son troupeau les influences qu'il attendait du *bélier céleste ;* il pria le *scorpion* de ne point répandre son venin sur la nature ; il révéra le *crabe* de la mer, le *scarabée* du limon, le *poisson* du fleuve, et, par une série d'analogies vicieuses, mais enchaînées, il se perdit dans un labyrinthe d'absurdités.

« Voilà, ajoute Volney, quelle fut l'origine de ce culte antique et bizarre des animaux ; voilà par quelle marche d'idées le caractère de la divinité passa aux plus viles des brutes, et comment se forma le système *théologique* très-vaste, très-compliqué, très-savant, qui, des bords du Nil, porté de contrée en contrée par le commerce, la guerre et les conquêtes, envahit tout l'ancien monde ; et qui, modifié par les temps, par les circonstances, par les préjugés, se montre encore à découvert chez cent peuples, et subsiste comme base intime et secrète de la théologie de ceux-là mêmes qui le méprisent et le rejettent. »

Volney n'est pas le seul qui ait interprêté la filiation des idées religieuses auxquelles ont donné naissance les douze signes du zodiaque; Dupuis lui-même dit, au chapitre V de son ouvrage sur l'origine des cultes : « Dès l'instant que les hommes eurent donné une âme au monde, et à chacune de ses parties la vie et l'intelligence ; dès qu'ils eurent placé des anges, des génies, des dieux dans chaque élément, dans chaque astre, et surtout dans l'astre bienfaisant qui vivifie toute la nature, qui engendre les saisons et qui dispense à la terre cette chaleur active qui fait éclore tous les biens de son sein, et écarte les maux que le principe des ténèbres verse dans la matière, il n'y eut qu'un pas à faire pour mettre en action dans les poèmes sacrés toutes les intelligences répandues dans l'univers, pour leur donner un caractère et des mœurs analogues à leur nature, et pour en faire autant de personnages qui jouèrent chacun leur rôle dans les fictions poétiques et dans les chants religieux, comme ils en jouaient un sur la brillante scène du monde. De là sont nés les poèmes sur le soleil, désigné sous le nom d'Hercule, de Bacchus, d'Osiris, de Thésée, de Jason, etc., tels que l'Héracléide, les Dionysiaques, la Théséide, les Argonautiques, poèmes dont les uns sont parvenus en totalité, les autres seulement en partie jusqu'à nous.

« Il n'est pas un des héros de ces divers poèmes qu'on ne puisse rapporter au soleil, ni un de ces chants qui ne fasse partie des chants sur la nature, sur les cycles, sur les saisons et sur l'astre qui les engendre. Tel est le poème sur les douze mois, connu sous le nom de chants sur les douze travaux d'Hercule, ou du soleil solsticial.

« Hercule, quoi qu'on en ait dit, n'est pas un petit prince grec, fameux par des aventures romanesques, revêtues du merveilleux de la poésie, et chantées d'âge en âge par les hommes qui ont suivi les siècles héroïques. Il est l'astre puissant qui anime et féconde l'univers; celui dont la divinité a été partout honorée par des temples et par des autels, et consacrée dans les chants religieux de tous les peuples. Depuis Méroë en Ethiopie, et Thèbes dans la Haute-Egypte, jusqu'aux îles Britanniques et aux glaces de la Scythie; depuis l'ancienne Taprobane et Palibothra dans l'Inde, jusqu'à Cadix et aux bords de l'Océan Atlantique; depuis les forêts de la Germanie jusqu'aux sables brûlants de la Libye, partout où l'on éprouva les bienfaits du soleil, là on trouve le culte d'Hercule établi; partout on chante les exploits glorieux de ce dieu invincible qui ne s'est montré à l'homme que pour le délivrer de ses maux, et pour purger la terre de monstres, et surtout de tyrans qu'on peut mettre au nombre des plus grands fléaux qu'ait à redouter notre faiblesse. Bien des siècles avant l'époque où l'on fait vivre le fils d'Alcmène, ou le prétendu héros de Thirynthe, l'Egypte et la Phénicie, qui certainement n'empruntèrent pas leurs dieux à la Grèce, avaient élevé des temples au soleil sous le nom d'Hercule, et en avaient porté le culte dans l'île de Thase et à Cadix, où l'on avait aussi consacré un temple à l'année et aux mois qui la divisent en douze parties, c'est-à-dire aux douze travaux ou aux douze victoires qui conduisirent Hercule à l'immortalité.

« C'est sous le nom d'Hercule Astrochyton, ou du dieu revêtu du manteau d'étoiles, que le poète Nonnus désigne le dieu Soleil, adoré par les Tyriens. Les épithètes de roi du feu, de chef du monde et des astres, de nourricier des hommes, de dieu dont le disque lumineux roule éternellement autour de la terre, et qui, faisant circuler à sa suite l'année, fille du temps et mère des douze mois, ramène successivement les saisons qui se reproduisent, sont autant de traits qui nous feraient reconnaître le soleil, quand bien même le poète n'aurait pas donné à son Hercule le nom d'*Hélios* ou de *soleil.* « Il est, dit-il, le même dieu que divers peuples adorent « sous une foule de noms différents : Bélus sur les rives de l'Euphrate, « Ammon en Libye, Apis à Memphis, Saturne en Arabie, Jupiter en « Assyrie, Sérapis en Egypte, Hélios chez les Babyloniens, Apollon à « Delphes, Esculape dans toute la Grèce, etc. » Martianus Capella, dans son bel hymne au soleil, le poète Ausonne et Macrobe, confirment cette multiplicité de noms donnés chez différents peuples à ce même astre.

« Les Egyptiens, suivant Plutarque, pensaient qu'Hercule avait son siége dans le soleil, et qu'il voyageait avec lui autour du monde.

« L'auteur des hymnes attribuées à Orphée désigne de la manière la plus précise les rapports ou plutôt l'identité d'Hercule avec le soleil. En effet, il appelle Hercule « le dieu générateur du temps, dont les formes « varient; le père de toutes choses, et qui les détruit toutes. Il est le dieu « qui ramène tour à tour l'aurore et la nuit noire, et qui, de l'orient au « couchant, parcourt la carrière des douze travaux; valeureux Titan, dieu « fort, invincible et tout-puissant, qui chasse les maladies, et qui délivre « l'homme des maux qui l'affligent. » A ces traits peut-on méconnaître, sous le nom d'Hercule, le soleil, cet astre bienfaisant qui vivifie la nature, et qui engendre l'année, composée de douze mois, et figurée par la carrière des douze travaux ? Aussi les Phéniciens ont-ils conservé la tradition qu'Hercule était le dieu Soleil, et que ses douze travaux désignaient les voyages de cet astre à travers les douze signes. Porphyre, né en Phénicie, nous assure que l'on donna le nom d'Hercule au soleil, et que la fable des douze travaux exprime la marche de cet astre à travers les douze signes du zodiaque.

Zodiaque de Denderah. — Denderah *(Tentyris)*, qui était autrefois une ville très-importante de la Haute-Egypte, située non loin de la rive gauche du Nil, presque vis-à-vis de Kéneh, n'est plus aujourd'hui qu'une malheureuse bourgade qui n'a d'importance que par ses antiquités et surtout par son grand temple, regardé à juste titre comme un chef-d'œuvre d'architecture égyptienne. C'est au plafond d'une des salles supérieures de ce temple qu'a été tracé lors de sa construction le fameux planisphère ou zodiaque dont nous allons entretenir nos lecteurs.

Les points équinoxiaux et solsticiaux figurés dans ce zodiaque, répondaient aux constellations du Bélier et de la Balance, du Cancer et du Capricorne; mais ils y ont répondu pendant 2182 ans, c'est-à-dire depuis l'an 2590 jusqu'à l'an 408 avant le commencement de l'ère vulgaire (page 551). C'est dans ces limites qu'est renfermée l'époque indiquée par ce monument. On sait d'ailleurs qu'entre ces deux limites, le nœud équinoxial parcourait par son mouvement rétrograde un degré en 73 ans environ. Si l'on suppose que les colures coupaient ces constellations par le milieu, comme dans le zodiaque, dont Eudoxe apporta la copie d'Egypte en Grèce, on aura un moyen terme qui fixe l'époque de ce zodiaque à 1500 ans avant notre ère.

Zodiaque d'Esneh. — Esneh *(Latopolis)* est une ville de la Haute-Egypte, située sur la rive gauche du Nil. Parmi les ruines de Latopolis, on admire le beau portique d'un grand temple, d'assez belle architecture. Il est surtout important par ses sculptures mythologiques et par le zodiaque de son plafond, dont l'interprétation a fait attribuer à ce temple une grande antiquité. En effet, on sait que sur ce zodiaque, le solstice d'été se trouvait placé dans le signe du Lion. Or le rapport des signes célestes avec nos saisons variant insensiblement dans le cours des siècles, on est conduit à attribuer à ce zodiaque une antiquité de plus de quatre mille ans.

Le temple d'Esneh avait été dédié à Hercule ou dieu Soleil, dont les attributs, symbolisés par les douze figures du zodiaque trouvé dans ce temple, ont plus tard donné naissance à un poëme célèbre qui restera comme un chef-d'œuvre littéraire de l'antiquité païenne.

En admettant l'hypothèse de Dupuis qui fixe la construction du temple de Denderah à l'an 1460 avant l'ère vulgaire, c'est-à-dire sous le règne du roi Sésostris, et en supposant que lors de la construction de celui d'Esneh, le solstice d'été répondait exactement au signe du Lion, il est à remarquer qu'il s'est écoulé un intervalle de onze cents ans environ entre la construction de ces deux temples; ce qui n'a certainement rien d'exagéré chez un peuple qui comptait plusieurs milliers d'années d'existence et qui est toujours resté fidèlement attaché au culte de ses idoles.

Toutefois, notre impartialité nous impose le devoir de rapporter ici l'opinion que M. Champollion a émise sur l'antiquité attribuée à ces deux monuments. D'après ce savant archéologue, cette antiquité si vantée se réduirait tout simplement à une quinzaine d'années avant J.-C.

Mais il y a évidemment là une erreur d'appréciation; car, en présence du témoignage d'un contemporain de l'empereur Dioclétien, cette affirmation de M. Champollion tombe d'elle-même et n'a plus le prestige de l'autorité que l'on accorde d'ordinaire au jugement d'un homme compétent. Ceci, il est vrai, ne lui retire pas son mérite; mais il est toujours regrettable qu'un homme qui a occupé une place importante dans le monde savant se soit engagé dans une fausse voie et ait été induit en erreur par des apparences trompeuses. En effet, Eudore, dans les *Martyrs*, parle des *ruines magnifiques de Tentyris* qu'il visita en l'an 287 après J.-C. Or, à cette époque, il y aurait eu à peine trois cents ans que le temple aurait été achevé, et il est à croire qu'une période de trois siècles n'aurait pas suffi pour faire de Tentyris et de son temple un monceau de ruines, surtout si l'on considère que, sous la domination romaine, l'Egypte n'a été de nouveau ravagée par les guerres que beaucoup plus tard, et seulement lorsque les Arabes en ont fait la conquête et après eux les Turcs qui l'occupent encore aujourd'hui. Il faut donc admettre en effet que M. Champollion s'est trompé sur l'origine de ce monument et que Dupuis, qui en fixe, comme nous l'avons dit, la construction à l'an 1460 avant l'ère vulgaire, pourrait bien être dans le vrai.

En résumé, si le zodiaque trouvé dans le temple de Denderah, et qui est exposé aujourd'hui au Louvre, représentait réellement l'image du ciel à l'époque de la construction de ce monument, on se demande pourquoi il n'en serait pas de même de celui qui a été gravé sur le plafond du temple d'Esneh, et qui accuse une antiquité plus grande que celui de Denderah.

Le temple d'Esneh offre le même type de sculptures mythologiques et le même spécimen curieux d'architecture égyptienne que ceux qui distinguent celui de Denderah, avec cette différence que les traits en sont moins réguliers et les figures un peu plus grossières; ce qui prouve déjà que sa construction doit remonter en effet à une époque antérieure à celle du temple de Denderah.

On sait d'ailleurs que l'Egypte remonte à une haute antiquité et que les sciences et les arts y étaient cultivés avec honneur quand des contrées, aujourd'hui plus prospères et marchant à la tête de la civilisation, étaient encore plongées dans l'ignorance et la barbarie.

Nous terminerons ce long article sur le zodiaque par une table faisant connaître, pour chaque période de mille ans avant et après Jésus-Christ, la valeur annuelle de la précession des équinoxes et par un tableau désignant les époques où chacun des douze signes du zodiaque occupe sur la sphère céleste les points équinoxiaux et solsticiaux; c'est-à-dire le temps où ces signes ouvrent alternativement les quatre saisons de l'année.

Table de la précession

ANNÉES	VALEUR ANNUELLE de la précession	ANNÉES	VALEUR ANNUELLE de la précession
	″		″
4000 av. J.-C.	48,8065800	11000 ap. J.-C.	52,4710290
3000 —	49,0508766	12000 —	52,7153256
2000 —	49,2951732	13000 —	52,9596222
1000 —	49,5394698	14000 —	53,2039188
0	49,7837664	15000 —	53,4482154
1000 ap. J.-C.	50,0280630	16000 —	53,6925120
2000 —	50,2723596	17000 —	53,9368086
3000 —	50,5166562	18000 —	54,1811052
4000 —	50,7609528	19000 —	54,4254018
5000 —	51,0052494	20000 —	54,6696984
6000 —	51,2495460	21000 —	54,9139950
7000 —	51,4938426	22000 —	55,1582916
8000 —	51,7381392	23000 —	55,4025882
9000 —	51,9824358	24000 —	55,6468848
10000 —	52,2267324	25000 —	55,8911814

Tableau donnant pour chaque époque les signes qui occupent les points équinoxiaux et solsticiaux

ANNÉES	SIGNES DU ZODIAQUE OUVRANT ALTERNATIVEMENT LES SAISONS CI-APRÈS			
	Le Printemps	L'Été	L'Automne	L'Hiver
2590 av. J.-C.	Le Taureau	Le Lion	Le Scorpion	Le Verseau
408 —	Le Bélier	L'Écrevisse	La Balance	Le Capricorne
1754 ap. J.-C.	Les Poissons	Les Gémeaux	La Vierge	Le Sagittaire
3894 —	Le Verseau	Le Taureau	Le Lion	Le Scorpion
6013 —	Le Capricorne	Le Bélier	L'Écrevisse	La Balance

Tableau donnant pour chaque époque les signes qui occupent les points équinoxiaux et solsticiaux [suite]

ANNÉES	SIGNES DU ZODIAQUE OUVRANT ALTERNATIVEMENT LES SAISONS CI-APRÈS			
	Le Printemps	L'Été	L'Automne	L'Hiver
8110 ap. J.-C.	Le Sagittaire	Les Poissons	Les Gémeaux	La Vierge
10187 —	Le Scorpion	Le Verseau	Le Taureau	Le Lion
12245 —	La Balance	Le Capricorne	Le Bélier	L'Écrevisse
14284 —	La Vierge	Le Sagittaire	Les Poissons	Les Gémeaux
16305 —	Le Lion	Le Scorpion	Le Verseau	Le Taureau
18307 —	L'Écrevisse	La Balance	Le Capricorne	Le Bélier
20292 —	Les Gémeaux	La Vierge	Le Sagittaire	Les Poissons
22259 —	Le Taureau	Le Lion	Le Scorpion	Le Verseau
24208 —	Le Bélier	L'Écrevisse	La Balance	Le Capricorne

Il résulte du tableau qui précède que le temps nécessaire au signe du Bélier pour revenir au point équinoxial du printemps est de 24616 ans ; c'est la durée de la grande précession des équinoxes.

Ainsi, le point équinoxial du printemps parcourt l'un après l'autre tous les degrés de l'écliptique, et passe successivement et à de très-longs intervalles par tous les signes du zodiaque.

Zônes terrestres. -- La surface de la terre est partagée en cinq zônes : 1° la *zône torride*, comprise entre les deux tropiques ; 2° deux *zônes glaciales* autour des pôles et limitées par les cercles polaires ; 3° deux *zônes tempérées*, comprises entre les tropiques et les cercles polaires.

La zône torride occupe à peu près les 398 millièmes de la surface totale du globe terrestre ; les zônes tempérées, les 519 millièmes ; les zônes glaciales, les 83 millièmes.

La température d'une contrée dépend principalement de sa latitude et de sa hauteur au-dessus du niveau des mers. Entre les tropiques, le soleil s'écartant peu du zénith à midi, ses rayons tombent chaque jour presque verticalement sur la terre et pénètrent dans le sol en grande quantité ; aussi la température de cette zône est-elle très-élevée ; à l'équateur, elle est en moyenne de 28 degrés centigrades. Dans les zônes tempérées, à mesure qu'on s'éloigne de l'équateur, les rayons du soleil arrivent plus obliquement à la terre et pénètrent dans le sol en moins grande abondance ; aussi la température moyenne diminue-t-elle rapidement ; à Paris, à la latitude de 48°50′, elle n'est que de 10°,8; au cap Nord, à la latitude de 71°, elle est seulement de 0 degré.

Dans les zônes glaciales, l'obliquité est encore plus grande; il se forme d'ailleurs, pendant les longues nuits d'hiver, des masses énormes de glace que le soleil, quand il revient ensuite au-dessus de l'horizon, ne peut fondre entièrement.

On a observé qu'à latitude égale, la température est plus élevée en Europe qu'en Amérique et dans le continent de l'Asie; ainsi, Londres (latitude 51°31′) et New-York (latitude 41°55′) ont la même température moyenne, 10 degrés.

On a remarqué aussi que l'hémisphère austral est plus froid que l'hémisphère boréal. La ceinture de glace qui entoure le pôle boréal ne s'étend pas à plus de 9 degrés du pôle, tandis que celle qui entoure le pôle austral s'étend à plus de 18 degrés; les énormes blocs de glace qui s'en détachent vont jusqu'au 58e degré de latitude.

L'influence de l'*altitude*, c'est-à-dire de l'élévation au-dessus du niveau des mers, sur la température n'est pas moins remarquable; on sait d'ailleurs que l'atmosphère, qui entoure la terre comme d'un vêtement, laisse pénétrer la chaleur solaire, et l'empêche de sortir du sol une fois qu'elle y est entrée. La chaleur solaire éprouve dans le sol une modification telle qu'elle ne passe plus que très-difficilement à travers l'air atmosphérique. Ainsi, l'atmosphère s'oppose au rayonnement de la chaleur terrestre et au refroidissement qui en résulte; mais quand on s'élève au-dessus du niveau des mers, l'atmosphère devenant plus rare, son action est moins efficace; on a remarqué que la température s'abaisse environ de 1 degré pour 185 mètres d'élévation.

L'atmosphère joue un rôle très-important dans la nature : par sa pression elle retient les eaux à l'état liquide qui, sans cela, se résoudraient en vapeur; elle empêche la dispersion de la chaleur et le refroidissement qui en résulte; enfin elle entretient la vie, car, sans l'atmosphère, aucun être ne pourrait exister à la surface de la terre.

TABLE DES MATIÈRES

CONTENUES DANS LE DICTIONNAIRE

ET GROUPÉES DANS UN ORDRE MÉTHODIQUE

PROPRE A FORMER UN COURS COMPLET DE COSMOGRAPHIE

LIVRE I

PRINCIPES GÉNÉRAUX

CHAPITRE I. — *Des coordonnées et de leur transformation. — Formules de trigonométrie sphérique*

Chapitre II. — *Logarithmes*

Chapitre III. — *Interpolation. — Méthode des moindres carrés*

Chapitre IV. — *Attraction et gravitation universelle*

CHAPITRE V. — *Lumière.* — *Chaleur*

CHAPITRE VI. — *Forces*

CHAPITRE VII. — *Mouvement.* — *Inertie*

Pages

Chapitre VIII. — *Nutation. — Précession*

Chapitre IX. — *Masses*

Chapitre X. — *Pesanteur et densité*

Chapitre XI. — *Atmosphère. — Pressions atmosphériques. — Baromètre*

Pages

Chapitre XII. — *Instruments astronomiques*

LIVRE II

LES ÉTOILES

Chapitre I. — *Mouvement diurne*

Chapitre II. — *Diverses espèces d'étoiles. — Météores*

CHAPITRE III. — *Sphère céleste*

LIVRE III

LA TERRE

CHAPITRE I. — *Forme et rotation de la terre*

LIVRE IV

LE SOLEIL

Chapitre I. — *Mouvement du soleil*

LIVRE V

LA LUNE

Pages

Chapitre III. — *Constitution physique de la lune*

Chapitre IV. — *Marées*

LIVRE VI

LES PLANÈTES

Chapitre I. — *Mouvement des planètes*

Pages

CHAPITRE II. — *Constitution physique des planètes*

CHAPITRE III. — *Des comètes*

ERRATA

Page 24, lig. 19, 22, 25, 27, 32, 34, *au lieu de* alilade, *lisez* alidade.
— 29, lig. 26, log E, *au lieu de* ($\frac{1}{2}$ log 1 — e^2), *lisez* $\left(\frac{1}{2} \log (1 - e^2)\right)$
— 49, lig. 14, *au lieu de* oxigène, *lisez* oxygène.
— 52, lig. 9, *au lieu de* $h = \frac{V}{0^m,0007853975}$, *lisez* $h = \frac{V'}{0^m,0007853975}$
— 64, lig. 1, *au lieu de* ou $\pi r^2 =$, *lisez* est égal à πr^2, ou à.
— 91, lig. 21, *au lieu de* sans-culotides, *lisez* sans-culottides.
— 113, lig. 23, *au lieu de* auquel succède, *lisez* auquel succèdent.
— 117, lig. 28, *au lieu de* oxigène, *lisez* oxygène.
— 153, lig. 34, *au lieu de* $\sin d = q - q'$, *lisez* $\sin \delta = q - q'$.
— 166, lig. 13 et 15, *au lieu de* que les liquides et les gaz, *lisez* que les solides, les liquides et les gaz.
— 169, lig. 9, *au lieu de* Voyez page 52, *lisez* Voyez page 58.
— 170, lig. 3, *au lieu de* 1°19′32″, *lisez* 1°19′33″.
— 170, lig. 13, *au lieu de* différence... 0.40.10, *lisez* différence... 0.40.18.
— 193, lig. 5, *au lieu de* (page 184), *lisez* (page 192).
— 197, lig. 28 et 29, *au lieu de* latitude, *lisez* latitudes.
— 243, lig. 3, *au lieu de* plus petites que 90°, *lisez* plus petits que 90°.
— 245, lig. 18, 5°, *au lieu de* $n + \cos \varphi$, *lisez* $n = \cos \varphi$.
— 270, lig. 1, *au lieu de* $\log r + e$, *lisez* $\log (r + e)$.
— 276, lig. 8, *au lieu de* $f(a) - 18^h24^m15^s,40$, *lisez* $f(a) = 18^h24^m15^s,40$.
— 284, lig. 24, équat. r, *au lieu de* $\lambda - \frac{0'',78}{(r \sin a)^2}$, *lisez* $\lambda = \frac{0'',78}{(r \sin a)^2}$
— 291, formule (6), *au lieu de* $f(a)\ T \mp L$, *lisez* $f(a) - T \mp L$.
— 304, lig. 9, *au lieu de* $-4.56783 = 4 - 0.56783$, *lisez* $-4.56783 = -4 - 0,56783$.
— 304, lig. 12, *au lieu de* $= -5 = 0.43217$, *lisez* $= -5 + 0.43217$.
— 320, lig. 19, *au lieu de* 4,7647561, *lisez* $\bar{4}$,7647561.
— 322, lig. 21, log T, *au lieu de* = log 0,5797836, *lisez* — log 0,5797836.
— 326, loi de Bode, *au lieu de* 3. 7., *lisez* 4. 7.
— 350, lig. 4 et 12, *au lieu de* $d - (42^h \frac{1}{2} \times n - 1)$, *lisez* $d - 42^h \frac{1}{2} \times (n - 1)$

Page 352, lig. 3, *au lieu de* $\cos \omega = \frac{\cos M}{\cos \lambda}$, *lisez* $\cos \varphi = \frac{\cos M}{\cos \lambda}$

— 356, lig. 25, *au lieu de* $+ 0{,}55 \times 55^m$, *lisez* $+ 0{,}55 \times 50^m$.

— 376, lig. 19, *au lieu de* mesures principales, *lisez* mesures provinciales.

— 376, lig. 30, *au lieu de* 0,51374 toise, *lisez* 0,513074 toise.

— 385, lig. 11, *au lieu de* $12^h43^m22^s$, *lisez* $13^h43^m22^s$.

— 389, lig. 13, *au lieu de* P′ dégagé dans, *lisez* P′ dégagé de.

— 390, lig. 5, *au lieu de* 39°7′52″,281, *lisez* 39°7′52″,381.

— 393, lig. 36, *au lieu de* $h = \frac{1}{2} g t$, *lisez* $h = \frac{1}{2} g t^2$.

— 398, lig. 28, *au lieu de* au moyen de deux autres, *lisez* au moyen des deux autres.

— 411, dernière form., *au lieu de* $y^2 = C^2 \cos 2\omega - \frac{\cos^2 2\omega}{\cos^2 \omega} x^2$, *lisez*

$$y^2 = C^2 \cos^2 2\omega - \frac{\cos^2 2\omega}{\cos^2 \omega} x^2.$$

— 418, lig. 8, *au lieu de* $\log \sin \varphi' = \overline{1}{,}78528 +$, *lisez* $\log r \sin \varphi' = \overline{1}{,}78528 +$.

— 426, lig. 9, *au lieu de* ligne des absides, *lisez* ligne des abscisses.

— 427, table, 3e col., *au lieu de* ρ_{16} 0,98126, *lisez* ρ_{16} 0,98125.

— 436, lig. 19, *au lieu de* par *a* demi grand axe, *lisez* par *a* le demi grand axe.

— 439, table, 2e col., lig. 28, *au lieu de* 30′30″, *lisez* 39′30″.

— 439, table, 4e col., lig. 37, *au lieu de* 39′29″, *lisez* 34′29″.

— 439, table, 8e col., lig. 33, *au lieu de* 49′9″, *lisez* 40′9″.

— 444, table, 4e col., lig. 22, *au lieu de* 49′59″, *lisez* 49′50″.

— 445, table, 4e col., lig. 2, *au lieu de* 47′47″, *lisez* 47′27″.

— 478, table, 3e col., lig. 37, *au lieu de* 0,9445880, *lisez* 0,9545880.

— 479, table, 3e col., lig. 6, *au lieu de* 0,9923383, *lisez* 0,9922383.

— 481, table, 6e col., lig. 10, *au lieu de* 0,0981235, *lisez* 0,9981235.

— 483, lig. 15, *au lieu de* 3°26′32″, *lisez* 5°26′32″.

— 484, lig. 8, *au lieu de* $☾ = \frac{15'24'',5}{R}$, *lisez* $☾ = \frac{15'34'',5}{R}$

— 523, lig. 1, *au lieu de* $10°25' \mp 165' \sin^{\frac{7}{4}} (l - 1°)$, *lisez* $14°25' \pm 165' \sin^{\frac{7}{4}} (l - 1°)$.

— 541, lig. 31, *au lieu de* logarithme constant 1,8046172, *lisez* logarithme constant $\overline{1}{,}8046172$.

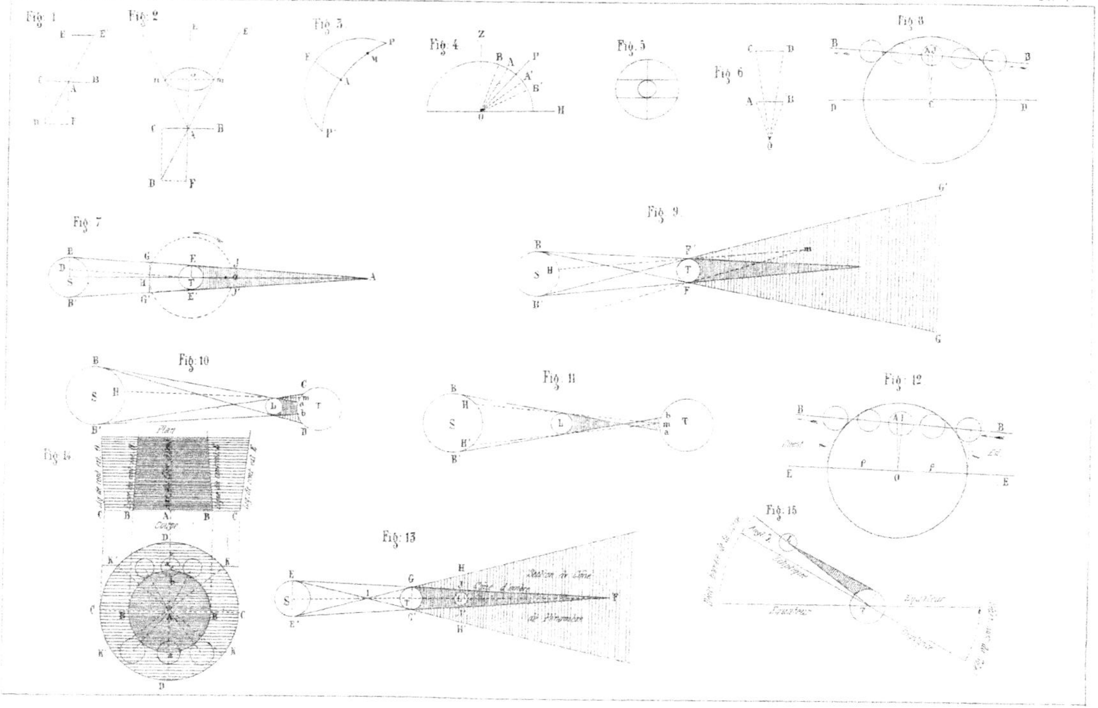
Fig. 1
Fig. 2
Fig. 3
Fig. 4
Fig. 5
Fig. 6
Fig. 8
Fig. 7
Fig. 9
Fig. 10
Fig. 11
Fig. 12
Fig. 14
Plan
Coupe
Fig. 13
Fig. 15

Fig: 16

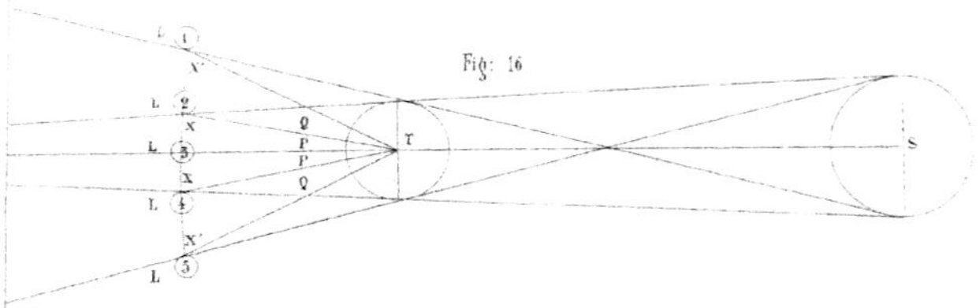

Fig: 17.

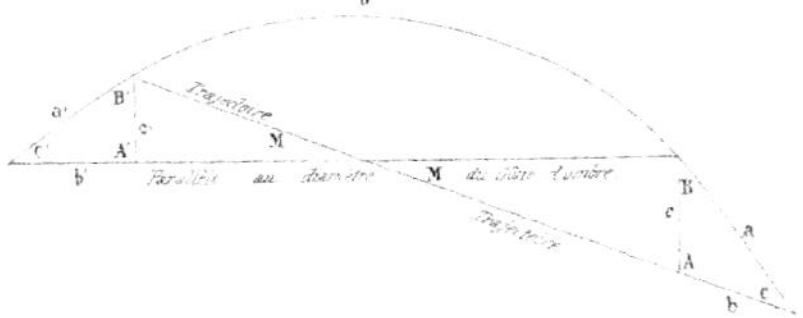

Fig: 18.

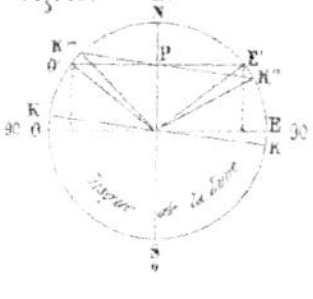

Fig: 19.

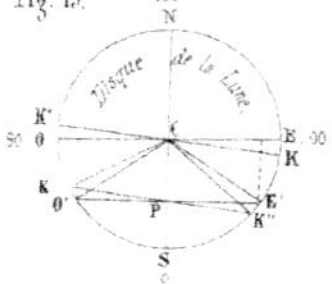

Fig. 20.

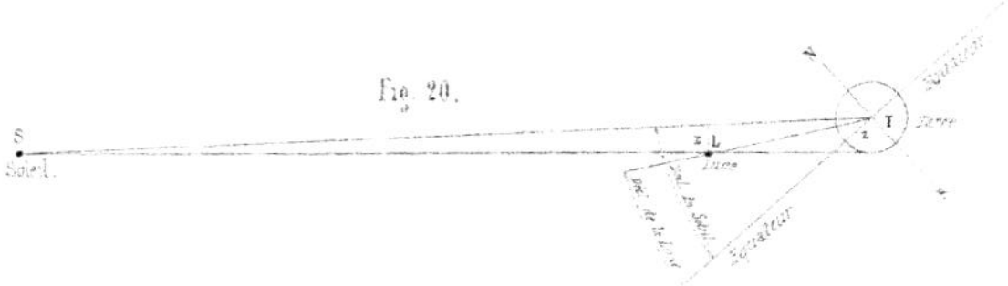

Fig. 21.

Fig. 22

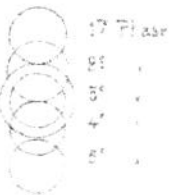

Fig. 23

Fig: 24.

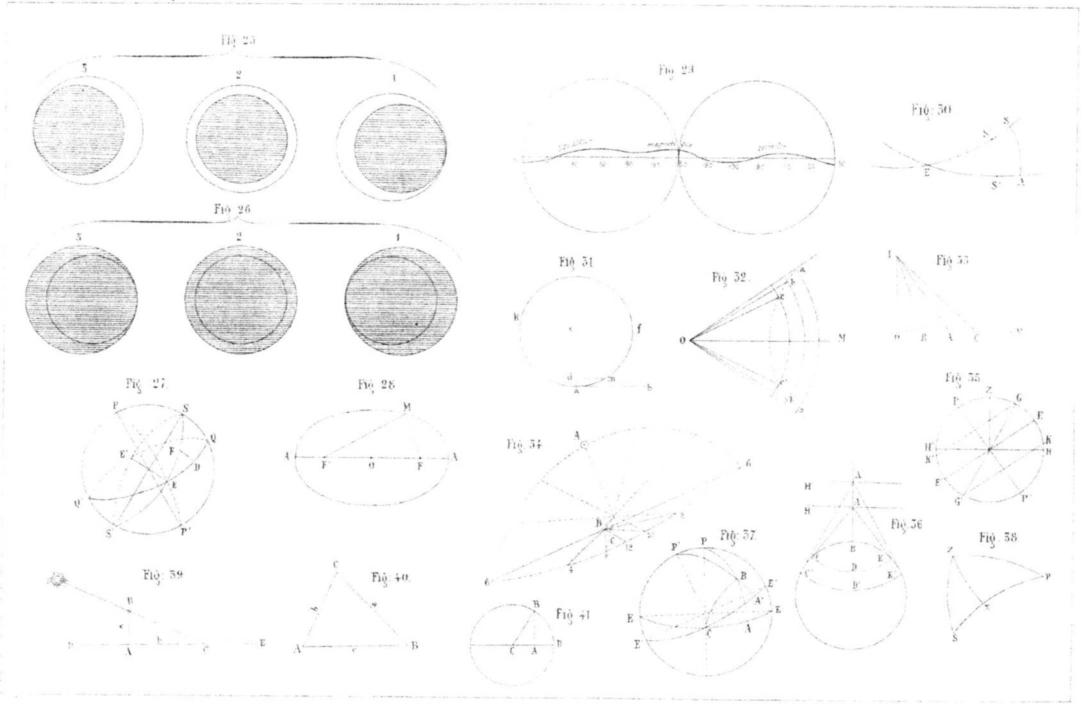
Fig. 25
Fig. 26
Fig. 27
Fig. 28
Fig. 30
Fig. 31
Fig. 32
Fig. 33
Fig. 34
Fig. 35
Fig. 36
Fig. 37
Fig. 38
Fig. 39
Fig. 40
Fig. 41

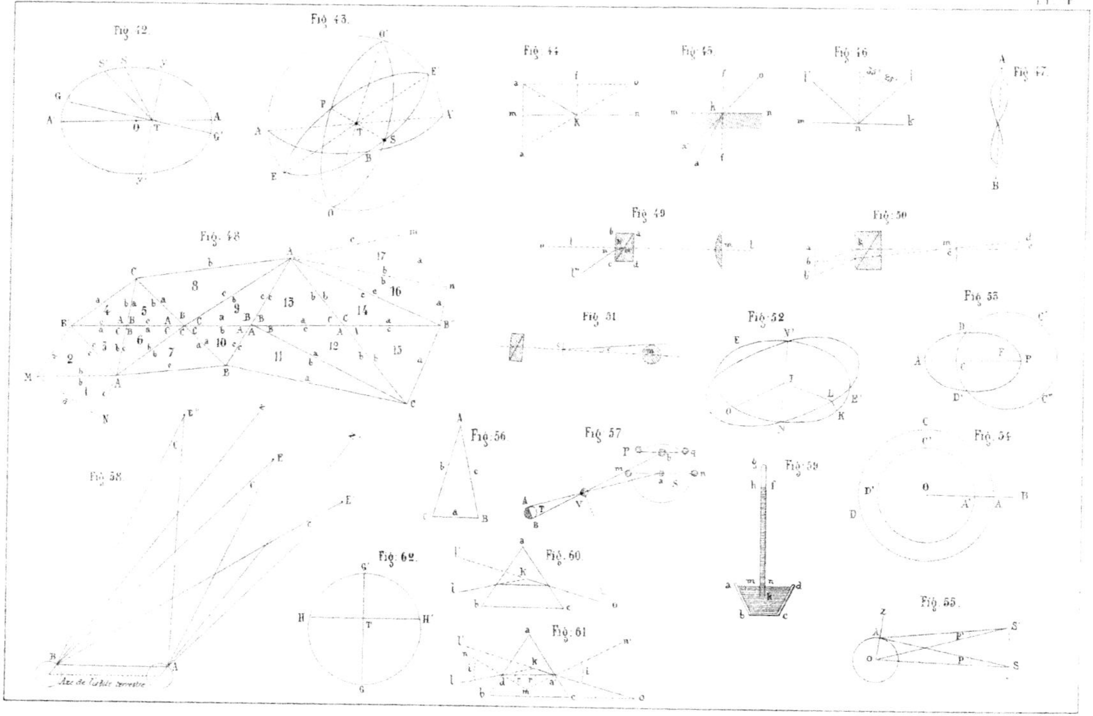
Fig. 42.
Fig. 43.
Fig. 44
Fig. 45.
Fig. 46
Fig. 47.
Fig. 48
Fig. 49
Fig. 50
Fig. 51
Fig. 52
Fig. 53
Fig. 54
Fig. 55.
Fig. 56
Fig. 57
Fig. 58.
Fig. 59
Fig. 60.
Fig. 61
Fig. 62.
Axe de l'orbite terrestre

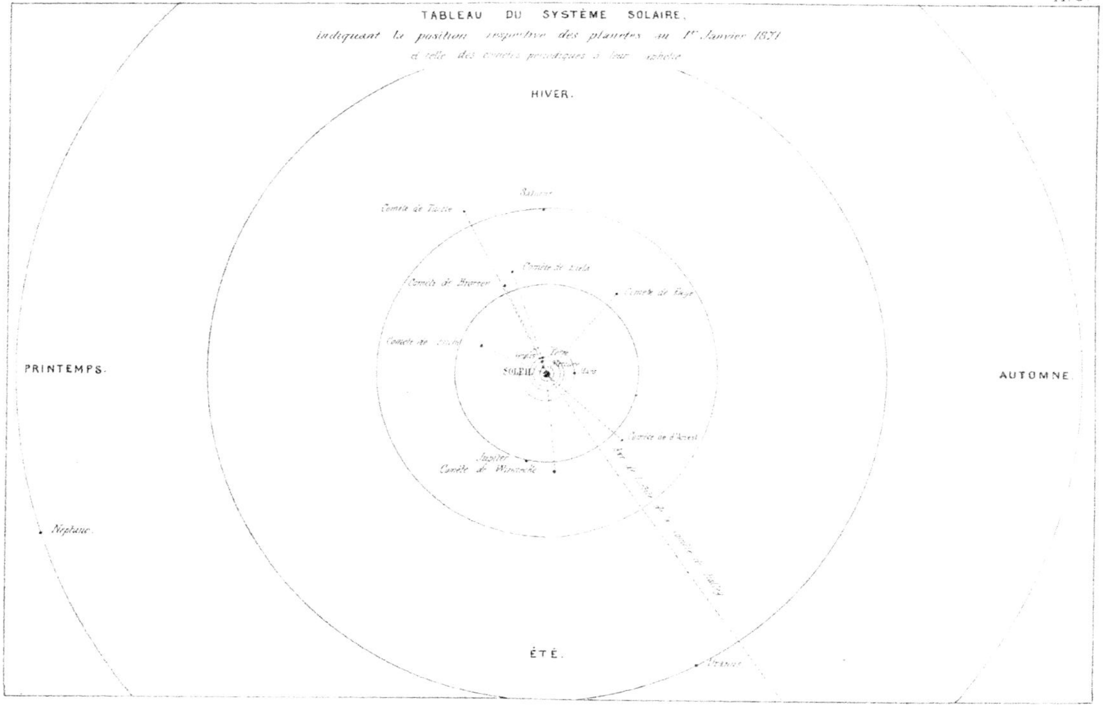
TABLEAU DU SYSTÈME SOLAIRE,
indiquant la position respective des planètes au 1er Janvier 1871
et celle des comètes périodiques à leur aphélie.
HIVER.
PRINTEMPS.
AUTOMNE.
ÉTÉ.
Saturne
Comète de Tuttle
Comète de Biela
Comète de Brorsen
Comète de Faye
SOLEIL
Terre
Jupiter
Comète de Winnecke
Comète de d'Arrest
Neptune.
Uranus

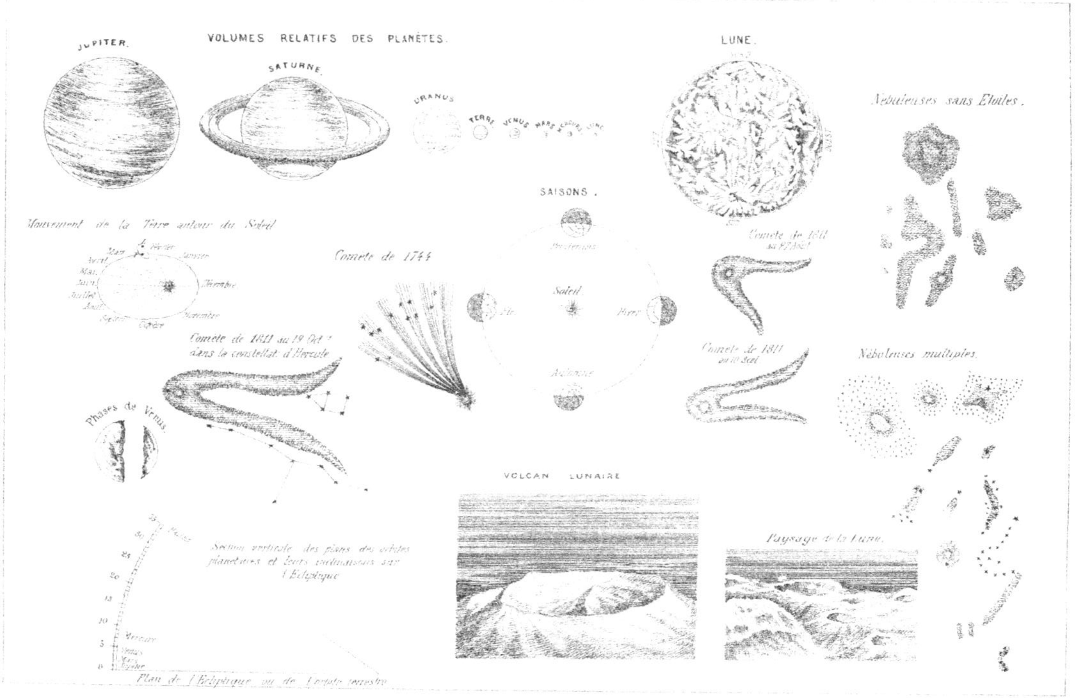
VOLUMES RELATIFS DES PLANÈTES.
JUPITER.
SATURNE.
URANUS
TERRE
VENUS
MARS
MERCURE
LUNE
LUNE.
Nébuleuses sans Etoiles.
SAISONS.
Soleil
Hiver
Automne
Mouvement de la Terre autour du Soleil
Comète de 1744
Comète de 1811
Comète de 1811
Comète de 1811 au 19 Oct.re
dans la constellat. d'Hercule
Nébuleuses multiples.
Phases de Venus.
VOLCAN LUNAIRE
Paysage de la Lune.
Section verticale des plans des orbites
planétaires et leurs inclinaisons sur
l'Ecliptique
Plan de l'Ecliptique ou de l'orbite terrestre

MAPPEMONDE CÉLESTE
PROJETÉE
sur l'Equateur.

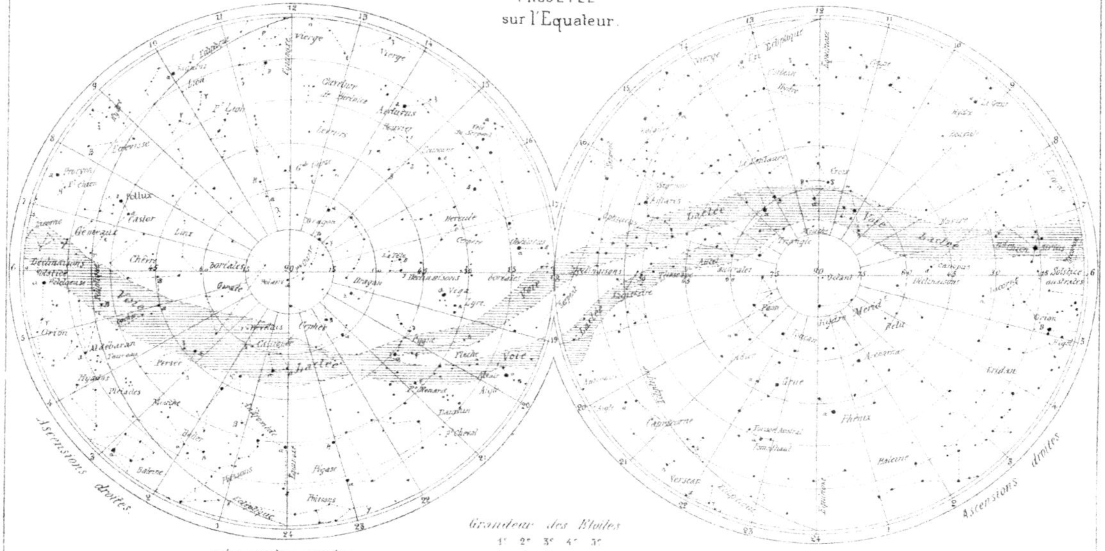